ISBN 978-0-267-76176-0
PIBN 11002511

English
Français
Deutsche
Italiano
Español
Português

www.forgottenbooks.com

Mythology Photography **Fiction**
Fishing Christianity **Art** Cooking
Essays Buddhism Freemasonry
Medicine **Biology** Music **Ancient
Egypt** Evolution Carpentry Physics
Dance Geology **Mathematics** Fitness
Shakespeare **Folklore** Yoga Marketing
Confidence Immortality Biographies
Poetry **Psychology** Witchcraft
Electronics Chemistry History **Law**
Accounting **Philosophy** Anthropology
Alchemy Drama Quantum Mechanics
Atheism Sexual Health **Ancient History**
Entrepreneurship Languages Sport
Paleontology Needlework Islam
Metaphysics Investment Archaeology
Parenting Statistics Criminology
Motivational

JOURNAL

DE

L'ANATOMIE

ET DE

LA PHYSIOLOGIE

NORMALES ET PATHOLOGIQUES

DE L'HOMME ET DES ANIMAUX

PARAISSANT TOUS LES DEUX MOIS

FONDÉ PAR CHARLES ROBIN

PUBLIÉ PAR

GEORGES POUCHET

Professeur au Muséum d'histoire naturelle

VINGT-QUATRIÈME ANNÉE

1888

PARIS

ANCIENNE LIBRAIRIE GERMER BAILLIÈRE ET Cᵉ

FÉLIX ALCAN, ÉDITEUR

108, BOULEVARD SAINT-GERMAIN, 108

1888

la nature et la fonction des amygdales. Vésale (1), Wharton
Schaeffenberg (3), Morgagni (4), Haller (5) les regarda
comme des glandes véritables *(caro glandulosa tonsillae).*

Cuvier (6), Meckel (7) les considéraient comme un embe
ment de petites poches, et cette conception, fondée sur la j
sence d'orifices sur la face interne des amygdales, se retro
dans les auteurs de la première moitié du siècle.

V. Rapp (8) et d'autres en font des *follicules (follicul*
petite vessie, petite outre), destinés à sécréter une hum
devant lubrifier le bol alimentaire au moment de son pass;
dans l'isthme du gosier.

Vers 1850, Kœlliker découvre les vaisseaux sanguins d;
l'intérieur des follicules de l'amygdale ; Billroth *(Beitra*
p. 133) signale le réticulum englobant les éléments propres
l'organe, et Frey (9) y décrit les vaisseaux lymphatiques ;
sorte qu'on ne tarda pas à assimiler les tonsilles aux ganglio
lymphatiques, dont elles présentent la texture chez l'adul
Les cellules arrondies des amygdales, en s'accumulant dans l
mailles du tissu conjonctif, constitueraient des formations sph
riques ou ovalaires, sans communication avec les cavités lac
naires des tonsilles et serviraient à former des globules blance
ce seraient des nids de cellules lymphatiques, formés aux d
pens d'éléments propres au chorion et par suite d'origine més
dermiques. Des dénominations multiples ont été appliquées to
à tour pour désigner, d'une part, l'infiltration du tissu co
joncti° par les éléments arrondis soi-disant mésodermiques e
d'autre part, leur transformation en globules blancs. Henle
continué, pour caractériser toute la formation, à se servir d
terme de Sylvius : *substance glandulaire conglobée;* Kœllike
lui a donné le nom de substance *cytogène,* pensant qu'elle fabri

(1) Andreae Vesali *De humani corporis fabrica libri VII Basileae* 1543, p. 579.

(2) Thomae Whartoni *Adenographia in Mangeti biblioth anatom.* II. p. 725. Gene
vae 1685.

(3) *Dissertatio de tonsillis* Ienae 1701.

(4) *Epistolae J. B. Morgagni in Valsavae opera.* Venetiis 1740, p. 241.

(5) *Elementa Physiol.,* Bernae 1764, p. 65.

(6) *Anat. comp.* t. IV, p. 438.

(7) *Anat. comp. Trad. franç.* t. VIII, p. 327.

(8) *Ueber die Tonsillen* Müller's Archiv., p. 189; 1839.

(9) *Viertlj. der Zurich. Natur-Gesellschaft..* t. VII, p. 410; 1862.

querait les *corpuscules* ou *globules cytoïdes*, synonymes de globules blancs ; His lui a imposé le nom de tissu *adénoïde* (ἀνὴν, glande, ἔιδος, forme), comme rappelant les parenchymes glandulaires. Asverus, Luschka, W. Flemming et Frey, les comparant aux ganglions lymphatiques, ont donné aux follicules clos des amygdales le nom de *nodosités lymphatiques*. Mais, quel que soit le terme employé, tout le tissu se réduirait à une charpente réticulée à mailles remplies par des éléments arrondis, que tout le monde assimile aujourd'hui aux *cellules lymphatiques*. .

Y a-t-il moyen de vérifier ces opinions, et de montrer que réellement ces amas de tissu folliculeux sont des agglomérations de cellules conjonctives? Ou bien l'apparence glandulaire si bien constatée par les anciens reposerait-elle sur une constitution analogue à celle des organes glandulaires, qui présentent dans leur composition des éléments entodermiques ou ectodermiques? Il nous semble que oui. En effet, il suffit de prendre un de ces organes folliculeux à son début, de suivre pas à pas les changements qui y ont lieu, de voir comment se comportent, à ce niveau, le chorion (mésodermique) et l'épithélium (ectodermique). En notant avec soin les propriétés des uns et des autres de ces éléments, en les voyant évoluer selon le type spécial de chacun, nous pourrons peut-être nous rendre compte d'un certain nombre de particularités propres aux glandes folliculeuses. La tâche est lourde, mais avec une bonne méthode, on arrive à vaincre bien des difficultés. C'est ainsi que nous porterons nos recherches à l'organe folliculeux le plus constant, et dont le développement est le plus notable : nous voulons parler des amygdales de l'isthme du gosier ou tonsilles, proprement dites. Leur position est cependant loin d'être la même chez les divers mammifères; elles occupent en effet un siège variable de la portion buccale du pharynx. Ce fait est en relation intime avec la forme de cette portion buccale du pharynx, située entre les piliers antérieurs et postérieurs du voile du palais. Aussi serons-nous obligé de commencer par une courte description anatomique et d'indiquer la place exacte où il faut porter, dans chaque groupe, les investigations quand il s'agit d'étudier le développement des tonsilles à une époque où les faibles proportions de l'organe rendent sa recherche difficile.

De cette façon on procède d'une façon inverse à celle du dé-
loppement, mais on va du connu à l'inconnu. Cette métho-
nous permettra de nous rendre compte de l'origine des tiss-
qui entrent dans la constitution des amygdales, du mode différent selon lequel les parties élémentaires se disposent et de
durée variable de l'évolution de ces organes, selon le group
animal.

I. — Anatomie descriptive de l'isthme du gosier

Outre les amygdales proprement dites, les différentes partie-
du pharynx montrent des glandes folliculeuses. En raison du
développement considérable de la masse folliculaire, situé-
chez l'homme entre les piliers antérieurs et postérieurs du voile
du palais, et qui est connu sous le nom de *tonsilla palatina* ou
faucium, nous négligeons à dessein l'évolution des autres
glandes folliculeuses pour ne considérer que les tonsilles palatines. Chaque fois que nous nous servirons du terme *amygdales*
ou *tonsilles* sans qualificatif, nous entendrons désigner les tonsillae palatinae.

Nous tenons à préciser tout d'abord les limites et les dimensions variables de la région occupée par les tonsillae palatinae chez
l'homme et les divers mammifères. Les anthropotomistes sont
loin d'être d'accord sur la place qu'il convient d'assigner à la
région tonsillaire chez l'homme. Si l'on considère l'isthme du
gosier comme constitué par le plan passant par les piliers antérieurs du voile du palais, il est de toute évidence que les amygdales se trouvent rejetées dans la portion buccale du pharynx
ou *cavum pharyngo-orale*. D'autres anatomistes donnent une
étendue plus notable à l'isthme du gosier : Le mot *Isthme*,
disent Littré et Robin, signifie une langue de terre joignant
une presqu'île au continent ou séparant deux mers, il a été
employé par les anatomistes pour désigner le détroit qui sépare
la bouche du pharynx. Les mêmes auteurs ajoutent que
l'isthme du gosier (ouverture œsophagienne) de la bouche est
formé en haut par le voile du palais, en bas par la base de la
langue, sur les côtés par les piliers du palais et les amygdales.

En raison de la faible extension de l'isthme ainsi délimité et de la place qu'y occupent les amygdales, Richet

(*Anat. médico-chirurg.*, 5ᵉ éd., 1878. p. 534) donne à l'isthme
du gosier le nom de *région tonsillaire* chez l'homme : cette
petite région circonscrit l'ouverture postérieure de la cavité
buccale et établit entre elle et le pharynx, une communication
qui ne peut jamais être interceptée. Cette région est ainsi
limitée sur les côtés par les piliers, à la base par la face dorsale
de la langue, et, en haut, par la convergence des piliers antérieurs et postérieurs du même côté. L'isthme du gosier vu
latéralement représente un espace triangulaire logeant l'amygdale. C'est le bord libre du voile du palais qui limite l'isthme
du gosier en arrière, et la base de la langue forme sa limite inférieure.

Dans cet ordre d'idées, nous pouvons admettre avec Krause
(*Anat.* 1879, p. 394) qu'un plan vertical passant par les deux
piliers antérieurs représente *l'isthme antérieur du gosier*, ou *pharyngo-oral* ou *isthmus anterior faucium* et qu'un plan passant
par les deux piliers postérieurs figure l'isthme *naso-oral* ou
faucium posterior. Tout l'espace latéral entre ces deux isthmes
antérieur et postérieur est occupé par les tonsilles.

Chez l'homme, ces distinctions semblent bien subtiles au
premier abord, pour le simple motif qu'en raison du peu de
développement de l'isthme du gosier, les amygdales s'étendent
sur toute la région.

Il n'en est plus de même sur les mammifères. Ni les piliers
antérieurs, ni les piliers postérieurs, ni l'isthme du gosier ne
rappellent chez la plupart des quadrupèdes la configuration de
ces parties chez l'homme. Chez le cheval, Chauveau et Arloing
(*Anat. comparée*, 1879, p. 396) appellent *piliers postérieurs*
les deux prolongements du bord postérieur du voile du palais,
prolongements qu'on suit sur les parois latérales du pharynx
jusqu'à l'infundibulum œsophagien, au-dessus duquel on les
voit se réunir en arcade. Les *piliers antérieurs* sont représentés
chez le cheval et les solipèdes par deux replis muqueux de la
base de la langue, qui unissent cette dernière aux côtés du voile
du palais. « L'isthme du gosier n'est pas une simple ouverture,
c'est un conduit qui a pour paroi inférieure la base de la langue
jusqu'à l'épiglotte, pour paroi supérieure la face antérieure du
voile du palais, et pour parois latérales l'espace compris entre
les piliers antérieurs et les piliers postérieurs de ce dernier. »

En comparant la forme et les dimensions de l'isthme du g
chez les divers animaux à ce qui existe chez l'homme, on voit
qu'il y a des différences notables. La portion horizontale du
du palais est peu étendue chez l'homme; la plus grande p
est dirigée obliquement en bas et en arrière et se continue
la ligne médiane avec la luette. Il en résulte chez l'homme
échancrures, qui chez les animaux sont comblées par le déve
pement notable de la partie postérieure du voile du palais. Ce
ci arrive en arrière près de la base de l'épiglotte qu'il embra
pour ainsi dire. C'est là la disposition qui explique la longu
plus considérable de la région de l'isthme du gosier chez
quadrupèdes. Dans l'espèce humaine, cette région est occu
complètement par les amygdales, tandis que chez les aut
mammifères, les tonsilles affectent des rapports variables a
l'une ou l'autre paroi de l'isthme du gosier.

D'une façon générale, nous pouvons dire que ces orga
se trouvent situés soit sur la face antérieure, soit sur les part
latérales du voile du palais qui, en se recourbant, vont s'unir a
bords de la base de la langue.

Le tube musculo-membraneux très allongé, que représer
l'isthme du gosier chez beaucoup de quadrupèdes, est pour
d'un squelette spécial. On sait le peu de développement q
prend la corne antérieure de l'os hyoïde chez l'homme. Il
est tout autrement chez beaucoup de mammifères, où la cor
antérieure soutient les parois latérales de l'isthme du gosier
affecte des rapports constants avec la formation tonsillair
C'est ainsi que sur un poulain long de 90ᵐ, les cornes ant
rieures partent (apophyal) du corps de l'os hyoïde, se dirige
en avant et en haut de chaque côté des parties latérales d
l'isthme du gosier et arrivent, après un parcours de 1ᵐ, 5,
une distance de 2ᵐ du bord antérieur des piliers antérieur
(*orifice pharyngo-oral*). Là elles se recourbent et se dirigent e
haut et en arrière vers le temporal.

Par une dissection attentive, on constate que le tube mus
culo-membraneux de l'isthme du gosier a ses parois latérale
adhérentes au squelette de la corne antérieure et en fendant l
langue en long sur la ligne médiane, l'on voit que l'isthme du
gosier ne s'affaisse pas et conserve les dimensions de la portion
antérieure de l'appareil hyoïdien. La portion recourbée de la

corne antérieure se trouve située à 1ᵐᵐ en arrière de l'orifice pharyngo-oral dans sa portion supérieure et à 2 cent. dans sa portion inférieure. En étudiant la position précise de la région tonsillaire dans l'isthme du gosier, on voit qu'elle se trouve juste en dedans et parallèlement à la portion recourbée de la corne antérieure de l'hyoïde.

Chez le porc adulte, l'apohyal se recourbe au niveau des piliers antérieurs; de là part un ligament de 2 centimètres de long qui se continue avec le cératohyal et le stylhyal. La tige, que constituent ces deux derniers, est rattachée par du tissu cellulaire très serré aux parois latérales de l'isthme du gosier, qu'elle soutient de chaque côté.

Sur le chien, la branche antérieure de l'os hyoïde affecte des rapports et une forme identiques. L'apohyal long de 12 ᵐᵐ, se dirige en haut et en avant, s'articule à son extrémité antérieure avec le cératohyal, long de 3ᵐᵐ, qui se dirige en haut vers l'angle de la mâchoire pour se continuer avec le styhyal avec lequel il forme également une diarthrose.

L'amygdale, dont nous déterminerons plus loin la position dans l'isthme du gosier, est située directement en dedans de la portion supérieure du cératohyal à sa jonction avec le stylhyal.

Chez le chat, les connexions sont les mêmes. Chez le mouton, les rapports sont identiques. La portion recourbée des cornes antérieures donne insertion aux parois latérales de l'isthme du gosier. Les amygdales sont situées au niveau de la partie la plus antérieure de ces cornes: en enfonçant une aiguille à ce niveau, on voit la pointe traverser les parois latérales de l'isthme et pénétrer dans la fossette amygdalienne.

À cette question de morphologie topographique, se rattache intimement l'origine de l'épithélium qui tapisse la portion buccale du pharynx ou isthme du gosier. Les uns le font provenir de l'intestin antérieur et par suite de l'entoderme, les autres de la muqueuse de la cavité buccale et par suite de l'ectoderme. Nous n'avons pas à entrer dans la discussion de ces points controversés. Nous ferons seulement remarquer que tous les auteurs sont d'accord pour reconnaître que l'ectoderme tapisse les lames horizontales des bourgeons maxillaires supérieurs, lesquelles en allant à la rencontre l'une de l'autre vont constituer la voûte palatine. Le prolongement postérieur de cette voûte ne s'ossi-

fiera pas et formera le voile du palais. D'un autre côté, **Mathi**
Duval et Hervé (*Soc. de Biologie*, 10 février 1883) ont observé s
un monstre otocéphalien que la cloison membraneuse, **men**
brane bucco-pharyngienne ou **pré-pharyngienne**, était située c
arrière du palais, sans connexion avec lui. « Or, comme il y a lie
de se demander, en embryologie, à quelle région de l'adult
correspond la membrane bucco-pharyngienne de l'embryon, e
notamment si elle répond à la région du voile du palais, nou
avons ici une réponse très nette à cette question; cette mem
brane ne répond pas à la région du voile du palais; elle est plu
en arrière; en d'autres termes, chez l'adulte, l'arrière-cavité de
fosses nasales et la partie supérieure du pharynx provient de
deux formations bien différentes chez l'embryon : tout ce qui es
en arrière d'un plan vertical passant par les pavillons tubaires,
provient de l'intestin antérieur, tout ce qui est en osant de ce
plan provient de la fosse buccale (Mathias Duval et Hervé, loc.
cit., p. 78). »

Nous pouvons donc admettre que la membrane pré-pharyngienne passe au niveau des piliers postérieurs. Or, comme nous
le verrons surabondamment, les amygdales sont des dépendances de la face antérieure du voile du palais, il nous semble
légitime, jusqu'à plus ample démonstration du contraire, d'employer l'expression d'*ectoderme*, quand nous parlerons de l'épithélium qui tapisse la face antérieure et les parties latérales du
voile du palais, en avant des piliers postérieurs.

II. — Évolution des amygdales chez l'homme.

Comme nous l'avons annoncé plus haut, nous commence-
rons par décrire l'aspect de la région tonsillaire chez les
embryons et les fœtus aux divers âges, et nous noterons soigneusement les dimensions et les changements de volume
que nous offriront ces organes aux diverses époques de la vie.
Nous ferons, en un mot, l'anatomie aussi bien des criptive,
visible à l'œil nu, que l'anatomie microscopique, que nous
étudierons au moyen des coupes, en nous aidant de faibles
grossissements. Une fois en possession de ces faits, nous com-
pléterons ces notions par l'examen des éléments anatomiques,

par la recherche de leur origine et par la connaissance des feuillets blastodermiques et du mode d'arrangement des cellules qui prennent part à la constitution des amygdales.

Les embryons qui nous ont servi à nos observations ont été conservés dans l'alcool ou le liquide de Muller. Nous indiquerons successivement les matières colorantes que nous avons employées.

En explorant la région des amygdales sur des embryons humains très jeunes, au lieu de rencontrer des corps ovoïdes, on ne voit, par exemple, sur un embryon long de $\frac{7}{8}$ᵐ (début du quatrième mois), de chaque côté de la luette qui forme un point saillant de 0ᵐᵐ,5, qu'une dépression analogue à celle que produirait une tête d'épingle.

Cette dépression, ou *fossette amydaglienne*, est circonscrite, en avant et en arrière, par deux lignes un peu plus saillantes que le reste de la muqueuse; ce sont les rudiments des piliers antérieurs et postérieurs.

La figure 1 représente une section longitudinale de l'ébauche amygdalienne sur l'embryon en question : c'est une dépression (A) en forme de fiole, dont le col correspond à l'orifice qu'on aperçoit, à l'œil nu, dans la région amygdalienne, et dont le diamètre est de 0ᵐᵐ,2 à 0ᵐᵐ,3. De là, la dépression va en s'élargissant en tous sens et elle atteint, dans le fond (base de la fiole), un diamètre antéro-postérieur de 0ᵐᵐ,6. Le fond n'est pas uni, mais présente trois à quatre bourgeons secondaires en doigts de gant (BB), longs de 0ᵐᵐ,22 à 0ᵐᵐ,33. Ces bourgeons sont pleins, ils figurent des involutions épithéliales, larges de 0ᵐᵐ,088 ; elles sont séparées les unes des autres par des lames mésodermiques, véritables saillies du chorion, aussi hautes que les involutions épithéliales, et larges de 0ᵐᵐ,5 en moyenne. La fossette amygdalienne est tapissée par le même revêtement épithélial que celui qu'on voit sur la muqueuse buccale et palatine. Les bourgeons épithéliaux sont constitués par des éléments semblables à ceux de l'assise profonde de la couche de Malpighi.

Une membrane amorphe (basale, basilaire) les sépare du mésoderme.

Il est de la plus haute importance de signaler, dès à présent, les différences d'épaisseur et de composition élémentaire qui

existent dans les diverses couches de l'épithélium pala
et buccal d'un côté, des invaginations épithéliales
l'autre.

L'épithélium palatin montre deux couches bien distinct
une couche profonde, haute de $0^{mm},015$, foncée, fixant én
gique les matières colorantes, et une couche superficie
épaisse de $0^{mm},4$ à $0^{mm},5$. Cette dernière est constituée par d
cellules polyédriques, larges en tous sens de $0^{mm},02$ à $0^{mm},($
avec un noyau arrondi de $0^{mm},006$. La couche profonde corr
pondant à la couche des cellules cylindriques de l'adulte, d
formée, sur le milieu du voile du palais, d'une ou de deux ra
gées de cellules épaisses de $0^{mm},004$ et hautes de $0^{mm},008$
$0^{mm},01$, avec un noyau haut de $0^{mm},007$ à $0^{mm},008$ et lar
de $0^{mm},003$.

En suivant ces deux couches dans les involutions de
région amygdalienne, on remarque que la partie centrale d
ces dernières présente les mêmes éléments polyédriques qu
la couche superficielle de l'épithélium palatin. La couche pro
fonde, au contraire, présente deux modifications importantes
les éléments qui la composent diminuent de longueur, de faço
que, vers le milieu de l'involution, les cellules n'ont plu
qu'une hauteur de $0^{mm},005$ à $0^{mm},006$, c'est-à-dire elles devier
nent polyédriques et cubiques. En outre, elles forment deux
trois rangées sur la plus grande longueur de l'involution et cons
tituent enfin, au fond de l'involution, un bourgeon haut de $0^{mm},0$
et large de $0^{mm},03$ à $0^{mm},04$. La composition de ce bourgeon es
remarquable; il ne présente que des éléments arrondis de
$0^{mm},004$ à $0^{mm},005$, avec un noyau sphérique de $0^{mm},003$ à
$0^{mm},004$ du côté de la membrane basilaire; ceux-ci passen
insensiblement à des cellules cubiques, puis polyédriques
offrant les mêmes caractères chimiques et physiques que la
couche superficielle de l'épithélium palatin.

Les bourgeons épithéliaux (figure 1 CC), coupés en travers.
figurent des grains plus sombres au milieu du tissu cellulaire
jeune : ces grains simulent, à un faible grossissement, des *follicules clos*, entourés par un tissu diffus.

Mais quand on examine les éléments de ces grains, on les
voit constitués uniquement par des cellules épithéliales, faciles
à distinguer du tissu environnant, qui est formé exclusivement

par des cellules arrondies ou ovalaires du tissu conjonctif jeune ; ce dernier est déjà *très vasculaire*.

Tel est l'état de l'ébauche amygdalienne sur l'embryon humain le plus jeune qu'il nous a été donné d'examiner. Cette observation nous permet, en nous appuyant sur les faits que nous constaterons sur les autres mammifères, de nous rendre compte du mode de formation de la fossette tonsillaire. Il est infiniment probable que, sur les embryons plus jeunes, la muqueuse amygdalienne figure une membrane unie et forme un plan continu ; elle est constituée comme la muqueuse buccale et palatine, par un chorion lisse tapissé par un épithélium pavimenteux. A la fin du troisième mois, il se produit un repli épithélial, sous la forme d'une invagination, qui pénètre dans le chorion, et dont le fond donne naissance à une série de bourgeons épithéliaux secondaires. En même temps que la membrane épithéliale gagne ainsi en étendue, le mésoderme participe à cette prolifération et s'épaissit notablement.

La comparaison de l'ébauche amygdalienne de fœtus de plus en plus âgés (fig. 1, 2, 3, 4), montre d'abord un accroissement notable de la fossette amygdalienne ; de l'involution primitive creuse partent des bourgeons de plus en plus nombreux avec l'âge. Ceux-ci sont pleins et semblent augmenter de diamètre dans la profondeur.

Au fur et à mesure que l'involution primitive s'allonge, elle se hérisse de bourgeons latéraux qui sont en continuité avec le revêtement épithélial de l'involution.

Un fœtus de $\frac{7.5^{cm}}{10.5}$ a une fossette amygdalienne dont la partie creuse est profonde de $0^{mm},6$ à $0^{mm},7$.

Le fond de la dépression envoie quatre à cinq bourgeons épithéliaux dans le chorion. Ils ont une forme conique à base tournée vers la muqueuse et à sommet se prolongeant dans le chorion. Ces bourgeons secondaires sont pleins et remplis complètement par l'épithélium.

Les tissus qui composent, d'un côté, la muqueuse palatine et, de l'autre, l'ébauche tonsillaire, sont formés des éléments suivants :

Sur le voile du palais, l'épithélium, épais de $0^{mm},65$, est composé d'une couche profonde ou basilaire de $0^{mm},02$ et d'une couche superficielle de $0^{mm},06$ à $0^{mm},08$. Il est séparé du chorion

par la membrane basilaire, qui se présente comme une lig
foncée (au sortir du liquide de Muller et à la lumière transmi
légèrement ondulée ou plutôt dentelée. La couche basilaire (
est constituée par des éléments prismatiques longs de 0^{mm},01
larges de 0^{mm},004 à 5. Le noyau a la même forme et presq
les mêmes dimensions, parce que le corps cellulaire n'a qu'u
faible développement, lui formant à peine un liseré de 0^{mm},00

Comme le noyau fixe énergiquement les matières colorante
la couche basilaire figure, quand on s'est servi du picrocarmi
une bande rouge, qui tranche sur le reste de l'épithélium. L
portion superficielle de celui-ci se montre composée de ce
lules polyédriques de 0^{mm},025 à 0^{mm},030, dans lesquelles l
noyau est arrondi, teint en rouge, et le protoplasma tran:
parent est coloré en jaune. Le corps cellulaire est trè
développé dans ces éléments et constitue autour du noya
une zone de 0^{mm},003 à 0^{mm},004.

En poursuivant cet épithélium, à partir du voile du palais
on remarque que sa constitution générale reste la même, sau
une augmentation notable de l'épaisseur de ses couches.

Un bourgeon secondaire, haut de 0^{mm},2 et large à sa base
de 0^{mm},160, montre, sur sa périphérie, une couche basilaire
de 0^{mm},02 également, allant atteindre, vers la pointe, une épais-

---

(1) Nous nous servirons du terme français de *membrane basilaire*, syno-
nyme de l'expression allemande *Basalmembran* de celle de *Basement-membrane*, qui a été employée en premier lieu par Bowmann et Tood. Ces auteurs
ont vu et décrit très nettement cette membrane amorphe sur les dents de
squale ; elle répond à la *membrane préformative* de Purkinje et Raschkow, à
la *membrane vitrée* de Renaut, et d'une façon générale au *soubassement
hyalin*, qui sépare le derme de l'épiderme. La couche profonde de l'épiderme ou de l'épithélium sus-jacente à la membrane basilaire, sera désignée
sous le nom de *couche basilaire*. Nous avons montré (*Société Biologie*, décembre 1886) que la couche profonde de l'épiderme est représentée, pendant
le premier tiers de la vie intra-utérine, par des cellules à apparence arrondie, bien qu'elles soient réellement cubiques. Le corps cellulaire de ces
éléments est mal délimité, très réduit, homogène et très finement granuleux. Il fixe énergiquement les matières colorantes et, comme les noyaux
sont serrés les uns contre les autres, en raison des faibles dimension[s]
du protoplasma, ces éléments forment une *couche basilaire* se différen-
ciant aisément des couches suivantes. Ajoutons encore que, pendant le
développement des glandes et des phanères, les éléments constitutifs de
cette couche, que nous appellerons *cellules basilaires* deviennent très abondants et se superposent en de nombreuses assises amenant la production
de bourgeons épithéliaux. Nous trouverons des faits semblables pendant
l'évolution des amygdales chez les divers mammifères.

seur de $0^{mm},06$ sur une longueur semblable. La membrane
basilaire existe, à cette époque, sur la plus grande étendue des
involutions épithéliales. Cependant, sur certains points des
bourgeons les plus développés, il est impossible de constater
sa présence. On observe ce phénomène sur le pourtour de la
pointe, là même où nous avons vu la partie épithéliale uniquement formée d'éléments de la couche basilaire. A ce niveau, on
croirait l'épithélium se continuer directement avec les éléments
du chorion.

Quel est ce tissu chorial? Sur le voile du palais, il est formé
de cellules conjonctives, dont les unes sont arrondies et les
autres fusiformes ou étoilées, émettant deux ou trois prolongements qui, en s'entrecroisant, donnent déjà un aspect réticulé.
Le chorion a ici cette constitution depuis la membrane basilaire jusqu'à la couche musculaire. Une substance fondamentale amorphe sépare les éléments les uns des autres. Elle est
très abondante et, au sortir du liquide de Muller, elle a peu
d'élection sur les matières colorantes, de même que le corps
cellulaire des éléments fibroplastiques se teint en jaune très
pâle par le picrocarmin. De là l'apparence transparente que présente le chorion, qui se distingue ainsi très nettement de l'épithélium susjacent.

Si de là nous passons à la région amygdalienne, nous constatons
tons que du côté profond, contigüe à la musculaire, le chorion
a une constitution de tous points analogue. Mais en approchant
de la portion superficielle, qui est pénétrée par les involutions
épithéliales, la texture change notablement : ici, sur une épaisseur de $0^{mm},2$, il y a de véritables amas de cellules conjonctives
embryonnaires ; celles-ci sont arrondies d'un diamètre de
$0^{mm},006$ à $0^{mm},007$ et renferment un noyau granuleux de $0^{mm},004$
à $0^{mm},005$. Elles sont serrées les unes contre les autres, et un
mince liseré de substance amorphe conjonctive sépare les cellules avoisinantes. Les vaisseaux sillonnent abondamment ce
tissu chorial jeune. Il résulte de cette accumulation de tissu conjonctif jeune et de la présence de bourgeons ectodermiques un
épaississement chorial d'un diamètre de $0^{mm},6$ sur une longueur
de $0^{mm},7$ à $0^{mm},8$. Sur les coupes transversales et longitudinales,
on remarque que le chorion a acquis ces dimensions aux seuls
endroits où les bourgeons ectodermiques ont pénétré dans

le mésoderme. Chaque bourgeon est séparé du voisin]
une distance de 0ᵐᵐ,180 à 0ᵐᵐ,360, remplie par du tissu m
sodermique jeune.

L'existence de la dépression amygdalienne a déjà été signalée]
divers observateurs chez les embryons humains : Kölliker, entre aut:
(*Embryolog.* Trad. franç., p. 861) dit que : « Les tonsilles apparaissent
« 4ᵉ mois sous l'aspect d'une fente ou du moins d'une dépression fis:
« forme de la muqueuse s'ouvrant au niveau un peu ou au-dessus
« l'orifice de la trompe d'Eustache. Au 5ᵉ mois, chaque tonsille figure :
« saccule aplati, creusé de quelques cavités secondaires et pourvu d'i
« orifice fissiforme. La paroi interne de l'organe représente une sorte (
« capuchon. Les parois latérales et le fond du saccule sont déjà notabl
« ment épaissis, et l'examen microscopique apprend qu'en ces régior
« le tissu conjonctif de la muqueuse a été le siège d'un dépôt abonda:
« d'éléments cellulaires. Mais ce dépôt, à cette époque, paraît enco:
« entièrement continu et n'est pas localisé dans des follicules spéciaux. »

F. Th. Schmidt (*Die folliculäre Drusengewebe der Schleimhaut der Mun:
höhle*, etc. Zeitch f. w. Zool., 1863) décrit le rudiment des amygdales ch:
deux fœtus humains de 5 mois et de 5 mois et demi de la façon suivante
La région tonsillaire présenterait des orifices qui conduiraient dans d:
lacunes profondes de 1ᵐᵐ,5 et larges de 1/4 de millimètre. Elles son
tapissées d'un épithélium épais de 0ᵐᵐ,05. Les parois de ces lacune
seraient formées d'une couche épaisse de 1/5 à 1/2 millimètre et rem
plies jusqu'au-dessous de l'épithélium par des corpuscules lymphatique:
Il a essayé le pinceautage, au sortir d'une solution faible de chromate d
potasse, mais il n'a pas réussi à éloigner les éléments lymphatique
sans détruire le réseau. Ces éléments lymphoïdes figuraient des cellule
arrondies d'un diamètre de 0ᵐᵐ,007 et pourvues d'un noyau de 0ᵐᵐ,005
Immédiatement au-dessous de cette couche infiltrée, il a remarqué la pré
sence de nombreux vaisseaux sanguins d'un diamètre de 0ᵐᵐ,05 L 0ᵐᵐ,1
et plus loin celle de veines plus nombreuses et plus larges. De ces vais
seaux partent de nombreux capillaires qui constituent un réseau sillonnant toute la masse folliculaire et arrivent jusqu'au niveau de l'épithélium. Il aurait constaté en outre l'existence de nombreux lymphatiques,
remplis de globules blancs. Pour l'auteur, c'est un fait hors conteste que
dès l'origine les amygdales président à la formation des globules lymphatiques, qui passent directement dans les vaisseaux lymphatiques pour
constituer les globules blancs.

F. Th. Schmidt se contente de signaler l'abondance de l'infiltration
lymphoïde, sans qu'il songe à aborder aucun des problèmes de l'évolution amygdalienne. Toujours préoccupé de la façon dont prennent naissance les leucocytes ou corpuscules lymphatiques, il se borne à décrire
les éléments conjonctifs fusiformes ou étoilés de la face profonde du
chorion et les cellules embryonnaires mésodermiques de la portion superficielle. Nulle part il ne mentionne les cellules basilaires des involutions

épithéliales et pense pouvoir conclure de ses observations que les premiers éléments propres des amygdales (nos cellules basilaires d'origine
épithéliale) résultent d'une transformation spéciale (*eigne Umbildung*) et
d'une division continue des cellules conjonctives du chorion. Ce processus
se ferait surtout au voisinage des vaisseaux sanguins, dont la tunique
adventice serait le siège et la cause prochaine de cette multiplication
cellulaire. L'auteur n'est pourtant pas le premier à accorder cette influence prépondérante aux vaisseaux.

His attribuait à cette époque un grand rôle aux cellules de la tunique
adventice (Adventitialzellen) qui existent en grand nombre dans les
glandes folliculaires. Ces cellules, comme les noyaux du réticulum
(Netzkerne), proviendraient des cellules conjonctives primitives.

Plus récemment, et spécialement au point de vue morphologique,
W. His (*Anatomie Menschlicher Embryonen*, IIIe partie, p. 82) s'attache à
décrire soigneusement l'ébauche tonsillaire ;

« Chez le fœtus du 4e et 5e mois le pilier antérieur du voile du palais
« forme le bord libre d'un pli triangulaire, dont la pointe se termine
« dans le velum, tandis que la base s'insère largement sur le bord latéral
« de la langue. Le bord postérieur de ce *Plica triangularis* surplombe une
« dépression, qui répond à l'intervalle antérieur situé entre le deuxième
« et le troisième arc œsophagien, et qui est revêtue d'une continuation
« de la muqueuse. » (Le pli triangulaire de His est la valvule dont parle
Kölliker, « le saccule dont la paroi médiane apparaît presque comme une
valvule.) »

Pour montrer comment les deux observateurs éminents conçoivent la
suite de l'évolution des tissus amygdaliens, nous citerons immédiatement
la description de l'un et de l'autre.

« Rien n'apparaît encore de ces follicules au sixième mois, au moins
« d'une façon distincte. Chez le nouveau-né, au contraire, et chez les
« avortons, les tonsilles sont très nettes et il est incontestable qu'elles
« doivent l'achèvement de leur constitution à la subdivision en segments
« séparés qu'éprouve la muqueuse abondamment infiltrée de cellules,
« par la formation d'épaisses cloisons de tissu conjonctif. » (Kölliker,
loc. cit.)

His (*loc. cit.*) se contente de montrer que la fossette (*Fossa supratonsil-
laris*) et le pli triangulaire persistent souvent chez l'adulte, comme
Sappey l'a fait figurer dans son *Anatomie descriptive* (vol. IV, p. 134).
Voici, d'après cet auteur, comment se développe la formation amygdalienne :

« Le revêtement (Auskleidung) de la dépression qu'on remarque chez
« l'embryon se gonfle (c'est-à-dire augmente en épaisseur) dans la suite,
« et grâce à l'apparition du tissu adénoïde il se transforme en tonsilles.
« Ce phénomène paraît déjà s'accomplir avant la naissance. Dans la plu-
« part des cas, la muqueuse subit un plissement et un gonflement, tels
« qu'il ne reste presque plus trace de la dépression dans les quelques
« rares creux tonsillaires. Mais dans ce cas même on peut reconnaître le
« domaine du pli triangulaire comme une surface lisse couvrant la por-

« tion antérieure des amygdales. Dans d'autres cas on découvre la dép
« sion du pli triangulaire. »

Ces citations résument l'opinion généralement admise
l'origine du tissu qui constituera les follicules clos des amygdal
ces dernières résulteraient essentiellement de la différenciat
des cellules du mésoderme. Comme nous le verrons par la su
les phénomènes évolutifs sont beaucoup plus complexes. L'ec
derme et le mésoderme participeront, en effet, à l'établis
ment, etc.

Ce fait nous amène à nous demander s'il est possible, da
l'état actuel de la science, de reconnaître et de distinguer
uns des autres, les éléments embryoplastiques ou cellu
conjonctives au premier stade de leur évolution d'une part,
les cellules épithéliales de la couche basilaire d'autre part ? I
uns et les autres ont un corps cellulaire très réduit et
noyau qui fixe énergiquement les matières colorantes. To
rentreraient dans la catégorie des *cellules embryonnaire*
telles que les définissent un grand nombre d'auteurs, c'est-
dire une masse de protoplasma renfermant un noyau ovoï
ou sphérique. Ce serait là la cellule *indifférente*, par exce
lence, apte selon le lieu et les circonstances, à se transform
en tous les tissus de l'organisme : leucocytes, tissu conjon
tif, cartilage, os, ganglions lymphatiques, voire même tissu mu
culaire, etc.

Dans le présent sujet, nous pouvons négliger l'opinion de
pathologistes qui pensent que dans la cicatrisation des plaie
les cellules épithéliales résulteraient de la transformation de
cellules embryonnaires (mésodermiques) dont la couch
superficielle deviendrait la membrane épidermique ou de pro
tection. Nous renvoyons également à un chapitre suivant l
discussion d'une autre hypothèse, selon laquelle les élément
mésodermiques pourraient revêtir, dans certaines condition
et au contact de certains éléments ecto ou entodermiques
les caractères des cellules épithéliales.

Disons immédiatement que les cellules conjonctives jeune
à l'état d'éléments embryoplastiques, et les cellules épithé
liales de la couche profonde du corps de Malpighi ou couch
basilaire sont, à nos yeux, impossibles à différencier, quant
leur forme et leurs caractères physiques, quand elles sont exa

minées *isolément*. Cependant, lorsqu'on tient compte de la
continuité originelle des bourgeons épithéliaux avec l'épithélium de la muqueuse palatine, de la constitution de ces involutions par une ou plusieurs assises ininterrompues d'éléments de même espèce, on parvient à distinguer les cellules
épithéliales à faible corps cellulaire des cellules embryonnaires
du tissu conjonctif enveloppant. En se fondant sur la présence
de la membrane amorphe basilaire, qui sépare à l'origine le
mésoderme des invaginations ectodermiques, en se basant sur
l'existence, dans le tissu conjonctif jeune, des vaisseaux sanguins qui manquent dans les épithéliums, on peut affirmer la
nature de l'un ou l'autre de ces tissus. La première règle
que nous suivrons consistera donc à déterminer les modifications morphologiques que subiront, d'une part, les involutions
épithéliales dans chacure de leurs parties constituantes au
sein du mésoderme, et à noter les changements qui surviendront dans les éléments conjonctifs avoisinants.

Les difficultés deviendront plus grandes, quand nous verrons la membrane basilaire disparaître entre les deux couches
ectodermiques et mésodermiques, et qu'il s'agira de différencier la couche des éléments basilaires (éléments de la couche
profonde de l'épithélium) des cellules conjonctives jeunes.
C'est un fait bien établi que la couche basilaire est constituée,
chez l'embryon et le fœtus, par des cellules où le noyau est
très développé, le corps cellulaire très réduit et les limites de
chaque élément peu distinctes de celles de l'élément voisin. Cette
c uche a donné lieu, en raison de cette composition, à la théorie
des noyaux libres naissant au sein d'une substance amorphe
fondamentale. Le tissu mésodermique embryonnaire présente
des éléments de forme identique (noyaux embryoplastiques ou
cytoblastions). Aujourd'hui, l'on sait pertinemment, grâce à
l'emploi des réactifs fixateurs et durcissants et après coloration des tissus au picrocarmin ou à l'hématoxyline, etc., que
les noyaux ne sont pas libres, ni dans l'un, ni dans l'autre
cas, mais qu'ils sont entourés chacun d'une zone de protoplasma, dont les limites sont plus ou moins accusées. Dans
ces conditions, il reste à reconnaître si ce protoplasma offre
les mêmes propriétés physiques et chimiques dans le tissu
mésodermique jeune et dans la couche basilaire épithéliale.

Malheureusement la chimie moderne ne nous renseigne
sur leur composition centésimale et leurs propriétés d
rentes. « Le résultat final de l'action de l'eau bouillante
« le tissu lamineux ou conjonctif est la liquéfaction et la
« solution du tissu lamineux dans l'eau, qui contient alor
« la *géline (matière collagène)*... Le tissu lamineux do
« d'autant moins de géline qu'il renferme plus de noy
« embryoplastiques; et, par suite, il en fournit aussi d'au
« moins qu'on le prend sur des sujets plus voisins de l'
« embryonnaire. Il faut tenir compte aussi de ce que dans
« conditions le tissu lamineux renferme une quantité
« grande de substance amorphe, hyaline, telle que celle
« est dans le cordon ombilical, qui ne donne pas de gé
« par l'ébullition, mais une substance analogue à la mu
« ou à la pyine. » (Ch. Robin, *Dict. Encycl. Art. Lamine*
p. 233.)

De même Gorup-Besanez (*Traité de Chimie Phys.*, t
franç., t. II, p. 128), après avoir parlé des tissus de l'e
bryon qui ne fournissent pas de gélatine, ajoute les consi
rations suivantes pour montrer l'évolution chimique du ti
lamineux : « Le blastème primitif ainsi que les corpuscu
« qui y sont enchâssés semblent constitués par une mati
« albuminoïde. Ces éléments se gonflent en présence
« acides acétique, tartrique et chlorhydrique, et finissent
« se dissoudre complètement. L'iode et l'acide chromique
« colorent en jaune, et le réactif de Millon en rouge.
« masse du blastème, soumise à l'ébullition avec de l'eau,
« fournit pas trace de gélatine; il en est de même du ti
« dans lequel les fibres commencent à faire leur apparitio
« Ce n'est qu'au bout d'un certain temps, quand les éléme
« anatomiques du tissu conjonctif sont nettement formés,
« l'on obtient la gélatine par coction. »

Bien que les éléments mésodermiques et les cellules épit
liales soient constitués de substances albuminoïdes, et dé
vent de la même cellule primordiale, il existe néanmoins
différences chimiques notables entre ces tissus. Tous les his
logistes savent, par expérience, que les mêmes liquides co
servateurs, le liquide de Muller, par exemple, exercent u
action variable sur ces deux sortes de divers tissus. Je ne c

qu'un seul fait relatif au sujet qui nous occupe : des embryons humains, des fœtus de veau, de mouton, de porc, etc., qui avaient séjourné quelques mois dans le liquide de Muller, ne pouvaient plus me servir pour l'étude des involutions glandulaires, parce que l'épithélium du pharynx et du voile du palais avait perdu toute cohésion avec le tissu mésodermique, qui était bien conservé, tandis que la couche épithéliale était devenue friable et se détachait ou s'effritait au moindre contact.

Un autre exemple est très instructif également : l'acide azotique colore d'une façon générale les diverses substances albuminoïdes, en jaune, surtout combiné à l'action de la chaleur. Cependant, le tissu conjonctif et l'épithélium se comportent sous l'influence de ce réactif d'une façon tellement différente, qu'il peut rendre de grands services dans un cas douteux : tout ce qui est d'origine épithéliale, non seulement la couche cornée de l'épiderme, mais toutes les assises épithéliales inclusivement, prennent une belle teinte jaune persistante, quand on y ajoute de l'acide azotique concentré ou dilué, (protoplasma et noyaux). Au contraire, le tissu du chorion, dès qu'il renferme des cellules conjonctives à l'état fusiforme ou étoilé, devient gélatiniforme, reste blanc, et il n'y a que les noyaux des éléments conjonctifs qui se teignent en jaune, en se rétractant et en se déformant notablement, ce qui n'a pas lieu pour les noyaux épithéliaux. L'emploi de l'acide azotique, qui agit de la même façon sur les tissus frais ou après leur séjour dans l'alcool, peut ainsi rendre de grands services dans bien des cas, quand il s'agit de savoir si tel groupe cellulaire séparé par une section ou à la suite de l'évolution, appartient au tissu épithélial ou au tissu conjonctif.

En suivant pas à pas les prolongements ectodermiques dans le chorion, en s'aidant de l'acide azotique, en colorant par le picrocarmin, le carmin aluné, l'hématoxyline, en notant le pouvoir tinctorial spécial des éléments mésodermiques et épithéliaux, surtout les caractères du protoplasma réunissant les noyaux, on parvient sans difficulté à affirmer la nature et l'origine de tout bourgeon épithélial, au sein du chorion, même quand il a été séparé par une lame mésodermique de l'épithélium superficiel.

Telles sont les données que nous allons appliquer à l'étude

dont on compte trois à quatre sur une coupe, arrivent
jusqu'auprès de la couche conjonctive fasciculée qui entoure
toute la formation ; elles sont simples dans leur plus grande
longueur et se bifurquent en trois à quatre branches vers l'extrémité profonde. Elles donnent en outre sur leur parcours, ainsi
qu'on le voit facilement, des branches secondaires de bourgeons
épithéliaux d'un diamètre de $0^{mm}, 1$ en moyenne, qui plongent
dans le tissu mésodermique. Ces bourgeons sont essentiellement constitués par des éléments épithéliaux et figurent déjà,
sur des coupes transversales, des *follicules clos* au milieu des
cellules conjonctives jeunes qui constituent la masse vasculaire
intermédiaire entre les diverses involutions.

Telles sont les notions qu'on acquiert par un examen à un
faible grossissement. En poussant l'investigation plus loin, et
en examinant la structure de ces diverses portions, ainsi que
les relations des introrsions épithéliales et du tissu conjonctif
jeune, on verra que l'embryon de $12^{cm}, 18^{cm}$ présente un état des
plus intéressants de l'évolution des amygdales. Celles-ci ont été
fixées par l'alcool et colorées au picrocarmin. L'épithélium de
la fossette amygdalienne est épais de $0^{mm}, 04$ à $0^{mm}, 08$ dont
$0^{mm}, 02$ pour la couche basilaire. En suivant cet épithélium
dans l'intérieur des involutions, on voit ses diverses parties se
modifier notablement : la couche basilaire atteint vers les bourgeons terminaux $0^{mm}, 04$ et $0^{mm}, 08$ de diamètre tout en restant
constituée par les mêmes cellules, dont le noyau arrondi à
$0^{mm}, 006$, se colore énergiquement en rouge et le corps cellulaire est granuleux et se teint en jaune orangé. Ce qu'il y a
de remarquable dans ces longues involutions épithéliales, c'est
la présence d'amas épithéliaux ayant tous les caractères d'une
couche cornée.

Nous retrouverons sur des fœtus plus âgés ces mêmes particularités, de même que d'autres espèces animales présentent
une évolution identique des cellules épithéliales des involutions, non seulement pendant la vie fœtale, mais pendant toute
l'existence. Ce fait s'explique aisément, quand on considère
la situation des cellules centrales des introrsions : elles ne
peuvent tomber en devenant muqueuses, comme dans la cavité
buccale ou pharyngienne ; elles sont soustraites à l'influence
d'un milieu liquide et alors elles subissent les modifications des

ment de la séparation des bourgeons épithéliaux en masse de l'involution primitive, grâce à l'interposition de lames méso-dermiques, et la constitution définitive du tissu amygdalien s'établira par la pénétration des traînées conjonctives dans ce bourgeon épithélial.

La figure 5 représente la section de la partie profonde d'une évolution épithéliale pleine sur un fœtus de 16^m/24^m. Au centre du bourgeon (*Rc*), on voit des cellules polyédriques de 0^{mm},010 à 0^{mm},012 dont le noyau a un diamètre de 0^{mm},003 à 0^{mm},004. Ces cellules adhèrent faiblement les unes aux autres, et sur-tout après l'action du liquide de Muller, un certain nombre d'entre elles se sont détachées et laissent des espaces vides. Le corps cellulaire de ces éléments se teint en jaune orangé sous l'influence du picrocarmin comme le font les éléments de la couche superficielle de l'épithélium pharyngien. Sur la péri-phérie de ce bourgeon, on aperçoit plusieurs rangées d'éléments épithéliaux atteignant une épaisseur de 0^{mm},01 à 0^{mm},016 (*R*). Les cellules qui les composent ont tous les caractères des éléments basilaires, c'est-à-dire un noyau de 0^{mm},004 à 0^{mm},006 fixant énergiquement les matières colorantes et entouré d'un mince corps cellulaire teint en jaune orangé par le picrocarmin. Les limites des cellules sont moins nettes qu'au centre, et ces élé-ments adhèrent plus solidement les uns aux autres ; aussi forment-ils une couche ininterrompue sur tout le pourtour de l'involution. La disposition et l'aspect de ces assises cellulaires sont fort remarquables : on croirait avoir affaire à une couche d'ostéoblastes. Sur la face externe de cette couche, il n'y a plus trace de membrane basilaire. On rencontre immédiatement, comme le montre la figure 5 (*fs, fs*) des traînées de 0^{mm},003 à 0^{mm},004 de tissu lamineux, teints en rouge et à apparence fasciculée. Ces traînées se continuent plus loin avec des tra-vées conjonctives plus larges contenant des vaisseaux sanguins, et, au milieu de ces travées, on aperçoit des rangées épithé-liales (*le, le, le*) constituées comme la couche périphérique du bourgeon ectodermique et séparées les unes des autres par les mêmes trabécules conjonctives. Plus loin encore, chacun des éléments épithéliaux est plus ou moins complètement entouré par le tissu conjonctif, en même temps qu'il a perdu sa confi-guration polyédrique, qu'il est devenu arrondi et que son corps

cellulaire s'est réduit à un liseré de 1 à 2 millièmes de n
mètre : noyau et corps cellulaire continuent néanmoins à con
ver leur nature primitive. Ainsi, en comparant les réaction
la forme de ces éléments d'une part aux cellules épithéliale
bourgeon ectodermique, et d'autre part aux éléments conj
tifs des traînées fasciculées, il est impossible de se tron
sur leur véritable nature. Les éléments mésodermiques
ovalaires, fusiformes ou étoilés, et leur corps cellulaire
des prolongements très nets, ce qui n'arrive jamais pour
cellules épithéliales. L'acide azotique gonfle les traînées
jonctives et jaunit les amas épithéliaux.

Nous sommes donc en présence d'un tissu dont les élém
reconnaissent une origine distincte ; les uns proviennent
feuillet ectodermique par invagination de ce dernier au mi
du tissu mésodermique. Pendant un certain temps, le b
geon ectodermique grandit et s'accroît vers la profondeur
la même façon que les involutions qui donnent naissance
poils, aux glandes sudoripares, etc., avec cette différence
les invaginations amygdaliennes sont composées non seulem
des couches basilaires du corps muqueux de Malpighi, n
comprennent les diverses assises cellulaires de tout le reve
ment épithélial.

Les bourgeons pileux ou sudoripares ou les glandes en t
ou en grappe restent entourées d'une paroi propre amor
correspondant à la membrane basilaire, qui les sépare du mé
derme, tandis que les involutions amygdaliennes perdent à
certaine époque la membrane basilaire, et c'est ainsi que le
éléments se mettent en contact immédiat avec le tissu conjo
tif. Celui-ci pénètre de distance en distance au milieu
traînées épithéliales et sépare les portions épithéliales les u
des autres. A cette différence initiale des deux espèces d'intr
sions, les unes composées uniquement d'éléments basilaires
les autres de toutes les couches épithéliales, s'ajoutent
phénomènes particuliers dans l'un et l'autre cas ; les glan
en tube ou en grappe présentent des cellules dont le prot
plasma disparaît par liquéfaction après avoir fabriqué les pri
cipes de la sécrétion, tandis que les involutions amygdalienne
tant qu'elles n'ont pas été pénétrées par le mésoderme, con
nuent à évoluer comme l'épithélium de la muqueuse buccal

en fournissant des éléments de desquamation. A un autre point
de vue, il est à remarquer que les involutions tonsillaires une
fois produites exercent une influence sur le mésoderme environnant qui prolifère notablement, et c'est probablement à
l'augmentation de masse et à la poussée des cellules conjonctives qu'est due la disparition de la membrane basilaire sur la
périphérie des bourgeons ectodermiques.

Aussi allons-nous assister à un processus tout différent pour
les cellules situées en dedans des involutions qui ne seront pas
pénétrées par le mésoderme et pour celles qui seront séparées
les unes des autres par le tissu conjonctif : dans ce dernier
cas, l'évolution des éléments épithéliaux se fera selon un type
spécial à certaines glandes vasculaires sanguines.

Comment désigner ce tissu nouveau dont le développement
donnera lieu à la formation amygdalienne? Nous ne pouvons
l'appeler tissu *lymphoïde* ou cytogène, parce que ce terme
implique que les éléments épithéliaux se transformeraient
directement en cellules lymphatiques ou leucocytes ; ce qui
est une hypothèse non démontrée encore. L'expression de
tissu *folliculeux* est tout aussi impropre, puisque au début,
l'aspect de ce tissu nouveau ne rappelle en rien l'apparence
des *follicules clos*. Plus tard, il prend, il est vrai, la forme
des *follicules clos*, expression consacrée par l'usage pour désigner les corps sphéroïdaux qu'on trouve à un certain âge
dans les amygdales, le pharynx et dans le chorion des muqueuses gastro-intestinales. Ce terme est mauvais, puisque ces
corps ne revêtent jamais la configuration de petits sacs. Mais
il y a plus, non seulement au début, mais vers la fin de son
évolution, nous verrons également ce tissu perdre la forme de
follicules clos, et cependant nous aurons toujours affaire au
même tissu. Je vais même plus loin : à l'état de leur plus
complet développement, les follicules clos constituent-ils des
corps ayant leur individualité propre, distincts des tissus ou
des organes dans lesquels ils sont contenus? Je n'ai trouvé
nulle part de réponse nette à cette question. On peut grouper
sous ce rapport les opinions en deux catégories :

Les uns prétendent que ces organes sont nettement distincts du tissu enveloppant dont les sépare une sorte de
capsule. Ceux-ci ne considèrent, en général, comme follicule

d'une pénétration, en masse d'abord, puis élément par élément, d'une trame mésodermique vasculaire et de cellules glandulaires ectodermiques ou entodermiques. L'étude de l'origine de ce tissu, de son état adulte et de sa fin, nous renseignera sur le rôle que chacun des éléments jouera dans l'évolution des amygdales.

Nous résumerons, par conséquent, nos observations sur les embryons humains de la façon suivante : les embryons jeunes présentent une première période, caractérisée par la production d'involutions épithéliales. Celles-ci sont constituées par toutes les couches ectodermiques, et séparées du mésoderme par une membrane basilaire qui les enveloppe de toutes parts. En même temps, on remarque dans la couche superficielle du chorion de la région des involutions, une abondante prolifération de cellules conjonctives, qui forment autour des bourgeons épithéliaux des amas mésodermiques très vasculaires. Sur les fœtus de 12^m/28^m, les bourgeons épithéliaux terminaux ont perdu leur membrane basilaire, et les éléments conjonctifs se mettent en contact avec les cellules épithéliales et viennent s'interposer entre les cellules ectodermiques sous forme de trabécules lamineuses. C'est là le premier stade de la formation du tissu angiothélial caractérisé par la pénétration réciproque des éléments du feuillet mésodermique et ectodermique. Nous emploierons quelquefois l'expression d'enchevêtrement, de tissu enchevêtré pour désigner ces phénomènes. Hâtons-nous d'ajouter que pendant ce premier stade les involutions ectodermiques continuent à s'allonger et à pousser des branches secondaires, en même temps que le tissu mésodermique continue à être le siège d'une prolifération très active, de sorte que la masse de l'ébauche tonsillaire augmente notablement de dimensions comme cela ressort des mensurations que nous avons données plus haut. Dans la zone qui forme le tissu angiothélial au premier stade, les fibres conjonctives sont séparées les unes des autres par des amas de cellules épithéliales, et ne sont pas encore accompagnés de capillaires.

En examinant des fœtus âgés, on voit la fossette amygdalienne se prononcer, ce qui se produit par le développement plus notable des saillies déterminées par les piliers du voile

en plus nettement des tissus voisins. Sur une coupe, on aperçoit un diverticule central creux, d'où partent cinq à six bourgeons dont la plupart sont remplis d'épithéliums. Ils traversent
la formation comme les rameaux et les ramuscules d'un arbre.
Les coupes montrent une série de bourgeons terminaux pleins,
entourés de mésoderme et que la section a séparés des diverticules épithéliaux. Tandis que ceux-ci présentent la composition de l'épithélium buccal, les bourgeons terminaux ne sont
composés que des éléments de la couche basilaire. Bien que
la membrane basilaire ait disparu sur la plus grande portion
de leur périphérie, il est toujours facile de reconnaître, après
l'action des réactifs colorants, les bourgeons épithéliaux à teinte
rouge sur fond jaune orangé, et de les distinguer du tissu
angiothélial périphérique, qui offre des éléments identiques,
mais plus espacés, puisque les fibres conjonctives remplissent
leurs intervalles et donnent au tissu un fond blanc, transparent.

On voit sur une coupe cinq à six bourgeons épithéliaux arriver à une distance de 0^{mm},2 à 0^{mm},5, et l'intervalle est rempli
par du tissu angiothélial au premier stade et par du tissu
mésodermique jeune. Ce dernier forme encore la masse principale de l'ébauche amygdalienne. Les vaisseaux sillonnent en
tous sens ce tissu conjonctif jeune et sont représentés par des
capillaires et des canaux allant jusqu'à un diamètre de 0^{mm},04.
En faisant abstraction des bourgeons épithéliaux, entourés de
leur zone de tissu angiothélial, la masse amygdalienne figure sur
une coupe l'aspect uniforme que présente la section d'un bourgeon charnu.

Sur un fœtus un peu plus âgé, long de 22^{cm}/32^{cm} (fin du septième
mois), l'organe présente à peu près les mêmes dimensions. La
fossette amygdalienne a une profondeur de 3 millimètres. Le
chorion possède, au pourtour de cette fente, aussi bien sur le
pilier antérieur que sur le pilier postérieur, une épaisseur de
0^{mm},08. A ce niveau l'épithélium a un diamètre de 0^{mm},06 et
sa face profonde commence à devenir irrégulière en raison
des saillies que forme le chorion et qui sont déjà hautes de
0^{mm},008 à 0^{mm},01 (rudiment des papilles). La couche basilaire
est de 0^{mm},016 à 0^{mm},02 dans cette région, mais en pénétrant
dans les diverticules elle s'augmente légèrement en épaisseur
pour atteindre dans les bourgeons terminaux 0^{mm},1. Les invo-

Chez l'enfant à la naissance (fig. 3), l'amygdale prend un volume tel qu'elle commence à faire saillie du côté de la cavité pharyngienne; sa surface libre, qui offre la série d'orifices propres aux diverticules longs de 0^{mm},5 à 1^{mm} et larges de 0^{mm},200 à 0^{mm},300, arrive au niveau des piliers antérieurs et postérieurs. Mais il reste toujours une trace de la fossette amygdalienne, comme l'a montré His.

Chaque diverticule est revêtu d'une couche épithéliale stratifiée et entourée d'une paroi glandulaire de 0^{mm},2 à 0^{mm},35. Celle-ci formée d'un tissu analogue à ce que nous avons vu chez un fœtus à terme, c'est-à-dire d'une série de grains plus foncés, séparés par du tissu plus clair. Ce sont les lobules dont les uns sont au même stade que précédemment, tandis que les autres ont une partie de la masse formée du tissu angiothélial au premier et au deuxième stade. La vascularité augmente dans les portions interlobulaires.

Les auteurs s'arrêtent généralement ici dans la description des phénomènes évolutifs de l'amygdale et se contentent d'ajouter que les follicules s'accentuent de plus en plus par la différenciation des cellules indifférentes ou mésodermiques. En continuant à poursuivre cette étude sur des enfants de plus en plus âgés, nous verrons au contraire que le développement du tissu angiothélial n'en est qu'à ses stades primitifs au moment de la naissance.

Chez l'enfant d'un an environ (fig. 4), la face muqueuse ou interne des amygdales présente une gouttière large de 2 millimètres et profonde de 1 millimètre. Sur une section transversale on voit partir du fond de la gouttière amygdalienne quatre à cinq involutions ou diverticules épithéliaux. Ceux-ci atteignent une profondeur de 1 à 2 millimètres; ils sont creux et ils possèdent une lumière centrale de 0^{mm},1 à 0^{mm},12. Ils sont revêtus, comme la gouttière amygdalienne, d'un épithélium pavimenteux stratifié de 0^{mm},06. Sur leur pourtour ils envoient dans le tissu amygdalien une série de bourgeons épithéliaux pleins. L'épaisseur de la formation tonsillaire est de 2 millimètres et sa largeur transversale de 3 millimètres. La constitution de ce tissu est d'une grande simplicité: de l'enveloppe conjonctive, épaisse de 0^{mm},1 à 0^{mm},2 reliant l'amygdale à la tunique musculaire striée, partent des travées de

tissu lamineux épaisses de 0^mm,15 et renfermant des group
de glandes sous-muqueuses. Ces travées se dirigent vers l'
tervalle qui sépare deux involutions et donnent sur leurs de
faces une série de prolongements conjonctifs allant rayonn
vers le diverticule correspondant. La portion de tissu compr
entre l'épithélium de chaque diverticule et la travée conjon
tive constitue le tissu angiothélial propre à chaque segme
de l'organe creusé d'un diverticule. Nous appelleronu c
segments les *lobes* amygdaliens, qui ne diffèrent les uns c
autres que par le volume et les dimensions, mais offrent to
une texture identique. En effet, en partant de l'épithélium
revêtement du diverticule, on voit que celui-ci ne prései
plus de membrane basilaire et, de distance en distance,
émet des bourgeons pleins formés de cellules basilaire
Ceux-ci ont l'aspect d'amas épithéliaux à contours mal de
nités et plongent de tous côtés dans le tissu angiothélial
premier stade (début de la pénétration), entouré lui-même
tissu folliculeux à l'état d'infiltration lymphoïde diffuse po
parler le langage des histologistes d'aujourd'hui (deuxiè
stade ou *achèvement de la pénétration*). Ce dernier est, en ef
composé de cellules épithéliales, arrondies, à noyau fix
énergiquement les matières colorantes, telles que le pier
carmin et l'hématoxyline, et à corps cellulaire très réduit. C
éléments sont écartés les uns des autres par des filaments co
jonctifs de 0^mm,0005 à 0^mm,001, provenant des travées co
jonctives interlobaires. En approchant des bourgeons pu
ment épithéliaux, on voit le réticulum devenir de plus
plus délicat et les cellules basilaires présenter une mas
plus volumineuse, de 0^mm,008 à 0^mm,01 et plus loin le cor
cellulaire de deux éléments voisins devenir immédiateme
contigu l'un à l'autre, comme c'est le cas des cellules b
silaires dans la couche profonde des membranes épith
liales.

Des vaisseaux ayant un calibre de 0^mm,1 se trouvent da
l'enveloppe de l'organe et les travées interlobaires, tandis q
le tissu angiothélial au deuxième stade ne possède encore q
des capillaires. Je ne saurais dire s'il existe déjà des vaissea
lymphatiques. Insistons sur une particularité très intéressant
His et Schmidt ont cru pouvoir placer la prolifération des él

ments lymphoïdes ou glandulaires dans la tunique adventive des vaisseaux.

On voit, en effet, les petits vaisseaux entourés d'une zone de tissu riche en éléments cellulaires : la forme et les réactions de ces éléments montrent qu'ils appartiennent au mésoderme, ce sont des cellules conjonctives jeunes qu'on distingue des éléments épithéliaux non seulement par les prolongements et l'apparence de leur corps cellulaire, mais encore par la transparence gélatineuse qui résulte de l'addition d'une goutte d'acide acétique ou d'acide formique. Les cellules épithéliales du tissu angiothélial ne présentent rien de semblable. La présence d'une zone conjonctive plus épaisse autour des vaisseaux concorde avec ce fait que les travées conjonctives se forment en premier lieu le long de vaisseaux sanguins, dans le tissu angiothélial. Signalons encore les nombreux globes épithéliaux dont les éléments se teignent en jaune et sont disposés concentriquement à l'axe des diverticules chez l'enfant d'un an. En résumé, chez l'enfant d'un an, les lobules ne sont donc pas délimités encore ; la plupart représentent des grains plus foncés, purement épithéliaux, entourés d'une zone au premier stade et réunis les uns aux autres par une couche intermédiaire qui est au deuxième stade.

Nous nous attacherons à décrire en détail l'évolution tonsillaire dans l'espèce humaine, pour le motif que tout ce qui concerne le développement de l'homme offre un intérêt bien plus immédiat que celui de n'importe quel mammifère. Nous devons faire remarquer cependant que certains auteurs tels que Kölliker et Th. Schmidt sont d'avis que l'étude de ces organes est hérissée de sérieuses difficultés et que la structure normale serait fort malaisée à élucider en raison des nombreuses maladies dont les amygdales et les glandes folliculaires seraient le siège. A un autre point de vue, il faudrait peut-être être fort circonspect et réservé dans ses conclusions, si l'on considérait que les sujets humains meurent la plupart de maladies, et qu'il est difficile d'avoir des tissus frais. Nous avons cependant eu la bonne chance d'avoir à notre disposition les tonsilles de plusieurs suppliciés morts dans la force de l'âge et qui offraient toutes les conditions de bonne santé. En comparant les résultats généraux qui découlent de l'étude chez l'homme aux faits

pourvu de vaisseaux sanguins. Le nombre de grains qui sont disposés en une série unique autour du diverticule et à égale distance de son épithélium et de la cloison interlobaire est de 14 à 20 sur une coupe.

En se servant d'un grossissement plus fort, on reconnaît aisément que les grains sont la plupart constitués par les mêmes éléments que ceux que la couche basilaire des diverticules : en un mot, ils sont simplement formés de tissu épithélial à état de cellules basilaires, à noyaux entourés d'un faible corps cellulaire, dont les contours sont peu distincts. Sur la périphérie de ces grains, on remarque une zone de tissu à apparence plus claire et traversé par de nombreux prolongements ou fibrilles conjonctives. C'est la zone d'enchevêtrement ou de pénétration réciproque (premier stade). Plus en dehors existe la couche de tissu angiothélial avec nombreux capillaires (au deuxième stade).

Nous voyons, en somme, que nous avons l'apparence de *follicules clos*, mais ces corps sont loin d'avoir la même texture au centre qu'à la périphérie : dans leur portion centrale, ils sont épithéliaux, manquent de vaisseaux, tandis que la portion périphérique résulte de la pénétration des éléments épithéliaux par une trame conjonctive réticulée et vasculaire. Chacun figure un territoire de même constitution que les territoires voisins et leur réunion constitue tout le lobe amygdalien, comme les lobes eux-mêmes forment ensemble l'amygdale. Nous avons donc affaire aux *lobules* nettement délimités les uns des autres et séparés du diverticule par le chorion, qui s'est interposé entre le bourgeon épithélial et l'involution qui a donné naissance à ce dernier. Remarquons seulement que le lobule est à sa première phase d'évolution, puisque le centre est formé uniquement d'éléments ectodermiques.

Sur un enfant de trois ans et demi, où les tonsilles étaient normales et furent enlevées dans d'excellentes conditions, ces organes atteignaient une longueur de 12 millimètres, une épaisseur de 7 millimètres et une hauteur de 11 millimètres. La face interne ou muqueuse présente plusieurs orifices de 1 millimètre en moyenne, donnant entrée dans les diverticules. Sur une coupe transversale passant par le milieu des amygdales, on compte trois diverticules en moyenne, traversant toute

l'épaisseur de l'organe et se bifurquant ou se trifurquant d
la profondeur. L'épithélium de la muqueuse de l'isthme du
sier, est épais de 0^{mm}.3 et le chorion de la surface tonsillaire
hérissée de papilles longues de 0^{mm}.2. La muqueuse se c
tinue directement avec celle des diverticules dont l'épithélium
stratifié et a un diamètre de 0^{mm}.120 à 0^{mm}.150. Les dive
cules ne diffèrent que par les dimensions et représentent cha
le centre d'un lobe. En effet, on voit qu'il existe, à égale dista
de deux diverticules principaux, une lame ou cloison conjonc
épaisse de 0^{mm}.5 à 11 millimètres, partant de la capsule p
phérique qui atteint déjà un diamètre de 0^{mm}.8 à 0^{mm}.l
nous suffit, par conséquence, d'étudier la texture de l'un
lobes quelconques pour connaître la structure de tout l'orga

Chaque diverticule (fig. 8) revêtu de son épithélium est
touré d'une couche de tissu angiothélial épaisse de 0^{mm}.
1 millimètre en moyenne, sur une longueur de 0^{mm}.3 à 0^m
et sur une épaisseur de 0^{mm}.2 à 0^{mm}.3. Ces bourgeons ter
naux sont distants les uns des autres par une lame de ti
angiothélial dont le centre est au deuxième stade, atteign
0^{mm}.120 à 0^{mm}.15 de diamètre. Quand les bourgeons sont s
tionnés perpendiculairement à leur axe, l'aspect change :
aperçoit une série de *grains* épithéliaux, arrondis, dont l'axe
occupé par un amas de cellules polyédriques, la partie moye
par des éléments épithéliaux sous forme de cellules basilai
arrondies et la portion périphérique par du tissu angiothél
Dans ces conditions, on croit avoir affaire à des follicules d
les parties centrales sont épithéliales. Nous en sommes enc
au premier stade de la formation et de la constitution du lobu
avec cette différence que la partie centrale, épithéliale, a no
blement diminué de volume, quand on la compare aux sta
précédents (fig. 3, 4).

Sur un enfant de quatre ans et demi, les amygdales ont u
longueur de 1^{cm}.5 et une largeur de 0^{cm}.8 au milieu. La f
muqueuse ou interne est occupée par une gouttière longitu
nale large de 2 millimètres et profonde de 2^{mm}.5. Le pourto
de cette gouttière est limité par une épaisseur de tissu glan
laire d'un diamètre de 2 à 4 millimètres sur les bords, n
atteignant 5 à 6 millimètres vers le fond. De celui-ci parte
une série de diverticules creux, au nombre de quatre à ci

sur une section transversale, ayant une longueur de 2 à 4 millimètres et creusés d'une lumière centrale de 0^{mm}.5 à 1 millimètre. L'épithélium de la gouttière amygdalienne est épais de 0^{mm},150 et se continue avec celui des diverticules. Le chorion commence à présenter des traces de papilles.

L'enveloppe conjonctive a acquis une épaisseur de 1 à 2 millimètres et se présente sous la forme d'une capsule fibreuse dont la moitié contiguë à l'amygdale offre de nombreuses fibres élastiques. De sa face interne se détachent à des distances variables, de 1 millimètre à 1 millimètre sur les bords, de 5 millimètres à 5 millimètres au centre, des travées fibreuses épaisses de 0^{mm},06 à 0^{mm},08 qui séparent les lobes de l'organe les uns des autres. Sur la périphérie, ces travées interlobaires vont de la capsule au chorion de l'isthme du gosier, tandis qu'au centre elles n'occupent encore que la moitié profonde de l'amygdale.

Nous allons examiner maintenant la texture d'un de ces lobes. Le centre de chaque lobe est occupé par un diverticule creux ou rempli de globes épithéliaux. Celui-ci est revêtu d'une couche épithéliale continue qui manque de membrane basilaire vers l'extrémité profonde. Le tout est entouré d'une couche de tissu angiothélial dont l'épaisseur varie de 0^{mm},8 à 1^{mm},5. Le long des travées interlobaires (fig. 9, *t t*), la trame forme d'épaisses traînées conjonctives renfermant de nombreux vaisseaux d'un calibre notable. De là, on passe insensiblement à la masse angiothéliale à apparence uniforme dans laquelle les mailles sont larges, formées par des fibres conjonctives et ne renfermant que des vaisseaux capillaires (fig. 9, *p p*).

Peu à peu on voit les fibrilles conjonctives devenir plus fines et s'écarter davantage les unes des autres, le tissu offrir les caractères du premier stade ou du début de la pénétration réciproque, et former une zone assez large entourant des amas épithéliaux plus sombres et de dimensions moitié moindres que sur les enfants plus jeunes et dans lesquels le mésoderme n'est pas arrivé encore (fig. 9, *p c*).

Les coupes montrent une apparence uniforme de ce qu'on connaît sous le nom de tissu lymphoïde diffus avec des taches plus sombres et se teignant plus énergiquement sous l'influence des matières colorantes. Celles-ci correspondent aux

amas de cellules basilaires à contours déchiquetés. Tandi
qu'il y avait apparence de follicules clos chez l'enfant à l
naissance jusqu'à celui de trois ans et demi, l'aspect précéden
tend de plus en plus à disparaître en raison de l'envahisse
ment des derniers bourgeons épithéliaux par le tissu con
jonctif. En outre, les lobules sont mal délimités, puisque l
périphérie des uns et des autres se confond.

Sur un enfant de cinq ans et demi, les amygdales présen
taient un grand diamètre de 2 centimètres, un diamètre trans
versal de 1mm.5 et une hauteur de 1 centimètre. Les diver
ticules, les lobes et les travées interlobaires ont notablemen
augmenté de volume et de masse. Autour d'un diverticule o
trouve en moyenne une épaisseur de 2 à 4 millimètres d
tissu angiothélial. Mais ce qui frappe tout d'abord quand o
examine une coupe à cet âge, c'est l'apparence toute diffé
rente sous laquelle se présente ce tissu : l'aspect de follicule
clos a réapparu, grâce à l'évolution rapide des tissus ton
sillaires.

Il s'agit de montrer comment s'est faite cette différence d
texture, aux dépens des deux sortes d'éléments ectodermique
et mésodermiques.

Sur une coupe, on aperçoit (fig. 10) des territoires o
taches sombres de 0mm.36 à 1 millimètre de diamètre,
forme ovalaire ou arrondie ; elles sont séparées les unes de
autres par un tissu plus clair et plus ferme. Ce dernier es
constitué par un tissu angiothélial au deuxième stade : de
fascicules de tissu conjonctif avec de nombreux vaisseau
sillonnent le tissu glandulaire et émettent de tous côtés de
fibres lamineuses qui déterminent en s'anastomosant de
mailles serrées. Ce tissu prend une teinte rouge jaunâtre
tandis que les taches fixent fortement le carmin, quand o
colore au picrocarmin. Ces dernières sont composées d'u
tissu angiothélial au premier stade, à savoir une trame réti
culée et des amas épithéliaux constitués par des cellule
basilaires dont le corps cellulaire est très minime. Les vais
seaux commencent à approcher de cette portion centrale. L
long de ces vaisseaux, on remarque du tissu lamineux qu
émet des filaments conjonctifs de 0mm,0005 à 0mm,001 allan
rayonner en tous sens à travers les amas épithéliaux.

Comment peut-on se rendre compte de la disparition de la plupart des bourgeons épithéliaux, surtout du côté profond de l'organe; de l'apparence uniforme du tissu amygdalien vers l'âge de quatre ans, de l'apparition de la disposition folliculeuse ou lobulaire et de l'établissement des lobules à réticulum central? Si l'on admet la différenciation des éléments conjonctifs mésodermiques et leur transformation en éléments lymphoïdes ou même leur passage à l'état de cellules épithéliales, je ne vois pas en vertu de quel mécanisme les follicules clos ou portion centrale des lobules offriront à une certaine époque l'arrangement ovalaire ou arrondi au milieu du tissu chorial. Je ne saisis pas davantage la raison de l'agencement vasculaire qui, comme nous le montrerons plus tard, prend au début une apparence rayonnée, le centre du lobule restant dépourvu de vaisseaux jusqu'à une certaine phase de l'évolution. Suivons, au contraire, le développement du tissu angiothélial, tel que nous l'avons observé et décrit : à l'origine, nous ne voyons qu'une pénétration en masse de bourgeons épithéliaux au centre des lames choriales, le mésoderme et l'ectoderme restant séparés l'un de l'autre par une membrane basilaire. Dès que celle-ci disparaît à la périphérie des bourgeons ectodermiques, le tissu conjonctif mésodermique pénètre entre les éléments épithéliaux sur tout le pourtour du bourgeon. En faisant une section de l'amygdale d'un an vers quatre ans, nous trouvons des taches épithéliales centrales de configuration allongée, ovalaire ou arrondie, selon le sens de la coupe, et une zone périphérique de tissu angiothélial au premier stade, et plus loin au deuxième stade d'évolution. Plus tard (enfant de cinq ans et demi), les préparations nous montrent des aspects identiques, avec cette différence de texture que toute la masse des taches épithéliales centrales est envahie par des traînées conjonctives, lesquelles commencent à envoyer des fibrilles lumineuses à travers le centre des amas épithéliaux. Les portions périphériques, c'est-à-dire les parties intermédiaires aux taches angiothéliales au premier stade, présentent au contraire un réseau à mailles serrées contenant les éléments glandulaires et accompagné de vaisseaux sanguins déjà volumineux.

Le tissu angiothélial continuant à évoluer dans le même

sens, il arrivera peu à peu que la trame conjonctive e
laire gagnera en volume et en épaisseur ; une porti-
masse amygdalienne, de plus en plus grande, passser
de tissu angiothélial au deuxième stade. Les parties c
diminueront de diamètre, en même temps qu'on y
réseau conjonctif proliférer et déterminer la produ
mailles à fibres lamineuses plus épaisses et plus rés
C'est ainsi qu'on voit les portions centrales du
offrir un réticulum de plus en plus net et plus
mettre en évidence par les coupes et le pinceautage
semble que l'exposé précédent permet seul d'expli
marche des phénomènes : chaque bourgeon terminal de
lutions primitives devient ainsi le centre d'apparitio
follicule ou lobule, pour la raison que sa présence est l
prochaine de la pénétration concentrique du tissu chor

Sur un supplicié de vingt ans, de forte constitutio
amygdales avaient une hauteur de 2 centimètres, et for
une saillie hémisphérique et à surface bosselée entre le
antérieur et le pilier postérieur du voile du palais. Com
pilier postérieur part de la base de la luette, l'extrémité
rieure du côté interne est séparée de cette base de la
par une distance de 6 millimètres. La saillie amygdalient
corps avec le voile du palais et a un diamètre transversal de :
timètres. Cette particularité nous fera comprendre les rap
spéciaux de l'amygdale du veau et du mouton. De là, l'a
dale se dirige, en bas et en avant, vers la base de la lan
en se rétrécissant de façon que le sommet n'atteint plus q
diamètre de 1 centimètre, sous la forme d'une saillie de
8 millimètres au-dessus de la muqueuse latérale du phar
A la partie supérieure, ou vers le milieu de la base de l'a
dale, se trouve une fossette dirigée obliquement de hau
bas et de dedans en dehors, longue de 7 et large de 2 n
mètres.

A la partie interne de cette fente, on voit de 4 à 5 orif
ressemblant à des piqûres d'épingle. Plus bas, le long du c
interne, et occupant la moitié interne et postérieure de la sa
tonsillaire, il existe huit orifices atteignant de $0^{mm},5$ à 1 mi
mètre de diamètre. Ces orifices conduisent dans les diverticu
qui pénètrent en tous sens la masse tonsillaire. Les coupes u

trent qu'à égale distance de deux diverticules passent des cloisons
conjonctives, qui proviennent de la capsule périphérique et qui
subdivisent tout l'organe en une série de lobes ayant chacun un
diverticule central. Malgré l'étendue variable des lobes, ils montrent une texture identique : c'est, pour nous servir un instant
des expressions courantes, un tissu lymphoïde diffus dans lequel
sont rangés des follicules clos se présentant sous l'aspect d'une
série de *grains* plus sombres et bien délimités. Ces derniers
fixent les matières colorantes d'une façon plus intense que le
tissu environnant et ont également une résistance plus faible;
de sorte que, sur les coupes, on aperçoit souvent des vides,
qui résultent de ce que ces grains ont été détachés pendant
les manipulations. Voici quelles sont les dimensions et les
rapports de quatre grains sur la portion périphérique de
l'amygdale en question : ces grains mesurent de $0^{mm},360$
à $0^{mm},7$ de diamètre en tous sens. Les interlignes qui séparent
deux grains voisins sont épais de $0^{mm},240$, et le point de rencontre de ces interlignes, entre les quatre grains, constitue
une portion d'un diamètre de $0^{mm},7$.

Quelle est la texture de ces diverses parties du tissu glandulaire? La masse plus considérable (fig. 11, *il*), plus transparente, présente les rapports suivants des éléments épithéliaux avec le tissu conjonctif : celui-ci se montre sous forme de
pinceaux de filaments très nets, homogènes et assez résistants
au sortir du liquide de Muller. Le picrocarmin ne le colore
que fort peu en jaune. Ces filaments lumineux s'envoient de
nombreuses anastomoses, de manière à déterminer un réseau
à mailles très étroites. On compte à peine, sur une coupe,
deux à trois éléments épithéliaux dans chaque maille, qui a
un diamètre de $0^{mm},008$ à $0^{mm},01$. Il résulte de cet arrangement, que la plupart des cellules glandulaires sont séparées
les unes des autres par un filament du réticulum : de là, la
transparence, ainsi que la résistance plus grande à la dilacération de cette portion du tissu.

En approchant des *grains,* les faisceaux de tissu lamineux
prennent une disposition concentrique autour de chaque grain,
et on aperçoit par places des sortes de vides, remplis par un
grand nombre de leucocytes. Il est probable, sans que l'on
puisse rien affirmer à cet égard, tant que l'on n'aura pas pu

pratiquer des injections sur les amygdales de l'homm
sont là les endroits de prédilection où passent les v
lymphatiques.

Quoiqu'il en soit, les filaments conjonctifs parvienn
à la surface du grain, en devenant d'une finesse ext
faut faire des coupes très minces et employer de for
sissements pour voir distinctement le réticulum de 0^{mm}
peine, qui englobe les éléments épithéliaux. Il convie
suivre depuis la périphérie, pour le voir diminuer, jusq
la portion centrale. Les endroits où il est le plus aisé de
tinguer, sont ceux où les vaisseaux sanguins de la
claire envoient un capillaire dans le grain. Cette déli
du réticulum du grain nous explique la contiguité plus
diate des cellules glandulaires, la fragilité extrême de
portion et sa moins grande transparence sur les coup
vaisseaux sanguins sont en relation intime avec le déve
ment de la trame conjonctive : d'une richesse consid
dans la partie plus claire, ils sont peu abondants et ré
l'état de capillaires, dans la partie plus foncée.

Chez un supplicié d'une trentaine d'années, les amy
ont encore une longueur de 4 à 5 centimètres et une épa
de 1 centimètre. Les diverticules avec leurs orifices ex
et sont séparés les uns des autres par une épaisse
1 centimètre de substance glandulaire. Voici les différ
qu'offre la texture de ces tonsilles avec celle du précé

De la coque périphérique se détachent des travées con
tives, à aspect fibreux, et épaisses de 1 millimètre. Les
seaux qui s'y trouvent sont abondants et d'un calibre
$0^{mm},01$ à $0^{mm},1$. Au fur et à mesure qu'elles avancent
l'organe, on voit s'en détacher des trabécules lamineuse
$0^{mm},012$, et renfermant des vaisseaux capillaires. Ces tr
cules rayonnent en tous sens et en se rencontrant délimi
des champs plus ou moins réguliers de tissu glandulaire
diamètre moyen de $0^{mm},15$. En étudiant la structure de l
de ces champs, qui représente un véritable lobule, n
connaîtrons celle de l'amygdale entière. Nous retrouvons à
périphérie la substance plus transparente fixant moins éner
quement les matières colorantes et au centre, les grains pl
foncés à la lumière transmise et plus colorables. Mais la p

nière a augmenté aux dépens des autres. Les intervalles qui séparent les grains sont de 0^{mm},4 à 0^{mm},6 et le diamètre des grains n'est plus que de 6^{mm},2 à 6^{mm},3.

La masse glandulaire est traversée de distance en distance par des travées conjonctives, à aspect fibreux, épaisses de 0^{mm},18 à 0^{mm},25 et prenant leur origine sur la coque conjonctive épaisse de 0^{mm},6 à 1 millimètre qui enveloppe tout l'organe. En suivant ces travées, on les voit émettre sur toute leur périphérie une série de trabécules conjonctives qui se continuent avec des faisceaux pénétrant au milieu du tissu glandulaire.

En examinant les coupes, on se rend compte de la disposition de ces divers éléments. Signalons d'abord ce fait que les diverticules dont nous avons décrit le nombre et le mode d'ouverture sur la muqueuse pharyngienne n'ont plus qu'une longueur insignifiante comparativement aux dimensions de l'organe. On peut explorer une série de sections sans en trouver un seul sur une étendue de 1 centimètre à partir de la coque fibreuse limitante.

À cette époque, les diverticules sont revêtus d'un épithélium semblable à celui de la face muqueuse des amygdales : la couche basilaire est constituée par des cellules cylindriques, puis vient la couche à éléments polyédriques et enfin une couche superficielle de cellules plus ou moins aplaties, formant çà et là des globes épithéliaux. Le chorion présente des papilles dans les diverticules.

La plus grande masse des tonsilles est pleine, mais est loin d'offrir l'aspect d'un tissu uniforme et homogène. De distance en distance, on aperçoit dans la masse générale plus claire, des sortes de *grains* plus sombres et à limites assez distinctes. En colorant les coupes, ces grains se teignent plus énergiquement que la portion enveloppante.

Quant à ce qui concerne la composition de l'une et l'autre de ces portions, elle est la même que précédemment, si ce n'est que les filaments du réseau ont augmenté d'épaisseur et atteignent des dimensions mesurables, de 0^{mm},001 à 0^{mm},002 et 0^{mm},003. Les grains ont également un réticulum plus net et plus résistant et renferment plus de vaisseaux sanguins. Les cellules épithéliales sont les mêmes dans l'une et l'autre

portion ; elles sont plus ou moins arrondies, ont un diamèt
de $0^{mm},008$ à $0^{mm},009$ en moyenne, avec un noyau de $0^{mm},0$
à $0^{mm},006$ se colorant au picro carmin énergiquement en roug
au sortir du liquide de Muller, tandis que le corps cellulai
devient jaune pâle.

Sur un autre supplicié de 30 ans, les amygdales étaient
grandeur inégale : l'une avait une longueur de $2^{cm},5$, u
largeur de $1^{cm},8$, et une épaisseur moyenne de 1 centimètr
l'autre était plus petite, longue seulement de 2 centimètre
large de $1^{cm},2$ et épaisse au centre de 8 millimètres. L
face interne ou épithéliale était creusée d'une gouttiè
longitudinale longue de 1 centimètre et profonde de 5 cen
mètres, que limitait de part et d'autre, une lame de tis
glandulaire. Sur le fond de cette gouttière s'ouvraient l
diverticules de l'organe.

Après avoir fixé les amygdales dans l'alcool, et après av
pratiqué des coupes, qui ont été colorées au picro carmin
montées dans la glycérine, on voit que les sections transversal
passant par la partie médiane de l'organe présentent trois
quatre lobes à limites distinctes sur la face externe, mais pl
ou moins confondues vers la gouttière amygdalienne. Les clo
sons conjonctives interlobaires s'insèrent sur la capsule amy
dalienne qui est fibreuse et épaisse de $0^{mm},5$ à $0^{mm},6$. Sur u
épaisseur de $0^{mm},5$ à 1 millimètre selon les endroits, le tis
angiothélial est devenu ferme ; la charpente fibreuse est den
et les éléments glandulaires sont séparés les uns des autr
par des fascicules conjonctifs égalant la moitié ou le diamèt
même de cellules épithéliales. C'est le stade fibreux de l'évol
tion du tissu angiothélial.

En approchant davantage des diverticules centraux du lob
on voit les portions centrales des lobules séparés les uns d
autres par du tissu interlobulaire à trame conjonctive moi
développée. Ces portions centrales lobulaires figurent comm
plus haut des territoires arrondis ou ovalaires à apparence pl
claire. Le tissu y est au 2e stade : c'est du tissu angiothéli
constitué par un réseau très fin englobant les cellules gland
laires. Sur la plupart des lobules, cette portion centrale e
déchirée sur les coupes en raison du peu de solidité de l
trame. Sur beaucoup d'endroits les lobes ne présentent plu

en fait de lobules ou de follicules clos, que des espaces d'un diamètre de $0^{mm}.01$ à $0^{mm}.02$ et un peu plus transparents : c'est la fin du 2° stade marqué par la prochaine disparition de la portion claire du lobule, qui a passé tout entier au 3° stade. La plupart des diverticules sont remplis d'une substance épidermique homogène, à couches concentriques et offrant les réactions de la couche cornée épidermique ou plutôt de la couche cornée unguéale, mais les noyaux des cellules ne sont pas apparents avec les réactifs ordinaires.

Notons encore la présence de lacunes dans les portions périphériques du tissu angiothélial au 3° stade. Ce fait est remarquable à cet âge : mais nous indiquerons leur origine et leur mode de constitution plus loin.

Sur un homme de cinquante ans, la surface interne des amygdales est criblée d'orifices conduisant dans des diverticules profonds de 1 à 2 centimètres et d'une largeur semblable. Ils sont tapissés d'un revêtement épithélial de $0^{mm}.100$ à $0^{mm},120$, analogue à celui du pharynx dont il continue à partager les propriétés. Les diverticules les moins profonds sont entourés d'un chorion fibreux et épais de $0^{mm}.2$ à $0^{mm}.3$, séparant le tissu glandulaire de la surface épithéliale.

Les champs glandulaires ou lobules sont séparés les uns des autres par des travées fibreuses épaisses de $0^{mm}.4$ à $0^{mm}.5$, ce qui fait un épaississement quarante fois environ plus fort que sur le sujet de trente ans. Les grains glanduleux, plus foncés, sont très rares et très petits. Le fait le plus intéressant et le plus frappant consiste dans les relations et le développement de la trame fibreuse comparée aux cellules épithéliales ou glandulaires. En partant des trabécules qui sont devenues de larges cloisons, l'on observe que les fibres connectives forment des travées ondulées et plissées dans lesquelles se trouvent par places des groupes de cellules épithéliales, et plus loin ces mêmes éléments isolés et séparés les uns des autres par des faisceaux fibreux de $0^{mm}.05$ à $0^{mm}.1$. De là ces faisceaux se dirigent vers le centre du lobule amygdalien et deviennent de plus en plus déliés jusqu'au moment où ils se résolvent dans le réticulum ordinaire que nous avons décrit sur des sujets plus jeunes. En un mot, le tissu angiothélial subit les modifications régressives ; les éléments mésodermiques évoluent ici

comme il le fait partout : d'abord embryonnaire et à é
ments arrondis, puis fibroplastique, il est devenu tis
conjonctif fasciculé, et les éléments épithéliaux inclus da
ses mailles ont subi les conséquences de la compressi
consécutive à son hypertrophie : ils se rarifient et disp
raissent sur les portions périphériques du lobule. En un m
la partie glandulaire active du tissu angiothélial s'atrophi
tandis que la trame augmente en consistance et en solidité. (
processus est accompagné ou suivi d'un phénomène dont je n
trouvé aucune indication dans les auteurs. Dans ces portio
atrophiées, on remarque un grand nombre d'alvéoles (fig. 12) q
se présentent sur les coupes comme des sections de cana
larges de 0^{mm},04 en moyenne, à limites nettes et remplie
après le traitement par l'alcool, d'une quantité de cristaux
margarine à disposition étoilée. D'où proviennent ces vide
Seraient-ils des lymphatiques énormément dilatés, et mai
tenus béants par la trame fibreuse qui l'enveloppent de to
côtés? Je ne le pense pas. Nous verrons plus loin qu'ils résulte
de la régression des éléments glandulaires, qui devienne
graisseux et se résorbent. Les cristaux adipeux sont, en effe
englobés dans une masse amorphe et transparente, solid
qui proviendrait du protoplasma fusionné des cellules ép
théliales.

L'hématoxyline ne colore ni la substance hyaline, ni les co
puscules graisseux, qui conservent leur teinte jaune citri
Sous l'influence de l'acide acétique, au sortir du liqui
Muller, les alvéoles ressemblent à des gouttes d'huile, da
lesquelles on voit encore des granules à contours foncés et réfri
gents. Quand on fait passer la préparation à l'éther, il ne res
plus que d'immenses vacuoles complètement vides de tou
substance. L'acide azotique accentue également le contour de
alvéoles, qui semblent contenir une substance huileuse, a
milieu de laquelle apparaissent des corpuscules sphériqu
limités également par une ligne foncée, réfractant forteme
la lumière. Il me semble que ces réactions permette
de conclure que les éléments du tissu angiothélial disparai
sent à un âge avancé, par la dégénérescence graisseuse. L
trame conjonctive semble résister plus longtemps que les élé
ments épithéliaux, parce qu'on voit partir, de la masse hyalin

qui remplit la moitié d'une alvéole, une série de filaments qui paraissent être les restes des fibres connectives.

Sur les tonsilles d'un homme de cinquante-cinq ans et sur une femme de quatre-vingt-trois ans, on rencontre, dans les portions périphériques de l'amygdale et au milieu du tissu angiothélial arrivé au troisième stade d'évolution, les mêmes espaces vides ayant un diamètre de $0^{mm},1$ à $0^{mm},5$, et séparés les uns des autres par des travées angiothéliales ou simplement fibreuses de $0^{mm},012$ à $0^{mm},02$. Le tout figure une série d'alvéoles. Les uns sont complètement vides, tandis que les autres sont remplis, en partie ou complètement, de la substance spéciale décrite plus haut.

Comment se forment ces alvéoles? Dans les portions angiothéliales voisines, l'on constate que les éléments acquièrent un corps cellulaire notable, deviennent polyédriques et le protoplasma se teint en jaune sous l'influence de l'acide picrique. Plus près des alvéoles, on voit les corps cellulaires se fusionner, le noyau disparaître, et il en résulte une masse réfringente, remplie de corpuscules de $0^{mm},001$ à $0^{mm},004$, dont le contour est foncé, et qui montrent souvent, dans leur intérieur, un ou deux granules se colorant en rose par le carmin. Sous l'influence du séjour dans l'alcool, ou dans le liquide de Muller, il se forme des aiguilles de margarine, rayonnant à partir du centre vers la paroi de l'alvéole qui paraît avoir été faite à l'emporte-pièce.

Pour compléter cet exposé des phénomènes régressifs qui persistent à travers les variations individuelles, nous décrirons encore quelques exemples de tonsilles sur des sujets vieux. Les amygdales d'un homme de soixante-six ans figurent des masses ovoïdes longues de $1^{cm},5$ et épaisses de 1 centimètre. Les coupes montrent que sur une étendue de 1 millimètre, à partir de la coque fibreuse enveloppante, le tissu angiothélial est dense, composé de faisceaux connectifs épais et creusé d'un grand nombre d'espaces vides, tels que nous les avons décrits plus haut. Les cellules épithéliales sont rares et fixent, de moins en moins énergiquement, les matières colorantes, tandis que le tissu fibreux se colore en rouge par le picrocarmin. Sur la limite interne de cette portion périphérique, on peut assister, pour ainsi dire, à la production des alvéoles : on voit, en effet,

des groupes d'éléments glandulaires larges de 0^{mm},016 à 0^{mm},02
se teindre bien plus faiblement que les portions avoisinantes.
On reconnaît encore les cellules et surtout leurs noyaux; plus
loin on en aperçoit d'autres complètement incolores, et enfin
ce sont des vacuoles deux à quatre fois plus larges.

Peu à peu, en approchant de la portion centrale de l'amygdale, le tissu fibreux diminue, et nous retrouvons le tissu
angiothélial, tel que nous le connaissons, mais nulle part il
n'existe plus de grains plus foncés, c'est-à-dire des cellules
épithéliales avec le réticulum délicat du jeune âge. Partout la
trame est représentée par des fibres larges et bien nettes. Les
diverticules parviennent au centre de cette masse. Ils sont
tapissés par une couche épithéliale épaisse de 0^{mm},240 à
0^{mm},400, et offrent la série d'assises cellulaires que nous avons
si souvent mentionnées pendant le développement. Il est à
remarquer que les cellules centrales, munies de noyaux, ont
un corps cellulaire fusiforme et se colorant en jaune orangé,
comme la couche superficielle de l'épithélium buccal. Il n'y a
plus de véritable chorion limitant ces diverticules, et la membrane basilaire n'est plus bien nette. Tandis que du côté de la
surface pharyngienne le chorion épais de 1 millimètre sur
certains points est devenu fibreux, les diverticules sont directement enveloppés par du tissu angiothélial, tel qu'il existe sur
les sujets jeunes dans la masse amygdalienne. Ce fait est bien
propre à montrer que le tissu angiothélial, qui a commencé à
apparaître du côté de la tunique musculaire à la pointe des
premières involutions, a continué à se produire pendant
longtemps, même jusque dans un âge assez avancé. En effet, je
trouve que sur ce sujet, il existe encore des bourgeons longs
de 0^{mm},2, uniquement composés de cellules basilaires et enveloppés de tous côtés par des éléments épithéliaux et mésodermiques jeunes.

Cette pièce, qui avait macéré huit jours dans le liquide de
Muller, et qui avait ensuite été durcie suivant les procédés
ordinaires, met en évidence un autre fait apte à nous renseigner sur le mode de l'atrophie glandulaire.

En effet, dans les portions devenues fibreuses (fig. 12), les coupes
montrent une richesse très grande de vaisseaux d'un calibre
de 0^{mm},06, avec de nombreux capillaires ayant formé, dans l

tissu angiothélial non modifié, des mailles dont le diamètre ne dépasse pas 0^{mm},06 à 0^{mm},08. Les vaisseaux y sont larges de 0^{mm},008 à 0^{mm},024 en moyenne. Ce n'est donc pas par défaut de vascularisation, mais plutôt à la suite d'une nutrition par trop active que les éléments conjonctifs du tissu angiothélial évoluent de façon à devenir fibreux. Mentionnons encore la présence de larges espaces anguleux vides, nettement limités, qui me semblent représenter la coupe des gros troncs lymphatiques, ne pouvant pas revenir sur eux-mêmes dans le tissu fibreux de l'amygdale.

Un autre sujet d'une soixantaine d'années, dont j'ai décrit la chaîne hyoïdienne ossifiée d'une façon remarquable (voy. *Société de Biologie*, 1886), m'a présenté un degré d'atrophie plus prononcé encore.

Le tissu angiothélial n'avait plus qu'une épaisseur de 5^{mm} et restait confiné autour des diverticules. Les portions périphériques, sur une épaisseur de 2 à 3^{mm}, étaient devenues fibreuses. Elles étaient littéralement parsemées des alvéoles dont nous avons déjà parlé : après l'action de l'alcool et du liquide de Muller, ceux-ci étaient remplis d'aiguilles de margarine, qui disparaissaient dès qu'on ajoutait de l'éther.

Les amygdales de la femme de quatre-vingt-trois ans, dont nous avons parlé plus haut, offrent des phénomènes identiques, mais le tissu angiothélial est encore bien plus abondant que sur les deux sujets décrits précédemment. Il y a une portion devenue fibreuse sur la périphérie et remplie d'alvéoles, dans lesquels se trouvent des corpuscules graisseux.

Il est par suite fort probable que le processus de l'évolution normale des amygdales peut être beaucoup plus avancé chez des individus de soixante ans que sur d'autres de quatre-vingts ans. Il serait intéressant de multiplier les observations sur ce point et de voir quelles sont les constitutions où le phénomène est plus hâtif. Peut-être y a-t-il aussi une relation générale entre la durée normale de la vie et l'état des glandes vasculaires sanguines.

L'évolution des tonsilles chez l'homme se laisse ainsi subdiviser en plusieurs périodes : la première période est caractérisée par la formation des invaginations épithéliales dans la région de l'isthme du gosier et par la production, dans leur intervalle, de nodules conjonctifs embryonnaires et très vasculaires. Bientôt

on voit apparaître des bourgeons épithéliaux secondaires sur le
involutions qui sont devenues creuses ; la membrane basilair
disparaît à leur périphérie en même temps que les éléments épi
théliaux prolifèrent abondamment et forment des amas de ce
lules ayant les propriétés morphologiques de la couche basilair
La seconde période présente des phénomènes de divers ordres
l'augmentation des nodules conjonctifs amène peu à peu la sép
ration de la portion terminale des bourgeons d'avec l'involutio
originelle, qui persiste sous forme de diverticules creux. Le
rapports de la masse épithéliale incluse dans le tissu mésode
mique changent à la suite de la disparition de la membrane ba
laire : soit par des mouvements propres aux éléments ectode
miques ou mésodermiques, soit simplement par une diminutio
de cohésion entre les éléments épithéliaux, on constate u
pénétration du tissu conjonctif entre les cellules épithéliale
L'apparence folliculaire des lobes amygdaliens jusque vers de
à trois ans résulte de la présence de grains épithéliaux entour
1° d'une zone de tissu angiothélial au premier stade ; 2° d'u
zone de tissu angiothélial au deuxième stade. Vers l'âge de ci
ans, les grains centraux sont constitués par du tissu angiothéli
au premier stade, et les portions intermédiaires, de tissu angi
thélial au deuxième stade. Ce sont les *lobules amygdaliens.*
vingt ans, les lobules sont vasculaires dans toute leur épaisseu
Ils se délimitent de plus en plus nettement les uns des autr
par l'augmentation de la charpente conjonctive à la ligne de co
tact de deux lobules voisins. Les grains centraux diminuent
dimension pour une raison semblable.

Dans un âge avancé, les follicules clos diminuent de dime
sions et même disparaissent sur certains points. La cause pi
chaine de ce phénomène réside dans l'augmentation,
nombre et en épaisseur, des trabécules conjonctives,
envahissent la masse du follicule clos et rendent au tissu amy
dalien un aspect uniforme. Simultanément, on observe d
espaces vides sous forme d'*alvéoles*, dont les plus récents re
ferment des débris cellulaires. Sous l'influence des réactifs,
y voit apparaître des aiguilles de margarine. C'est là la pha
ultime de l'évolution des amygdales, caractérisée par la régr
sion graisseuse des éléments propres, et par l'hypertrophie
stroma conjonctif.

Le développement et l'évolution de ces organes, chez l'homme, peuvent donc se résumer de la façon suivante : 1° production d'involutions épithéliales et épaississement du chorion; 2° formation et détachement des bourgeons terminaux, puis pénétration, éléments par éléments, de la trame mésodermique et du tissu ectodermique. L'apparence de follicules clos se produit et existe seulement tant que la répartition du tissu conjonctif est plus forte dans les portions périphériques que dans les portions centrales. Le stade régressif suit de près la transformation fibreuse du stroma et donne au tissu tonsillaire un aspect alvéolaire.

J'ai eu l'occasion de pratiquer quelques coupes sur la région amygdalienne d'un singe (macaque); comme la mort datait de plusieurs jours, les tissus étaient en mauvais état de conservation. Néanmoins, voici les dispositions générales qu'il m'a été donné d'observer. La formation tonsillaire figure une fente longue de 2 à 3^{mm}, limitée de chaque côté par une lame de tissu glandulaire, épaisse de 0^{mm},3 à 0^{mm},4. Celui-ci est constitué par une série longitudinale de lobules d'un diamètre moyen de 0^{mm},2 et séparés les uns des autres par des cloisons de tissu conjonctif. Ces dernières émettent des travées lamineuses aussi épaisses que les traînées glandulaires, qu'elles séparent avant d'aller former la trame du tissu angiothélial. Ce fait me fait supposer que le singe était d'un âge assez avancé et que l'évolution de ce tissu ressemble à celle que nous avons décrite chez l'homme.

Ruminants.

A. — ÉVOLUTION DES TONSILLES CHEZ LE BŒUF.

Avant de commencer la description des amygdales chez le bœuf, nous allons rapidement passer en revue la forme, l'étendue et les rapports de l'isthme du gosier, compris comme une région spéciale, telle que nous l'avons définie, p. 6. Nous nous adresserons de préférence aux fœtus, parce que chez ceux-ci le siège des tonsilles est plus difficile à déterminer que chez l'adulte et nous croyons ainsi faciliter les recherches des travailleurs.

Sur le veau de 63 centimètres de long, l'isthme du gosier représente un tube musculo-membraneux long de 3 centi-

mètres environ. La paroi supérieure est formée par la face inférieure (antérieure) du voile du palais. Ce dernier ne prend pas part en entier à la constitution du voile : sa partie antérieure faisant suite à la voûte palatine se trouve située en avant de l'orifice pharyngo-oral ; elle atteint une longueur de 1ᵐ,5 et une largeur de 3 centimètres.

A partir de son niveau postérieur, le voile du palais n'a plus qu'une étendue latérale de 2 centimètres, parce que ses parties latérales se réfléchissent verticalement en bas pour constituer en avant les piliers antérieurs et plus en arrière les parois latérales de l'isthme du gosier. Ces parois latérales sont hautes de 1 centimètre à 1ᵐ,5 et offrent une surface interne légèrement concave de haut en bas.

Les amygdales sont situées à une distance de 1 centimètre en arrière de l'orifice pharyngo-oral et à 2 centimètres de l'orifice naso-oral. Elles se trouvent placées sur les parties latérales de la portion horizontale du voile, au point où celui-ci se réfléchit pour constituer la paroi latérale de l'isthme. Elles ont une position symétrique de chaque côté du raphé médian, dont elles sont éloignées de 5 à 6 millimètres. La région amygdalienne est bien délimitée du reste de la muqueuse et se présente comme une fossette à bords saillants.

L'orifice naso-oral est formé en haut par le bord postérieur concave du voile, latéralement par les piliers postérieurs et en bas par la jonction de la langue avec l'épiglotte. A l'état de repos, l'épiglotte fait une saillie derrière l'orifice naso-oral et s'ouvre dans le pharynx à proprement parler.

Sur le veau de 95 centimètres, à terme, ce bord postérieur du voile présente un rudiment de luette sous la forme d'un tubercule de 2 millimètres de large et de haut. L'isthme du gosier a conservé la même configuration, sauf une augmentation de toutes les dimensions. Les amygdales sont situées au même point, à 3 centimètres en avant de l'orifice naso-oral et éloignées du raphé par une distance de 1ᵐ,5. La fossette amygdalienne a une surface de 6 à 8 millimètres, et se présente comme un infundibulum à base évasée dont les bords se continuent avec la muqueuse environnante. Sur la portion postérieure de l'infundibulum, on remarque une série de 6 à 10 trous, larges de 1 millimètre allant pénétrer dans la muqueuse. En pratiquant une section en travers, on voit que chaque tonsille constitue une masse globuleuse de 1 centimètre de diamètre environ. L'infundibulum en occupe le centre et tout autour de ce canal central existe une paroi épaisse de 5 à 6 millimètres, et parsemée de grains ou lobules glanduleux. Ceux-ci ont une forme triangulaire à angles mousses : le sommet en est dirigé vers le canal central et la base tournée vers la surface externe de l'organe. Le diamètre longitudinal de chaque lobule est de 2 à 3 millimètres et le diamètre transversal de 1 millimètre.

Sur le veau de 25 centimètres de long (13e à 14e semaine de la gestation), on aperçoit dans l'isthme du gosier à 1 centimètre en avant du bord postérieur du voile du palais, la fossette amygdalienne sous la forme d'un orifice de 1 millimètre de diamètre longitudinal et d'un diamètre transversal de 0^{mm},4 entre la base de la langue et le côté latéral du voile du palais. A partir de l'entrée jusqu'au fond de l'infundibulum, il existe un canal de 2 millimètres de long. Il a sur un parcours de 1 millimètre, un calibre 0^{mm},5 en moyenne. De là ce canal va s'amincissant sur une longueur de 1 millimètre où il n'a plus qu'un diamètre de 0^{mm},05, pour se terminer en pointe dans la profondeur. Des sections pratiquées dans la formation amygdalienne selon le grand axe de ce conduit montrent ce que l'on peut suivre dans la figure 13 : du fond de l'infundibulum part une involution épithéliale qui donne naissance à six ou huit digitations secondaires, visibles sur une seule coupe. Ce sont des bourgeons épithéliaux pleins se prolongeant dans le chorion.

La longueur de ces digitations secondaires est de 1^{mm},05 et leur diamètre qui, de 0^{mm},05 à l'origine, va en diminuant dans la profondeur où elle se termine par une pointe de 0^{mm},01. Chaque digitation secondaire de 0^{mm},04 donne une digitation tertiaire de 0^{mm},01 de diamètre et d'une longueur de 0^{mm},04 à 0^{mm},05. Ces digitations sont séparées les unes des autres par des digitations semblables de tissu mésodermique, mais disposées en sens inverse : leur base, correspondant au sommet des involutions épithéliales, est profonde et large de 0^{mm},04 et la pointe très effilée se trouve intercalée entre la base des involutions épithéliales.

Nous voyons donc en résumé que l'ébauche tonsillaire est représentée à cette époque par une formation de 1 millimètre

de diamètre en tous sens, ayant une configuration arro
die et constituée par la pénétration en masse d'une série
branches et de rameaux épithéliaux au milieu du mésoderm
Mais ces deux tissus sont nettement délimités l'un de l'aut
bien qu'ils s'entrecroisent et se correspondent comme les doi
des deux mains qui se joignent dans l'attitude de la prière.

D'après la configuration de l'ébauche tonsillaire, il nous
très facile, surtout quand nous la comparons à ce qui se pa
chez les autres animaux, de nous rendre compte du mode d'a
parition primitive de l'organe. Il a dû débuter par une invo
tion unique, dont le fond s'est élargi ; puis elle s'est creu
d'un canal central au fur et à mesure qu'elle s'enfonçait dans
mésoderme. Bientôt l'extrémité profonde de l'involution enve
des divisions secondaires pleines qui, sur une section longi
dinale, donnent à l'amygdale l'aspect d'une formation palmé

Quelle est la composition des tissus qui forment l'ébauc
tonsillaire ?

L'épithélium de l'isthme du gosier a une épaisseur de 0^{mm}.
environ et l'assise profonde de la couche basilaire est con
tituée par des cellules prenant une forme cylindrique. Elles so
hautes de $0^{mm},008$ et larges de $0^{mm},005$ à $0^{mm},006$. En se con
nuant dans la fossette amygdalienne, l'épithélium augmer
d'épaisseur et atteint $0^{mm},21$. Le long des involutions, les é
ments basilaires sont cubiques, ont un diamètre de $0^{mm},006$
$0^{mm},007$ en tous sens et forment une rangée unique sauf v
le fond des bourgeons où ils constituent des amas de cellul
basilaires longs de $0^{mm},04$ et larges de $0^{mm},02$. Le reste d
involutions, c'est-à-dire la portion centrale est occupée par d
cellules polyédriques de $0^{mm},01$ à $0^{mm},02$ de diamètre avec
beau noyau arrondi ou ovalaire.

Le chorion et la couche sous-muqueuse atteignent sur le vo
du palais 1 millimètre d'épaisseur. Vers l'orifice de la fosse
amygdalienne, ils augmentent de volume et y acquièrent u
épaisseur de 2 millimètres. Sur tout le pourtour de la fosse
amygdalienne, le chorion et la couche sous-muqueuse ont 4^{mm}
à partir de l'épithélium jusqu'à la tunique musculaire.

Ils sont constitués à cette époque par du tissu lamineux, q
présente une quantité considérable de cellules conjonctiv
dont la plupart sont à l'état fusiforme ou étoilé. Le noyau c

ovoïde ou allongé de 0^{mm},004 à 0^{mm},005 dans le sens du petit
diamètre et de 0^{mm},007 à 0^{mm},008 pour le grand diamètre. Le
corps cellulaire envoie des prolongements colorés en rouge,
et tandis que le noyau est teint en rouge vif (après l'action de
l'alcool et du picrocarmin), le corps cellulaire et les prolongements sont colorés en rose pâle et séparés les uns des autres
par une matière amorphe de 0^{mm},002 à 0^{mm},003 non colorés
par les réactifs. Le chorion et la couche sous-muqueuse sont
remplis de glandes en grappes ou glandes muqueuses atteignant une longueur de 1 à 2 millimètres et diversement
ramifiées. Les glandes sous-muqueuses ont, à leur origine,
un diamètre transversal de 0^{mm},020 ; plus loin elles atteignent un
diamètre de 0^{mm},028 à 0^{mm},030 et présentent de distance en
distance des bourgeons latéraux. Sur cette épaisseur de
0^{mm},030 on remarque de chaque côté une rangée de 0^{mm},008
d'éléments épithéliaux, qui ont la même constitution que la
couche basilaire de l'épithélium dont ils procèdent et au centre
une couche de 0^{mm},014 à 0^{mm},016 claire et transparente. Ce
sont des éléments ayant subi la modification muqueuse.

Les portions terminales ou acini de ces glandes ont un
diamètre de 0^{mm},05 et sont uniquement constituées par des
amas de cellules basilaires dont les périphériques ont un
diamètre de 0^{mm},006 et les centrales des dimensions de
0^{mm},009.

On voit donc que, dès l'origine, les éléments des involutions donnant lieu aux glandes en grappes et ceux qui vont
former les tonsilles, quoique se développant aux dépens d'éléments basilaires semblables, évoluent les premiers en se détruisant par liquéfaction de leurs éléments, et les seconds en
constituant des assises multiples de cellules polyédriques.

Sur un veau de 41 centimètres de long (25° à 26° semaine de la gestation), le voile du palais est long de 22 millimètres ; un peu en arrière du pilier antérieur du voile
du palais et empiétant de chaque côté sur les parties latérales
du velum, se trouve un orifice large de 0^{mm},6 à 1 millimètre,
qui donne dans la fossette représentant l'ébauche amygdalienne, la région amygdalienne s'ouvre à la surface de la
muqueuse par un orifice large de 0^{mm},6 environ. La formation
tonsillaire représente une masse ovoïde faisant saillie dans la

profondeur du chorion et atteignant un diamètre de 5mm,5 en
tous sens. Une section passant par l'orifice et par le milieu de
l'organe montre que la profondeur du diverticule creux primitif n'est encore que de 0mm,4, tandis que les bourgeons secondaires et tertiaires figurent des ramifications pleines. Sur une
coupe, on compte de 40 à 50 digitations d'un calibre de 0mm.6,
vers le fond du diverticule, puis allant décroissant vers la face
profonde où les bourgeons terminaux n'ont qu'une largeur de
0mm,120 à 0mm.06. Les espaces intermédiaires remplis par le
mésoderme ont une étendue équivalente.

Les involutions épidermiques sont nettement limitées du
mésoderme qui les englobe. Chaque involution, considérée sur
une section transversale, comprend une couche centrale d'éléments épidermiques à l'état de cellules polyédriques de 0mm.012
à 0mm,026 contenant un noyau de 0mm.006 à 0mm.007. La plupart des involutions sont limitées par la membrane basilaire
sur laquelle repose une couche de cellules basilaires épaisse de
0mm,02 à 0mm,04 et offrant la même structure que sur le veau
de 25 centimètres de long.

Le tissu mésodermique est très vasculaire et les corps fibroplastiques y prédominent avec leurs prolongements qui lui
donnent un aspect fasciculé.

Le meilleur procédé pour mettre en évidence les particularités différentielles des uns et des autres consiste dans le
moyen suivant : sur une pièce conservée, dans l'alcool, on fait
le durcissement et les coupes d'après la façon ordinaire, mais
après avoir monté les coupes dans l'eau, on ajoute à la préparation plusieurs gouttes d'acide azotique pur. On les laisse
dans cet état 24 ou 48 heures, puis on lave dans l'eau et on
monte définitivement la préparation dans la glycérine..afin de
pouvoir la fermer et la conserver définitivement. J'ai déjà signalé à diverses reprises l'action caractéristique de l'acide azotique sur le derme d'un côté, l'épiderme de l'autre. L'involution épithéliale dans le cas présent est colorée en jaune intense
et examinée à la lumière transmise, la substance épidermique
se montre avec une apparence jaune, peu transparente et les
granules qui parsèment noyaux et corpscellulaires sont également teints en jaune. Le tissu cellulaire mésodermique au contraire est devenu transparent, gélatineux, d'un blanc homogène

On reconnaît les éléments embryoplastiques et fibroplastiques dont les noyaux apparaissent sous forme de corpuscules gris clair, avec un contour foncé, entourés d'un corps cellulaire transparent ainsi que les prolongements qui en partent. L'involution épithéliale et le tissu cellulaire sont séparés l'un de l'autre par une membrane qui s'est comportée tout autrement vis-à-vis du réactif. Le tissu cellulaire non seulement a gonflé, mais est devenu mou et facilement pénétrable. L'involution épithéliale a gonflé également, mais la membrane basilaire formée de substance amorphe n'a pas changé de consistance : elle s'est déformée sous l'influence de l'acide azotique. Aussi voit-on à la périphérie de la couche basilaire une série de bosselures ou d'ondulations à angles mousses, alternativement saillants et rentrants ; plus loin, il se présente comme des incisures pratiquées sur la périphérie de l'involution; de là résulte la surface crénelée particulière du bourgeon. Sur la coupe, la membrane basilaire a l'aspect d'une fine ligne jaunâtre, transparente, de $0^{mm},0005$ à $0^{mm},001$ de diamètre. Sur les préparations colorées au picrocarmin ou à l'hématoxyline, cette membrane basilaire n'est pas moins nette, elle se présente sous la forme d'une ligne jaune ou rouge vineux à double contour. On peut conserver les préparations traitées par l'acide azotique pendant des mois, et voir les caractères du mésoderme et de l'épiderme rester aussi tranchés.

Les digitations secondaires présentent à leurs extrémités un certain nombre de bourgeons terminaux, constitués uniquement par des cellules basilaires et autour desquels la membrane basilaire a disparu. A ces endroits, les éléments mésodermiques ont commencé à pénétrer au milieu des éléments épithéliaux. Mais comme il est plus facile d'observer ce processus sur des fœtus plus âgés, nous nous contentons de signaler ici le début de la 2° période.

Sur le veau de 41 centimètres de long, la surface externe de la formation tonsillaire est arrivée au contact de la tunique musculaire ; sur celui de 63 centimètres de long, on voit par places des faisceaux musculaires striés pénétrer entre deux bourgeons épithéliaux. Il est très facile de se rendre compte de ce fait, si l'on veut bien réfléchir à l'énorme allongement qu'ont subi les involutions épithéliales : ne pouvant se loger dans le chorion de

la région tonsillaire, elles dissocient les portions profondes de
la tunique musculaire. On en trouve formant des groupes d'un
diamètre de $0^{mm},2$ à une distance de 1 millimètre de la surface
tonsillaire.

Le diverticule primitif s'est prolongé sur le veau de 63 centimètres (24e à 25e semaine de la gestation) dans toute la portion
centrale du rudiment tonsillaire dont toutes les involutions se
sont creusées d'une lumière centrale, limitées par une épaisseur d'épithélium de $0^{mm},120$ en moyenne. Dans cette partie de
l'organe, l'épithélium repose sur une membrane basilaire et le
tissu mésodermique qui remplit les intervalles entre les diverticules se présente sous l'aspect d'un tissu conjonctif à l'état
fibroplastique fasciculé et très vasculaire.

L'aspect et la structure du tissu épithélial et du tissu mésodermique changent, dès qu'on approche des portions périphériques avoisinant la tunique musculaire. Ici, les bourgeons épithéliaux sont pleins sur une épaisseur de 1 millimètre; tandis
que sur les diverticules creux du centre, la couche basilaire ne
dépasse pas un diamètre de $0^{mm},025$ à $0^{mm},03$, nous voyons les
bourgeons terminaux constitués uniquement par des cellules
basilaires. Quand les tissus frais ont été fixés par l'alcool absolu
et les coupes colorées à l'hématoxyline, on peut assister à ce
niveau au phénomène de la multiplication des cellules épithéliales, en même temps qu'à la formation du tissu angiothélial.
Signalons d'abord le pouvoir électif différent de la substance
amorphe mésodermique et du corps cellulaire des éléments
embryoplastiques et fibroplastiques, quand on le compare à la
substance cellulaire épithéliale. Celle-ci se colore en violet pâle
tandis que la première reste blanche et est parsemée seulement de quelques granules violets. Les noyaux des cellules
épithéliales, ainsi que ceux du tissu cellulaire, fixent énergiquement l'hématoxyline. Les noyaux des cellules, basilaires sont
sphériques ou ovoïdes, ont un diamètre de $0^{mm},006$ à $0^{mm},009$ et
montrent un réseau nucléaire (chromatine) affectant toutes les
dispositions de la division nucléaire. La substance nucléaire ou
achromatine est amorphe et colorée en violet plus pâle que les
granules. Un contour pâle de $0^{mm},001$ à $0^{mm},002$ marque la seule
présence du corps cellulaire dans ces éléments de la couche
basilaire. Il n'existe plus trace à ces endroits de membrane

basilaire et les éléments épithéliaux proéminent sous forme de saillies mal délimitées dans le tissu cellulaire. Celui-ci présente également une multiplication active de ses éléments, mais la substance intercellulaire pâle est toujours plus abondante et en voie de dissocier les groupes épithéliaux en s'engageant dans l'intervalle des cellules basilaires. Les phénomènes sont identiquement les mêmes que sur les fœtus humains, mais ils sont plus aisés à suivre, en raison de la facilité plus grande d'avoir des pièces fraîches. Le tissu cellulaire ici n'est plus à l'état embryoplastique quand l'enchevêtrement a lieu, il est nettement fibrillaire, les fibrilles et la substance amorphe se colorent peu et il est facile de suivre ce tissu sur les limites des involutions et de le voir arriver entre les éléments épithéliaux énergiquement teints en violet.

Sur le veau de 63 centimètres, on trouve déjà sur le pourtour des bourgeons terminaux des manchons de tissu angiothélial au premier stade d'évolution et atteignant une épaisseur de $0^{mm}.6$. Il est inutile d'ajouter que les cellules basilaires y continuent par voie de karyokinèse leur multiplication très active. Pour distinguer nettement les éléments épithéliaux des cellules mésodermiques, je recommande ici encore l'emploi de l'acide azotique, dont une goutte est ajoutée à la coupe après l'action de l'alcool. Quand on a lavé à l'eau et monté la préparation dans la glycérine, on peut la conserver pendant des mois. Partout où il y a du tissu conjonctif, on voit les noyaux faiblement teints en jaune, et le corps cellulaire, ainsi que la substance amorphe d'un gris vineux très pâle. Les involutions épithéliales sont d'un jaune intense, substance cellulaire et nucléaire. Dans le tissu angiothélial, les cellules épithéliales sont séparées les unes des autres par un interligne de $0^{mm}.001$ à $0^{mm}.002$ et davantage, ayant la même apparence, la même coloration gris vineux que le tissu cellulaire.

L'examen des préparations au picrocarmin confirme tous ces faits.

Les sections pratiquées sur la région tonsillaire du veau de 96 centimètres de long (fœtus à terme) montrent à un faible grossissement que l'évolution du tissu angiothélial a marché à pas rapides depuis la 25e semaine jusqu'à la fin de la période fœtale. L'organe est nettement divisé en lobes ayant des

dimensions de 1 à 2 millimètres sur les coupes et séparés le
uns des autres par des cloisons interlobaires de 0mm.18 à 0mm.
La capsule amygdalienne a une épaisseur de 0mm.2 à 0mm.4
contient de gros vaisseaux sanguins. Nous nous bornerons
décrire un des lobes périphériques, ce qui nous permettra d
nous rendre compte de la texture de tout l'organe.

Un lobe d'un millimètre de diamètre montre en moyenne
section de cinq à six diverticules, dont la lumière central
représente une fente allongée longue de 0mm.2 et large d
0mm.02 à 0mm.03. L'épithélium qui la circonscrit est pavimer
teux et épais de 0mm.08. La portion interne est formée d
cellules polyédriques dont le corps cellulaire se teint énerg
quement en jaune orangé. La portion périphérique est cons
tuée par des éléments basilaires commençant à deven
allongés. Il n'y a plus trace de membrane basilaire. Chaq
diverticule est entouré d'une zone de tissu angiothélial lar
de 0mm.20 à 0mm.45. C'est sur les coupes colorées au picroca
min qu'on suit avec une extrême facilité le passage du tiss
épithélial pur au tissu angiothélial au premier stade forma
une zone épaisse de 0mm.06 à 0mm.08. Les cellules basilair
sont séparées les unes des autres par un intervalle de cor
cellulaire de 0mm.001 à 0mm.002 teint en jaune orangé, pu
peu à peu on voit cet intervalle augmenter en passant dans
tissu angiothélial, et d'un noyau à l'autre on peut observer l
zones suivantes : d'abord un liséré cellulaire de 0mm.001 colo
en jaune, puis une zone intermédiaire blanche, ou rougeâtr
transparente (tissu lumineux) variant de 0mm.001 à 0mm.004
enfin le liséré cellulaire de l'élément voisin. Les exemples
karyokinèse sont d'une abondance très grande dans ce tis
angiothélial au premier stade.

En dépassant cette zone de tissu angiothélial au premier stad
on arrive peu à peu à un tissu dans lequel la trame conjonctive
plus abondante et présente de nombreux capillaires : c'est le tis
angiothélial au deuxième stade d'évolution, qui constitue la pl
forte portion du lobe. C'est une masse à aspect uniforme qui, v
par transparence, est moins sombre que l'épithélium des dive
ticules et le tissu angiothélial au premier stade. Il est constit
par une trame conjonctive se présentant comme des faiscea
de fibres pâles, se colorant en jaune clair par le picrocarmi

épaisses de $0^{mm}.003$ et déterminant un réseau allongé, contenant des traînées d'éléments épithéliaux. Mais des parties latérales de ce réseau partent à une distance de $0^{mm}.008$ en $0^{mm}.008$
des filaments qui, en se continuant avec un filament voisin, déterminent des mailles ne contenant chacune qu'une seule cellule
épithéliale de $0^{mm}.006$ à $0^{mm}.007$. Des capillaires de $0^{mm}.007$ à
$0^{mm}.02$ arrivent dans ce tissu angiothélial : ils proviennent d'artérioles de $0^{mm}.06$ en moyenne, logées dans les portions périphériques du lobe, où le tissu angiothélial est sillonné, sur une
épaisseur de $0^{mm}.180$ à $0^{mm}.2$, par un réseau sanguin à mailles
longues de $0^{mm}.120$ et larges de $0^{mm}.1$. Notons encore que chaque
lobe offre, sur une section, quatre à cinq bourgeons épithéliaux
pleins, constitués uniquement par des cellules basilaires et d'un
diamètre de $0^{mm}.180$ à $0^{mm}.2$. Le réseau sanguin périphérique
envoie des vaisseaux de $0^{mm}.06$ dans l'intervalle de deux diverticules et à égale distance de deux bourgeons épithéliaux.

C'est là le premier indice de la formation des lobules. En
effet, le long de ces vaisseaux la trame conjonctive va devenir
de plus en plus abondante et c'est ainsi que se fera la segmentation du tissu angiothélial au deuxième stade en territoires
semblables.

A l'époque que nous considérons, tout le lobe offre, dans
l'intervalle des diverticules et des bourgeons terminaux, une
masse uniforme de tissu angiothélial au deuxième stade, qui
passe au voisinage des involutions épithéliales à une zone de
tissu angiothélial au premier stade. Aussi voit-on sur la périphérie de l'amygdale une apparence qui rappelle sur les coupes
ce que les auteurs ont décrit sous le nom vague de follicules,
sans qu'ils aient signalé la texture de la portion centrale : celle-
ci, en effet, comprenant la section d'un bourgeon terminal, est
composée uniquement de cellules basilaires et figure un grain
sombre, fixant plus énergiquement les matières colorantes que
les tissus avoisinants ; puis vient une zone de tissu angiothélial
au premier stade d'évolution entourée elle-même d'une couche
périphérique de tissu angiothélial au deuxième stade. C'est le
début de la formation du lobule avec une structure différant
notablement de ce que nous observerons chez le veau plus âgé.

Sur un veau âgé de trois semaines, les dimensions d'une
amygdale étaient : longueur 2 cent., hauteur 2 cent. et épais-

seur 1 cent. et demi. Le tissu frais sur un animal tué par hémorrhagie est d'un gris rappelant à tel point la substance grise des centres nerveux, qu'il serait impossible à l'œil de les distinguer l'un de l'autre.

La capsule conjonctive est fibreuse et atteint une épaisseur de $0^{mm},04$ à $0^{mm},06$ (fig. 14). A des intervalles de 2 à 3 millimètres elle envoie dans la masse tonsillaire des cloisons interlobaires épaisses de $0^{mm},03$ à $0^{mm},04$, allant s'entrecroiser avec les prolongements des cloisons voisines et divisant tout l'organe en une série de lobes qui ont des contours peu nets à cette époque. Ceux-ci ont des dimensions de 2 à 3 millimètres à la périphérie mais ne dépassent pas 1 millimètre à 2 millimètres dans les parties centrales. Certains lobes sont creusés de diverticules creux, tandis que d'autres ne renferment que des amas épithéliaux, qui représentent la section de bourgeons terminaux pleins (Bt.). Ceux-ci, de dimensions variables, sont constitués uniquement par des cellules basilaires, à apparence foncée sur une coupe vue par transparence et formant des amas teints en rouge par le picrocarmin. Le revêtement des diverticules est formé par une couche d'éléments analogues. Sur la périphérie de ces éléments épithéliaux, on passe à une zone de tissu angiothélial au premier stade, c'est-à-dire des traînées d'éléments épithéliaux entre lesquelles on remarque un réticulum constitué par des filaments conjonctifs de $0^{mm},0005$ à $0^{mm},001$. Autour de cette zone s'étend le tissu angiothélial à trame plus serrée et contenant des vaisseaux capillaires, lesquels se continuent vers la périphérie avec de plus gros vaisseaux sanguins. C'est le tissu angiothélial au deuxième stade figurant une masse uniforme et composant la plus grande partie du lobe (fig. 15. Bt.).

La segmentation en lobules est loin d'être aussi accentuée que sur le fœtus à terme. Ce fait important tient à ce que la plus grande portion des lobes est constituée par du tissu angiothélial au deuxième stade, qui présente une apparence uniforme depuis la zone, qui est au premier stade dans le lobule, jusqu'à la zone analogue du lobule voisin (Cl.), en sorte qu'il est difficile de tracer la limite entre deux lobules. Plus tard, l'augmentation de la trame conjonctive, au niveau de l'intervalle de deux bourgeons terminaux, rendra la distinction des lobules plus nette.

Un veau âgé de six semaines à deux mois a des amygdales

atteignant deux centimètres en moyenne en tous sens et s'ouvrant dans le pharynx par une série de fossettes. Le diamètre transversal est de $1^{cm}.5$, le diamètre longitudinal de $2^{cm}.5$, et le diamètre vertical est de $2^{cm}.5$.

Toute l'amygdale est logée, sauf la face interne, dans une capsule, constituée de dedans en dehors par une couche élastique de $0^{mm}.04$ et par une couche lamineuse de $0^{mm}.06$ qui se continue avec le tissu conjonctif de la tunique musculaire. De distance en distance partent de la face interne de cette capsule des cloisons du tissu lamineux de $0^{mm}.070$, rayonnant vers le centre de l'organe et circonscrivant des champs dans lesquels sont logées les portions glandulaires. Ces cloisons sont formées 1° de tissu lamineux; 2° de faisceaux musculaires striés, et, contiennent de distance en distance des glandes muqueuses en grappe.

Sur une coupe comprenant toute l'amygdale, on observe un nombre considérable de ces territoires limités par ces cloisons conjonctives qui diminuent d'épaisseur en arrivant au centre de la masse glandulaire. Les dimensions de ces territoires sont variables : les uns ont un diamètre transversal de 2 millimètres, un longitudinal de 4 millimètres; d'autres sont longs de 3 millimètres et larges de $1^{mm}.5$.

Sur les coupes, ils ont des configurations diverses, selon le sens de la section : sur une coupe transversale, perpendiculaire au grand axe de la tonsille, les territoires périphériques se présentent sous une forme triangulaire dont la base arrondie, large de $1^{mm}.5$ à 2 millimètres, est contiguë à la capsule et se continue par des angles mousses avec les côtés qui. se dirigeant vers l'axe central de la glande. convergent l'un vers l'autre. Ils ont une longueur de $1^{mm}.5$ à 5 millimètres et leur point de jonction au sommet est distant du diverticule principal de 1 à 2 millimètres.

Mais quelles que soient ces différences de masse et de configuration, tous ces territoires offrent une composition identique.

Cependant chez le veau tous les lobes ne sont pas simples, il y en a un certain nombre qui se réunissent pour constituer un lobe composé qui se distingue du lobe simple en ce que les cloisons interlobaires sont plus épaisses, contiennent des groupes de

glandes sous-muqueuses qui ne s'avancent pas dans les clo
sons séparant les lobes secondaires. Cependant la constitu
tion de ces derniers est la même, et de leur réunion résulte l
lobe composé. Chaque lobe simple offre à son centre la sectio
d'un diverticule, qui provient d'une involution épithéliale. L
plupart de ces diverticules sont creux à cette époque et se pré
sentent sous la forme de fentes circulaires ou plus ou moir
étoilées, longues de 0^{mm},08 à 0^{mm},1 et larges de 0^{mm},12.

Il nous suffit par conséquent d'étudier la texture du lob
simple pour connaître celle de toute la glande à ce stade. L'i
térieur du diverticule est revêtu d'un épithélium pavimenteu
épais de 0^{mm},06 en moyenne; celui-ci entouré par une épais
seur de 0^{mm},6 de tissu angiothélial à divers stades. Ce dernie
est parsemé de distance en distance par des grains plus foncé:
constitués par des masses glandulaires au premier stade d'évo
lution. Ils résultent de la pénétration de la trame conjonctive dan
les portions centrales des involutions épithéliales. Ils sont arroi
dis ou ovoïdes et ont des dimensions variant de 0^{mm},12 à 0^{mm},6
Ils se trouvent à égale distance de la cloison lumineuse et d
l'épithélium du diverticule. Ceci correspond au stade décrit che
l'enfant de cinq ans.

Ces grains sont plus sombres que les portions périphérique
et se colorent plus énergiquement sous l'influence des matière
tinctoriales. Cette apparence et ces réactions tiennent à ce qu
les éléments épithéliaux y sont plus serrés les uns contre le
autres, que la trame conjonctive est à larges mailles représenté
par des fibrilles d'une finesse extrême, de façon que chaqu
maille renferme plusieurs cellules épithéliales immédiateme
contiguës. La périphérie du grain est au deuxième stade et l
trame conjonctive est formée par des faisceaux concentrique
et se continuant avec le tissu angiothélial interposé aux grain:
Ce dernier est au deuxième stade d'évolution, à charpente conjon
tive plus forte, à mailles plus serrées et contenant chacune u
à trois éléments cellulaires seulement. Il a une apparence plu
claire et se colore moins énergiquement en rouge. La comb
naison de ce tissu angiothélial plus transparent (2e stade) pa
semé de grains plus sombres (1er stade) nous mène à l'époqu
évolutive des amygdales que les auteurs ont décrite sous l
nom de tissu lymphoïde segmenté en follicules.

Ceux-ci ne représentent réellement que les portions centrales des lobules, les grains plus sombres, dont la plupart sont au premier stade d'évolution du tissu angiothélial, mais dont beaucoup son' à peine pénétrés par les fibrilles conjonctives. Le lobule est formé à cette époque par ces grains entourés chacun d'une zone de tissu angiothélial au deuxième stade, dont il est impossible d'indiquer la limite précise avec la zone analogue du lobule voisin. Les grains ou prétendus follicules atteignent des dimensions de 0^{mm}.02 à 0^{mm}.12 selon les régions.

Sur le bœuf âgé de trois ans environ, la région amygdalienne se présente comme une excavation en forme d'infundibulum dont le sommet va plonger dans l'intérieur de l'organe. Sur les parois et le pourtour de cet entonnoir viennent s'ouvrir les diverticules, dont les orifices, très rapprochés, au nombre de 10 à 20, et d'un diamètre de 2 à 4 millimètres, impriment à la muqueuse de l'infundibulum un aspect réticulé et caverneux. Le diamètre antérieur-postérieur de l'amygdale est de 3^{cm},5; le diamètre vertical de 3 centimètres, le diamètre latéral de 2 à 2^{cm}.8.

La capsule enveloppante a notablement augmenté en consistance et en épaisseur: elle est de 0^{mm},1 à 0^{mm},2; les cloisons qui en partent et qui subdivisent, en s'entrecroisant, tout l'organe en lobes, atteignent elles-mêmes 0^{mm},08 à 0^{mm},1. Au point de jonction de la capsule et des cloisons, la capsule est dissociée, pour ainsi dire, par la présence de groupes de glandes en grappes sous-muqueuses; ces groupes ont des dimensions de 3 à 4 millimètres. Mais, plus loin, dans la partie centrale de l'amygdale, on rencontre, entre les lobes, des amas des mêmes glandes de 1 millimètre de large et de 3 millimètres de long.

Les lobes périphériques atteignent des dimensions notables; ils ont en moyenne 1 centimètre de long sur 6 millimètres de large. En considérant des lobes plus profondément situés, on les voit diminuer de volume, de la périphérie vers le centre; c'est ainsi que ceux de la partie intermédiaire sont longs de 5 et larges de 3 millimètres, tandis que les plus centraux n'ont que 3 millimètres dans un sens et deux dans l'autre. La plupart des lobes sont composés et se subdivisent en trois ou en un plus grand nombre de lobes simples, dont chacun est indi-

vidualisé, pour ainsi dire, par un diverticule central. Les diverticules ont des diamètres variables ; les uns ont un grand diamètre de 2 millimètres et un petit de 1 millimètre, à forme quadrilatère allongée ou complètement irrégulière. D'autres sont ovalaires de 1 millimètre de long et de 0^{mm},8 de large, d'autres sont en forme de fente de 1 millimètre de long et 0^{mm},5 de large, ou bien encore de 1^{mm},5 de long et de 0^{mm},2 de large. Les lobes simples ont des dimensions plus régulières que les lobes composés : d'une façon générale, les lobes simples ont la forme quadrilatère ou triangulaire à angles arrondis de 3 millimètres de long sur 1^{mm},5 de large, chacun commence à être circonscrit et séparé du voisin par une cloison secondaire de tissu lamineux de 0^{mm},36 à 0^{mm},05, et la cavité centrale (diverticule), limitée par l'épithélium, est entourée par une épaisseur de tissu angiothélial de 0^{mm},6 à 1 millimètre.

Les glandes sous-muqueuses continuent en général à faire défaut dans ces cloisons qui se trouvent entre les lobes simples, bien que quelquefois on y rencontre une grosse glande sous-muqueuse.

Chaque lobe simple, creusé ou non d'un diverticule central, présente un certain nombre de lobules dont l'aspect, les dimensions, la texture, diffèrent notablement de ce que nous avons vu sur le veau de deux à trois mois.

En considérant d'abord l'aspect et la structure des lobules simples, l'on voit que les lobes périphériques sont à un état d'évolution plus avancé que les lobes centraux. En effet, le tissu angiothélial des premiers est plus uniforme et présente des grains ou portions centrales des lobules, plus petites que les seconds. Or, nous avons vu, à diverses reprises, que l'épaisseur du tissu dont les éléments se sont enchevêtrés, donne la mesure du stade d'évolution. C'est sous ce rapport que l'état des tonsilles du bœuf âgé environ de trois ans, est des plus intéressants. Comme il y a des grains plus foncés au milieu d'une masse plus transparente, on pourrait penser que la texture n'eût pas varié, depuis l'âge de deux à trois mois, jusqu'à celui de deux ou trois ans. C'est l'état décrit, dans l'un et l'autre cas, sous le nom de follicules clos.

Cependant, il n'en est rien, quand on s'applique à suivre

avec beaucoup de soin, sur des tissus bien conservés et sur des coupes très fines, les modifications subies par l'organe. Nous n'insistons pas sur la composition du tissu angiothélial, qui est la même que celle que nous avons décrite à plusieurs reprises, mais nous appelons toute l'attention sur l'augmentation en diamètre des fibres connectives formant les mailles du réseau. En approchant des grains plus foncés, on remarque, sur les coupes, une apparence, qui a souvent donné lieu, dans l'étude des glandes lymphatiques, à des interprétations erronées. En effet, il existe là une sorte d'espace circulaire, large de $0^{mm}.008$ à $0^{mm}.01$, où les éléments épithéliaux sont très clairsemés, tandis qu'à la périphérie, ils sont intimement enchevêtrés avec le tissu conjonctif, et, au centre, ils forment un amas où ils sont tellement serrés et pressés les uns contre les autres, que toute la masse en est devenue peu transparente. Dans l'étude du développement des ganglions lymphatiques, les espaces clairs sus-indiqués sont considérés, par les auteurs, comme l'ébauche de l'apparition des vaisseaux lymphatiques. Ici, c'est toute autre chose, et cet aspect tient uniquement à une cause identique à celle que nous avons fait ressortir, pour expliquer l'apparence que présente une section à travers la bourse de Fabricius chez les oiseaux (Voir ce *Journal*, 1885, p. 420), et dont nous avons déjà parlé à propos du développement de l'amygdale chez l'homme.

Quand on considère, en effet, la portion moyenne du lobule on voit les fibres connectives former des mailles à direction concentrique au grain central. De la face interne de ce réseau partent des filaments lamineux qui vont s'entrecroiser dans l'espace clair en constituant des mailles très larges. Ils sont accompagnés de vaisseaux capillaires qui ne dépassent pas un diamètre de $0^{mm}.007$ à $0^{mm}.01$; dans les tissus fixés par l'alcool, les globules rouges qui y sont renfermés affectent la forme de bâtonnets disposés en séries linéaires. Ce réseau très lâche laisse facilement échapper les groupes épithéliaux qui y sont contenus, tandis que dans les portions angiothéliales plus avancées dans leur évolution, chaque maille ne renfermant qu'un ou deux éléments, il est difficile de les en faire sortir.

Dans la plupart des lobules, certains faisceaux connectifs commencent à rayonner vers la partie centrale du grain, où le

réseau est constitué par des fibrilles très délicates ; on aperçoit même de rares capillaires qui les accompagnent. Mais d'une façon générale, sur le bœuf de cet âge, les portions centrales du lobule sont à peu près complètement au premier stade d'évolution et sur le point d'être pénétrées par les vaisseaux. La portion moyenne du lobule est au deuxième stade. En somme, la portion centrale (1er stade) du lobule a diminué de diamètre et c'est la portion périphérique du lobule (2e stade) qui a augmenté en épaisseur aux dépens de la première, ce qui tient au développement plus notable de la charpente conjonctive dans le lobe. Les prétendus follicules clos sont devenus de dimensions moindres, et on commence à apercevoir dans le tissu angiothélial au deuxième stade des vaisseaux d'un diamètre de $0^{mm},08$ à $0^{mm},1$.

Une vache, âgée de sept ans environ, présente la région tonsillaire sous forme d'une excavation longue de 2 cent. et large de 1 cent., allant plonger sous forme d'infundibulum dans l'intérieur de l'organe. Elle est tapissée par l'épithélium pharyngien et offre sur toute l'étendue de l'infundibulum, ainsi que sur ses bords un grand nombre d'orifices, qui ne sont que les points d'abouchement des diverticules. Le diamètre antéro-postérieur de l'organe est de 3 cent. ; son diamètre vertical de 3 centimètres également, et son diamètre latéral de 2 cent. Tout l'organe représente une cavité dont les parois sont percées de trous (infundibulum et orifices des diverticules). Ces parois se sont épaissies de façon à atteindre un diamètre de 1 centimètre en moyenne. C'est, comme nous le verrons, l'amygdale du lapin qui serait pourvue de prolongements secondaires et formée par suite par l'assemblage de plusieurs lobes. Ceux-ci ont, sur une section, des dimensions moyennes de 2 millimètres en tous sens.

Sur la vache de sept ans, les lobes sont bien isolés les uns des autres, grâce à l'énorme développement de glandes en grappes sous-muqueuses qui ont envahi et dilaté les cloisons interlobulaires. Un lobe long de 4 millimètres et large de 3 millimètres, par exemple, présente encore à cet âge un diverticule à cavité étoilée et limitée par un épithélium stratifié épais de $0^{mm},15$ à 2 millimètres. Nous insistons encore une fois, à cause de son importance physiologique sur les réactions des

couches centrales dont les cellules se colorent en jaune rougeâtre comme les couches superficielles de l'épithélium buccal.
Le tissu angiothélial, qui forme la plus grande partie du lobe
entoure le diverticule de tous côtés et forme une portion
épaisse de 1 à 2 millimètres. Ce tissu angiothélial commence à
présenter une trame fibreuse, fasciculée sur la périphérie
seulement, au contact des cloisons interlobaires (troisième
stade). Partout ailleurs, il est constitué par un réseau lamineux
serré et des éléments épithéliaux très abondants. C'est le tissu
angiothélial au deuxième stade parcouru par des vaisseaux assez
volumineux. Ce n'est que par places qu'on aperçoit, à égale distance des cloisons interlobaires et du diverticule central, des
amas plus foncés dont les uns sont très petits et dont les
plus grands n'ont plus qu'un diamètre de $0^{mm},24$ dans un
sens et $0^{mm},18$ dans l'autre. Ce sont les portions centrales
lobulaires, réduites en masse et en dimension. Une zone claire,
présentant des vides sur les coupes, les entoure partout et les
sépare du tissu angiothélial enveloppant. Cependant, sur les
sections minces, on reconnaît la présence d'un réticulum à
larges mailles dans ces amas plus foncés, et l'on y voit de
nombreux capillaires : c'est le passage du tissu angiothélial au
premier stade occupant la partie centrale du lobule à l'état de
tissu angiothélial au deuxième stade, dont la charpente conjonctive est plus serrée et très vasculaire. Il est probable
que plus tard tout le parenchyme lobulaire prendra une
apparence uniforme et deviendra ce que nous avons désigné
chez l'homme sous le nom d'état fibreux. Malheureusement,
nous n'avons pas pu nous procurer des amygdales provenant
de bœufs plus âgés, de sorte que l'observation de la texture
tonsillaire correspondant au dernier stade chez l'homme est à
faire chez le bœuf.

Schmidt (*op. cit.*, p. 261) a décrit et figuré les rudiments tonsillaires chez un embryon de veau long de trois pouces ; il a bien vu
l'aspect de l'infundibulum, les bourgeons épithéliaux et le réseau
vasculaire du chorion. Sur des embryons plus âgés longs de sept
et de dix pouces, la forme de la cavité tonsillaire, la longueur et
le diamètre des bourgeons épithéliaux, ainsi que les nombreuses
glandes sous-muqueuses, ont attiré l'attention de Schmidt ; mais
il n'a pu voir de corpuscules lymphoïdes dans les parois des

diverticules. Cependant il ajoute que chez l'embryon de dix
pouces, les glandes sous-muqueuses étaient contenues dans un
tissu conjonctif muqueux; puis, plus près des bourgeons épithéliaux, se trouvait une couche connective fasciculée qui passait
à une masse homogène de cellules conjonctives, arrivant au contact de l'épithélium. Ce stade précurseur serait caractérisé,
d'après Schmidt, par une grande abondance de vaisseaux sanguins précédant le développement du tissu folliculaire et par une
multiplication plus active des cellules conjonctives dans la couche
superficielle que dans le tissu sous-muqueux.

Voilà à quoi se bornent, selon Schmidt, les résultats du premier développement des amygdales sur le veau : les bourgeons épithéliaux seraient là pour constituer les diverticules
et la couche mésodermique, la plus superficielle du chorion
s'épaissirait par division cellulaire et deviendrait ainsi cause
prochaine de l'*infiltration lymphoïde*.

Sur les veaux très jeunes encore, où l'épaisseur des parois des
diverticules ne dépasse pas $0^{mm},5$, ces parois seraient constituées
par du *tissu folliculaire uniforme*. Le réticulum ne se laisse que
difficilement débarrasser au moyen du pinceau des éléments
lymphoïdes. Autour de quelques diverticules, Schmidt « trouva
« une assise très mince d'éléments infiltrés et cela tout contre
« l'épithélium. » Sur des veaux un peu plus âgés, les follicules étaient déjà développés.

On voit que Schmidt fait provenir l'infiltration lymphoïde de
la couche superficielle du chorion.

Nous résumons par suite l'évolution tonsillaire chez le bœuf de
la façon suivante : chez le veau de 25 centimètres de long, involutions épithéliales donnant des bourgeons secondaires à direction divergente dans le chorion. Les bourgeons secondaires sont
formés d'une couche basilaire sur leur périphérie et de cellules
polyédriques au centre; sur celui de 44 centimètres, les bourgeons terminaux ne sont plus entourés de membrane basilaire
et les cellules mésodermiques leur forment une zone vasculaire.
Le premier stade de la deuxième période a débuté sur les fœtus
de cet âge. Les vaisseaux ont pénétré dans le tissu angiothélial chez
le veau de 63 centimètres de long (2e stade). L'apparence de follicules clos résulte, chez le veau de 96 centimètres, de la présence de grains purement épithéliaux entourés de tissu angio-

thélial au 1er et au 2e stade. Cet état se prononce jusqu'à la
naissance ; mais sur le veau de deux mois environ, les lobules
sont constitués au centre par du tissu angiothélial au 1er stade
et sur la périphérie par le même tissu au 2e stade. Chez le bœuf
de trois ans, diminution en dimensions de la portion centrale du
lobule où les capillaires commencent à apparaître. C'est l'état
du lobule chez l'homme de vingt et à trente ans. Sur la vache
de sept ans, toutes les portions du lobule sont vasculaires. Sa
charpente est devenue fibreuse dans les parties du tissu angiothélial avoisinant les cloisons interlobaires.

B. — ÉVOLUTION DES TONSILLES CHEZ LE MOUTON.

Chez le mouton, l'isthme du gosier et les amygdales ont une
forme et des rapports semblables à ce que nous venons de voir sur
le bœuf. Sur un fœtus de mouton de 53 centimètres de long, le
voile du palais a une longueur totale de 3 centimètres dont la
partie postérieure forme le plafond de l'isthme sur une étendue
de 1 ,7. Les fossettes amygdaliennes présentant deux trous de
2 millimètres de large sont situées sur les parties latérales de la
portion horizontale du voile, à la jonction de celle-ci avec la paroi
latérale, et éloignée chacune par une distance de 6 millimètres du
raphé médian. Elles se trouvent à 8 millimètres en avant du bord
concave ou orifice naso-oral. Les parois latérales de l'isthme ont
une hauteur de 1 centimètre.

En pratiquant des sections transversales sur le voile du palais,
comprenant les deux régions tonsillaires chez un mouton de
20 centimètres de long (12e à 13e semaine, c'est-à-dire au
début de la seconde moitié de la gestation), l'on remarque que la
largeur du voile du palais, situé entre les rudiments des
amygdales, est de 6 millimètres. Celles-ci se présentent chacune
comme une fossette large de $0^{mm}.7$ à $0^{mm},8$ et profonde de
1 millimètre.

Elle résulte, comme pour les autres mammifères, d'une
invagination de l'épithélium du voile du palais. Celui-ci est en
effet tapissé d'un revêtement épithélial de $0^{mm},06$ d'épaisseur
dont $0^{mm}.015$ pour la couche basilaire et le reste pour la couche
superficielle, formée de cellules polyédriques. Le chorion sous-
jacent, épais de $0^{mm},12$, est constitué par des éléments embryon-

naires arrondis et fusiformes. Au niveau de la fossette amygdalienne, l'épithélium s'est replié pour recouvrir toute sa surface interne; cependant le fond n'est pas uni et plan; au centre,
on voit s'élever une ou plusieurs saillies mésodermiques, qui
se présentent sur une coupe, comme des lames hautes de
$0^{mm},36$, larges, à leur base, de $0^{mm},24$ et allant en diminuant
d'épaisseur vers le sommet. Le corps de ces saillies est composé essentiellement de cellules embryoplastiques et se continue
avec le chorion, qui, à ce niveau, n'a qu'une épaisseur minime,
puisque les faisceaux striés de la tunique musculaire arrivent
jusqu'à la base des bourgeons mésodermiques. A cet âge, le
mésoderme et l'ectoderme sont partout séparés l'un de l'autre
par une membrane basilaire.

C'est la première époque de l'évolution amygdalienne, dont
les phases initiales ont dû être représentées par une invagination
épithéliale pleine, se creusant au fur et à mesure de son allongement, d'un canal central. En second lieu, le mésoderme
environnant a proliféré et c'est ainsi que s'est produite
ébauche tonsillaire du fœtus de 20 centimètres de long.

Un fœtus de mouton de 30 centimètres de long (14 à 15e semaine) présente une fossette amygdalienne large de 1 millimètre et profonde de $1^{mm},5$ à 2. Les diverticules principaux
sont séparés par des lames mésodermiques épaisses de $0^{mm},4$
à $0^{mm},5$. On commence à voir des invaginations secondaires se
former sur les parois des premiers diverticules. Le chorion est
du double et du triple plus épais dans la région tonsillaire que
sur le voile du palais, et il commence, à certains endroits, à
être dépourvu de membrane basilaire. Voilà à peu près les
seules modifications que l'on observe. En certains points, la
pénétration des fibres conjonctives commence à se faire dans le
tissu épithélial. Mais, comme l'examen en est plus facile sur
un fœtus plus âgé, nous reportons l'observation au stade suivant.

Si l'on considère, en effet, un fœtus de mouton de 41 centimètres (18 à 19e semaine), on constate, à l'œil nu, que la fossette amygdalienne s'ouvre par deux orifices de 1 millimètre,
séparés l'un de l'autre par un pont de muqueuse épais de 1 millimètre également. Ils donnent entrée dans deux diverticules
principaux profonds de 2 millimètres environ ; des parois de

ces deux diverticules partent une série de diverticules secondaires, creux également, et longs de $0^{mm}.120$ à $0^{mm}.18$ seulement.

L'épithélium a peu augmenté en épaisseur sur le voile du palais,
mais il est toujours séparé du chorion par une membrane basilaire très nette. Le chorion n'a qu'un diamètre de $0^{mm}.018$ jusqu'à
la couche sous-muqueuse, logeant de nombreuses glandes en
grappe. En se repliant dans les diverticules, l'épithélium
atteint $0^{mm}.1$ à $0^{mm}.120$; la couche basilaire est de $0^{mm}.025$
à $0^{mm}.03$, et les couches superficielles, formées de cellules
polyédriques, se teignent en jaune orangé. L'épithélium n'est
plus limité par une couche basilaire, et le tissu sur lequel il
repose, est une lame de tissu angiothélial épaisse de $0^{mm}.240$
à $0^{mm}.3$, qui arrive au contact de la couche des glandes en
grappe. La lame médiane qui sépare les deux diverticules est
constituée, au centre, par un axe lamineux dont la moitié inférieure profonde est occupée par un groupe de glandes en
grappe, et dont la moitié superficielle présente, sur une coupe
verticale, une lame mésodermique de $0^{mm}.250$ à $0^{mm}.350$, remarquable par sa richesse vasculaire. Ce sont surtout les veines
qui sont extrêmement développées ; on les distingue aisément
des artères par leur paroi mince et par leur calibre plus notable. Elles constituent d'énormes sinus à angles aigus et d'un
diamètre pouvant atteindre $0^{mm}.4$ dans un sens, et $0^{mm}.12$
dans l'autre. Il y en a beaucoup de plus petites, de $0^{mm}.04$ à
$0^{mm}.06$, mais, tellement nombreuses, qu'elles sont distantes
l'une de l'autre par un intervalle de tissu conjonctif à peine
égal à leur diamètre.

Nous trouvons donc sur tout le pourtour de la fossette tonsillaire, au-dessous du revêtement épithélial, une couche de tissu
angiothélial variant de $0^{mm}.180$ à $0^{mm}.25$.

Quelle est l'origine et le stade d'évolution de ce dernier ? Pro-
vient-il également de deux feuillets différents, ou est-il simplement le résultat de la prolifération et de la transformation du
mésoderme? Disons tout de suite que si l'esprit n'est pas préparé
par des études préliminaires sur le bœuf et sur l'homme, si l'on
ne tient pas compte des propriétés micro-chimiques différentes
des cellules basilaires d'un côté, des éléments embryonnaires
conjonctifs de l'autre les difficultés de l'interprétation du

fossette, aussi bien du côté du voile du palais que de la langue, renferme une couche de glandes sous-muqueuses épaisses de 1 millimètre, qui se prolonge profondément et va former un revêtement extérieur à l'amygdale jusque près de sa face externe (tournée vers la tunique musculaire). La masse amygdalienne est bien délimitée des tissus voisins et atteint des dimensions de 2 à 3 millimètres en tous sens. Si l'on fait abstraction des trabécules et des saillies du fond qui divisent la fossette en plusieurs compartiments, on peut considérer le tout comme une excavation, doublée par une lame de tissu glandulaire propre, comme nous l'avons déjà vu pour le bœuf. Mais ici, cette conception est beaucoup plus nette et plus simple. En effet, en dehors de l'épithélium stratifié épais de $0^{mm}.111$ en moyenne, nous trouvons partout une épaisseur de tissu angiothélial variant de $0^{mm}.3$ à $0^{mm}.6$. Sa portion externe est envahie, comme pour le bœuf, ici par les fibres striées, là par les glandes sous-muqueuses. Il est vrai que celles-ci ne pénètrent pas d'habitude aussi profondément.

Les diverticules secondaires existent, mais sont rares; les ramifications tertiaires creuses manquent. De distance en distance on rencontre, à cette époque, des *grains* plus foncés, mais ils sont peu abondants et ne se sont produits que dans les portions du tissu les plus épaisses. Ceci tient à la même cause que nous avons déjà signalée sur le fœtus de 41 centimètres, c'est-à-dire au peu de longueur des bourgeons terminaux des involutions épithéliales. Ces grains ne dépassent pas les dimensions de $0^{mm}.08$ à $0^{mm}.1$, tont simplement parce que l'enchevêtrement se fait presque aussi rapidement que la multiplication des cellules basilaires. Ces *grains* sont uniquement constitués par des éléments épithéliaux et représentent la coupe transversale des bourgeons ectodermiques terminaux.

Quels sont les divers stades d'évolution du tissu angiothélial? Le long de la couche sous-muqueuse, qui deviendra la capsule propre et qui est formée de tissu conjonctif fasciculé, il existe une épaisseur de tissu angiothélial de $0^{mm}.2$ en moyenne, composée d'une trame lamineuse serrée et où les intervalles conjonctifs qui séparent les éléments épithéliaux atteignent la moitié, sinon le diamètre de ces derniers. C'est le 2° stade du tissu angiothélial, lequel présente à la périphérie des vaisseaux

que les derniers bourgeons épithéliaux entrent dans la voie de leurs aînés et se mettront à fournir les mêmes étapes, ces derniers ne resteront pas tels que nous les avons vus. Les éléments et les tissus sont comme les individus ; ils apparaissent, parcourent des phases identiques et une fois complétement développés, ils sont tôt ou tard le siège de la rétrogradation. Les phénomènes sont encore plus frappants dans le tissu que nous considérons, parce que deux éléments d'origine distincte évoluent chacun suivant la loi particulière du feuillet dont ils proviennent l'un et l'autre. Chez le mouton adulte, le diverticule principal est entouré d'une épaisseur de tissu angiothélial de 2 millimètres en moyenne. Celui-ci est subdivisé en lobules dont la portion centrale, plus claire, figure des espaces arrondis ou ovalaires de 0^{mm},06 à 0^{mm},4 et davantage. La portion périphérique des deux lobules voisins atteint une épaisseur de 0^{mm},120 à 0^{mm},2. Dans la partie centrale du lobule le réseau lamineux est à larges mailles et les vaisseaux sont à l'état de capillaires (fin du premier et début du deuxième stade d'évolution) ; sur les portions périphériques des lobules, les fibres conjonctives sont plus grosses, plus abondantes et déterminent en s'entrecroisant un réticulum très étroit, dans lequel se trouvent solidement enclos les éléments épithéliaux. De là l'aspect plus sombre de ces portions périphériques.

Les vaisseaux atteignent ici un calibre de 0^{mm},06 à 0^{mm},1. En approchant de la capsule périphérique de l'amygdale et des glandes sous-muqueuses, on voit des cloisons conjonctives épaisses de 0^{mm},06 séparer des 'portions de tissu amygdalien d'un diamètre de 0^{mm},5, d'avec le reste de l'organe. Ces portions forment un manchon à peu près complet à la formation tonsillaire. L'apparence de ces portions périphériques est celle d'un tissu uniforme dans lequel il n'y a plus moyen de distinguer les lobules les uns des autres. La charpente conjonctive est épaisse, fibreuse, et les éléments épithéliaux sont séparés les uns des autres par les faisceaux lamineux dans lesquels les vaisseaux d'un diamètre de 0^{mm},02 à 0^{mm},04 sont distants les uns des autres de 0^{mm},05. C'est le 3e stade de l'évolution tonsillaire. C'est le tissu angiothélial qui s'est développé en premier lieu par la pénétration des deux sortes d'éléments et qui a été refoulé à la périphérie à la suite de la formation ultérieure du tissu amygdalien le long du

diverticule principal. Sur le pourtour de ce tissu au 3ᵉ stade, on
observe des amas d'alvéoles sur une longueur de 1 à 2 millimètres, tels que ceux que nous avons décrits chez l'homme et
qui résultent de la régression graisseuse du tissu angiothélial
(dernier stade).

Nous résumerons de la façon suivante l'évolution des tonsilles
chez le mouton :

Le mouton de 20 centimètres de long présente les invaginations épithéliales et les saillies mésodermiques intermédiaires, à
la première période d'évolution. Sur le mouton de 30 centimètres,
il existe une zone de tissu angiothélial autour des bourgeons
épithéliaux. Les vaisseaux y pénètrent sur celui de 41 centimètres de long. Le mouton, près de la naissance, offre un certain
nombre de grains épithéliaux, entourés de tissu angiothélial au
1ᵉʳ et au 2ᵉ stade. Chez le mouton adulte, l'amygdale est subdivisée
en lobules, dont le centre commence à être pénétré par les
vaisseaux. Sur les portions périphériques de l'organe, les lobules
eux-mêmes ont disparu, grâce à la transformation fibreuse
de la trame conjonctive et grâce à la régression graisseuse des
éléments propres de l'organe.   (A suivre.)

EXPLICATION DES PLANCHES I ET II.

Fig. 1. — *Section à travers l'ébauche amygdalienne sur un embryon humain
long de* $\frac{1}{2}$*cm.* (5ᵉ mois de la gestation). $\frac{20}{1}$.

A, fossette amygdalienne résultant de l'involution primitive de l'épithélium palatin ; B, involutions secondaires sectionnées en long ; cc, bourgeons terminaux sectionnés en travers ; E, épithélium palatin limité
par une membrane basilaire Mb qui s'étend sur tout le pourtour de
involutions ; ch, chorion ; Tm, tunique musculaire.

Fig. 2. — *Même section sur un fœtus de* $\frac{19}{12}$*cm. de long* (5ᵉ mois de la gestation). $\frac{20}{1}$.
Même légende. La membrane basilaire a disparu sur le fond des bour-
geons épithéliaux autour desquels existe déjà un tissu angiothélial à
premier stade (Ag, Ag).

Fig. 3. — *Section perpendiculaire de l'amygdale chez un enfant à la naissance.* $\frac{20}{1}$.

A, fossette amygdalienne ; D, involutions épithéliales creuses ou diverticules ; BB, bourgeons épithéliaux terminaux ; ch, chorion très vasculaire ; Ca, capsule périphérique.

Fig. 4. — *Portion de l'amygdale d'un enfant âgé d'un an.* $\frac{70}{1}$.
Même légende que figure 3. Mc, portion médullaire, purement épithé-

liale des lobules : *Ag*, portion périphérique des mêmes lobules à l'état de tissu angiothélial au premier et au deuxième stade.

Fig. 5. — *Portion d'un bourgeon terminal à la limite du chorion sur un fœtus de* $\frac{16}{22}$ *cm.* Gross. $\frac{200}{7}$.

te, tissu épithélial plus ou moins séparé de la portion basilaire (*R*) par le séjour dans le liquide de Muller; *te, te*, traînées épithéliales entre, lesquelles on voit des faisceaux (*fs, fs*) de tissu conjonctif.

Fig. 6. — *Portion du tissu amygdalien d'un fœtus de* $\frac{22}{44}$ *cm. au même grossissement.*

CC, section de bourgeons terminaux uniquement constitués par des cellules basilaires ; *CC'*, bourgeons terminaux purement épithéliaux dont l'axe est occupé par des cellules polyédriques; *Ag¹*, *Ag¹*, tissu angiothélial au premier stade formant une enveloppe à ces bourgeons épithéliaux ; *Ag²*, *Ag²*, début du tissu angiothélial au deuxième stade avec vaisseaux sanguins.

Fig. 7. — *Portion périphérique du tissu amygdalien sur un fœtus de* $\frac{22}{23}$ *cm.* Grossissement $\frac{200}{7}$.

te, tissu épithélial d'un bourgeon terminal ayant séjourné longtemps dans le liquide de Muller; *R*, couche basilaire contiguë au tissu angiothélial au premier stade (*Ag¹*, *Ag¹*); *La*, tissu conjonctif périphérique au lobule; *Tm*, tunique musculaire.

Fig. 8. — *Section d'un lobe amygdalien sur un enfant de trois ans et demi.* $\frac{30}{7}$.

A diverticule ou crypte du lobe, limité par un épithélium pavimenteux stratifié; *ll*, lobules rangés en une série autour du crypte et constitués par une portion médullaire épithéliale et une portion périphérique du tissu angiothélial au premier et au deuxième stade; *il*, travées interlobulaires; *te*, cloisons interlobaires; *vv*, vaisseaux sanguins.

Fig. 9. — *Deux lobules amygdaliens sur un enfant de quatre ans et demi.* $\frac{30}{4}$.

A, épithélium du diverticule ; *pp*, portion périphérique de tissu angiothélial au premier et au deuxième stade; *pc*, portion centrale, épithéliale très réduite quand on compare le lobule de cet âge à celui de l'enfant de trois ans et demi; *te*, cloison interlobaire; *il*, travée interlobulaire.

Fig. 10. — *Quatre lobules amygdaliens sur un enfant de cinq ans et demi.* $\frac{30}{7}$.

Pc, pc, portion médullaire des lobules à l'état de tissu angiothélial au premier stade d'évolution; *pp*, portion périphérique du lobule au deuxième stade; *il, il*, travées interlobulaires.

Fig. 11. — *Trois lobules de l'amygdale pris par un supplicié de vingt ans.* $\frac{30}{7}$.

CCC, portions centrales des lobules au début du deuxième stade que les auteurs ont décrites sous le nom de follicules clos; *ll, ll, ll*, portions périphériques des lobules où le tissu angiothélial a une trame conjonctive plus serrée.

Fig. 12. — *Tissu de l'amygdale pris sur un homme de soixante-six ans.* $\frac{50}{1}$.

CC, portions centrales des lobules, qui sont bien réduites, et où le tissu angiothélial est à la fin du deuxième stade; *Il, Il*, les portions périphériques des lobules, qui ont une épaisseur notable; le tissu y est au stade fibreux; à droite de la figure on voit un groupe d'alvéoles (*Al, Al*).

Fig. 13. — *Une section perpendiculaire pratiquée à travers le rudiment tonsillaire sur un veau de 25ᶜᵐ de long* (4ᵉ semaine de la gestation). $\frac{50}{1}$.
Même légende que dans la figure 1.

Fig. 14. — *Plusieurs lobes simples pris sur deux lobes composés d'un veau âgé de trois à quatre semaines.* $\frac{50}{1}$.

Ca, capsule externe; *Gl*, groupe de glandes salivaires; *Cl*, cloison interlobaire; *DDD*, diverticules entourés chacun d'une couche de tissu angiothélial au premier stade d'évolution dans lequel on voit de distance en distance des amas de cellules basilaires représentant la coupe des bourgeons terminaux (*Bt, Bt*); *Bt*, bourgeon coupé en long; *vv*, vaisseaux.

Fig. 15. — *Une portion d'un lobe de l'amygdale précédente à un grossissement de* $\frac{100}{1}$.

E, épithélium d'un diverticule; *Bt*, bourgeon terminal, purement épithélial, entouré de tissu angiothélial au premier stade, dans lequel on voit le réseau conjonctif *rrr* et les éléments épithéliaux *ep, ep*.

Fig. 16. — *Portion d'un lobe amygdalien pris sur un bœuf de trois ans.* $\frac{70}{1}$.

DD, diverticules lobaires; *Lu, Lu, Lu*, coupe de plusieurs lobules dans lesquels on distingue une portion périphérique du tissu angiothélial Ag^2, Ag^2 au deuxième stade de développement avec *vv*, vaisseaux sanguins, et une portion centrale Ag^1, Ag^1 au premier stade d'évolution.

SELS D'AVÉNINE

Par ANDRÉ SANSON

Professeur de zoologie et zootechnie à l'École nationale de Grignon
et à l'Institut national agronomique.

Dans un précédent mémoire (1), j'ai établi, comme résultant de mes recherches expérimentales, les faits suivants :

1° Le péricarpe du fruit de l'avoine (*Avena sativa*) contient une substance soluble dans l'alcool, qui jouit de la propriété d'exciter les cellules motrices du système nerveux.

2° Cette substance, dont l'existence avait été soupçonnée par les uns, contestée par les autres, n'est point le principe colorant de la vanille, ou vanilline, comme l'avaient pensé les premiers. Elle n'a même avec celle-ci aucune analogie. C'est une matière azotée, qui semble appartenir au groupe des alcaloïdes. Incristallisable, elle a une constitution physique finement granuleuse, de couleur brune en masses, communiquant à l'alcool, en solution étendue, une teinte ambrée.

J'ajoutais alors que cette matière azotée, dont la composition élémentaire paraissait correspondre provisoirement à la formule $C^{44} H^{74} Az^{40}$, pourrait être nommée *Avénine*, mais je ne m'étais point occupé de déterminer sa fonction chimique, laissant aux chimistes le soin d'en approfondir l'étude, si quelqu'un d'entre eux le jugeait à propos. L'objet essentiel de mon travail était de comparer, au point de vue de leur propriété excitante, les diverses variétés d'avoine, afin d'en trouver la mesure dans les proportions d'extrait alcoolique qu'elles peuvent fournir. Cela seul me semblait avoir un intérêt pratique.

L'existence de l'avénine fut admise apparemment, bien qu'elle n'eût été définie que d'une manière imparfaite. En effet, personne ne l'a ostensiblement contestée, mais en outre, on la trouve mentionnée dans diverses publications. Je ne me suis cependant pas dissimulé qu'elle avait besoin d'être contrôlée

---

1) *Journal de l'anatomie et de la physiologie*. T. XIX (mars-avril 1883).

par de nouvelles recherches plus précises, à la fois chimique
et physiologiques. Les secondes, qui sont particulièrement de
ma compétence, ne pouvaient être entreprises qu'après le
premières. Ayant attendu et même vainement recommandé
celles-ci à quelques jeunes chimistes, j'ai dû me décider à le
poursuivre moi-même, dans la mesure nécessaire pour leve
les doutes qui subsistaient dans mon esprit. Le présen
mémoire a pour objet d'en exposer la marche et les résultats

I

L'avénine pure se prépare en traitant d'abord à chaud
l'extrait alcoolique d'avoine entière par une solution concentrée
d'acide oxalique. La liqueur filtrée laisse un résidu pâteux, qu
est composé des matières grasses cireuses enlevées à l'avoine
par l'alcool, en même temps que les autres substances que contient son péricarpe. L'une de ces substances a au moins quelque
analogie avec la vanilline, si l'on en juge par l'odeur de vanille
qu'exhale à chaud l'extrait alcoolique. Elle n'y est toutefois pas
en quantité suffisante pour qu'on puisse l'isoler à l'état de cristaux.

L'extrait alcoolique d'avoine est fortement coloré en brun.
Cependant la liqueur oxalique filtrée ne présente qu'une très
faible teinte ambrée. Cette liqueur, traitée par un lait de chaux
ou de baryte, se colore aussitôt davantage et le précipité qui se
produit acquiert une teinte de plus en plus foncée à mesure
qu'on évapore l'eau qui le surnage dans la capsule où il s'es
produit. Ce précipité est formé à la fois par de l'oxalate de chau
ou de baryte, par l'une ou l'autre des deux bases en excès e
par l'avénine provenant de l'oxalate d'abord formé. Il est trait
ensuite par l'alcool à 90°, qui dissout seulement le princip
immédiat. On filtre la solution décantée et l'oxalate terreux e
retenu sur le filtre. Cette solution fortement colorée est ensuit
évaporée.

L'avénine pure provenant de la décomposition de son ox
late, ainsi abandonnée par l'alcool qui l'avait dissoute, se pr
sente au fond de la capsule en masse brune. Lorsqu'elle e
seulement en couche peu épaisse, sa couleur est d'un jaun
d'autant moins foncé que la couche est plus mince. Déposé
sur la lame de verre par une goutte de sa solution alcooliqu

étendue, elle se montre au microscope formée de très fines granulations. C'est donc un principe immédiat amorphe. Très soluble dans l'alcool, elle est aussi, même à froid, un peu soluble dans l'eau à laquelle elle communique la teinte ambrée.

L'avénine se combine avec la plus grande facilité avec les acides chlorhydrique et sulfurique étendus, et les sels qui résultent des combinaisons cristallisent aisément. Ils sont l'un et l'autre incolores. Les cristaux du chlorhydrate sont des prismes rectangulaires : ceux du sulfate, des aiguilles d'aspect soyeux, fort analogues à celles du sulfate de quinine, c'est-à-dire des prismes allongés et terminés à chaque extrémité par une pointe. Ces derniers cristaux réunis s'enchevêtrent facilement pour former des petites masses agglomérées d'aspect brillant. Je possède de très beaux échantillons de ce sulfate d'avénine, d'une pureté remarquable, obtenus à mon laboratoire de l'école de Grignon. J'en ai montré un à la Société centrale de médecine vétérinaire, dans sa séance du 24 novembre 1887.

Ces deux sels, le chlorhydrate et le sulfate, sont l'un et l'autre solubles dans l'eau froide. Le premier donne, par l'azotate d'argent, un abondant précipité blanc que l'ammoniaque redissout, mais en laissant dans le liquide un trouble dû à la présence de la base organique en suspension. Celle-ci se précipite ensuite au fond du tube à essai. Le sulfate, précipité par l'eau de baryte, montre, après le dépôt du sulfate de baryte ou après filtration, la teinte ambrée que l'avénine communique à l'eau en s'y dissolvant.

Il n'y a donc point de doute, d'après ces faits bien constatés, que l'extrait alcoolique d'avoine contient un alcaloïde, en outre des autres principes immédiats que l'alcool peut enlever au péricarpe du fruit. La fonction chimique de cet alcaloïde, pour lequel le nom d'avénine paraît avoir été adopté généralement, est par là mise en complète évidence. Sa composition élémentaire et sa formule définitive pourront être ultérieurement fixées. Il restait à établir que la propriété excitante du système nerveux moteur, reconnue à l'avoine entière et à son extrait alcoolique, est bien due à l'avénine que l'une et l'autre contiennent. Le problème m'a paru devoir être résolu par l'expérimentation physiologique de ses sels, au moyen de la méthode déjà employée précédemment. S'ils mettent, eux aussi, en jeu l'excitabilité neuro-

musculaire, ou pour mieux dire s'ils l'exaltent, à la manière de
l'avoine, l'effet ne pouvant être attribué à leurs acides, il sera
clair que la propriété excitante appartient bien à l'alcaloïde, et
que dès lors c'est bien cet alcaloïde qui est le principe excitant
de l'avoine, son principe actif en ce sens, comme la strychine
est celui de la noix vomique, la quinine celui de l'écorce de
quinquina.

II

Pour résoudre ce problème, il ne m'a point paru indispensable d'expérimenter sur les grands animaux. Il n'y avait point
ici de question pratique en jeu. Le système nerveux a, dans
toute la série des vertébrés, les mêmes propriétés générales.
Un petit réactif vaut un grand, il est plus commode à manier et
permet d'agir, par la méthode d'injection hypodermique, avec
des plus faibles quantités de substance. J'ai donc choisi, pour
mes expériences, la grenouille et le cobaye, que nous avons
toujours sous la main dans nos laboratoires.

Des solutions aqueuses de chlorhydrate et de sulfate d'avénine
ont été d'abord préparées, de façon à ce que chacune contînt à
peu près 2 milligrammes de sel par centimètre cube de solution.

Sur la grenouille fixée par trois de ses membres à la plaque
de liège, on mettait à nu le muscle gastro-cnémien du membre
libre, par un coup de ciseaux à la peau, et on déterminait en
tâtonnant l'intensité de courant de l'appareil de du Boys-Ray-
mond à laquelle le contact des pointes de l'excitateur cessait
d'en provoquer la contraction. L'écartement de la bobine induite
ainsi fixé, on injectait, à l'aide de la seringue de Pravaz, la solution sous la peau de la cuisse opposée, en dirigeant lentement
l'injection vers l'abdomen.

Sur le cobaye, dont la sensibilité cutanée est bien connue et
qui crie si facilement, on s'est contenté de raser les poils de la
cuisse et d'explorer l'excitabilité neuro-musculaire par le contact
des pointes sur la peau, en opérant d'ailleurs de la même façon.

Voici maintenant le détail des expériences et de leurs résultats:

EXPÉRIENCE I. — *Grenouille.* — 20 mai 1887. — A 57 c. d'écartement, les
pointes de l'excitateur ne provoquent plus aucune contraction du muscle.
Il est nettement insensible à leur contact.

Injection de 1 c. c. de solution de chlorhydrate d'avénine, à 2 heures de l'après-midi.

Presque aussitôt après, le courant provoque de fortes contractions, et la même action se continue, de centimètre en centimètre, jusqu'à l'écartement de 63 c.

L'exploration de l'excitabilité, mise en jeu par ce courant affaibli, est répétée de 5 en 5 minutes. Il y a chaque fois réaction nette jusqu'à 2 h. 35.

A 2 h. 40, plus de contractions à 63 c. Elles se manifestent seulement lorsque la bobine mobile est ramenée à la distance de 57 c.

On n'a pas poussé l'expérience plus loin. Il était clair que l'action du sel s'était exercée sur l'excitabilité neuro-musculaire, puisqu'un courant plus faible avait fait contracter le muscle qui restait auparavant immobile sous l'influence d'un courant plus fort. L'intensité de cette action pourrait se mesurer par une longueur d'environ 6 centimètres dans la distance séparant les deux bobines, en supposant que l'affaiblissement du courant fût exactement proportionnel à leur écartement, ce qui est peu probable. Il décroît sans doute en raison plus forte que celle de la distance.

EXPÉRIENCE II. — *Grenouille.* — 10 juin 1887. — A 57 c. plus d'excitabilité, comme dans la première expérience.

Injection de 1 c. c. de la solution de chlorhydrate d'avénine, à 2 h. de l'après-midi.

Immédiatement après, l'excitateur provoque de fortes contractions. Le muscle continue de se montrer excitable jusqu'à l'écartement de 62 c., et pendant 30 minutes, mais l'excitabilité va diminuant progressivement. A la fin, elle a cessé de se manifester, même à 57 c. L'action du sel est donc évidemment épuisée.

Mais dans ce cas comme dans l'autre elle s'est montrée certaine. Il paraît donc superflu de renouveler l'expérience avec le même sel.

EXPÉRIENCE III. — *Cobaye de 615 gr.* — 5 décembre 1887. — L'excitabilité neuro-musculaire normale ne cesse d'être mise en jeu qu'à partir d'un écartement des bobines atteignant 26 c. En deçà, non seulement le contact des excitateurs provoque la contraction des muscles, mais en outre l'animal crie chaque fois que sa peau est touchée.

A 3 h. 55 m., on injecte 1 c. c. de solution de sulfate d'avénine.

Immédiatement après l'injection, on explore l'excitabilité avec le même courant. Aucune réaction.

A 4 h., l'exploration renouvelée reste également sans effet.

A 4 h. 5, nouvelle injection de 1 c. c. de solution.

A 4 h. 10, le courant semble provoquer des faibles contractions, mais celles-ci ne sont pas assez nettes pour qu'il n'y ait point de doute sur l'action du sel.

De nouvelles tentatives à 4 h. 15 et à 4 h. 30 laissent les mêmes doutes.

Deux interprétations sont possibles : ou bien le sulfate d'avénine n'a pas d'action sur l'excitabilité neuro-musculaire, ou la dose a été insuffi-

sante pour que l'action se manifestât. L'expérimentation décidera. Il convient d'abord de mettre le sulfate à l'épreuve dans les conditions où la propriété a été constatée dans le chlorhydrate.

EXPÉRIENCE IV. — *Grenouille.* — 6 décembre 1887. — Le muscle ne réagit plus sous l'influence du courant de 37 c.

A 1 h. 15, injection de 1 c. c. de solution de sulfate d'avénine.

Immédiatement après, le même courant provoque une contraction modérée.

A 1 h. 50, contractions fortes, qui sont provoquées par le courant affaibli progressivement jusqu'à 47 c. inclusivement. L'excitabilité a donc gagné l'équivalent de 10 c. d'écartement.

A 2 h., il n'y a plus de réaction ni à 47 c. ni à 46 c. Elle se montre faible à 45 c.

A 2 h. 10, on ne la constate plus qu'à 42 c., et elle y est faible.

De 2 h. 15 à 2 h. 20, elle cesse progressivement de se manifester depuis 42 c. jusqu'à 38 c., où elle est encore très prompte.

A 2 h. 55, elle est devenue très faible à 38 c., mais elle se montre encore nettement à 37 c. L'action excitante du sel persiste donc.

On voit qu'à la même dose de 2 milligr., le sulfate d'avénine a agi sur la grenouille exactement comme le chlorhydrate. Une seule différence est à noter, mais elle concerne le réactif. Tandis que les grenouilles qui ont servi dans nos expériences des mois de mai et de juin ne cessaient de se montrer excitables par le courant qu'à dater du moment où l'écartement des bobines avait atteint 57 c., la dernière n'a plus réagi dès qu'on est arrivé à 37 c. Il y a évidemment là une influence de saison. L'écart de 10 c. constaté sous l'influence du sel contre ceux de 6 et de 3 c. seulement, qu'on a vus pour les cas de chlorhydrate, doit s'expliquer par une décroissance plus rapide de l'intensité du courant à mesure que l'écartement des bobines s'agrandit. Le résultat douteux, sinon négatif, obtenu sur le cobaye, ne pouvait ainsi guère être dû qu'à une insuffisance de la dose administrée. Il restait à la vérifier.

EXPÉRIENCE V. — *Cobaye* de 685 gr. — 13 décembre 1887. — A 22 c. d'écartement, le courant ne provoque plus aucune réaction.

A 2 h., injection de 3 c. c. de solution de sulfate d'avénine.

2 h. 5, le courant provoque de faibles contractions musculaires.

2 h. 10, contractions nettes et promptes, qui se manifestent encore à 23 c.

2 h. 15, réaction forte à 23 c.

2 h. 20, la réaction est un peu affaiblie à 23 c.

2 h. 25, même intensité à 23 c.

2 h. 35, plus de réaction à 23 c., une faible seulement à 225 m. m., mais une forte encore à 22 c.

2 h. 45, plus de réaction à 22 c.; elle est nette à 21 c. et très forte avec cris à 20 c.

L'action du sel ne s'est donc fait sentir que durant 40 mi-

nutes au plus. Cette action ne paraît pas avoir été bien intense,
puisqu'elle n'a pas fait gagner au delà de 1 centimètre à 15
millimètres d'écartement. Ce n'est évidemment qu'une question
de dose et cela n'a par conséquent aucune importance pour le
problème que nous nous sommes posé. Ce qui importait, c'était
de savoir si le sel d'avénine exalte à un degré quelconque l'excitabilité neuro-musculaire. L'expérience a montré son action à
la fois chez le batracien et chez le mammifère. Il n'y avait pas
lieu d'en demander davantage. Chez le dernier, cette action
n'est pas appréciable au-dessous de la dose de 6 milligrammes,
pour un poids vif de 645 à 685 grammes. C'est seulement à
partir de cette dose qu'elle commence à se manifester.

III

Mais pour le sujet qu'il s'agissait d'élucider, la question de
dose est indifférente. Il suffit que la propriété excitante du système nerveux moteur soit constatée comme appartenant aux
sels mis en expérimentation. Les résultats qui viennent d'être
exposés ne laissent subsister sur ce point aucun doute. L'analyse expérimentale a mis nettement en évidence que l'action
excitante reconnue à l'avoine et à son extrait alcoolique est bien
due à l'alcaloïde désigné sous le nom d'avénine auquel elle avait
été attribuée, puisque les sels de cet alcaloïde, administrés à
un état de pureté incontestable, agissent exactement comme
l'avoine et son extrait.

Les méthodes suivies, soit pour préparer ces sels, soit pour
déterminer leur action physiologique, sont, on peut le dire,
classiques. C'est celles qu'on applique pour isoler les alcaloïdes
de l'opium, de la noix vomique, du quinquina, en un mot de
tous les alcaloïdes végétaux, et pour en obtenir les mêmes sels.
On ne voit donc pas d'objection à leur opposer. Par conséquent
la conclusion tirée des résultats constatés s'impose. Elle est
rigoureusement démontrée. Il est évident, d'après cela, que
l'avoine doit à la présence de l'avénine dans le péricarpe de sa
graine la propriété excitante du système nerveux qu'elle possède,
comme le café doit la sienne à la caféine, le thé à la théine et
d'autres végétaux à des alcaloïdes analogues.

On sait, depuis mes recherches de 1883, que toutes les variétés d'avoine ne manifestent point cette propriété au même

degré. Nous avons montré alors que l'intensité en est proportionnelle à la quantité de l'extrait alcoolique qu'elles peuvent fournir. Il est permis de dire maintenant qu'elle est proportionnelle à la richesse de la variété en avénine.

En dehors du point purement scientifique dont nous avons voulu seulement nous occuper, de la connaissance des sels d'avénine et de leur action physiologique, il n'y a guère lieu de penser au parti qui pourrait être tiré pratiquement de ces sels. On n'en entrevoit point de cas d'application, car je ne saurais, pour mon compte, admettre celui dont il a été parlé, de leur administration aux chevaux de course sur l'hippodrome. Non point que le doute soit permis sur l'effet qui en serait ainsi obtenu. L'extrême excitabilité nerveuse nécessaire à ces chevaux se manifesterait évidemment sous l'influence d'une dose suffisante de sel d'avénine administrée en injection hypodermique quelques minutes avant la course. Mais peut-être trouvera-t-on d'autres occasions d'une utilité moins contestable.

Quoiqu'il en soit, en partant des faits que nous avons expérimentalement constatés, et en supposant qu'il soit permis d'accepter comme exact le rapport admis généralement par les physiologistes et les thérapeutistes entre la dose de substance agissante et le poids vif, ce sur quoi, pour mon compte, je fais d'expresses réserves, il serait facile de calculer la quantité qui devrait en être administrée aux grands animaux, au cheval en particulier, même à l'homme au besoin.

On a vu que 6 milligrammes ont été nécessaires, au minimum, pour agir sur l'excitabilité neuro-musculaire d'un cobaye de 685 grammes. Cela fait environ 8 milligr., 75 par kilogramme de poids d'animal. Dès lors, pour un cheval du poids vif de 500 kilogr. il faudrait $500 \times 8.75 = 4.375$ milligrammes, ou en nombre rond 4 grammes de chlorhydrate ou de sulfate d'avénine.

Mais tout ce que l'habitude d'expérimenter sur les grands animaux nous apprend, porte à penser que l'efficacité des substances administrées croît beaucoup plus vite que le poids corporel. Pour entretenir, par exemple, en équilibre de poids vif un animal de 100 kilogrammes, la substance nutritive nécessaire est bien loin de s'élever à une quantité cent fois plus forte que celle qui suffit à l'entretien d'un animal ne pesant que

1 kilogramme. De même pour mettre en jeu les autres propriétés des tissus vivants, celles des éléments nerveux en particulier. Conséquemment il y a lieu de penser que la dose indiquée plus haut pourrait être réduite d'une façon très sensible.
En tout cas, c'est ce qui serait à déterminer par l'expérimentation.

Il me semble en outre permis d'inférer de l'examen attentif
des résultats de mes expériences que l'action du chlorhydrate
d'avénine est plus prompte et plus intense, à dose égale, que
celle du sulfate. Cela serait d'ailleurs en concordance avec ce
que nous savons des autres sels à base organique dont l'action
physiologique a été expérimentée. Mais c'est là une question
qu'il ne paraîtrait pas bien intéressant d'approfondir, et qu'il
serait temps d'étudier s'il arrivait que l'avénine et ses sels pussent avoir une utilité en thérapeutique. Quant à présent, il me
semble suffisant d'avoir expérimentalement complété mon travail de 1883, en mettant hors de doute que la propriété excitante de l'avoine est bien due, comme je l'avais avancé alors, à
la présence d'un alcaloïde absolument inconnu avant mes
recherches.

Il se peut que la découverte de cet alcaloïde n'ajoute rien à
ce qu'on savait pratiquement au sujet des propriétés bromato-
logiques de l'avoine, ainsi que cela a été dit par quelques
personnes d'ailleurs peu autorisées en matière scientifique et
se montrant toujours désireuses d'amoindrir l'utilité de la
recherche désintéressée. Leurs remarques ne sont point faites
pour émouvoir ceux qui pensent que la connaissance d'un fait
nouveau est toujours une acquisition utile, encore bien que
l'application n'en pourrait pas être actuellement prévue. Mais
dans le cas il convient de plaindre simplement ces personnes
qui ne saisissent pas la différence entre une notion empirique
admise par les uns, contestée par les autres, et un fait scientifiquement constaté. Ce n'est point pour elles que les chercheurs
travaillent. La satisfaction de savoir ce qui est leur suffit, comme
à tous les vrais hommes de science. Le reste ne les inquiète
nullement.

SUR L'EXISTENCE DE FIBRES ÉLASTIQUES

DANS

L'ÉPIPLOON HUMAIN

ET

LEURS MODIFICATIONS SOUS L'INFLUENCE DE L'AGE

Par L. BARABAN

Agrégé à la Faculté de médecine de Nancy.

(PLANCHE III)

Le grand épiploon renferme-t-il des fibres élastiques comme les autres parties du péritoine? Ni les classiques, ni les monographies ne nous apprennent rien à cet égard : tous décrivent cependant le réseau élastique des parties continues de la séreuse ; Todd et Bowmann, Ch. Robin, Cadiat, Bizzozero et Salvioli, d'autres encore, ont attiré sur lui l'attention des anatomistes et discuté sa situation dans l'épaisseur de la membrane ; M. Ranvier en a donné une belle figure dans sa Technique, et cette figure, bien qu'empruntée au mésentère du lapin, donne approximativement une idée de ce réseau chez l'homme. Par contre, personne ne semble avoir vu de formation semblable dans le repli épiploïque. « Un fragment du grand épiploon de l'homme ou du chien adulte, bien tendu sur une lame de verre, apparaît, dit M. Ranvier, non comme une membrane continue, mais comme un réseau dont les mailles sont de grandeur variée et dont les travées sont formées par des faisceaux de tissu conjonctif. Les plus minces, constituées par un seul faisceau de tissu conjonctif, ne contiennent pas de vaisseaux sanguins. Les plus épaisses contiennent du tissu cellulo-adipeux, des artères, des veines, des capillaires et des lymphatiques. » Il est facile de vérifier l'exactitude de cette description pour le chien adulte, et en général pour les animaux les plus habituellement employés dans les laboratoires, tels que le cobaye, le rat, qui présentent comme le chien un épiploon réticulé, voire même pour le lapin, où la réticulation toutefois n'existe pas ; il est non moins facile de constater qu'elle est incomplète pour l'homme adulte dans la majorité des cas.

En effet, outre les éléments précités, la trame du grand épiploon humain possède encore des fibres élastiques. Je l'ai déjà indiqué sommairement dans l'article Péritoine du Dictionnaire encyclopédique des Sciences médicales, et si je reviens aujourd'hui sur cette question, c'est que des observations ultérieures, pratiquées sur plus de cinquante sujets et dans des conditions diverses au point de vue de l'âge, m'ont permis d'acquérir des notions plus complètes sur l'époque à laquelle ces éléments apparaissent et sur les modifications qu'ils sont susceptibles de présenter dans la suite. D'autre part, en observant l'épiploon de chiens assez vieux et celui de porcs âgés de un à deux ans, j'ai pu constater que, chez ces animaux comme chez l'homme, il arrive un moment où la trame du repli épiploïque acquiert la même composition élémentaire que le reste du péritoine dont elle s'était différenciée jusque-là par l'absence d'éléments élastiques. Voici le résultat de mes recherches et l'on trouvera, à la planche III, quelques-uns des dessins que j'ai faits à ce sujet.

I. — Avant la naissance, le grand épiploon manque incontestablement de fibres élastiques ; cependant on en trouve déjà dans le mésentère pendant les derniers mois de la vie intra-utérine : elles s'y montrent très fines et anastomosées en un réseau médiocrement serré, mais il ne m'a pas été possible de préciser l'époque de leur apparition ni de savoir si elles sont ou non contemporaines de celles du péritoine pariétal. Quoiqu'il en soit, il est certain qu'il s'établit rapidement une différence de composition élémentaire entre le mésentère et l'épiploon, et cependant ces deux organes sont frères pour ainsi dire, puisqu'ils dérivent en somme l'un et l'autre du mésentère primitif. Pourquoi cette différence? Ne peut-on pas en chercher le secret dans la différenciation des rôles, et à défaut d'observation directe émettre une hypothèse raisonnable sur l'époque de la différenciation de structure? Primitivement, le mésogastre ou futur épiploon, et le mésentère servent tous deux de ligament au tube digestif qu'ils rattachent à la colonne vertébrale, mais ce rôle cesse de bonne heure

pour le mésogastre ; le mésentère seul continue à le remplir
et il doit nécessairement acquérir une solidité de plus en plus
grande pour résister aux tractions qu'exerce le poids graduellement croissant de l'intestin ; d'où l'apparition d'un puissant
élément de résistance qui est la fibre élastique. Au contraire,
la situation définitive de l'estomac supprime pour toujours le
rôle primitif du grand épiploon ; il n'a plus à supporter que
son propre poids et ses fibres conjonctives y suffiront tant que
ce poids restera minime comme il l'est dans le principe.

II. — A la naissance et pendant les années qui suivent, jusqu'à une époque qui paraît variable avec les individus, les éléments élastiques continuent à faire défaut dans la trame même
du grand épiploon, quoique celui-ci, en s'allongeant, augmente
de poids dans des proportions sensibles ; les fibres conjonctives qui le composent croissent en volume et en puissance
sans doute assez pour développer les résistances nécessaires.
Toutefois, vers l'âge de deux ou trois ans, peut-être même
plus tôt, on commence à observer des fibres élastiques dans
l'épaisseur des travées vasculaires, seulement ces fibres sont
orientées parallèlement à la direction des vaisseaux et semblent
siéger dans leur tunique externe, en sorte qu'on ne peut pas
les considérer comme appartenant en fait à l'épiploon lui-même ;
elles n'apparaissent pas d'emblée sur toute l'étendue du réseau
artériel ou veineux ; on les voit d'abord sur les vaisseaux les
plus importants, et l'on pourrait croire *à priori* qu'elles pro-
gressent graduellement des troncs vers les rameaux au fur et
à mesure que ceux-ci acquièrent plus d'importance, mais il ne
semble pas en être ainsi toujours. En effet, sur un enfant de
trois ans, j'ai vu ces fibres paraître au niveau de certaines
bifurcations vasculaires avant de se manifester sur les segments
intermédiaires, comme si, au niveau de la bifurcation, le vaisseau avait besoin d'une paroi plus résistante. Toutefois je dois
faire des réserves et ne pas être complètement affirmatif sur
ce point, à cause des difficultés d'observation résultant de la
finesse des éléments et de la superposition des plans le long
des vaisseaux. En outre, lorsqu'on observe les travées vasculaires dans les points où il s'est formé des vésicules adipeuses,
il peut arriver que l'on aperçoive quelques fibres élastiques

par dessus les groupes de vésicules, c'est-à-dire immédiatement en dessous de l'endothélium péritonéal ; en poursuivant ces fibres le long des travées jusqu'au delà des lobules graisseux, on voit qu'elles rejoignent le réseau périvasculaire, elles semblent être une émanation de ce réseau : on dirait que ce dernier a été en quelque sorte dédoublé par les cellules adipeuses en deux réseaux secondaires réunis par de fréquentes anastomoses, l'un qui reste autour du vaisseau pour contribuer à sa gaine adventive, l'autre qui devient le réseau propre du derme séreux. En un mot les premiers rudiments de ce dernier reconnaissent pour origine des fibres émanées de la tunique externe des canaux sanguins et je n'ai rien vu qui permette d'affirmer leur formation indépendante dans la trame séreuse proprement dite.

Il importe de noter ici, avant d'aller plus loin, que par travées vasculaires j'entends celles qui contiennent des artérioles et des veinules, à l'exclusion de celles qui renferment seulement des capillaires : celles-ci doivent être assimilées, au point de vue du tissu élastique, à celles qui sont complètement privées de vaisseaux, et cette classification reste juste chez l'homme pendant l'enfance et l'adolescence. Durant toute cette période de la vie, en effet, les travées invasculaires et celles qui possèdent seulement des capillaires sont privées de fibres élastiques, tandis que les autres voient se compléter et se perfectionner en quelque sorte le réseau dont on ne distinguait primitivement que des tronçons. Par sa position tout à fait superficielle dans les travées, ce réseau appartient incontestablement à la séreuse : on ne peut plus le confondre avec celui de la gaine adventive des vaisseaux située plus profondément, et la distinction en est surtout facile sur les travées un peu larges, le réseau séreux s'étalant plus en ces points que le réseau vasculaire. En général il est peu riche, formé de fibres fines plus ou moins obliquement disposées par rapport à l'axe des travées et anastomosées en mailles assez larges. Il y a du reste de grandes variétés d'un individu à l'autre, et pour un même individu, d'un point à l'autre de son épiploon, car même à l'âge de vingt ans, toutes les travées vasculaires sont loin de posséder des fibres élastiques spéciales au derme séreux.

Les dispositions que je viens de signaler se rencontrent à

peu de chose près chez le chien adulte, dans la période avancée
de cet âge, mais il n'en est pas de même chez le porc, dont
je n'ai toutefois examiné que trois spécimens âgés de neuf,
onze et dix-huit mois. Dans ces conditions, cet animal présente
un épiploon dont certaines parties sont réticulées comme chez
l'homme, tandis que d'autres forment membrane continue
comme chez le lapin. Or, les unes et les autres possèdent de
belles fibres élastiques, à peu près rectilignes, qui se dirigent
en tous sens, indépendantes des vaisseaux en général, et qui
s'anastomosent plus ou moins fréquemment pour constituer un
réseau dont la richesse est plus grande dans les portions non
fenêtrées et surtout au niveau des sillons artériels.

Là se trouvent de véritables faisceaux élastiques, formés de
fibres très rapprochées les unes des autres et anastomosées en
mailles allongées, dont le grand axe est à peu près parallèle à
la direction des vaisseaux. Ces faisceaux sont aplatis, rubanés
en quelque sorte, très superficiels, et forment comme les nervures principales du réseau tout entier. Leur richesse en éléments semble indiquer qu'ils ont pris naissance avant les
autres portions de ce dernier, en sorte que, malgré l'absence
d'observations sur des sujets plus jeunes, on est peut-être
autorisé à conclure que, chez le porc comme chez l'homme, le
système élastique de l'épiploon a pour point de départ celui de
la gaine adventive des vaisseaux. Quoiqu'il en soit, ce système
élastique s'étend de bonne heure à tout l'épiploon de cet animal, à ses travées invasculaires comme à celles qui sont vasculaires, et cette précocité méritait d'être signalée en regard
de la formation tardive du même système chez l'homme et de
son absence chez d'autres animaux.

III. — Dans l'espèce humaine, c'est seulement à partir de
la vingtième année, parfois plus tôt, souvent plus tard, que
l'on voit poindre l'ébauche du réseau élastique des travées
invasculaires du grand épiploon. Cette formation ne se fait pas
d'un seul jet dans toute l'étendue du repli, mais seulement
d'une manière graduelle; et, de même que nous avons vu les
fibres de la gaine adventive des vaisseaux donner peu à peu
naissance aux fibres propres des nervures vasculaires, de même
nous allons voir ces dernières servir en quelque sorte de base
à l'édification du réseau tout entier.

En effet, quand on observe des sujets de vingt ans environ, on peut constater que le réseau des travées vasculaires envoie de distance en distance, et sans aucune régularité, quelques fibres aux travées invasculaires. Ces fibres, tantôt font retour à la travée mère, qu'elles rejoignent après un trajet plus ou moins compliqué, tantôt vont s'unir à une autre nervure vasculaire; mais souvent il est impossible de les suivre longtemps, car, ou bien elles passent sur l'autre face de la membrane, ou bien elles deviennent trop fines et paraissent avoir une extrémité libre. Je dois dire toutefois que ce dernier caractère est loin d'être net: il ne paraîtra cependant pas invraisemblable si j'ajoute que ces fibres élastiques présentent des ondulations prononcées et fréquentes, même quand l'épiploon a été tendu très exactement sur le porte objet.

Pendant les années suivantes, de nouvelles fibres s'ajoutent à celles que je viens de signaler, en sorte que l'on en découvre facilement l'existence sur la plupart des sujets qui ont atteint leur trentième année; cependant toutes les travées invasculaires n'en sont pas encore pourvues à cet âge; à côté de territoires qui en possèdent de très nettes, l'on voit des départements où elles font complètement défaut, et d'autre part, il y a, d'un individu à l'autre, des différences très accentuées dans le nombre général de ces éléments. D'un autre côté, certains épiploons assez âgés, provenant par exemple d'individus de cinquante à soixante ans, ne sont pas plus riches en fibres élastiques que d'autres ne le sont à trente ans; sans doute que chez eux l'apparition du réseau des travées invasculaires a été plus tardive ou les formations ultérieures plus discrètes.

Quoiqu'il en soit, et malgré ces variantes, on peut néanmoins affirmer, en règle générale, que l'apparition de fibres élastiques dans les travées invasculaires de l'épiploon est le signal d'une production qui ne se ralentira jamais, qui ira au contraire en grandissant avec l'âge, et deviendra même exubérante dans la vieillesse. C'est ce qui résulte de la comparaison que j'ai faite des épiploons d'individus morts à des époques variant de trente à quatre-vingt-dix ans, et ce qui est vrai pour le grand épiploon, l'est également pour l'épiploon gastro-hépatique qui se comporte sous ce rapport à peu près comme le premier.

Sur certains épiploons de quarante ans, on trouve le réseau

élastique en question sous une forme que je qualifierai de forme
commune, car elle se rencontre le plus habituellement et
s'observe non seulement chez la plupart des individus parvenus
à l'âge moyen de la vie, mais encore sur certains sujets qui
n'ont pas atteint ou qui ont dépassé cet âge (fig. 1). Dans cette
forme, les fibres élastiques n'offrent rien qui les distingue de
celles du tissu cellulaire ordinaire; leur épaisseur toutefois
est généralement minime, quoique inégale, et leurs anastomoses sont fréquentes. Il y en a dans toutes ou presque toutes
les travées, même dans celles qui ne se composent que d'un
seul faisceau conjonctif, sans qu'il y ait nécessairement proportion entre le volume des travées et le nombre des fibres
élastiques qu'elles possèdent. Elles sont parfois rectilignes et
plus ou moins parallèles à l'axe des travées, mais le plus souvent elles sont ondulées et sinueuses, quoique les préparations
aient été soumises à une tension exacte par le procédé de la
demi-dessiccation. Ce qu'il y a surtout d'intéressant à noter dans
leur histoire, c'est la place qu'elles occupent relativement à
l'endothélium et à la trame conjonctive. Les autres parties du
péritoine montrent plusieurs étages de fibres, ou, si l'on veut, possèdent un réseau élastique disposé sur plusieurs plans, mais l'un
de ces plans l'emporte généralement sur les autres par le nombre
et le volume de ses éléments et forme en quelque sorte le réseau
fondamental de la séreuse : sa situation a été discutée et différemment résolue. Todd et Bowmann le plaçaient immédiatement sous leur membrane basale, tandis que pour Ch. Robin
il serait sous-séreux, c'est-à-dire logé à l'union du derme
séreux et du tissu conjonctif sous-jacent, mais cette contradiction n'est qu'apparente : elle s'explique facilement par la comparaison de préparations exécutées sur différentes parties du
péritoine, les unes donnant raison à Todd et Bowmann, les
autres à Ch. Robin. Pour l'épiploon, il ne peut y avoir matière
à contestation, sa trame conjonctive se prêtant à une observation facile, grâce à sa structure spéciale. Certaines travées ne
se composent, en effet, que d'un seul faisceau et elles montrent
nettement que leurs éléments élastiques sont situés sous l'endothélium, car si l'on chasse ce dernier par le pinceau et si l'on suit
de l'œil le trajet des fibres élastiques dans les points où ces fibres
contournent le bord des travées pour passer de la face super

ficielle à la face profonde de la préparation, on les voit se pro-
filer sur ce bord en y faisant parfois une légère saillie.
Quand les travées se composent de plusieurs faisceaux, il est
également facile de reconnaître que les fibres élastiques y
forment un réseau sous-endothélial, mais on peut constater en
même temps sur certains sujets la présence de fibres anastomotiques qui vont plus ou moins directement d'une face à
l'autre de la préparation en passant entre les faisceaux consti-
tuants et en s'anastomosant avec les réseaux qui ont pu se
former autour des vaisseaux sanguins, artères, veines et capillaires. En somme, ces faits démontrent que, des deux opinions précitées sur la situation du réseau élastique fondamental du péritoine, c'est celle de Todd et Bowmann qui
s'applique à l'épiploon de l'homme. L'épiploon du porc est
absolument dans le même cas.

IV. — A côté de cette forme commune affectée par le
réseau élastique dans le grand épiploon, je dois en signaler
deux autres qui se rencontrent moins fréquemment, qui se
voient surtout chez les individus âgés et qui se distinguent
de la première moins par leur disposition générale que par la
structure de leurs éléments.

1° L'une d'elles est caractérisée par la présence de petites
épines sur les fibres élastiques qui revêtent alors l'aspect de
fils que l'on aurait plongés dans une solution saline, et qui
s'y seraient revêtus de petits cristaux (fig. 2, 3 et 4). Ces épines,
plus ou moins rapprochées, sont disposées à peu près perpendiculairement à l'axe des fibres qui peuvent être, du reste, rectilignes ou ondulées, et qui occupent aussi la même situation
que dans la forme commune. Il m'a semblé, cependant, que
les piquants sont plus nombreux sur les éléments du réseau
superficiel, quoique parfois l'on en trouve de très beaux sur
les fibres plongeantes et sur celles qui entourent les capillaires;
ceux-ci possèdent, en effet, çà et là, de véritables manchons
élastiques, formés par quatre ou cinq fibres parallèles à leur
axe et reliées entre elles par les pointes qu'elles émettent. La
distribution de toutes ces formations est très irrégulière et
échappe à toute description; quand elles se produisent dans un
épiploon, ce n'est jamais par un phénomène général qui se ma-

nifesterait au même moment sur toutes les fibres préexistantes : leur apparition a lieu par îlots, et quand elle se fait sur des points déjà riches en éléments élastiques, elle tend immédiatement à constituer une fin reticulum à mailles serrées qui se dispose sur les travées, soit en traînées longitudinales (fig. 3), soit en plaques anguleuses et circonscrites.

A des grossissements moyens (450 D), on ne saisit pas bien le mode de jonction des épines avec les fibres, mais en employant de plus forts objectifs (1000 D), on voit qu'il y a entre elles continuité de substance (fig. 4) ; en d'autres termes, il semble qu'on soit en présence d'un bourgeonnement de la fibre élastique, plutôt que d'une formation de grains primitivement indépendants. La longueur des bourgeons est variable, mais leur diamètre mesure à peu près constamment 1 μ environ.

Quoiqu'on les rencontre le plus communément chez des individus qui ont dépassé quarante-cinq ou cinquante ans, je dois dire, cependant, qu'on peut en observer sur des sujets beaucoup plus jeunes ; j'en ai vu, par exemple, dans l'épiploon gastro-hépatique d'un jeune homme de vingt-cinq ans, mais ils y étaient très discrètement semés et logés principalement aux points de jonction des fibres élastiques ; le grand épiploon n'en possédait pas la moindre trace. Par contre, il y a des individus très âgés chez lesquels ces productions manquent complètement, alors que leur réseau élastique est relativement riche en fibres communes.

L'apparition de ces épines, en nombre parfois considérable sur des fibres primitivement régulières, est un fait important à considérer à plusieurs points de vue. Elle prouve d'abord que le grand épiploon humain est le siège d'une production incessante de substance élastique, et que cette production se fait dans certains cas avec une véritable exubérance, comme si ce repli avait besoin de se consolider de plus en plus quand l'âge vient affaiblir la solidité de ses fibres conjonctives, ou augmenter son poids par la surcharge adipeuse. Elle démontre, s'il en est besoin, que la substance élastique peut prendre naissance dans l'intimité des tissus, indépendamment de tout élément cellulaire, par une sorte de cristallisation qui a pour point de départ les éléments préexistants. Enfin, elle constitue une variété de fibres élastiques qui diffèrent singulièrement

par leur physionomie de celles que l'on est habitué à rencontrer chez l'homme; on peut rapprocher cette variété de celle
que M. Tourneux, dans le Traité d'his' logie qu'il a écrit avec
M. Pouchet, a décrite et figurée comme appartenant à l'épiglotte du bœuf, seulement le rapprochement ne peut être fait
que d'une manière générale et au seul point de vue de l'irrégularité des contours des fibres, car il suffit de comparer les
figures pour voir qu'il n'y a pas similitude. En outre, nous ne
savons pas si la fibre verruqueuse du bœuf est d'emblée telle
ou bien si elle n'acquiert ce caractère que postérieurement,
tandis qu'ici il est absolument certain que les piquants se
forment par l'adjonction tardive de molécules élastiques sur
des fibres primitivement régulières.

2° Dans le processus, que je viens de décrire, les fibres
élastiques paraissent être absolument passives; la production
d'épines à leur surface ne modifie ni leur direction ni leurs
dimensions premières; leur forme seule est changée. Il n'en est
plus ainsi dans une troisième et dernière disposition que peut
affecter le réseau élastique de l'épiploon.

Je me hâte de dire que cette disposition est aussi l'apanage
de la vieillesse, mais se rencontre moins fréquemment que la
précédente, à laquelle elle se combine souvent quand elle
existe et dont elle est peut-être un dérivé. Je l'ai vue très
développée chez un vieillard de quatre-vingt-douze ans. Elle
est caractérisée par la présence de véritables pelotons élastiques
sur le trajet des fibres du réseau et aussi par une direction
très flexueuse de ces dernières (fig. 7). Les pelotons, très
embrouillés, peuvent être comparés à de petits amas de crin
frisé que l'on aurait aplatis (fig. 6); l'œil se fatigue inutilement
à démêler leur inextricable complication, surtout quand ils
sont placés sur le trajet de plusieurs fibres. Ce ne sont que
bifurcations, flexuosités, anastomoses et superpositions formant
un dédale dont le fil d'Ariane serait impuissant à tirer l'observateur. Il est rare de ne trouver qu'une seule fibre à l'entrée
et à la sortie du peloton, mais même dans ce cas, l'on n'arrive
pas à en résoudre la disposition exacte, d'autant plus qu'il y
a constamment des épines, analogues à celles de la forme
précédente, qui unissent entre elles les différentes flexuosités.

En présence de cette formation, on peut faire deux hypo-

thèse. : Ou bien, il s'agit simplement de fibres primitivement flexueuses, mais lisses, sur lesquelles le développement d'épines se serait fait postérieurement, et l'on n'aurait là qu'une forme particulière du processus décrit précédemment ; ou bien, il s'agit de fibres qui se sont hypertrophiées en longueur et sur place, de manière à acquérir des flexuosités nombreuses et rapprochées. Or, quelques-uns de ces pelotons m'ont paru présenter un détail de structure qui viendrait à l'appui de la seconde manière de voir. En effet, au lieu de se présenter avec la réfringence et l'homogénéité qui caractérisent habituellement les fibres élastiques fines quand on les observe avec un grossissement de 400 diamètres environ, les éléments de ces pelotons figuraient des fibres pâles contenant, de distance en distance, des grains plus brillants. Il semblait que la substance fondamentale de ces fibres se fût hypertrophiée de manière à écarter les uns des autres les grains primitivement contigus. Cependant, on ne pourrait l'affirmer, car ces apparences de grains plus brillants ne sont peut-être autre chose que des épines élastiques verticalement placées et vues en projection.

Quoiqu'il en soit de ces deux hypothèses, ces pelotons sont sans contredit une forme remarquable du réseau élastique qui se développe dans les travées du grand épiploon ; ils doivent leur physionomie particulière à la disposition contournée de leurs éléments. On ne les rencontre pas exclusivement sur le grand épiploon ; au cours de mes recherches, j'en ai observé plusieurs fois dans l'épaisseur du feuillet pariétal du péritoine, mais ils n'y sont pas aussi abondants.

V. — Si je cherche maintenant à résumer ce qui précède et à formuler en quelques lignes les faits que démontrent mes nombreuses observations, il me semble que je puis le faire de la façon suivante :

1° Le grand épiploon humain ne fait exception que temporairement à la loi générale qui préside à la structure des séreuses ; vers l'âge de vingt ans environ, il commence à rentrer dans la règle et l'on voit se développer les premiers rudiments de son réseau élastique propre ; ce développement paraît avoir pour point de départ les fibres élastiques de la tunique externe des vaisseaux.

2° Ce réseau élastique est d'abord constitué par des fibres communes dont le nombre croît progressivement avec l'âge, son type le plus commun s'observe chez les individus de 35 à 40 ans.

3° La production du tissu élastique ne se ralentit jamais dans le grand épiploon humain ; elle devient même exubérante dans la vieillesse. Alors le réseau élastique peut acquérir deux physionomies spéciales qui résultent, soit d'une production abondante d'épines sur le trajet de fibres primitivement régulières (fibres épineuses), soit d'un allongement hypertrophique des fibres combiné aux formations épineuses (pelotons élastiques).

4° Chez les animaux il y a, ou du moins, il paraît y avoir, des différences dans la composition élémentaire du grand épiploon : Les animaux dits de laboratoire n'y présentent pas de fibres élastiques, mais cela tient peut-être à ce qu'on les observe trop jeunes ; ne pourraient-elles s'y produire, comme chez l'homme, à une époque tardive ? Le porc en possède de bonne heure un magnifique réseau ; le chien finit par en avoir quelques-unes. M. Prenant, chef des travaux histologiques à notre faculté, dont l'attention avait été attirée sur ce point par ce qu'il savait de mes recherches, m'en a fait voir sur l'épiploon d'un mouton : seulement, je ne sais quel était l'âge de cet animal On en trouverait sans doute encore sur d'autres espèces, mais je n'ai pas poussé plus loin mes investigations.

En somme, parmi les faits que j'ai observés sur l'épiploon humain, il en est un qui peut être rapproché de ce que M. Ranvier a décrit dans la gaine lamelleuse des nerfs, c'est l'accroissement du réseau élastique par des épines qui se déposent sur les fibres préexistantes ; tous viennent à l'appui de la loi générale posée par ce maître sur le développement des fibres élastiques. « Les fibres élastiques, dit-il dans sa technique, ont un développement encore plus tardif (que d'autres éléments du tissu conjonctif) : il se poursuit après la naissance et même dans l'âge adulte. Ces fibres, pas plus que les faisceaux connectifs, ne se produisent aux dépens des prolongements protoplasmiques des cellules. Elles apparaissent dans la substance intercellulaire. »

EXPLICATION DE LA PLANCHE III.

Fig. 1. — Forme commune du réseau élastique de l'épiploon chez un
sujet de 40 ans. — Grossissement de 450 D.

Fig. 2, 3 et 4. — Différentes travées de l'épiploon d'un sujet de 57 ans,
montrant la forme épineuse des fibres élastiques et l'aspect général du
réseau : 450 D.

Fig. 5. — Réseau épineux d'un épiploon de 60 ans, à un grossissement
de 1,000 D.

Fig. 6. — Peloton élastique de l'épiploon d'un nonagénaire : 450 D.

Fig. 7. — Fibres sinueuses du même.

DÉTERMINISME

DE LA

FRISURE DES PRODUCTIONS PILEUSES

Par L. DUCLERT

Répétiteur de zoologie et zootechnie à l'École nationale de Grignon.

(PLANCHE IV)

On trouve sur les Ovidés ariétins une production pileuse qui se différencie nettement de celle des autres mammifères par une finesse excessive et une ondulation plus ou moins marquée, suivant les races.

Les nègres, il est vrai, ont des cheveux abondants, crépus et frisés, qui donnent à leur chevelure l'aspect d'une toison. Les anthropologistes ont du reste profité de cette ressemblance pour qualifier de laineuse cette chevelure, dont ils ont attribué la frisure à ce que les cheveux du nègre ne sont point cylindriques, mais plutôt aplatis selon deux courbes concentriques.

Il y a cependant une différence morphologique frappante entre les deux productions épidermiques, et elles n'ont pas échappé à l'œil de plusieurs observateurs attentifs.

Le cheveu du nègre est enroulé en spirale, les mèches qui en sont formées ont l'aspect d'un tire-bouchon. Le brin de laine présente bien aussi des courbures plus ou moins rapprochées, mais toutes sont situées sur le même plan et donnent des ondulations.

Les figures 6 et 7 (Pl. IV) le montrent du reste très bien.

La figure 6 représente un brin de laine de mouton mérinos, de très faible diamètre. Le rayon des courbes est très petit et l'ondulation très prononcée. La réunion de ces brins donne des mèches serrées, fournissant par leur ensemble la belle toison dense et fermée des mérinos. A côté, j'ai figuré (fig. 7)

un brin de laine de fort diamètre de la variété de Leicester de
la race germanique (1) (vulg. Dishley).

L'ondulation existe encore ici, mais elle est moins évidente
que chez le mérinos. Les mèches formées par ces brins sont
tombantes et pointues. Cela correspond à la chevelure ondulée
et non point frisée.

Le rayon des ondulations parait donc être proportionnel au
diamètre de la laine, et ce fait se remarque même chez les
différentes variétés de mérinos.

On a proposé, depuis le commencement de ce siècle, plusieurs théories sur la formation des ondulations de la laine,
et je dois dire de suite qu'elles sont loin d'être concordantes.
Aussi, mon maître, M. le professeur Sanson, frappé de cette
confusion, m'a-t-il suggéré l'idée d'éclaircir cette question par
de nouvelles recherches histologiques, en m'aidant de ses
conseils.

En 1824, dans un traité sur la laine des moutons, Perrault
de Jotemps écrivait que la forme du poil était donnée par le
follicule pileux, jouant ici le rôle de filière. « La forme du
brin, dit-il, est modifiée par la configuration du pore de la
peau qui lui sert de moule. Ainsi, le poil sera fin, lisse,
ondulé, etc., etc., suivant que le pore sera étroit, droit ou
tortueux. » Nous verrons plus loin que Nathusius a confirmé
ce dire.

Un autre auteur, l'Américain Browne (2), a constaté que la
coupe du brin de laine était ovale, tandis que celle des poils
grossiers était circulaire. Il en a immédiatement conclu que
cette forme particulière produisait l'ondulation. Mais ses
observations, sans doute peu nombreuses, ne lui avaient pas
fait voir que des poils ordinaires et même grossiers peuvent
avoir cette coupe.

Cette simple conjecture doit donc aussi être repoussée.

Le poil présente toujours un épidermicule recouvrant la
substance corticale qui contient généralement une moelle. Or
les poils qui possèdent une moelle relativement volumineuse
sont toujours droits et roides, ceux dans lesquels elle est réduite sont ou rectilignes ou légèrement frisés, et enfin ceux

(1) ANDRÉ SANSON. *Traité de Zootechnie*, t. V, 3e édit. Paris, Librairie agricole.
(2) *Trichologia mammalium.*

qui en sont totalement privés sont généralement ondulés.
Certains auteurs, frappés de ces faits, en avaient conclu que
l'absence de la moelle devait être la cause déterminante de la
frisure et de l'ondulation.

Mais Wilhelm von Nathusius (1) objecte à cette hypothèse
que les poils du mouflon, presque entièrement formés de
moelle, sont parfaitement frisés ; que les poils de certains
moutons anglais sont pourvus de moelle et sont cependant si
bien ondulés qu'on ne peut les différencier de leurs voisins
qui en sont privés. Il ajoute enfin que, chez des moutons
très grossiers, on rencontre des poils qui ont beaucoup de
moelle et sont très ondulés, et d'autres n'en ayant pas qui
sont rigides.

Il ne faut pas chercher, toujours d'après Nathusius, la
cause de l'ondulation dans la constitution du poil lui-même.
Le poil ne se frise pas mais il est frisé. En revenant à l'idée
de Perrault de Jotemps, il s'étonne du temps qu'on a mis
pour trouver le véritable mécanisme de la construction de la
laine.

Les poils rigides sont dirigés plus ou moins obliquement
dans la peau, mais présentent toujours un follicule droit ;
ceux qui sont frisés, au contraire, ont un follicule contourné,
et cette dernière forme se remarque surtout dans le derme
des animaux à laine.

Nathusius, pour mettre ce fait en évidence, a monté un
grand nombre de coupes microscopiques. Il a constaté que les
brins non frisés avaient un follicule droit, du reste facile à
suivre sur des coupes bien faites dans toute son étendue,
depuis le col jusqu'à la partie inférieure du bulbe. Dans ce
cas, tous les follicules sont à peu près parallèles.

Mais avec la peau de mouton, il obtenait des résultats tout
à fait différents. Il lui était alors impossible, même en observant un grand nombre de coupes, de pouvoir trouver sous le
champ du microscope un seul follicule pileux se présentant
dans toute sa longueur. Ils étaient tous coupés à des hauteurs
très différentes et on voyait facilement qu'ils étaient infléchis,

(1) WILHELM VON NATHUSIUS. — Das Wollhaar des Schafs in histologischer und tech-
nischer Beziehung mit vergleich Berücksichtigung anderer Haare un der Haut.
— Berlin. Wiegand und Hempel, 1866.

Par un heureux hasard, il a cependant pu suivre quelques follicules de la peau d'un mérinos.

Ici donc, les follicules sont courbés, dirigés dans tous les
sens et ne sont jamais parallèles. Plus la laine est ondulée et
plus la courbure du follicule dans le dermo est marquée.

Ce qui ressort de toutes ces observations, c'est cette courbure manifeste, qui indique, comme je le ferai voir clairement,
que le follicule est en spirale. Comme il sert de filière au
poil, au brin de laine, il en résulte que ce dernier doit épou-
ser sa forme et sortir du col comme le tire-bouchon.

Dans d'autres recherches sur la peau de certains mammifères, par exemple du bœuf, du chevreuil, du lièvre, Nathusius
a trouvé que la frisure plus ou moins accentuée du poil est
en rapport avec la forme du follicule pileux. Il conclut donc
en affirmant que le follicule sert de matrice au poil.

Mais une objection se présente immédiatement à cette
théorie. Car, si on trouve parfois, dans une toison, quelques
brins de laine en spirale, ils sont généralement ondulés.
Comment expliquer qu'un follicule en spirale puisse produire
un brin ondulé ?

Nathusius ne s'est pas arrêté devant cette difficulté et il a
ingénieusement résolu la question. « J'ai, dit-il (1), coupé à sa
moitié un brin de laine de Southdown et enroulé en une spirale étroite la première portion autour d'un petit bâton de 2ᵐᵐ
de diamètre et j'ai fixé les extrémités dans une fente du bois.
Quant à la seconde, je l'ai étendue sur une planchette de bois.
Ceci fait, j'ai mis les deux petites préparations dans de l'eau
distillée en ébullition. Après les avoir laissé se refroidir et se
dessécher, j'ai séparé les brins des supports. La frisure primitive
n'existait plus, la première portion conservait la forme que je
lui avais imposée et la deuxième donnait un poil flasque, présentant une légère courbure, mais sans aucune frisure. »

L'expérience répétée sur une soie de Suide a donné des
résultats identiques. Cette frisure artificielle était donc définitive et une traction même forte aux extrémités d'un brin
ne pouvait la faire disparaître. Aussitôt libre, le brin revenait
à sa forme en spirale avec une grande élasticité.

(1) Loc. cit. p. 96.

Ainsi la laine est non seulement susceptible de changer facilement de forme sous l'influence de l'humidité et de la chaleur, mais elle garde avec une grande ténacité celle qui lui a été donnée par ces agents. Sur le corps du mouton, le brin n'est-il pas dans ces conditions de chaleur et d'humidité? Le suint et la sueur l'imprègnent et le ramollissent, la température du corps l'échauffe. Sortant du col du follicule, il continue la forme en spirale qu'il a déjà contractée, mais il rencontre aussitôt les brins voisins qui le gênent, le ressèrent, et il ne peut dès lors occuper toute la place que nécessite une telle courbe. Il est gêné dans son mouvement d'avancement, il reste forcément sur le même plan, et, continuant à croître, il devient ondulé et garde définitivement cette forme.

Cependant, cette théorie si vraisemblable de Nathusius a été contestée par Antoine Sticker, dans un travail tout récent sur le développement et la constitution histologique de la laine (1).

Il s'est glissé dans sa rédaction une contradiction que je dois relever d'abord.

Rappelant dans son mémoire l'idée de Perrault de Jotemps sur la fonction du follicule pileux, Sticker veut bien admettre que les poils sont contournés en spirale dans la peau, et ses préparations, grossies 250 fois, peuvent démontrer qu'il en est ainsi. Il ne pense pas cependant que le follicule pileux exerce une bien grande influence sur la forme du poil. Sticker arrive ensuite à la critique du travail de Nathusius, dans lequel il est dit, comme nous le savons, que le follicule donne sa forme au brin. « Je n'ai jamais, écrit-il, trouvé dans la peau du mouton un follicule en spirale et je dois par conséquent repousser cette explication. »

On ne voit pas pourquoi Sticker a constaté quelques lignes plus haut ce qu'il ne peut admettre plus bas. Mais j'espère, à cet égard, lever les doutes, en exposant sous les yeux du lecteur des coupes de peau d'Ovidé.

Sticker a fait une hypothèse pour expliquer la formation des ondulations du brin de laine et je me fais un devoir d'en traduire à peu près complètement l'exposé.

(1) D' A. STICKER. — Ueber die Entwickelung und den Bau des Wollhaares beim Schafe. — (Landwirthschaftliche Jahrbücher, Heft 4. XVI Band 1887.) — Paul Parey. Berlin.

Le brin de laine, dit-il, est, on le sait, profondément implanté dans le derme et possède inférieurement, coiffant une papille, un bulbe se continuant par un follicule pileux. Ce bulbe a une forme sensiblement sphérique et le follicule fait, en le quittant, un coude très marqué. Cette inclinaison du follicule sur le bulbe est mise en évidence dans la figure 1 de notre planche. Par suite, ajoute-t-il, la surface est augmentée du côté concave, produit par la courbure, et diminuée au contraire sur la face très légèrement convexe, qui est diamétralement opposée à la concavité. Les cellules de la gaine épidermique interne, qui sont très volumineuses chez le mouton, prenant naissance sur la papille, montent verticalement en augmentant de volume jusqu'à l'équateur du bulbe. Mais en s'avançant vers le pôle supérieur, l'espace diminue et les cellules se trouvent comprimées les unes contre les autres. Il résulte de cette compression une augmentation de leur longueur au détriment de l'épaisseur, qui diminue. Aussi les cellules d'une même génération, qui, en avant de l'équateur, étaient restées sur le même plan et marchaient de concert, ne peuvent plus se suivre en avançant dans l'hémisphère supérieure. Elles montent plus vite vers la concavité du bulbe, où la pression est moins forte, et moins rapidement vers la convexité, qui lui est diamétralement opposée. Or, ce mouvement vertical des cellules vers le pôle supérieur, combiné avec le latéral vers la concavité, donne une résultante qui n'est autre chose qu'une spirale. Comme la substance médullaire du poil est constituée par des éléments plus plastiques, plus malléables que la gaine épidermique interne, formée de cellules déjà kératinisées, il se moulera sur elle, à la façon d'une pâte dans un moule.

Cette théorie, quoique fort obscure, est certainement curieuse, mais je doute fort que le mouvement supposé, si faible, si peu appréciable, fût-il réel, puisse fournir une spirale aussi nette, aussi importante relativement que l'est celle du brin de laine.

Faut-il croire que les follicules pileux sont enroulés en spirale dans la profondeur du derme, comme l'affirme Nathusius, ou qu'ils ne présentent pas cette forme, ainsi que l'affirme Sticker?

Des coupes nombreuses faites sur la peau de mouton pouvaient seules le montrer et, à l'instigation de M. Sanson, j'ai entrepris de rechercher la vérité sur ce sujet.

Je me suis procuré de la peau d'un mérinos de la variété dite améliorée du Soissonnais. Le morceau choisi a été prélevé au-dessus de l'épaule. J'ai fait de nombreuses préparations de cette peau, et les figures 1 et 2 de la planche en représentent deux perpendiculaires à la surface de la peau. Elles seront suffisantes pour la démonstration. Pour ne pas compliquer ces figures, j'ai négligé tous les détails non indispensables pour l'explication du texte, tels que les glandes, les vaisseaux, etc., etc... J'ai simplement voulu faire ressortir la position relative des racines, et les figures n'étant pas surchargées, mettront plus en évidence les grandes lignes de ce travail.

Comme Nathusius, j'ai presque inutilement cherché à suivre dans sa longueur un follicule pileux; j'ai toutefois vu ce follicule si désiré et c'est celui que j'ai reproduit à la droite de la figure 1. Tous les autres, sans exception, sont infléchis, dirigés dans tous les sens, et forment un inextricable enchevêtrement.

Dans l'espérance de rendre encore plus évidente la courbure de ces follicules, j'ai fait des coupes parallèles à la surface de la peau. La figure 4 en représente une de la couche profonde du derme. Deux follicules sont nettement courbés et tranchés à leur sortie du plan de la préparation.

Ces faits n'indiquent-ils pas que le poil se dirige de la profondeur vers la surface de la peau en décrivant une courbe qui ne peut être qu'une spirale.

Je crois donc avoir ainsi démontré clairement et contrairement à l'idée de Sticker, que le follicule n'est qu'un étui enroulé en spirale. Et alors quelle difficulté y a-t-il à admettre que les cellules jeunes, n'ayant encore subi qu'une kératinisation tout à fait incomplète et par conséquent très plastiques, poussées par celles des générations plus jeunes, se moulent dans cet étui, comme le fer dans une filière?

Est-ce à dire pour cela que le follicule agisse seul pour donner cette forme au brin de laine et qu'on doive rejeter absolument l'hypothèse de Sticker, signalée plus haut? Je

n'oserais l'affirmer. Le coude du follicule agit peut-être, mais
je répète que l'esprit admet difficilement qu'une courbe aussi
caractérisée que celle de la laine soit occasionnée par un mouvement aussi problématique que celui des cellules de la gaine
épidermique interne près du col du bulbe.

Il était aussi intéressant de savoir s'il y a une relation entre
la forme du follicule pileux et celle du poil, si, en un mot,
le poil rude et droit possède une racine rectiligne.

La peau du mouton, en outre de la laine qui recouvre
presque tout le corps et dont je viens de parler longuement,
donne naissance à une autre production pileuse beaucoup
plus grossière, d'un fort diamètre et non ondulée ni frisée,
qu'on nomme jarre. Ce jarre ne se trouve ordinairement que
sur la face, la partie inférieure de l'abdomen et les extrémités inférieures des membres. Quelquefois, chez les moutons
grossiers, on le trouve sur toute la surface du corps, mélangé
à la laine.

La comparaison du follicule de ce poil, situé à côté de
celui de la laine, était donc très intéressante. J'ai pris un peu
de peau au niveau du genou d'une brebis southdown (1) et la
figure 3 en représente une coupe.

Une coupe de la peau du scrotum de l'homme (fig. 5), donne
aussi des follicules sans aucune inflexion.

Ces seuls exemples suffisent pour démontrer très évidemment que tous les follicules rectilignes de la peau du mouton
donnent naissance à des poils raides et droits, et que ceux
qui sont en spirale fournissent une laine ondulée.

Il y a donc une relation manifeste entre l'ondulation du brin
de laine et l'enroulement en spirale de son follicule. La constatation de ce fait nous permet de dire avec Nathusius, que le
follicule tout entier sert de matrice au poil, que si celui-là
est droit, celui-ci l'est également, et que si l'un est courbe,
l'autre épouse sa forme.

Quant au coude de Sticker, n'est-il pas la conséquence
nécessaire de l'enroulement en spirale du follicule, qui, en
abandonnant le bulbe, s'incline immédiatement pour suivre la
courbe qu'il doit décrire.

(1) Variété de la race des dunes de M. Sanson. — *Traité de zootechnie*, tome V,
déjà cité.

J'espère donc avoir un peu éclairci cette question si controversée de l'ondulation des productions pileuses, et, en terminant, je me fais un devoir de remercier M. Sanson, mon maître, de ce qu'il a bien voulu me fournir les moyens d'exécuter ce modeste travail.

EXPLICATION DE LA PLANCHE IV.

Fig. 1. — Coupe perpendiculaire de la peau du mérinos, montrant la direction des follicules laineux en spirale. Un de ces follicules est coupé dans toute sa longueur.

Fig. 2. — Autre coupe perpendiculaire de la peau du mérinos, également pourvue de follicules laineux.

Fig. 3. — Coupe perpendiculaire de la peau du genou du mouton southdown, pourvue de jarre ou poil ordinaire.

Fig. 4. — Coupe parallèle à la surface de la peau du mérinos, prise sur l'épaule comme celle des figures 1 et 2.

Fig. 5 — Coupe de la peau du scrotum de l'homme.

Fig. 6. — Brin de laine de mérinos.

Fig. 7. — Brin de laine de Dishley,

Le propriétaire-gérant,

FÉLIX ALCAN.

SAINT-DENIS. — IMPRIMERIE LÉON MOTTE, 20 BIS, RUE DE PARIS.

OBSERVATION

D'UNE

MONSTRUOSITÉ RARE

(ABSENCE DE MAXILLAIRE INFÉRIEUR,

DÉFAUT DE COMMUNICATION ENTRE LA BOUCHE ET LES FOSSES NASALES D'UNE PART
LE PHARYNX ET LE LARYNX D'AUTRE PART)

Par A. NICOLAS et A. PRENANT

Planches V et VI.

L'objet de la présente observation est la relation anatomique d'un cas tératologique que nous avons observé chez un embryon de brebis presque à terme. Les dispositions anatomiques capitales, autour desquelles se groupent les autres particularités de l'organisation de ce monstre, sont : 1° l'absence du maxillaire inférieur, 2° le défaut de communication entre la bouche et les fosses nasales d'un côté, le pharynx et le larynx de l'autre côté.

L'absence du maxillaire inférieur n'est pas précisément, surtout chez la brebis, une rareté tératologique. Gurlt (1), à ce sujet s'exprime ainsi : « L'absence de la mâchoire inférieure tout entière ou de l'une de ses moitiés, paraît chez l'homme se présenter beaucoup plus rarement que chez les animaux, car chez ces derniers on connaît un grand nombre d'observations. La disposition où la bouche n'est qu'une fente longitudinale, disposition qui est la plus fréquente, a été observée 39 fois, surtout chez les brebis. Otto a décrit, d'après la collection anatomique de l'université de Breslau, 22 brebis, 1 veau et 1 porc ». Gurlt donne les noms d'Agnathe et d'Hémignathe aux monstres qui présentent une absence totale ou partielle de la mâchoire inférieure.

(1) Gurlt : Die neuere Litteratur uber menschliche und thierische Missbildungen : Virchow's Archiv., Bd, 76, 1878.

JOURN. DE L'ANAT. ET DE LA PHYSIOL. — T. XXIV (mars-avril 1888). 8

Vrolik (1) représente, planche LIX, fig. 10, un *Defectus maxillæ inferioris*.

Otto (2) consacre tout un chapitre de son ouvrage aux monstres dits « *monstra agenya*. » Il donne la description de 25 monstres, dont un est un monstre humain, un autre est un porc, les autres sont des agneaux. La plupart de ces monstres ne présentant pas les particularités qui distinguent l'embryon monstrueux, objet du présent travail, nous les passerons sous silence, nous bornant à transcrire les observations suivantes d'Otto.

Monstre N° 186. — *Monstrum humanum agenyum.* — « Cavum oris... in postrema... parte clausum est. In ipsis faucibus lingua pusilla exstat, tres lineas longa papillisque consita: palatum admodum angustum in velum palatinum minimum uvulamque perexiguam desinit; isthmus faucium non solum coarctatus, sed membrana tenui clausus est; os hyoideum, larynx, trachea et œsophagus cum naturæ legibus conveniunt ». Les osselets auditifs sont normaux.

N° 187. — *Monstrum suillum agenyum.* — Dans la gorge s'ouvre les deux trompes d'Eustache et se trouvent la langue et le larynx. La trachée et le larynx sont normalement conformés.

N° 188. — *Monstrum ovinum agenyum.* — Les deux méats auditifs et les deux trompes d'Eustache sont fusionnés entre eux. Les deux marteaux le sont également. Les enclumes et les étriers sont doubles et libres.

N° 196. — *Monstrum ovinum agenyum.* — « Cavum oris perexiguum et a posteriore parte, clausum est, et in anteriore margine ossium intermaxillarium primordia præbet. In colli sacco, quo fauces indicantur, una tubarum Eustachianarum apertura, lingua minima, larynx rectus et septum illud usitatum, quo fauces ab œsophago non plene separantur, exstabant ». Les deux marteaux sont unis; les autres osselets ont une disposition normale ».

N° 199. — *Monstrum ovinum agenyum.* — « Cavum oris in parte postica cœcum finem habet neque cum pharynge conjunctum est. In tumore illo strumæ simili infra cutem magnus saccus membranaceus reperitur, quo fauces indicantur; in eo perparvum linguæ vestigium et larynx exstant. Trachea et Larynx recte se habent. Sacci ipsius pars superior cœca est, neque cum oris cavo conjuncta ». A droite le marteau et l'enclume sont unis par articulation, à gauche ils le sont par synostose.

N° 200 — *Monstrum ovinum agenyum.* — « Oris cavum breve, in postrema parte coarctum et denique clausum est ».

---

(1) Vrolik : *Tabulæ ad illustrandam embryogenesim Hominis et Mammalium tam naturalem quam abnormem;* Amsterdam, 1869.

(2) Otto : *Monstruorum sexcentorum descriptio anatomica.*

N° 201 et 202. — *Monstra ovina agenya.* — « Nullum est oris ostium aut cavum ».

N° 203. — *Monstrum ovinum agenyum.* — « Cavum oris satis profundum, sed retrorsum coarctatum et denique clausum est ».

N° 207. — *Monstrum ovinum agenyum.* — « Nasus et oris cavum in postrema parte clausa sunt ».

N° 208. — *Monstrum ovinum agenyum.* — « Nasus et oris cavum quamvis profunda sint, tamen a faucium in collo sitarum cavo separata sunt (1).

Ahlfeld (2) donne, planche XXVIII, deux figures qui représentent l'absence du maxillaire inférieur chez l'enfant.

Si le maxillaire inférieur fait assez souvent défaut, l'absence de communication bucco-pharyngée, en d'autres termes l'imperforation de la cavité buccale, est beaucoup moins fréquente, et même, d'après les recherches bibliographiques que nous avons pu faire, elle serait rare.

Isid. Geoffroy Saint-Hilaire (3) s'exprime à ce sujet de la façon suivante : « Parmi les imperforations des ouvertures situées à la partie supérieure du corps, les seules qui ne soient pas très rares, c'est l'imperforation des conduits auditifs et celle des paupières... L'imperforation des narines est beaucoup plus rare que celle des paupières... Dans le cas de Littre, l'imperforation de la bouche, anomalie plus rare encore que la précédente, coïncidait avec elle ; la peau passait à la fois sur les narines et sur la bouche ».

Panum (4) décrit, d'après la collection anatomo-pathologique de Greifswald, un agneau nouveau-né chez lequel la mâchoire inférieure manquait, et où les deux yeux étaient dirigés en dessous et changés de situation au point de se toucher sur la ligne médiane. Le cou de cet agneau étant complètement disséqué, on pouvait voir comment l'œsophage et le larynx s'ouvraient dans un cul-de-sac commun très large, attenant à la partie postérieure de la base du crâne, et situé entre les points

(1) Nous devons ces indications à l'obligeance amicale de M. le Dr Godelist, de l'université de Louvain, qui a bien voulu consulter pour nous à la bibliothèque de Strasbourg le grand ouvrage d'Otto; nous l'en remercions vivement.

(2) Ahlfeld : *Atlas zu die Missbildungen des Menschen* ; Leipzig. 1880.

(3) Is. Geoffroy St-Hilaire : *Histoire générale et particulière des anomalies de l'organisation*; 1832, t. I, p. 125.

(4) Panum : *Beiträge zur Kenntniss der physiologischen Bedeutung der angeborenen Missbildungen* ; *Virchow's Archiv.*, Bd. 72, 1878; p. 73.

d'insertion des deux oreilles externes rapprochées l'une de l'autre sur la ligne médiane et par en-dessous. Il n'y avait pas trace d'ouverture buccale. Le sac aveugle commun où s'ouvrait l'extrémité supérieure de l'œsophage et du larynx ne communiquait pas avec les fosses nasales.

Panum rapporte que, dans le grand ouvrage d'Otto, on trouve une description qui se rapporte pleinement à la précédente, si bien qu'on peut se demander si ce n'est pas précisément ce même monstre qu'Otto a décrit, et dans lequel, comme dans son propre cas, il n'y avait ni maxillaire inférieur, ni ouverture buccale. Panum ajoute que selon lui l'absence de la mâchoire inférieure ne peut, à elle seule, avoir déterminé la forme de la monstruosité qu'il a observée. Il a trouvé, en effet, à Greifswald une pièce où la mâchoire inférieure manquait absolument, et, où, bien que les oreilles eussent la situation, et la tête la conformation générale de celles du monstre décrit par lui, les yeux n'étaient cependant pas déplacés, et où il existait une petite ouverture buccale.

Gurlt (1), dans sa revue bibliographique, ne signale qu'un cas d'atrésie de l'intestin antérieur, cas de Périer (2).

Il s'agit d'un enfant en apparence fort bien constitué et pesant 3 kil. 500. Cet enfant, qui vécut sept jours, présentait une oblitération de l'œsophage, qui se terminait en cul-de-sac à 0^m,01 au-dessous de l'orifice supérieur du larynx, et à 0^m,02 au-dessus de la bifurcation de la trachée. Le fond du cul-de-sac œsophagien est à 0^m,105 de la pointe de la langue; mais en exerçant une pression avec la sonde, comme pour l'enfoncer davantage, cette distance peut être portée à 0^m,12. La cessation de l'œsophage est brusque ; il se perd dans un tissu cellulaire assez condensé, et paraît rattaché à la paroi postérieure de la trachée par quelques faisceaux aplatis et renfermant très vraisemblablement des fibres musculaires. L'orifice du larynx est normal. Du point de bifurcation de la trachée, on voit partir un conduit à parois minces complètement membraneuses, qui s'ouvre dans l'estomac au niveau du cardia; ce tube membraneux représente la partie inférieure de l'œsophage.

(1) Gurlt : loc. cit.
(2) Gaz. des Hôpitaux, 1874, n° 12.

Cette observation de Périer, dont nous avons extrait les indications anatomiques, est faite surtout au point de vue clinique, et se trouve anatomiquement fort incomplète. Vincent (1) a très sommairement indiqué un cas où le pharynx se termine inférieurement en cul-de-sac et où, un peu au-dessous, l'œsophage débouche par une pointe effilée dans la trachée, par l'intermédiaire d'une fistulette œsophago-trachéale. On voit que ces derniers cas, de Périer et de Vincent, ne se rattachent que de très loin à celui que nous avons observé.

Enfin, nous avons indiqué, à propos de l'absence du maxillaire inférieur, un certain nombre d'observations d'Otto, où le défaut de communication entre la bouche et le pharynx est un fait nettement établi, et où, de plus, on peut retrouver certaines particularités que nous aurons nous-même à signaler. Ces données d'Otto peuvent certes être considérées comme les plus importantes que nous possédions sur la question de l'imperforation buccale. Aussi nous sommes-nous cru autorisés à les rapporter presque in extenso.

De ce rapide aperçu biographique, il résulte que, si l'absence du maxillaire inférieur est assez fréquente, le défaut de communication bucco-pharyngée a été beaucoup plus rarement observé. Sur ce dernier sujet proprement dit, nous ne trouvons qu'un cas de Panum et sept d'Otto.

DESCRIPTION ANATOMIQUE

I

Cul-de-sac buccal. — Ce qui frappe le plus, à première vue, lorsqu'on examine la tête de ce fœtus de brebis, surtout si on la regarde de profil (pl. VI, fig. 5), c'est qu'elle a un aspect étrange. Le museau est aplati et par le fait semble plus long; on dirait d'une tête de canard. Cette conformation particulière est due à ce qu'il n'y a pas de mâchoire inférieure; car la vue, pas plus que la palpation, nous pouvons même ajouter par anticipation, pas plus que la dissection, ne permettant de déceler la moindre trace de maxillaire inférieur.

La tête, petite dans tous ses diamètres, mesure dans le sens

(1) Vincent : *Lyon médical*; t. LIV, n° 12.

antéro-postérieur 15 centimètres; le diamètre transversal,
bipariétal, est de 5 cent. La mensuration des diamètres longitudinaux du crâne et de la face, évalués à partir du trou borgne,
comme point de départ commun, donne pour l'un et pour
l'autre 6 cent. 5. Il est facile, en outre, de constater que la face
ne se trouve pas exactement sur le prolongement du crâne, de
telle sorte que l'axe du museau, ou axe facial prolongé en
arrière, vient tomber sur le condyle occipital du côté droit;
l'axe antéro-postérieur du crâne et l'axe facial font de la sorte
entre eux un angle d'environ 10°.

En même temps que la mâchoire inférieure fait défaut, la
bouche manque aussi, du moins sous sa forme habituelle de
fente; mais si l'on examine la tête par le dessous, on aperçoit une perte de substance ovalaire, à grand axe antéro-
postérieur de 33ᵐᵐ, à petit axe transversal de 24ᵐᵐ (pl. V,
fig. 1). Dans toute cette étendue, la voûte palatine, d'ailleurs
tout à fait normale, avec ses saillies et ses gouttières, est
mise à nu. En somme, le plancher buccal manque à cet endroit et ne commence en réalité qu'au niveau de la limite
postérieure de la perte de substance. A partir de ce point, la
voûte du palais est masquée par des parties molles qui passent d'un côté à l'autre sans contracter d'adhérences avec la
voûte elle-même. En d'autres termes, il existe là une fente
limitée en haut par la voûte palatine, en bas par des parties
molles; et si l'on introduit le doigt ou un stylet par cette
fente, on tombe dans un cul-de-sac profond de 65ᵐᵐ, tapissé
par de la muqueuse dans toute son étendue. Sur le plafond
du cul-de-sac (pl. V, fig. 3), cette muqueuse, qui est la continuation de celle de la voûte, ne présente plus de reliefs
transversaux, et sa surface est lisse. Au fond, et de chaque
côté, on aperçoit deux saillies volumineuses parallèles allongées suivant l'axe de la face; et dans la partie la plus reculée
de la dépression médiane ainsi constituée, on trouve un pe-
t appendice conique, long de 3 à 4ᵐᵐ, adhérant par son ex-
rémité large et flottant librement. En cherchant à le déplacer,
nous constatons qu'il existe sur la moitié droite de la périphérie de sa base une fissure dans laquelle on peut intro-
duire une soie fine et pénétrer ainsi dans les fosses nasales.
Ç'est là le seul orifice, et encore n'est-il que virtuel, qu'il soit

possible de voir dans toute l'étendue du cul-de-sac buccal (pl. V. fig. 3).

Ainsi donc, le simple examen de la configuration extérieure montre que la bouche est imperforée. Il fallait par conséquent rechercher dans quel état se trouvaient le tube pharyngo-laryngé et aussi la cavité des fosses nasales.

Pharynx. — *Conformation extérieure et intérieure.* — Après avoir noté que le cou est long et volumineux, contrastant par son volume avec le thorax qui n'a qu'un développement médiocre, nous enlevons les vertèbres cervicales, et après avoir disséqué soigneusement le pharynx nous constatons ce qui suit :

Cet organe se présente antérieurement sous la forme d'un tube absolument clos sur tout son pourtour et dans toute sa hauteur. Assez régulièrement cylindrique au-dessous de l'os hyoïde, il diminue peu à peu de volume au-dessus de cet os, et se termine en pointe en s'insérant sur la base du crâne immédiatement au-devant du trou occipital entre deux renflements volumineux très rapprochés l'un de l'autre, qui ne sont autre chose que les caisses tympaniques déplacées. — Nous passons ensuite à l'examen de la configuration intérieure après avoir pratiqué une incision médiane sur la paroi postérieure (pl. VI. fig. 6).

L'on aperçoit alors la face postérieure du cartilage cricoïde et des cartilages aryténoïdes, l'orifice du larynx, l'épiglotte, et au devant de celle-ci une langue minuscule parfaitement bien conformée. Tout ce qui appartient au larynx a les mêmes dimensions qu'à l'état normal; seule, la langue se trouve réduite à des proportions extrêmement faibles. Dans le sens antéro-postérieur elle a 11ᵐᵐ et dans le sens transversal 7ᵐᵐ. De plus, elle n'est pas orientée comme chez les sujets bien constitués. Son grand axe décrit une courbure dont la convexité est dirigée en arrière, et sa face supérieure est devenue postérieure.

Nous notons aussi un fait qui nous semble avoir une grande importance; c'est que la muqueuse qui tapisse cette face postérieure renferme des papilles caliciformes très distinctes, disséminées dans toute son étendue.

Au-dessous et au-devant de la langue, on voit, en outre, un

repli dont le bord concave, dirigé en bas, limite avec la face
inférieure, ou mieux antérieure de la langue, un orifice qui
conduit dans un cul-de-sac peu profond dont la paroi anté
rieure est celle du pharynx, et la postérieure le repli lui-même.
Ce dernier a tout à fait le même aspect que le voile du palais
chez un fœtus normal, avec cette différence qu'il est vertical
et que la langue, au lieu d'être en avant de lui, est en arrière.
Mais à part cette restriction, son bord libre à la même courbure, et sur les côtés se perd sur les parois latérales du pharynx; de sorte qu'en refoulant la langue en avant et au-dessous
on croirait avoir devant les yeux l'isthme du gosier d'un
animal bien développé (pl. VI, fig. 4). Quant à la cavité du
pharynx lui-même, elle se prolonge en haut en diminuant peu
à peu de calibre, jusqu'à la base du crâne, où elle se termine
entre les deux saillies arrondies signalées précédemment. Dan
toute cette région, l'examen le plus attentif ne nous a pas permi
de trouver la moindre trace d'un orifice quelconque qui éta
blisse une communication avec les cavités adjacentes.

Fosses nasales. — Les fosses nasales ne présentent rien de
particulier à signaler dans toute leur moitié antérieure, et c
n'est qu'au niveau du fond du cul-de-sac buccal que l'on re
marque sur le plancher de leur cavité un appendice terminé
en pointe, long de 5 à 6^{mm} et enroulé sur lui-même. Son aspect
est analogue à celui de la languette que nous avons déjà
décrite dans le cul-de-sac buccal, sauf que cette dernière flot
tait librement, tandis que celui-ci est assez résistant et élas
tique. Couché à gauche de la ligne médiane, au-dessous de
cloison, qui le recouvre comme un pont sans le toucher,
reprend immédiatement cette situation dès qu'on a cessé d
l'en écarter; et, en le relevant, on constate qu'il existe a
côté gauche de sa base une fissure par laquelle on peut fai
pénétrer une soie de porc. Celle-ci ressort à la face inférieu
de la voûte palatine dans le cul-de-sac buccal, et à la voûte de
base de la languette inférieure (pl. V, fig. 4).

Au niveau même de l'appendice nasal et dans un certa
rayon tout autour de lui, le plancher, osseux jusque-là, devie
fibreux. Ce fait est évident, même sans dissection, par suite d
changement de coloration de la muqueuse.

En poursuivant plus loin nos investigations, nous arrivons

nous convaincre que la voûte palatine, en tant que plan résistant, se continue en arrière, en gardant la même direction horizontale, mais en devenant fibreuse. La cavité elle-même se rétrécit considérablement, surtout dans le sens transversal; elle n'a plus dans ce sens que 2-3ᵐᵐ, et finalement se termine en cul-de-sac au devant de l'apophyse basilaire de l'occipital (pl. V, fig. 4).

Tout au fond du cul-de-sac et de chaque côté, est logée une lamelle cartilagineuse allongée et aplatie, effilée à ses deux extrémités, longue de 9ᵐᵐ, haute de 2 ᵐᵐ. Elle est appliquée, à droite comme à gauche, contre la paroi interne de la cavité, et en insinuant entre elle et cette paroi un stylet mince, on débouche dans la caisse du tympan. Tout porte donc à croire que ces deux lamelles cartilagineuses représentent les cartilages des deux trompes d'Eustache.

II

Après avoir constaté l'organisation générale de la tête de notre monstre, telle qu'elle vient d'être rapidement décrite, nous fûmes curieux de connaître quel avait été, dans cette organisation anormale, le sort des principaux muscles et des organes essentiels des parties cervicale et céphalique. Nous avons donc procédé à la dissection des différentes régions de la tête et du cou. Ce sont les résultats de cette dissection que nous avons à présent à faire connaître (1).

I. — *Région sous-hyoïdienne* (pl. V, fig. 2). — Par comparaison avec un embryon normal, nous pouvons dire que la région sous-hyoïdienne ne présentait rien de remarquable. Nous avons trouvé un thymus volumineux, une glande thyroïde constituée de deux lobes réunis par un isthme médian. Les muscles mastoïdo-huméral, sterno-maxillaire *stm*, omo-hyoïdien *omh*, sterno-hyoïdien *sth* et sterno-thyroïdien *stth* avaient les insertions, la direction et les rapports qu'ils présentent chez les

(1) Pour la comparaison des détails anatomiques de notre monstruosité avec ceux qui caractérisent l'état normal, nous nous sommes guidés sur la dissection d'animaux bien conformés du même âge, et nous sommes ô ô ô les descriptions de MM. Chauveau et Arloing. *Traité d'anatomie comparée des animaux domestiques*, 3ᵉ édition, 1879.

Ruminants normalement conformés (1). Rien de particulier non
plus à signaler ni du côté des nerfs de cette région.

II. — *Régions temporale et sus-hyoïdienne* (pl. V, fig. 2). —
La région que nous dénommons temporale fait partie de celle
qui est désignée dans les classiques du nom de temporo-maxillaire. Nous la confondons d'ailleurs avec la région sus-hyoïdienne, puisque toute limite entre elles deux fait défaut, par
suite de l'absence du maxillaire inférieur.

Disséquant le plan superficiel de ces deux régions, nous avons
trouvé d'avant en arrière les dispositions suivantes, bien aber-
rantes cette fois.

1° Une masse glandulaire volumineuse *glm* embrassant en fer
à cheval l'extrémité postérieure de la perte de substance buccale
et formant ainsi le bord antérieur de la région temporo-maxillaire. Cette glande soumise à l'examen histologique offre la
structure d'une glande muqueuse. Dans cette glande unique
impaire et médiane, nous sommes disposés à voir l'homologue
soit des deux sous-maxillaires, soit des deux sublinguales, soit
même des deux organes glandulaires à la fois. En raison de
l'absence du maxillaire inférieur et des modifications subies par
suite par le plancher buccal à ce niveau, on comprend que ces
organes bilatéraux aient dû se fusionner sur la ligne médiane et
aussi se confondre les uns avec les autres ;

2° Une large sangle musculaire *m* (fig. 2 et 10) simple et
dont les fibres venues des parties latérales de la tête se continuent sur la ligne médiane sans trace d'intersection tendineuse. Les insertions de ce muscle se font de chaque côté :
l'arcade zygomatique, sur la fosse malaire et jusque sur la fosse
canine. Ce muscle représente évidemment les deux masséters
fusionnés sur la ligne médiane par suite de l'absence d'insertion
maxillaire. Peut-être aussi faut-il chercher, en outre, dans cette
sangle musculaire les deux muscles ptérygoïdiens internes
unis sur la ligne médiane à l'instar des masséters, et que l...

(1) Que l'on ne s'étonne point de voir ici un muscle sterno-maxillai-
signalé, alors que précisément le maxillaire inférieur manquait chez not-
monstre. C'est qu'en effet, comme on le sait, le muscle nommé chez l-
ruminants sterno-maxillaire, homologue du sterno-maxillaire d'autres mammifères, du cheval par exemple, n'a pas chez les ruminants d'insertic-
maxillaire.

maxillaire inférieur absent ici ne permet plus de distinguer de
ces derniers. En d'autres termes, cette masse musculaire se
composerait théoriquement de deux lames, l'une superficielle,
représentée par les masséters, l'autre profonde correspondant
aux ptérygoïdiens internes ;

3° A quelque distance derrière le bord postérieur de ce muscle,
un chapelet d'aspect glandulaire *glp*, formé de cinq ou six lobes,
étendus de l'une à l'autre oreille externe. Par sa situation, ce
cordon glandiforme répondait, pensions-nous d'abord, à une
parotide unique, dont les deux moitiés, contiguës sur la ligne
médiane à cause de la réduction de cette région consécutive
elle-même toujours à l'absence de la mâchoire inférieure,
représenteraient chacune une parotide normale.

L'examen histologique de ces organes ne confirma pas nos
prévisions ; car cette soi-disant glande, dans la partie du moins
que nous avons examinée, loin de présenter la structure d'une
glande salivaire, offrait les caractères d'un organe lymphoïde.
Aussi, n'est-ce que d'une façon dubitative que nous pouvons
dire de cet organe qu'il correspond peut-être aux parotides, dont
il occupe la situation ;

4° Un muscle rubané, *par*, mince et assez étroit, transversalement étendu de l'un à l'autre conduit auditif externe, et placé
immédiatement derrière le chapelet glandiforme, dont il vient
d'être question. Ce muscle, impair, s'attache de chaque côté aux
conduits auditifs à leur union avec la conque ; il s'agit donc
d'un muscle auriculaire. Nous ne trouvons parmi les nombreux
muscles qui meuvent le pavillon et le conduit auditif des Ruminants qu'un seul muscle qui offre une telle situation, et qui, descendant sur les côtés de la tête, en dessous et en dedans, mette
l'oreille externe en abduction, en l'inclinant en dehors ; c'est le
muscle parotido-auriculaire. Notre muscle représenterait donc
deux parotido-auriculaires, sondés en un seul. De la sorte, et à
cause des connexions de ce faisceau musculaire avec l'organe
glandiforme précité, celui-ci pourrait être regardé, en raison
de ces rapports mêmes, comme une glande parotidienne ;

5° Un nerf impair *f*, transversalement dirigé, qui, de chaque
côté, émet par en dessus une branche destinée à des muscles.
Ce nerf sort du crâne, de chaque côté, par le trou stylo-mas-
toïdien. Ces dispositions nous autorisent à le considérer comme

un nerf facial impair, né de deux origines bilatérales, formé de
deux moitiés, par conséquent, qui sont venues se rencontrer
sur la ligne médiane (1).

III. — *Appareil hyoïdien* (pl. V, fig. 2; pl. VI, fig. 9, 10
et 11).—On sait que chez les Ruminants l'appareil hyoïdien,
fort développé, comprend : 1° une partie médiane, le corps
de l'hyoïde ou basihyal, muni d'un appendice antérieur ou
prolongement lingual très court ; 2° des parties latérales ou
cornes qui sont : a) les grandes cornes ou cornes thyroïdiennes,
pièces urohyales, qui s'articulent avec le cartilage thyroïde ;
b) les petites cornes, ou cornes styloïdiennes, pièces apohyales,
qui s'articulent avec de grandes pièces osseuses, dites os styloïdes ou pièces stylohyales, par l'intermédiaire d'un noyau
styloïdien ou cératohyal ; l'extrémité supérieure des os styloïdes à son tour s'unit uu prolongement hyoïdien du temporal,
grâce à une pièce cartilagineuse ou arthrohyal.

Chez notre monstre, toutes ces pièces sont représentées, et
elles y offrent à peu près leur développement normal ; peut-
être sont elles même un peu plus puissantes ici que d'habitude. Mais si, à considérer isolément chacune des pièces de
l'appareil hyoïdien, on ne découvre aucune irrégularité notable,
à les voir en place, à examiner leur arrangement réciproque, il
saute aux yeux que l'appareil hyoïdien dans son ensemble
n'est pas disposé comme il l'est à l'état normal. Habituellement,
en effet, les petites cornes font avec les os styloïdes, par lesquels elles se continuent par l'intermédiaire d'une articulation
indirecte, un angle aigu ouvert en arrière ; les styloïdes se
trouvent ainsi dans le même plan antéro-postérieur que les
petites cornes, ou peu s'en faut.

Ici, rien de semblable : l'angle cérato-hyoïdien est ouvert
non pas directement en arrière, mais en arrière et en dehors.
Il en résulte un étalement de l'appareil hyoïdien qui n'existe

(1) Les organes que nous venons de décrire en les attribuant aux régions
temporale et sus-hyoïdienne ne sont pas pour la plupart ceux qu'on a l'habitude de rencontrer en ces régions. L'emploi de ces expressions, régions temporale et sus-hyoïdienne, n'a pas d'autre but que de marquer que c'est bien
au niveau de ces régions normales que nous trouvons les muscles et organes
que nous décrivons. Il permet ainsi de se rapporter immédiatement à la description de l'animal normal et de lui rattacher celle de notre monstre.

pas à l'état normal : par suite l'hyoïde et ses dépendances font une saillie qui, si elle n'est pas plus proéminente en avant que dans la conformation normale, s'étend du moins bien davantage dans le sens transversal (pl. V, fig. 2 et pl. VI, fig. 11).

Les muscles qui, à l'état normal, ont des insertions sur cet appareil hyoïdien, et qui peuvent être décrits comme constituant une région musculaire hyoïdienne, sont les suivants : mylo-hyoïdien, génio-hyoïdien, occipito-styloïdien, cerato-hyoïdien et transversal de l'hyoïde; ces deux derniers muscles sont peu considérables. On peut rattacher aux muscles hyoïdiens proprement dits le digastrique qui fait partie de la région, et contracte des adhérences avec le squelette hyoïdien. Tous ces muscles, sauf le transversal de l'hyoïde, sont pairs.

Nous avons trouvé, insérés sur l'appareil hyoïdien de notre monstre, six muscles que nous allons décrire tout en cherchant à les rattacher aux muscles normaux précités.

Mais avant d'entrer dans le détail de cette description, et avant d'esquisser cette comparaison, il est nécessaire que nous présentions quelques observations au sujet des modifications qu'ont pu et dû imprimer à la région qui nous occupe l'absence de maxillaire inférieur et le défaut de communication bucco-pharyngée. Tout d'abord, l'absence de maxillaire inférieur a occasionné un retrait général de toutes les parties en arrière; de là l'aspect d'une dépression en coup de hache que la figure schématique représente; de là aussi l'étalement de l'appareil hyoïdien qui, par suite de la diminution du diamètre antéro-postérieur de la région où il est situé, n'a pu trouver place dans le sens de la profondeur et a dû s'étaler en largeur, c'est-à-dire transversalement. La langue semble avoir subi l'entraînement général en arrière, et être venue se loger dans le pharynx même. La langue et ses muscles qui, à l'état normal, séparent du tube pharyngo-laryngé les muscles du plancher buccal, n'étant plus à sa place habituelle pour établir cette séparation, les muscles du plancher de la bouche ont pu venir s'adosser à la face antérieure du pharynx. Ce n'est pas tout. Tous les muscles bilatéraux ont pu se rapprocher sur la ligne médiane et même s'y fusionner; rien ne les maintenait plus écartés l'une de l'autre, ni le maxillaire inférieur, ni l'isthme du gosier, qui faisaient tous deux défaut. Le retrait en arrière

Sur la paroi antérieure du pharynx terminé en cul-de-sac *Ph*
(fig. 2), traçons un orifice elliptique (que représente la ligne
pointillée de la figure), qui correspondra à l'isthme du gosier,
et par lequel par conséquent le cul de sac buccal devrait s'ouvrir dans la cavité pharyngienne. Cet orifice séparera en
deux portions droite et gauche les chefs inférieurs confondus
en une sangle musculaire unique des deux muscles digastriques des deux côtés, et les écartera de la ligne médiane. Au
niveau des lèvres de cet orifice, qui représente un isthme du
gosier, devront se continuer les parois de la cavité buccale
et celles du pharynx. Le maxillaire inférieur donc, qui appartient à la paroi buccale, devra figurer dans les lèvres de cet
orifice, ou tout au moins sur leur prolongement en avant. Les
muscles qui s'y attachent, et en particulier le digastrique,
prendront insertion sur ce maxillaire rudimentaire, et seront
eux-mêmes peu développés. Par l'ouverture passera la langue
qui, faisant saillie en avant de l'orifice, pourra s'avancer dans
la cavité buccale. Nous n'aurons plus dès lors qu'à élargir la
boutonnière que nous avons pratiquée dans la paroi antérieure
du pharynx, à restituer aux parties (mâchoire inférieure, langue, muscles et en particulier digastrique) leurs dimensions
habituelles, pour reconstituer une disposition conforme à la
normale. Or nous n'avons fait pour y parvenir que donner
précisément à notre monstre ce qui lui faisait défaut pour n'en
être pas un, savoir un isthme du gosier, et des organes (mâchoire inférieure, langue et muscles) normalement développés.
La perforation de la paroi antérieure du pharynx, et l'amplifi-
cation générale de parties atrophiées, ou même la restitution
d'organes complètement disparus sont donc ici des opérations
absolument légitimes.

Nous croyons par conséquent que ce muscle *dd'* est le digastrique, dont le chef inférieur s'est atrophié par absence du
maxillaire inférieur, son lieu habituel d'insertion, et s'est uni à
celui du côté opposé par suite du défaut de communication
bucco-pharyngée.

Les muscles *gph* (fig. 2 et 10) s'insèrent côte à côte sur une
petite tubérosité située entre les bulles tymphaniques (plus
exactement les caisses du tympan) par un tendon aplati et brillant. Nés de ce tendon, les deux muscles se comportent diffé-

remment à droite et à gauche. Celui de gauche est un triangle
allongé qui descend obliquement de dedans en dehors, s'engage
sous les muscles digastrique et stylo-hyoïdien, et va s'insérer,
en se confondant plus ou moins avec le digastrique, sur le corps
même de l'hyoïde. A droite, le tendon sus-indiqué donne en
outre naissance à un faisceau musculaire *mph*, situé en dehors
du faisceau *gph*, plus large et plus mince que lui ; ce muscle
mph vient s'attacher sur la lame tendineuse du muscle digastrique du côté droit, sur toute la longueur de cette lame. Ce
faisceau *mph* manquait à gauche.

Il nous faut à présent chercher si nous pouvons mettre un
nom sur ces muscles. Si nous prolongeons par en haut la boutonnière que nous avons pratiquée dans la paroi antérieure du
pharynx, de manière à la continuer dans l'interstice musculaire
qui sépare les deux muscles *gph*, les muscles *gph* et *mph*
pourront être encadrés par la courbe parabolique d'un maxillaire inférieur, et en cette situation ressembleront assez bien à
des génio-hyoïdiens *gph* et à un mylo-hyoïdien *mph* unilatéral.
L'insertion des génio-hyoïdiens à la tubérosité située entre les
bulles tymphaniques représenterait une insertion secondaire de
ces muscles.

Nous ne nous cachons pas les difficultés que soulève cette
hypothèse, à laquelle on peut faire des objections d'une réelle
valeur, celle-ci, par exemple : le génio-glosse n'existe pas. Comment admettre qu'un génio-hyoïdien aurait persisté, même sans
insertions géniennes primitives, avec des attaches consécutives,
alors que le génio-glosse n'aurait pas eu le même privilège ?

L'hypothèse que nous venons d'émettre sur la nature des
muscles *gph*, *mp*, est une de celles que l'on peut faire à ce
sujet ; nous en avancerons une autre dans un instant, dans
laquelle les muscles en question auront d'autres noms. Nous
voulons ainsi bien montrer que nous ne prétendons pas impo-
ser à ces muscles une signification quelconque, mais que nous
désirons seulement présenter à cet égard des hypothèses, que
nous discuterons brièvement, afin que si nous venons à affi:
mer nos préférences pour l'une ou pour l'autre d'entre el
notre choix se trouve justifié.

Il nous faut encore signaler un muscle impair que nous consi-
dérerons comme le transversal de l'hyoïde *th* (fig. 9 et 11)

A l'état normal, ce muscle, décrit par Bourgelat, comme réunissant les cornes styloïdiennes, et ayant pour effet de les rapprocher l'une de l'autre, est fort peu développé. Notre muscle *t h* répond absolument à cette description de Bourgelat. Bien que ce muscle présente ici un développement hors de proportion avec celui des autres muscles du groupe, nous n'hésitons pas à en faire un transverse hyoïdien qui aurait pris seulement, pour des raisons que nous ne connaissons pas, peut-être par suite de l'écartement excessif des cornes styloïdiennes et des os styloïdes, des dimensions considérables.

La figure 9 fait voir enfin qu'il existe de chaque côté un faisceau musculaire assez volumineux *ch*, tendu entre les petites cornes et les grandes cornes, qui, en cette situation, répond bien à un cérato-hyoïdien. Remarquons en passant que les deux muscles intrinsèques de l'appareil hyoïdien, c'est-à-dire le transverse hyoïdien et le cérato-hyoïdien auraient pris un développement puissant qui contraste avec la gracilité des muscles extrinsèques de l'appareil hyoïdien.

IV. — *Muscles du larynx et de la langue* (pl. VI, fig. 9 et 11).
— Les muscles du larynx ne présentent rien de particulier à noter. L'un d'eux seulement était remarquable par le grand développement qu'il avait pris. C'était un muscle pair *h e* (fig. 9) naissant de la face antérieure du cartilage épiglottique, et se dirigeant directement en haut pour se fixer sur la face postérieure et le bord supérieur du corps de l'hyoïde. Ce sont là des caractères qui en font manifestement l'hyo-épiglotique. Quant aux muscles de la langue, ils méritent de fixer notre attention un instant.

Les muscles linguaux sont, à l'état normal, les suivants : le stylo-glosse, le basio-glosse ou grand hyo-glosse, le génio-glosse, le petit hyo-glosse ou lingual supérieur, et le pharyago-glosse, ce dernier fort réduit.

Nous n'avons pas vu de stylo-glosse.

Le génio-glosse ne nous a pas paru non plus représenté chez notre monstre.

Le basio-glosse *g h* (fig. 11), était représenté par un volumineux faisceau pair, naissant du corps de l'hyoïde, sur le bord supérieur de ce corps ; il se dirigeait en haut et en arrière,

passait en arrière du transverse de l'hyoïde *th* avec lequel il échangeait des fibres.

En *ts*, on aperçoit un corps musculaire, dont la situation, les insertions sur les petites cornes, la direction rappellent absolument celles du petit hyo-glosse ou lingual supérieur (fig. 11).

Quant au pharyngo-glosse, très mince sur un embryon normal de cet âge, quoique visible, nous n'avons pu le constater chez notre monstre.

V. — *Muscles du pharynx*. — Tous les muscles du pharynx étaient présents, sauf le pharyngo-staphylin. Encore celui-ci, que nous avons trouvé très pâle et très mince chez un fœtus de brebis à terme et normal, a-t-il bien pu nous échapper chez notre monstre, où certainement il se présentait moins développé encore. Le constricteur supérieur avait éprouvé une réduction assez notable, en rapport évidemment avec l'atrophie de la cavité qu'il a pour fonction de resserrer, dépendant de l'éloignement des points d'insertion de plusieurs de ses faisceaux normaux constitutifs. C'est ainsi que les trompes étant reportées trop loin dans les fosses nasales, trop en avant par conséquent, une lame musculaire de forme triangulaire qui, d'habitude, s'insérant sur le conduit tubaire osseux, vient renforcer le constricteur supérieur, manquait absolument ici.

Les muscles *gph*, décrits précédemment, et auxquels nous avons donné hypothétiquement la signification de génio-hyoïdiens, étaient appliqués d'assez près sur la paroi antérieure du pharynx, à laquelle ils semblaient appartenir, se moulant exactement sur la forme du cul-de-sac pharyngien (voy. fig. 2). En cette situation, nous devons supposer qu'ils représentent peut-être bien des muscles pharyngiens, sur lesquels nous ne saurions mettre, il est vrai, aucun nom précis. Ces muscles pharyngiens seraient, à l'état normal, latéralement situés (muscles des piliers antérieurs amygdalo-glosse et palato-glosse), et auraient pris une position médiane et antérieure, par suite de l'absence de l'isthme du gosier.

VI. — *Voile du palais et ses muscles* (fig. 8). — L'examen qui se trouve relaté dans le paragraphe 1, nous renseignait sur la constitution de la voûte palatine, vue du côté supérieur, en d'autres termes, sur la conformation du plancher des fosses nasales. Nous avons voulu aussi observer cette voûte palatine par sa face inférieure. Pour ce faire, nous avons incisé sur la ligne médiane le muscle masséter et les tissus sous-jacents.

Cette incision a ouvert une cavité close de toutes parts, assez étendue, mais très peu profonde. Cette cavité, que nous appellerons provisoirement, pour ne rien préjuger de sa signification, cavité intermédiaire, se trouve sur le plongement du cul-de-sac buccal, c'est-à-dire à la même hauteur que lui. Son extrémité antérieure est séparée de l'extrémité postérieure de ce cul-de-sac par une épaisseur de tissu assez faible, de consistance osseuse. Son extrémité postérieure se prolonge assez loin en arrière, sans arriver toutefois au contact de la paroi antérieure du pharynx. Le plancher de cette cavité intermédiaire continue celui de la dépression buccale. Le toit de la même cavité est également la continuation de la fosse buccale, c'est-à-dire qu'il est constitué par la voûte palatine elle-même, non plus osseuse, mais simplement fibreuse à ce niveau (voir le schéma représenté par la figure 7). Il devient dès lors évident pour nous que nous devons voir dans cette cavité dite intermédiaire un prolongement du cul-de-sac buccal, qui s'est séparé, de la façon que nous verrons tout à l'heure, de la partie initiale de ce cul-de-sac. Désormais, le plancher de cette cavité, que nous avons devant les yeux, représente bien réellement la voûte palatine, que nous pouvons maintenant étudier par ses deux faces supérieure et inférieure.

On sait que le voile du palais est constitué, chez les Ruminants comme chez l'homme, par une lame fibreuse située entre les deux muqueuses palatine et nasale, et par des muscles. La membrane fibreuse occupe la moitié inférieure seulement du voile du palais, et se trouve prolongée en arrière par un muscle, le pharyngo-staphylin, dont nous avons déjà parlé. La lame fibreuse s'attache en avant sur l'arcade palatine, latéralement sur les apophyses que forment par en bas les os ptérygoïdiens, au niveau desquels elle est renforcée par une expansion tendineuse que lui fournit un muscle, le péristaphylin externe. Cette membrane fibreuse est plus longue chez les Ruminants que chez l'homme; son cadre résistant se prolonge plus loin chez ceux-là que chez celui-ci, de telle sorte que l'on peut dire du voile du

palais qu'il est fixé chez les Ruminants, et immobile dans une
étendue plus grande que chez l'homme.

Ces dispositions étaient encore exagérées chez notre monstre,
où la fixation de la voûte palatine membraneuse était assurée
à la fois de plusieurs façons. Tout d'abord, la saillie formée par
les os ptérygoïdiens était très prononcée, et ces os s'avançaient
sur la ligne médiane au point de s'articuler l'un avec l'autre
par leur extrémité, au moyen d'un court trousseau fibreux.
De la sorte était tendue transversalement une tige solide de
renforcement pour la membrane fibreuse du voile du palais.
De plus et surtout, la lame fibreuse, au lieu de se terminer en
s'amincissant de plus en plus dans la portion mobile du voile
du palais et de s'y continuer par un pharyngo-staphylin, allait
s'attacher à la base du crâne sur l'apophyse basilaire de l'occipital. Ainsi s'étendait, pour former le plancher des fosses
nasales, une cloison horizontale membraneuse prolongeant la
voûte osseuse du palais. Cette cloison constituait, d'autre part,
un plafond : 1° en avant de l'os ptérygoïdien *pt*, au cul-de-
sac buccal ; en arrière de ce même os, de AA à BB, à la cavité
intermédiaire, prolongement du cul-de-sac buccal, dont il a
été question plus haut. Mais elle se prolongeait en arrière plus
loin que l'extrémité postérieure de la cavité intermédiaire ; à ce
niveau elle formait toujours le plancher des fosses nasales
mais elle ne recouvrait plus aucune cavité. Il en résulte que
cette portion la plus reculée, de BB à CC, de notre septum
membraneux ne répond plus à la définition d'une voûte palatine, ou même d'un voile du palais, dont le caractère est de
séparer deux cavités, d'être le plancher de l'une et le toit de
l'autre. Aussi, sommes-nous obligés de considérer comme sur-
joutée, tératologique, cette portion tout à fait postérieure de
cloison, qui prend insertion sur l'occipital, et de n'y voir ri
qui corresponde à la voûte palatine normale.

La fixation de la partie immobile du voile du palais était enc
assurée par deux palato-staphylins *p* relativement très dével
pés, beaucoup plus forts qu'à l'état normal.

Avec un voile du palais dont la fixité était aussi absolue,
comprend que les péristaphylins étaient de trop. Ils n'exista
en effet aucunement dans notre monstre, bien que leur dé
loppement chez un embryon normal du même âge soit de na

à faire penser qu'ils n'auraient pu nous échapper par leur exiguïté.

Nous pouvons parler ici d'un muscle *tp* (fig. 8) que nous avions vu s'insérer sur l'os temporal par ses attaches supérieures, et que nous avons retrouvé s'enfonçant par ses fibres inférieures dans une profonde rainure de chaque côté de la voûte palatine osseuse, pour y prendre insertion. Nous n'hésitons pas, à cause de la naissance de ce muscle sur l'os temporal même, à en faire le muscle temporal, dont l'insertion inférieure, à la suite de l'absence de la mandibule, serait devenue quelconque.

VII. — *Osselets auditifs*. — Pour terminer notre description anatomique, il nous faut dire quelques mots de l'état où nous avons trouvé les osselets de l'oreille moyenne.

Bien qu'il soit facile, comme nous nous en sommes assuré de trouver sur un embryon de brebis à terme, tous les osselets de l'ouïe, il nous a été impossible de constater sur notre monstre l'existence de l'enclume et de l'étrier. Par contre le marteau était présent. Cela ne laissa pas que de nous étonner beaucoup, car nous nous attendions à son absence, conjointement avec celle du maxillaire inférieur, avec lequel le marteau présente les connexions embryologiques que l'on sait. C'étaient au contraire l'enclume et l'étrier, qui n'ont avec le maxillaire inférieur que des rapports de développement beaucoup plus éloignés, ou même n'en présentent pas du tout, qui faisaient ici défaut.

Le marteau du côté gauche était conformé comme à l'état normal. Sur son col s'insérait un muscle du marteau bien développé. Celui du côté droit présentait en outre deux apophyses qui n'existaient, ni dans le marteau gauche du monstre, ni dans les marteaux d'embryons normaux que nous avons examinés. L'une de ces apophyses, s'enfonçant dans la scissure de Glaser, correspondait évidemment à l'apophyse grêle du marteau humain. L'autre, plus courte, se prolongeait par un petit ligament qui s'insérait à la paroi osseuse de la caisse tympanique. Il semble ainsi que la présence de ces deux apophyses sur le marteau droit, loin de montrer un arrêt de développement, atteste au contraire qu'il s'est fait ici un développe-

ment continué, ayant conduit ce marteau du côté droit à un
état qu'il n'atteint pas d'habitude chez le mouton.

CONSIDÉRATIONS GÉNÉRALES

Après avoir rapporté d'une façon aussi détaillée que possible
les diverses particularités anatomiques que la dissection nous a
permis de constater, nous devons nous demander s'il est possible d'expliquer, et de quelle façon, cette monstruosité.

Au point de vue purement descriptif, on peut grouper sous
deux chefs les malformations que nous avons observées.

1° L'absence du maxillaire inférieur ;

2° L'imperforation du canal bucco-naso-pharyngien.

Ces deux dispositions sont-elles indépendantes ou y a-t-il
entre l'une et l'autre une relation de cause à effet? Dans les
deux cas, il est possible de comprendre comment les choses
ont dû se passer, mais c'est à cela que doivent se borner nos
réflexions, sans que nous puissions choisir une hypothèse à
l'exclusion de l'autre. Tout ce que l'on pourrait dire, à la
rigueur, c'est qu'il existe des cas bien constatés où le maxillaire
inférieur faisait défaut, sans qu'il y ait eu imperforation de
la bouche et du nez, et que, par conséquent, cette dernière
monstruosité n'est pas forcément la conséquence de la première. Inversement on trouve des observations d'imperforation
du tube bucco-nasal sans absence de la mâchoire inférieure.
Il ne semble donc pas y avoir une relation inévitable entre ces
deux vices de conformation, mais il serait téméraire d'affirmer
que dans notre cas particulier cette relation n'ait pas existé, et
la seule chose qu'il nous soit permis de faire, c'est d'émettre
des hypothèses sur l'étiologie probable de la monstruosité.

I. — En se fondant sur ce que nous savons du développement normal, on peut tout d'abord penser que, pour une raison
quelconque, le premier arc branchial ou mandibulaire a subi
un arrêt de développement, du moins dans sa portion ventrale, meckélienne. Toute son extrémité supérieure qui correspond à la région carrée des types inférieurs aux mammifères, et la pièce ptérygo-palatine qui forme le maxillaire
supérieur, se sont formées. L'existence du marteau et de son

muscle, la présence des maxillaires supérieurs, des os palatins et ptérygoïdiens, prouvent surabondamment la persistance des deux portions signalées plus haut de l'arc mandibulaire.

D'autre part, le cul-de-sac bucco-nasal a pris naissance comme d'habitude; il est venu à la rencontre de l'extrémité antérieure du pré-intestin, mais sans arriver à son contact; si bien qu'il en est resté séparé par une épaisseur relativement considérable de mésoblaste. De fait, à l'époque à laquelle nous avons examiné l'animal, le cul-de-sac buccal et le cul-de-sac pharyngien sont situés à une distance assez considérable l'un de l'autre.

Si maintenant nous considérons ce qui va se passer lorsque le cloisonnement de la cavité naso-buccale se fera par suite du développement de la voûte palatine et du voile du palais, nous pourrons comprendre comment il a pu arriver que toute communication disparaisse entre la bouche et la cavité des fosses nasales.

Pour cela, il faut d'abord admettre, et c'est très légitime, que ce que nous avons appelé la cavité intermédiaire, n'est rien autre chose que la partie la plus reculée de l'infundibulum buccal, séparée secondairement de celui-ci. Il faut, en outre, attirer l'attention sur la situation remarquable qu'affectent l'un vis-à-vis de l'autre le pharynx et le conduit naso-buccal. A l'état normal, l'axe de la cavité bucco-pharyngienne décrit une longue courbe à concavité tournée en bas et en avant, de telle manière que le voile du palais très allongé suit cette courbure. Mais si l'on jette à présent un coup d'œil sur le schéma, on verra immédiatement que, chez notre monstre, l'axe du pharynx et celui de la bouche et des fosses nasales sont perpendiculaires l'un à l'autre.

Cela étant posé, lorsque les deux lames palatines des maxillaires supérieurs et celles des bourgeons ptérygo-palatins s'avanceront horizontalement à droite et à gauche pour se souder sur la ligne médiane, elles resteront exactement parallèles à l'axe de la cavité bucco-nasale, c'est-à-dire perpendiculaires à celui du pharynx. En avant, la voûte osseuse se constituera sans rien présenter d'anormal; mais en arrière, toute la portion restée fibreuse et qui répond au voile du palais, ne trouvant pas à se loger dans le pharynx qui est imperforé, restera horizontale

(puisqu'elle ne peut pas prendre la courbure habituelle) et contractera à sa terminaison des adhérences secondaires avec l'os adjacent, c'est-à-dire avec l'apophyse basilaire.

Il est toutefois un détail, d'importance secondaire il est vrai, sur lequel nous devons nous arrêter un instant. La soudure des lames palatines ne se fait pas sur toute la longueur de leur bord libre, puisqu'il existe, comme nous l'avons vu, une fente étroite par laquelle on peut passer de la bouche dans le nez. Nous rappellerons en outre les deux appendices, inférieur et supérieur, que l'on trouve à ce niveau. Quelle est la signification de ces appendices et quel rôle ont-ils joué relativement à l'absence de soudure? Nous savons que la fente est placée par rapport à leur base d'une façon inverse, à droite pour l'un, à gauche pour l'autre. Ces deux appendices semblent donc constituer les deux moitiés d'un organe médian qui ne se seraient pas soudées, et dont l'une aurait trouvé à se placer du côté nasal, l'autre du côté buccal. Mais quel est cet organe médian? Chez l'animal normalement développé, il n'y a rien à cet endroit qui puisse être comparé à cette disposition. S'agit-il de la crête saillante médiane que l'on rencontre sur la face nasale du voile du palais, et qui n'était pas représentée chez le monstre? Le fait est possible, mais en tout cas n'explique pas pourquoi la soudure ne s'est pas effectuée, et en somme nous nous contenterons de poser la question sans la résoudre.

Passons maintenant au pharynx. Envisagé isolément comme tube imperforé, clos de toutes parts, cet organe ne présente rien de particulier; c'est le pré-intestin conservé dans sa situation primitive. Restent la langue et le repli que l'on aperçoit au-devant d'elle. Du moment que l'arc mandibulaire a subi un arrêt de développement, il faut admettre que la partie antérieure de la langue qui dérive du plancher sous-maxillaire n'a pas pu se former. Dès lors la langue que nous avons trouvée ne représente pas la totalité de cet organe. Elle n'en est que la partie postérieure émanée de la jonction des deuxième et troisième arcs pharyngiens sur la ligne médiane (His). Cette hypothèse trouve en outre une confirmation, d'abord dans l'absence complète des muscles génio-glosses, et d'un autre côté dans l'aspect particulier de la surface de la muqueuse. Nous avons dit en temps et lieu que des papilles caliciformes s'observaient jusque près de la pointe. En somme, le monstre n'aurait qu'une partie de sa langue, la base, et sa situation n'a rien qui doive nous étonner puisque nous savons, depuis les recherches de Dursy, Kolliker..., etc., et surtout de His, que la base de la langue se développe primitivement dans le pharynx.

Quant au repli situé au-devant de la langue, il faut penser, ou bien que c'est une formation quelconque, sans signification, hypothèse qui 'n'a qu'un mérite, celui d'être simple; ou bien que c'est une partie du voile du palais. Sa configuration, ses rapports plaident en faveur de cette dernière manière de voir; mais alors il faut admettre que le voile du palais est formé de deux portions, une portion ptérygoïdienne si l'on veut et une portion pharyngienne. L'anatomie descriptive montre qu'il en est ainsi, mais l'embryologie ne nous dit pas si ces deux parties prennent naissance isolément; la portion antérieure fibreuse ou ptérygoïdienne en continuité avec la voûte palatine, la portion postérieure, musculaire ou pharyngienne, en continuité avec la paroi même de l'intestin antérieur. Donc sur ce point encore, nous ne pouvons que formuler une hypothèse, et nous dirons que nous croyons que le repli placé dans le pharynx, au-devant de la langue, appartient au voile du palais : c'est sa portion molle postérieure. Le reste de cette cloison, la partie fibreuse n'ayant pu avoir accès dans le pharynx, est resté sur le prolongement de la voûte palatine. Nous laissons aux embryologistes le soin de rechercher si l'étude du développement normal peut justifier cette explication.

En résumé, et malgré quelques lacunes, nous croyons que nous pouvons arriver, avec le secours seul de nos connaissances en organogénèse, à comprendre comment la monstruosité qui nous occupe a pu prendre naissance; mais nous devons nous demander si l'on ne peut pas arriver au même résultat par un autre chemin. Nous avons supposé jusqu'alors que toutes ces malformations sont indépendantes de l'absence du maxillaire inférieur et qu'elles sont dues à un simple arrêt de développement, en d'autres termes qu'elles sont primitives. Voyons maintenant comment on pourrait concevoir leur mode de conformation si elles étaient secondaires.

II. — La communication s'est établie comme à l'ordinaire entre le cul-de-sac naso-buccal et le pré-intestin: la voûte palatine et le voile du palais se sont formés de même, comme à l'état normal. A ce moment alors intervient comme facteur essentiel l'absence de la portion meckélienne de l'arc mandibulaire. Il se ferait un remaniement complet de toute la région circonscrite par cet arc, aboutissant au rétrécissement, puis à l'oblitération du conduit bucco-naso-pharyngien, suivant un plan oblique d'avant en arrière et de bas en haut comme l'arc lui-même. Nous ne nous dissimulons pas tout ce que cette hypothèse a de hasardé, d'autant plus qu'on peut lui faire une objection sérieuse. Les arcs mandibulaires sont déjà presque complètement développés, alors qu'il n'y a pas encore de communication entre la bouche et le pharynx ; par conséquent, si l'arrêt de développement de ces arcs doit avoir une action sur le tube bucco-naso-pharyngien, cette action s'exercera avant que la communication soit établie et non pas après. On ne comprendrait pas que cette influence restât latente au point de laisser la communication se faire, et qu'elle reparût ensuite pour la détruire. Autrement dit, nous pensons que, s'il y a une relation entre le défaut de maxillaire et l'imperforation de la bouche, celle-ci est le résultat immédiat de celui-là, sans que l'on puisse dire comment, étant donné que le premier arc branchial n'a pas de rapport avec la cloison qui sépare le cul-de-sac buccal du pharynx.

III. — Enfin, la monstruosité en question est-elle le résultat d'actions mécaniques s'étant exercées à une époque quelconque de la vie intra-utérine ? Cela n'est pas probable, ou du moins peu admissible, à cause de la régularité et de la localisation de diverses malformations. D'ailleurs, n'ayant constaté aucun fait qui puisse nous servir de base, nous ne croyons pas devoir insister sur cette hypothèse qui rentrerait dès lors trop complètement dans le domaine de l'imagination.

Après avoir recherché, en nous plaçant à différents points de vue, quelle pouvait être l'étiologie des dispositions anormales rencontrées, nous devons essayer d'indiquer certaines conséquences qui, au point de vue de l'embryologie normale, semblent devoir en résulter.

Si, ce que nous inclinons à accepter, ces dispositions sont le fait de simples arrêts de développement, leur constatation confirme les faits suivants :

1° Le pharynx et l'œsophage ne sont que la partie antérieure du tube entoblastique ;

2° L'extrémité supérieure, dorsale, de l'arc mandibulaire, d'où dérivent le marteau et son muscle, ainsi que le bourgeon ptérygo-palatin, est indépendante de sa portion inférieure meckélienne,

3° Une partie de la langue, celle qui émane des deuxième et troisième arcs branchiaux, se développe primitivement dans le pharynx ;

4° Le développement des muscles massèters, temporaux et ptérygoïdiens est indépendant, au moins dans une certaine mesure, de celui du maxillaire inférieur ;

5° Chaque moitié de la langue possède ses muscles propres. Les hyo-glosse dépendent de la portion postérieure, basale, de cet organe.

Enfin, et ceci demande à être vérifié, une partie du voile du palais appartient génétiquement au pharynx.

EXPLICATION DES PLANCHES V et VI (1).

Fic. 1. — Vue inférieure de l'orifice du cul-de-sac buccal.

Fic. 2. — Régions sous-hyoïdienne et sus-hyoïdienne. Les organes et les muscles sont mis à nu par la dissection.

   thy, glande thyroïde.

   sth, M. sterno-thyroïdien ; sth, M. sterno-hyoïdien ; stm, M. sterno-maxillaire ; ohm, homo-hyoïdien.

   th, thymus.

   sh, stylo-hyoïdien ; d' d', chefs inférieurs des digastriques ; dd, chefs supérieurs des digastriques.

   oh, M. occipito-hyoïdien.

   sth, os styloïde de l'hyoïde.

   ah, arthrohyal.

   ph, pharynx.

   gph, M. génio-hyoïdien (?) ou muscle pharyngien (?).

   mph, M. mylo-hyoïdien (?) ou muscle pharyngien (?).

(1) Nous remercions M. Maire, étudiant en médecine, qui a bien voulu exécuter pour nous les figures 1 et 5,

bt, bulle tympanique ; *c*, conduit auditif externe ; *p*
b, nerf facial.
par, m. parotido-auriculaire.
glp, glande parotide (?).
m, sangle massetérine.
glm, glande sous-maxillaire.

Fig. 3. — Voûte du cul-de-sac buccal. Le plancher buccal
la glande sous-maxillaire et une partie des masséters
Dans le fond, on aperçoit l'appendice saillant dans la c
avec la fente située au côté droit de sa base, et sur les pa
les deux bourrelets anormaux de la voûte palatine.

Fig. 4. — Plancher des fosses nasales. Dans la partie postér
de cette cavité proémine le deuxième appendice, *replié sa*
une soie a été introduite de droite à gauche dans la fe
dans le cul-de-sac buccal (fig. 3). — Tout au fond des fo
très étroites à cet endroit, font saillie à droite et à gau
cartilages tubaires, etc.

Fig. 5. — La tête du monstre vue de profil.

Fig. 6. — Intérieur du pharynx vu par la face postérieure, e
sa paroi a été incisée en arrière.

En examinant cette figure, on voit successivement : la face
du cartilage cricoïde revêtue des muscles crico-aryténoïdi
fice du larynx et l'épiglotte ; enfin, la langue. Celle-ci se
arrière d'un repli qu'elle masque en partie et qui se perd su
ties latérales du pharynx.

Fig. 7. — Figure schématique représentant une coupe médiam
postérieure du monstre.

B, cul-de-sac buccal ; CI, cavité intermédiaire.
N, fosses nasales avec l'ouverture des trompes, *tr*.
PH, Pharynx terminé en cul-de-sac en *cph*.
V, voile du palais (portion pharyngienne).
L, langue (portion postérieure).
bc, base du crâne.
cv, colonne vertébrale.
vp, voûte palatine osseuse.
pt, apophyse des os ptérygoïdiens, séparant le cul-de-sac bu
la cavité intermédiaire.
h, os hyoïde.
th, cartilage thyroïde — et *c*, cricoïde.
e, épiglotte.
te, muscle épiglottique.
gh, m. hyo-glosse (basio-glosse).
par, parotido-auriculaire.
m, masséter.
s, appendices ; *y*, fente de communication bucco-nasale (cette f

a été représentée schématiquement sur la ligne médiane et plus large qu'elle n'est en réalité).

gl, glande sous-maxillaire.

s, tissu fibreux séparant les extrémités des culs-de-sac nasal et pharyngien.

Fig. 8. — Paroi supérieure de la cavité intermédiaire de A à B (lignes pointillées.

pp, muscles palato-staphylins appliqués sur une toile fibreuse *t*, qui forme la paroi de la cavité en question ; à gauche le muscle montre son insertion au bord postérieur *bp* de la voûte palatine osseuse ; à droite le tendon est masqué par la muqueuse munie de l'appendice *r*, et qui n'a pas été enlevée.

ap, apophyses des os ptérygoïdiens établissant la séparation entre le cul-de-sac buccal et la cavité intermédiaire, et réunis par un trousseau fibreux *f*.

pt, pt, os ptérygoïdiens.

sp, sp, sphénoïdes.

ct, ct, caisses du tympan.

tp, tp, muscles temporaux.

L'espace compris entre B et C représenterait toute la portion fibreuse du voile du palais surajoutée ou déplacée anormalement.

Fig. 9. — Vue de la face postérieure du larynx, de la langue et des parties adjacentes de l'appareil hyoïdien.

e, épiglotte.

cth, grandes cornes de l'os hyoïde ; *sth*, os styloïdes de l'hyoïde.

he, M. hyo-épiglottique.

ch, M. cérato-hyoïdien.

ls, M. lingual supérieur.

th, M. transverse de l'hyoïde.

Fig. 10. — Vue latérale des régions sus-hyoïdienne et temporo-maxillaire.

aco, pourtour de l'orbite.

az, arcade zygomatique.

e, conduit auditif.

ca, carotide interne.

Pour toutes les autres lettres, se reporter à l'explication de la figure 9.

Fig. 11. — Muscles profonds de la région hyoïdienne.

bt, bulles tympaniques.

sth, os styloïdes de l'hyoïde.

ph, paroi antérieure du cul-de-sac pharyngien.

th, M. transverse de l'hyoïde.

gh, M. hyo-glosse (basio-glosse).

SUR LA STRUCTURE

DU

CYLINDRE-AXE ET DES CELLULES NERVEUSES

Par le D' J. JAKIMOVITCH
Professeur de l'Institut Histologique à l'Université de Kieff.

(PLANCHE VII)

Malgré qu'au siècle passé Fontana (1781) connût l'existence
du cylindre-axe, et quoique Remak (1833) eût pour la première
fois constaté le cylindre-axe comme la partie principale de la
fibre nerveuse, et outre beaucoup d'autres travaux scientifiques ayant pour but d'éclaircir la structure anatomique du
cylindre-axe, nous ne connaissons pas, jusqu'à présent, les
détails de sa structure, et même on n'est pas d'accord sur
la nature de ses parties constituantes. Il y a peu de questions
histologiques qui aient soulevé tant d'opinions contraires que
celle de l'anatomie du cylindre-axe. Ainsi, d'après l'opinion de
quelques investigateurs (comme M. Schultze, Retzius, H. Schultze,
Sizoff, M. Lavdovsky), le cylindre-axe est composé d'un faisceau de fibrilles nerveuses unies par une substance intermédiaire granuleuse. La plupart des savants acceptent maintenant cette opinion, qui est confirmée en outre par les observations de H. Schultze sur les nerfs frais des animaux vertébrés
et invertébrés jusqu'aux mollusques inclusivement. Les autres
(Boll, Fleischl) supposent que le cylindre-axe n'est qu'un tube
rempli d'un certain liquide. D'autres, enfin (H.-D. Schmidt,
R. Arndt) affirment que le cylindre-axe est composé d'une
quantité de particules spéciales, « corpuscules élémentaires »
ou « éléments nerveux, » doués de la faculté de mouvement
et qui, se rangeant à la même hauteur, produisent, grâce à
cette faculté, une striation qui ressemble à la striation des muscles striés.

Cette dernière opinion était fondée sur l'apparition des
« lignes de Frommann, » qu'on peut observer quelquefois sur

cylindre-axe exposé à l'action du nitrate d'argent. On sait
que Frommann (1), en employant le nitrate d'argent pour la
moelle épinière (solution 1/2 — 1 gramme pour 1 once d'eau),
avait remarqué qu'une partie des cylindres devenait jaune ou
brune, et avait l'aspect homogène ou granuleux, tandis que
les autres cylindres étaient distinctement striés, grâce à des
lignes brillantes placées très près l'une de l'autre. Outre les
lignes transversales, Frommann a aussi observé les stries longitudinales courtes et longues divisant le cylindre-axe en
fibrilles. Employant des solutions plus concentrées de nitrate
d'argent (2 grammes pour 1 once d'eau), Frommann avait
observé aussi la striation transversale dans les cylindres de
nerfs périphériques.

Cinq ans après, apparut sous l'inspiration de Schwann, un
très intéressant ouvrage de Grandry (2): « *De la structure
intime du cylindre de l'axe et des cellules nerveuses;* » cet
ouvrage est rarement cité par les savants russes (M. Lavdovsky),
et complétement ignoré par les Allemands. Mais, comme
Grandry donna une méthode plus précise pour la préparation
du tissu nerveux avec le nitrate d'argent, comme il fit une
description détaillée des caractères physiques des « lignes de
Frommann, » et observa le premier la striation transversale
des cellules nerveuses, nous examinerons minutieusement ce
travail.

Les recherches de Grandry concernaient principalement la
moelle épinière du bœuf; pour étudier les nerfs périphériques,
il choisissait le sciatique de la grenouille. On prenait les organes
le plus tôt possible après la mort, de sorte qu'ils étaient encore
vivants ou au moins n'avaient subi encore aucun changement cadavérique appréciable. Cette condition est nécessaire,
attendu que les nerfs de ces animaux, six heures après la
mort, ne donnaient aucun résultat. On trempait dans le nitrate
d'argent (solution 1 pour 400) les objets coupés en morceaux
(1 — 1 1/2 centimètre), on les plaçait dans un lieu obs-
cur, à la température ordinaire, et on les laissait ainsi à peu

(1 C. Frommann. Zur Silberfarbung der Axencylinder. In *Virchow's*
Archiv, Bd. XXXL, Heft, 2.

2) *Journal de l'anatomie et de la physiologie*, de C. Robin, Paris, 1869, mai
juin.

près pendant cinq jours; ensuite, on les exposait à la lumière durant deux ou trois jours en les laissant dans la même solution. Enfin, on plaçait les morceaux coupés sur le porte-objet dans une goutte de glycérine pure, en ajoutant aussi un peu d'acide acétique, et l'on dissociait autant que possible.

Les cylindres-axes des nerfs à myéline centraux et périphériques préparés de la sorte présentaient une striation régulière formée de stries claires et foncées, comme si le réactif agissait seulement sur une partie de la substance en laissant l'autre intacte. En même temps, on remarquait que les stries foncées étaient sur une certaine longueur disposées très régulièrement l'une près de l'autre, mais que la distance entre elles et la largeur de ces stries variait souvent. La substance intermédiaire (entre les stries) est complètement incolore, ou seulement très peu colorée, et il y en a beaucoup plus entre les stries larges qu'entre les minces. Outre la striation transversale, Grandry, de même que Frommann, rencontrait quelquefois sur les mêmes cylindres-axes, des stries longitudinales, de sorte que leur surface paraissait quadrillée. En opérant une certaine pression sur les cylindres-axes striés transversalement, Grandry parvint à obtenir les stries obscures entièrement isolées; la rupture avait toujours lieu dans la substance claire; mais les stries elles-mêmes restaient intactes.

En employant la même méthode de traitement pour les cellules nerveuses, mais en les laissant plus longtemps exposées à l'action de la lumière, Grandry a observé la même striation dans les cellules des cornes antérieures de la moelle épinière du bœuf; dans ces cellules, les stries minces paraissaient aussi tout à fait homogènes, tandis que les plus larges étaient ordinairement comme composées de points ou de grains noirs liés entre eux. Les stries n'existaient que sur le corps de la cellule et ses prolongements; mais elles ne touchaient point le noyau. On remarquait au surplus, tout comme dans les cylindres, des stries longitudinales dans le corps de la cellule. Mais on ne réussit pas à isoler les stries transversales, comme dans les cylindres.

Grandry, de même que Frommann, ayant constaté l'apparition des stries transversales du cylindre sous l'action du nitrate d'argent, laissa ce fait sans explication. Les autres savants, qui ont

appliqué la même méthode à l'examen du système nerveux,
comme Ranvier, par exemple, qui avait découvert les épaississements biconiques et les « croix » dites de Ranvier, au niveau
des étranglements, les autres savants, dis-je, ont confirmé les
recherches de Frommann et de Grandry et ont élargi nos connaissances dans cette matière, mais ils n'ont pas essayé d'expliquer le fait de la striation transversale, se contentant
d'énumérer leurs observations ou confessant leur impuissance
à expliquer ce phénomène. H. D. Schmidt seul et après lui
R. Arndt proposèrent une explication de la striation transversale.

H. D. Schmidt (1) l'explique comme la striation transversale
des muscles, supposant qu'elle résulte de couches régulières
de parties élémentaires du cylindre. Il donne le nom d'éléments
nerveux (nervous elements) à ces sortes de granulations spécifiques; elles sont placées dans les fibrilles voisines à une hauteur égale, ce qui est la cause de la striation transversale.

Selon R. Arndt (2), le cylindre-axe est composé de « corpuscules élémentaires » (Elementarkörperchen) et de la substance fondamentale. Ces corpuscules, étant excités, s'imbibent
du liquide de la substance fondamentale, augmentent de
volume, se gonflent, se posent en rangs et de cette manière
produisent les phénomènes de mouvement et de contraction.
De cette façon le contenu du cylindre prend une disposition
particulière, qui ressemble à celle des muscles striés pendant
la contraction. Ici nous mentionnerons un fait, auquel il
nous faudra encore revenir. R. Arndt a observé la disposition des corpuscules élémentaires en rangs, seulement dans
les cylindres-axes des nerfs sains et trouve que ce phénomène
dépend de l'activité du nerf. Arndt a vu la striation transversale, non-seulement après l'action du nitrate d'argent, mais
aussi après l'action de l'or, du palladium, de l'osmium; il l'a
remarquée après avoir coloré le cylindre au moyen du carmi-
nate d'ammoniaque et même du bichromate d'ammoniaque.

Ainsi donc la striation transversale du cylindre-axe semble

1. D.-H. Schmidt. On the Construction of the Dark or Double Bordered
Nerve Fibre. Monthly Microscop. Journal, XI, mai 1, p. 200.

(2) R. Arndt. Etwas über die Axencylinder der Nervenfasern. In. Virchow's
Archiv., 78 Bd.

JOURN. DE L'ANAT. ET DE LA PHYSIOL. — T. XVIV. (1888).   10

avoir été constatée d'une manière exacte et même expliquée plus ou moins vraisemblablement. Dernièrement Boveri et Schiefferdecker ont tâché de prouver que cette striation transversale, observée après l'action du nitrate d'argent ne dépend pas de la structure intime du cylindre-axe et n'est qu'un produit artificiel (1).

Voilà comment est posée la question de la structure du cylindre-axe en général et des lignes de Frommann en particulier. Nous voyons que quelques observateurs supposent que ces lignes sont le résultat de la structure du cylindre, et que les autres les croient être un produit artificiel. Ainsi s'accomplit ce que Schwann (2) avait dit à propos de l'ouvrage de Grandry : « Les discussions auxquelles il donnera lieu, sans doute, rouleront principalement sur la question de savoir si les stries que l'on voit dans le cylindre-axe et les cellules nerveuses après l'emploi du nitrate d'argent sur les organes encore vivants, existent avant l'emploi du réactif ou si elles sont un produit artificiel. Il me semble difficile d'admettre que des formations si régulières, comme les stries en question, puissent être obtenues artificiellement, si dans l'organe vivant il n'y a pas déjà une disposition correspondante. »

La question étant ainsi posée, j'entrepris, d'après la recommandation du professeur Peremezco, toute une série de recherches sur le tissu du système nerveux, en employant le nitrate d'argent.

Comme objets de recherches j'employai les différentes parties du système nerveux central et périphérique des animaux mammifères (3), des oiseaux (4), des poissons (5), des amphibies et des reptiles (6), des insectes (7). Les organes étaient tout à fait frais, pris de suite après la mort, chez des animaux sains et malades, empoisonnés ou tués par l'électricité, etc.

---

(1) Voy. également sur ce sujet : Pouchet et Tourneux, *Précis d'Histologie et d'Histogénie*, Paris 1878, p. 313.

(2) *Bulletin de l'Académie des sciences de Belgique*, 37e année, 2e série, t. XIV, p. 287.

(3) Bœuf, mouton, chat, chien, lapin, rat, souris.

(4) Poule, canard, moineau, pintade, etc.

(5) Brochet, esturgeon, perche, barbeau.

(6) Grenouille, triton, lézard.

(7) Blatte, hydrophile, grillon, ver à soie.

ce dont je parlerai en temps voulu. Pour étudier les cylindres-
axes, du cerveau et de la moelle épinière de l'homme, j'employais
bien entendu des cadavres; pour les nerfs périphériques, je
prenais les extrémités supérieures et inférieures aussitôt après
une amputation. Je soumettais les organes à l'action de la solution de nitrate d'argent cristallisé 1/32 à 5 0/0 durant quelques
minutes ou jusqu'à 5 et 6 jours. Mais avant de décrire ma
méthode de traitement par le nitrate d'argent, je tiens à dire
deux mots sur ce sel.

On sait que Recklinghausen puis His ont démontré les premiers que le nitrate d'argent forme avec les éléments des
tissus frais une composition chimique qui, se décomposant
ensuite sous l'action de la lumière, se réduit, en donnant
naissance à de l'argent métallique ordinairement d'une couleur
brune de nuance variée.

L'action de l'argent, l'imprégnation, se manifeste de différentes manières selon le tissu sur lequel il réagit. Ordinairement on distingue deux sortes d'imprégnations : l'imprégnation
négative, quand seulement la substance intermédiaire (Kitt-
substanz) prend une teinte noire ou brune, tandis que les
cellules restent claires, incolores ; et l'imprégnation positive,
quand, au contraire, la substance intermédiaire reste incolore,
tandis que les cellules prennent une teinte brune due à
un résidu (dépôt) granuleux. Malheureusement cette division
remarquable dans les procédés qu'on pratiquait jusqu'à présent, arrive plus par hasard que d'après une règle certaine,
et souvent les deux imprégnations s'offrent ensemble au grand
désagrément de l'investigateur.

Ordinairement on admet que les solutions concentrées de
nitrate d'argent donnent des imprégnations négatives; les
solutions moins concentrées, des imprégnations positives. Mais
en réalité il n'en est pas ainsi (1). On peut toujours spontanément produire l'une ou l'autre imprégnation du tissu, en le
traitant par une solution quelconque de nitrate d'argent.
C'est que l'imprégnation négative est un phénomène primaire,
c'est-à-dire résultant d'une réduction immédiate de l'argent
dans la substance intermédiaire ; l'imprégnation positive est

(1) Nouvelles recherches sur l'étude de l'anatomie microscopique de l'homme
et des animaux, sous la direction de M. Lavdosky. Sept. 1887.

un phénomène secondaire; elle vient après la dis
les liquides des tissus, du dépôt métallique *qui la*
gnation négative, et de l'imbibition conséquente
par la nouvelle solution de sel métallique *ainsi la*

Il est nécessaire que le tissu même et le liqui
laisse macérer présentent une réaction acide. Cet
condition nous explique pourquoi les tissus vivants
la réaction alcaline ou neutre (2), présentent or
les plus belles images négatives, tandis que les
ont subi les changements cadavériques, donnent ord
la réaction acide et prennent le plus souvent
positive. En même temps la température a son inf
l'une ou l'autre imprégnation. Ainsi à une températ
en été par exemple, quand les tissus se décomposent,
plus facilement, on obtient le plus souvent l'imprégn
tive; tandis que la même solution de nitrate d'arge
température plus basse, en hiver, donne de magnifiqu
gnations négatives. Ayant cela en vue, pour obtenir
gnation négative, l'investigateur doit prendre de t
morceaux de tissu absolument frais, et après les avo
par une solution quelconque de nitrate d'argent pend
ques secondes ou minutes, selon le genre de tissu
ensuite les laver soigneusement avec de l'eau et les
de suite à l'action d'une lumière vive, à la température l
R. Dès que la teinte est parvenue à une certaine inte
est nécessaire d'interrompre la réduction du métal et
pêcher la réaction acide qui peut se produire dans l
dans ce but il est préférable de traiter ces objets par l
Après ce procédé les images négatives deviennent *sta*
on peut les examiner d'après un procédé quelconque.
obtenir les images positives, les morceaux de tissu p
être assez grands, l'action du nitrate d'argent plus prolo
le lavage dans l'eau n'est pas nécessaire, et on peut
l'objet tout simplement dans l'eau légèrement acidulé
ensuite l'exposer à la lumière diffuse pendant un temps assez.

(1) Traité des méthodes techniques de l'anatomie microscopique,
Bolles Lee et F. Henneguy, Paris, 1887.
(2) D'après Langendorf, les tissus nerveux des nouveau-nés, même
la mort, conservent la réaction alcaline.

que nous avons dit explique clairement comment on peut
enir les deux imprégnations ensemble, ce qui est aussi
lquefois à désirer.

Juant à la nature du précipité d'argent dans l'imprégnation
tative, jusqu'à présent nous n'avons pas d'opinion arrêtée.
elques-uns (Recklinghausen) pensent que le nitrate d'argent
me avec le cément intercellulaire une composition particu-
e, qui devient noire sous l'action de la lumière. D'autres, qui
t l'existence du cément intercellulaire, affirment que le
rate se combinant avec les liquides albumineux qui entou-
t les cellules, se dépose dans les espaces intercellulaires en
me de précipité granuleux. D'autres encore (Schwalbe)
bent de concilier les deux opinions, supposant que l'argent
réduit dans le liquide intercellulaire, si on prend une solu-
a peu concentrée et qu'on agisse pendant un temps court;
is si on prolonge le temps d'action et qu'on prenne une
lution plus concentrée, l'argent se réduit dans le cément
tercellulaire.

Le nitrate d'argent est un excellent réactif pour étudier le
stème nerveux, mais comme son action est encore peu étu-
e et dépend beaucoup des conditions dans lesquelles nous
errons les tissus, il est difficile de l'appliquer jusqu'à ce
e l'investigateur acquiert une méthode certaine et assez
xpérience.

En commençant l'examen de la structure du cylindre-axe
moyen du nitrate d'argent, j'avais certainement essayé toutes
méthodes de mes devanciers et comme elles ne me satis-
isaient pas, je me crus en devoir d'élaborer ma propre mé-
de et de l'appliquer toujours. Dans mes recherches je pro-
dai de la façon suivante : une solution de nitrate d'argent
stallisé aussi pur que possible était préparée chaque fois,
de temps avant d'en faire usage. Je modifiais la concen-
tion de la solution (de 1/4 0/0 à 1 0/0) selon le genre de
u. Pour les nerfs centraux j'employais plus souvent la solution
0.0, pour les nerfs périphériques 1/2 0/0, pour les cel-
s 1 0/0. Je prenais les morceaux de tissu les plus petits
sible, de suite après la mort de l'animal, et je les portais
s un vase avec la solution de nitrate d'argent qu'on met-
ensuite à l'obscurité.

Après vingt-quatre heures, pendant lesquelles le liquide était plusieurs fois remué, je prenais les morceaux de tissu, je les lavais soigneusement avec de l'eau et les exposais dans l'eau à l'action de la lumière, pour que l'argent se réduisît. Quand l'objet prenait une teinte brune foncée — ce qui arrive à la lumière vive après quelque minutes — je le plaçais dans un mélange d'acide formique (1 p.), d'alcool amylique (1 p.) et d'eau (100 p.). L'objet, étant ainsi exposé dans ce mélange à la lumière pendant deux ou trois jours ou même plus, devient d'abord beaucoup plus clair, parce qu'une partie de l'argent réduit se dissout en présence de l'acide et passe dans la solution; pour cette raison il faut. changer de temps en temps le mélange. Quand tout l'argent qui peut se dissoudre a passé dans la solution, celui qui reste dans le tissu prend de nouveau une teinte plus foncée qui persiste (1). Pour préparer les cellules nerveuses je laissais l'objet dans la solution de nitrate d'argent près de 48 heures et dans le liquide macérateur 5 à 7 jours. Les objets préparés ainsi étaient examinés à l'aide de dilacération dans une goutte de glycérine mêlée avec de l'eau ou bien on les disséquait après la solidification dans l'alcool.

Avant d'aborder la description du cylindre-axe, je dois ajouter que mes premières recherches furent faites sur des grenouilles qui avaient passé l'hiver dans le laboratoire : elles étaient très maigres et affaiblies. En observant ponctuellement les indications de Grandry, je n'obtenais pas à mon grand étonnement de striation transversale, ou je la trouvais faiblement marquée et sur une partie seulement du cylindre; la plupart des cylindres n'étaient que granuleux. Supposant que la rareté des lignes de Frommann dépendait du repos prolongé des grenouilles et de la faible activité des nerfs, j'employai les courants induits de force moyenne pendant quelques minutes et après avoir tué l'animal et traité les nerfs par le nitrate d'argent, je trouvai en les examinant un nombre plus grand

(1) S'il ne faut que démontrer la striation transversale du cylindre-axe il n'est pas nécessaire de traiter l'objet si longtemps, il suffit de prendre un morceau de moelle épinière d'un animal récemment tué et de le mettre dans une solution de nitrate d'argent (1/4 à 1/2 0/0) pendant quelques minutes, selon l'intensité de la lumière, puis de le laver dans l'eau et de le dilacérer dans une goutte de glycérine.

de cylindres avec la striation transversale bien accentuée et
sur une plus grande étendue. Ce fait est très intéressant surtout par son analogie avec le phénomène bien connu, que les
muscles striés des grenouilles qui ont passé l'hiver dans les
laboratoires, ne présentent aussi quelquefois pas de striation
transversale. Voilà pourquoi chaque fois que je désirais obtenir un grand nombre de cylindres striés sur une grande étendue (voir la planche VII, fig. 7), je prenais les tissus d'animaux tout à fait sains, dont je savais positivement que les
nerfs examinés fonctionnaient bien, avant la mort.

Maintenant passons à l'examen de la structure du cylindre-
axe de nerfs différents, après qu'ils ont été traités par le
nitrate d'argent. Commençons par les fibres nerveuses de la
moelle épinière d'un jeune chien de deux jours. Nous trouvons
dans un morceau du cerveau traité de la manière décrite, lavé
dans l'eau et dilacéré soigneusement dans de la glycérine
diluée, un grand nombre de fibrilles fines isolées, des cylindres-axes, colorés d'une teinte brune foncée aux places où le
réactif a agi, des cylindres formés dans toute leur longueur
de points clairs et sombres disposés en série (fig. 1, a); le
diamètre des points sombres est plus grand que celui des
points clairs; les sombres suivent les clairs à distance régulière l'un après l'autre. A côté des cylindres minces, composés d'une seule fibrille, nous en trouvons de plus gros, complètement dénudés ou couverts sur une certaine étendue d'une
couche mince de myéline. Ces cylindres se composent aussi
de parties sombres et claires se succédant régulièrement, et ressemblant non à des points, mais plutôt à des stries (fig. 1, b),
parce que le cylindre-axe, grâce à son épaisseur, présente
déjà une largeur visible. Enfin sur les cylindres encore plus
épais, les parties claires et sombres représentent des stries
clairement marquées, de sorte que le cylindre devient très
semblable à des muscles striés.

Chaque objet donne un grand nombre de cylindres striés;
il y en a d'ailleurs aussi beaucoup de non striés, mais granuleux. Nous rencontrons le même fait en examinant le cerveau. Observant ensuite les nerfs périphériques à myéline pris
dans différentes régions du même jeune chien je trouvai dans
chaque objet beaucoup de cylindres striés. Seulement je ne les

ai pas trouvés dans le nerf optique ni dans le nerf abducteur,
malgré les recherches plusieurs fois répétées; les cylindres-
axes n'étaient que granuleux. Chez les chiens plus âgés, quand
les paupières sont déjà ouvertes et que le nerf optique et
l'abducteur fonctionnent, j'ai trouvé toujours la striation bien
marquée. Je note ici pour la seconde fois où et dans quelles
conditions je n'ai pas rencontré les lignes de Frommann et je
continue.

En examinant la striation transversale d'un grand nombre de
cylindres-axes des nerfs centraux et périphériques, pris chez
des animaux absolument normaux, d'âges différents, nous
remarquons que dans quelques-uns la striation transversale
est formée par des stries *minces*, foncées et un peu brillantes, disposées à une distance égale l'une de l'autre et séparées par une couche mince de substance intermédiaire
incolore, en forme de lignes claires (fig. 2). *Les lignes claires
sont ordinairement plus larges que les obscures.* Les stries
sombres semblent ou composées de grains sombres distincts
disposés à travers la fibre, ou ressemblent à des lignes tout à
fait homogènes; mais en examinant ces lignes sombres homogènes à l'aide de forts systèmes à immersion, nous voyons
qu'elles sont aussi formées de grains sombres. La striation
transversale, observée sur une étendue plus ou moins grande
du cylindre-axe, en devenant peu à peu moins distincte, se perd
insensiblement dans la partie incolore du cylindre. Partout, où
nous rencontrons la striation bien apparente, le cylindre conserve sur toute son étendue le même diamètre, ses contours
sont lisses, unis. C'est le premier type de la striation transversale.

Les autres cylindres-axes sont caractérisés par l'épaisseur des
stries sombres (fig. 3); elles sont très souvent distinctement
granuleuses, même avec des grossissements moyens; la substance intermédiaire, formant des bandes claires et larges, est tout
à fait homogène. Ici nous remarquons d'ordinaire qu'à mesure
qu'augmente la largeur des stries sombres, la substance intermédiaire claire s'élargit aussi. *La largeur des stries sombres
d'ordinaire est égale à celle des stries claires.* A la périphérie
de la fibre, les stries sombres sont convexes, arrondies, les
stries claires concaves, ce qui augmente encore la ressem-

blance des cylindres-axes avec les muscles striés au moment de leur contraction. Les stries sombres larges sont disposées à distance régulière l'une de l'autre, on peut également par endroits en voir deux, trois ou plus qui se rapprochent, en formant comme une seule strie; mais on y distingue toujours de fines limites, qui prouvent que cette strie large résulte de la réunion de plusieurs minces. Dans ce cas, le contour du cylindre se renfle à cet endroit très fortement. S'il arrive que deux stries larges se rapprochent, nous avons une apparence qui ressemble beaucoup à ce que Ranvier a décrit sous le nom d'épaississements bi-coniques au niveau des étranglements dits de Ranvier. J'ai trouvé de pareils épaississements non seulement au niveau des étranglements de Ranvier, mais aussi en dehors d'eux, dans les fibres nerveuses centrales. J'insiste sur ce point, parce que mes recherches m'autorisent, comme nous le verrons plus tard, à considérer ces épaississements biconiques à un point de vue différent de celui qui est envisagé communément. Les stries larges, étant plus distinctes aux endroits où l'action immédiate du réactif s'est fait sentir, deviennent peu à peu moins colorées, plus granuleuses et présentent enfin une granulation continue, qui se perd finalement dans la partie incolore du cylindre. Le diamètre de ces cylindres n'est pas partout égal, il est par endroits plus ou moins large ; le contour du cylindre n'est pas droit mais onduleux. C'est le second type des cylindres-axes striés en travers.

Les stries sombres des cylindres-axes, appartenant au troisième type, sont encore plus larges ; elle ne forment pas de lignes bien accusées, mais sont formées d'un grand nombre de petits grains. *Les stries claires sont toujours plus étroites que les sombres.* Ces stries sombres granuleuses (fig. 4), en occupant d'ordinaire une étendue beaucoup moins grande du cylindre-axe, forment bientôt une granulation continue qui de son côté se confond ensuite insensiblement avec la partie incolore du cylindre. Je n'ai pas eu l'occasion d'observer plus de 30 de ces stries larges, sombres, granuleuses, disposées successivement l'une après l'autre dans un seul cylindre, tandis que j'ai observé très souvent dans les deux premiers types de striation des centaines de stries trans-

versales. Les cylindres-axes avec cette striation large et granuleuse conservent leur diamètre sur toute leur étendue; les
contours sont toujours droits comme dans le premier type.

Entre les types de striation que nous décrivons, il y a certes
des formes de transition. Mais toujours dans un cylindre quelconque domine un type; de plus un type peut se transformer
en un autre; ainsi le premier type se transforme en second,
ou le second en troisième; mais il n'arrive jamais que le
premier type se transforme en troisième.

A côté des cylindres striés, nous trouvons très souvent,
comme nous l'avons déjà dit, des cylindres sans aucune striation, qui sur toute l'étendue où a agi le réactif présentent seulement de petits grains bruns dispersés sans ordre (fig. 3).

L'examen de la striation transversale du cylindre-axe nous
conduit naturellement à la question : dans quels nerfs et
dans quelles conditions peut-on observer chacun des types de
striation? Nos observations nous montrent que dans tous
les nerfs à myéline centraux et périphériques, nerfs moteurs
et sensitifs (les racines postérieures de la moelle épinière
avant leur entrée dans les ganglions intervertébraux), on peut
trouver tous les types des lignes de Frommann; en outre,
le type de striation dépend de l'état fonctionnel du cylindre-axe. Ainsi par exemple tous les observateurs affirment
unanimement que la condition nécessaire pour obtenir les
lignes de Frommann est que le tissu soit absolument frais,
pris aussitôt après la mort. Grandry, qui avait étudié le
plus minutieusement la striation des cylindres-axes, put la
constater sur les fibres nerveuses, prises encore six heures
après la mort de l'animal. Quant à moi, j'ai observé que
plus il y avait de temps écoulé depuis la mort, moins je
trouvais de cylindres striés; mais le temps, durant lequel on
peut encore trouver la striation, est plus long que d'après
Grandry. Ainsi je trouvais quelquefois la striation dans la moelle
épinière de l'homme plus de 24 heures après la mort. Il faut
cependant avouer que la striation transversale dans ce cas était
faiblement prononcée et sur une petite étendue; son caractère
rappelait surtout le troisième type, c'est-à-dire que les stries
sombres étaient larges et granuleuses. D'un autre côté, je n'ai
pas trouvé de striation transversale dans les nerfs traités

par le nitrate d'argent, chez un animal mort depuis moins de
six heures, mais dans les conditions suivantes : ayant pris la
moelle épinière d'un petit animal quelconque, je la soumettais
rapidement à des congélations et à des dégels successifs, —
ayant répété ce procédé plusieurs fois, je n'ai pas pu obtenir
de stries. Les cylindres-axes, en outre, semblaient être colorés
diffusément d'une teinte brune ou offraient seulement des granulations éparses (fig. 6). Je ne trouvai point non plus de
striation transversale dans la moelle épinière de souris mortes
d'inanition, ni chez les grenouilles empoisonnées lentement
par une faible dose de curare; dans ce cas je ne traitais la
moelle épinière que quand l'aiguille enfoncée dans le cœur ne
faisait point de mouvement pendant quelques minutes. Tout
cela nous donne le droit de supposer que non seulement le
temps écoulé après la mort, mais aussi le genre de mort ont
une influence certaine sur l'apparition de la striation transversale du cylindre-axe.

Puis, j'ai remarqué que les fibres nerveuses des animaux
tout à fait normaux, prises aussitôt après la mort, donnent le
plus souvent le premier type de striation, c'est-à-dire les stries
minces, étroitement disposées, puis — le second type. C'est seulement quelque temps après la mort de l'animal que commence à
prévaloir le troisième type, à stries larges composées de petits
grains, qui plus tard encore laissent voir des grains dispersés irrégulièrement. Ainsi le nitrate d'argent semble fixer
seulement l'état qu'il rencontre au moment de son action sur
le tissu. Mais, s'il en est ainsi, est-ce qu'un certain type de
striation n'exprimera pas un certain état fonctionnel du nerf
pendant la vie de l'animal? Pour résoudre cette question, j'ai
fait les expériences suivantes : j'ai cousu solidement les
paupières de l'œil d'une grenouille et les ai enduites, d'une
couche de vernis de copal coloré, l'autre œil restant intact.

Environ 8 à 10 jours après, je tuais la grenouille, en faisant
attention à ce que la rétine de l'œil sain reçût de la lumière
au moment de la mort, puis je coupais de petits morceaux
des nerfs optiques depuis le chiasma jusqu'à leur entrée dans
l'orbite et je les traitais avec le nitrate d'argent.

En comparant ensuite le nerf optique qui fonctionnait au
moment de la mort, avec celui qui, comme nous le savions

positivement était depuis longtemps en repos je trouvai
dans le premier une striation transversale fine, épaisse,
distinctement accusée sur une grande étendue dans la plupart des cylindres; tandis que dans le second je la rencontrais
par endroits seulement et même il n'était pas rare qu'aucun
cylindre ne portât trace de cette striation; les stries étaient
larges, granuleuses, indistinctes et occupaient une petite
étendue. J'explique ces traces de striation par l'irritation inévitable du nerf au moment de la coupure. Un phénomène semblable se produit aussi, si ayant coupé le nerf sciatique d'une
des extrémités inférieures de la grenouille, on laisse la partie
centrale en rapport avec les vaisseaux. En examinant 8 à 10 jours
après ce morceau et en le comparant avec les parties correspondantes du nerf intact de l'autre extrémité, on trouve
aussi que le second contient une quantité de cylindres avec
une striation transversale fine et épaisse, tandis que dans le
premier les cylindres sont granuleux ou contiennent des traces
seulement de striation du troisième type. En examinant ensuite
différents nerfs à myéline des extrémités de l'homme, immédiatement après une amputation, je remarquai qu'à mesure que le
malade ne faisait plus de mouvements avec son membre, ou que
la narcose par le chloroforme était plus longue et plus profonde pendant l'opération, on trouvait moins de cylindres
striés. Le plus souvent je rencontrais les cylindres irrégulièrement granuleux ou avec la striation du troisième type;
rarement avec la striation du second et jamais avec celle du
premier. Chez les animaux et les oiseaux qui étaient morts
d'ivresse, chez un lapin mort d'hydrophobie paralytique, je ne
trouvais aussi que des cylindres granuleux ou portant la striation du troisième type.

D'un autre côté je prenais des animaux sains dans les conditions normales, quand on pouvait supposer avec certitude
que la plupart des nerfs fonctionnaient et, examinant ensuite
les nerfs à myéline centraux et périphériques, je trouvais
toujours des cylindres striés transversalement en grande
quantité, avec la striation du type 1er et 2e, accusée très
distinctement et sur une grande étendue (fig. 7). Je pense
qu'il est très difficile de voir là un simple hasard, surtout si
nous rapprochons ces observations de ce que j'ai dit plus haut

sur l'absence de la striation chez les grenouilles affaiblies et épuisées, ainsi que dans les nerfs optique et abducteur des chiens avant qu'ils aient les yeux ouverts. Il faut plutôt supposer que *le type de striation transversale dépend de l'état fonctionnel du nerf,* et qu'on peut en général observer la striation transversale seulement sur les nerfs vivants ou qui fonctionnaient au moment de la mort; dans les nerfs morts ou qui ne fonctionnaient pas, les cylindres, sous l'action du nitrate d'argent, ne deviennent que granuleux.

Outre la striation transversale, on observe encore sur les cylindres-axes, comme l'avait déjà remarqué Frommann, la striation longitudinale. On peut observer les stries longitudinales non seulement sur les cylindres striés transversalement, mais aussi sur les cylindres granuleux. Les stries longitudinales ne se continuent pas sur toute l'étendue du cylindre, mais s'interrompent sur une certaine longueur pour apparaître de nouveau dans un autre endroit. Sur des préparations à l'imprégnation négative, je n'ai pas pu, malgré les grossissements les plus forts, distinguer si les stries longitudinales étaient granuleuses; elles étaient sombres, homogènes, très fines, ce qui confirme clairement la structure fibrillaire du cylindre. J'en parlerai encore plus bas.

Maintenant tâchons d'examiner la nature physique des stries transversales claires et sombres. En produisant une pression verticale d'une certaine force sur les cylindres-axes striés en travers, nous n'observons point que la largeur des stries sombres augmente sensiblement, tandis que celle des stries claires augmente et, la pression cessant, diminue de nouveau. Quand le cylindre-axe est lésé mécaniquement, il se déchire au niveau des stries claires, une partie de la substance claire intermédiaire restant en rapport avec les stries sombres; d'où nous concluons que la substance sombre du cylindre-axe capable de s'imprégner est plus compacte et moins élastique que la substance claire. Dans mes tentatives pour décomposer le cylindre-axe en disques, comme l'avait fait Fry, j'ai remarqué que le cylindre-axe ne se dissocie en disques, mais en un faisceau de fibrilles très fines, comme on le voit sur les figures 8 et 9. Chaque fibrille est composée de particules foncées et claires disposées succes-

sivement à une certaine distance l'une de l'autre ; les particules foncées dans toutes les fibrilles voisines du même
cylindre-axe sont placées l'une auprès de l'autre à la même
hauteur, de sorte qu'elles produisent le phénomène de l'apparition des stries sombres transversales. Ce fait est très important, étant d'accord avec les observations des auteurs qui ont
étudié la structure fibrillaire du cylindre-axe ; il paraît confirmer la doctrine de H.-D. Schmidt qui avait expliqué le premier
l'origine des stries transversales. Les fibrilles minces, citées
plus haut, à leur tour se décomposent en particules sombres
sous l'action plus prolongée du liquide macérateur. *Donc l'élément ultime du cylindre-axe n'est pas la fibrille,* comme
l'enseignait Schultze, *mais ce sont des particules spécifiques.*
Je nommerai ces particules « *particules nerveuses* » par briè-
veté et par analogie avec les particules musculaires des muscles striés.

Donc nous voyons que le cylindre-axe se compose d'un faisceau de fibrilles primitives très minces qui de leur côté se
décomposent aussi en une file de « particules nerveuses. »
Comment, demanderez-vous, sont séparées ces fibrilles l'une
de l'autre ? De quel genre est la substance intermédiaire ? D'après
les auteurs qui ont décrit la structure fibrillaire du cylindre-
axe, il y a entre les fibrilles une substance intermédiaire granuleuse, liquide, de l'existence de laquelle je n'ai pas pu m'assurer. Avec de forts systèmes à immersion, la substance intermédiaire se présente comme les parties claires de la striation longitudinale mince, c'est-à-dire ainsi qu'il a été mentionné plus haut, sans aucune granulation. Par la macération dans le liquide indiqué, la substance qui relie « les par-
icules nerveuses, » se dissout d'abord dans la direction
ransversale et ce n'est qu'après une macération plus pro-
ongée, qu'elle se dissout dans la direction longitudinale. C'est
out ce que je peux dire de la nature de la substance intermédiaire interfibrillaire.

Maintenant voyons comment agissent les solutions de
nitrate d'argent sur la membrane extérieure du cylindre-axe ou
'*axolemme,* dont l'existence ne me laisse aucun doute, quoique beaucoup d'auteurs ne la reconnaissent point. On peut très
en s'assurer de son existence en traitant les fibres nerveuses

par une faible solution de nitrate d'argent pendant un temps
assez court pour que le réactif ne réagisse que sur la membrane et non sur son contenu, c'est-à-dire sur les fibrilles.
Alors l'axolemme se présente tout à fait homogène, colorée
diffusément en différentes nuances brunes. En l'examinant de
profil sur les cylindres-axes non dénudés des nerfs périphériques, elle présente ordinairement un contour bien distinct,
d'une teinte plus foncée auprès des étranglements, mais qui
n'offre aucun épaississement visible, comme en ont décrit les
auteurs sous le nom d'épaississement biconique ou de disque
(Ranvier, Lavdovsky, Morohovetz). Il est vrai qu'au niveau
des étranglements on trouve quelque fois un épaississement, mais il n'appartient pas à l'axolemme, il appartient
au cylindre-axe même et résulte ou du gonflement de sa
substance sous l'action de quelques réactifs aux places où
ceux-ci agissent le plus vivement, c'est dire au niveau des
étranglements, ou résulte de ce que les lignes larges de Frommann, se rapprochant dans cet endroit très près l'une de
l'autre, repoussent la mince axolemme. Sous l'action du
nitrate d'argent, l'axolemme se solidifie, devient plus fra-
gile, se dilacère facilement; sur les cylindres-axes isolés,
lésés mécaniquement, l'axolemme se présente quelquefois en
forme de plaques transparentes, minces, cuticulaires, qui sont
attachées à la partie extérieure du cylindre. Chaque observateur impartial peut s'assurer de l'existence de l'axolemme en
appliquant les différents procédés, « quoiqu'il ne soit pas possible de prouver son existence dans chaque cas et qu'il ne soit
pas toujours facile de la démontrer clairement, » comme l'avait
précisément dit déjà M. Lavdovsky.

Je viens de dire que l'axolemme est une membrane mince,
transparente, homogène, n'ayant aucune structure et ne présentant point de stries longitudinales ou transversales, comme
l'affirment quelques auteurs. Ainsi Lavdovsky (1), par exemple,
dit que la striation transversale des cylindres-axes « doit complètement son origine à *la membrane du cylindre, précisément à l'axolemme.* » Et ensuite : « *l'argent,* en imbibant

M. LAVDOVSKY. Nouvelles données servant pour l'histologie, l'histoire du
développement et la physiologie des nerfs périphériques et des terminaisons
nerveuses. *Journal de Médecine Militaire,* de novembre 1884 à avril 1885 (en
russe).

les nerfs et les faisceaux nerveux, *change tellement leurs qualités élastiques, que la membrane des faisceaux forme des plis qui produisent la striation transversale des faisceaux.* » « Les stries transversales, qu'avait déjà remarquées Grandry, ne sont en aucune façon à l'intérieur des faisceaux, mais « toujours à leur extérieur. » « En observant le cylindre-axe de côté, on ne peut pas douter que la striation décrite produise l'apparence striée du faisceau, de sorte que ce dernier ressemble à la fibrille musculaire striée. Mais l'explication de Grandry est absolument fausse, à savoir que la ressemblance est telle dans ce cas qu'on dirait le cylindre-axe, tout comme le muscle, composé de deux substances différentes, disposées en disques alternatifs. En réalité rien de pareil n'existe. Les observations de Grandry lui-même, qui a trouvé une striation analogue sur les cellules nerveuses, parlent en faveur de ma doctrine. Dans les deux cas, la striation dépend des plis de la membrane, qui se forment régulièrement. »

Il est clair qu'après tout ce que j'ai dit sur la structure du cylindre-axe, je ne peux accepter l'opinion de Lavdovsky, énoncée par lui avec tant de présomption. Même en laissant de côté que je suis parvenu à décomposer le cylindre-axe en un faisceau de fibrilles composées d'une succession de particules claires et foncées, et à prouver de cette manière incontestablement, que le cylindre-axe dans toute son épaisseur est formé de deux substances différentes, qui produisent dans certains cas, la striation transversale, chaque observateur peut aisément se convaincre de plusieurs manières, que la striation transversale est placée au-dedans du cylindre-axe et ne dépend pas des plis de l'axolemme. Ainsi, par exemple, en manipulant d'une certaine façon avec une aiguille sur une lamelle de verre, on peut faire prendre au cylindre-axe une position telle qu'on voie distinctement que les stries passent dans toute l'épaisseur du cylindre en formant comme des disques granuleux.

Ce que nous avons dit se rapporte aussi à l'ouvrage dernièrement paru de Schiefferdecker (1), qui admet que le cylindre-axe est composé d'une partie extérieure, corticale, plus compacte

---

(1) P. Schiefferdecker. Beltrage zur Kenntniss des Baus der Nervenfasern Archiv. für mikr., Anatomie, XXX Band. III Heft, octob. 1887.

et d'une partie intérieure, plus molle, plus mobile. Schiefferdecker affirme, en outre, que sous l'action de réactifs coagulants, ces réactifs se déposent à la surface du cylindre-axe,
en formant divers coagula (Gerinselscheide) régulièrement
agencés, et que les divers dépôts d'argent et les lignes de
Frommann, sont dans cette enveloppe composée de coagula
(Gerinselscheide). Le lecteur, certes, a pu estimer la valeur de pareilles hypothèses. En défendant et en amplifiant les recherches
de Grandry, recherches sinon parfaitement précises, au moins
vraies, je pense que c'est la place ici de répéter les mots propres
de M. Lavdovsky cités dans son ouvrage : « le fait présenté
d'une façon précise et vraie, se confirme toujours plus ou moins
tard et reste sanctionné par la science, malgré tous les efforts
des adversaires ».

Après avoir décrit la structure du cylindre-axe traité par le
nitrate d'argent, il faudrait dire quelques mots de la gaine
de Schwann et de la myéline, mais comme cela n'entre pas
dans le cercle de mes recherches, je passe à la description des
cylindres-axes des fibres de Remak. En examinant les fibres de
Remak prises sur différentes parties à de divers animaux
(n. olfactifs et sympathiques des vertébrés, nerfs des insectes,
des mollusques, etc.), je n'ai pas pu, plus que mes devanciers
qui ont travaillé ce sujet, trouver de cylindres striés transversalement. En employant les solutions de nitrate d'argent de
concentrations variées, par des méthodes de traitement différentes, je n'obtenais que des cylindres granuleux sans aucune
trace de lignes de Frommann. A dire vrai, chaque fibrille
observée dans les tissus, ou isolée, indique clairement
qu'elle est formée, tout comme les fibrilles des fibres nerveuses à myéline, de deux substances disposées successivement en forme de points clairs et foncés (« particules nerveuses »), mais ces fibrilles ne donnent pas en somme de striation transversale. J'explique l'absence de la striation dans
ce cas par les raisons suivantes : D'abord, les cylindres-axes,
enveloppés de la gaine de Schwann et de la gaine de tissu
conjonctif de Henle, sont réunis en faisceaux, qui de leur côté
sont entourés d'un tissu conjonctif peu pénétrable pour les
solutions d'argent. Il est très probable que le nitrate d'argent
atteignant le cylindre-axe, quand il est déjà mort, donne

l'image de la granulation cadavérique, indiquant seulement
que le cylindre est composé de deux substances. En outre,
le nitrate d'argent doit nécessairement se réduire en traversant
le tissu conjonctif et forme là des grains disposés irrégulièrement qui obscurcissent la striation transversale si celle-ci
même existait auparavant dans le cylindre-axe. Ce que j'ai dit
se rapporte aussi à l'absence de striation transversale dans les
appareils terminaux des nerfs à myéline, comme les corpuscules
de Pacini, Merkel, Meissner, etc. Ici je dois faire observer que
l'investigateur peut trouver quelquefois dans le tissu contenant
les fibres de Remak ou les appareils terminaux, des stries parallèles longues, larges, composées de petits grains; mais ces
stries n'ont rien de commun avec les lignes de Frommann. Ce
n'est que la trace du mouvement progressif de l'onde diffuse
de la solution d'argent dans le tissu: c'est la même
chose que les stries que Boveri a observées dans les tubes
capillaires remplis d'albumen liquide et plongés dans une
solution d'argent, et Berzold en versant une goutte d'encre
hectographique à la surface de l'eau dans un vase cylindrique.

Examinons maintenant l'aspect des cellules nerveuses traitées par le nitrate d'argent. Grandry est, que je sache, le
seul observateur qui ait décrit la striation transversale des
cellules nerveuses des cornes antérieures de la moelle épinière
du bœuf. En employant les mêmes solutions de nitrate d'argent
cristallisé que pour le traitement des cylindres (1/400), mais
en exposant les objets plus longtemps à la lumière, dans la
même solution, il trouva que les cellules nerveuses présentent la même striation transversale que les cylindres, avec
cette différence seulement, qu'on ne les peut pas décomposer comme ces derniers en disques séparés. En traitant la
substance grise de différentes parties du cerveau et de la
moelle épinière des animaux selon la méthode de Grandry
et selon la mienne propre, avec des solutions de nitrate d'argent
de concentrations variées, je suis parvenu quelquefois à obtenir
les cellules nerveuses striées transversalement, mais c'étaient
seulement, ainsi que chez Grandry, les cellules motrices des
cornes antérieures de la moelle épinière; les autres cellules n'étaient que granuleuses, de couleur et de nuances

variées depuis le brun clair jusqu'au noir. Autant il est aisé d'obtenir dans certaines conditions un grand nombre de cylindres striés des nerfs à myéline, autant il est difficile d'obtenir, au moins dans les conditions présentes de l'observation, des cellules nerveuses striées, même des cornes antérieures. Jamais l'investigateur ne peut être certain d'avance qu'il trouvera infailliblement en procédant comme il vient d'être dit, des cellules nerveuses striées de Grandry.

Dans mes investigations, j'ai constaté que la striation des cellules peut aussi présenter trois types. Les stries transversales du corps de la cellule s'étendent sur ses prolongements, qui ont le même caractère de striation que les cellules. Ainsi, par exemple, si nous trouvons une cellule avec les stries larges, claires et sombres, d'un diamètre à peu près égal (le second type), nous voyons aussi les mêmes stries dans les prolongements. Quelles que soient les stries sombres, grosses ou fines, elles semblent toujours comme composées de grains noirs disposés régulièrement, quoique Grandry ait dit que les stries minces paraissent homogènes; mais cela s'explique par l'insuffisance des microscopes de son temps et de sa méthode de traitement.

La striation transversale occupe tout le corps de la cellule avec ses prolongements (fig. 10), ou une partie seulement de la cellule; dans ce cas, la striation s'étend dans les prolongements qui dépendent de la partie striée du corps de la cellule. Outre la striation transversale, on peut souvent observer encore dans les cellules et leurs prolongements la striation longitudinale, qui montre bien la composition de la cellule par les fibrilles, phénomène observé déjà depuis longtemps par plusieurs observateurs et sanctionné par la science. Le plus commode est d'observer la striation longitudinale à côté de la striation transversale, quand les stries de Grandry occupent une partie seulement de la cellule (voir la fig. 11). Comment la striation longitudinale ou en d'autres termes les fibrilles se comportent-elles relativement au noyau de la cellule? Mes observations ne me donnent pas le droit de le dire d'une façon précise. Il est très probable qu'une partie des fibrilles s'approche du noyau, comme l'avait vu Frommann; je ne peux que confirmer les observations de Grandry, que le noyau

ne prend pas part à la formation des stries transversales.

J'ai déjà dit que Grandry ne pût pas parvenir à décomposer la cellule nerveuse striée en disques, comme les cylindres-axes. En traitant d'après son procédé, la moelle épinière du bœuf et en macérant ensuite l'objet très longtemps dans un mélange d'eau, d'acide formique et d'alcool amylique, je suis parvenu à obtenir des cellules nerveuses isolées, ayant l'apparence représentée dans la figure 12. Cette figure nous montre clairement, que d'un côté la cellule est composée de fibrilles, qui sont formées de particules claires et foncées, disposées successivement l'une après l'autre, d'un autre côté, que les stries transversales dépendent du groupement des « particules nerveuses » foncées, l'une près de l'autre à la même hauteur. Ici nous avons une analogie complète avec le cylindre-axe, ce qui nous autorise à regarder la cellule nerveuse comme une partie élargie du cylindre contenant un noyau et à regarder ses prolongements comme les embranchements du même cylindre (c'est-à-dire d'un faisceau de fibrilles).

J'ai dit que jusqu'à présent personne n'est parvenu à obtenir des cellules striées jouissant d'une autre fonction que de la fonction motrice, et qu'on ne parvient en général que très rarement à observer la striation de celles-ci. Grandry, d'après ses propres termes et ses figures, a observé la striation des cellules nerveuses très souvent, mais pas toujours, ainsi qu'il le dit lui-même. Quoiqu'il explique l'absence de striation pour n'avoir pas toujours rigoureusement suivi son procédé de traitement, il me semble que ce n'est pas là la cause réelle. En suivant rigoureusement les indications de Grandry et en les abandonnant tout à fait pour ne suivre que mon inspiration, je n'ai pas pu obtenir plus de cinq cellules striées dans une préparation. J'étais toujours étonné que parmi les cellules striées il y eût aussi des cellules qui ne présentaient point de striation transversale, quoique le réactif ait agi aussi sur elles. Involontairement vient la pensée que le nitrate d'argent fixe la cellule dans l'état qu'il y trouve au moment de sa pénétration.

Il est très probable que la striation de la cellule dépend de son état fonctionnel, et il est encore plus probable que les cellules

ayant des fonctions différentes meurent dans un certain ordre et
que les cellules des cornes antérieures meurent les dernières
de sorte que le nitrate d'argent, en pénétrant lentement en
général dans les tissus, atteint le plus souvent les cellules
motrices quand elles sont encore vivantes et fixe l'état de
leur activité en forme de stries transversales. En faveur
d'une pareille supposition, que l'argent agit seulement sur les
cellules vivantes, fixant leur structure, j'invoquerai mes préparations de ganglions intervertébaux d'un chat qui avait été pendu.
Tout le champ du microscope était couvert d'une grande quantité
de cylindres-axes striés en travers, d'une teinte brune foncée ;
les cellules mêmes n'étaient que granuleuses et étaient très faiblement colorées en teinte jaunâtre, comme si la capsule conjonctive et son endothélium avaient présenté une enveloppe
protectrice, à travers laquelle l'argent n'ait pénétré qu'avec
difficulté et en petite quantité plusieurs heures après la mort, et
alors que la cellule étant positivement morte, ne présentait plus
aucune trace de l'état de vie. Il est évident que seuls les efforts le
plusieurs investigateurs, qui entreprendront des recherches
sur la structure de différentes parties du système nerveux dans
toutes les conditions possibles de repos et d'activité, pourront
nous éclairer sur les conditions dans lesquelles on aperçoit
ce phénomène très intéressant de la striation transversale du
cylindre-axe et de la cellule nerveuse traités par le nitrate
d'argent, et pourront expliquer ce qu'exprime cette striation.
Mais même à présent on a déjà amassé tant de faits (H. D.
Schmidt, R. Arndt, nous-même) que nous pouvons affirme ravec
beaucoup d'assurance que *le cylindre-axe et la cellule
nerveuse sont composés d'un faisceau de fibrilles qui de son
côté est composé*, comme les fibrilles des muscles striés, *d'un
rang de particules spéciales, « particules nerveuses. »* Ces
« particules nerveuses », séparées l'une de l'autre par une substance intermédiaire très élastique, *à l'état de repos du cylindre-
axe ou de la cellule, ne présentent pas de disposition
régulière*, voilà pourquoi ces derniers paraissent granuleux ;
en *état d'activité « les particules nerveuses, » commencent à
se mouvoir et, se rangeant dans toutes les fibrilles à la même
hauteur et à une certaine distance l'une de l'autre, produisent la striation transversale.* En faveur de cette supposition

parlent non seulement mes propres recherches, mais aussi celles de H.-D. Schmidt et celles de R. Arndt, qui n'a observé aussi la striation transversale que dans les cylindres-axes sains et actifs, en les traitant non seulement par le nitrate d'argent, mais aussi par d'autres réactifs.

En terminant ici l'exposé de mes recherches, je vais énumérer les résultats auxquels on peut arriver en se basant sur tous les faits que j'ai mentionnés plus haut.

1). Le cylindre-axe et la cellule nerveuse sont construits sur le même type.

2). La cellule nerveuse n'est qu'un élargissement du cylindre-axe contenant un noyau.

3). Le cylindre-axe et la cellule nerveuse avec ses prolongements sont composés de fibrilles très minces entre lesquelles se trouve la substance intermédiaire ; la nature de cette dernière est assez difficile à établir.

4). Les fibrilles primitives sont composées de deux substances qui diffèrent par leurs qualités physiques et chimiques. La solution de nitrate d'argent d'une certaine concentration, en agissant spécifiquement sur une de ces substances la colore en brun foncé et n'agit pas sur l'autre.

5). Ces deux substances de la fibrille primitive sont disposées de telle façon, qu'à la substance claire succède la substance sombre, ensuite la claire à la sombre, etc. Par suite de ce groupement de deux substances, la fibrille nerveuse primitive présente tout à fait la même apparence que la fibrille primitive des muscles striés.

6). La substance qui se colore par le nitrate d'argent est dense, élastique et plus solide que la substance claire ; après une longue macération dans l'eau acidulée, les deux substances se séparent et la fibrille primitive se réduit en « particules nerveuses » foncées.

7). On doit compter comme élément primitif du système nerveux non seulement la fibrille primitive du cylindre-axe et de la cellule, comme le prétendait M. Schultze, mais la « particule nerveuse. »

8). Les « particules nerveuses » sont dispersées en désordre dans le cylindre-axe et dans la cellule à l'état de repos, leur donnant une forme granuleuse. A l'état d'activité, « les par-

icules nerveuses » se groupent de manière qu'elles produisent
par leur association les stries transversales sombres, séparées
une de l'autre par des intervalles clairs. La thèse de Grandry
st juste seulement en ce sens que les cylindres-axes sont
omposés de disques placés l'un sur l'autre.

9). Les stries transversales du cylindre-axe et de la cellule
représentent en réalité leur structure et ne sont pas des produits artificiels.

10). La striation la plus fine, et la plus serrée s'étendant au
loin se trouve seulement dans les cylindres-axes tout à fait frais
et qui ont positivement fonctionné peu de temps avant la mort.
Plus il s'est passé de temps après la mort, moins on trouve de
cylindres striés en travers, les stries étant plus larges et plus
granuleuses. Dans les cadavres qui ont commencé à se décomposer on ne trouve que des cylindres granuleux.

11). Les cylindres-axes des nerfs à myéline des poissons,
des amphibiens, des oiseaux, des mammifères et de l'homme
présentent les mêmes types de striation transversale dans le
système nerveux central et périphérique.

12). On peut dès maintenant, affirmer que la striation transversale existe dans tous les cylindres-axes à myéline du système nerveux central et périphérique. La striation transversale est également démontrée pour les cellules motrices de
la moelle épinière.

13). Le nitrate d'argent, en tuant vivement le cylindre-
axe, agit spécifiquement sur les « particules nerveuses, » les
fixe, et, en se réduisant ensuite sous l'action de la lumière,
nous donne l'état du cylindre-axe et de la cellule nerveuse, tel
qu'il existait avant la mort.

Je publierai en temps opportun mes recherches ultérieures
sur la structure anatomique des cylindres-axes et des cellules
nerveuses pendant le repos, ainsi que pendant l'activité.

EXPLICATION DE LA PLANCHE VII.

Tous les dessins ont été faits avec objectif 8 et oculaire 3 Hartnack.)

Fig. 1. — Cylindres-axes isolés de la moelle épinière d'un chien de
1 jours (traités par une solution de nitrate d'argent 1/2 p. 100).

Fig. 2.—Cylindre-axe isolé avec stries transversales du premier type,

du nerf optique du bœuf (traité par une solution de nitrate d'argent 1/4 p. 100).

Fig. 3. — *a*. Fibrilles nerveuses isolées de la moelle épinière du bouvreuil; — *b*. un ganglion intervertébral de chat; la striation transversale des cylindres présente le deuxième type (traité par une solution de 1/4 p. 100 de nitrate d'argent).

Fig. 4. — Cylindre-axe isolé de la moelle épinière du bœuf, avec la striation transversale du troisième type (traité par une solution de 1/2 p. 100 de nitrate d'argent).

Fig. 5. — Cylindre-axe isolé de la moelle épinière de l'homme trente-six heures après la mort. Absence de striation transversale; on remarque seulement un état finement granuleux (traité par une solution de 1/4 p. 100 de nitrate d'argent).

Fig. 6. — Cylindres-axes de la moelle épinière de la grenouille après plusieurs congélations et dégels successifs, colorés en partie d'une manière diffuse et en partie finement granuleux (traités par une solution de 1/4 p. 100 de nitrate d'argent).

Fig. 7. — Cylindres-axes in situ, striés transversalement, de la moelle épinière du poulet (traités par une solution de 1/4 p. 100 de nitrate d'argent).

Fig. 8. — Cylindre-axe de la moelle épinière du poulet. — Fig. 9. — Cylindre-axe de la moelle épinière du bœuf. Décomposition des cylindres-axes en un faisceau de fibrilles extrêmement fines, formées de particules obscures et claires disposées l'une après l'autre (traités par une solution de 1/4 p. 100 de nitrate d'argent).

Fig. 10. — Cellule nerveuse des cornes antérieures de la moelle épinière du bœuf, striée en travers (traitée par une solution de 1/2 p. 100 de nitrate d'argent).

Fig. 11. — Cellule nerveuse des cornes antérieures de la moelle épinière du bœuf, striée transversalement, avec les stries longitudinales (traitée par une solution de 1 p. 100 de nitrate d'argent).

Fig. 12. — Décomposition de la cellule nerveuse des cornes antérieures de la moelle épinière du bœuf, striée transversalement en fibrilles extrêmement minces et « particules nerveuses » (traitée par une solution de 1/4 p. 100 de nitrate d'argent).

L'ORGANE DE ROSENMULLER (ÉPOOPHORE)

ET

LE PAROVARIUM (PAROOPHORE)
CHEZ LES MAMMIFÈRES

Par F. TOURNEUX

(Planche VIII)

Historique

Les auteurs font remonter à Rœderer, à Trew et à Wrisberg, les premières indications concernant l'organe de Rosenmüller; chez le fœtus de porc Wrisberg aurait décrit cet organe, avec les vaisseaux du bulbe ovarien, sous le nom de *corpus pampiniforme*. Les descriptions de ces anatomistes laissent toutefois beaucoup à désirer au point de la précision, ainsi que le témoigne le passage suivant de Wrisberg : « Medium hili « (ovarii) nunc ingreditur pulcherrimus vasorum spermaticorum fasciculus, « in tenellis fœtubus mirabili elegantia conspicuus. In distancia enim « aliquot ab ovario linearum arteria et vena spermatica ad se invicem « accedunt et repetitis contorsionibus, anfractibus gyris et capreolis sese « amplectuntur, ut conicum quoddam *corpus pampiniforme* constituant, cujus « totam basim hilus ovarii auscipit, etc. » (*Comment. med.*, Götting. 1782, vol. I, p. 285 et 286).

C'est en réalité à Rosenmüller que revient tout le mérite de la découverte de l'organe qui porte son nom. Voici l'excellente description que nous en a laissée cet anatomiste sur des nouveau-nés humains ; nous la conservons dans sa forme primitive : « Si vero duplicatura peritonaei, quae interest inter « tubam et ovarium, admoto lumine diligenter inspicitur, incase ei pone « sustentaculum externum *corpus quoddam conicum*, non ita pellucidum, « reperitur, cujus basis tubam, apex autem superiorem ovarii extremitatem « spectet... (p. 13)... Summa vero attentione dignum nec ab ullo hucusque, « qund sciam, observatum videbatur mihi corpus illud conicum, in omnibus « cadaveribus fœtuum natorum mihi obvium. In infante duodecim hebdo- « madum illud admotum magnum constare reperiebam e multis canaliculis « in basi corporis conoidei inter se convolutis et latioribus, tum versus « extremitatem ovarii superiorem procedentibus, ubi angustati et sibi invi- « cem propius adjuncti evanescebant. Talium canaliculorum circiter viginti « numeravi. Primo intuitu eos vasa lymphatica putabam esse, sed cum « eos oculo armato perlustrarem, spectaculum elegantissimum summo me « gaudio affecit. Observabam enim cum canaliculos jam descriptos, pel- « lucidos, tum alios teniores ductus, in illos inclusos e basi corporis conoidis, « serpente orbiculatim flexu inter se convolutos, ita procedere, ut gyrorum « proxime sibi invicem adjunctorum formam exhiberent, versus ovarium

« autem minus curvato et denique rectiore progressu evanescerent. Aper
« quidem coni cum ovario ipso cohaeret, sed canaliculi et ductus in eum
« inclusi sunt angustissimi, ita ut nihil cerni possit, nisi in peritonaei dupli-
« catura locus quidam obscurior qui est finis coni, p. 11. » (*Quaedam de ovariis
embryonum et foetuum humanorum*, Lipsiae, 1802).

Rosenmüller avait de plus pressenti l'homologie de l'organe qu'il venait de
découvrir avec l'épididyme. Il dit en effet (*loc cit.*, pag. 15) : « An forte inter
« hoc corpus conicum et ejusdem ductus similitudo quaedam intercedat
« cum vase deferente et epididymide corporis masculini nolo docernere... »

Huit ans plus tard, J.-Fr. Meckel décrit le corps conique de Rosenmüller
sur une enfant de dix mois, et pense, de même que Rosenmüller, que cet
organe répond à l'épididyme du mâle (*Cuviers vergleich. Anat.*, 1810, Bd 4,
p. 530). La même opinion de Meckel se trouve reproduite dans ses « *Beitraege
zur vergleichenden Anatomie*, Leipzig, 1812, Bd II, Heft 2, p. 181 » ainsi que dans son
Handbuch der menschlichen Anatomie, Halle und Berlin, 1820, III Bd, p. 391
« Entre les trompes et les ovaires, dans le repli du péritoine existent, non
seulement chez l'embryon et le foetus, mais encore durant les premières
années qui suivent la naissance, des vaisseaux extrêmement remarquables,
qui, bien qu'on ne parvienne à les injecter ni par l'ovaire, ni par la trompe,
de manière qu'on ne puisse pas encore les considérer comme établissant
une communication entre la cavité de celle-ci et la substance de celui-là,
ressemblent tellement aux conduits déférents de l'homme, sous le rapport
du nombre, de la situation et de la forme, qu'on doit au moins voir en eux
une tendance à la formation de ces conduits et de l'épididyme. » (*Manuel
d'anatomie*, trad. Jourdan, Paris, 1825, t. III, p. 660).

En 1815, J.-C. Müller fait dériver l'organe décrit par Rosenmüller du corps
de Wolff et l'assimile à l'épididyme du mâle (*De genitalium evolutione dissertatio*, 1815).

1830. — J. Müller (*Bildungsgeschichte der Genitalien, Düsseldorf*) confirme la
description de Rosenmüller, considère le corps conique comme un reste du
corps de Wolff, mais se refuse à admettre son homologie avec l'épididyme,
car, dit-il, « les corps de Wolff des embryons mâles disparaissent complètement, et l'épididyme est une formation nouvelle » (*loc cit.*, p. 87). Jacobson
(*Die Oken'schen Körper oder die Primordialnieren*, Copenhague, 1830) mentionne
également le corps de Rosenmüller qu'il envisage comme un vestige des
reins primordiaux.

Valentin paraît avoir été le premier observateur qui ait désigné l'organe
que nous considérons sous le nom d'*organe de Rosenmüller*. « L'organe de
Rosenmüller, dit-il, c'est-à-dire le vestige du corps de Wolff, chez les foetus
femelles, se compose à la fin du troisième mois, de conduits qui se dirigent
parallèlement d'avant en arrière et renferment entre eux des corpuscules
arrondis, probablement des glomérules métamorphosés (*Handbuch der Entwickelungsgeschichte des Menschen*, Berlin, 1835, p. 390). Ainsi qu'on le voit,
Valentin avait déjà reconnu dans l'organe de Rosenmüller, ou mieux dans
les vestiges du corps de Wolff chez le foetus femelle, deux parties distinctes :
des conduits et des corpuscules. Il indique, d'autre part, que les corps de
Wolff se laissent décomposer en deux substances : une substance externe
qui ne contient que des canalicules [et une substance interne formée presque exclusivement de glomérules (*loc. cit.*, p. 381).

1842. — La description de Bischoff est en tous points conforme à celle de
Valentin. « Les embryons femelles de l'espèce humaine offrent, durant les
derniers mois de la grossesse, et même encore pendant les premières années

qui suivent la naissance, des canalicules particuliers, situés dans le pli du péritoine et de la trompe qui marchent parallèlement les uns aux autres, d'avant en arriere, et entre lesquels on trouve des corpuscules arrondis. Ces canalicules portent le nom d'*organe de Rosenmuller*, et ne sont probablement autre chose que des débris de canalicules des corps de Wolff (*Traité du développement de l'homme et des mammifères*, trad. Jourdan; Paris 1813).

L'organe de Rosenmüller n'avait encore été signalé que chez le fœtus et chez le nouveau-né. Il était réservé à Kobelt de démontrer, sur plus d'une certaine de sujets, la persistance de cet organe chez la femme adulte (*Der Nebeneierstock des Weibes*, Heidelberg, 1817). Kobelt décrit le corps de Rosenmüller comme affectant la forme d'une pyramide (*Rosenmüller'sche Pyramide*) dont la base regarde la trompe et dont le sommet se dirige vers le hile de l'ovaire; il propose de le désigner, en raison de son homologie avec l'épididyme, dérivant également du corps de Wolff, sous le nom de *parovarium*.

« Es (Rosenmüller'sches Organ) verhält sich zu diesem Eierstock) in je r Beziehung genau ebenso, wie der Nebenhoden zum Hoden und wird wohl am passendsten unter dem Namen *Nebeneierstock (parovarium)* in unsern Lehrbüchern der Anatomie seine Stelle finden müssen ! ».

Les données précédentes de Kobelt concernant la configuration générale de l'organe de Rosenmüller, son mode de formation aux dépens du corps de Wolff et son homologie avec l'épididyme, furent admises et confirmées en grande partie par H. Meckel (*Zur Morphologie der Harn und Geschlechtswerkzeuge der Wirbelthiere*, Halle 1848). « Il est à supposer, dit-il, que les *vasa aberrantia Halleri* représentent quelques canaux persistants de la partie inférieure du corps de Wolff. Les canaux qui occupent le sommet du corps de Wolff se transforment en *vasa efferentia testis*, et chacun d'eux constitue un *conus vasculous*. Comme ces conduits se rencontrent également chez la femme, comme partie constituante de l'organe de Rosenmüller, je les désigne, par analogie avec les canaux séminifères qui traversent le rein du triton sous le nom de *canaux de Bidder* » (page 38).

L'étude de l'organe de Rosenmüller fut reprise deux ans plus tard par Follin, qui en donna une excellente description chez la femme adulte, dans sa thèse inaugurale (*Recherches sur le corps de Wolff*, Paris, 1850). Follin montra que cet organe continue à croître pendant l'enfance et vers la puberté, qu'il atteint son maximum de développement chez la femme adulte, et qu'après la ménopause il subit un phénomène de retrait. Follin étudia également le corps de Rosenmüller chez la vache et la truie à la naissance, ainsi que chez le cochon d'Inde et le lapin. Comme les auteurs qui précèdent, il le fit dériver du corps de Wolff, mais, de même que J. Müller, il n'accepta pas son homologie avec les vaisseaux efférents du testicule. « Chez l'homme, en effet, on trouve des restes du corps de Wolff au niveau de la tête de l'épididyme. Ces vestiges sont constitués par quelques canalicules diverticulaires, par le vas aberrans de Haller et par l'hydatide de Morgagni, qui m'a semblé l'analogue de cette vésicule pédiculée qui existe aussi constamment chez la femme » (page 67).

---

¹Malgré toutes nos recherches, nous n'avons pu nous procurer les mémoires de Kobelt et de Waldeyer, épuisés en librairie. L'ouvrage fondamental de Waldeyer n'existe ni à la bibliothèque de la faculté de médecine de Paris, ni à celle de Lille. Quant à Kobelt, il figure bien dans le catalogue de la bibliothèque de Paris, mais nous n'avons pu en obtenir communication. Nous avons été ainsi obligés de nous en rapporter, pour ces deux auteurs, aux analyses contenues dans les travaux ultérieurs.

Par contre, Thiersch (1852) et Louckart (1853) assimilent entièrement le corps de Rosenmüller à l'épididyme. Louckart le signale chez la femme, la truie, la lapine et la chèvre. « Comme vestige de l'appareil wolffien, nous trouvons, dit-il, par ci par là chez la femelle adulte des mammifères, par exemple, chez la femme, la truie, la lapine et la chèvre, l'organe de Rosenmüller *(Nebeneierstock, paroarion)* et, chez les ruminants, les conduits de Gartner *(Wagner's Physiologie,* 1853, t. IV. Art. *Zeugung,* p. 782).

Rathke, dan : son *Embryologie des Vertébrés,* Leipzig 1861, s'exprime ainsi : « Les recherches de Kobelt ont prouvé que l'amas de fins canalicules, c'est-à-dire le corps de Rosenmüller, qu'on observe chez la femme adulte au voisinage de l'ovaire et dans l'épaisseur des ligaments larges, représente un vestige des canaux du corps de Wolff. Kobelt a ainsi démontré, ce que je supposais depuis longtemps, que les deux canaux de Gartner qu'on rencontre le long de l'utérus, du vagin, et parfois aussi des trompes, chez les ruminants et chez la truie, ne sont que des restes des canaux excréteurs des corps de Wolff » (p. 179).

Nous mentionnerons ici les travaux intéressants de Banks (1864) et de Dursy (1865), relatifs à la structure du corps de Wolff. D'après Dursy *(Ueber den Bau der Urniyren des Menschen und der Säugethiere, Henle's und Pfeufer's Zeitschrift* Bd. XXIII, 1865), le corps de Wolff renferme deux variétés de canalicules : 1° des canalicules urinifères dont les extrémités renflées entourent un glomérule, et 2° des canalicules séminifères dont les extrémités simples viennent s'adosser au sommet de la glande génitale et qui n'apparaissent probablement qu'à l'époque des premiers développements de la glande génitale (p. 262). L'organe de Rosenmüller serait un reste de la partie glomérulaire (urinaire) du corps de Wolff. Nous verrons prochainement quelles déductions importantes Waldeyer a su tirer de cette division du corps de Wolff en deux parties distinctes. Th. Bornhaupt *(Untersuchungen über dieEntwicklung des Urogenitalsystems beim Hühnchen,* Riga 1867) signale chez l'embryon de poulet des deux sexes la présence dans l'organe génital de travées cellulaires *(Zellenbalken)* primitivement pleines, mais qui se creusent vers le onzième jour d'une cavité centrale. Chez le mâle, ces cordons se transforment en canalicules séminifères ; chez la femelle, ceux de ces cordons qui sont orientés perpendiculairement à la surface de l'ovaire, s'anastomosent entre eux, et constituent un réseau qui se retire dans la portion de l'organe tournée vers le corps de Wolff. Bornhaupt ne se prononce pas sur le mode d'origine de ces cordons, il n'a pas non plus suivi leur destinée ultérieure. « Que ces cordons cellulaires, dit-il, dérivent ou non à l'origine de l'épithélium péritonéal, je puis en tous cas affirmer qu'ils évoluent isolément dans l'épaisseur du feuillet moyen, sans avoir la moindre relation avec les canalicules du corps de Wolff. » *(Loc. cit.* p. 30).

W. His décrit de son côté les vestiges du corps de Wolff chez la jeune poule *(Untersuchungen über die erste Anlage des Wirbelthierleibes,* Leipzig 1868). « Le ménovarium, dit-il, se continue directement en dedans avec l'adventice des gros vaisseaux hypogastriques ; en dehors, il englobe un corps brun jaunâtre, mesurant un diamètre de 3 à 4 millimètres... C'est là le reste du corps de Wolff, ou, comme il convient de le désigner, le *parovarium* » (p. 15). Le parovarium de la poule se compose, d'après His, de cordons flexueux, d'un diamètre de 50 à 70 μ, pourvus en partie d'une lumière centrale. Les uns sont tapissés par une couche cellulaire transparente, les autres possèdent un revêtement de cellules pigmentées en rouge brun. A cette portion pigmentée du parovarium, vient se greffer inférieurement un segment de colo-

ration rosée dont les canalicules wolffiens sont enveloppés de tissu musculaire lisse.

Tel était l'état de la question, lorsqu'en 1870 parut un travail fondamental
de Waldeyer sur l'ovaire et l'organe de Rosenmüller (*Eierstock und Ei*,
Leipzig, 1870). Reprenant les idées de Banks et de Dursy, Waldeyer divise le
corps de Wolff en deux portions distinctes : une *portion sexuelle* ou *génitale* et
une *portion urinaire*. La portion sexuelle qui répond au sommet du corps de
Wolff, renferme des tubes étroits tapissés par une couche de cellules cubiques ; la portion urinaire, au contraire, présente de larges canaux flexueux
tapissés par un épithélium polyédrique, et en relation par leur extrémité profonde avec un corpuscule de Malpighi. De la portion génitale dérive chez
l'homme l'épididyme, et chez la femme l'organe de Rosenmüller (*Nebeneierstock*) que Waldeyer propose de désigner sous le nom de *epoophoron*. La
portion urinaire s'atrophie dans les deux sexes; ses vestiges constituent,
chez l'homme, l'organe de Giraldès (parepididyme de Henle ou paradidyme
de Waldeyer), et chez la femme le *paroophoron*, c'est-à-dire un amas de
grains épithéliaux creusés ou non d'une cavité centrale qu'on observe en
dedans de l'ovaire. Il convient d'ajouter à la description de Waldeyer, ainsi
que le fait remarquer Mihalkovics (1885) et ainsi que nous l'avons indiqué
nous-même en 1882 que les tubes larges et étroits du corps de Wolff ne
constituent pas deux variétés distinctes de canalicules, mais représentent
simplement deux portions d'un même canalicule (*Des restes du corps de Wolff
de l'adulte, Bulletin scientifique du dép. du Nord*, 1882, p. 5).

Waldeyer retrouve dans la portion médullaire de l'ovaire des mammifères
(chienne, chatte et génisse) les cordons épithéliaux pleins signalés par
Benhaupt dans l'ovaire de l'embryon du poulet, et les désigne, en raison de
leur situation, sous le nom de cordons médullaires (*Markstränge*). Waldeyer
assimile ces cordons médullaires aux canalicules séminifères. « Nul doute,
dit-il, que nous soyons réellement en présence de vestiges de la portion
sexuelle du corps de Wolff, qui se sont également invaginés profondément
dans le stroma de la glande génitale chez la femelle, et que l'on doit probablement homologuer dès maintenant aux canalicules séminifères. »

Après Waldeyer, nombre d'observateurs ont constaté des formations anatomiques analogues dans la région médullaire de l'ovaire des mammifères. Il
nous suffira de citer ici 'les noms de Romiti, de Born, de Egli, de Max
Braun, de Balfour, de Creighton, de Balbiani, de Kœlliker, de Rouget, de
Foulis, de Mac Leod, de Van Beneden, de Schulin, de Harz et de Laulanié
(voy. bibliographie). Max Braun démontre chez les reptiles (lacerta agilis et
anguis fragilis! que les cordons médullaires qu'il désigne sous le nom de
cordons *segmentaires* (*Segmentalstränge*) se développent aux dépens de la paroi
externe des corpuscules de Malpighi du corps de Wolff, et Balfour confirme
ces données chez le lapin : le *tissu tubulifère (Tubuliferous Tissue*, cordons
médullaires) proviendrait également chez les mammifères de la paroi de
quelques corpuscules avoisinant l'extrémité antérieure de l'ovaire. D'autre part,
Kœlliker et Rouget pensent que ces cordons médullaires contribuent à la
formation de la paroi des ovisacs, en fournissant les éléments de la membrane granuleuse.

Il faut bien l'avouer, la plupart des auteurs qui précèdent, préoccupés
surtout des relations que pouvaient affecter les cordons médullaires avec
la couche corticale de l'ovaire et spécialement avec les cordons ovigènes
de Pflüger, ont négligé d'établir les rapports exacts entre ces cordons
et les tubes épithéliaux contenus dans le mésoarium (organe de Rosen-

müller proprement dit). Mentionnons cependant que Ed. Van Beneden a présenté chez le murin (vespertilo murinus) une description fort complète de ce *système médullaire* qu'il considère comme formé des parties suivantes : 1° cordons pleins ; 2° cordons tubulaires ; 3° corps réticulé ; 4° *parovarium*. Les tubes du parovarium, compris dans le ligament large, au voisinage de l'ovaire, sont tapissés par un épithélium prismatique cilié ; les cellules du corps réticulé et des cordons tubulaires sont dépourvues de cils vibratiles. Ed. Van Beneden compare la disposition de ce *système médullaire* à celle des canaux du testicule : « L'analogie entre les organes que nous venons de décrire, dit-il, et le testicule, est des plus frappantes ; elle se montre jusque dans les détails. De même que les canalicules séminifères s'ouvrent dans le réseau de Haller par les canaux droits, de même les cordons pleins de l'ovaire se continuent par l'intermédiaire des cordons tubulaires dans les tubes du corps réticulé... De même que du *rete testis* partent quelques canaux efférents à épithélium cilié (*vascula efferentia* et *coni vasculosi*) qui s'ouvrent dans le canal de l'épididyme, de même les canaux du corps réticulé s'ouvrent dans des tubes glandulaires plus larges, situés en dehors de l'ovaire et qui portent un épithélium cilié » (p. 541 et 542).

G. v. Mihalkovics, dans son beau travail sur le développement de l'appareil genito-urinaire des Amniotes (*Internationale Monatsschrift f. Anat. und Hist,* 1885) homologue de même les cordons sexuels qu'on rencontre dans la zone médullaire de l'ovaire (cordons médullaires) avec les canalicules séminifères, mais ne peut leur reconnaître une origine wolffienne, ainsi que l'indique Balfour. « Je considère, dit-il, que chez les amniotes supérieurs ainsi que chez les reptiles, ces tractus cellulaires proviennent de la multiplication des éléments épithéliaux issus de l'épithélium germinatif et ayant pénétré dans le stroma de la glande génitale. » (*Loc. cit.,* p. 409).

Nous signalerons, en terminant, une note intéressante de Laulanié (*Soc. de biol.,* 20 mars 1886) concluant à l'homologie des cordons médullaires de l'ovaire et des canalicules séminifères, et montrant, chez un fœtus de chat long de 10 centim., la continuité des canaux droits du rete ovarii avec les canalicules du corps de Wolff.

I. — INDICATION DES DIFFÉRENTES PARTIES QUI COMPOSENT L'ORGANE DE ROSENMÜLLER OU ÉPOOPHORE.

Tous les auteurs sont aujourd'hui d'accord pour considérer l'organe de Rosenmüller et le corps de l'épididyme (1) comme des organes homologues développés tous deux, au moins dans leur plus grande étendue, aux dépens de la portion sexuelle du corps de Wolff. Ces deux organes affectent parfois chez l'adulte la même configuration extérieure. C'est ainsi que chez quelques mammifères (brebis, chèvre, etc.), le corps de Rosenmüller, annexé à l'extrémité externe de l'ovaire, présente à envisager tout comme l'épididyme : 1° un tronc

(1) Nous comprendrons sous le nom d'épididyme, l'ensemble des canaux excréteurs du testicule depuis les tubes droits jusqu'au canal déférent.

collecteur répondant au canal de Wolff; 2° des canaux flexueux
qui s'en détachent à peu près normalement et se dirigent
vers l'ovaire; 3° un réseau formé par les extrémités internes
de ces canaux. Le réseau du corps de Rosenmüller peut,
comme chez la brebis, être situé en dehors de l'ovaire, mais
généralement il est inclus dans la portion médullaire de l'organe, ainsi que le réseau testiculaire chez le mâle. Enfin,
de la surface opposée de ce réseau, on peut voir naître des cordons épithéliaux pleins qui se répandent en s'irradiant jusque
dans la zone corticale ou ovigène de l'ovaire (chienne). Le corps
de Rosenmüller représentant ainsi un organe fort complexe,
il convient, pour en faciliter la description, d'appliquer aux
différentes parties qui entrent dans sa composition les mêmes
dénominations, qu'à leurs parties homologues chez le mâle.
Nous proposons de désigner le tronc commun ou collecteur
sous le nom de *canal de l'époophore*, les canaux qui s'y
attachent, sous celui de *canaux* ou *vaisseaux efférents*,
et le réseau annexé à l'extrémité interne de ces canaux, sous
celui de *réseau ovarien*. Quant aux cordons épithéliaux qui
en émanent et qui répondent aux canalicules séminifères, nous
leurs conserverons le nom de *cordons médullaires*, sous
lequel ils sont décrits par les anatomistes, et qui ne préjuge
en rien de leur origine germinative ou wolffienne, non plus
que de leur rôle dans la constitution des ovisacs. Lorsque les
portions de ces cordons, en rapport avec le réseau ovarien,
seront pourvues d'une cavité centrale (cordons tubulaires de
Van Beneden), nous pourrons les assimiler aux tubes droits
du testicule.

Nous représenterons, dans le tableau suivant, l'homologie
des différentes parties de l'épididyme et de l'organe de Rosenmüller :

Épididyme	*Organe de Rosenmüller (époophore)*
Canal de l'épididyme	Canal de l'époophore
Canaux efférents (vasa efferentia)	Canaux efférents
Réseau testiculaire (rete testis)	Réseau ovarien (rete ovarii)
Tubes droits (tubuli recti)	Tubes droits
Canaux séminifères	Cordons médullaires

Quant aux vestiges de la portion urinaire du corps de

Wolff, nous les désignerons indifféremment sous les noms de *paroophore* ou de *parovarium*.

II. — MODE OPÉRATOIRE

Nous avons surtout employé, pour mettre en évidence l'organe de Rosenmüller, la macération dans de l'eau acidulée, recommandée par les auteurs. Voici comment nous avons coutume de procéder : Les ligaments larges sont détachés de l'utérus, et soumis pendant quelques heures à un lavage continu qui a pour but de les débarrasser de tout le sang qu'ils renferment. On les place ensuite dans un bain légèrement acidulé (acide acétique ou acide tartrique), jusqu'à ce que tout le tissu lamineux se soit gonflé et soit devenu transparent. Ce résultat est généralement obtenu au bout de vingt-quatre heures. Dans le cas contraire, il faut renouveler la solution d'acide acétique, ou augmenter le degré de la solution. Quelques heures de macération suffisent pour les fœtus et les nouveau-nés. Les ligaments larges sont alors étalés et tendus sur une plaque de liège préalablement recouverte d'une feuille de papier noir. La dissection doit se faire sous l'eau et avec des ciseaux.

Chez la brebis, on peut détacher successivement les deux feuillets péritonéaux, et respecter l'organe de Rosenmüller en entier avec la couche de tissu cellulaire lâche qui l'englobe. La pièce montée dans la glycérine est d'abord assez épaisse, en raison du gonflement du tissu conjonctif par l'acide acétique; mais peu à peu ce tissu perd de son eau, ses éléments s'affaissent, et la préparation peut être facilement examinée au microscope.

Ce mode de préparation du corps de Rosenmüller est également applicable chez la femme à la naissance et pendant les premières années. Chez l'adulte, l'épaisseur des tubes et leur disposition dans des plans différents, s'opposent à la dissection et à la conservation en bloc de l'organe. Il faut alors isoler séparément les différents tubes du tissu qui les enveloppe et étaler sur une plaque de verre le corps de Rosenmüller dans sa forme primitive.

La macération pendant vingt-quatre heures dans de l'eau légèrement acidulée ne constitue pas toujours un obstacle à l'examen microscopique. On peut ensuite durcir le tissu par les procédés ordinaires (gomme et alcool), et y pratiquer des coupes où les éléments seront, en général, très suffisamment conservés. Nous possédons des préparations obtenues de cette façon, où les cellules épithéliales supportent encore leur pinceau de cils vibratiles. D'ordinaire, nos coupes ont été pratiquées sur des ligaments larges et sur des ovaires conservés dans le liquide de Müller.

Le procédé que nous venons d'indiquer est également applicable à la recherche des grains du parovarium dans l'épaisseur des ligaments larges. La principale difficulté réside, d'ailleurs, dans l'abondance plus ou moins grande des vésicules adipeuses. Avec un peu d'habitude, on reconnaîtra assez facilement les grains du parovarium qui tranchent, par leur teinte grisâtre, sur le fond argenté des lobules adipeux; ces derniers sont du reste transparents à la lumière transmise, tandis que les grains, placés dans les mêmes conditions, deviennent opaques.

III. — Description de l'organe de Rosenmuller et du parovarium chez quelques mammifères

Nous avons étudié la disposition générale du corps de Rosenmüller chez un certain nombre de mammifères domestiques, et nous avons pu observer, d'un groupe à l'autre, des différences assez notables, portant sur l'absence de l'une ou de plusieurs des parties constituantes. Nos recherches, sur le développement de l'organe de Rosenmüller aux dépens de la portion sexuelle du corps de Wolff, et sur l'atrophie secondaire de telle ou telle de ses parties, ne sont malheureusement pas assez complètes pour que nous puissions les relater ici. Laissant également de côté la question encore en litige de la provenance des cordons médullaires, nous nous contenterons de relater la disposition et la structure de l'organe de Rosenmüller et du parovarium chez les quelques mammifères que nous avons pu examiner.

Brebis

Organe de Rosenmüller. — Cet organe, très développé chez la brebis, est annexé à l'extrémité externe de l'ovaire,

qu'il prolonge directement en dehors (fig. 1). Situé entre les
vaisseaux du bulbe et la trompe qui décrit, vers sa terminaison,
une courbe à concavité dirigée en arrière et en dedans, il
se trouve compris dans la couche de tissu cellulaire lâche
qui sépare les deux feuillets péritonéaux du ligament large. Il
se compose d'une douzaines de tubes (1) plus ou moins sinueux
(canaux efférents), parfois réunis en dehors par un canal
marginal commun *(canal de l'époophore)*. Du côté de l'ovaire,
tous ces conduits convergent l'un vers l'autre, à la manière
des rayons d'un éventail, s'anastomosent entre eux et forment
un réseau *(ovarien)*, d'où se détachent un ou plusieurs tubes
rectilignes qui s'enfoncent à une faible profondeur dans l'épaisseur du tissu ovarien. Il arrive fréquemment que les tubes
droits émanés de l'organe de Rosenmüller et se dirigeant vers
l'ovaire, se bifurquent à une certaine distance du réseau pour
se reconstituer un peu plus loin. On peut ainsi rencontrer plusieurs mailles allongées sur le trajet d'un même tube ; parfois
aussi le réseau ovarien se continue sans interruption jusqu'à
l'intérieur de l'ovaire.

Le corps de Rosenmüller présente, suivant les sujets, de
grandes variétés de forme et de dimensions, qui dépendent
surtout de l'atrophie plus ou moins considérable du canal de
l'époophore (fig. 2 et 3). Une partie des vaisseaux efférents se
terminent alors en dehors par des extrémités effilées ou légèrement renflées ; les autres, encore réunis par de courts tronçons du canal collecteur, décrivent des sortes d'anses ou d'arcade
dont la concavité regarde le réseau. Dans les cas extrêmes, le
canal de l'époophore peut même faire complètement défaut
quant au réseau ovarien, nous ne l'avons jamais vu manquer.

Les vaisseaux efférents sont tantôt rectilignes et tantôt chargés
de sinuosités qui rappellent la disposition bien connue des
vaisseaux efférents du testicule. Leur longueur, mesurée sur
les organes les mieux développés, varie de 10 à 30 millimètres
leur diamètre est compris entre 300 et 500 μ (2).

(1) Nous notons sur quatre préparations les nombres suivants : 9, 12, 12.
(2) Ces nombres s'écartent sensiblement de ceux que nous avons indiqué
dans notre mémoire sur les Restes du corps de Wolff chez l'adulte (40 à 50
Ces dernières mensurations avaient été relevées sur des pièces traitées
l'acide acétique et tendues sur une plaque de liège, dans lesquelles l'en

Sur des pièces conservées pendant plusieurs mois dans le liquide de Müller, et décomposées ensuite en coupes transversales après durcissement par la gomme et l'alcool, on constate que la paroi des vaisseaux efférents est formée d'une couche lamineuse doublée à sa face interne par un épithélium prismatique cilié; l'épaisseur totale de la paroi mesure environ 130 μ; les cellules épithéliales s'élèvent à une hauteur de 25 μ; la longueur des cils est de 9 μ. La couche lamineuse résulte d'une sorte de feutrage de fascicules conjonctifs assez grêles à direction circulaire, entremêlées de cellules conjonctives lamelleuses, aplaties parallèlement à la surface du conduit. Les faisceaux conjonctifs paraissent plus abondants à la surface, les cellules plus nombreuses, au contraire, au voisinage de l'épithélium. Nous ajouterons que nulle part nous n'avons rencontré d'élément musculaire lisse, et que les renflements qu'on observe soit à la terminaison, soit sur le parcours des canaux, possèdent la même structure. Au niveau du réseau ovarien, les cellules épithéliales diminuent de hauteur, en même temps qu'elles perdent leurs cils vibratiles.

La lame moyenne du ligament large qui englobe les tubes de l'organe de Rosenmüller est constituée par un tissu cellulaire lâche dont les faisceaux volumineux et faiblement unis entre eux, se désagrègent avec la plus grande facilité sur la coupe. Au pourtour des canalicules, ces faisceaux diminuent de volume, s'imbriquent en couches concentriques et se continuent graduellement avec les éléments lamineux de la paroi des canaux efférents.

Chez la brebis en gestation, les vaisseaux efférents du corps de Rosenmüller peuvent être remplacés par des chapelets de petits kystes dont quelques-uns atteignent le diamètre d'une noisette et même au delà. Ces kystes renferment un liquide hyalin dans lequel il est fréquent de rencontrer des cristaux de cholestérine. Parfois ces cristaux sont assez abondants pour remplir complétement la cavité du kyste, et pour lui communiquer des reflets argentés à la lumière réfléchie. Le liquide

lactescent d'un kyste ouvert six heures après la mort de l'animal, contenait avec quelques cristaux de cholestérine et quelques leucocytes, une multitude de plateaux ciliés détachés de leur corps cellulaire.

Parovarium. — Les vésicules du parovarium sont répandues par petits amas au pourtour du corps de Rosenmüller, et même à son intérieur, sans aucun ordre apparent; elles sont toutefois plus abondantes à la partie inférieure de cet organe (Planche VIII, fig. 1, 1'). Les plus volumineuses atteignent deux à trois millimètres de diamètre; elles sont tapissées par un épithélium cylindrique sur lequel nous ne distinguons aucun cil vibratile, probablement par suite de l'action de l'acide acétique dilué qu'ont dû subir nos préparations.

. Chez un embryon de mouton de 15 centimètres, le parophore est représenté par une traînée grisâtre qui se détache de l'extrémité interne du corps de Rosenmüller, et se dirige en dedans et en bas au-dessous de l'ovaire. Cette traînée, composée de vésicules épithéliales, est séparée de l'ovaire par une seconde traînée jaunâtre au niveau de laquelle les cellules du tissu conjonctif sont farcies de granules colorés en jaune brun, ainsi qu'on l'observe au pourtour des foyers hémorrhagiques. Ce pigment s'explique facilement par le fait de la régression des corpuscules de Malpighi du corps de Wolff.

Chèvre

Organe de Rosenmüller. — Nous n'avons pu examiner qu'une seule fois la disposition de l'organe de Rosenmüller chez la chèvre; par conséquent les détails qui suivent ne sauraient comporter la même généralisation que pour la brebis.

L'organe de Rosenmüller (disséqué sur l'une des moitiés du ligament large, après action de l'acide acétique dilué), présente une configuration générale qui se rapproche beaucoup de celle que nous venons d'indiquer chez la brebis. Toujours compris entre les deux feuillets du ligament large et en dehors de l'ovaire, il se compose d'une vingtaine de conduits s'irradiant à la manière des rayons d'un éventail dont le sommet effilé se termine à une distance de 1 centimètre de l'extrémité externe de l'ovaire (fig. 4). La longueur de ces canaux efférents varie en moyenne de 10 à 15^{mm}; quelques-uns atteignent 2 cent. de long, les plus courts ne dépassent pas quelques millimètres. Au voisinage de leur point de convergence, ces canaux affectent une direction sensiblement rectiligne sur une longueur de quelques millimètres, puis on les voit décrire en dehors des sinuosités multiples, et se terminer par une extrémité effilée ou légèrement renflée en ampoule. Le canal de l'époophore s'est atrophié ici dans toute son étendue : les canaux efférents sont tous indépendants les uns des autres par leur extrémité externe.

En dedans, vers le sommet de l'éventail que figure l'organe de Rosenmüller, ces canaux s'anastomosent entre eux et constituent un réseau (ovarien) qu'il nous est impossible de poursuivre par la dissection jusqu'à l'ovaire. Nous devons toutefois ajouter que les coupes pratiquées sur l'ovaire du côté opposé, révèlent dans l'épaisseur du ligament large, au voisinage de cet organe, la présence de trois à quatre conduits tubuleux tapissés par un épithélium prismatique d'une hauteur de 30 μ. Ces conduits aboutissent à un amas de cordons épithéliaux pleins (*cordons médullaires*) ou pourvus d'une faible lumière centrale, qui se prolonge dans l'épaisseur de la portion bulbeuse jusqu'à une profondeur de 5^{mm}. Ces cordons apparaissent manifestement ramifiés et anastomosés (épith. $= 18 \mu$): l'épaisseur de l'amas qu'ils constituent atteint près de 1^{mm}.

Comment pouvons-nous concilier les résultats obtenus sur les deux moitiés du ligament large? Devons-nous admettre une interruption dans la continuité du réseau ovarien s'étendant primitivement des vaisseaux efférents à l'ovaire? Il serait peut-être plus rationnel de supposer que de ce réseau ovarien se détachent plusieurs conduits, homologues des tubes droits du testicule, qui s'enfoncent dans la région bulbeuse de l'ovaire et s'y résolvent en un réseau de cordons pleins que l'on peut assimiler aux canalicules séminifères. Mais comment expliquer dans l'une ou l'autre hypothèse, la présence d'un épithélium cilié dans les tubes qui confinent à l'ovaire?

Parovarium. — Les grains de parovarium s'étendent sur une longueur de 6 centimètres; ils décrivent une courbe dont la concavité supérieure embrasse l'ovaire et l'organe de Rosenmüller (fig. 4, P). Leur distance à la trompe est en moyenne

de 4 cent. Le volume des grains sphériques ou ovoïdes varie de un demi à un millimètre.

CERF (*Cervus frontalis*). — OURS DE MALAISIE.

Nous n'avons eu à notre disposition que des ovaires de cerf conservés depuis plusieurs années dans le liquide de Müller et en assez mauvais état. Les coupes longitudinales passant par le hile montrent que les tubes à épithélium cilié inclus dans le mésoarium s'engagent dans la portion bulbeuse de l'ovaire, et y forment un amas réticulé dont se détachent quelques cordons épithéliaux absolument pleins (cordons médullaires). L'amas réticulé s'étend sur une longueur de 2ᵐᵐ, 3 ; son épaisseur est d'environ 1ᵐᵐ. L'altération des parties ne nous permet pas d'indiquer les caractères du revêtement épithélial qui tapisse les canaux du réseau ovarien.

Nous observons dans l'ovaire de l'*Ours malais* un réseau ovarien assez comparable à celui du cerf. Notons en passant chez cet animal, ainsi que chez l'*agouti*, l'abondance des cellules interstitielles qui infiltrent tout le stroma ovarien et le transforment en un véritable tissu interstitiel.

CHIENNE. — CHATTE.

L'ovaire de la chienne adulte renferme dans sa partie médullaire ou bulbeuse un réseau ovarien très développé, donnant naissance à des cylindres épithéliaux pleins qui s'enfoncent dans la couche corticale. Ces cordons ont été représentés par Waldeyer (*Eierstock ud Nebeneierstock, Strickers's Handbuch*, 1871, p. 545, fig. 191), et désignés par lui sous le nom de *cordons cellulaires du parovarium* (voy. légende) ou encore de *cordons médullaires* (Markstränge). Ainsi que nous l'avons vu dans le chapitre consacré à l'historique, la plupart des auteurs les assimilent aux canalicules séminifères du testicule, et Kœlliker et Rouget les font participer à la constitution des ovisacs. On voit, en effet, ces cordons pénétrer dans la couche ovigène et se mettre en rapport avec les vésicules de de Graaf. Il semble même, chez l'animal adulte, que les ovisacs ne soient pas des formations anatomiques indépendantes, mais qu'ils représentent simplement des renflements locaux de cordons ramifiés

et anatomosés, au pourtour d'un ou de plusieurs ovules.
On rencontre fréquemment deux ovisacs voisins réunis par
un léger tractus épithélial, et il n'est pas rare, d'autre part,
d'observer deux, trois et même un plus grand nombre d'ovules
contenus dans la même cavité.

La portion intra-ovarique de l'organe de Rosenmüller chez la
chatte, présente les mêmes caractères que chez la chienne. On
y retrouve le même réseau ovarien avec son épithélium cubique,
et les mêmes cordons s'irradiant dans la zone corticale. Le
mesoarium, au voisinage du hile, renferme également des tubes
tapissés par un épithélium prismatique cilié.

<h3 style="text-align:center">DAUPHIN. — BALEINE.</h3>

Organe de Rosenmüller. — Situé en arrière et au-dessous
du pavillon de la trompe, l'organe de Rosenmüller occupe le
bord supérieur du ligament large dans une étendue de deux
centimètres environ, et s'engage, d'autre part, dans la région
médullaire de l'ovaire jusqu'à une distance de 6^{mm} de son
extrémité interne (la longueur de l'ovaire étant de 21^{mm}.)

La portion extra-ovarique est formée en majeure partie de
tubes longitudinaux que revêt un épithélium prismatique cilié
d'une hauteur de 18 μ. Quelques-uns de ces tubes sont ramifiés; d'autres présentent sur leurs parois des sortes de bourgeons ou d'excroissances dont il est presque impossible de
définir la configuration extérieure sur les coupes microscopiques. Enfin, entre ces tubes, on remarque des formations
anatomiques isolées que leur groupement spécial et le peu
d'élévation de leur revêtement épithélial permettent de rattacher au parovarium.

La portion intra-ovarique de l'organe de Rosenmüller comprend un réseau de canaux auquel viennent aboutir les tubes
inclus dans le ligament large. Le revêtement épithélial de ces
canaux n'est pas régulier : tantôt il affecte la forme d'un épithélium cylindrique assez analogue à celui des tubes extérieurs,
sans que nous ayons pu toutefois y découvrir des cils vibratiles ;
tantôt, au contraire, il apparaît comme un épithélium cubique
peu élevé, rappelant le revêtement habituel du réseau ovarien.

Les cordons médullaires pleins, si caractéristiques dans
l'ovaire de la chienne, semblent faire ici complètement défaut.

Nous en dirons autant de l'ovaire de la baleine (Balænoptera Sibbaldii) dont nous n'avons eu malheureusement à notre disposition qu'un seul exemplaire en partie altéré.

Parovarium. — On rencontre les grains de parovarium dans la portion du ligament large située immédiatement au-dessous de l'ovaire jusqu'à une distance de 1 à 2 centimètres de l'extrémité interne de cet organe. Les tubes du parovarium sont tapissés par une couche de cellules épithéliales dont la hauteur varie de 12 à 15μ ; nous avons crû reconnaître des cils vibratiles sur les cellules les plus élevées.

VACHE

Organe de Rosenmüller. Chez la vache, le canal marginal de l'époophore et les canaux efférents ont disparu dans toute leur étendue : seul, le réseau ovarien persiste et affecte dans son ensemble la forme d'un cône ou d'une massue dont l'extrémité effilée s'enfonce à une légère profondeur dans le tissu ovarien, et dont l'extrémité externe renflée se porte directement en dehors (fig. 5, d). La longueur de ce cône varie de 12 à 13ᵐᵐ ; son épaisseur de 2 à 2ᵐᵐ,5. Il est formé d'un réseau inextricable de canaux à calibre fort variable (45 à 100 μ), qui supportent des bourgeons creux, fréquemment ramifiés. Sur la coupe, les canaux se montrent tapissés par un épithélium cubique dont les éléments groupés par places sur une seule rangée forment un pavement épais de 15 μ, tandis qu'ailleurs ils se disposent en couches stratifiées dont l'épaisseur peut s'élever jusqu'à 45 μ (fig. 6). Nulle part, nous n'avons rencontré de cellule surmontée de cils vibatriles.

Les canaux de réseau ovarien dont nous venons de parler sont plongés dans une gangue fibreuse analogue à celle qui englobe le réseau testiculaire du mâle. A la périphérie de canaux, on distingue un zone hyaline, épaisse de 3 à 4 μ, intimement adhérente au tissu fibreux ambiant, et se rapprochant par tous ses caractères des membranes basilaires.

Dans deux de nos dissections, nous avons observé, au point où le ligament large émet l'aileron de la trompe, un petit tube épithélial long de quelques millimètres (6 à 8ᵐᵐ), qui se terminait en dehors par une extrémité légèrement renflée

l'extrémité interne regardait directement le réseau ovarien
(fig. 5 a). Ce tube représente vraisemblablement le vestige
de l'extrémité supérieure du canal Wolff (canal de l'époophore),
ou encore l'extrémité externe renflée d'un canal efférent
(comp. brebis); l'examen microscopique de sa structure n'a
pas été fait. Peut-être conviendrait-il de rapprocher de ce fait
l'hydatide pédiculée qu'on trouve généralement annexée au
pavillon de la trompe, ou implantée sur la tête de l'organe de
Rosenmüller, chez la femme.

Parovarium. — A la périphérie de l'organe de Rosenmüller, on rencontre quelques grains isolés de parovarium. Un
vestige plus considérable est situé en dehors et au-dessous
de l'ovaire à une distance de 1 cent. environ de l'extrémité
externe du réseau ovarien (fig. 5 p). Sur une de nos préparations,
cet amas mesure une longueur de 840 μ, sur une largeur de
260 μ. Il est constitué par un assemblage de grains et de
cordons épithéliaux tortueux dont les éléments, étroitemeut
serrés les uns contre les autres, sont infiltrés de gouttelettes
de substance grasse. Toutes ces formations épithéliales sont
absolument pleines, sans trace de lumière centrale (fig. 7);
elles sont réunies entre elles par l'intermédiaire d'un tissu
conjonctif dense, à fibrilles isolées, tranchant à la périphérie
de l'amas parovarien sur les faisceaux ondulés et lâchement
mis de la lame moyenne du ligament large.

FEMME

Organe de Rosenmüller. — Le corps de Rosenmüller
réduit chez la femme aux vaisseaux efférents et à leur canal
collecteur, est situé dans l'aileron de la trompe, entre les deux
feuillets péritonéaux du ligament large, en avant des vaisseaux
ovariens. Le canal collecteur ou canal de l'époophore chemine
parallèlement à la trompe à une distance de un à deux centimètres. Les vaisseaux efférents qui s'en détachent à peu près
normalement sur tout son parcours, convergent vers le hile de
l'ovaire, et se terminent dans son voisinage par une extrémité
effilée ou légèrement renflée en ampoule (fig. 9). La forme
générale de l'organe répond assez bien à celle d'un cône
(cône de Rosenmüller), ou mieux à celle d'un trapèze dont la
grande base parcourue par le canal collecteur regarde la
trompe, et dont la petite base constituée par les extrémités

inférieures des vaisseaux efférents se dirige vers le hile de l'ovaire. On peut de plus considérer à cet organe comme à l'épididyme, une extrémité externe ou tête et une extrémité interne ou queue. La tête renflée est formée par un certain nombre de vaisseaux efférents tassés les uns contre les autres, et décrivant une série d'arcades à convexité externe ; elle fait souvent saillie à la face antérieure de l'aileron de la trompe, à une faible distance du ligament tubo-ovarien (fig. 9 te). Les vaisseaux efférents de la queue plus espacés affectent une direction sensiblement verticale : on peut les assimiler aux vasa aberrantia du canal de l'épididyme (fig. 9. q). Le nombre des vaisseaux efférents varie légèrement suivant les sujets, mais il ne dépasse pas en général la vingtaine ; quatre sujets nous fournissent les nombres suivants : 13, 14, 16 et 18.

Dans quelques cas, le canal collecteur est interrompu, comme chez la brebis, sur une certaine partie de sa longueur, et l'organe se montre alors divisé en plusieurs segments. Parfois aussi, l'atrophie a porté sur l'origine d'un vaisseau efférent qui se trouve ainsi détaché du canal de l'époophore. Chez l'adulte, le corps de Rosenmüller déborde légèrement l'ovaire en dehors ; son sommet est par conséquent voisin de l'extrémité externe de cet organe.

Les vaisseaux efférents, ainsi que le canal de l'époophore, suivent en général un trajet flexueux, et émettent sur leur parcours des diverticules creux plus ou moins considérables ; ils peuvent aussi présenter des ramifications complètes. Leur paroi est formée d'une couche épithéliale doublée d'une enveloppe lamineuse en rapport intime avec les faisceaux musculaires lisses du ligament large. Les cellules épithéliales mesurent 15 à 18 μ, sur une épaisseur de 9 μ ; elles supportent un plateau couvert de cils vibratiles. L'enveloppe lamineuse, d'une épaisseur moyenne de 80 μ, se montre fréquemment renforcée en dehors par des faisceaux de fibres musculaires lisses à direction longitudinale. Ces faisceaux, toutefois, ne constituent pas de couche régulière : on les voit se continuer avec les faisceaux musculaires épars dans le ligament large, et, d'autre part, ils peuvent aussi pénétrer l'enveloppe lamineuse, et arriver presque au contact de la couche épithéliale.

Les dimensions du corps de Rosenmüller, mesurées sur les pièces étalées et tendues, après traitement par l'acide acétique dilué, varient en largeur (longueur du canal de l'époophore) de 3 à 4, 5 centim., et en hauteur (longueur des vaisseaux efférents) de 1, 5 à 2 centim. Le diamètre moyen des tubes est d'environ 250 μ, et leur lumière de 25 μ. Il faut noter que le canal collecteur présente habituellement un calibre supérieur à celui des vaisseaux qui viennent s'y déverser.

Les dimensions de l'organe de Rosenmüller augmentent avec l'âge (comp. Follin), ainsi qu'il est facile de s'en convaincre par le tableau suivant : ·

	Longueur du canal de l'époophore	Longueur des vaisseaux efférents
Fœtus, 6° mois lunaire, (21 cent.)	—	—
du vertex au coccyx	0,8 centim.	2 à 2,5 millim.
Fillette de 13 jours.	1,3 centim.	7 millim.
Fillette de 6 ans.	1,7 centim.	12 millim.
Femme de 20 à 30 ans (quatre sujets.	3 à 4,5 centim.	15 à 20 millimètres

A partir de la ménopause, l'organe subit une atrophie progressive. Sur une femme de 80 ans, il ne mesure plus que 12 mm en largeur; la plupart des tubes possèdent une longueur inférieure à 1 centim. (fig. 10).

Parorarium. — Chez la femme adulte, la portion urinaire du corps de Wolff semble avoir subi une atrophie complète. C'est en vain que nous en avons recherché les vestiges sur une demi-douzaine de sujets, dont les ligaments larges ont été soigneusement disséqués sous l'eau, après macération de 24 heures dans l'acide acétique dilué.

Nous trouvons chez un fœtus du 6° mois (mesurant 21 centim. du vertex au coccyx), chez un second fœtus du 8° mois (29/41 centim.), ainsi que sur une enfant de 13 jours, entre les extrémités ovariennes des tubes de l'organe de Rosenmüller, quelques grains isolés d'un diamètre de 0,5 à 1 mm qui nous paraissent répondre au parovarium. Chez le fœtus de 29/41 centim. ces grains débordaient légèrement en dehors la tête de l'époophore.

Conclusions

1° L'*organe de Rosenmüller* ou *époophore*, envisagé dans son complet développement chez les mammifères, reproduit entièrement la disposition des canaux du corps de l'épididyme. Il se compose, en effet, d'un tronc collecteur recevant sur son parcours une quinzaine de canaux en moyenne, dont les extrémités distales viennent se perdre en convergeant dans une sorte de réseau lacunaire; enfin, ce réseau peut donner naissance, par son bord opposé, à un certain nombre de cordons épithéliaux généralement pleins. Nous proposons de désigner le tronc collecteur (homologue du canal de l'épididyme), sous le nom de *canal de l'époophore*, les canaux sous celui de *vaisseaux ou canaux efférents*, et le réseau (homologue du *rete vasculosum testis*) sous celui de *réseau ovarien (rete ovarii)*. Quant aux cordons épithéliaux pleins (homologues des canalicules séminifères), nous leur conserverons le nom de *cordons médullaires (canaux segmentaires)*, sous lequel ils ont été décrits;

2° L'homologie de l'organe de Rosenmüller et du corps de l'épididyme se retrouve encore dans la structure des parties composantes; le canal de l'époophore et les vaisseaux efférents sont tapissés par un épithélium prismatique cilié; les lacunes ou canaux du réseau ovarien possèdent, au contraire, un revêtement épithélial cubique dépourvu de cils vibratiles;

3° La disposition précédente ne se trouve qu'exceptionnellement réalisée. Chez la brebis, l'organe de Rosenmüller présente parfois une intégrité complète; sa situation en dehors de l'ovaire, dans l'épaisseur du ligament large, en permet une étude relativement facile. Habituellement (carnassiers, cétacés etc.), le corps réticulé est logé dans la portion bulbeuse de l'ovaire, justifiant ainsi l'épithète d'ovarien que nous lui avons consacrée. L'organe de Rosenmüller se montre toujours annexé à l'extrémité externe de l'ovaire;

4° Une ou plusieurs des parties composant l'époophore peuvent faire défaut. Il en résulte des formes variées suivant les espèces, qu'il serait fort difficile de rattacher entre elles, si nous n'avions pas à notre disposition un type complet, comme celui de la brebis, par exemple. Chez la vache, toute la moitié externe de l'organe a disparu; le corps réticulé seul persiste, et déborde l'ovaire en dehors, sur une longueur d'environ. 12 millimètres;

5° Chez la femme, au contraire, l'organe de Rosenmüller s'est atrophié dans sa moitié attenante à l'ovaire, et ne se trouve représenté que par le canal collecteur et par les vaisseaux efférents, au nombre d'une quinzaine;

6° On retrouve des vestiges de la partie urinaire du corps de Wolff (*parovarium* ou *paroophore*) sous forme d'amas épars dans le ligament large au-dessous de l'ovaire (mouton, vache, dauphin, etc.).

Chez la femme adulte, ces vestiges semblent manquer totalement.

BIBLIOGRAPHIE

Ishimi. — *Leçons d'anatomie comparée*. Paris, 1879.

Balfour. — *On the Structure and the Development of the Vertebrate Ovary*, Quart. Journ. of Micr. Science, 1878.

Banks. — *On the Wolffian Bodies of the Fœtus and their Remains in the Adult*, etc. Edinburgh, 1864.

Bischoff. — *Traité du développement de l'homme et des mammifères*. trad. Jourdan. Paris, 1843.

Bonn (L.). — *Ueber die Entwicklung des Eierstocks des Pferdes*, Reichert's und Du Bois-Reymond's Arch., 1874.

Bornhaupt (Th.). — *Untersuchungen über die Entwicklung des Urogenitalsystems beim Hühnchen*. Riga, 1867.

Braun (Max). — *Das Urogenitalsystem der einheimischen Reptilien*, Arb. aus dem zool.-zoot. Institut in Würzburg, Bd. IV, 1877.

Creighton. — *On the Formation of the Placenta in the Guinea Pig*, Journ. of Anat. and Phys., 1878.

Debierre. — *Manuel d'embryologie humaine et comparée*. Paris, 1886.

Dursy. — *Ueber den Bau der Urnieren des Menschen und der Säugethiere*, Henle's und Pfeufer's Zeitschrift. Bd. XXIII, 1865.

— *Beiträge zur Anatomie und Entwickelungsgeschichte der Geschlechtsorgane*. Zürich, 1878.

Folin. — *Recherches sur les corps de Wolff*. Paris, 1850.

Foulis. — *The Development of the Ova and the Structure of the Ovary in Man and the other Mammalia*. Journ. of Anat. and Phys., vol. XIII, 1879.

Harz (W.). — *Beiträge zur Histiologie des Ovariums der Säugethiere*. Inaug. Dissert. Bonn, 1883, et Arch. f. mikr. Anat. Bd., XXII.

(W.). — *Untersuchungen über die erste Anlage des Wirbelthierleibes*. Leipzig, 1868.

Jacobson. — *Die Oken'schen Körper oder die Primordialnieren*. Kopenhagen, 1830.

Kœlliker (von). — *Würzb. Gesellschaft*, 1874, et *Entwickelungsgeschichte des Menschen und der höheren Thiere*. Leipzig, 1879.

Kobelt. — *Der Nebeneierstock des Weibes*. Heidelberg, 1847.

Laulanié. — *Sur l'évolution comparée de la sexualité dans l'individu et dans l'espèce*, Comptes rendus Acad. des Sciences, 31 juillet 1855 et *Sur les connexions embryogéniques des cordons médullaires de l'ovaire avec les tubes du corps de Wolff et leur homologie avec les tubes séminifères (mammifères)*, Soc. de biol., 20 mai 1886.

Leed (Mac). — *Contribution à l'étude de la structure de l'ovaire des Mammifères*. Arch. de biol. belg., 1880.

Leuckart. — *Wagner's Physiologie*, 1853, t. IV. Art. *Zeugung*.

Meckel (J.-Fr.). — *Beiträge zur vergleichenden Anatomie*. Leipzig, 1812, Bd., II, et *Handbuch der menschlichen Anatomie*. Halle und Berlin, 1820.

Meckel (H.). — *Zur Morphologie der Harn- und Geschlechtswerkzeuge der Wirbelthiere*. Halle, 1848.

Mihalkovics (G. von). — *Untersuchungen über die Entwickelung des Harn- und Geschlechtsapparates der Amnioten*, Intern. Monatsschrift f. Anat. und. Phys., 1885.

Müller (J.-C.). — *De genitalium evolutione dissertatio*, 1815.

Müller (J.). — *Bildungsgeschichte der Genitalien*. Düsseldorf, 1830.

Pouchet (G.). — *Sur le développement des organes génito-urinaires*. Annales de Gynécologie, 1876.

Rathke. — *Entwickelungsgeschichte der Wirbelthiere*. Leipzig, 1861.

Romiti. — *Ueber den Bau und die Entwicklung des Eierstocks und des Wolff'schen Ganges*, Arch. f. mikr. Anat. Bd. X, 1874.

Rosenmüller. — *Quædam de ovariis embryonum et fœtuum humanorum*. Lipsiæ, 1802.

Rouget (Ch.). — *Recherches sur le développement des œufs et de l'ovaire chez les Mammifères après la naissance*, Comptes rendus Acad. des Sciences, 20 janv. 1879, et *Évolution comparée des glandes génitales mâle et femelle chez les embryons de Mammifères*, Acad. des Sciences, 17 mars 1879.

Schulin (K.). — *Zur Morphologie des Ovariums*, Arch. f. mikr. Anat. Bd. XIX, 1881.

Thiersch. — *Bildungsfehler der Harn- und Geschlechtswerkzeuge eines Mannes*, Illustrirte med. Zeitung, Bd. I, 1852.

Tourneux (F.). — *Des restes du corps de Wolff chez l'adulte (Mammifères)*. Bulletin scientifique du Nord, 1882.

Valenti (G.). — *Varietà dell' organi di Rosenmüller e rudimenti del canale di Gartner nella donna*, Estratto dei bollettino della società, etc., in Siena, 1883, Ann. I, n 3.

Valentin. — *Handbuch der Entwickelungsgeschichte des Menschen*. Berlin, 1835.

Van Beneden. — *Contribution à la connaissance de l'ovaire des Mammifères*. Arch. de biologie belges, 1880.

Waldeyer (W.). — *Eierstock und Ei*, Leipzig, 1870, et *Stricker's Handbuch*. Leipzig, 1871.

Wrisberg. — *Comment. med. Götting.* 1782, vol. I, p. 285 et 286.

EXPLICATION DE LA PLANCHE VIII.

Fig. 1. — Disposition de l'organe de Rosenmüller et des grains du parovarium chez la brebis; face postérieure du ligament large étalé et tendu sur une plaque de liége. (Gr. $\frac{3}{1}$.)

a, canal de l'époophore;

b, canaux efférents convergeant vers le réseau ovarien d;

p, p, p, grains du parovarium ;

e, ovaire gauche ;

t, trompe de Fallope.

Fis. 2 et 3. — Deux aspects différents de l'organe de Rosenmüller chez la brebis, montrant la disparition presque complète du canal de l'époophore. (Gr. $\frac{2}{1}$.)

Même signification des lettres que précédemment ;

v, v, vésicules développées à l'extrémité des canaux afférents.

Fis. 4. — Disposition de l'organe de Rosenmüller et des grains du parovarium chez la chèvre. Face antérieure du ligament large. (Gr. nat.)

b, canaux efférents du corps de Rosenmüller convergeant vers le réseau ovarien d. Le canal collecteur de l'époophore fait ici complétement défaut ;

p, p, p, grains du parovarium décrivant une courbe dont la concavité embrasse l'ovaire ;

e, ovaire gauche ;

t, trompe de Fallope.

Fis. 5. — Disposition de l'organe de Rosenmüller (d) et du parovarium (p) chez la vache ; face postérieure du ligament large étalé et tendu. (Gr. nat.)

e, tube occupant le bord du ligament large et terminé en dehors par un léger renflement (vestige du canal de l'époophore ou d'un canal efférent ?) ;

d, organe de Rosenmüller réduit au réseau ovarien que l'on voit pénétrer à l'intérieur de l'ovaire e ;

p, un grain de parovarium ;

t, canal de la trompe.

Fis. 6. — Une section de la portion extraovarique du réseau ovarien de la vache, à un grossissement de $\frac{70}{1}$. Les lacunes du réseau sont tapissées par un épithelium cubique, stratifié par places.

Fis. 7. — Section transversale du parovarium chez la vache montrant des cordons ou des amas de cellules épithéliales polyédriques sans cavité centrale. (Gr. $\frac{20}{1}$.)

Fis. 8. — Disposition de l'organe de Rosenmüller chez une enfant de 13 jours disséqué par la face postérieure du ligament large. (Gr. $\frac{4}{1}$.)

a, canal collecteur ou canal de l'époophore dont se détachent les canaux efférents b, b. Le réseau ovarien n'existe pas ;

e, ovaire gauche ;

b, trompe de Fallope.

Fis. 9. — Organe de Rosenmüller chez une femme de 30 ans, disséqué par la face antérieure du ligament large. (Gr. nat.)

a, canal de l'époophore ;

b, canaux efférents ;

te, tête de l'organe de Rosenmüller ;

q, extrémité interne de cet organe ou queue;

o, ovaire droit;

t, trompe.

Fig. 10. — Organe de Rosenmüller chez une femme de 80 ans, disséqué par la face antérieure du ligament large. (Gr. nat.)

r, organe de Rosenmüller atrophié;

o, ovaire droit;

t, trompe;

h, h, hydatides pédiculées au nombre de deux.

Le propriétaire-gérant,

FÉLIX ALCAN.

SAINT-DENIS. — IMPRIMERIE LÉON MOTTE, 20 BIS, RUE DEPARIS.

MÉCANISME DES MOUVEMENTS DE L'IRIS

Par A. CHAUVEAU [1]

L'intérêt qui s'attache à la théorie des actions nerveuses modératrices est loin d'être épuisé. C'est, en physiologie générale, l'une des questions importantes sur lesquelles il reste le plus à faire. Les lacunes se remarquent surtout dans le point spécial relatif au mécanisme du relâchement des muscles sphincters.

Celui de ces muscles qui a le plus exercé la sagacité des physiologistes est certainement le constricteur de l'ouverture pupillaire. Le mode d'action du sphincter irien est un sujet complète. D'abord, ce muscle aurait dans l'appareil musculaire radié de l'iris, si cet appareil existe réellement, un antagoniste qui participerait avec le relâchement du sphincter à la dilatation de la pupille. De plus, l'innervation de l'iris est très compliquée et non encore complètement élucidée, au point de vue physiologique, malgré les expériences fort nombreuses auxquelles elle a donné lieu depuis Pourfour du Petit, au commencement du siècle dernier, jusqu'à nos jours. Cependant, ces expériences ont été faites par des physiologistes ayant la plus grande autorité, comme Herbert Mayo, Claude Bernard, Donders, etc. (2). Enfin, il y a, dans les mouvements de l'iris, intervention de phénomènes de turgescence vasculaire, dont il y a peut-être à tenir compte dans une certaine mesure, quoique ces phénomènes soient loin d'avoir l'influence considérable qui leur a été parfois attribuée.

(1) Ce mémoire, rédigé depuis plusieurs années et oublié dans mes papiers, été communiqué à la Société de Biologie, à l'occasion d'une discussion sur l'existence du muscle radié de l'iris. Je le publie ici dans sa rédaction primitive, en laissant de côté l'application du fait principal qu'il met en lumière à la solution de la question soulevée à la Société de Biologie.

(2) Au moment où ces lignes étaient écrites (janvier 1880), le dernier travail expérimental sur la matière avait été publié par M. François Franck. Travaux du laboratoire de M. Marey, 1878-79..

J'ai moi-même participé autrefois aux tentatives de détermination de l'influence du système nerveux sur les mouvements de l'iris. Dans ces derniers temps, j'ai pensé que l'étude même des caractères des mouvements physiologiques de la pupille pouvait fournir des renseignements propres, sinon à démontrer le mécanisme de ces mouvements, du moins à donner des indications sur les expériences à faire dans le but d'arriver à cette démonstration. Tout au moins promettait-elle de renseigner sur la valeur de la théorie qui est le plus en vogue, à savoir que la lumière provoque le resserrement de l'ouverture pupillaire en mettant en jeu le nerf de la troisième paire, qu'on admet être le nerf moteur du sphincter irien, tandis que l'obscurité produit l'agrandissement de cette ouverture en provoquant l'action du sympathique cervical regardé comme le moteur du muscle radié.

Si cette théorie est juste, en effet, la dilatation pupillaire doit se produire moins vite que le resserrement, parce que le chemin parcouru par les excitations qui provoquent celui-ci est beaucoup plus court que le chemin suivi par les excitations qui déterminent celles-là, en admettant, ce dont il n'y a aucune raison de douter, que les autres conditions de fonctionnement soient les mêmes dans les deux ordres de nerfs et de muscles.

Chose singulière, les mouvements de l'iris ont été observés et décrits dans d'innombrables circonstances, mais jamais à ce point de vue particulier. Aucun phénomène physiologique ne paraît mieux connu, dans ses manifestations, et cependant je n'ai trouvé aucun document propre à m'éclairer sur la question de savoir si le temps qui s'écoule, entre l'excitation et le moment où commence le mouvement qu'elle provoque, est identique ou différent dans les deux cas de resserrement et d'agrandissement. On s'est borné à donner la description et l'estimation de la durée des diverses phases de ces mouvements à partir de leur début. Il était donc nécessaire de faire des expériences spéciales pour la détermination de ce dernier point.

A l'exemple de mes prédécesseurs, j'ai opéré sur moi-même, en employant la méthode bien connue qui consiste à observer l'image entoptrique d'une des pupilles, pendant que la rétine de l'autre œil est alternativement influencée par des éclats et des éclipses de lumière qui provoquent le resserrement et l'agrandissement alternatifs des deux pupilles. Naturellement un dispositif expérimental spécial permettait d'inscrire le moment où surviennent ces deux mouvements après l'excitation qui les provoque.

Des procédés divers peuvent être mis en usage pour l'exécution de cette expérience. Voici celui auquel je me suis attaché de préférence comme étant le plus précis.

Je fixe sur mon nez une paire de fortes lunettes à coquilles, de construction spéciale, aussi bien fermées que possible. Ces lunettes sont dépourvues de verres. A la place, se trouve, d'un côté, un diaphragme opaque percé d'une ouverture circulaire de 8 millimètres de diamètre environ, devant laquelle passe un opercule mu par un petit électro-aimant, pour faire sur la rétine les éclipses et les éclats alternatifs de lumière. De l'autre côté,

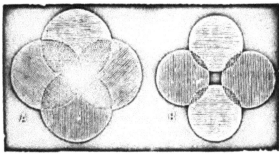

Fig. 1 (1).

existe un autre diaphragme opaque, plaque de mince carton noir, percé de quatre trous d'aiguille, également ouverts, disposés de manière à former les quatre angles d'un carré ayant deux millimètres et demi de côté. Ces trous doivent occuper une place qui les mette bien en face de la pupille. Ils laissent entrer dans l'œil des faisceaux de lumière qui dessinent sur la rétine autant de cercles de diffusion, limités par l'ouverture pupillaire et dont l'image entoptrique représente, pour des conditions données d'éclairage, une figure semblable à celles qui sont reproduites ci-dessus : A, quand l'autre œil est découvert, B,

(1) Une petite inexactitude existe dans cette figure. Les parties superposées des quatre cercles de diffusion devraient être plus claires que les autres, au lieu d'être plus foncées.

lorsqu'il est soustrait à l'action de la lumière. Dans ce dernier cas, les quatre images de la pupille sont agrandies et rapprochées au point de se superposer toutes, en un point limité, au centre de la figure. Si alors la pupille de l'autre œil est brusquement découverte, les cercles de diffusion se rétrécissent et cessent de se recouvrir aussi complètement, en sorte qu'au centre de la figure apparaît un espace libre représentant un carré à côtés curvilignes. Naturellement, c'est l'inverse qui se produit quand l'autre pupille, primitivement découverte, est brusquement soustraite à l'influence de la lumière.

Cette quadruple image est tout particulièrement favorable à l'observation des mouvements de la pupille. Non seulement, on en note ainsi très exactement l'étendue et les diverses oscillations, mais on peut encore déterminer avec une grande précision le moment où ils débutent. Ce moment est inscrit sur un cylindre enregistreur, à l'aide d'un signal électrique, en même temps que les vibrations d'un chronographe marquant les cinquantièmes de seconde. Un autre signal électrique marque le moment de l'excitation, parce qu'il est actionné par le même courant qui fait mouvoir l'opercule à l'aide duquel la rétine, influencée par les rayons lumineux, est couverte ou découverte.

L'observateur, ou plutôt l'expérimentateur n'a qu'à manœuvrer avec les deux mains les boutons de deux contacts électriques pour obtenir l'inscription exacte du moment où la rétine est soumise aux excitations positives ou négatives qui lui viennent de la lumière et celui où débute le mouvement pupillaire provoqué par ces excitations. Avec un peu d'habitude et en utilisant les artifices habituels pour favoriser l'automatisme de mouvements inscripteurs, on arrive vite à d'excellents résultats.

Pour fonctionner dans les meilleures conditions possibles il est bon de se placer au fond d'une chambre éclairée par une large baie, unique, devant laquelle on se place. Ou bien, si l'on opère le soir, on fixe une large feuille de papier blanc vivement éclairé par une lampe pourvue d'un sombre abat-jour qui laisse le reste de la pièce dans une obscurité relative.

J'ai obtenu ainsi, en me servant de l'inscription en hélice de fort bons tracés, à l'aide desquels j'ai pu construire la figure schématique suivante :

: *a a*, le cercle représentant l'ouverture pupillaire dans
resserrement moyen qu'elle affecte quand l'autre pupille

le cercle dans l'état de dilatation moyenne amené
de cette autre pupille.

droites parallèles, tangentes à ces deux cercles et
lignes d'abscisses pour le tracé de la courbe des
pupillaires.

tte courbe des mouvements pupillaires, *g*, le tracé
marquant le jeu de l'opercule qui couvre ou découvre
du second œil : *t*, pupille couverte, *h*, pupille dé-

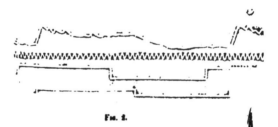

Fig. 2.

tr ré du signal marquant le moment où débute chaque
al de resserrement et de dilatation.

emps marqué en dixièmes de seconde.

irbe (*c c*) des mouvements pupillaires commence au
où l'œil est couvert. En 1, l'opercule s'élève. La pupille
brusquement, mais non pas de suite. Entre l'instant
e a été exposée à la lumière et celui où la pupille
rrée, il s'est passé (en nombre rond) une 1/2 seconde;
al brusque de la courbe s'opère en effet 5/10 de
après le jeu de l'opercule Je dis 5/10 de seconde;
ut-être un peu plus. L'exactitude absolue du chiffre
peu ici; il nous suffit de savoir qu'il se rapproche
oup de 1/2 seconde.

son brusque mouvement concentrique, le bord de l'iris
oe toujours, sans arrêt, la position moyenne qu'il doit
per. Ce mouvement ne dure certainement pas 2/5 de

seconde. Sur le schéma que je donne, il occupe trois divisions
de l'échelle du temps, c'est-à-dire 3/10 de seconde : j'estime
que c'est là sa durée la plus habituelle.

Après les oscillations décrites par les auteurs et que je n'ai
nullement cherché à reproduire exactement, car elles sont
extrêmement variables et leur étude n'est pas ici en question,
le bord pupillaire se fixe (si tant est que cette expression soit
compatible avec l'état permanent d'oscillation de l'iris) dans
une certaine position moyenne. En 3, l'opercule du second œil
s'abaisse brusquement; la rétine cesse d'être éclairée et la
pupille se dilate. On voit l'abaissement de la courbe, indiquant
cette dilatation, *commencer exactement au même moment*
que l'élévation indiquant le resserrement, c'est-à-dire 1/2 seconde après la soustraction de la rétine à l'action de la lumière.
Seulement le mouvement de dilatation se produit avec une
grande lenteur; dans le schéma, il occupe plus de 6/10 de seconde : je l'ai vu même durer davantage.

J'ai fait des centaines d'observations, avec ou sans tracés, en
variant les conditions des expériences, et toujours je suis arrivé
aux mêmes résultats. *Dans tous les cas, les deux mouvements
de resserrement et de dilatation de la pupille, sous l'influence
de l'éclairage plus ou moins vif du fond de l'œil, se produisent
exactement au même moment par rapport à celui des excitations qui les provoquent, c'est-à-dire environ 1/2 seconde
après chaque excitation.* La seule différence qui existe entre
les deux cas, c'est le fait, bien connu, que le resserrement
pupillaire s'achève avec rapidité, tandis que la dilatation marche
au moins quatre fois plus lentement.

Il est impossible de ne pas être frappé, en jetant les yeux sur
la courbe *c c* du mouvement pupillaire, de la ressemblance qui
existe entre la forme de cette courbe et celle du tétanos déterminé par l'excitation du nerf moteur d'un muscle rouge. Comme
le tétanos, l'état de resserrement provoqué par les excitations
lumineuses survient brusquement. Comme le tétanos, cet état
de resserrement cesse avec une certaine lenteur. C'est là un
élément à faire intervenir dans la discussion des actions nerveuses auxquelles est subordonné le mécanisme des mouvements de l'iris provoqués par les excitations lumineuses.

Il me semble qu'il faut renoncer à la théorie de la dualité ner-

veuse, introduite dans la science par Ruete, d'abord, Budge et
Waller, ensuite, et à laquelle Claude Bernard n'était pas du
tout favorable.

L'iris se comporte comme si ses fibres radiées étaient purement élastiques ou, tout au moins, se trouvaient en état de
contraction tonique constante, pour faire antagonisme d'une
manière permanente aux fibres circulaires, et comme si celles-ci
étaient seules modifiées dans leur état de contraction par le
plus ou moins d'éclat des impressions lumineuses qui agissent
sur la rétine. Une lumière vive frappe celle-ci : l'excitation réfléchie par les tubercules bigéminés sur les nerfs iriens fait
contracter vivement, APRÈS UN TEMPS DONNÉ, le sphincter de la
pupille. La rétine est soustraite à l'influence de cette excitation
lumineuse : l'impression négative, *réfléchie par la même voie,*
arrive avec la *même rapidité* au sphincter irien et commence à
en provoquer le relâchement exactement APRÈS LE MÊME TEMPS.
Y a-t-il d'autre interprétation possible? Certainement, mais il
n'en est pas de plus simple se prêtant mieux à tous les complé-
ments nécessaires.

Notons que la forme du tracé pupillaire, sur laquelle nous
insistions tout à l'heure, cadre tout à fait avec cette interprétation. Dans les deux cas, resserrement et dilatation, le sphincter
bien a contre lui la même force antagoniste (élasticité ou tonicité de l'appareil radié); mais la décontraction des fibres circulaires se fait plus lentement que la contraction, comme on le
remarque dans les secousses musculaires simples ou dans les
secousses associées de manière à produire le tétanos. Il est donc
tout naturel que les alternatives de lumière et d'obscurité déterminent dans l'iris un resserrement (contraction du sphincter)
plus rapide que l'agrandissement (décontraction de ce même
sphincter).

Cette théorie du mécanisme des mouvements pupillaires se
rapproche, on le voit, beaucoup de celle qui a été exposée par
Schiff. En somme, d'après cette théorie, les variations du diamètre de la pupille, *par action de la lumière,* dépendent
essentiellement du sphincter irien, qui se contracte ou se relâche
plus ou moins suivant que le nerf moteur de ce sphincter y
ramène des excitations lumineuses plus ou moins intenses.

Mais cette théorie ne vaut que pour les mouvements provo-

qués par les excitations lumineuses. Il est bien possible que les
autres mouvements, comme ceux qui accompagnent les changements d'accommodation, comme aussi ceux qui sont provoqués
par la peur, par les irritations douloureuses de la cornée et de
la conjonctive, ou par les excitations des nerfs sensitifs loin-
tains, ne soient pas exactement sous la dépendance du même
mécanisme. Mais je n'ai pas à examiner ici cette question complexe et difficile.

L'ORIGINE DES COCHONS DOMESTIQUES

(RÉPONSE A UN MÉMOIRE DE NEHRING)

Par André SANSON

Professeur de zoologie et zootechnie à l'École nationale de Grignon
et à l'Institut national agronomique.

J'ai établi depuis longtemps (1) que nos cochons domestiques ne proviennent point de la domestication du sanglier d'Europe (*S. scrofa ferus*), contrairement à l'opinion classique. Des différences considérables dans le nombre des pièces du rachis et dans les formes du crâne rendent pour eux une telle origine absolument inadmissible. D'ailleurs, on ne connaît aucun mammifère domestique dont le type naturel soit encore aujourd'hui représenté à l'état sauvage. Les rapprochements que les auteurs opèrent en ce genre ne sont fondés que sur une connaissance imparfaite des véritables caractères spécifiques ou sur des observations trop superficielles, à moins qu'ils n'aient pour base une croyance trop hardie en l'étendue de la variation.

Dans un mémoire récent sur le développement de la dentition des Suidés (2) et à l'occasion de celle du sanglier d'Allemagne (*deutsch Wildschwein*), Nehring conteste de nouveau son ancienne conclusion, facile, dit-il, à réfuter avec les matériaux de la collection qu'il dirige à Berlin. Il tient pour certain que les cochons sont des sangliers domestiques. Il a du reste sur la domestication des animaux en général des idées particulières, sur lesquelles je me suis expliqué ailleurs (3).

(1) *Comptes rendus*, t. LXIII, p. 743 et 928. 1866; et *Journal de l'Anat.* Janvier-février 1867.

(2) ALFRED NEHRING *Ueber die Gebissentwicklung der Schweine insbesondere über die Frühungen und Verspätungen derselben*. Landwirthschaftliche Jahrbücher, XVII Band. Heft 1, p. 31. Berlin 1888.

(3) Art. *Domestication* du *Dictionnaire encyclopédique des sciences médicales*, où, par suite d'une faute typographique, le nom de l'auteur allemand a été imprimé Iehring.

Nehring s'en prend aussi à Strobel qui, dans ses intéressantes recherches sur le crâne du porc des Terramares (1), a confirmé explicitement la conclusion de mon mémoire de 1866. Il convient donc d'examiner la valeur des arguments qu'il nous oppose. Ces arguments ne sont pas nouveaux. L'auteur reconnaît qu'ils ont été déjà produits par Nathusius (2). Seulement il pense pouvoir leur donner encore plus de force par ses observations personnelles. De ce qui concerne la constitution du rachis, il ne dit rien. Tout son effort se porte sur les différences craniennes, dont il ne conteste nullement la réalité. Il reconnaît qu'entre le sanglier d'Europe et les cochons domestiques, ces différences sont considérables. Mais il n'hésite pas à les attribuer, avec Nathusius, purement et simplement à la domestication, dont l'influence se serait exercée, d'après les deux auteurs allemands, à la fois par l'alimentation et par l'activité musculaire. Les zoologistes pensent généralement, dit-il, que les formes craniennes d'une espèce déterminée de mammifères sont invariables ou qu'elles se transmettent sans changement notable de génération en génération durant des milliers d'années. En fait, leur opinion paraît exacte, en tant qu'il s'agisse des crânes d'individus ayant vécu librement à l'état de nature ou qui se sont développés dans des conditions d'existence approximativement semblables. Mais il n'en est plus de même quand ces conditions ont été changées, comme c'est le cas pour celles qui sont réalisées par la domestication. En étudiant avec soin, ajoute-t-il, notre riche collection de crânes, on arrive facilement à reconnaître que les formes craniennes des individus ne dépendent pas seulement de l'hérédité, mais qu'elles sont influencées en outre par d'autres facteurs. Ces facteurs sont, d'une part, les conditions d'alimentation, et d'autre part l'influence des muscles de la tête et du cou.

Et là-dessus, Nehring figure deux crânes de gorets dits de race anglaise, ayant appartenu à des sujets âgés de deux et de trois mois, dont l'un était en très bon état et l'autre atteint de tuberculose. Toutes les dimensions du premier sont plus fortes que celles du second. On pourrait, dit-il, qualifier l'un de

(1) *Archives italiennes de Biologie*, t. III, liv. 2

(2) HERMANN VON NATHUSIUS, *Vorstudien fur Geschichte und Zucht der Hausthiere zunächst am Schweineschädel*. Berlin, 1864. p. 90 et suiv.

brachycéphale et l'autre de dolichocéphale. Il est bien impossible
de ne pas faire remarquer, avant de passer outre, que la comparaison n'est guère permise entre un sujet sain et un sujet tuber-
culeux, mais d'ailleurs la différence d'âge montre que les deux
sujets n'étaient point de la même portée, et l'auteur a négligé
d'établir qu'ils étaient originairement du même type naturel.
Tous ceux qui connaissent les prétendues races porcines an-
glaises, lesquelles ne sont que des groupes de métis, savent
qu'on y rencontre souvent les deux types brachycéphale et dolichocéphale parmi les sujets d'une même portée et dans le même
état de nutrition. Il n'y a donc là qu'une affirmation sans preuve.
L'auteur ajoute que chez les cochons précoces le crâne est relativement large et haut, tandis que chez les tardifs il est étroit
et bas, ce qui les rapproche du sanglier sous le rapport des
formes craniennes. Cette autre affirmation est manifestement
contraire à la réalité. Ainsi que je l'ai fait voir depuis longtemps (1), la précocité ne change rien au type naturel du crâne ;
elle en réduit seulement le volume absolu, comme celui de
toutes les autres parties du squelette, chez les espèces comes-
tibles. La brachycéphalie et la dolichocéphalie naturelles n'en
subsistent pas moins. Pour ce qui concerne les cochons en
particulier, l'observation des métis anglais, dans la formation
desquels les deux types ont été mélangés, le met en pleine
évidence quand on les étudie sans parti pris, bien mieux, à
coup sûr, que la collection de crânes de Berlin, si riche qu'elle
puisse être.

Mais ceci n'est que le moindre argument de Nathusius, réé-
dité par Nehring. C'est celui tiré de l'action des muscles de la
tête et du cou qui semble vraiment victorieux. Nous devons
l'exposer sans l'affaiblir.

La traction et la pression musculaires, dit notre auteur, exercent d'après leur direction et leur intensité une action sur la
forme du crâne, comme sur celle de toutes les autres parties du
squelette. C'est surtout le cas pour les animaux qui utilisent
leur tête fréquemment et avec une grande activité. Chez tous
les animaux fouilleurs, nous trouvons une forme allongée du
crâne, qui précisément est sous l'influence des muscles de la

(1) *Mémoire sur la théorie du développement précoce des animaux domestiques.*
Journal de l'Anat., 1872.

tête et de la nuque agissant dans l'action de fouiller. Ceux qui n'ont pas à accomplir cette action et d'ailleurs n'exécutent aucun des mouvements de tête qui agissent sur la forme du crâne en l'étirant; ceux qui, au contraire, portent leur tête (comme l'homme) dirigée librement vers le haut, ceux-là montrent couramment une forme de crâne plus arrondie, moins étirée que celle des animaux qui fouillent ou qui doivent, pour se procurer leur nourriture, faire agir fortement les muscles de la tête et du cou.

En outre de la direction selon laquelle les muscles agissent, il y a lieu de considérer aussi l'intensité de leur action. Par suite des tractions et des pressions intensives des muscles se forment sur le crâne des crêtes, des lignes, des éminences; lorsque leur action est au contraire plus faible, il conserve des formes de jeunesse, plus unies et plus arrondies, sans qu'il s'y développe des éminences d'insertion musculaires aussi marquées. Ainsi, par exemple, nous trouvons sur le crâne du gorille mâle adulte de très fortes crêtes osseuses (*crista sagittalis, crista occipitalis*, etc.) ; sur celui de la femelle, dont la dentition est plus faible et qui est moins sauvage, elles manquent ou sont beaucoup moins développées. Il en est de même chez les carnassiers ; sur le crâne des mâles, normalement plus forts, nous trouvons (au même âge de la vie et dans les autres conditions d'ailleurs égales) généralement des éminences d'insertion plus fortes, des arcades zygomatiques plus larges, des formes surtout plus accentuées que celles du crâne de la femelle. C'est ce qui se montre aussi chez les sangliers et chez beaucoup des autres mammifères.

L'influence de la captivité et de la domestication sur la forme du crâne est, poursuit Nehring, très frappante dans cette direction. En cet état, les animaux n'emploient pas leurs muscles de la tête et du cou d'une façon aussi intensive, du moins le plus souvent, que dans l'état de liberté, et dès lors les formes de leur crâne se développent moins accusées et moins marquées que chez les animaux sauvages de la même espèce; la traction et la pression musculaires interviennent à un plus faible degré et souvent aussi dans une direction toute différente.

Toutes ces actions, qui viennent d'être présentées comme capables d'influencer la forme du crâne, peuvent être étudiées

de la manière la plus nette sur celui du sanglier et sur celui
des cochons domestiques. Le sanglier complètement sauvage,
dont le genre d'existence originel n'a été aucunement modifié,
a un crâne très allongé, bas et étroit, avec la protubérance
occipitale fortement projetée en arrière, qui est pourvu de forts
muscles et bien approprié à fouiller dans la terre. S'il est, dès
sa naissance, élevé dans une loge pavée et mis ainsi dans l'impossibilité de fouiller, alors son crâne devient plus court et plus
large que dans l'état de liberté ; la protubérance occipitale devient verticale et le profil du crâne plus incliné, souvent même
un peu curviligne rentrant. Cela se montre clairement, assure
l'auteur, sur les crânes de sangliers élevés au jardin zoologique
de Berlin ; et ces différences seraient sûrement encore plus
saillantes, à l'égard de la largeur, si les sujets en question
n'avaient été malades avant leur mort et s'ils n'avaient ainsi souf-
fert dans leurs conditions de nutrition. Cependant l'activité
réduite des muscles de la nuque et du boutoir a déjà exercé
sur leurs formes crâniennes une influence clairement reconnaissable.

Que si à cette circonstance se joignent encore une riche alimentation et un bon état des organes digestifs, et que l'activité
des muscles du cou et du boutoir soit réduite au minimum par
une réclusion de l'animal dans une stale étroite et pavée, alors
la forme du crâne se modifie souvent d'une façon vraiment
surprenante. Je ne peux à la vérité pas, dit l'auteur, démontrer
directement ces modifications pour le crâne du sanglier, mais
pour ce qui concerne celui des cochons domestiques, notre collection en contient de nombreux et frappants exemples. En peu
de générations, on peut avec des cochons à crâne allongé et
étroit, en produire qui l'aient large et à front concave, en prenant soin de joindre à la sélection des reproducteurs l'entretien
des animaux dans une stalle étroite avec une riche alimentation.

Nous n'avons rien omis de l'argumentation qui conduit notre
contradicteur à conclure que les différences constatées aujour-
d'hui entre les formes crâniennes du sanglier et celles des
cochons domestiques sont dues à l'influence exercée sur le premier par la domestication. Il y aurait sans doute beaucoup à
dire au sujet des hypothèses explicatives qu'il développe, après

Nathusius, concernant les actions musculaires qui entrent en
jeu lorsque le Suidé se sert de son boutoir ou de son groin pour
fouiller le sol. L'analyse mécanique de ces actions, comme
l'analyse physiologique de celles attribuées à la riche alimentation, montrerait aisément qu'il n'y a là pas autre chose qu'une
nouvelle manifestation de l'idéalisme allemand bien connu. On
y chercherait vainement une preuve expérimentale quelconque.
Mais pour mettre en évidence le peu de fondement de l'opinion
de Nehring, opposée aux faits que j'ai produits et qui établis-
sent que nos cochons domestiques ne peuvent pas provenir de
la domestication du sanglier d'Europe, il n'est pas nécessaire
de se livrer à la discussion de son hypothèse. On peut l'admettre
comme exacte. La fût-elle que cela n'enlèverait rien à la force
des objections que nous pouvons opposer à sa conclusion.

Nous avons en Europe, de temps immémorial, deux types

Fig. 1. — Cochon celtique (*S. celticus*).

nettement distincts de cochons domestiques, auxquels est venu
se joindre, au commencement de ce siècle, un troisième amené
de l'extrême Orient par les Anglais. De ce dernier nous n'avons
pas à parler, si ce n'est pour faire remarquer en passant qu'il
est intervenu dans la méprise à laquelle Nehring s'est laissé
aller, au sujet de la prétendue influence de l'alimentation sur la
forme du crâne. Des deux autres, l'un, le *S. celticus* (fig. 1),
est répandu surtout sur la partie septentrionale. Son crâne se
distingue principalement par un fort volume relatif, où la partie
faciale prédomine par un large boutoir, et par son profil à angle
rentrant presque droit. Le second, *S. ibericus* (fig. 2), appartient à l'Europe centrale et méridionale. On ne le trouve dans
les pays du Nord que là où il a été introduit par les anciennes
conquêtes espagnoles ou plus récemment en qualité de métis

anglais, comme agent améliorateur. Son crâne est beaucoup
moins volumineux que celui du premier, il a la partie faciale
moins longue, plus étroite, plus effilée, et le profil est seulement à angle rentrant très obtus. Les crânes de ces deux types,
dont l'un est brachycéphale et l'autre dolicocéphale, diffèrent

Fig. 2. — Cochon ibérique (*S. ibericus*).

donc entre eux autant qu'ils diffèrent l'un et l'autre de celui de
S. scrofa ferus (fig. 3), dont on les prétend dérivés.
Admettons que les modifications qu'ils présentent, par rapport au crâne du sanglier, soient dues à l'influence de la domestication, comme l'explique Nehring. Est-ce que le cochon

Fig. 3. — Sanglier d'Europe (*S. Scrofa L.*)

celtique devrait être considéré comme plus ou depuis plus
longtemps domestique que l'ibérique? Les recherches de Strobel
ont précisément montré qu'au temps des terramares, le type de
ce dernier était exactement ce qu'il est encore aujourd'hui. Il
n'est pas reçu, croyons-nous, que les peuples du Nord aient
devancé en civilisation ceux du Midi et que conséquemment ils
aient, dans les temps anciens, pris plus de soin de leurs animaux domestiques. Aux temps homériques, les Grecs gardaient
déjà leurs pourceaux, alors que ceux du Nord vaguaient encore
dans les vastes forêts de la Gaule et de la Germanie, qui bien
longtemps après en étaient encore peuplées. Comment se ferait-

il, d'après cela, que les cochons celtiques fussent devenus brachycéphales avec un profil à angle droit, tandis que les ibériques seraient restés dolichocéphales avec un profil à angle seulement très obtus? Les premiers auraient-ils donc eu beaucoup moins d'efforts à faire pour se procurer une alimentation beaucoup plus riche? Qui est-ce qui oserait le soutenir?

Sans remonter jusqu'à l'époque néolithique ni même jusqu'à l'antiquité historique, ne sait-on pas qu'au commencement de ce siècle les cochons napolitains, de race ibérique, ont été introduits en Angleterre par lord Western, en raison de leur perfectionnement relatif. Ils n'étaient donc évidemment pas en retard sur les celtiques, bien au contraire. Que devient alors, en présence de ces faits indéniables, l'influence sur le redressement et l'élargissement du front attribués à la vie domestique et captive, au repos des muscles du boutoir et de la nuque et à la riche alimentation? Jusqu'à ces derniers temps, toutes ces circonstances ont été plus générales et plus accentuées pour les ibériques que pour les celtiques, et pourtant, d'après ce que tout le monde peut constater, elles auraient moins agi sur les premiers que sur les derniers. Cela suffirait, à coup sûr, pour réduire à néant l'argumentations de Nehring. Mais il y a encore quelque chose de plus précis et de plus topique, auprès de quoi les pièces de la collection berlinoise ne sauraient peser que d'un bien faible poids.

Encore aujourd'hui, sur bien des points de l'Europe, il existe de nombreuses populations porcines dont le genre de vie ne diffère pas sensiblement de celui des sangliers, du moins quant à l'alimentation. Comme ces derniers, les cochons qui les composent se nourrissent exclusivement ou presque exclusivement dehors, dans les forêts et dans les champs. Pour trouver leurs aliments, ils doivent de même faire un usage constant de leur boutoir. En France, cela se voit sur les landes de Bretagne, dans l'ancien Morvan et dans plusieurs de nos départements du centre et du midi. Certains sont spécialement employés à la recherche des truffes. Dans l'Italie centrale, dans les maremmes et dans les bois des anciens états du Pape, on en rencontre des bandes à l'état demi-sauvage. De même en Sicile, et Sardaigne et en Corse. Partout ces cochons ont le squelette grossier, les membres longs, le corps mince, surtout ceux d

la race celtique, mais ni leur type céphalique ni leur profil
facial ne diffèrent de ce qu'ils sont chez ceux de même race
élevés en charte privée et abondamment nourris. Les celtiques
sont toujours brachycéphales et les ibériques dolichocéphales;
les premiers conservent toujours leur profil à angle presque
droit et les seconds, leur profil à angle obtus et leur boutoir
pointu. Ils ont seulement, les uns et les autres, la tête plus
forte, proportionnée au reste du squelette, et ils montrent nettement à tout observateur attentif que l'influence mécanique
attribuée à l'usage plus fréquent et plus intense des muscles
du boutoir et de la nuque ou du cou, est une conception purement imaginaire. Le crâne du cochon craonais, très amélioré,
n'est qu'une réduction de celui du cochon breton, son voisin
à l'état brut, comme celui du napolitain par rapport au toscan.
Les formes osseuses des deux types naturels n'ont subi aucune
modification, pas plus que la statuette d'un personnage n'en
subit eu égard à sa statue. Les lignes et les propositions restent
les mêmes.

Si donc on ne comprendrait point que sous la même influence de la domestication, le crâne du sanglier fût ici devenu
celui du cochon celtique et là celui de l'ibérique, si essentiellement différents l'un de l'autre par leur type, on ne comprendrait pas davantage que pour chacun des deux types domestiques de l'Europe, des différences si profondes dans les
conditions d'existence fussent restées sans effet. Sur bien des
points, des mélanges ont eu lieu par croisement entre ces
deux types naturels. Partout leurs métis sont facilement recon-
naissables, et sur eux comme sur tous les autres métis, on
observe la variation désordonnée due aux effets de la rever-
sion. Je note en passant ce qui résulte aussi de leur croisement
respectif avec le sanglier, qui se produit accidentellement
pour les truies qui vont à la glandée dans les forêts, ou qui a
été effectué de propos délibéré, expérimentalement, comme je
l'ai moi-même fait réaliser sous mes yeux. L'argument qu'on
en pourrait tirer, au sujet de la parenté spécifique, n'aurait
aucune valeur si tous les produits de ce croisement s'étaient
montrés féconds entre eux. Le nombre de ces produits féconds
d'espèces différentes ne se compte plus. Il a été publié des
observations de fécondité constatée chez des sujets issus du

sanglier et de la truie. Bien que ces observations manquent
de quelques détails importants, on peut les admettre. Mais
celle qui m'est propre et où tout a pu être suivi avec soin, est
en sens contraire. Les femelles issues du croisement n'ont
jamais pu être fécondées par les mâles, leurs frères. Elles l'ont
cependant été ensuite par un verrat de la race de leur mère,
et je possède encore, conservés dans l'alcool, les fœtus qu'elles
ont portés. On ne peut pas conclure définitivement d'après
un seul fait. Toutefois il me paraît bien probable que le croisement du sanglier avec la truie celtique a plus de chances de
donner naissance à des produits inféconds entre eux que celui
du même sanglier avec la truie ibérique. La raison en est, que
dans le genre *Sus*, le *S. ibericus* est moins éloigné morpholo-
giquement du *S. scrofa ferus* que le *S. celticus*. Dans mon
expérience, c'était de ce dernier qu'il s'agissait, tandis que
dans les cas de fécondité qui nous sont connus, les truies
appartenaient au contraire au type ibérique.

Mais nos deux races européennes de cochons domestiques
ne diffèrent pas seulement du sanglier par le squelette, par le
crâne en particulier, auquel Nehring s'en tient. Elles présentent
encore d'autres caractères différentiels, moins fondamentaux
assurément, mais qui ne laissent cependant pas d'avoir quelque
importance. Il serait bon de savoir comment et sous quelle
influence la domestication a pu les faire varier. Et comme ils
diffèrent autant de l'un à l'autre des deux types domestiques
que de chacun en particulier au sanglier, ils nous placent encore
en présence des mêmes difficultés. On va voir qu'il ne peut
plus guère être question ici, ni de l'action des muscles réduite
ou supprimée, ni des effets d'une alimentation plus ou moins
riche.

On sait que le sanglier d'Europe naît avec un pelage présentant des bandes noires régulières sur un fond jaunâtre.
C'est ce que les chasseurs appellent sa *livrée*. Cette livrée, il
la perd dès qu'il a cessé d'être un marcassin. Elle est remplacée alors par des soies de couleur uniforme, dont la nuance
est d'un brun jaunâtre. A cela il n'y a point d'exception, du
moins je ne sache pas qu'il en ait été signalé. La livrée du
jeune sanglier doit donc être considérée comme un caractère
constant. Il n'est pas à ma connaissance non plus que personne

l'ait jamais vue chez un quelconque de nos jeunes cochons domestiques. Ceux-ci naissent constamment avec les soies de la couleur qui appartient à leur type naturel et qu'ils conservent jusqu'à la fin de leur vie. Et elles sont non moins constamment d'un blanc jaunâtre ou rougeâtre dans la race celtique, noires dans la race ibérique. L'absence de pigment dans la peau du type celtique et sa présence en abondance dans celle de l'ibérique sont, elles aussi, des caractères tellement fixes, que des soies noires avec le squelette du premier et des soies blanches avec celui du second, en si faible proportion qu'on les y puisse rencontrer, accusent à coup sûr l'impureté. On ne rencontre le mélange que dans les populations métisses dont l'histoire nous est bien connue, par exemple, au centre de la France, sur les confins des aires géographiques des deux races. Au nord-ouest, où les ibériques n'ont point pénétré, où la race celtique est restée absolument pure, en Normandie, en Bretagne, dans le Maine et l'Anjou, jamais on ne voit naître un cochon avec la peau pigmentée. Nulle sélection n'est nécessaire pour cela. Dans cette race, la peau est absolument dénuée de l'aptitude à élaborer le pigment. Si elle l'avait perdue avec le temps, comme c'est le cas pour certaines variétés, dans d'autres races animales, on la verrait reparaître de loin en loin, par atavisme. Or, encore une fois, c'est ce qui ne se voit jamais, pas plus qu'on ne voit, chez les ibériques également purs, le pigment disparaître. Ces particularités de coloration ont vraiment la fixité des caractères spécifiques, car aussi loin qu'on puisse remonter dans l'histoire des deux races, on les retrouve telles que nous les voyons aujourd'hui.

Si ces deux races dérivaient l'une et l'autre du sanglier d'Europe, comment se ferait-il que la première eût perdu son pigment et l'autre non? Comment se ferait-il que la seconde, en le conservant, eût néanmoins perdu la livrée des jeunes? Ceux-ci naissent tout noirs comme ils le resteront plus tard. Dira-t-on que pour la race celtique, la perte peut être due à l'influence du climat? Mais alors comment expliquer que cette influence soit restée sans effet sur les sangliers qui peuplent en abondance les forêts du même climat? Et ne sait-on pas, en outre, que les cochons ibériques transportés en Angleterre y ont conservé leur pigmentation sans aucun affaiblissement sen-

sible. Il est donc évident que les différences constatées dans le pelage des trois types comparés sont des différences naturelles, excluant entre eux toute parenté autre que la parenté générique, en admettant que les relations entre animaux de même genre puissent être exactement qualifiées ainsi.

Une autre variation, qui eût été également nécessaire, serait encore peut-être plus difficile à expliquer. Le cochon ibérique (fig. 2), a les oreilles allongées, relativement étroites et dirigées presque horizontalement en avant; le celtique (fig. 1) les a au contraire très larges et tout à fait tombantes sur le côté de la face; chez le sanglier (fig. 3) elles sont courtes, petites et dressées. Ce sont aussi là des caractères d'une constance inébranlable, tant que le croisement n'intervient point. Lorsque avec le crâne ibérique on rencontre les oreilles tombantes du celtique, il est toujours facile de remonter à l'intervention de celui-ci dans la reproduction. Le cas ne se présente point dans les populations notoirement pures, pas plus que le cas inverse de la présence des oreilles de l'ibérique avec le crâne celtique. Par quel mécanisme d'adaptation et à quelles fins les petites oreilles dressées du sanglier auraient-elles bien pu s'allonger et s'incliner en avant chez l'ibérique, s'élargir si considérablement et tomber chez le celtique? Dira-t-on que c'est un effet du défaut d'exercice des muscles moteurs de la conque, les cochons domestiques ayant moins que le sanglier besoin de se servir de leur faculté auditive? Cela pourrait, en y mettant beaucoup de bonne volonté, valoir à la rigueur pour la direction de la conque auriculaire. Mais pour son étendue? Est-ce donc qu'une grande conque serait moins qu'une petite favorable pour l'audition? Et en outre, comment les même conditions eussent-elles conduit à des résultats si différents que ceux qu'on constate chez les deux types domestiques? Le genre d'existence a vraisemblablement été toujours le même, depuis les temps préhistoriques, pour ces deux types, comme il l'est encore aujourd'hui. Tout porte à penser que c'est précisément l'ibérique qui a été le plus anciennement domestiqué, comme nous avons eu l'occasion de le faire déjà remarquer. C'est chez lui pourtant que l'effet se montrerait le moins accentué, que l'écart serait moins grand avec le sanglier. Entre les cochons les plus perfectionnés, dans les deux races, et ceux qui paraissent à moins éloignés de leur état primitif, entre les plus précoces et les plus tardifs, on ne remarque absolument aucune différence, ni dans la grandeur relative, ni dans la direction des oreilles. Elles ne s'éloignent ni ne se rapprochent, dans aucun cas, de celles du sanglier. Elles sont restées ce qu'elles ont vraisemblablement toujours été.[1]

Donc aussi bien pour les caractères superficiels, négligés par Nehring, que pour ceux du crâne, dont il s'est seulement occupé, la parenté spécifique avec le sanglier attribuée aux cochons domestiques ne se peut soutenir scientifiquement. L'auteur allemand a établi, en outre, que l'évolution dentaire se montre semblable chez les cochons tardifs et chez les sangliers, et il en tire aussi argument en faveur de sa thèse. Il est à peine besoin de faire remarquer que cet argument ne peut avoir aucune valeur probante. Que d'exemples à citer d'une telle identité entre espèces d'un même genre et cependant reconnues distinctes par tout le monde ! Est-ce que cette évolution n'est pas la même chez les chevaux et chez les ânes, chez les chèvres et chez les brebis ?

D'après ce qui précède et selon la notion que nous avons de l'espèce et de sa caractéristique, je suis autorisé à maintenir, il me semble, que *S. celticus*, *S. ibericus* et *S. scrofa* sont des types naturels absolument au même titre; que les deux premiers sont devenus domestiques, tandis que le troisième est resté sauvage; que conséquemment nos cochons ne sont point des sangliers domestiqués.

Cette conclusion, contre laquelle l'argumentation de Nehring ne saurait prévaloir, attendu que je crois l'avoir réfutée de point en point d'une façon péremptoire, est tout à fait indépendante des idées qu'on peut se faire sur l'origine des espèces par voie de transformation. Elle n'exclut nullement la possibilité d'une origine commune pour les trois types en question, sur quoi je n'ai, pour mon compte, aucune opinion arrêtée. Je soutiens seulement qu'en ce cas, la séparation était faite avant que les deux premiers fussent passés à l'état domestique et que la domesticité ne les a point spécifiquement modifiés.

ÉTUDE

sur

L'ORGANISATION DES, URCÉOLAIRES

et sur

QUELQUES GENRES D'INFUSOIRES VOISINS DE CETTE FAMILLE

Par FABRE-DOMERGUE

(Planches IX et X)

La plupart des faits relatés dans ce travail ont été observés par moi, depuis longtemps déjà, pendant mon séjour au laboratoire de zoologie maritime de Concarneau en 1886. C'est là que j'ai étudié tous les Urcéolaires marins dont je vais donner ici la description; mais cette étude des infusoires parasites eut été bien incomplète sans la comparaison des formes d'eau douce avec celles d'eau de mer, aussi me suis-je attaché à rechercher et à observer les espèces décrites par les auteurs qui m'avaient précédé. Cette recherche n'a pas toujours été menée à bonne fin; c'est ainsi que l'espèce type de la famille, la *Trichodina pediculus* m'est encore inconnue, ou du moins je ne l'ai jamais rencontrée, depuis le commencement de ces recherches, sur son hôte favori, l'hydre d'eau douce; d'autres espèces également intéressantes, le *Trichodinopsis paradoxa* C. et L., le *Cyclochæta spongillæ* Jack., la *Trichodina baltica* Quen. ne me sont connues que par les descriptions des auteurs qui les ont découvertes.

Le désir de compléter cette étude m'avait jusqu'ici poussé à en retarder la publication, mais comme d'autre part je possède sur les Urcéolaires un certain nombre de faits nouveaux, je me décide aujourd'hui à les faire connaître, en me réservant de revenir plus tard sur les types qui ne sont pas compris dans le présent travail et dont une connaissance plus approfondie pourra jeter un jour nouveau sur la nature et la place de cette intéressante famille.

J'ai joint à la description des Urcéolaires celle d'un certain nombre de types nouveaux, parasites également et dont l'organisation présente quelques traits de rapprochement avec ceux de cette famille.

Mon travail est divisé en trois parties principales : la première traite de l'historique de la question, la seconde contient un aperçu général sur les Urcéolaires au point de vue de leur constitution et de leur classification ; dans la troisième partie le lecteur trouvera la description complète des espèces que j'ai eu l'occasion d'étudier et de figurer.

Avant de clore cette introduction, qu'il me soit permis de revenir sur un travail antérieur publié par moi dans ce journal (1) et de rectifier certains faits qui y sont relatés. J'ai décrit sous le nom d'*Aspidisca crenata* une forme qui avait été vue avant moi par Fresenius (2) et publiée par lui sous le nom de *Aspidisca leptaspis*, nom qui par conséquent prime celui de *crenata*. Cette erreur, due à la confiance trop exagérée que j'avais alors en l'ouvrage de Saville-Kent, confiance qui m'a fait négliger les recherches bibliographiques antérieures à cet ouvrage, m'a été signalée par M. le professeur Gruber et je suis heureux de l'en remercier ici.

Par contre il me semble que le *Lembus intermedius* décrit par MM. Gourret et Rœser comme espèce nouvelle (3) se rapproche beaucoup de mon *Lembus striatus*.

Ces remarques faites, il me reste avant d'aborder mon sujet à m'acquitter d'une dette de reconnaissance envers les maîtres MM. Balbiani, Milne Edwards et Pouchet dont les conseils et la bienveillante protection m'ont toujours été généreusement prodigués et je les prie d'agréer ici l'assurance de ma profonde gratitude.

(1) Fabre-Domergue. — Note sur les Inf. ciliés de la baie de Concarneau. *Journ. de l'Anatomie et de la Physiologie*, 1885. Pl. XXVIII et XXIX.

(2) Fresenius. — D'o Infusorien des S owasser aquariums. *Der Zoologische Garten*. N° 3 und 4. Frankfurt.

(3) Gourret et Rœser. — Les Protozoaires du vieux port de Marseille. *Arch. de Zool. exp.*, 1885. Pl. XXVIII-XXXV.

PREMIÈRE PARTIE

HISTORIQUE

Pendant longtemps, et presque dès la découverte du microscope, la famille des Urcéolaires a été connue dans la personne d'un de ses représentants les plus communs, la *Trichodina pediculus*, Müller.

En 1703, Leeuwenhoeck (1) en signale la présence sur le corps de l'hydre d'eau douce et, après lui, tous les observateurs qui ont précédé Ehrenberg et Dujardin, ne manquent point de la décrire. Trembley, Baker, Rœsel, Ledermüller en parlent dans leurs travaux.

Ce fut O. F. Müller (2) qui lui appliqua son nom spécifique, mais en la plaçant dans le genre *Cyclidium*.

Après lui, Lamarck, Bory, Carus l'étudièrent sous différents noms; enfin vint Ehrenberg.

Ehrenberg (3) a fondé le genre *Trichodina* : il y a placé le *cyclidium pediculus* de Müller ; mais, malheureusement, il y faisait entrer en même temps trois autres formes, qui s'en écartent complètement. Nous ne conserverons donc, du genre fondé par lui, que l'espèce type : la *Trichodina pediculus*.

Peu après, Dujardin (4) établit la famille des Urcéolariens, dans laquelle il confond les Stentors, les Urcéolaires, les Ophrydies et les Urocentrum. Dans le genre *Urceolaria*, il fait entrer, sous le nom d'*Urceolaria stellina*, la *Trichodina pediculus*, qu'il place à côté d'autres formes mal déterminées.

Ni Ehrenberg, ni Dujardin n'ont, du reste, reconnu et dessiné d'une façon satisfaisante la Trichodine de l'hydre. Ehrenberg, ainsi que l'a déjà fait remarquer Stein, figure les individus avec une seule couronne ciliaire tantôt en haut, tantôt en bas, et si Dujardin, dans sa figure 2 a, donne un profil assez vrai d'une Trichodine, par contre, a-t-il complétement défiguré l'appareil de fixation dans sa figure 2 b. Celle de sa figure 2 d a été mieux rendue.

Siebold (5), en 1850, décrivit une seconde forme vivant en parasite sur les Planaires d'eau douce. Il lui donna le nom de *Trichodina mitra*. Siebold a parfaitement reconnu la nature de la couronne antérieure ciliaire de sa Trichodine et l'a homologuée à celle des Vortilcelidæ; mais

---

(1) Leeuwenhoeck. — Animalcules on body of Polypes. *Philosoph. transactions*, 1703.

(2) O. F. Müller. — Animalcula infusoria. Pl. XI. Fig. 13-17, 1784.

(3) Ehrenberg. — Die Infusions thiere, p. 266. Pl. XXIV. Fig. 2 8, 1838.

(4) Dujardin. — Infusoires, page 527. Pl. XVI. Fig. 2, a, b, c, d, 1841.

(5) Siebold. — Ueber Undulirende Membranen. *Zeitschr. f. Wissensch. Zoologie*. Bd. II, 1850.

Siebold et Stannius. — *Nouveau Manuel d'Anatomie comparée*. Trad. française, 1850.

son interprétation fut moins heureuse en ce qui concerne l'appareil de fixation. La *Trichodina mitra*, en effet, possède un anneau de soutien lisse au lieu d'être denté comme celui de la *Trichodina pediculus*, et Siebold s'est figuré à tort que la partie externe de cet anneau portait une membrane ondulante plus ou moins frangée. Ni lui, ni ses devanciers, n'ont aperçu la cupule striée qui constitue en quelque sorte la charpente, la base même de l'appareil fixateur.

C'est à Stein (1) que revient, le premier, l'honneur d'avoir donné une bonne description de cette intéressante et compliquée structure, et c'est à partir de ses travaux que l'histoire de la famille qui nous occupe entre dans une phase vraiment nouvelle.

Stein a étudié les deux espèces de Trichodines connues alors. Il a reconnu que l'anneau denté de la *Trichodina pediculus* se trouvait appliqué contre une petite cupule cornée fixée à la partie inférieure du corps de l'infusoire, cupule dont il a vu les stries externes, mais dont il n'a pu constater la striation intra-annulaire. De plus, il a bien établi l'insertion de la couronne ciliaire postérieure autour de la cupule. La membrane supplémentaire qui recouvre les cils lui a complètement échappé. Son étude de l'appareil fixateur de la *Trichodina mitra* est aussi très bien faite. Nous pouvons lui reprocher seulement d'avoir trop écarté de la cupule striée la zone d'insertion des cils postérieurs.

Quant à l'appareil ciliaire postérieur, ses descriptions sont moins nettes et ses figures beaucoup moins bonnes. Du reste, nous savons que la véritable constitution du péristome et du disque vibratile des Vorticelles, la direction spirale de la couronne ciliaire par exemple, lui a toujours échappé, et que c'est Claparède et Lachmann qui ont, les premiers, nettement établi l'anatomie du péristome des Vorticelles. On peut aussi reprocher à Stein, comme à presque tous les auteurs qui ont étudié les Urcéolaires, d'en avoir donné des figures absolument défectueuses quant au port et au faciès de l'individu vivant. Cela tient, comme nous le verrons plus loin, à la nature du milieu dans lequel vivent ces Infusoires.

À peu près vers la même époque que celle où Stein publiait ses travaux, parut dans le tome I des *Comptes Rendus de la Société de Biologie*, une note du D' Davaine, signalant la présence des Trichodines dans la vessie urinaire des Tritons et, trois années après, dans le même recueil, une autre note du D' Vulpian, constatant également la présence de ces êtres dans la cavité branchiale des têtards, des épinoches, etc.

Ces deux notes sont peu connues; elles ne sont signalées dans aucune bibliographie spéciale du sujet, et j'en eusse moi-même ignoré l'existence si je n'en avais dû la communication à l'extrême obligeance de M. Balbiani. Bien que ne renfermant aucun détail anatomique, elles sont intéressantes au point de vue de la physiologie des Urcéolaires.

Le D' Davaine (2) reconnut, en effet, que les Trichodines qui vivaient

(1) Stein. — Die Infusionsthiere, p. 173. Taf. VI. Ab. 51-57.

(2) Davaine. — Comptes rendus des séances de la Soc. de Biologie. T. I. 1851. p. 170.

ainsi dans la vessie urinaire des Tritons, ne tardaient pas à mourir dès qu'on les mettait en contact avec l'eau, et — à cette époque, la biologie de ces êtres était encore imparfaite — il se demandait si les Trichodines n'étaient pas une forme larvaire d'entozoaires.

Le Dr Vulpian (1) reprit les observations de Davaine et constata aussi l'action de l'eau, même sur les Trichodines ectoparasites des batraciens; il reconnut très bien que cette action était due à un changement de milieu; qu'en réalité ces infusoires, bien que vivant à la surface des corps plongés dans l'eau, ne sont pas immédiatement en contact avec elle, mais gisent au contraire dans une couche de mucus d'une densité supérieure à celle de ce liquide, et que les arracher à ce milieu rauqueux, c'est provoquer chez eux une endosmose immédiate et mortelle. Or, nous verrons quelle importance présente cette particularité au point de vue de la spécification des formes parasites des différents animaux.

Busch (2) a mieux vu que Stein la disposition de l'appareil vibratile de la *Trichodina pediculus*, mais il encourt le même reproche que ses devanciers : ses figures ne représentent que des individus déformés, endosmosés et ne donnent aucune idée de la forme de l'être à l'état normal. La membrane supplémentaire qui recouvre les cils de l'appareil fixateur n'est pas signalée par lui. Cet auteur a cependant émis, sur la nature de la couronne ciliaire postérieure, une opinion qu'il importe de relater ici; bien qu'elle ait été combattue par Claparède et Lachmann, je la crois parfaitement juste et j'ai pu la confirmer par mes propres observations. Pour Busch, la couronne ciliaire est constituée par des cils intimement unis les uns aux autres, sur une partie de leur longueur tout au moins, et forment une véritable membrane, frangée sur ses bords, au moyen de laquelle la Trichodine peut adhérer aux objets. Or, nous verrons plus loin, en étudiant le mécanisme de l'appareil fixateur des Urcéolaires en général, que cette manière de voir est parfaitement conforme à la vérité, et que la couronne ciliaire agit en réalité comme une véritable membrane.

Claparède et Lachmann (3) donnent une figure un peu plus naturelle que celle de Stein, de la *Trichodina mitra*; ils ajoutent aux deux espèces déjà connues, une troisième forme parasite des Planaires, laquelle ne posséderait de dents qu'à la face externe de l'anneau de soutien qui serait lisse intérieurement. Ils nomment cette espèce *Trichodina Steinii*. Comme je l'ai déjà dit plus haut, ces auteurs sont les premiers à avoir reconnu nettement la marche en spirale de la couronne ciliaire antérieure des Trichodines; mais leur observation n'est pas absolument juste lors-

(1) Vulpian. — Sur la présence d'Urcéolaires dans la cavité branchiale des têtards de grenouilles, etc. *C. R. des séances et mémoires de la Soc. de Biologie*, 2e série. T. IV, 1857. Pages 111-112.

(2) Busch. — Zur Anatomie der Trichodinen. *Müller's Archiv*., p. 357-362. Taf. XIV, A. Fig. 1-5. 1855

(1) Claparède et Lachmann. — Étude sur les Inf. et les Rhizopodes. *Mém. de l'Inst. nat. genevois*, 1857, p. 128. Pl. IV. Fig. 1-5.

qu'ils homologuent purement et simplement l'appareil vibratile de ces êtres, à celui des Vorticelles; nous verrons, avec J. Clark, qu'il en diffère assez notablement.

Indépendamment de la *Trichodina Steinii*, décrite par ces auteurs, il importe de signaler une forme aberrante, douée d'un appareil fixateur analogue à celui des Urcéolaires, mais ciliée sur toute sa surface, et que Claparède et Lachmann ont trouvée dans l'intestin du *Cyclostoma elegans*. C'est le *Trichodidopsis paradoxa*. Bien que nous n'ayions pu nous-mêmes étudier cette intéressante espèce, nous serons contraints d'en reparler en traitant de la position systématique des Urcéolaires.

Nous arrivons, enfin, à l'auteur qui a le mieux étudié l'anatomie de la *Trichodina pediculus*, et qui l'a même si bien étudiée, qu'il a laissé peu de chose à faire après lui. Je veux parler de James Clark (1). Dans ce remarquable travail, l'auteur donne la forme normale de l'individu vivant et en mouvement sur le tégument de son hôte; de plus, il établit : 1° que le péristome de la *Trichodina pediculus* n'est pas un cercle complet comme celui des Vorticelles, mais bien une spirale qui suit la même marche que la couronne ciliaire et va aboutir à la bouche qui se trouve ainsi placée sur un des côtés du corps et non recouverte par le péristome; 2° que l'appareil fixateur est formé d'une membrane ondulante (velum) d'un cercle de cils, d'un disque strié et d'un anneau denté. J'ajouterai, enfin, que J. Clark a bien établi la position du noyau et de la vésicule contractile dans l'ectoplasme et a donné une excellente coupe schématique du corps de la Trichodine. Nous n'aurons donc que peu de choses à ajouter à l'histoire de cette espèce que nous allons prendre comme type dans la description de nos formes nouvelles. Il importe d'ajouter, que Clark le premier a étudié d'une façon complète l'anneau de soutien et en a déterminé la structure compliquée, formée de pièces libres accolées les unes aux autres.

En 1866, Cohn (2) ajoute à la famille des Urcéolaires une quatrième espèce de Trichodine, la *Trichodina Auerbachii*, caractérisée par l'allongement du corps, la séparation de l'appareil de fixation du reste du corps par un étranglement.

L'année suivante, Stein, dans les généralités du tome II de son Organismus, sépare les Urcéolaires des Vorticelles et comprend dans cette famille trois genres : *Trichodina*, *Trichodinopsis* et *Urceolaria*.

La même année, Claparède (3) décrit une forme analogue à celle de Cohn, crée pour elle le genre *Licnophora* et fait par conséquent de la *Trichodina Auerbachii* une *Licnophora Auerbachii* à laquelle il ajoute sa *Licnophora Cohnii*. Ce genre *Licnophora* de Claparède n'est pas seulement

(1) J. Clark. — The Anat. and. Phys. of the Vorticellidan Parasite of hydra. *Mem. of the Boston Society of Nat. History*, vol. i. 1865.

(2) Cohn. — Neue Infusorien in Soo aquarium *Zeitschr. f. Wiss. Zoologie*. Bd. XVI, 1866.

(2 bis) Stein. — Der Organismus der Infusionsthiere, 2° Abth. 1867, p. 147.

(3) Claparède. — Sur les Licnophora. *Ann. des sciences nat*. T. VIII, série 4°, 1867.

caractérisé par sa forme qui diffère beaucoup de celle des Trichodines;
il l'est surtout par la direction de sa spirale qui court de droite à gauche
comme celles des Hétérotriches et des Hypotriches au lieu d'aller de
gauche à droite comme celle de Vorticellidæ. Claparède avait très bien reconnu cette particularité et considérait, pour cette raison, les *Licnophora*
comme de véritables Hypotriches munis d'un disque fixateur, « des moc-
kings-forms ». Plus tard Bütschli s'est justement appuyé sur cette particularité, pour expliquer la descendance des Trichodines des Hypotriches. Nous y reviendrons plus bas.

Quennerstedt (1), à peu près vers la même époque, reprend l'histoire de
la *Trichodina pediculus*, sans y ajouter de détails nouveaux; de plus, il
crée une nouvelle espèce, la *Trichodina baltica*, parasite de la *Neritina
fluvatilis*. Cette espèce paraît caractérisée par la forme particulière des
articles de son anneau de soutien, qui portent des expansions arrondies
sur lesquelles s'insèrent les dents internes.

En 1875, Jackson (2) trouve dans les mailles de la Spongille d'eau
douce une forme intéressante, mais qui malheureusement, n'a pu être
retrouvée. Il la nomme *Cyclochæta spongilla*. Cette espèce est caractérisée
par la forme de son anneau, dont les dents sont très longues et très
lâchement espacées, et surtout par l'atrophie de son disque ciliaire supérieur, qui disparaît complètement, la bouche s'ouvrant béante sur un des
côtés du corps sans péristome aucun. Je n'ai pu malgré mes recherches
sur de nombreuses Spongilles, y découvrir cette Trichodine, ni aucune
autre, mais il est à désirer que les observations de l'auteur anglais soient
confirmées.

En 1879, Robin (3), dans le *Journal de l'Anatomie*, décrivit sous le nom
de *Trichodina scorpenæ*, une espèce parasite sur les branchies des scorpènes et des Trigles. Sa description, trop succinte, ne contient aucun
fait nouveau concernant l'anatomie du genre. Il se borne à constater que
le velum, signalé par Clark, chez la Trichodine de l'Hydre, manque chez
celle de la Scorpène. Quant au système ciliaire antérieur, il consiste
d'après lui, en une simple rangée circulaire de cils sans aucune sorte de
spirale, ce en quoi il se trompe complètement. J'ai retrouvé cette forme à
Concarneau et, grâce à son extrême multiplicité, j'ai été assez heureux
pour en faire une étude à peu près complète, et reconnaître sa forme
normale, ainsi que sa vraie constitution anatomique.

Postérieurement à tous ces travaux, nous devons en signaler rapidement quelques autres, dans lesquels la présence de différentes espèces
d'Urcéolaires est constatée d'une façon plus ou moins superficielle et
incidente.

(1) A. Quennerstedt. — Bidrag till Sverigos Infusoriefauna. *Acta Univ.
Lundensis*, 1863-69.

(2) W. R. Jackson. — On a new Peritrichous Infusorian *Quart. Journal of
Micr. Soc.* 1875, p. 213-219. Pl. XII.

(3) Robin. — Mémoire sur la structure et la reproduction de quelques
infusoires. *Journ. de l'Anatomie*, p. 561. Pl. XLII et XLIII. Fig. 31-36. 1879.

Ainsi Hallez (1), dans ses intéressants travaux sur les Turbellariés, mentionne et figure la *Trichodina mitra* qu'il a trouvée en étudiant les planaires d'eau douce.

Wright (2), mentionne la présence de la *Trichodina pediculus* sur les laments branchiaux et dans la vessie urinaire des *Necturus*.

Plus récemment, Gruber (3), dans son beau travail des Infusoires du golfe de Gênes, a décrit et figuré deux formes d'Urcéolaires, l'une qu'il nomme *Trichodina asterisci* et que je considère comme réellement nouvelle, l'autre *Licnophora asterisci*, que je crois être la *Licnophora Auerbachii*, de Cohn. Il est regrettable que le savant auteur de ce travail n'ait point figuré l'appareil fixateur de sa Trichodine, mais comme il se borne à dire que cet appareil est conforme au système si bien décrit par Clark, nous devons en conclure que cette Trichodine possède une roue dentée analogue à celle de la *Trichodina pediculus*. Nous ferons la même remarque au sujet de sa *Licnophora asterisci*, dont il ne représente que des individus déformés et colorés.

Jusqu'à cette époque, l'on n'avait signalé la présence des Urcéolaires que sur la surface ou dans les cavités ouvertes de leur hôtes habituels, quand Rosseter (4) vint annoncer qu'il avait trouvé des Trichodines dans la cavité abdominale des Tritons et principalement à la surface externe des tubes spermatiques. Cette observation fort intéressante était accompagnée de dessins malheureusement défectueux qui ne permettaient aucunement de déterminer à quelle espèce de Trichodine l'on avait affaire. J'ai été assez heureux pour la confirmer par moi-même, et en reconnaître la justesse; de plus il m'a été permis de constater l'identité absolue de ces formes endoparasites avec les *Trichodina pediculus* ectoparasites habituels des têtards de batraciens.

Je termine, enfin, cet historique déjà trop long, par le dernier travail paru, à ma connaissance sur le sujet, celui de Bütschli (5). Par une série ingénieuse de déductions, le savant professeur d'Heidelberg fait descendre les Vorticellidæ des Hypotriches, et prend justement comme terme de transition les *Licnophora* dont, comme on le sait, la spire buccale présente la même direction que celle de ces derniers. Voici, d'après Bütschli, comment la chose se serait effectuée. Les cirrhes inférieurs du corps d'un hypotriche se seraient transformés en organe de fixation et, par une autre déviation, auraient donné une *Licnophora*, puis le disque fixateur

---

(1) Hallez. — Contribution à l'histoire naturelle des Turbellariés, 1879, bbl. M. V. Fig. 22-24.

(2) Wright. — Trich. pediculus on the gills of Necturus. *Americ Naturalist.* tm. p. 133.

(3) Gruber. — Die Protozoen des Hafens von Genua *Nova acta der. Leopold-Carol. Deutschen Akad. der Naturforscher* vol. XLVI, p. 517-520. t. X. 1884.

(4) Rosseter. — On Trichodina as an endoparasite. *J. R. Microsc. Soc.,* t. VI. Part. 6. Déc. 1886, p. 929-933.

(5) Bütschli. — Versuch einer morphologischen Vergleichung der Vorticellen u verwandten Ciliaten. *Morpholog. Jahrb.* Bd. XI, 1885, p. 553.

de celle-ci, se transportant peu à peu vers le centre de son péristome, la
face dorsale de la Licnophora serait devenue la partie supérieure du corps
de la *Trichodina*, les cils se seraient tournés en dehors, et de cette façon,
la direction différente des spires chez les deux genres serait expliquée,
par le fait même, que dans l'orientation ainsi entendue, la partie supérieure ou le disque de la Trichodine en serait la face dorsale.

L'explication est comme on le voit, très ingénieuse, très vraisemblable
même; il ne lui manque pour être confirmée que la découverte de
quelques faits encore obscurs et surtout de types de passage, tels que
ceux que figure schématiquement Bütschli dans son travail. Je me propose d'ailleurs de revenir sur cette communication quand je parlerai des
Urcéolaires en général.

J'ajouterai, pour clore cette énumération bibliographique, la mention
d'une note préliminaire au présent travail, présentée par moi, à la Société
de Biologie, le 3 mars 1888, et dans laquelle j'ai brièvement résumé
les principaux traits de la constitution des Urcéolaires. Cette note, naturellement très concise, passe au second plan, par le fait de l'apparition
de ce travail.

En résumé, nous voyons par ce rapide coup d'œil en arrière, que, l'on
a peu à peu créé la famille des Urcéolaires, telle qu'elle est aujourd'hui,
telle que la représente Saville Kent, avec la forme *Trichodina* prise
comme type et les formes *Urceolaria*, *Licnophora* et *Cyclochæta*. Or, nos
recherches nous ont amené à conclure qu'il existe dans cette famille un
grand nombre d'autres formes différentes les unes des autres morpholo-
giquement, que le nombre de ces formes ne tardera pas à s'accroître
considérablement dès qu'on se donnera la peine de les rechercher, et
qu'il était urgent, pour éviter la confusion due surtout à la diversité
d'habitat de ces parasites d'en tracer une vue d'ensemble, une sorte de
cadre où pourraient entrer naturellement les espèces nouvellement
découvertes.

Je vais maintenant exposer dans les pages qui vont suivre, le résultat
de mes observations, et pour cela, je commencerai par un exposé sur
l'anatomie des Urcéolaires en général.

DEUXIÈME PARTIE (1)

CONSIDÉRATIONS GÉNÉRALES SUR L'ORGANISATION DES URCÉOLAIRES.

Forme du corps. — La forme du corps de tous les individus
appartenant à la famille dont nous nous occupons, se rapproche toujours plus ou moins de celle d'un cylindre, à l'extrémité supérieure duquel se trouve l'appareil ciliaire pré-buccal,

(1) Tous les auteurs dont les noms sont cités dans la deuxième et la troisième partie de ce travail, figurent, avec des indications bibliographiques
précises, dans la première partie. Je prie donc le lecteur de vouloir bien s'y
reporter.

et à l'extrémité inférieure l'appareil de fixation. Même chez le
genre le plus aberrant, le genre *Licnophora* (fig. 1 et 2), nous
retrouvons cette disposition fondamentale, seulement ici, la
partie supérieure du cylindre a pris, par rapport à sa partie
inférieure, une position très oblique, ce qui fait que la zone de
cils prébuccaux est presque perpendiculaire à la zone de cils
de l'appareil de fixation. Il ne serait pourtant pas juste de conclure que les *Licnophora* ne sont que des Trichodines dont le
péristome a subi une déviation latérale, car dans ce cas, la direction de la spire prébuccale serait demeurée la même dans les
deux formes, tandis qu'elle est lœotrope dans les premières et
dexiotrope dans les secondes. Il faut donc chercher ailleurs
l'origine, soit de l'une, soit de l'autre.

Deux théories sur la descendance des Urcéolaires se trouvent
en présence : la première, qui est celle de Claparède et Lachmann, sépare absolument les Licnophora des vraies Trichodines, et considère les premières comme de Hypotriches
dont les cirrhes inférieurs se seraient modifiés pour donner
l'appareil de fixation, et les secondes comme des descendants
directs des formes errantes temporaires de Vorticellides dont
la couronne ciliaire locomotrice inférieure aurait acquis peu à
peu la fixité et la complication qui distingue l'appareil de fixation des Urcéolaires en général.

La seconde théorie récemment émise par Bütschli, admet
bien, comme la première, l'origine hypotriche des Licnophora,
mais admet la descendance directe des Trichodines de ce genre
Licnophora ; j'ai déjà exposé en détail l'ingénieuse hypothèse
de Bütschli dans la partie historique de ce travail (2), et je me
borne, par conséquent, à y renvoyer le lecteur.

Comme toutes les hypothèses, celle-ci est évidemment
séduisante ; elle a l'avantage de nous faire suivre la généalogie
des Infusoires en ligne directe, depuis les Holotriches jusqu'aux
Péritriches. Qui nous empêche en effet de considérer les Hypotriches comme des descendants des Hétérotriches, et ceux-ci,
comme ayant leur point d'origine dans les Nassules, Holotriches, dont certaines espèces, étudiées par Géza Entz, présentent
déjà un rudiment de spire prébuccale lœotrope.

Malheureusement, comme je l'ai déjà dit, aucune observa-

(2) Voyez page 221.

tion ne vient étayer la théorie du savant professeur d'Heidelberg, et l'on ne connaît encore aucune espèce correspondant
aux figures schématiques qui représentent dans son Mémoire
le passage des Licnophora aux Trichodines.

Une autre preuve qu'il pourrait invoquer en faveur de sa
théorie, c'est la différence qui existe entre la disposition du
péristome chez les Trichodines et chez les Vorticellides. Chez
les premières le bourrelet continu qui entoure la zone ciliaire
des secondes n'existe pas; on peut considérer une Trichodine
comme une Vorticellide dont on aurait sectionné le péristome.
Or, j'ai justement trouvé une Vorticellide, la *Rhabdostyla arc-
nicolæ*, dont la constitution du péristome tend à se rapprocher de celle des Urcéolaires, et c'est à ce titre qu'elle figure
dans ce Mémoire.

D'autre part, l'on sait que certaines formes errantes de Vorticelles peuvent se servir de leur couronne de cils supplémentaire, ou couronne locomotrice, pour courir à la surface des
objets; or j'ai étudié, grâce à l'obligeance de M. le professeur
Giard, qui a bien voulu me la signaler, une espèce de Vorticelle parasite de la cavité stomacale, de l'*Ophiothrix nigra*;
cette Vorticelle peut, à un moment donné, sécréter une couronne de cils inférieure, se détacher de son pédicule et courir
sur les tissus de son hôte, sans jamais s'en séparer, comme
une vraie Trichodine. La propagation du parasite s'effectue
dans ce cas, de l'Ophiothrix mère à ses jeunes rejetons, avant
que ceux-ci n'aient abandonné la cavité maternelle. Jamais
cette Vorticelle ne nage librement.

Cette propriété locomotrice peut bien s'expliquer, je le sais,
par un retour atavique vers la forme ancestrale trichodine, mais
rien ne prouve non plus qu'elle n'en soit elle-même la forme
primitive.

Comme on le voit, si l'on est d'accord pour admettre la descendance, ou plutôt pour reconnaître la parenté des *Licnophora* avec les Hypotriches, on est loin d'être aussi avancé en
ce qui regarde l'origine des vraies Trichodines. J'estime d'ailleurs que dans toutes les discussions sur la descendance des
Ciliés, on attache trop d'importance à la ciliation générale du
corps. L'on oublie trop que, si ce caractère présentait, au temps
où Stein s'en est aussi servi pour établir sa classification, une

valeur réelle et précieuse, aujourd'hui il n'en est plus de même. La classification de Stein présente, comme toutes les classifications artificielles, l'inconvénient de mal se prêter aux innombrables et insensibles modifications que la nature imprime à ses créations et nos connaissances toujours croissantes sur la famille des Ciliés contraignent à les grouper, non plus suivant un caractère unique, mais bien suivant leurs affinités naturelles.

Il y aurait dans cet ordre d'idées beaucoup de choses à faire, et pour ne parler que du groupe qui nous occupe, de celui des Péritriches, il nous semble qu'une importante partie, toute celle des Infusoires à couronne ciliaire, sans direction spiralée, comme les *Didinium*, les *Mesodinium*, les *Monodinium*, doit en être écartée comme se rapprochant plus des Holotriches que des Péritriches spiralés.

Mais fermons cette disgression pour en revenir à la forme générale du corps de nos Urcéolaires.

Le type qui se rapproche le plus des *Licnophora*, par sa forme, autant que par la constitution de son appareil de fixation, est le genre *Urceolaria* (fig. 5) avec son espèce unique, l'*U. mitra*. Ici le plan qui passe par la zone ciliaire prébuccale est incliné sur le plan de l'appareil de fixation, et de plus, un des côtés du corps présente un développement beaucoup plus grand que celui du côté opposé. D'après la théorie de Butschli l'*Urceolaria* serait une forme de passage entre les *Licnophora* et les Trichodines, mais une forme dans laquelle la couronne ciliaire prébuccale aurait déjà subi le renversement vers la face dorsale. La spirale de l'*Urceolaria* est, en effet, dexiotrope. Ce qui frappe surtout à première vue l'observateur qui contemple une *Urceolaria* bien vivante, en pleine extension sur les parois de son hôte, c'est l'exagération de la hauteur de la spirale formée par les cils prébuccaux.

Cette exagération, ainsi que la déviation latérale du corps, sont encore remarquables, bien qu'à un degré beaucoup plus faible, chez le genre suivant *Leiotrocha* (fig. 9 et 10).

Elle diminue encore beaucoup, au fur et à mesure que nous avançons vers le vrai type Trichodine, et est réduite à son minimum chez les *Anhymenia* dont une espèce l'*A. Steinii* (fig. 21 et 22) présente, même à son maximum d'extension,

une hauteur à peine égale à celle du quart de son diamètre et un parallélisme parfait entre les deux plans supérieur et inférieur.

La contractilité du corps des Urcéolaires est moins puissante que ne l'est celle des vorticellides et, comme le fait remarquer Stein, elle s'exerce surtout dans le sens de la hauteur, c'est-à-dire que les individus peuvent s'élever ou s'aplatir à volonté, très rapidement mais ne peuvent qu'à un degré beaucoup moindre diminuer le diamètre transversal de leur corps. Lorsque la contractilité s'exerce surtout dans le sens latéral, il se produit alors ce que les auteurs ont appelé la forme en turban, forme qui dénote chez les êtres qui la prennent, un commencement de gène et d'altération et que revêtent indistinctement tous les genres de trichodinides dès qu'on les sépare de la surface de l'hôte qui les héberge. Cette forme en turban a du reste été très souvent donnée comme la forme normale des trichodines; la face supérieure du corps fait alors saillie en dehors et l'appareil de fixation se trouve remonté très haut dans l'intérieur de l'animal.

La couleur des Urcéolaire varie très peu; l'on n'en connaît pas encore d'espèce colorée, la plupart ont une teinte jaune pâle ou bleuâtre ou bien sont complètement incolores.

SYSTÈME BUCCAL. — Nous disions plus haut que, à l'exception des Licnophorides, on pouvait considérer les Urcéolaires comme des vorticellides à qui il manquerait le peristome circulaire, continu et en forme de sphincter qui caractérise ces dernières. Ici, en effet, le système ciliaire prébuccal se compose d'une ou plusieurs lignes de cils rangés sur un seul tour de spire, l'extrémité de la spire qui va pénétrer dans l'ouverture buccale est donc placée plus ou moins latéralement sur les parois du corps. Il résulte de cette disposition et aussi de la faible contractilité du corps en largeur que quand l'urcéolaire se contracte, la bouche et le système ciliaire ne se trouvent point entraînés en bas et recouverts par le bourrelet du peristome comme chez les vorticelles. L'on remarque seulement que pendant la contraction, les cils s'inclinent tous vers le centre du corps mais ne disparaissent jamais dans un repli externe. C'est à peine si chez l'*Anhymenia Scinti*, qui présente un rebord simulant un peristome, la base des cils se trouve couverte par la contraction de celui-ci (fig. 22). A l'ouverture buccale succède un pharynx cilié qui pénètre dans le corps normalement à sa surface et en atteint à peu près le centre.

APPAREIL DE FIXATION ET DE LOCOMOTION.. — Le point le plus intéressant de l'organisation des urcéolaires, celui qui en constitue, pour ainsi dire, le caractère fondamental, c'est l'appareil au moyen duquel ils se fixent et se meuvent à la surface de leur hôte.

Pour trouver la forme la plus simple de cet appareil, il nous faut abandonner un instant la famille qui nous occupe et jeter un coup d'œil sur les différents types d'Infusoires péritriches. Tout d'abord, les *Scyphydia* qui vivent en parasites à l'état fixe sur les animaux aquatiques et dont j'ai trouvé une espèce sur les branchies des scorpènes, méritent d'attirer notre attention. Là, en effet, se trouve l'appareil de fixation dans sa plus simple expression, c'est un épatement de la partie postérieure du corps, un simple élargissement sans aucun appareil de soutien, sans trace de système ciliaire locomoteur.

D'autre part, si nous considérons maintenant les formes errantes des vorticelles, nous trouvons une couronne ciliaire postérieure tout à fait analogue à celle d'une *Licnophora*, mais le corps ne présente pas l'élargissement, l'aplatissement de sa partie postérieure que nous constatons chez le *Scyphidia*. Il me paraît oiseux de discuter si la *Scyphidia* est une forme ancestrale des trichodines ou, si au contraire, celles-ci dérivent des formes primitivement libres des vorticelles.

Si nous supposons maintenant que l'appareil de fixation de la *Scyphidia* se garnit à son bord interne d'une couronne de cils et un peu au dedans de celle-ci d'un anneau solide plus ou moins visible, nous aurons l'appareil de fixation de la *Licnophora* (fig. 3).

L'*Urceolaria* nous présente une complication de plus (fig. 6); indépendamment de l'anneau de soutien, la cupule formée par la dépression de la partie postérieure du corps se garnit d'une couche ferme, solide, résistante et d'apparence cornée. Cette cupule cornée existe peut-être, mais à un état très rudimentaire chez les Licnophora ; à partir des *Urceolaria*, au contraire, et chez toutes les formes suivantes, elle prend un développement très remarquable et présente des stries rayonnantes, qui par-

tant de la circonférence se dirigent vers le centre sans s'y
réunir; elles s'atténuent et disparaissent un peu avant d'y arriver. Nous verrons quelle est la composition de cette cupule
quand nous parlerons de celle de l'anneau de soutien et nous
nous occuperons également plus tard du rôle qu'elle joue dans
la fixation du parasite sur son hôte. Mais avant de passer à
l'étude de ces points, occupons-nous d'abord des organes extérieurs à la cupule striée c'est-à-dire des appendices qui l'entourent
et contribuent avec elle à former l'appareil de fixation. Nous avons
vu que chez la *Licnophora* et l'*Urceolaria* le système appen-
diculaire était représenté par une simple couronne de cils; il
en est de même chez les *Anhymenia*. Cette couronne ciliaire
est très intéressante à étudier chez les individus vivants, soit
libres, soit adhérents à la surface de leur hôte. Elle se compose
de cils fins, longs, égaux entre eux et d'un diamètre à peu
près uniforme sur toute leur longueur; ils ne sont point droits
mais au contraire légèrement incurvés tous dans le même sens,
et sont animés d'un mouvement d'ondulation lente suivant la
direction de leur courbure. En les observant de près nous avons
pu nous expliquer pourquoi ils ont été considérés par les observateurs tantôt comme des cils libres, tantôt comme une
membrane laciniée sur ses bords; c'est qu'en réalité sur les
individus bien portants, tous les cils sont intimement accolés
les uns aux autres sans la moindre solution de continuité et
constituent alors bien réellement une membrane; mais vient-
on à détacher de son support un individu et à l'observer flottant librement dans la préparation, l'on voit se produire peu à
peu des solutions de continuité qui vont en augmentant de
nombre (fig. 14), et il arrive un moment où presque tous les
cils détachés de leurs voisins flottent à l'aventure. La coordi-
nation si remarquable de leurs mouvements est alors complètement rompue, ils s'agitent isolément et comme au hasard.
Dans ma note à la Société de biologie, je comparais cette union
des cils de la couronne ciliaire des trichodines à celle des bar-
bules de la plume d'un oiseau voilier qui, bien qu'indépendantes
les unes des autres, sont pourtant solidement accolées entre elles,
mais qui, une fois séparées, ne reprennent que difficilement leur
position première; je ne crois pas qu'il soit possib.. de trouver
une comparaison qui peigne mieux la structure de ces organes.

Lorsqu'on traite une urcéolaire par l'acide osmique ou par tout autre réactif fixateur, l'accolement des cils se trouve immédiatement rompu; l'on sait que cette dissociation s'observe même sur les cirrhes épais et homogènes des Stylonichies et des autres Oxytrichides et que l'on s'est même basé sur ce fait pour considérer ces cirrhes comme formés par une agglomération de cils. Je crois donc que la couronne ciliaire des urcéolaires ou pour parler plus exactement de certains urcéolaires, car tous ne présentent pas le phénomène avec la même netteté, je crois, dis-je, que cette couronne peut être considérée comme une véritable membrane ciliaire participant à la fois des propriétés d'une couronne de cils et de celles d'une membrane ininterrompue.

Chez trois genres de trichodiniens, les *Leiotrocha*, les *Cyclocyrrha* et les *Trichodina*, l'appareil de fixation se complique d'une seconde zone d'appendices locomoteurs. En dehors de la couronne ciliaire et presqu'en connexion avec elle, se trouve insérée dans les deux premiers genres, une couronne de cirrhes, dans le troisième, une véritable membrane ou velum.

Les cirrhes des *Leiotrocha*, ou plutôt de la *L. serpularum* (fig. 9 et 10) la seule espèce que j'ai observée, sont longs, épais à leur base et insérés très près les uns des autres. Ils sont généralement relevés le long du corps pendant l'extension et abaissés sur la couronne ciliaire pendant la contraction. Ceux des *Cyclocyrrha* sont plus espacés, plus fins et moins visibles.

Enfin, les *Trichodina* présentent à la place de cette zone de cirrhes un velum qui vient recouvrir la couronne ciliaire et qui a été signalé en premier lieu par J. Clark, chez l'espèce type de la famille, la *T. pediculus*.

Revenons maintenant à la cupule striée et à l'anneau qui la renforce.

La cupule présente chez toutes les espèces, non pas la forme d'une calotte hémisphérique, mais celle d'un godet à fond légèrement aplati. Son épaisseur n'est pas uniforme sur tous les points et lorsqu'on l'examine en coupe optique transversale, on peut aisément constater que son maximum d'épaisseur se trouve à l'endroit où l'anneau de soutien est en rapport avec elle; ses bords diminuent aussi peu à peu d'épaisseur et appa-

raissent en coupe comme deux coins un peu recourbés, faisant
saillie hors du corps. Toute la partie de la capsule comprise
dans l'intérieur de l'anneau de soutien est mince, peu consistante. Ainsi que je l'ai dit plus haut, la capsule solide des urcéolaires porte des stries rayonnantes, ces stries m'ont paru n'être
pas de simples accidents de surface, mais au contraire, résulter
d'une densité différente des parois même de la capsule. Sur
une coupe optique transversale on voit qu'elles en intéressent
toute l'épaisseur.

L'anneau de soutien des Urcéolaires mérite au plus haut
degré d'attirer notre attention, car, indépendamment de l'intérêt que présente une structure aussi élégante et aussi compliquée chez de simples animaux unicellulaires, nous trouvons
là un caractère sûr, constant et parfaitement net de classification.

Dans sa forme la plus simple, celle que nous trouvons chez
la *Liénophora*, cet appareil se présente à nous comme un anneau lisse, cylindrique, intimement uni à la capsule du pied de
l'infusoire et formant dans l'intérieur de cette capsule un cercle
concentrique d'un tiers plus petit qu'elle en diamètre. Ce rapport entre le diamètre de la capsule et celui de l'anneau
de soutien est à peu près constant chez toutes les espèces.

Chez l'*Urceolaria*, l'anneau de soutien est également lisse et
non denté (fig. 7); il en est de même du genre *Leiotrocha*,
mais chez ces deux formes l'on peut y distinguer déjà un commencement de différenciation ; lorsqu'on l'examine un peu de
profil, on voit qu'il n'est point homogène, mais formé de pièces
semblables entre elles et se recouvrant les unes les autres, ce
qui donne à cet anneau l'apparence d'une corde dont les divers
torons seraient intimement unis les uns aux autres.

Dans les autres genres enfin. *Cyclocyrrha*, *Anhymenia* et
Trichodina, l'anneau de soutien présente cette forme en roue
d'horlogerie qui avait frappé depuis longtemps tous les observateurs. J. Clark le premier a reconnu que cette roue n'avait
pas une composition homogène, mais résultait de la réunion de
diverses pièces; d'après lui, il y aurait autant de pièces séparées que la roue possède de dents ; chaque dent externe serait
portée par une portion horizontale, chaque dent interne par
une autre pièce également horizontale ; la réunion de ces deux

...ces avec leurs voisines formerait le corps de l'anneau. De
...us, chaque dent serait bordée sur un de ses côtés d'une
...pansion membraneuse. Il ne m'a pas été donné, à mon grand
...gret, de pouvoir étudier la *Tr. pediculus* sur laquelle Clark
...constaté ces faits, et cette lacune est d'autant plus regret-
...le que mes observations concernant l'anneau denté des autres
...chodinides diffèrent absolument des siennes.

Fig. 1. — Aabymenia Steinii.

Si le lecteur veut bien se reporter aux figures ci-jointes, insé-
...ées dans le texte, il pourra voir que, d'une façon générale,
...que dent externe de l'anneau se trouve reliée à la dent interne

Fig. 2. — Aabymenia Scorpum. Fig. 3. — Cyclocyrrha Ophisthriria.

...i lui correspond, par une portion moyenne, et que le corps
...e l'anneau est constitué par la réunion de toutes les portions
...oyennes entre elles.

Fig. 4. — Trichodina bidentata. Fig. 5. — Trichodina pediculus (*).

Il suffit de jeter un coup d'œil sur les figures représentant
...rès grossies des parties d'anneaux des diverses espèces pour
...assurer que chacune d'elle présente une forme absolument

différente. Ainsi, tantôt la portion moyenne est recourbée en faucille, tantôt elle est droite, tantôt elle est retournée en dedans. Chez certaines formes, elle se prolonge bien au-dessous de la portion moyenne suivante, de sorte que la dent interne se trouve placée, non plus au-dessous de la dent externe qui lui correspond, mais au-dessous de la dent externe voisine. Je ne veux pas m'étendre ici sur les différences qui caractérisent chacune des roues dentées, je me borne à en placer les figures côte à côte pour en rendre la comparaison plus facile, me réservant d'y revenir plus en détail dans la partie descriptive.

Le nombre des dents n'est pas constant et ne peut constituer un caractère taxinomique, car il varie chez la même espèce suivant le développement des individus. Ainsi, chez l'*Ankymenia Scorpenæ*, certains exemplaires dont le noyau était condensé en boule, signe certain d'une division prochaine, possédaient jusqu'à 34 dents, d'autres au contraire, qui venaient de se diviser et dont le noyau n'avait pas encore repris sa forme quiescente cylindrique, ne comptaient guère plus de 16 dents.

Je ne suis pas encore bien fixé sur la manière dont s'accroît le nombre de dents proportionnellement au développement de l'individu ; j'ai souvent vu chez certains *Ankymenia* comme une petite roue rudimentaire au milieu de la grande roue dentée, peut-être cette petite roue vient-elle se superposer à la première. Quoi qu'il en soit, ce n'est là qu'une simple hypothèse.

D'autre part, j'ai dans mes préparations de l'*A. Scorpenæ*, certains individus dont le noyau ramassé en boule indique un état de division plus ou moins prochain et qui présentent une modification très singulière de leur roue dentée. Cette modification dont je donne ici la figure représente évidemment une préparation à la division de l'appareil de fixation ; malheureusement je n'ai pu saisir les termes du passage qui relie cette forme d'anneau à la forme normale, mais je suis convaincu que l'on doit considérer les parties solides de l'appareil fixateur comme formées de véritable ectoplasma et non d'un produit de sécrétion, susceptibles par conséquent de modifications profondes pendant certaines périodes avec retour à la forme normale ou de repos.

Je dois signaler aussi l'observation de Stein, qui a vu deux roues dentées concentriques chez une Trichodine parasite de l'Hydra vulgaris, et s'est basé sur ce caractère pour en faire sa *S. digitodiscus*; tout porte à croire que cette espèce n'est qu'une phase de la forme voisine *T. pediculus*. Le fait que

Fig. 6. — A. *Scorpœne*. — Modification de la roue dentée.

Stein aurait observé sur une Hydre tous les individus présentant le même caractère ne peut être considéré comme une preuve suffisante de l'indépendance de son espèce, car j'ai pu constater que la multiplication des Trichodinides peut être en quelque sorte épidémique, et qu'à un moment donné, tous les individus parasites d'un même animal présentent souvent tous la même phase de division.

Les rapports qui existent entre la cupule striée et l'anneau de soutien sont intéressants à étudier. L'on peut considérer en effet cet anneau comme faisant partie intégrante de la cupule dans l'épaisseur même de laquelle il est logé et dont il n'est en quelque sorte qu'une partie différenciée. Sur des préparations heureusement réussies et dans lesquelles la cupule et l'anneau se trouvent favorablement disposés, on peut voir que celui-ci présente, non pas une forme arrondie en coupe transversale, mais bien celle d'une ellipse très allongée, presqu'un losange dont les angles vont en se perdant dans les parois de la cupule. L'anneau de soutien n'est donc pas un anneau plat, mais est au contraire encastré dans la cupule dont il suit exactement la courbure, ce qui fait que, lorsqu'on examine une roue dentée de face, il faut abaisser l'objectif pour en voir successivement les dents externes, le corps et les dents internes. Aucune pièce ne fait saillie en dehors.

Quelle est la composition chimique des pièces solides de l'appareil fixateur des Urcéolaires? On serait tenté tout d'abord de leur attribuer une structure chitineuse et d'y voir des produits de sécrétion analogues aux parois des kystes, aux coques

hyalines de certains autres Infusoires, mais leur faib
tance aux réactifs démontre le contraire de la façon
nette. Les pièces solides des Urcéolaires disparaisser
par simple diffluence du corps de l'être, et si l'on ab
à elle-même une préparation contenant des Trichodines
de décomposition, on ne retrouve'jamais les pièces solid
la disparition du 'corps ˈdes animaux eux-mêmes. L'aci
tique, la potasse, l'ammoniaque, les dissolvent très rapi
si l'on traite directement les individus frais par ces réac
au contraire, on les fixe préalablement par l'acide osmiq
pièces solides participent de la solidité conférée à tout l
par le fixateur. Dès 1854, Stein avait du reste remarqu
faible résistance des parties solides à l'action des réac
pense d'après ces faits que l'on peut considérer la capsule
et l'anneau de soutien des Urcéolaires comme des organes
tant simplement d'une condensation de l'ectoplasma.

Il nous reste encore pour en finir avec l'appareil fi
à nous demander par quel mécanisme cet organe rempl
fonctions qui lui sont assignées, c'est-à-dire de fixer tout
fois et de mouvoir le parasite sur la surface de son hôte.
premiers auteurs qui ont observé les Trichodines et en
étudié la roue dentée, considéraient les crochets qui la
nissent comme des dents saillantes, des espèces de cram
au moyen desquels le parasite se fixerait solidement su
surfaces. Nous avons vu en étudiant les rapports de la cap
striée et de l'anneau de soutien, que ce dernier faisait
ainsi dire partie intégrante des parois de la capsule et que
conséquent ses dents ne présentaient absolument aux
saillie; il nous faut donc chercher à expliquer autremen
mécanisme de cet appareil. La capsule striée possède la
priété de rentrer et de sortir plus ou moins de la cavité
laquelle elle est insérée. Elle constitue donc une vérit
petite ventouse; d'autre part nous avons vu que la couro
ciliaire formait une véritable membrane continue, or c
membrane agit tantôt comme un voile destiné à compl
l'occlusion de la ventouse, tantôt au contraire comme
appareil locomoteur qui pousse l'animal en avant par
sorte de mouvement gyratoire. L'on se rend très facileme
compte de ce double mécanisme en voyant circuler une T

chodinide sur la surface d'une planaire et il est à remarquer que ses mouvements sont d'autant plus aisés et plus fréquents que l'appareil fixateur est plus perfectionné. Les *Licnophora*, par exemple, sont des animaux presque sédentaires qui se déplacent très peu et semblent concentrer toute leur force à conserver la position qu'ils ont acquise sur la surface de l'hôte. Les vraies Trichodines, au contraire, courent, vont, viennent, montent même les unes sur les autres et présentent une sûreté d'allures qui prouve bien la précision du mécanisme de leur appareil locomoteur et fixateur.

Quant au velum des *Trichodina*, à la couronne de cirrhes des *Leiotrocha* et des *Cyclocyrrha*, nous pouvons les considérer comme les homologues du bourrelet qui entoure l'appareil fixateur du *Licnophora*. Ce sont des organes complémentaires de fixation et de locomotion.

Constitution intime. — Comme celui de la plupart des infusoires, le corps des Trichodinides se compose d'un ectoplasme et d'un endoplasme. L'ectoplasma est généralement fort épais et nettement accentué; J. Clark avait fort bien reconnu, du reste, dans son étude de la *Trichodina pediculus* non seulement la présence de l'ectoplasma mais encore ses rapports avec le noyau et la vésicule contractile; dans sa coupe schématique de la Trichodine de l'hydre, il figure ces deux organes enclavés en quelque sorte dans l'ectoplasma et par le fait, il n'existe peut-être pas, dans toute la classe des Ciliés, d'infusoires qui laissent voir cette disposition aussi nettement que les Trichodinides. Le *Leiotrocha serpularum* notamment est très remarquable sous ce rapport; son ectoplasma est très nettement séparé de son endoplasme, même sur le vivant et l'on peut voir pendant la diastole de la vésicule contractile, que celle-ci est recouverte d'une mince couche hyaline ectoplasmique qui fait saillie dans la cavité du corps en repoussant devant elle l'endoplasma.

C'est également comme une modification de l'ectoplasma que nous devons considérer la substance constitutive des pièces solides de l'appareil de fixation, la cupule striée et l'anneau de soutien.

Quant à la constitution intime de l'endoplasme, je ne puis relater ici que les observations que j'ai faites sur des indi-

vidus fixés et conservés depuis longtemps. A l'époque où je
recherchais ces parasites, je ne m'occupais pas encore de la
structure du protoplasma des Ciliés, et mon attention était
surtout attirée par les curieux détails particuliers à cette
famille. Sur les individus fixés de la plupart des espèces, l'on
peut reconnaître, cependant, une disposition constante de l'endoplasma qui, très finement réticulé vers la périphérie du
corps, devient de plus en plus spongieux au point de former
au centre une masse aréolaire à grandes vacuoles arrondies et
pressées les unes contre les autres.

MULTIPLICATION. — Les Trichodinides se multiplient par division longitudinale comme les Vorticellides; malgré tous mes
efforts il m'a été impossible de constater le même phénomène
chez les Licnophorides et cependant cette question présente
un vif intérêt à cause de la portée qu'elle pourrait avoir pour
la théorie de Bütschli. Si, en effet, comme le pense cet auteur,
les *Licnophora* sont des hypotriches en voie de devenir des
Trichodinides par déviation du pied et renversement de la
spirale ciliaire, leur division doit encore s'effectuer transversalement et Bütschli a prédit en quelque sorte cette forme de
division, qui, si elle était reconnue,' constituerait la plus solide
assise de sa théorie. Si, au contraire, la division s'effectuait
longitudinalement comme chez les Trichodinides, il faudrait
bien reconnaître que les *Licnophora* sont des formes plus
profondément modifiées et d'une origine plus complexe que
ne le pense le savant professeur d'Heidelberg.

La division des Trichodinides nous présente à considérer
plusieurs faits intéressants et qui portent sur l'appareil de
fixation, la bouche et la spirale prébuccale et enfin le noyau.

L'appareil de fixation se trouvant coupé en son milieu par
le plan de division, doit naturellement se partager en parties
égales entre les deux nouveaux individus. Or, nous nous trouvons en présence de parties solides et nous devons nous
demander comment elles vont se plier à cette division et comment chacune de leurs deux moitiés va se régénérer.

Chez toutes les formes de Protozoaires munies d'une enveloppe morte ou d'une partie quelconque résultant d'une sécrétion chitineuse nous ne voyons jamais la division porter sur cette
partie sécrétée, qui agit dans ce cas, comme une substance

inerte. Les Arcelles, les Difflugies par exemple, qui sont des Rhizopodes à test, émettent, au moment de se diviser, une expansion de leur corps par l'ouverture de leur test, et c'est sur cette expansion que se moule le test de l'individu nouvellement formé. De même, la coque des Freia, des Vaginicoles, des Acinètes, les kystes des Infusoires ne prennent jamais part à la division de l'individu qu'ils recouvrent.

Chez les Trichodinides, au contraire, et c'est là la meilleure preuve, que leurs pièces solides sont bien ectoplasmiques, celles-ci se scissionnent et se régénèrent avec la même facilité que le reste du corps.

C'est surtout chez le *Lelotrocha serpularum* que j'ai étudié les phénomènes de la division longitudinale. Au moment où l'individu va se diviser, il perd sa forme cylindrique et s'élargit peu à peu, suivant un axe perpendiculaire au plan de division (fig. 15). Toutes les parties du corps subissent cet étirement; l'anneau de soutien et la cupule striée, de ronds qu'ils étaient deviennent ovoïdes, le péristome également s'étire dans le même sens. Enfin, le noyau qui, à l'état normal est multilobé, se condense en une masse allongée avec deux prolongements opposés l'un à l'autre.

A ce moment, que l'on peut considérer comme le stade préparatoire de la division, il n'y a encore aucune trace de scission.

La division, en s'accentuant, marche beaucoup plus vite à l'extrémité supérieure du corps qu'à l'extrémité inférieure, de sorte qu'au stade suivant, la formation des deux nouveaux péristomes est déjà complète alors que la cupule de soutien présente seulement un étranglement très accentué (fig. 17 et 18).

Toutes les parties de l'appareil fixateur suivent en quelque sorte la même marche concentriquement les unes aux autres. Quand la cupule striée commence à se diviser, son anneau de soutien s'étrangle en même temps à son milieu, mais comme l'anneau est d'un diamètre moindre que la cupule, il se partage plus vite en deux parties égales ou anneaux complets, et la séparation des deux cupules striées ne vient qu'un peu plus tard.

La division du péristome est également intéressante. Ici, en effet, nous n'avons plus une constriction puissante comme chez les Vorticellides, constriction qui ramène tous les cils en dedans pendant tout le processus de la scissiparité; les

choses restent en état, même après la fixation par les réactifs,
et j'ai pu dessiner à loisir une pièce caractéristique qui montre
bien de quelle manière se forment les nouveaux péristomes
des deux individus. Le péristome primitif s'allonge et devient
ellipsoïdale; c'est dans le champ compris dans sa circonférence
que vont se produire les modifications de la division. En effet,
vers le milieu de ce champ apparaît une ligne ciliée a, qui
vient se mettre en rapport avec la portion moyenne inférieure
de l'ancien péristome. En même temps, une nouvelle ligne
ciliée d apparaît, qui va également rejoindre l'ancien péristome
en b'. Cette portion d de nouvelle formation est destinée à
donner la bouche du nouvel individu.

Je dois avouer que je n'ai pu suivre rigoureusement les
phases ultérieures de la division du péristome, mais d'après
l'observation précédente, tout porte à croire que les deux nouveaux péristomes, d'abord enclavés comme deux C, tournés
face à face, se séparent, soit par étirement, soit par résorption, d'une portion de l'ancienne couronne ciliaire.

Il est instructif de rapprocher cette observation de celle qu'à
faite Bütschli dans son travail déjà cité, sur la formation de la
bouche dans la division des Vorticelles. D'après lui, la spire
buccale de l'individu primitif contribuerait à former les deux
spires secondaires; seulement il y aurait dans les premiers
moments de la division une spire buccale læotrope et une
autre dexiotrope, la première devenant plus tard elle-même
dexiotrope. C'est en ce point seul que nos observations cessent
de concorder, car chez le *Leiotrocha* j'ai vu la formation dès
l'origine, de deux spires dexiotropes. Quoi qu'il en soit, ces
deux faits prouvent bien que la production de la nouvelle bouche
se fait par formation autonome, comme chez tous les autres
ciliés, et non par division de l'ouverture buccale primitive qui
demeure tout entière à l'un des deux individus résultant de la
division.

Comme nous l'avons déjà vu, le noyau du *Leiotrocha* se
condense au moment de la division en une masse ovoïde,
jamais cette masse n'atteint la forme sphérique. Elle commence
à s'étrangler à une période assez avancée de la division et dès
que les deux nouveaux individus se sont complètement séparés,
elle revient peu à peu à sa forme normale multilobée.

Tels sont les principaux phénomènes que j'ai observés dans
l fissiparité du *Leiotrocha serpularum*, qui présente un
anneau de soutien lisse et sans dentelures d'aucune sorte,
mais les choses sont beaucoup plus compliquées chez les formes
dont l'anneau de soutien est composé de pièces multiples et
assemblées. Il ne m'a pas été possible de suivre toutes les
phases de la division chez une de ces formes, mais l'une d'elles,
Anhymenia scorpenæ, m'a présenté quelques faits nouveaux
qui demanderont une étude ultérieure plus complète.

Au moment de la division de l'*Anhymenia*, le nombre des
dents de la zone et de l'anneau de soutien peut atteindre jusqu'au nombre de trente-quatre. A ce moment, le noyau est
amassé sur lui-même, en une masse ovoïde à côté de laquelle
on distingue très nettement un petit nucléole (fig. 26).

L'anneau de soutien se divise-t-il simplement en deux parties
égales emportant la moitié du nombre des dents contenues
dans l'anneau primitif; subit-il, au contraire, des modifications
de forme qui précèdent cette division? Je serais assez porté à
me ranger à cette dernière hypothèse; j'ai rencontré, en effet,
dans une préparation où n'existent que des *Anhymenia* en division épidémique certains individus de petite taille, à noyau
ramassé qui me semblaient provenir d'une division toute récente
et dont l'anneau de soutien présentait une forme absolument
particulière. Il semblerait que les articles de cet anneau se
soient fusionnés deux à deux et que les dents interne et externe
aient aussi un véritable renversement tendant à les rapprocher
de l'axe même de l'anneau.

C'est là évidemment une forme de division; à quoi corres-
pond-elle? Je l'ignore car je n'ai pu trouver les termes de
passage entre cette forme et la forme normale habituelle.

CLASSIFICATION. — Avant de tenter un essai quelconque de
classification de la famille des Urcéolaires, nous devons d'abord
nous demander quels sont les caractères propres à ces êtres,
présentant assez de fixité et de netteté pour être utilisés dans
leur taxinomie. Pour cela nous diviserons ces caractères en
caractères de famille, caractères génériques et caractères spécifiques.

Malgré tous les avantages que présente la classification générale de Stein, nous l'écarterons provisoirement et, ne nous

occupant que de la famille des Urcéolaires, nous l'étudierons
en elle-même, laissant à d'autres le soin de l'intercaler dans
la future classification naturelle des Ciliés.

Tout d'abord, ce qui frappe le plus chez tous les représentants du groupe et en constitue le caractère commun, c'est
l'appareil de fixation dont la constitution est fondamentalement
la même chez toutes les espèces. Les unes sont uniformément
ciliées et rentrent dans la famille des Holotriches ou des Hétérotriches de Stein, comme le *Trichodinopsis paradoxa* C et L.
les autres présentent une direction lœotrope de la spire
buccale et appartiendraient aux Hypotriches, tels sont les *Licnophora*, un troisième groupe enfin, revêt tous les caractères
des Péritriches. Nous nous servirons de ces caractères non
plus pour écarter complètement et loger dans des groupes
absolument différents, les trois formes d'Urcéolaires *Trichodinopsis*, *Licnophora* et Trichodinides, mais, au contraire, pour
les distinguer seulement les uns des autres et nous formerons
trois sous-familles d'Urcéolaires. Les Licnophorides', les Trichodinides et les Trichodinopsides.

La première et la dernière de ces sous-familles sont représentées par un petit nombre d'espèces et parfaitement caractérisées; il n'en est pas de même de la sous-famille des Trichodinides. Ici, en effet, nous nous trouvons en présence de formes
souvent très différentes les unes des autres et qui doivent
constituer autant de genres distincts. Quels caractères génériques choisirons-nous? Le caractère commun à tous les genres
est d'avoir une spire buccale dexiotrope et un appareil de fixation muni d'une cupule striée et d'un anneau de soutien. Cet
appareil de fixation peut se réduire à ces deux pièces solides
plus une couronne ciliaire et alors l'anneau de soutien sera
ou bien lisse ou bien denté. Dans le premier cas nous recon-
naissons une *Urceolaria* Stein, dans le second un genre jusqu'ici confondu dans le genre *Trichodina* et que nous en sépa-
rerons sous le nom d'*Anhymenia*.

L'appareil de fixation de l'*Urceolaria* peut se compliquer
d'une seconde couronne de cirrhes recouvrant la couronne de
cils et nous aurons le genre nouveau *Leiotrocha*.

La même addition, s'ajoutant au genre *Anhymenia*, nous
donnera le genre *Cyclocyrrha*.

Enfin, nous ferons rentrer dans le genre *Trichodina* toutes les formes anatomiquement semblables à la *Trichodina pediculus*, si bien étudiée par J. Clark et caractérisée par la présence d'un velum recouvrant la couronne de cils.

Quant au genre *Cyclochæta* de Jackson, il doit être considéré comme une forme dégradée de Trichodinide et placé à la fin de cette famille.

Les caractères tirés de la forme de l'anneau de soutien ne peuvent être employés que comme caractère spécifique; nous voyons, en effet, des formes à anneau lisse présenter soit un simple cercle de cils (*Urceolaria*), soit un cercle de cils et un cercle de cirrhes (*Leiotrocha*). D'autre part la présence d'un anneau denté peut coïncider soit avec un simple cercle de cils (*Anhymenia*), soit avec un cercle de cils et un cercle de cirrhes (*Cyclocyrrha*) soit enfin, avec un cercle de cils et un velum (*Trichodina*).

J'avais pensé tout d'abord pouvoir me servir du nombre des dents de l'anneau de soutien, pour établir nos espèces, mais comme je l'ai reconnu par la suite et comme le lecteur a pu s'en convaincre en lisant ces pages, le nombre de dents est proportionnel au développement de l'individu et peut varier du simple au double.

Par contre, la forme des articles qui constituent les dents tant externes qu'internes, considérées chez l'individu à l'état quiescent, c'est-à-dire dont le noyau ne présente aucun phénomène particulier à la scissiparité, cette forme peut être utilisée comme un excellent caractère spécifique.

La forme du noyau à l'état quiescent est également un bon caractère de même ordre que celui de l'anneau de soutien, mais à la condition, bien entendu, que la détermination porte sur de nombreux individus et qu'on soit absolument sûr que ces individus ne se trouvent point à l'état de division épidémique, comme on l'observe souvent chez tous les parasites d'un même hôte, soit parce que celui-ci se trouve dans de mauvaises conditions de santé, soit qu'il habite un milieu favorable à la vie des infusoires.

Quant à la question de l'habitat considéré comme caractère de détermination, je pense qu'on doit s'en servir avec la plus extrême réserve, car ainsi qu'on le verra dans le dernier para-

graphe de ces considérations générales, la même forme peut
se trouver sur des animaux et même sur des organes absolument différents. Si donc j'ai donné à mes nouvelles espèces,
le nom de l'hôte sur lequel je les ai rencontrées, c'est simplement pour rappeler un habitat que je crois favori, mais je n'ai
pas voulu indiquer par là qu'on ne les trouverait pas ailleurs.

Le tableau suivant résume les caractères de classification
de la famille des Urcéolaires :

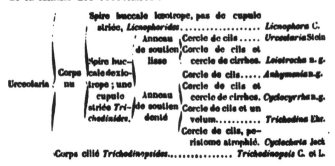

HABITAT. — Toutes les espèces d'Urcéolaires connues jusqu'ici
vivent en parasites à la surface ou dans l'intérieur d'animaux
d'eau douce ou d'eau de mer. Un seul observateur, le Dʳ Vulpian, dit en avoir vu sur des algues, mais je crois que l'auteur
aura pris pour des Trichodines certaines formes de *Chilodon*
qui courent souvent sur des filaments d'algues sans jamais s'en
écarter, un peu à la façon des Urcéolaires.

Tous les animaux aquatiques, vertébrés ou invertébrés,
peuvent être infestés par des Urcéolaires ; ainsi l'on en trouve
sur la peau de la Grenouille et du Triton, dans leur tube digestif
et dans leur vessie ; Rosseter en a même observé dans la
cavité abdominale des tritons mâles à l'extérieur des tubes
séminaux, et j'ai moi-même constaté la justesse de son observation.

Les poissons, les Scorpènes, les Trigles, les Épinoches, sont
souvent infestés par les Trichodines.

Un mollusque, la Néritine fluviale, héberge la *Trichodina
baltica*, et le fameux *Trichodinopsis* a été rencontré dans l'intestin du *Cyclostoma elegans*. Enfin, les Vers, les Echinodermes,
les Cœlentérés sont aussi leurs tributaires.

Certaines trichodines peuvent infester les animaux les plus différents ; la trichodine de l'hydre, *T. pediculus*, ne présente aucune différence avec celle des têtards de grenouille, ni même avec celle qui habite la cavité abdominale des Tritons.

Il ressort de ces faits que, avant de créer une espèce nouvelle, il convient de l'étudier d'abord au point de vue anatomique et de bien se garder de considérer comme un caractère taxinomique un caractère aussi inconstant que celui de l'habitat des Urcéolaires.

TROISIÈME PARTIE

DESCRIPTIONS

Licnophora. Clap.

Ce genre, créé par Claparède, pour recevoir la *Trichodina Auerbachii* (Cohn) et la *Licnophora Cohnii* (Clap), a reçu dernièrement une forme nouvelle, la *Licnophora Asterici* (Gruber) — De tous les genres des Urcéolaires, c'est certainement le plus imparfaitement connu. Les deux espèces de Cohn et de Claparède sont décrites d'une façon trop sommaire pour pouvoir être nettement différenciées l'une de l'autre. L'espèce de Gruber, également, n'a pas été figurée à l'état vivant, et le savant professeur en donne seulement une figure représentant un individu fixé et coloré, utile quant à l'étude du noyau, mais aucunement différenciable spécifiquement. Or, je ne crois pas que l'habitat suffise pour faire séparer deux formes parasites qui ne présentent aucune différence d'organisation, et comme j'ai eu l'occasion d'étudier des *Licnophora* fixées à des Syllis et à des Ophiothrix, et identiquement semblables, je crois que l'on peut, jusqu'à nouvel ordre, réunir sous le premier nom de *Licnophora Auerbachii*, toutes les espèces connues, et c'est sous ce nom que je décrirai les parasites des Syllis et de l'*Ophiothrix fragilis*.

Nous caractériserons brièvement le genre *Licnophora* par : *Spire buccale leotrope, cupule rudimentaire, anneau de soutien non denté, cercle de cils, membrane rudimentaire.*

On n'a point encore signalé de représentants du genre dans les eaux douces.

Licnophora Auerbachii. Cohn. (Fig. 1-4.)

Les *Licnophora* que j'ai étudiée vivent sur la surface des Syllis et des Ophiothrix, où on les rencontre assez souvent et en plus ou moins grande abondance. Elles se tiennent la plupart du temps immobiles, fixées par leur base, et ne se déplacent que sous l'influence d'un choc ou d'une vive excitation. Par contre, toute la partie supérieure du corps est

animée de mouvements incessants et peut, grâce à la flexibilité du pédoncule, se jeter tantôt en avant, tantôt en arrière ou tourner rapidement
sur elle-même.

Pour étudier commodément les *Licnophora* qui vivent sur l'Ophiothrix,
on racle la surface de l'animal avec un scalpel, on dépose le produit du
raclage sur une lame et on couvre; les *Licnophora* ne tardent pas à se
fixer au verre par leur ventouse. Quant   celles des Syllis qui vivent sur
les appendices filiformes de ces vers, il suffit de transporter un petit
faisceau de ces soies sur la lame dans une goutte d'eau de mer.

La *Licnophora Auerbachii* a la forme d'une raquette légèrement concave
dont le manche représenterait le pédoncule de l'animal; ce pédoncule,
légèrement déprimé dans le sens dorso-ventral, s'élargit à son extrémité
pour former le disque qui porte l'appareil de fixation.

La dimension varie entre $0^{mm},015$ et $0^{mm},115$ de long sur une largeur
moitié moindre environ.

La couleur générale est un gris légèrement lavé de jaune sale, le pédoncule et l'appareil fixateur étant beaucoup plus transparents que le
reste du corps.

La face ventrale, celle qui porte l'ouverture buccale, est concave; elle
est bordée de cirrhes assez longs, épais à leur base, dont l'insertion part
du bord droit du corps, contourne celui-ci en remontant et redescend
sur la gauche non plus en suivant le bord, mais en empiétant sur la
face ventrale. C'est exactement la même disposition que celle qui existe
chez les Oxytriches. La bouche, située un peu à gauche et dans la région
moyenne du corps, sur la face ventrale, est suivie d'un pharynx court,
large, conique, dans lequel s'enfonce la spire de cils prébuccaux.

Tous les cirrhes insérés en dehors de la bouche présentent une coor-
dination de mouvements très remarquable et, au moment de la contraction, se replacent tous vers la face ventrale en cessant leurs mouvements.
Mais les cils insérés dans le pharynx continuent pendant ce temps à se
mouvoir rapidement.

Je me suis assez étendu, dans la partie générale de ce travail, sur l'organe de fixation, pour éviter d'en faire ici une longue description. Je me
bornerai à dire que la plupart des auteurs, sauf Gruber, ont pris les cils
qui forment sa couronne ciliaire pour une sorte de laciniation des bords
du pédoncule. En réalité, on voit que ces bords se terminent en une
sorte de bourrelet que l'on peut considérer comme un velum rudimentaire, et que c'est au-dessous de ce velum que se trouve insérée la couronne ciliaire.

Le Protoplasma est formé d'un ectoplasma assez épais et nettement
différencié, et d'un endoplasma granuleux tenant en suspension des granulations réfringentes de volume variable, que l'on peut considérer comme
des corps de réserve.

Lorsque l'on examine une *Licnophora* fixée au verre et présentant, par
conséquent, de face son appareil de fixation, on voit qu'immédiatement
au-dessus de la cupule et de l'anneau se trouve une masse nucléaire

transparente et homogène. Cette masse m'a paru tantôt sphérique, tantôt constituée par des articles polygonaux pressés contre les autres ; dans le reste du corps, on n'aperçoit sur le vivant aucune trace de noyau ; mais en traitant la Licnophora par les réactifs fixateurs et colorants, on met en évidence une chaîne nucléaire formée d'articles cylindriques contenant chacun une ou deux grosses granulations. L'une des extrémités de la chaîne repose enroulée sur la cupule de l'appareil de soutien ; l'autre remonte dans le pédoncule, contourne le corps de droite à gauche et s'arrête à peu près au niveau de sa portion moyenne. C'est la partie inférieure de cette chaîne que l'on aperçoit sur le vivant sous forme de masses claires rendues plus ou moins polygonales par pression réciproque.

Je n'ai, dans mes notes, aucun renseignement ni sur la vésicule ni sur le mode de division. Ces points très importants restent encore à découvrir, et je me propose de les reprendre cette année à Concarneau.

URCEOLARIA. Stein.

Fondé par Stein, en 1867, pour recevoir la *Trichodina mitra*, de Siebold, ce genre n'a reçu depuis aucune espèce nouvelle. Nous-même, dans nos recherches n'avons trouvé aucune forme pouvant être rapprochée de l'espèce parasite des planaires ; en revanche, celle-ci a été trouvée en assez grande abondance pour pouvoir être étudiée, et c'est à ce titre que le genre *Urceolaria* figure dans la partie descriptive de ce travail. Ce genre présente une spirale ciliaire courant de gauche à droite en un seul tour de spire, et à ce titre, diffère complètement du genre précédent Licnophora. Par contre, son appareil de fixation beaucoup plus simple que celui de toutes les autres formes que nous aurons l'occasion d'étudier, nous porte à le considérer comme un type de passage entre l'appareil des *Licnophora* et celui des autres Trichodines. Nous caractériserons le genre *Urceolaria* par : *Un appareil de fixation formé d'une cupule striée, d'un anneau de soutien non denté et d'une couronne de cils.*

URCEOLARIA MITRA (de Siebold). (Fig. 5-8).

Cette espèce a été découverte, par de Siebold, en 1850, puis étudiée par Stein, en 1854, Claparède et Lachmann, en 1857, sous le nom de *Trichodina mitra*, et enfin, reprise de nouveau en 1867, par Stein, qui l'a définitivement placée dans le genre *Urceolaria*.

Je l'ai rencontrée en décembre 1886, sur des Planaires récoltées dans les petits bassins du Jardin botanique du Muséum. Pour l'étudier, il suffit de comprimer légèrement l'animal qui porte ces parasites entre la lame et la lamelle, de façon à l'immobiliser. Les Urcéolaires gênées par la compression passent alors sur les côtés du corps et on peut les examiner à loisir.

Tous les observateurs qui ont figuré cette *Urceolaria* lui ont attribué une forme beaucoup trop régulière. Lorsqu'on l'examine, en effet, en pleine extension et fixée sur son hôte, elle présente l'aspect d'un cylindre très fortement penché et dont les parois seraient irrégulièrement plissées;

ces plis superficiels que nous rencontrerons d'ailleurs chez d'autres Trichodinides, donnent aux Infusoires qui les présentent, un aspect ridé et
comme vieillot.

Les deux plans passant par l'appareil de fixation et par le péristome,
sans être aussi inclinés, l'un par rapport à l'autre, que chez la Lienophora, ne sont pas encore parallèles. Du reste, soumis à de continuelles
contractions, l'Urceolaria est un être essentiellement métabolique et la
figure que nous en donnons, ne peut que représenter un de ses aspects
les plus habituels.

Le corps tout entier est incolore, mais présente vers sa partie centrale,
des granulations réfringentes qui deviennent de plus en plus rares vers
sa périphérie.

La longueur du corps varie entre 0,140 et 0,092. Sa largeur prise au
niveau du péristome est à peu près égale à sa hauteur.

Le péristome de l'*Urceolaire mitra* représente sous sa forme la plus
exagérée la disposition type de celui des Trichodinides, c'est-à-dire
qu'il se compose d'une spirale ciliaire qui fait le tour de la partie supérieure du corps et vient s'ouvrir dans une bouche située latéralement.
Mais le tour de spire décrit par cette rangée de cils étant très allongé,
il en résulte que le sommet du corps se trouve terminé par une sorte
d'hélice dont les bords sont garnis de cils et qui ne décrit qu'un seul
tour.

L'appareil de fixation représente le type de passage entre celui des
Lienophora et celui si compliqué des Trichodines, il se compose d'une
cupule striée dans l'intérieur de laquelle on aperçoit un anneau de
soutien, lisse et sans appendices d'aucune sorte. Vu de profil, cet anneau
apparaît pourtant, composé d'articles semblables entre eux, se recouvrant les uns les autres. Autour de la cupule striée s'insère un cercle de
cils très fins dépassant notablement les bords du corps et servant à la
fois d'organe fixateur et locomoteur.

Le Protoplasma est fort transparent et présente sur toute la périphérie
du corps une homogénéité parfaite. On reconnaît difficilement l'ectoplasma. Vers le centre au contraire, un certain nombre de globules plus
ou moins jaunâtre viennent l'opacifier.

Sur des individus fixés à l'acide osmique et colorés au carmin aluné
acétique, le noyau présente l'apparence d'un corps cylindrique, très
allongé, recourbé sur lui-même en forme de C. Parfaitement homogène
sur le vivant, il se montre, après fixation, composé de segments irréguliers formés eux-mêmes de petites masses chromatiques fortement pressées les unes contre les autres. Tous les segments placés bout à bout,
sont entourés d'une commune membrane d'enveloppe qui se sépare un
peu du noyau après la fixation.

La vésicule contractile placée près de la bouche, ou pour mieux dire,
à côté du pharynx, ne présente rien de particulier.

Je n'ai pas observé la division de cet Urcéolaire, mais je crois qu'il se
divise longitudinalement comme ses congénères, les *Leiotrocha* et les
autres Trichodinides.

LEIOTROCHA (n. g.).

Ce genre nouveau a été fondé pour recevoir une espèce qui présente des caractères tout à fait particuliers. L'anneau de soutien, la cupule fixatrice et la couronne ciliaire de l'appareil de fixation présentent exactement la même disposition que chez l'*Urceolaria*, seulement, au-dessus de la couronne ciliaire vient s'insérer une seconde couronne de cirrhes, longs comme le corps environ, épais à leur base et implantés les uns à côté des autres. Cette couronne de cirrhes peut être considérée comme l'homologue du velum rudimentaire, observé déjà chez la *Licnophora*, et du velum bien développé que nous trouverons chez les vraies *Trichodina*.

Nous caractériserons donc ainsi le genre *Leiotrocha* : — *Appareil de fixation composé d'une cupule striée, d'un anneau de soutien non denté, d'une couronne ciliaire et d'une couronne de cirrhes.*

LEIOTROCHA SERPULARUM (n. sp. — Fig. 9-18).

Cette espèce vit en parasite sur les lamelles branchiales des Serpules, où je l'ai trouvée constamment, et à coup sûr pendant tout l'été de 1886 à Concarneau.

Pour l'étudier commodément on se procure de vieilles coquilles portant des tubes de serpules et on les dépose dans un grand verre plein d'eau de mer aérée; les serpules ne tardent pas à sortir leurs jolis panaches rouges, et l'on remarque alors quels sont les tubes qui sont habités. Choisissant un de ceux-ci, on en brise peu à peu la portion antérieure, jusqu'au moment où l'on met à nu le faisceau des branchies, on coupe celles-ci à leur point de jonction avec le corps, on les porte dans une goutte d'eau de mer, on en sépare l'opercule qui par son épaisseur empêcherait la compression nécessaire à l'étude et enfin l'on couvre d'une lamelle après avoir un peu écarté les filaments branchiaux les uns des autres. L'on évite de cette manière l'introduction dans la préparation d'une grande quantité du sang de la Serpule, qui en modifiant la densité du milieu, tue immanquablement les parasites. La première précaution dans l'étude de ces êtres consiste à leur fournir un milieu aussi normal que possible. Dans ces conditions, on peut les étudier pendant une heure ou deux sans aucune déformation (fig. 9).

Observée dans ces conditions et en pleine extension, la *Leiotrocha serpularum* se présente à nous, sous la forme d'un cylindre surbaissé et légèrement incliné sur sa base, et dont la hauteur égale à peu près la moitié du diamètre. La surface de ce cylindre n'est point unie, mais porte des plis, des cassures qui lui donnent un aspect chiffonné, analogue à celui de l'*Urceolaria mitra*. Tel est l'aspect de l'individu vu en pleine extension, mais cet état n'est pas constant, car le corps est continuellement soumis à des aplatissements rapides qui le réduisent brusquement de plus des deux tiers de sa hauteur. Souvent aussi le Leiotrocha demeure ainsi, sans s'étendre de nouveau, pendant plusieurs minutes, et

rabaisse alors sa couronne de cirrhes qui vient recouvrir et cacher la couronne ciliaire inférieure (fig. 10).

La dimension des individus, varie entre 0==025 et 0==040 de large sur 0==015 à 0==020 de haut.

Le corps tout entier est incolore.

A la partie supérieure du corps et passant par un plan un peu incliné par rapport à celui de l'appareil de fixation, se trouve le système ciliaire prébuccal, le péristome; le système ciliaire se compose d'un seul tour de spire de cils épais à leur base, rangés sur plusieurs lignes parallèles et très rapprochés et qui, partant d'un des côtés du péristome, contournent le corps en formant une spirale excessivement faible, puis reviennent en descendant sur sa paroi même, pour pénétrer dans l'ouverture œsophagienne. Celle-ci se trouve donc placée latéralement sur la paroi du cylindre. C'est en somme la même disposition que celle que nous avons observée chez l'*Urceolaria mitra*, mais ici la spirale est plus aplatie. J'ai très bien observé chez cette forme, une soie de Lachmann, insérée dans l'œsophage et faisant saillie au dehors.

L'appareil de fixation se complique ici d'un cercle de cirrhes que nous n'avons encore observé chez aucune des formes précédentes. Il se compose donc d'une cupule striée, d'un anneau lisse, d'un cercle de cils et d'un cercle de cirrhes. Je me suis longuement étendu sur ces organes à la partie générale et me borne pour éviter les répétitions à y envoyer le lecteur.

Le protoplasma est nettement divisé en ectoplasma et en endoplasma; sur le vivant, on distingue fort bien ces deux couches et la figure 13 montre de quelle manière la vésicule contractile est incluse dans le premier.

Le noyau du *Leiotrocha* présente une forme tout à fait particulière et qui le rapproche un peu de celui de la *T. asterici* de Gruber. Il se compose d'une masse circulaire aplatie et profondément échancrée sur tout son pourtour.

Cette masse repose à plat sur la face interne de la cupule striée. En deux points diamétralement opposés de cette masse lobée partent deux longs prolongements cylindriques, qui, rampant le long des parois du corps s'élèvent verticalement jusque vers le péristome. Ces prolongements sont constants dans les noyaux à l'état quiescent. La masse qui compose le noyau est très homogène et c'est à peine si avec l'immersion à l'huile 1/18, on peut y distinguer une fine structure granuleuse.

Dans une des échancrures du noyau se trouve inséré un nucléole arrondi de structure aussi homogène et se colorant fortement par le carmin aluné acétique.

La vésicule contractile est placée contre le pharynx; dans certaines circonstances elle se montre entourée de petites vésicules secondaires, mais je crois que cette forme anormale est due aux altérations du milieu.

Le *Leiotrocha serpularum* se divise longitudinalement. Le processus a été décrit en détail page 237.

ANHYMENIA n. g.

Avec le genre *Anhymenia* nous arrivons aux trichodinides munis d'une roue dentée et dont la forme la plus simple ne diffère de l'*urceolaria* que par ce soul caractère.

Nous caractériserons donc ce genre par : *une cupule striée, un anneau de soutien denté et un cercle de cils*.

Dans ce genre, rentrent deux espèces décrites avant nous sous le nom générique de Trichodina; ce sont l'*A. scorpenæ* Robin et l'*A. Steinii* C. et L.

ANHYMENIA SCORPENÆ. Robin (fig. 23-26).

Cet urcéolaire a été découvert par Robin en 1879 à Concarneau sur les branchies des Scorpènes et des Trigles. Je l'ai retrouvé en abondance dans la même localité et sur les mêmes hôtes. L'étude de l'*Anhymenia* méritait d'être reprise, car, pas plus que ses devanciers, Robin n'a su en voir la forme normale; de plus, ses dessins de l'anneau de soutien sont tout à fait schématiques et ne donnent aucune idée de la constitution de cet organe.

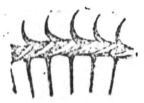

Anhymenia Scorpenæ.

Pour bien voir le parasite des scorpènes, la manière de procéder la plus commode est la suivante : On prend avec un linge un de ces poissons, et avec des ciseaux un peu forts on lui sectionne rapidement tous les arcs branchiaux, puis on les remet dans un réservoir d'eau courante. L'animal ne tarde pas à mourir par hémorrhagie et le sang vivement chassé au dehors par ses contractions ne séjourne pas dans la chambre branchiale. Sur une scorpène ainsi traitée, les lamelles des branchies sont pâles et exangues. A ce moment on en détache quelques-unes avec des ciseaux fins et on les porte sur une lame dans une goutte d'eau de mer. On comprend que de cette façon le sang ne vient pas se mélanger à l'eau, en changer la densité et produire ainsi la déformation immédiate de parasites.

L'*Anhymenia Scorpenæ* en pleine extension présente non pas comme l'a donné Robin, la forme en turban mais bien celle d'un disque plus ou moins élevé et légèrement bombé à sa face supérieure. Le corps est contractile et peut s'aplatir ou se relever plus ou moins.

La dimension varie entre 0^{mm},040 et 0^{mm},50 de largeur.

La coloration est légèrement jaunâtre.

Le péristome spiralement disposé comme celui de toutes les trichodinides ne présente rien de particulier.

L'appareil de fixation se compose d'une cupule striée, dans l'épaisseur
de laquelle est inséré un anneau de soutien. Cet anneau porte des dents
à sa partie externe et à sa partie interne et comme je l'ai déjà dit, ces dents
présentent pour chaque espèce de trichodinide une disposition spéciale.
Chez l'*Anhymenia* que nous étudions, chaque article de la roue se compose d'une dent externe épaisse qui, se dirigeant d'abord horizontalement,
ne tarde pas à se recourber pour prendre une direction verticale. Immédiatement en rapport avec la dent externe, se trouve une dent moyenne
en faucille qui, avec la portion horizontale de la dent externe, contribue
à former le corps de l'anneau. Cette dent moyenne s'étend presque horizontalement de façon à venir se placer au-dessous de la dent externe de
l'article qui lui fait suite et c'est à son extrémité que se trouve insérée la
dent interne du même article. Il en résulte que, lorsqu'on examine les
rapports des articles entre eux, on reconnaît que chaque dent interne
n'appartient pas à l'article qui porte la dent externe à laquelle elle correspond mais bien à l'article qui précède celui-ci.

Les dents moyennes sont séparées les unes des autres par un petit
espace clair en forme de faux.

Lorsque l'on veut limiter la région où s'arrêtent les dents internes, on
s'aperçoit qu'elles ne vont point jusqu'au centre de la cupule striée et
qu'elles ne s'arrêtent point brusquement à un point donné mais s'éva-
nouissent et se perdent en quelque sorte dans la substance même de
cette cupule.

Le protoplasma de l'*Anhymenia scorpenæ* est clair, transparent et contient de nombreuses granulations réfringentes.

A l'état quiescent, le noyau a la forme d'un corps cylindrique allongé,
reposant sur la face interne de la cupule striée. Au moment de la division, il se ramasse sur lui-même et prend une forme régulièrement
ovoïde. Il est toujours accompagné d'un petit nucléole.

La vésicule contractile est placée près du pharynx.

Telle est la forme normale de cette trichodinide, mais j'ai trouvé dans une
préparation où presque tous les individus étaient sur le point de se diviser,
des formes très curieuses que je considère comme des phases de division,
phases que je n'ai pu malheureusement relier les unes avec les autres.
C'est ainsi que j'ai observé des individus dont le noyau était ramassé sur
lui-même et dont l'anneau de soutien présentait la curieuse disposition
que nous montre la figure 6. Cette forme d'anneau semblerait prouver
que la division de l'appareil de soutien est précédée d'une sorte de fusion
ou de déformation de l'anneau qui serait ensuite suivie d'une régénéra-
tion après la division.

Dans la même préparation j'ai trouvé des individus à noyau ramassé
et qui présentaient tantôt 13, tantôt 25 et jusqu'à 34 dents. Comme on le
voit, le nombre des dents ne peut être considéré comme un *caractère*
spécifique puisqu'il varie dans de telles proportions chez la même espèce.

ANHYMENIA STEINII *C.* et *L.* (fig. 19-22).

Vit en compagnie de l'*Urceolaria mitra* sur les planaires d'eau douce. Claparède et Lachmann, qui l'ont découverte, n'en donnent que les figures des faces supérieure et inférieure. D'après ces auteurs l'anneau de soutien de cette espèce serait dépourvu de dents internes, nous verrons plus loin que ce caractère n'est pas tout à fait exact. Je pense que l'on peut assimiler à cette forme la *T. digitodiscus* de Stein, caractérisée d'après cet auteur par la présence d'une seconde roue dentée, inscrite concentriquement dans la première. Ce caractère, qui n'est pas constant et que je pense être une forme de division, se trouve parfois chez l'*Anhymenia steinii*.

Ce qui frappe tout d'abord, quand on étudie cet être, c'est sa forme extraordinairement surbaissée, même à l'état de pleine extension. On croirait voir un palet cilié sur le pourtour de ses arêtes. Ses mouvements sont peu actifs et il change peu de place, tournant plutôt sur lui-même mais lentement.

Son diamètre varie entre $0^{mm},038$ et $0^{mm},050$ de large.

Le péristome présente une spirale excessivement aplatie; il est susceptible d'une certaine contraction vers l'intérieur, mais jamais au point de faire disparaître les cils dans le sillon ainsi formé.

L'organe de fixation se compose d'une cupule striée et d'une couronne ciliaire sans particularités d'aucune sorte. L'anneau de soutien seul, mérite de fixer notre attention.

Anhymenia Steinii.

La dent externe est recourbée en crochet comme dans l'*A. scorpæna*; la dent moyenne, au lieu d'être comme chez cette espèce, recourbée en faucille, est, au contraire, parfaitement rectiligne et se prolonge jusqu'au-dessous de la dent externe de l'article suivant. Chaque dent moyenne est séparée de sa voisine par un espace clair, triangulaire et non plus en forme de faux comme chez l'*A. scorpæna*. Enfin, la dent interne perpendiculairement insérée à la dent moyenne au-dessous de la dent externe de l'article suivant, est large, courte et vaguement indiquée, elle apparaît plutôt comme une expansion membraneuse que comme une véritable dent; c'est ce qui explique pourquoi elle a échappé à l'observation de Claparède et Lachmann.

Chez quelques individus, on observe à l'intérieur de l'anneau denté une seconde couronne composée de petits articles en virgule, sans connexion entre eux et se recouvrant les uns les autres. C'est là, je pense, la seconde roue dentée signalée par Stein chez la *T. digitodiscus*.

Le protoplasma est transparent, légèrement jaunâtre et rempli de granulations de volume variable.

Le noyau est cylindrique, recourbé en C et repose sur la face interne de la cupule striée. Sur les individus fixés à l'acide osmique et colorés au carmin aluné acétique, il paraît composé d'une masse granuleuse creusée de vacuoles de volume variable renfermant chacune un ou deux globules chromatiques.

La vésicule contractile est placée contre le pharynx et ne présente rien de particulier.

Je n'ai pas observé la division de cette *Anhymenia*.

A ces deux espèces, il conviendrait probablement d'ajouter dans le même genre la *T. baltica* Quenn observée sur la *Neritina fluviatilis*. D'après les figures qu'en donne Quennerstedt, l'anneau de soutien serait caractérisé par la forme arrondie de l'extrémité des dents moyennes. Quoi qu'il en soit, il serait à désirer qu'on pût retrouver et étudier de nouveau cette espèce d'Urcéolaire.

CYCLOCYRRHA n. g.

Je crée ce genre pour deux espèces de trichonididés caractérisées par : *une cupule striée, un anneau de soutien denté, un cercle de cils et un cercle de cirrhes.*

La première de ces deux espèces a été figurée et décrite par Gruber sous le nom de *T. asterisci*, la seconde a été trouvée par moi sur l'*Ophiothrix fragilis* à Concarneau.

CYCLOCYRRHA OPHIOTHRICIS n. s. (fig. 27-29).

Cette forme vit en parasite à la surface de l'*Ophiothrix fragilis*; pour l'étudier commodément, on enlève avec des ciseaux des petits fragments de la superficie de l'hôte et on les porte dans une goutte d'eau de mer.

Le *Cyclocyrrha ophiothricis* rappelle un peu par son aspect général celui du *Leiotrocha serpularum*, mais il en diffère par la disposition des plis qui couvrent la surface de son corps ; ces plis sont disposés plus ou moins longitudinalement et donnent à l'être examiné de face un aspect côtelé tout à fait caractéristique.

Il mesure environ $0^{mm},047$ de diamètre.

Le péristome en spirale ne présente rien de particulier.

L'appareil de fixation se compose d'une cupule striée et d'un cercle de cils sans particularités spéciales. Les cirrhes qui forment une seconde couronne au-dessus de la couronne ciliaire sont fins, assez éloignés les uns des autres et se tiennent d'habitude relevés le long du corps.

L'anneau de soutien présente une forme particulière : La dent externe et la dent moyenne sont soudées l'une à l'autre par leurs faces sur une assez grande longueur; de plus, la dent moyenne ne dépasse pas la dent externe et ne s'étend pas par conséquent au-dessous de la dent externe de l'article suivant, ainsi que nous l'avons vu chez les *Anhymenia*. Elle est légèrement recourbée vers le centre de l'anneau et son extrémité un peu renflée porte une dent interne mince et nettement marquée. Il n'existe pas entre les dents moyennes cet espace, clair, triangulaire ou en faux que nous avons vu chez les deux espèces du genre Anhymenia. Le protoplasma est incolore et transparent.

Le noyau en forme de boudin cylindrique, enfin, la vésicule contrac-

Cyclocyrrha Ophiothrichis.

tile placée, comme chez les autres espèces, près du pharynx, ne présentent rien de particulier.

Je n'ai pas observé la multiplication de cette espèce.

Le *Cyclocyrrha astérisci* de Gruber se distingue suffisamment de cette espèce par la forme de son noyau qui, à l'état quiescent, est un disque multilobé. Je n'ai pas eu occasion de la rencontrer, bien que je me sois tout particulièrement livré à cette recherche dans l'espoir de dessiner et d'étudier la forme de son anneau de soutien que Gruber a malheureusement omis de figurer. Je ne puis donc que m'en rapporter à l'autorité du savant professeur de Fribourg, qui mentionne implicitement la présence d'une roue dentée chez son espèce en la comparant à celle observée par J. Clark chez la *T. pediculus*.

TRICHODINA *Ehr.*

Je range dans l'ancien genre fondé par Ehrenberg, les formes dont la couronne ciliaire est recouverte d'un velum ou membrane que l'on peut considérer comme l'homologue du cercle de cirrhes des *Leiotrocha* et des *Cyclocyrrha*. Ainsi limité, le genre Trichodina se caractérise par : *une cupule striée, un anneau de soutien denté, une couronne de cils et un velum*. Il comprend actuellement deux espèces, la première est la *T. pediculus*, depuis longtemps connue, la seconde est une forme nouvelle que j'ai trouvée sur les branchies des Scorpènes et que je nommerai à cause de la forme spéciale de son anneau de soutien *Trichodina bidentata*.

Les observations que j'ai pu faire sur la *Trichodina pediculus* rencontrée sur différents animaux étant trop incomplètes pour que j'en donne ici une description, je me bornerai à décrire la *T. bidentata* et ensuite je relaterai les quelques faits intéressants que j'ai pu observer à propos de la *Trichodina pediculus*.

TRICHODINA BIDENTATA n. sp. (fig. 30).

Cette trichodine vit en compagnie des *Anhymenia scorpenae* sur les branchies des Scarpènes. Pour l'étudier on procède de la manière indiquée plus haut à propos de l'*Anhymenia*.

Comme forme générale, la *Trichodina bidentata* se rapproche assez de l'*Anhymenia* en compagnie de laquelle on la rencontre. Je ne la décrirai donc pas en détail et m'attacherai surtout à l'étude de son appareil de fixation.

Trichodina bidentata.

La taille est un peu supérieure à celle de l'Anhymenia; elle mesure environ 0ᵐᵐ,060 de diamètre.

Outre la cupule striée et la couronne ciliaire, la *T. bidentata* possède un velum et un anneau denté. Le velum inséré au-dessus de la couronne ciliaire ne dépasse pas les bords du corps sur l'individu vu par sa face inférieure. L'anneau de soutien est tout à fait remarquable. Il est composé d'articles analogues à ceux des autres trichodinides, c'est-à-dire que chaque article comprend une dent externe, une moyenne et une interne; mais ici la dent externe se dédouble de façon à former deux dents, qui, très écartées par leur base, se rejoignent à leur partie supérieure en laissant entre elles un espace triangulaire clair. La dent moyenne est droite, courte et s'avance seulement un peu au delà de la première dent externe sans atteindre la seconde. Elle porte à son extrémité une dent interne oblique, brusquement tronquée. Chaque article est séparé de ses voisins par une ligne claire qui s'étend aussi bien entre la branche commune des dents externes qu'entre les dents moyennes.

A l'état quiescent, le noyau de cette trichodine présente une forme cylindrique recourbée en C.

J'avais cru tout d'abord rencontrer là une phase de division de l'*Anhymenia scorpena*, mais lorsque je constatai la présence d'un velum et que je reconnus également la forme quiescente du noyau, je fus bien contraint d'admettre que j'avais affaire à une forme absolument indépendante de la première.

TRICHODINA PEDICULUS. Müller.

Je n'ai jamais rencontré la *Trichodina pediculus* sur l'hydre d'eau douce, son hôte habituel. Par contre, j'ai observé, sur plusieurs autres animaux, des espèces que je crois pouvoir identifier à celle de l'hydre.

La Trichodine endoparasite du Triton, par exemple, récemment découverte par Rosseter, et que j'ai eu l'occasion d'étudier au mois de mars 1887, ne diffère en rien de celle décrite par J. Clark. Elle possède un velum comme cette dernière; son seul caractère particulier est d'avoir un protoplasma uniformément rempli de granulations réfringentes, qui lui donnent un aspect caractéristique; mais cette constitution de l'endoplasma tient évidemment au milieu tout à fait particulier dans lequel vit cette forme.

J'ai eu également l'occasion d'observer, en préparations fixées seulement, des Trichodines trouvées par M. J. Schmitt sur des épinoches. Je donne ici la figure que j'ai faite de leur anneau de soutien; mais bien que parfaitement fixées et conservées, ces préparations ne m'ont pas permis de reconnaître la présence d'un velum. Je ne puis donc rapporter avec certitude au genre *Trichodina* les parasites de l'épinoche.

Trichodina pediculus (?).

J'ajouterai, enfin, que M. Henneguy m'a montré, au Collège de France, des Trichodines qu'il avait trouvées dans l'intestin et dans la vessie de la grenouille, et qu'il avait déterminées comme des *Trichodina pediculus*.

Ici s'arrête la partie de ce travail qui concerne la famille des Urcéolaires. Ainsi qu'on a pu le voir, cette étude est loin d'être une monographie; elle laisse encore dans l'ombre bien des points de l'histoire de ces êtres et non des moins intéressants; mais j'ai tenu à montrer que l'on pouvait, par une étude attentive de leur organisation, y découvrir des variations nombreuses de structure; j'ai tenu surtout à faire ressortir l'importance que l'on doit attacher à la forme de l'anneau de soutien et non au nombre des dents qui le composent. Je ne doute pas que des observations ultérieures n'amèneront la découverte d'un grand nombre de formes nouvelles et intéressantes, et c'est dans l'espoir de faciliter les recherches et les observations sur ces curieux Infusoires que j'ai écrit ces lignes.

Il ne me reste plus maintenant, avant de clore ce travail, qu'à décrire quelques formes voisines des Urcéolaires que j'ai rencontrées en étudiant les divers individus de cette famille. Ces formes sont au nombre de trois. La première ne se rapporte à aucun genre connu, et j'ai dû créer pour elle un genre nouveau : *Hemispeira*; les deux autres sont une *Rhabdostyla* et une *Scyphidia*.

HEMISPEIRA n. g. ASTERIASI n. sp. (Fig. 31-33.)

Vit sur les branchies dermiques de l'*Asterias glacialis*. Pour l'étudier, on met un de ces animaux dans un cristallisoir plein d'eau de mer ; ses branchies dermiques se gonflent, et il est facile d'en détacher quelques-unes avec des ciseaux fins.

L'*Hemispeira*, comme le *Trichodinopsis paradoxa*, réunit à la fois les caractères des holotriches et ceux des péritriches; il est, en effet, muni

Je me bornerai aujourd'hui à la décrire sans chercher à lui assigner une place dans la classification, et ce sera, je pense, une des formes les plus difficiles à loger dans l'échelle des Cilies. C'est à ce titre surtout qu'elle est intéressante; elle semble réunir les caractères des Cyclidium, ciliés holotriches, des Trichodinides, ciliés péritriches, et enfin de certains hétérotriches.

RHABDOSTYLA ARENICOLÆ (n. sp. — Fig. 34-40).

Je rattache au genre *Rhabdostyla* une espèce qui vit en grand nombre sur les houppes branchiales de l'*Arenicola piscatorum*, bien que la forme de son péristome diffère de celle de la plupart des Vorticellides.

Sa forme rappelle tout à fait celle d'un verre à champagne; c'est un long cornet contractile fixé sur un pied de longueur variable et non contractile.

A la partie supérieure, la plus évasée, se trouve le péristome. Ce péristome présente la forme d'un bourrelet circulaire qui, à un point de sa circonférence se bifurque pour donner naissance au bord du disque contractile. Ce disque se trouve dor : attaché par un de ses bords au péristome, dont il fait pour ainsi dire partie en ce point; peu à peu, il se détache de celui-ci par un sillon demi-circulaire, qui faisant le tour du corps, arrive jusqu'à la bouche placée au fond du sillon, dans l'intérieur du péristome et au niveau de sa bifurcation.

Le système ciliaire se compose d'une spirale de cils fins et égaux, insérés sur les bords du disque contractile et descendant dans l'intérieur du sillon, jusque dans la bouche et le pharynx.

Au moment de la contraction, le péristome se contracte en sphincter et entraîne à l'intérieur du corps tout le disque contractile.

Les dimensions de cette *Rhabdostyla* varient beaucoup; la plupart des individus mesurent 0^{mm}015-0^{mm}06) de longueur, sans le pédoncule, j'en ai trouvé pourtant de grand individus qui mesuraient le double de cette longueur.

La surface du corps est finement striée transversalement.

Le pédoncule non contractile peut manquer complétement chez les individus qui viennent de se fixer, d'autres fois; chez les individus les plus grands surtout, il atteint la longueur du corps.

Le protoplasma est incolore, transparent et renferme vers le centre du corps quelques granulations.

Le noyau en boudin, à l'état quiescent, est généralement pelotonné à la partie supérieure du corps et pénètre même quelquefois jusque dans le disque contractile.

La vésicule contractile placée contre le pharynx, présente des contractions excessivement lentes, une fois toutes les cinq minutes environ, à la température de 22°.

La manière dont la *Rhabdostyla arenicolæ* passe de l'état fixe à l'état de vie errante est assez curieuse à observer. Vers le tiers inférieur du corps apparaît un bourrelet circulaire, d'abord simple (fig. 34-39. *g.*), mais qui ne tarde pas à se creuser à sa surface d'un sillon qui le divise en

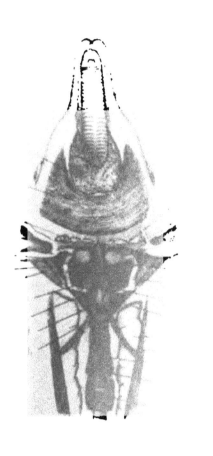

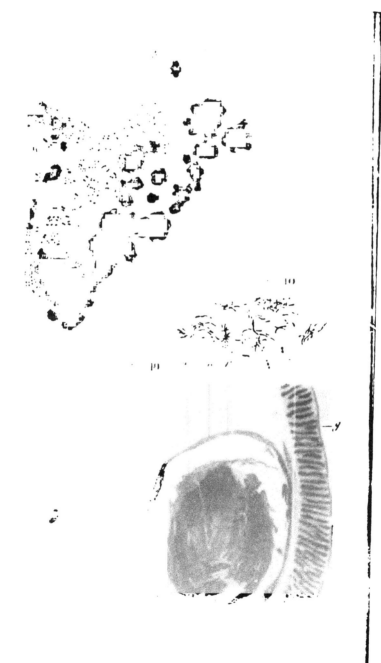

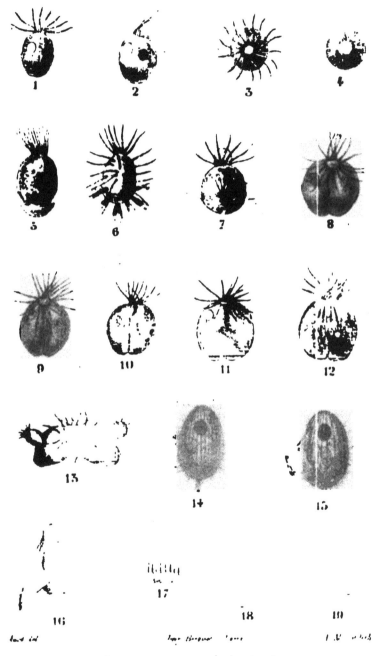

RECHERCHES SUR LA DISTRIBUTION

DES

VAISSEAUX SPERMATIQUES

CHEZ LES MAMMIFÈRES ET CHEZ L'HOMME

Par BIMAR

Agrégé à la Faculté de médecine de Montpellier.

(PLANCHE XI)

Les divers auteurs qui traitent de l'anatomie du testicule des mammifères semblent s'être peu occupés de la distribution des vaisseaux sanguins de cet organe. Cuvier (1) se borne à mentionner les rapports des artères du testicule avec le corps d'Highmore : « Les principales artères du testicule, dit-il, paraissent ramper le long de ce corps, et c'est de ses différents points qu'elles envoient dans la substance de la glande leurs plus fines ramifications. »

Dans son remarquable ouvrage, M. Milne Edwards (2) indique seulement que « les artères du testicule pénètrent « dans cette glande par le corps d'Highmore. Quelques bran- « ches superficielles cheminent dans l'épaisseur de la tunique « albuginée ; mais les autres s'avancent davantage vers le « centre, puis rayonnent vers la circonférence en suivant les « cloisons interlobulaires et leurs divisions forment autour des « canalicules spermatiques un réseau à longues mailles. » Quant aux veines, l'auteur se borne à rappeler la disposition plexiforme qu'elles affectent à leur sortie du testicule (*plexus pampiniforme*). MM. Chauveau et Arloing donnent de bonnes indications sur les vaisseaux spermatiques du cheval (3) ; mais la

---

(1) *Leçons d'anatomie comparée,* par G. Cuvier et G.-L.-Duvernoy, 1846. Tome VIII, p. 106.

(2) *Leçons sur la physiologie et l'anatomie comparée de l'homme et des animaux.* Tome IX, p. 16.

(3) *Traité d'anatomie comparée des animaux domestiques.* 3ᵉ édition. 1879, p. 603, 993 et 934.

description adoptée par ces auteurs, exacte dans son ensemble, manque un peu de détails.

Pour compléter cette bibliographie, j'indiquerai une note communiquée à l'Académie des sciences par mon maître, le professeur Rouget (1); dans laquelle l'auteur fait connaître les rapports du muscle propre du cordon et du testicule avec le plexus pampiniforme qu'il considère comme un véritable corps érectile annexé à la glande spermagène.

Je signalerai, enfin, un travail de M. Laulanié (2) relatif à un renflement érectile de la portion terminale de l'artère spermatique qui précède, chez le fœtus de brebis et de vache, les remarquables flexuosités que cette artère présente chez l'adulte.

Tels sont les seules indications bibliographiques que j'ai trouvées dans la littérature française sur les vaisseaux spermatiques des mammifères. La littérature étrangère ne renferme pas, que je sache, de document plus important sur cette question.

Il y avait là une lacune à combler : c'est ce que j'ai tenté de faire à l'aide des recherches que j'ai poursuivies chez divers mammifères domestiques et dont je vais exposer les résultats. Je comparerai ensuite les vaisseaux spermatiques de ces animaux avec ceux de l'homme et je serai ainsi amené à faire connaître les recherches que j'ai poursuivies parallèlement chez ce dernier.

RUMINANTS : TAUREAU, BÉLIER.

Artère spermatique ou grande testiculaire. — Avant d'aborder le testicule, ce vaisseau décrit un grand nombre de flexuosités, pressées les unes contre les autres, dont l'ensemble constitue un paquet en forme de cône allongé, reposant par sa base sur l'extrémité supérieure de la glande. En déroulant avec soin ce paquet vasculaire sur des pièces injectées, j'ai constaté que ces flexuosités, inextricables en apparence, comprenaient en réalité deux systèmes principaux : 1° de petits anneaux ou segments d'anneaux formés par la brusque in-

(1) *Comptes rendus de l'Académie des sciences.* Année 1857, p. 902.
(2) *Comptes rendus de la Société de Biologie.* 15 novembre 1884.

flexion de l'artère sur elle-même ; 2° des anneaux plus grands augmentant de diamètre du sommet à la base du cône, et supportant chacun un nombre variable de petits anneaux. On pourrait représenter schématiquement ces flexuosités à l'aide d'un fil de fer sur la longueur duquel on pratiquerait une première série de petits anneaux régulièrement espacés, et que l'on disposerait ensuite en hélice à tours rapprochés. Ce cône artériel, complètement déroulé, ne mesure pas moins de 2 mètres de longueur chez le bélier.

Après avoir décrit ces circonvolutions, l'artère s'insinue dans l'épaisseur de la tunique albuginée, descend le long du bord postérieur du testicule et se divise dichotomiquement en plusieurs branches ; celles-ci fournissent un grand nombre de rameaux qui montent en serpentant sur la face interne de l'albuginée et pénètrent ensuite dans le parenchyme testiculaire, en suivant les cloisons interlobulaires. Arrivés au corps d'Highmore, qui occupe, comme on le sait, chez la plupart des mammifères, le centre de la glande, ces rameaux artériels se recourbent et se dirigent vers la périphérie, décrivant ainsi des arcades d'où naissent les ramuscules destinés aux lobules et au corps d'Highmore.

Je me borne à mentionner les rameaux épididymaires qui naissent, au nombre de trois ou quatre, de la portion enroulée de l'artère spermatique et sont remarquables, eux-mêmes, par leurs nombreuses flexuosités.

Veines spermatiques. — Les veines intra-testiculaires rayonnent du centre de la glande vers la périphérie, en suivant les cloisons interlobulaires. Arrivées à la face profonde de l'albuginée, elles s'incrustent dans l'épaisseur de cette membrane et gagnent l'extrémité supérieure du testicule, tellement nombreuses et rapprochées qu'elles forment une véritable nappe vasculaire superposée aux ramifications artérielles ; leur diamètre, assez uniforme, varie entre $0^{mm},5$ et $1^{mm},5$; les plus volumineuses occupent le bord postérieur du testicule. Toutes ces veines sortent de la glande par son extrémité supérieure et présentent, à ce niveau, une remarquable disposition qui me paraît ne pas avoir été décrite : elles se divisent brusquement en pinceaux et donnent ainsi naissance à une prodigieuse quantité de petites veines de $0^{mm},3$ à $0^{mm},4$ de diamètre, qui

forment un riche plexus correspondant au plexus spermatique
de l'homme.

Ce plexus se présente sous l'aspect d'une masse spongieuse
conoïde de $0^{mm},12$ de longueur environ, attenante par sa base
au testicule et terminée à son sommet par deux veines qui se
confondent plus loin en un seul tronc, la veine spermatique.
Lorsqu'il est rempli de matière à injection, ce plexus forme
un bloc dense et compacte, ayant une certaine analogie avec
un corps caverneux injecté; mais l'examen microscopique de
coupes fines montre qu'il est uniquement constitué par de
petits vaisseaux veineux. Ces petites veines résultent, comme
je l'ai dit plus haut, de la division des veines efférentes du testicule. Elles ont une direction générale ascendante; dans leur
trajet elles s'accolent, se fusionnent par place, échangent d'innombrables communications et forment ainsi un vaste réseau
dont les mailles entièrement serrées ne dépassent guère le diamètre de ces vaisseaux. Dans la moitié inférieure du plexus, ces
veines conservent leurs petites dimensions; dans la moitié supérieure, elles augmentent progressivement de diamètre en
diminuant de nombre et se réduisent peu à peu aux deux
vaisseaux précités.

Ce plexus reçoit les veines de l'épididyme, condensées en
plusieurs faisceaux plexiformes et affecte avec le cône artériel
les rapports les plus intimes : c'est dans son épaisseur même
que l'artère spermatique décrit ses méandres compliqués, de
telle sorte que les deux éléments artériel et veineux s'entrela-
cent pour former un cône vasculaire unique. On se rend bien
compte de ces rapports en examinant au microscope, à l'aide
d'un faible grossissement, des coupes fines de ce cône ; on
reconnaît de distance en distance les coupes de l'artère qui se
présentent sous des inclinaisons diverses, transversales, obliques et longitudinales et, entre elles, de véritables îlots de
sections veineuses séparées les unes des autres par des faisceaux de tissu conjonctif. On constate, en outre, sur ces préparations la richesse en fibres musculaires lisses des parois de
l'artère et des vaisseaux veineux.

PACHYDERMES. — SOLIPÈDES : CHEVAL, ANE.

Artère spermatique. — Cette artère présente une disposition analogue à celle des Ruminants. Elle décrit des flexuosités de même ordre, mais moins nombreuses, moins serrées et formant ensemble un paquet conoïde qui, une fois déroulé, mesure environ un mètre de longueur. Elle s'engage ensuite dans l'épaisseur de la tunique albuginée, en dedans de la tête de l'épididyme, longe le bord postérieur, contourne l'extrémité inférieure et monte le long du bord antérieur du testicule. Les branches qu'elle fournit naissent à angle droit et donnent de nombreux rameaux flexueux qui rampent sur les faces de l'organe pour pénétrer ensuite dans le parenchyme testiculaire, en suivant les cloisons interlobulaires, et s'épuiser en ramuscules nombreux. Ces rameaux intra–testiculaires ne présentent que rarement la disposition en arcade que j'ai constatée chez les Ruminants.

L'artère spermatique fournit, en outre, au moment où elle s'enfonce dans la tunique albuginée, un ou deux petits rameaux qui pénètrent directement dans la substance glandulaire et s'y distribuent.

Je n'ai rien de particulier à dire sur les rameaux épididymaires.

Veines spermatiques. — Les veines du testicule suivent deux trajets différents : 1° les unes (périphériques) se dirigent vers l'albuginée, se logent dans l'épaisseur de cette membrane et montent vers le bord supérieur du testicule ; elles se comportent comme chez les Ruminants mais sont beaucoup moins nombreuses. 2° Les autres (centrales) convergent de la périphérie de la glande (où elles forment des étoiles analogues aux étoiles de Verheyen, du rein) vers un gros vaisseau collecteur qui occupe le centre du testicule, va sortir en dedans de la tête de l'épididyme, se recourbe en arrière, puis devient ascendant et se confond avec les veines du plexus spermatique, après avoir reçu un certain nombre de veines périphériques.

Le plexus spermatique résulte, comme chez les Ruminants, de la brusque division des veines efférentes du testicule. Mais, ici, cette division étant moindre, les veines du plexus sont moins nombreuses et plus volumineuses. Elles sont, en outre, moins tassées et forment un réseau à plus grandes mailles. Leurs rapports avec les circonvolutions de l'artère spermatique sont les mêmes.

PORC.

Artère spermatique. — Les circonvolutions de ce vaisseau se groupent sur le milieu du bord supérieur du testicule en un paquet peu étendu en hauteur. La distribution de cette artère ne diffère pas sensiblement de celle que j'ai observée chez les Solipèdes.

Veines spermatiques. — La plupart des veines du testicule se rendent dans l'albuginée où elles échangent de nombreuses anastomoses et forment uu riche réseau. Elles émergent au niveau du bord supérieur de la glande pour se diviser et former un plexus qui a les plus grandes analogies avec celui des Ruminants. Je n'ai pas observé chez cet animal de grosse veine centrale analogue à celle des Solipèdes; mais j'ai constamment trouvé plusieurs veinules qui m'ont paru provenir du corps d'Highmore et qui se portaient directement, à travers la pulpe testiculaire, vers le bord supérieur du testicule, où elles se confondaient avec les veines périphériques.

CARNASSIERS : CHIEN, CHAT. — RONGEUR : LAPIN.

Artère spermatique. — Chez tous ces animaux, l'artère spermatique forme aussi un groupe de flexuosités conformes au type décrit, mais moins nombreuses et moins compliquées. Chez le chien, l'ensemble de ces flexuosités présente la forme d'un cône; chez le chat, elles sont peu marquées; chez le lapin, elles forment un cordon allongé. Cette artère se comporte, sous le rapport de la distribution, comme chez les Ruminants. Je signalerai, toutefois, chez le lapin, une particularité consistant en ce que les premières divisions de ce vaisseau entourent le testicule d'un cercle complet, suivant son plan antéro-postérieur.

Veines spermatiques. — Les veines testiculaires sont périphériques, c'est-à-dire qu'elles cheminent dans l'épaisseur de l'albuginée. Elles forment en sortant de la glande un plexus analogue à celui du cheval, mais à mailles relativement plus grandes.

Tels sont les résultats que m'ont fourni les recherches aux-quelles je me suis livré sur les divers groupes de mammifères. En les groupant et en les comparant entre eux, il est possible de tirer les conclusions suivantes ;

Chez tous ces animaux, l'artère spermatique forme avant d'aborder le testicule un groupe de flexuosités conformes à un même type; elle se divise ensuite en rameaux flexueux dans la tunique albuginée; ses rameaux intra-testiculaires sont le plus souvent disposés en arcades à convexité tournée vers le corps d'Highmore.

Les veines qui émergent du parenchyme testiculaire s'in-crustent dans la tunique albuginée et sortent à la partie posté-rieure et supérieure de la glande. On trouve, en outre, chez les Solipèdes, une grosse veine centrale qui occupe l'axe du testi-cule et reçoit un grand nombre d'affluents; chez le porc, quel-ques veinules se portent du corps d'Highmore vers le bord su-périeur du testicule et sortent de la glande en perforant direc-tement l'albuginée.

Toutes ces veines testiculaires se divisent brusquement au sortir du testicule et forment un plexus (plexus pampiniforme) dont la disposition fondamentale est toujours la même.

En résumé, chez les mammifères que j'ai observés, les vais-seaux spermatiques présentent, sauf quelques différences se-condaires, des analogies évidentes de distribution.

Si l'on compare, maintenant, cette disposition avec celle qui existe chez l'homme, on constate encore de réelles analogies.

Artère spermatique. — Cette artère ne présente pas, il est vrai, avant d'aborder le testicule, de circonvolutions groupées en paquet, comme chez les autres mammifères, mais elle décrit cependant quelques flexuosités plus ou moins prononcées sui-vant les sujets. Elle se divise, dans l'épaisseur de la tunique al-buginée, en rameaux flexueux qui pénètrent ensuite dans la subs-tance testiculaire, en suivant les cloisons interlobulaires, se dirigent vers le corps d'Highmore, puis reviennent vers la pé-riphérie, en décrivant ainsi des arcades comparables à celles que j'ai signalées chez les autres mammifères (en particulier chez les Ruminants) et qui fournissent les ramuscules destinés aux lobules testiculaires. Ces arcades ne sont indiquées que par Astley Cooper; elles sont cependant constantes; je les ai constatées sur toutes mes préparations. Elles sont composées de deux branches : une branche qui va de la tunique albuginée vers le corps d'Highmore (branche centripète) et une branche qui va du corps d'Highmore vers la périphérie (branche centrifuge).

Indépendamment de ces rameaux, l'artère spermatique fournirait, d'après la plupart des auteurs, des rameaux (centraux) qui partiraient du corps d'Highmore pour rayonner vers la périphérie de la glande, en suivant les cloisons qui relient le corps d'Highmore à la tunique albuginée. Ces rameaux sont extrêmement rares selon moi et je suis porté à croire que les anatomistes qui les considèrent comme nombreux les ont confondus avec la branche centrifuge des arcades précitées (1). La distribution des artères du testicule de l'homme est donc analogue à celle que j'ai observée chez les autres mammifères.

Veines spermatiques. — Je me bornerai à rappeler que les veines testiculaires suivent deux directions différentes : 1° les unes rayonnent vers l'albuginée dans l'épaisseur de laquelle elles forment de véritables sinus analogues aux veines périphériques des mammifères : 2° les autres (centrales) se portent vers le corps d'Highmore et correspondent aux veines centrales que j'ai observées chez quelques animaux, notamment chez les Solipèdes et chez le porc.

Le plexus spermatique, qui est formé par la rencontre de ces deux ordres de veines, au niveau du bord supérieur du testicule, est constitué sur le même type que chez les mammifères; les mailles sont toutefois beaucoup moins serrées.

Nous croyons pouvoir conclure de tout ce qui précède : que le testicule qui présente, sauf de légères différences, la même organisation chez les mammifères et chez l'homme, présente aussi, dans son mode de vascularisation, les plus grandes analogies.

(1) Pour constater cette disposition, il suffit d'immerger, pendant quelques jours, dans la glycérine, un testicule bien injecté. On pourra ensuite fendre la tunique albuginée et suivre les rameaux artériels, dans l'intérieur de la glande, à l'aide d'une simple dissociation. Ce procédé est préférable à celui qui consiste à étudier les artères du testicule sur des coupes transversales ou longitudinales; en effet, en sectionnant cet organe, on coupe forcément les arcades artérielles et on peut prendre leur portion centrifuge pour un rameau fourni directement par l'artère spermatique dans l'épaisseur même du corps d'Highmore.

EXPLICATION DE LA PLANCHE XI.

Les figures 1 à 6 représentent les flexuosités que l'artère spermatique décrit avant d'aborder le testicule :

Figure 1, chez le taureau,

— 2, chez le cheval,

— 3, chez le lapin,

— 4, chez le chien, } grandeur naturelle.

— 5, chez le chat,

— 6, chez le porc,

— 7. L'artère spermatique et ses ramifications péri-testiculaires chez le bélier, grandeur naturelle.

    t, testicule vu par sa face externe.

    e, *e' e"*, épididyme.

    S P, artère spermatique.

    r, *r*, *r*, rameaux artériels pénétrant dans la substance propre du testicule.

Figure 8, veines du testicule chez le veau, grandeur naturelle.

    t, testicule vu par par sa face interne.

    e, épididyme.

    d, canal déférant.

    vs, veines spermatiques.

    Ps, plexus spermatique distendu par l'injection.

    vt, veines testiculaires incrustées dans la tunique albuginée.

    vd, veines testiculaires se divisant pour former le plexus spermatique.

    fe, faisceau de veines épididymaires.

ORIGINE

ET

ÉVOLUTION DES AMYGDALES

CHEZ LES MAMMIFÈRES

Par Ed. RETTERER

(SUITE ET FIN) (1)

(PLANCHES XII ET XIII)

IV. — Évolution des tonsilles chez les Cétacés.

Chez un dauphin femelle adulte long de 2 mètres, l'isthme du gosier est représenté par un canal long de 17 centimètres; sa paroi supérieure est constituée par le voile du palais qui, en se repliant latéralement, va rejoindre les bords de la base de la langue. Les amygdales ont un siège bien délimité et tout à fait remarquable si on compare les cétacés aux autres mammifères. Elles sont, en effet, situées sur la surface inférieure (antérieure) du voile du palais, à 4 cent. en avant de son bord postérieur, près de la ligne médiane. Chacune se présente sous la forme d'une légère saillie glanduleuse, percée au centre d'une fossette longue de 3 millimètres et large de 2 à 3 millimètres.

J'ai eu l'occasion d'examiner également un jeune dauphin long d'un mètre, dont les mâchoires étaient encore dégarnies de dents et qui devait être le petit du précédent, lequel était en effet en lactation. Tous deux avaient été pris ensemble dans les filets des pêcheurs de sardines (2). Ce jeune dauphin avait un isthme du gosier long de 9 centim. A 2 centim. en avant du bord postérieur du voile du palais, on trouvait de chaque côté de la ligne médiane, une saillie globuleuse surplombant de 1 millimètre la muqueuse palatine. C'étaient les amygdales.

(1) Voyez, *Journal de l'anatomie et de la physiologie*, 1888, p. 1.

(2) C'est au laboratoire de zoologie maritime de Concarneau, dirigé par M. le professeur Pouchet, que j'ai pu faire ces observations sur les amygdales des Cétacés. Je profite de l'occasion pour exprimer toute ma gratitude à M. le professeur Pouchet et à ses savants collaborateurs pour les nombreuses pièces qu'ils ne cessent de mettre à ma disposition aussi bien à Concarneau qu'au laboratoire d'anatomie comparée du Muséum.

Nous allons commencer par l'examen de ces dernières sur le jeune dauphin : la surface de l'amygdale présente une série d'orifices par lesquels la muqueuse se continue dans les diverticules de l'organe, qui s'est enfoncé dans le chorion et qui y forme une saillie globuleuse du volume d'une noisette épaisse de 5 à 6 millimètres.

La capsule périphérique qui sépare la masse amygdalienne de la tunique musculaire atteint une épaisseur de $0^{mm},3$ à $0^{mm},5$. Elle est composée de tissu fibreux riche en fibres élastiques et contient de nombreux vaisseaux sanguins d'un calibre de $0^{mm},2$ et davantage. De la face interne de cette capsule se détachent des cloisons conjonctives, épaisses de $0^{mm},3$ allant se diriger vers la face superficielle de l'amygdale et séparant les lobes les uns des autres. Ces cloisons interlobaires contiennent des groupes de glandes sous-muqueuses en grappes. Les lobes présentent sur les coupes une configuration ovalaire ou arrondie avec des dimensions de 2 à 3 millim. en moyenne. Chaque lobe est creusé d'un diverticule principal creux, qui émet une série de diverticules secondaires affectant les formes les plus variées. Les orifices des diverticules sont distants de 2 à 3 millim. l'un de l'autre.

En examinant sur une coupe l'un des diverticules, tel qu'il est représenté sur la figure 24, on voit que la muqueuse environnante se déprime tout autour de l'orifice et forme un évasement infundibuliforme dont le sommet se continue directement dans le diverticule. Ce sommet ou l'entrée du diverticule a un diamètre de $0^{mm},1$ sur une longueur de $0^{mm},2$ environ, le diverticule prend de nouveau une configuration en entonnoir, en sens inverse du précédent, c'est-à-dire la base correspond au chorion de la muqueuse. A une distance de $0^{mm},8$ de l'entrée, le diverticule a déjà un diamètre en tous sens de 1 millimètre. Il n'est plus simple, mais il envoie de tous côtés des diverticules secondaires, qui s'irradient tout autour du diverticule principal. Sur une coupe, on en compte quatre à cinq dans le voisinage d'un diverticule principal.

Chaque diverticule principal, avec ses ramifications, est entouré d'une couche de tissu angiothélial de $0^{mm},5$ à 1 millimètre et revêtu d'une épaisseur égale de glandes sous-muqueuses. C'est ainsi que se constitue l'un des lobes de l'amygdale, qui sont séparés les uns des autres par une cloison interlobaire de tissu conjonctif épaisse de $0^{mm},5$ à $0^{mm},6$.

L'étude de l'un de ces lobes nous fera connaître la structure intime de tout l'organe. Le diverticule des lobes (D' D') se présente comme une large fente à grand diamètre perpendiculaire à la muqueuse palatine et se subdivisant, nous le répétons, profondément en une série de diverticules secondaires qui rayonnent comme autour d'un centre.

L'épithélium qui limite la fente est supporté par un chorion lisse sur toute son étendue; il est épais de $0^{mm},1$ et formé comme celui de la muqueuse palatine. Sur les trois quarts superficiels du diverticule, l'épithélium et la lame choriale qui le supporte sont séparés l'un de l'autre par une membrane basilaire très nette. Plus loin, au niveau des diverticules secondaires, il n'existe plus de membrane basilaire et l'épithélium, épais de $0^{mm},6$ à $0^{mm},8$, est limité en dehors par une couche de $0^{mm},3$ composée d'éléments basilaires arrondis sur trois à quatre rangées. Ces diverticules secondaires donnent des bourgeons terminaux de l'involution épithéliale et, fait important à signaler, à l'époque que nous considérons sur ce jeune dauphin, l'absence de membrane basilaire et l'épaisseur de la couche basilaire semblent indiquer que la formation du tissu angiothélial se fait aussi bien le long des involutions secondaires creuses qu'autour des bourgeons pleins terminaux. Le corps de ces derniers est constitué par un amas globuleux de cellules épithéliales basilaires, lequel atteint des dimensions de $0^{mm},2$ à $0^{mm},3$ en tous sens. Selon que la section comprend le grand axe du bourgeon, ou le diamètre transversal, on a la configuration d'une saillie allongée appendue au bout du diverticule ou d'un amas arrondi séparé de l'épithélium du diverticule par une masse de tissu angiothélial.

Ces amas (*lll*), qui figurent des follicules clos non vasculaires et bien délimités dans une masse diffuse (tissu angiothélial au 1ᵉʳ et au 2ᵉ stade *Ag*), sont constitués dans leur portion centrale par des éléments épithéliaux dont le noyau a de $0^{mm},007$ à $0^{mm},008$ et le corps cellulaire lui forme un liseré de $0^{mm},002$ à $0^{mm},003$. Plus en dehors, la masse principale est composée de cellules épithéliales dans lesquelles le corps cellulaire se réduit à $0^{mm},0005$ ou $0^{mm},004$ à peine. Aussi cette ·

portion a-t-elle une apparence sombre et foncée à la lumière transmise et se colore-t-elle en rouge intense sous l'influence du picrocarmin.

Outre ces grains épithéliaux formés uniquement de cellules basilaires, il y en a un grand nombre d'aspect et de configuration semblables qui sont au premier stade d'évolution du tissu angiothélial, c'est-à-dire on aperçoit entre les éléments de fines fibrilles conjonctives qui rayonnent en tous sens dans la masse du grain. Sur la périphérie, ces fibrilles se continuent avec des trabécules plus épaisses qui proviennent de la zone périphérique du grain et se prolongent dans la masse intermédiaire du tissu angiothélial. Celle-ci est constituée, en effet, par des éléments épithéliaux séparés les uns des autres par une distance de $0^{mm},002$ à $0^{mm},004$, et dans leur intervalle on remarque la trame conjonctive serrée et fasciculée avec une grande abondance de vaisseaux capillaires. Ces derniers proviennent des gros vaisseaux de la capsule, des cloisons interlobaires et de ceux du chorion : au voisinage de ces cloisons conjonctives, les capillaires ont un calibre de $0^{mm},01$, et vont en rayonnant vers la périphérie des diverticules secondaires. En même temps ils se subdivisent en capillaires de $0^{mm},008$ et de $0^{mm},007$ de diamètre. Il est facile de suivre les capillaires après l'action de l'acide osmique et de l'alcool et après coloration au picrocarmin, parce que les globules sanguins dont ils sont gorgés fixent l'acide picrique, tandis que les autres éléments sont teints en rouge. Les mailles qu'ils forment dans le tissu angiothélial atteignent $0^{mm},05$ à $0^{mm},06$ en tous sens.

Bien que les stades antérieurs du développement des amygdales nous soient inconnus, il est intéressant de rapprocher l'état de ces tonsilles de celles des autres mammifères, par exemple, de l'enfant depuis la naissance jusqu'à un an. Les détails que nous venons de donner montrent suffisamment qu'elles sont au même stade d'évolution : c'est l'état d'infiltration diffuse ou, pour parler plus exactement, les deux premiers stades de la pénétration réciproque ; il n'y a pas encore de segmentation en lobules.

Chez le dauphin adulte, l'amygdale a acquis les dimensions d'une noix et forme une saillie de 1 centimètre dans l'épaisseur du chorion et de la tunique musculaire. Les orifices des diver-

ticules ont augmenté de diamètre. L'orifice d'entrée atteint
1 millimètre de large, mais la lumière du canal s'élargit considérablement au fur et à mesure qu'il pénètre dans le chorion.
Sauf la hauteur des papilles et l'épaisseur de l'épithélium, il
existe ici les mêmes différences que nous avons déjà notées entre
la surface hérissée de longues papilles de la muqueuse palatine
et les petites saillies du chorion dans les diverticules. Chaque
diverticule continue à être le centre d'un lobe qui a en moyenne
une hauteur comprenant toute l'épaisseur de l'amygdale, de 5 à
6 millim., tandis que les autres dimensions sont de 3 à 4 millim.
(fig. 25).

En suivant un diverticule, on voit qu'il est bordé de tous côtés,
sur une épaisseur de 1 à 2 millimètres, par du tissu angiothélial.
Ceci s'applique aussi bien au diverticule principal qu'aux culs-
de-sac secondaires. Le tissu glandulaire présente sur les coupes
une série de segments continus, il est vrai, mais de texture différente selon les parties. C'est une suite de grains arrondis (*ll*,
fig. 26) sur la coupe, plus denses et plus opaques à la périphérie
qu'au centre. Ils rappellent en tous points les follicules clos de
la Bourse de Fabrice, si ce n'est qu'ils ne sont pas séparés les uns
des autres par des travées de tissu lamineux exempts d'éléments
épithéliaux. La partie centrale, claire, du lobule simulant un follicule clos a un diamètre moyen de $0^{mm},06$ à $0^{mm},1$. La partie
périphérique de deux lobules voisins mesure $0^{mm},02$; par conséquent, il revient à chaque lobule une épaisseur de $0^{mm},01$ de
tissu angiothélial plus dense.

Quelle est la constitution d'un de ces lobules?

La portion périphérique (fig. 26) se compose d'éléments épithéliaux arrondis, à bords parfois anguleux, après traitement par
l'acide osmique et l'alcool et après coloration au picrocarmin; ils
offrent un noyau de $0^{mm},006$ à $0^{mm},007$ en moyenne avec un corps
cellulaire formant un liseré jaunâtre transparent de $0^{mm},0005$ à
$0^{mm},001$. La teinte du noyau est rouge; mais à un fort grossissement l'on y distingue des granules fortement colorés en rouge
et plongés dans une substance amorphe nucléaire de coloration
rouge jaunâtre. Ce qui frappe, c'est l'extrême abondance de
vaisseaux dans cette portion périphérique des lobules surtout au
point de rencontre de deux ou trois lobules. Sur une étendue
transversale de $0^{mm},24$, on compte à ces endroits la section de

huit à dix vaisseaux dont le calibre moyen est de $0^{mm},03$ et distants les uns des autres de $0^{mm},02$ à $0^{mm},03$.

Ces vaisseaux donnent des rameaux beaucoup déliés qui se ramifient de tous côtés et fournissent enfin des capillaires qui, sur les pièces durcies et injectées de sang, n'ont qu'un diamètre de $0^{mm},005$ et forment dans la substance angiothéliale des mailles de $0^{mm},03$ dans un sens et de $0^{mm},06$ dans l'autre. La portion périphérique du lobule est constituée par du tissu angiothélial au deuxième stade d'évolution ; les mailles du reticulum conjonctif ont une longueur de $0^{mm},013$ et une largeur de $0^{mm},008$ et contiennent deux, trois et quatre éléments épithéliaux sur une coupe. Les fibres conjonctives ont un diamètre moyen de $0^{mm},0005$ à $0^{mm},001$.

Ajoutons cependant que vers les cloisons interlobaires, ce tissu angiothélial commence à être traversé par des trabécules conjonctives acquérant un diamètre égal à celui des traînées angiothéliales qui lui sont interposées. C'est le troisième stade d'évolution de ce tissu.

Dans la portion centrale du lobule (fig. 26, *pc*), le tissu angiothélial est à la fin du premier stade d'évolution et au début du deuxième stade : il se présente sur les coupes comme un espace plus clair, ce qui tient au peu de développement du réseau conjonctif formant des mailles quatre à cinq fois plus larges que dans la portion périphérique et à la facilité avec laquelle les éléments épithéliaux s'en détachent pendant les manipulations. Sur certains lobules, cette portion centrale est encore dépourvue de capillaires, tandis que, dans d'autres, des capillaires de $0^{mm},006$ à $0^{mm},007$ y pénètrent à partir de la portion périphérique. Il suffit de comparer les portions périphériques et centrales du lobule de la figure 26 pour saisir d'un coup d'œil les particularités précédentes.

Un marsouin *(Phocaena communis)* long de $1^m,50$ offrait des amygdales occupant une position identique ; elles étaient situées à 3 centimètres en avant du bord postérieur du voile du palais, à 4 millimètres de la ligne médiane. Leur surface présente également deux fossettes longues de 6 millim. à 1 cent. et larges de 4 millim. Elles résultent de l'enfoncement de la muqueuse dans le tissu amygdalien. Une série de plis intermédiaires séparent les diverticules amygdaliens. Une section pratiquée per-

pendiculairement à la surface de la muqueuse montre que le
tissu est plus ferme que sur celui des dauphins examinés plus
haut. Les cloisons fibreuses qui séparent les lobes ont acquis
une épaisseur et un développement considérables, de 1 millim. à 2 millim. de diamètre. Les lobes montrent un diverticule
central, dont l'épithélium présente dans quelques-uns une
couche cornée superficielle ayant les mêmes réactions que la
couche correspondante de la muqueuse du voile du palais. En
même temps on constate qu'en ces endroits le chorion s'est hérissé de papilles. Le tissu angiothélial qui entoure les diverticules a diminué de diamètre, il n'a plus que de $0^{mm},3$ à $0^{mm},4$
sur les côtés du diverticule, mais atteint encore 1 millim. dans
le fond. L'apparence du tissu angiothélial est tout autre que sur
le dauphin. En certains points il se présente sous l'aspect d'un
tissu dense uniformément coloré en rouge jaunâtre; sur d'autres points, ce même tissu affecte la forme de grains arrondis
séparés les uns des autres par des cloisons dans lesquelles prédomine un tissu conjonctif dense et fasciculé. En d'autres
termes, ce sont des grains ou follicules clos d'un diamètre de
$0^{mm},2$ à $0^{mm},3$, séparés les uns des autres par un tissu glandulaire plus dense dont la masse est trois à quatre fois plus notable; la distance d'un grain à l'autre est de 1 millim. en
moyenne. Les grains qui représentent la partie centrale des lobules sont constitués par une trame réticulée serrée, dans laquelle les éléments épithéliaux sont abondants et se colorent
énergiquement. Les vaisseaux, d'un assez fort calibre, la parcourent en tous sens : c'est du tissu angiothélial au deuxième
stade d'évolution. En approchant de la périphérie du lobule, la
trame conjonctive augmente et, dans les cloisons interlobaires,
elle devient tellement prédominante que les éléments semblent
noyés dans une gangue fibreuse. Les vaisseaux y sont d'un calibre
notable et d'une abondance extrême, formant de véritables sinus.

Dans les portions périphériques de l'amygdale, on aperçoit
en outre des lobes ayant subi la modification régressive, telle
que nous l'avons constatée chez le vieillard. Ce sont des amas
(fig. 27) dont les parties périphériques sont remplacées par
des alvéoles et dont le centre montre du tissu angiothélial
au troisième stade. Sur la limite de ces deux portions, on assiste à la formation des alvéoles; on voit, en effet, des amas

cellulaires se délimiter par une paroi nette du tissu avoisinant (al^4); les cellules angiothéliales circonscrites par cette paroi sont disposées sur deux rangées, dont l'interne subit une dégénérescence spéciale, s'étendant peu à peu à la rangée externe. Cette dégénérescence se traduit d'abord par la différence de teinte que prennent les éléments sous l'action du picrocarmin : le protoplasma, au lieu de se colorer en rouge orangé, se teint en jaune intense. Le noyau se comporte comme le protoplasma. Insensiblement, corps cellulaire et noyau deviennent un magma qui, après l'action de l'alcool ou du liquide de Müller, laisse apercevoir un amas de cristaux de margarine. En fin de compte, tout le tissu angiothélial est remplacé par des alvéoles identiques à ceux que nous avons signalés chez le vieillard (al^2 et al^3).

Les quelques stades de l'évolution des tonsilles chez les Cétacés peuvent se résumer ainsi : Sur un jeune dauphin, quelque temps après la naissance, on trouve autour des diverticules amygdaliens des *grains* dont les uns sont épithéliaux au centre et dont la portion centrale des autres est formée de tissu angiothélial au premier stade. Les uns et les autres sont entourés de tissu angiothélial au deuxième stade. Chez la mère de ce jeune dauphin, les lobules sont au premier et au début du deuxième stade dans la partie médullaire, et aux deuxième et troisième stades sur la périphérie. Chez le marsouin, le centre du lobule est au deuxième stade, la périphérie au troisième stade. Mais sur plusieurs lobes, il n'y a plus traces de lobules : le tissu tonsillaire est au stade fibreux et montre des groupes d'*alvéoles*.

V. — Carnivores.

A. — ÉVOLUTION DES TONSILLES CHEZ LE CHIEN.

Sur le chien adulte, le voile du palais a une longueur de 6 millimètres; en avant, il est large et se continue avec la muqueuse buccale; plus en arrière, sa portion médiane horizontale n'a qu'une étendue transversale de 2 millim. et l'isthme du gosier une longueur de 3 millim. Près de la ligne où les bords vont se réfléchir en bas pour arriver à la base de la langue, ils présentent un repli à concavité externe long de 3 cent.; cette valvule détermine avec la portion descendante allant à la rencontre de la langue, une loge qui contient les amygdales.

La loge est donc limitée en dehors par une paroi externe (paroi latérale de l'isthme du gosier), par un plafond, résultant de la rencontre du voile du palais et du bord supérieur de la paroi latérale de l'isthme et par une paroi interne, représentée par la face interne de la valvule. L'amygdale s'insère par son bord supérieur et externe au plafond de la loge, tandis que son bord inférieur et interne regarde du côté de la base de la langue. Les amygdales ont la forme d'amandes allongées d'avant en arrière, adhérentes par leur bord externe sur les parois latérales de l'isthme. Leur face interne regarde la face externe de la valvule. Leur bord inférieur et interne fait saillie dans l'isthme du gosier et est libre de toute adhérence.

Tels sont le siège, le volume et les rapports des amygdales sur un chien adulte. Nous allons examiner la forme et les connexions de ces organes sur des chiens plus jeunes.

Sur le chien à la naissance, le voile du palais se divise déjà en deux portions : l'une antérieure, longue de 6 millimètres, située en avant du bord antérieur des piliers antérieurs, recouvrant latéralement les portions horizontales de l'os palatin et se continuant à cet endroit avec la muqueuse gingivale. L'autre portion, postérieure, longue de 6 millim., représente le plafond de l'isthme du gosier ; elle n'a qu'une étendue transversale de 7 millim. Les replis minces qui se voient très bien quand on tend horizontalement le voile et qui constituent les piliers antérieurs indiquent la limite de ces deux portions. Les bords latéraux de la portion horizontale postérieure sont déjà limités par un croissant à concavité inférieure et externe ; c'est ce croissant qui forme la lèvre antérieure de la logette amygdalienne, dont la paroi externe est formée par les replis de la langue ou parois latérales de l'isthme du gosier. Les amygdales insérées par leur bord externe et supérieur sur la portion supérieure de cette paroi ont déjà une forme de petite amande longue de 5 millim., large de 1 millim. et d'un diamètre vertical de 2 millim. au milieu, mais s'atténuant vers les extrémités.

Chez le fœtus de chien de 8 centimètres de long (fig. 28) (5ᵉ à 6ᵉ semaine de la gestation qui est de neuf semaines), on observe au point de rencontre de la base de la langue et du voile du palais,

une saillie haute de $0^{mm},48$ et se présentant sur une coupe
transversale comme un feuillet large de $0^{mm},36$, dont le pédicule
est légèrement plus étroit que le bord libre. Ce feuillet, comme
le montre la figure, se dirige parallèlement à la face linguale et
semble n'être qu'une immense papille. Plus haut et plus en
dedans, vers le voile du palais, à une distance de $0^{mm},5$, on
en rencontre un second (la saillie valvulaire) descendant plus
obliquement vers la muqueuse linguale. Ces deux feuillets délimitent et contribuent à constituer la région tonsillaire.

On peut voir sur la figure 28 que la logette amygdalienne,
que nous avons décrite, est déjà indiquée à cette époque : la
paroi externe n'existe pas à proprement parler, puisque c'est
le point de jonction du voile du palais et des bords de la langue
et que c'est là que s'insère le pédicule du feuillet F. La paroi
supérieure ou plafond est représentée par la distance des deux
feuillets dont l'interne se dirige obliquement en bas et en
dedans; son bord libre constitue une espèce de lèvre ou de
valvule fermant la logette en allant à la rencontre de la langue
qui représente le plancher de la région tonsillaire.

A cette époque, le chorion et l'épithélium de cette région ne
diffèrent en rien de ce qu'ils sont dans les parties voisines.
La couche superficielle du chorion lingual et palatin, formée
d'éléments conjonctifs arrondis sur une épaisseur de $0^{mm},1$, se
renfle en se continuant dans le feuillet tonsillaire. Le chorion
amygdalien se distingue cependant par la richesse en vaisseaux
sanguins, qui atteignent à la base des feuillets, un calibre de
$0^{mm},12$ à $0^{mm},2$ et envoient un réseau capillaire très serré
dans ces derniers. Il est limité par une membrane basilaire très
nette et nulle part on ne remarque trace d'involutions épithéliales. L'épithélium lui-même est composé d'une couche de
cellules basilaires de $0^{mm},018$ à $0^{mm},02$ et d'une couche superficielle de $0^{mm},024$.

Chez le chien, il se forme donc, comme chez tous les mammifères examinés, un repli ectodermique qui se fait dans le
chorion; ce premier stade est suivi de près par la formation
de saillies conjonctives : en effet, on constate de bonne heure
une sorte d'hypertrophie du tissu mésodermique, alors que la
surface du chorion est lisse. Nous signalons l'analogie que présente à ce point de vue l'ébauche amygdalienne chez le chien

avec le développement des feuillets de la bourse de Fabricius
chez les oiseaux. A ce stade, le feuillet amygdalien ressemble
de tous points aux papilles linguales qui arrivent jusqu'à son
pédicule. Si l'on compare la logette amygdalienne qui n'est
qu'un prolongement de la muqueuse de l'isthme du gosier à
l'involution ectodermique donnant lieu à la poche que figure la
bourse de Fabricius, la ressemblance est complète.

Chez les fœtus de chien de 14 centimètres de long (8ᵉ semaine).
le feuillet externe est haut de 2 millim. et épais de 1 millim.;
le feuillet interne, qui bouche l'entrée de la fossette, est haut
de 0ᵐᵐ,5 et large de 0ᵐᵐ,35.

Pendant que la base de la langue montre déjà de nombreuses
papilles, il n'y en a pas trace sur la formation tonsillaire. Cependant la surface de l'ébauche amygdalienne n'est pas unie ;
elle présente une série d'irrégularités ou d'ondulations, dont
les portions rentrantes servent à loger des involutions épithéliales en forme de coin. Elles sont plus allongées du côté du
bord adhérent du feuillet où elles mesurent 0ᵐᵐ,2 de long. Ce
sont des bourgeons épithéliaux qu'aucune limite nette ne
sépare du tissu mésodermique environnant.

Le chien à la naissance offre à peu près le même stade
d'évolution dans ses amygdales.

Chez un jeune chien de huit jours, la région amygdalienne
figure une fente en forme de croissant, limitée par les deux
lèvres entre lesquelles se trouve l'ébauche tonsillaire. Le
feuillet profond a une hauteur de 2 millimètres et une épaisseur de 1 millim. Le tissu angiothélial occupe la face supérieure de ce feuillet et se continue à partir de là sur la face inférieure du voile du palais, jusqu'auprès de la valvule. Les involutions épithéliales sont plus allongées et la formation tonsillaire est plus notable que sur le fœtus à terme. Pour le reste,
c'est à peu près identique.

Sur un chien de trois semaines (figure 29), les tonsilles commencent à prendre la forme de celles de l'adulte. La hauteur
n'est que de 3 millimètres, mais le diamètre transversal a augmenté notablement aux dépens de la face interne, qui devient
convexe et bombée. Le feuillet interne figure une sorte de sou-
pape destinée à fermer l'entrée de la fente amygdalienne. L'axe
du feuillet externe est occupé par une lame du tissu conjonctif

qui parcourt l'organe à partir du pédicule jusque vers son bord libre. Du côté inférieur de cette lame on voit des groupes de glandes en grappes. Tout le reste de la périphérie de cette partie médiane est enveloppé de tissu angiothélial. Comme le montre le dessin, les involutions épithéliales ont une forme allongée, elles sont revêtues de tous côtés par une couche basilaire de $0^{mm},02$ et renfermant une portion centrale composée de cellules polyédriques.

Les sections ont passé à travers un certain nombre de bourgeons épithéliaux perpendiculairement à leur grand axe ; aussi figurent-ils des amas épithéliaux enveloppés de tissu angiothélial au premier stade, qui, plus loin, montre une trame conjonctive plus abondante et de nombreux vaisseaux sanguins. Si l'on fait abstraction des involutions, le tissu angiothélial, a, sur les coupes, l'aspect d'une masse uniforme. C'est l'état si souvent décrit sous le nom d'infiltration lymphoïde diffuse.

Sur un jeune chien âgé d'un mois, la fossette amygdalienne est longue de 6 millimètres et large de 2 millim. Une petite masse, faisant une saillie marquée, représente la tonsille qui est longue de 5 millim. et épaisse de 1 millim. à 2 millim.

L'aspect des coupes commence à différer considérablement de ce que nous avons vu jusqu'à présent et à se rapprocher de ce que nous avons décrit chez le mouton. De la face interne et externe partent deux à trois diverticules creux longs de 1 millimètre environ et autour desquels la substance glandulaire se dispose comme sur la périphérie du feuillet. Nous voyons une fois de plus que les diverticules sont un moyen de multiplication de la surface glandulaire. En partant de l'axe médian conjonctif, l'épaisseur glandulaire est de $0^{mm},5$ à 1 millim. jusqu'à la superficie du feuillet. De cet axe partent, en rayonnant, des travées conjonctives qui, en s'entrecroisant à des distances variables, délimitent des champs arrondis ou polyédriques dont le diamètre varie de $0^{mm},15$ à $0^{mm},5$. Ce sont des lobules constitués par une trame conjonctive d'autant plus serrée et plus dense qu'elle est plus périphérique (2ᵉ stade) et d'autant plus lâche qu'elle approche davantage du centre (1ᵉʳ stade). Ce processus montre que les lobules résultent ici de la subdivision de la masse angiothéliale en territoires plus petits par l'augmentation de la charpente conjonctive sur certains points. Tout l'organe est recouvert d'un revêtement épithélial de 0^{mm},1 à 0^{mm},120, constitué par une couche basilaire de 0^{mm},3 et d'une couche de cellules polyédriques suivie par plusieurs assises d'éléments aplatis et offrant les réactions de ceux de la muqueuse buccale.

Sur les chiens âgés d'un an et de deux ans, nous trouvons que les amygdales sont longues de 2 centimètres, larges de 7 millimètres et hautes de 8 millim. Les sections transversales montrent que la lame médiane de tissu conjonctif est haute de 5 millim., large de 2 millim. et est remplie par un groupe considérable de glandes sous-muqueuses en grappes. Sur tout le pourtour de cette lame, on voit une épaisseur de 1 millim. à 2 millim. de tissu angiothélial. La surface externe ou superficielle de ce dernier est recouverte par un chorion d'épaisseur variable, à surface onduleuse et tapissé lui-même par un épithélium pavimenteux de 0^{mm},120. La muqueuse de l'amygdale envoie dans l'épaisseur de l'organe trois à quatre diverticules profonds de 1 millim. à 1 millim. 5, et revêtus du même épithélium que partout ailleurs.

Quel est l'aspect du tissu angiothélial à cet âge? Toute la masse glandulaire est subdivisée en une série de lobules arrondis ou plus ou moins polyédriques, dont les dimensions varient entre 0^{mm},6 à 1^{mm},5. Ces lobules sont séparés les uns des autres par des cloisons conjonctives de 0^{mm},03 à 0^{mm},08, partant de la lame conjonctive médiane, allant rayonner en diminuant de diamètre vers le chorion et s'anastomosant avec les cloisons voisines.

Chaque lobule est formé du tissu angiothélial au deuxième stade de développement, c'est-à-dire par des amas de cellules épithéliales séparés les uns des autres par un réseau lamineux accompagné de vaisseaux capillaires. Vers la superficie du lobule, les fibres de la trame conjonctive augmentent de nombre et d'épaisseur et prennent un aspect fasciculé dans les cloisons interlobulaires (3e stade). Celles-ci contiennent de gros vaisseaux et les mailles étroites de la trame renferment peu d'éléments épithéliaux.

Il est facile de prévoir les changements qui surviendront dans l'apparence et la constitution de l'amygdale chez le chien au fur et à mesure qu'il avancera en âge. La trame conjonctive gagnera en volume et en masse sur les éléments épithéliaux. Je me bornerai à décrire les tonsilles de trois chiens âgés de quatorze ans environ. C'étaient trois vieux serviteurs qu'on m'avait prié de sacrifier parce qu'ils étaient devenus sourds et aveugles et étaient atteints d'autres infirmités, conséquence de la vieillesse. Ils étaient de forte taille et leurs amygdales atteignaient encore une longueur de 2 centimètres, une largeur de 6 millimètres et une hauteur de 7 millim. Le tissu angiothélial formait autour de la lame conjonctive médiane un revêtement de 1 à 2 millim. Le chorion était hérissé de nombreuses papilles et l'épithélium superficiel présentait une couche cornée, de $0^{mm},02$ à $0^{mm},03$ d'épaisseur, fixant l'acide picrique aussi énergiquement que la couche cornée de l'épiderme. La couche muqueuse de l'épithélium était du double et du triple plus épaisse. La constitution du tissu angiothélial à cet âge offre beaucoup d'intérêt : on trouve encore en quelques endroits des petits amas simulant un reste de lobule, et les sections perpendiculaires et longitudinales montrent que tout l'organe a une apparence uniforme rappelant l'aspect des coupes sur les chiens à la naissance. Mais sur ces vieux animaux, le tissu est ferme et offre une abondance très grande de gros vaisseaux, éloignés les uns des autres par une distance à peine deux fois plus grande que leur calibre. A partir des parois de ces vaisseaux, on voit rayonner une série de fibres conjonctives entre lesquelles on n'aperçoit que çà et là des éléments épithéliaux. Plus loin, elles se subdivisent en fibrilles qui s'entrecroisent et s'anastomosent, de manière à former des mailles longues de $0^{mm},015$ et larges de $0^{mm},08$ qui renferment trois à quatre cellules épithéliales sur une coupe. Dans les endroits où il persiste une apparence lobulaire, les mailles sont plus larges et contiennent plus d'éléments glandulaires.

Un autre fait intéressant à signaler consiste dans la présence des globes épithéliaux, qui comblent le fond des diverticules et qui sont composés de cellules épithéliales allongées, à disposition concentrique autour de l'axe et ayant subi les modifications cornées. Ces diverticules continuent à être limités par un revêtement épithélial, dont la couche muqueuse atteint $0^{mm},04$ d'épaisseur, mais ne présente pas de membrane basilaire du côté du tissu angiothélial.

Les phénomènes qui caractérisent l'évolution tonsillaire chez le chien, nous permettent d'interpréter certaines contradictions qu'on trouve dans les auteurs : Chez le chien, selon Schmidt, les follicules sont très volumineux; ils sont de 1 millim. à 1 milllim.,5. Les travées du tissu interfolliculaire sont très étroites et contiennent les vaisseaux sanguins et lymphatiques. Ces derniers, n'arriveraient pas, selon Schmidt, dans l'intérieur des follicules. Tout le follicule est traversé par le réticulum. Les éléments lymphoïdes remplissent aussi bien les mailles plus étroites de la substance interfolliculaire que celles du tissu folliculaire. Les follicules sont souvent mal délimités les uns des autres ; dans ce cas, leurs contours se confondent et il en résulte une apparence et des dessins que Henle (*loc. cit.*, p. 222) a comparés aux circonvolutions de l'encéphale.

Henle insiste également sur la masse à aspect uniforme des tonsilles du chien; ce fait montre qu'il n'a eu affaire qu'à des animaux très jeunes. Mais ni lui, ni Billroth, ni Schmidt ne savent à quoi sont dues les subdivisions en follicules, bien que Schmidt trouve ces derniers plus nets et plus prononcés que chez les chiens jeunes et mal nourris. *L'évolution établit que l'apparence de follicules clos ou lobules n'a lieu qu'à un certain âge pour disparaître plus tard.*

Voici en résumé les stades de l'évolution des tonsilles chez le chien : Sur le fœtus de chien de 8 centimètres de long, le rudiment des amygdales existe sous la forme d'une fossette au fond de laquelle se trouve un feuillet mésodermique. Sur celui de 14 cent. de long, l'épithélium qui recouvre ce feuillet envoie dans le chorion des bourgeons épithéliaux autour desquels débute la pénétration réciproque du tissu ectodermique et mésodermique. Ce processus continue ainsi, de façon que vers l'âge d'un mois après la naissance, le tissu angiothélial est subdivisé en lobules, dont le centre est au premier stade et la portion périphérique au deuxième. Des trabécules conjonctives partant de l'axe du feuillet mésodermique séparent déjà les lobules les uns des autres. Sur les chiens d'un an et de deux ans, les lobules sont vasculaires dans toute leur masse. Sur les vieux chiens âgés de quatorze ans environ, les lobules se sont fusionnés les uns avec les autres, grâce à l'hypertrophie du stroma conjonctif : c'est le stade fibreux du tissu tonsillaire.

B. — ÉVOLUTION DES TONSILLES CHEZ LE CHAT.

Chez les chats, les tonsilles sont situées sur le plafond de l'isthme du gosier, à 6 millimètres du raphé médian du voile du palais. Elles sont placées à l'endroit où le velum se réfléchit pour se continuer avec les bords de la langue, et à 1 centimètre en avant de l'orifice naso-oral. Chaque tonsille rappelle la forme d'un grain de blé et se trouve bordée par un repli antéro-postérieur dont la concavité est dirigée en dehors.

Ce repli forme, à proprement parler, la lèvre postérieure d'une fossette, limitée en avant par une saillie plus accentuée (lèvre antérieure), qui est la portion la plus développée de la tonsille. Mais tout le fond de la fossette est revêtu d'une couche de tissu glandulaire.

Une coupe transversale passant par la région tonsillaire d'un fœtus de chat à terme (figure 30) montre que le rudiment de l'amygdale figure une fente qui se dirige sur le voile du palais obliquement d'avant en arrière et de dehors en dedans vers la corne antérieure du squelette hyoïdien. La fente a une longueur de 1 millimètre et est limitée par une lame du tissu amygdalien épaisse de $0^{mm},04$ du côté de la lèvre externe, de $0^{mm},150$ du côté du fond et de $0^{mm},1$ du côté de la lèvre interne. Le revêtement épithélial qui tapisse cette fossette est la continuation de celui du voile du palais et de la base de la langue et est composée comme celui-là d'une couche basilaire de $0^{mm},02$ et d'une couche superficielle de $0^{mm},060$, terminé par quelques assises de cellules aplaties et plus ou moins cornées. La face profonde de cet épithélium n'est pas lisse, mais offre une surface très irrégulière, grâce à la présence d'un certain nombre de bourgeons épithéliaux coniques. Leur base est continue au revêtement épithélial et leur sommet plonge dans la profondeur. Ils sont hauts de $0^{mm},05$ à $0^{mm},1$ et formés de cellules basilaires de $0^{mm},008$ à $0^{mm},01$, avec un noyau de $0^{mm},006$. Aucune membrane basilaire ne sépare leur périphérie du tissu angiothélial qui les avoisine (Ag). Ce dernier est composé des mêmes éléments épithéliaux entremêlés à des éléments embryoplastiques et fibroplastiques dont les prolongements déterminent en s'entrecroisant un réseau à larges mailles.

Des capillaires de 0^{mm}, 007 à 0^{mm}, 04 sillonnent la zone externe de la couche angiothéliale (début de 2e stade), tandis que la zone interne est au premier stade et montre par ci par là quelques amas épithéliaux sous forme de grains arrondis.

Cette formation est enveloppée d'un chorion fasciculé épais de 0^{mm},05 à 0^{mm},2, traversé dans le fond par un sinus veineux d'un diamètre de 0^{mm},7 (ch.)

Par ce qui précède, on peut voir que le rudiment d'amygdale chez le chat à terme est au même stade de développement que chez le chien à la naissance. Il est infiniment probable que son premier développement est identique à celui des autres mammifères et qu'il provient d'une involution épithéliale, qui reste sous la forme d'un diverticule d'où partiront les bourgeons terminaux pleins.

Plus les tonsilles restent petites, moins on compte de diverticules creux secondaires. Ils peuvent même manquer comme nous le verrons sur le lapin.

Le mode selon lequel s'est constitué ce prolongement amygdalien conique est des plus simples. Si l'on se reporte à la figure 30, on voit que la lèvre antérieure de la fossette amygdalienne est plus saillante et renferme plus de tissu angiothélial que ne le fait la lèvre postérieure. En se développant davantage, le tissu de la paroi antérieure ne peut plus rester contenu dans la fente amygdalienne et c'est ainsi qu'il proémine au dehors.

Sur un jeune chat de quelques mois on voit la région amygdalienne située à 1 cent. 5 millim. de l'épiglotte dans l'endroit indiqué plus haut de l'isthme du gosier. Elle se présente de chaque côté sous la forme d'une fossette longue de 6 millimètres et large de 4 millim., au fond de laquelle on aperçoit un corps conique. Le tout figure un gland effilé long de 3 millim. dont la base serait en tourée d'un rudiment de prépuce.

Une section transversale passant par la base de cette formation tonsillaire représente une gouttière limitée en dehors par une paroi de 2 millimètre et en dedans par une paroi de 1 millim. d'épaisseur. La gouttière est profonde de 1 millim. et tapissée par un épithélium pavimenteux d'un diamètre de 0^{mm},1. Cet épithélium se continue sur les deux lèvres où il repose sur un chorion épais de 0^{mm},1 à 0^{mm},15 et hérissé de

papilles coniques. La substance glandulaire est représentée
dans la lèvre externe, sur la coupe, par trois lobules arrondis
de 0^{mm},7 à 1 millim. séparés les uns des autres par des cloisons connectives de 0^{mm},08. La lèvre interne ne renferme que
trois lobules rangés en une série unique. Les coupes passant
plus près du sommet ne comprennent plus que des portions
de la lèvre externe, c'est-à-dire la saillie conique.

Mentionnons un groupe de glandes salivaires, sous-muqueuses, qui longent tout le côté profond de la lèvre interne.

A partir des cloisons interlobulaires, qui renferment encore
des traînées épithéliales et qui sont essentiellement composées
de faisceaux connectifs avec de nombreux éléments fibroplastiques, on voit rayonner vers le lobule de nombreuses fibres
conjonctives qui y déterminent la production d'un réseau à
larges mailles englobant les cellules épithéliales. Des capillaires
d'un calibre de 0^{mm},012 accompagnent ce réticulum dans l'intérieur du lobule.

Sur un jeune chat d'un an environ, la forme des amygdales est
à peu près la même, sauf des dimensions plus notables. Le
diverticule est profond de 2 millimètres et est limité par deux
lèvres possédant une épaisseur de tissu glandulaire de 1 millim. à 1^{mm},5. Il existe quelques diverticules secondaires, longs
de 0^{mm},4. Le tissu glandulaire est subdivisé en lobules arrondis ou ovalaires d'un diamètre de 0^{mm},1 à 0^{mm},15. La portion
centrale des lobules est formée de tissu angiothélial au début
du deuxième stade d'évolution, contenant un certain nombre
de capillaires. De là on passe insensiblement à la zone périphérique qui se distingue par l'augmentation du calibre des vaisseaux et une richesse plus grande de fibres connectives. Les
portions interlobaires épaisses de 0^{mm},05 sont au troisième stade
et les éléments épithéliaux y deviennent clairsemés.

L'examen des amygdales d'un chat adulte, âgé de 7 ans environ, montre que cet organe a diminué légérement de dimensions ; l'épaisseur des lèvres amydaliennes n'est plus que de
1 millimètre en moyenne sur une section transversale. Les
portions centrales où le tissu angiothélial est au deuxième stade
(fig. 31) sont devenues plus petites ; mais on trouve du côté
de la face épithéliale de la lèvre interne des lobules qui ont
encore la constitution de ceux d'un jeune chat. Cependant les

lobules du fond de la fossette tonsillaire ont des limites plus ou moins distinctes : leurs contours ne sont plus nets en raison de l'évolution habituelle du tissu angiothélial.

Les portions centrales des lobules figurent les follicules si souvent décrits et n'ont plus qu'un diamètre de 0^{mm},2 à 0^{mm},3 tandis que les zones périphériques des lobules voisins constituent des portions d'une largeur de 0^{mm},3 à 0^{mm},4. La trame de ces dernières est représentée par du tissu à aspect fibreux dans lequel les traînées angiothéliales ont à peine une largeur égale à celle des trabécules conjonctives. C'est le troisième stade.

Le réticulum des parties centrales est constitué lui-même par des filaments conjonctifs épais de de 0^{mm},001 à 0^{mm},002, lesquels circonscrivent des mailles de 0^{mm},008 à 0^{mm},04 englobant seulement 1 à 2 éléments épithéliaux sur une coupe.

Un chat de quatorze ans environ, sourd et atteint d'autres infirmités, résultats de l'âge, présente des amygdales dont le diverticule central est long de 1 millimètre et qui est entouré d'une couche de tissu angiothélial de 0^{mm},5 à 0^{mm},6. L'apparence et la constitution de ce dernier diffèrent considérablement de ce que nous avons vu sur le chat de sept ans. Les figures 31 et 32 prises au même grossissement, donnant par suite un champ d'étendue semblable, rendent ces différences très frappantes. Au lieu de plusieurs séries de lobules qui occupent l'espace entre l'épithélium du diverticule central et la capsule périphérique, on n'aperçoit sur toute l'épaisseur de la paroi glandulaire, qu'un amas de tissu angiothélial.

Celui-ci est limité en dehors par une capsule fibreuse, très dense, épaisse de 0^{mm},2 à 0^{mm},3. De millimètre en millimètre environ, il en part des travées fibreuses épaisses de 0^{mm},12 allant rejoindre le chorion sous-épithélial et limitant ainsi des champs glandulaires qui, sur les coupes, ont une longueur de 1 millimètre et une épaisseur de 0^{mm},5 à 0^{mm},6. On voit sur la figure 32 que ces parties angiothéliales sont traversées elles-mêmes par des trabécules conjonctives épaisses, qui les subdivisent en segments irréguliers. Ceux-ci sont probablement les vestiges des lobules. Au centre des segments, la trame lamineuse est représentée par des trabécules de 0^{mm},1, qui s'envoient réciproquement des fibres déterminant la formation d'un réseau de 0^{mm},003 à 0^{mm},004. On conçoit aisément que sous l'influence de cette hypertrophie conjonctive, les cellules épithéliales soient comprimées et s'atrophient de façon qu'elles ne figurent plus que des éléments granuleux se colorant en brun sale au picrocarmin. Par places, on rencontre sur les coupes des espaces vides qui résultent de la friabilité plus grande et de la sortie du tissu angiothélial qui n'a pas encore subi cette modification.

Nous insistons, à propos de ce vieux chat, sur un fait qui a déjà été mentionné antérieurement : ce sont les caractères différentiels de plus en plus prononcés de la trame conjonctive, devenue fibreuse et des éléments glandulaires au fur et à mesure de l'âge. Ces derniers, sous l'influence des réactifs et du pricrocarmin en particulier, prennent l'apparence de cellules à contours irréguliers, dont le protoplasma se colore en jaune orangé comme le font les couches stratifiées de l'épithélium buccal. Le tissu fibreux au contraire se teint en rouge.

En résumé, l'évolution tonsillaire chez le chat se fait par la formation d'un repli épithélial donnant sur sa périphérie des bourgeons secondaires très courts. Chez le chat à terme, le tissu angiothélial existe aux deux premiers stades d'évolution. Sur un chat de quelques semaines, la segmentation en lobules commence sur la périphérie et se continue par la pénétration de cloisons conjonctives et vasculaires qui fragmentent le tissu amygdalien qui avait jusqu'alors un aspect uniforme. Sur un chat âgé d'un an environ, les lobules ont un diamètre de $0^{mm},8$ à 1 millimètre, et forment une rangée unique le long du diverticule central. Le centre des lobules possède déjà du tissu glandulaire au deuxième stade.

Sur un chat adulte (sept ans), les portions centrales des lobules figurent des follicules clos (tissu angiothélial au 2e stade) limités de tous côtés par une épaisseur semblable de tissu angiothélial au troisième stade.

Sur un chat de quatorze ans, les lobules ont disparu, ce qui résulte de l'augmentation de la trame conjonctive (3e stade).

VI. — Évolution des tonsilles chez les Solipèdes.

Chez le cheval et l'âne, l'isthme du gosier et la place qu'y occupe la formation tonsillaire méritent une mention spéciale.

Sur un fœtus presque à terme, long de 90 centimètres, voici
la forme et les dimensions de l'isthme : sa longueur est de
4 cent., à partir de l'orifice antérieur jusqu'à l'orifice naso-oral
et le diamètre latéral est de 3 à 4 cent., selon le degré de tension
exercé. Les piliers antérieurs prennent naissance sur le côté
du raphé médian du voile, à partir de 3 cent. en arrière de
son bord adhérent à la voûte palatine, et de là se dirigent en
dehors, en bas et en avant jusqu'au niveau de la base de
langue. La distance de l'origine de ces piliers (orifice antérieur) et du bord concave postérieur du voile est de 1 cent. 5.
Les parois latérales de l'isthme du gosier sont formées comme
dans le porc, par les replis de la muqueuse de la base de la
langue faisant suite au pilier antérieur et rejoignant les côtés
du voile du palais. Par une tension légère, ces parois latérales
acquièrent une hauteur de 2 cent.

L'orifice postérieur de l'isthme du gosier est limité en haut
par le bord concave du voile, sur les côtés par les prolongements postérieurs du voile ou piliers postérieurs, qui se dirigent en arrière et en bas vers la base de la langue et l'épiglotte,
faisant saillie dans cette portion du pharynx.

La région tonsillaire occupe une portion seulement de
l'isthme du gosier : de chaque côté, elle a la forme d'un
triangle, dont le côté antérieur longe le pilier antérieur, le côté
postérieur est parallèle à l'arc du pilier postérieur, mais reste
éloigné de son bord libre par une distance de 1 cent. 5 environ.
La base du triangle est représentée par une ligne correspondant à la jonction des parois latérales avec le côté de la base
de la langue. Elle a une longueur de 2 cent. 5. Le sommet de
ce triangle arrive près du raphé de la face antérieure du voile
du palais, à 1 cent. 5, en avant de l'ouverture naso-orale de
l isthme du gosier. La région tonsillaire occupe par conséquent une portion moins étendue que l'isthme du gosier
sur le porc; elle comprend la partie horizontale et médiane
de la face inférieure (antérieure) du voile du palais et la
partie moyenne des parois latérales de l'isthme du gosier.

Dans l'âne et le dauw, l'isthme du gosier et la région tonsillaire ont une forme et une étendue analogues.

Chez les solipèdes, le stade le plus jeune de l'ébauche
amygdalienne que j'ai été à même d'examiner, était celui d'un

fœtus de cheval de 19 centimètres de long. Le voile du palais est large de 8 millimètres et comme les bords du velum se replient sur toute leur longueur, pour aller rejoindre la base de la langue, l'isthme du gosier a une étendue semblable. La rencontre des bords de la langue et des parties latérales du voile détermine la formation d'une gouttière antéro-postérieure dans laquelle on remarque de chaque côté une traînée tomenteuse longue de 5 millim. et large de 1 millim. Ces traînées sont distantes de 2 millim. de la ligne médiane de la langue.

Chez le fœtus de cheval de 19 centimètres de long (11ᵉ semaine de gestation, qui est de 11 mois complets, quelquefois davantage d'après ce que les éleveurs de chevaux m'ont affirmé, ce qui porte le total à quarante-six ou quarante-sept semaines), les sections transversales de l'isthme du gosier nous renseignent sur la texture du voile du palais à ce stade et sur l'état de l'ébauche tonsillaire. La pièce avait séjourné pendant trois semaines dans le liquide de Müller et les coupes furent colorées au pricocarmin.

Sur les côtés de la gouttière amygdalienne, le chorion est lisse, épais en moyenne de $0^{mm},4$, et revêtu d'un épithélium de $0^{mm},07$, dont $0^{mm},02$, pour la couche basilaire. Dans la région tonsillaire (fig. 18), l'épithélium acquiert un diamètre plus notable et présente deux sortes de modifications : 1° des cylindres épithéliaux (*gm*), longs de 1 à 2 millimètres qui traversent tout le chorion et arrivent près du cartillage hyoïde ; ce sont des glandes sous-muqueuses dont le fond offre déjà des bourgeons secondaires ; 2° des invaginations épithéliales (*in*), dont la forme et la constitution diffèrent des précédentes. Les invaginations sont à deux stades distincts et par suite montrent deux sortes de configuration : les unes ont la forme d'une cheville ou d'un cône, haut de $0^{mm},05$ et d'une largeur à peu près égale ; les autres ont la forme d'une massue, haute de $0^{mm},02$ à $0^{mm},05$. On peut encore comparer ces dernières à une fiole dont le fond renflé plonge dans le chorion, tandis que le col reste en continuité avec l'épithélium superficiel. L'invagination débute par un bourgeon cylindrique ou conique, dont l'extrémité profonde s'élargit bientôt considérablement. Cette évolution morphologique est analogue à celle des involutions de la bourse de Fabricius chez les oiseaux.

sur les plus courtes, c'est-à-dire sur celles qui se sont produites depuis peu de temps. Les involutions les plus allongées ont repris la forme cylindrique; elles ont un diamètre transversal de $0^{mm},12$ à $0^{mm},2$ depuis leur extrémité superficielle, jusqu'au fond où plusieurs présentent déjà des bourgeons secondaires. Ces involutions et ces bourgeons sont enveloppés d'un tissu angiothélial au premier stade d'évolution. Dans l'intervalle de chacune de ces formations se trouve un tissu mésodermique simulant des papilles.

La pièce a été mise toute fraîche dans l'alcool et les coupes ont été colorées au pricrocarmin, ce qui donne des préparations où les caractères des divers éléments sont d'une netteté parfaite. Les noyaux des cellules basilaires sont ovalaires, longs de $0^{mm},012$ et larges de $0^{mm},005$ dans la couche basilaire de l'épithélium de la muqueuse; mais il ont une forme sphériques dans les introrsions et ont un diamètre de $0^{mm},006$ à $0^{mm},008$ et présentent en grand nombre les phénomènes de la karyokinèse: la chromatine sous forme de granules nucléaires est teinte en rouge foncé et la substance nucléaire homogène est rouge orangé. La substance du corps cellulaire très réduite, offre des lignes de segmentation peu apparentes et est également colorée en jaune-orangé. Les noyaux des cellules conjonctives du chorion fixent moins vivement les substances tinctoriales, le corps cellulaire est d'un jaune très pâle et la matière amorphe intermédiaire est homogène et transparente.

Sur sa plus grande hauteur, l'involution est privée de membrane basilaire et se trouve enveloppée d'un manchon de tissu angiothélial au premier stade, épais de $0^{mm},160$ à $0^{mm},200$ (ag). Dans toute cette étendue, les cellules épithéliales ont un corps cellulaire de $0^{mm},004$ en moyenne, séparé du voisin par un liseré de tissu mésodermique de $0^{mm},002$ à $0^{mm},003$, clair et transparent. Ces masses angiothéliales figurent dans la profondeur l'aspect de follicule clos, quand elles entourent un bourgeon épithélial coupé transversalement et séparé ainsi de l'involution primitive (bg). La formation amygdalienne est limitée par un chorion fasciculé, très riche en vaisseaux sanguins de gros calibre (vv).

Sur le fœtus de 19 centimètres et de 26 centimètres, la surface tonsillaire se continuait insensiblement avec la muqueuse avoisinante; sur celui de 31 cent., au contraire elle forme un creux qui descend de $0^{mm},2$ au-dessous de l'épithélium des deux muqueuses limitantes (voir fig. 19). Cette excavation se prononce de plus en plus et constitue chez le fœtus de 40 cent. de long (20ᵉ semaine), une gouttière profonde de 1 millimètre et large de 3 millim., dans sa partie superficielle. La paroi de cette excavation représente et délimite la région tonsillaire. Le nombre des involutions a triplé; il est de 10 à 15, sur une ligne transversale. Les petites ont la même configuration que plus haut, mais les grandes, longues de 1 millim., présentent dans la portion profonde une largeur de $0^{mm},6$ à $0^{mm},7$. Sur la moitié de leur hauteur, elles se sont creusées d'un canal; c'est un véritable diverticule d'où partent sur une section en long, trois à quatre bourgeons secondaires pleins ayant la forme de massue. Les couches centrales qui limitent la lumière du diverticule sont formées de cellules épithéliales aplaties possédant les caractères de la couche de desquamation que nous avons déjà décrite sur les fœtus humains au stade correspondant. Ces bourgeons terminaux sont enveloppés d'une couche de tissu angiothélial épaisse de $0^{mm},2$ à $0^{mm},3$. Celle-ci se subdivise en deux zones bien distinctes : l'une, périphérique de $0^{mm},06$ environ, est sillonnée de vaisseaux capillaires de $0^{mm},008$ à $0^{mm},01$ provenant de vaisseaux de $0^{mm},03$ situés dans la couche souschoriale, et l'autre plus centrale par rapport rapport à l'involution et privée de vaisseaux sanguins. Cette dernière est au premier stade d'évolution du tissu angiothélial et la première au deuxième stade.

Sur le fœtus de cheval de 65 centimètres (28 à 29ᵉ semaine), la région amygdalienne atteint une largeur de plus d'un centimètre. L'épithélium pavimenteux de la muqueuse est épais de $0^{mm},8$ à $0^{mm},1$; le chorion, avec le tissu angiothélial, est épais de $1^{mm},5$. Puis vient la couche sous-muqueuse remplie de glandes en grappes et entremêlée de fibres musculaires. Les glandes sous-muqueuses forment des groupes de $0^{mm},36$ à $0^{mm},4$, aussi bien dans le tissu angiothélial que dans la couche sousmuqueuse.

Je ne vois nulle part le tissu angiothélial arriver au milieu des fibres musculaires de la tunique striée de l'isthme du gosier.

La muqueuse de la région tonsillaire est criblée de trous visibles à l'œil nu, larges de $0^{mm},6$ à 1 millimètre et conduisant dans des diverticules longs de $0^{mm},2$ à 1 millim. (fig. 20, D).

Ces derniers ont la configuration infundibuliforme à sommet superficiel et sont tapissés par un revêtement épithélial, épais de $0^{mm},06$ à $0^{mm},1$, de composition identique à celui de la muqueuse buccale.

Le tissu angiothélial présente déjà sur certains points l'apparence propre à celui de l'adulte, c'est-à-dire qu'il est subdivisé en une série de territoires semblables ou lobules.

Ceux-ci sont disposés en petit nombre sur l'étendue occupée précédemment par les involutions épithéliales. Ils sont ovalaires ou arrondis, d'un diamètre de $0^{mm},5$ et disposés en une série unique ou double le long et au-dessus des glandes en grappes (fig. 20, Bg).

Dans les espaces interlobulaires, le réseau conjonctif est fasciculé et à mailles si étroites que chacune ne renferme qu'un ou deux éléments épithéliaux sur une coupe ; le tissu conjonctif est disposé en cercles concentriques dans la partie périphérique des lobules.

Ceux-ci sont à des stades d'évolution différente : les uns (Bg) sont occupés au centre par un amas purement épithélial dont les portions centrales sont formées de cellules polyédriques. Les autres, en plus grand nombre, ne sont constitués que par deux zones : l'une centrale, au premier stade (Ag'), le réseau conjonctif est à fibrilles délicates et le réticulum est à larges mailles ; et l'autre (Ag'), périphérique, au deuxième stade. Les vaisseaux qui sillonnent ce dernier ont un calibre moyen de $0^{mm},02$ à $0^{mm},04$, et la charpente convective est formée de fibres nettes séparant les éléments épithéliaux par un intervalle conjonctif de $0^{mm},002$ à $0^{mm},005$.

De là l'apparence des coupes : portion médullaire plus énergiquement colorée en rouge et portion périphérique rougeâtre traversée par le réseau conjonctif teint en jaune par le picrocarmin.

Sur le fœtus de cheval de 80 centimètres (33 à 34e semaine de la gestation), la gouttière amygdalienne a une profondeur de $2^{mm},5$ avec deux saillies hautes de chaque côté de 1 millimètre environ.

L'épithélium est épais de 0^{mm},120 ; le chorion est de 0^{mm},30 à 0^{mm},70 environ ; puis vient le tissu amygdalien, bordé en dehors par la couche sous-muqueuse, laquelle est remplie d'une couche de glandes en grappes sous-muqueuses de 0^{mm},5 arrivant au contact de la tunique musculaire.

La largeur de la gouttière, superficiellement, est de 1 millimètre ; mais, profondément, elle atteint une étendue latérale de 3 millim.

Le tissu angiothélial atteint une épaisseur de 1 millimètre, les involutions se sont allongées de façon à arriver presque au contact de la sous-muqueuse. Sur leur parcours, elles donnent une série de bourgeons latéraux (on en compte cinq sur une section longitudinale) qui peuvent se bifurquer encore une fois avant leur terminaison. Chaque diverticule principal provenant d'une invagination épithéliale séparée et distincte, domine ainsi un certain nombre de territoires, dont chacun a une étendue de 1 millim. environ à ce stade, et qui se répètent autant de fois que la gouttière amygdalienne a de millimètres carrés. Chaque territoire représente un lobe tonsillaire qui diffère des lobes amygdaliens étudiés chez les autres mammifères, en ce que chez ceux-ci les divers diverticules proviennent de la ramification plus ou moins dichotomique d'un ou de peu de diverticules primitifs, tandis que chez les solipèdes, chaque diverticule est d'origine séparée et a une existence indépendante.

La composition d'un lobe, à cette époque, est très simple ; car, outre les parties épithéliales invaginées, il ne comprend qu'une masse de tissu angiothélial qui enveloppe chaque bourgeon terminal à la façon d'un manchon. La plus grande partie est déjà subdivisée en lobules dont la plupart offrent la texture suivante : la zone périphérique présente des mailles faisant partie d'un réseau disposé concentriquement au lobule ; elles sont étroites, contiennent un ou deux éléments seulement (2me stade), tandis que les mailles de la portion centrale sont dix fois plus larges et laissent échapper sur les coupes, avec une grande facilité, les cellules épithéliales (1er stade). Cette apparence rappelle l'évolution morphologique (bourse de Fabricius sur les oiseaux). Beaucoup ont un centre purement épithélial.

Au centre du lobe on aperçoit l'involution primitive (D) constituant une masse uniquement formée de cellules épithéliales de 0^{mm},4 de diamètre. Tout autour une zone angiothéliale au premier stade de 0^{mm},06 de diamètre et sur le troisième plan, une couronne de lobules offrant les trois stades précédents ou les deux derniers seulement.

Nous rapportons à ce stade la description de la région tonsillaire d'un fœtus d'âne de 70 centimètres de long. Ici, la gouttière amygdalienne est profonde de 5 millimètres; l'entrée est large de 2 millim.; puis, il y a un élargissement qui a un diamètre latéral de 3 millim.; profondément, la gouttière présente une série de culs-de-sac secondaires (4 à 5) pénétrant, les uns dans la partie latérale de la base de la langue, les autres dans les mêmes parties du pharynx. Ces culs-de-sac, ou diverticules secondaires, ont une longueur de 1 millim. à 1^{mm},5, une largeur de 0^{mm},25 avec une lumière centrale d'égale dimension. Les diverticules secondaires présentent latéralement des culs-de-sac tertiaires longs de 0^{mm},4 à 0^{mm},5 et creux également. Les diverses parties de ces amygdales sont dans un état de développement de tous points identique à ce que nous venons de voir en détail chez le cheval. Nous reviendrons seulement plus loin sur la disposition du réseau sanguin chez cet animal. Les lobules atteignent 0^{mm},6 à 1 millimètre, et les portions interlobulaires de 0^{mm},06 sont au troisième stade.

Sur le fœtus de cheval de 90 centimètres de long (35 à 36e semaine), qui nous a servi d'exemple pour montrer les dimensions et la configuration de l'isthme du gosier, la formation tonsillaire est à peu près au même stade d'évolution. Les pièces ont été conservées dans le liquide de Müller et les coupes ont été colorées à la picro-hématoxyline (V. Retterer, Soc. Biologie, 1887). On peut admirablement se rendre compte des rapports des éléments glandulaires avec le réseau conjonctif et de la façon dont se fait la pénétration des filaments conjonctifs entre les cellules basilaires, surtout quand on a eu soin de pinceauter la coupe. La figure 21 permet de suivre les détails. On voit au centre un amas épithélial (Ep) dont les contours sont déchiquetés et entamés, pour ainsi dire, par l'envahissement du réseau conjonctif. La teinte violet foncé des noyaux et la coloration jaune intense du corps cellulaire est la même dans ces cellules que dans l'épithélium des bourgeons épithéliaux. Sur les limites de cet amas purement épithélial, on voit les fibrilles conjonctives arriver au niveau de l'intervalle de deux cellules épithéliales. On croirait de prime abord le point de jonction de deux éléments épithéliaux, là même où les auteurs décrivent un ciment intercellulaire, se continuer avec le réseau conjonctif.

Plus loin (*lam*), on voit ce dernier former des mailles, que le pinceautage a débarrassé en grande partie des cellules épithéliales. L'endroit (*a*) représente un vide qui résulte de la déchirure et du départ d'un coin du bourgeon épithélial.

Au point de rencontre des fibrilles conjonctives, on aperçoit des cellules étoilées dont les caractères, et surtout les prolongements sont bien différents des cellules épithéliales et qui figurent des éléments conjonctifs étoilés.

Chez un cheval adulte d'une dizaine d'années, le voile du palais rencontre de chaque côté la base de langue à 6 centimètres en arrière du V lingual et, en se soudant avec elle, forme un tube musculo-membraneux.

Dans ce tube ainsi formé on voit, sur une longueur de 13 centimètres sur le côté de la base de la langue, à une distance de 5 cent. l'une de l'autre, une traînée glandulaire de 1 cent. environ de diamètre. Chaque traînée se présente sous forme d'une surface criblée d'une quantité de trous de 1 à 4 millimètres de diamètre. Ce sont les cryptes des auteurs, c'est-à-dire les orifices des diverticules. Les traînées arrivent en avant jusqu'au bord libre du voile du palais (portion antérieure du tube) et en arrière jusqu'à la partie latérale de l'épiglotte.

Les sections pratiquées en divers sens montrent que chez le cheval la couche de glandes salivaires sous-muqueuses reste constamment séparée de la face profonde du tissu angiothélial par une épaisseur de tissu conjonctif sous-muqueux de $0^{mm},6$ à $0^{mm},7$. L'épaisseur de la couche tonsillaire est de 4 à 5 millimètres; celle du chorion de $0^{mm},5$ à $0^{mm},6$. La face superficielle du chorion n'est plus lisse, mais présente des papilles coniques et filiformes hautes de $0^{mm},6$ à $0^{mm},12$ et larges de $0^{mm},02$ à $0^{mm},03$. L'épithélium de revêtement est stratifié et a un diamètre de $0^{mm},180$.

Les diverticules ont une longueur de 4 à 5 millimètres et tra-

versent le tissu angiothélial un peu partout. Des cloisons conjonctives de texture fibreuse partent d'un côté du tissu sous-
muqueux, et de l'autre, de la face profonde du chorion et séparent les lobes les uns des autres : le développement et la
disposition de ces cloisons interlobaires sont très variables ; il
y en a ayant de $0^{mm},05$ jusqu'à $0^{mm},150$ de diamètre ; les unes
s'étendent du chorion jusqu'au tissu sous-muqueux ; les autres
n'ont pas toute cette longueur et s'épuisent en route en donnant à droite et à gauche des travées connectives qui vont se
perdre au milieu du tissu angiothélial. Ces cloisons sont
visibles à l'œil nu et se présentent sur les coupes vues par transparence comme des traînées plus transparentes que le tissu
angiothélial. Les lobes ont une hauteur ou profondeur de
4 millim. environ : ils constituent des grains glandulaires ayant
en moyenne des dimensions de 3 millim. en tous sens. Ce
qu'il y a de remarquable chez les solipèdes, c'est que les lobes
dont chacun a une origine distincte et séparée, au lieu d'être
réunis en une masse unique, sont étalés en surface comme si
on les avait disposés les uns à côté des autres sur un plan
unique. Il nous suffit, par suite, d'étudier la texture d'un des
lobes pour connaître celle de toute la masse tonsillaire chez le
cheval d'une dizaine d'années.

En dehors de l'épithélium du diverticule, lequel présente
une couche de $0^{mm},06$ de cellules polyédriques dont le protoplasma fixe énergiquement l'acide picrique, on trouve une
lame périphérique de tissu angiothélial de 1 millimètre en
moyenne.

Celui-ci présente sur les coupes une apparence semblable à
celle que nous avons déjà décrite sur la vache de sept ans :
une série de grains arrondis ou ovalaires plus foncés, de dimensions de $0^{mm},150$ à $0^{mm},250$, fixant plus énergiquement
les matières colorantes que la masse intermédiaire qui les
réunit et qui mesure également $0^{mm},2$ à $0^{mm},3$ entre deux
grains voisins. La masse intermédiaire est du tissu angiothélial au deuxième stade d'évolution ; c'est une trame lamineuse
formant des mailles étroites, contenant à peine 1 à 2 éléments épithéliaux sur une coupe et parcourue par de grosses
artérioles. La substance des grains (portion centrale des lobules)
est à larges mailles, renfermant chacune des cellules épithé-

liales nombreuses et sillonnées seulement par les capillaires les plus fins. Ajoutons cependant que les cloisons interlobaires sont bordées par une couche de tissu angiothélial au troisième stade (charpente fibreuse et vaisseaux abondants et volumineux).

Sur un cheval plus avancé en âge (vingt ans environ) les dimensions de la masse tonsillaire ont diminué légèrement. La texture de la formation tonsillaire est également modifiée dans certaines parties. Les diverticules existent mais moins nombreux dans les portions profondes. En outre, on constate ce phénomène singulier, que l'épithélium polyédrique épais de $0^{mm},06$ a disparu sur divers points. D'autres portions superficielles du chorion semblent être le siège de phénomènes inflammatoires. Mais en ne considérant que la portion profonde des amygdales, on voit que les lobules sont réunis par du tissu au troisième stade qui l'emporte en masse sur celui du deuxième stade : c'est la période de la disparition des lobules et leur remplacement par le tissu angiothélial au troisième stade. Les cloisons interlobaires se sont épaissies, atteignent $0^{mm},4$ et sont limitées par une couche notable de tissu angiothélial au troisième stade.

Plus loin, du côté de la couche sous-muqueuse, on trouve sur les coupes, des étendues de 1 à 2 millimètres où il n'est plus possible de voir trace de lobules ou follicules : c'est une masse uniforme de tissu angiothélial (3° stade) : charpente fibreuse avec un réseau de gros vaisseaux sanguins et les éléments épithéliaux épars dans ce tissu. Je n'ai cependant pas aperçu de formation alvéolaire sur ce cheval d'une vingtaine d'années.

Sur le dauw, la région tonsillaire est située identiquement entre les mêmes parties que chez le cheval et l'âne : elle commence en avant sur une saillie partant de la base de la langue, puis se continue dans une gouttière qui embrasse les parties latérales de l'épiglotte jusque vers le pilier postérieur du voile du palais. Cette région a un diamètre transversal de 1 centimètre et se trouve criblée d'orifices, larges de 1 millimètre en moyenne.

Les sections perpendiculaires à la muqueuse rappellent en tous points ce que nous connaissons de la région tonsillaire

des chevaux adultes. Un chorion papillaire, une couche angiothéliale épaisse seulement de 2 à 3 millimètres et une couche
sous-muqueuse renfermant une assise continue de glandes en
grappes.

L'examen des lobes de la couche angiothéliale montre que
leur disposition générale est la même que celle des autres
solipèdes.

Je ne connais pas l'âge exact du dauw qu'il m'a été donné
d'examiner, mais l'évolution du tissu angiothélial me permet
d'affirmer qu'il était vieux. Les coupes montrent que les diverticules et par suite les lobes sont séparés par une masse
de tissu purement conjonctif épaisse de $0^{mm},7$ à 1 millimètre.
Certains lobes présentent un tissu angiothélial où il existe des
grains glandulaires (1re et 2e stade) arrondis et d'un diamètre
de $0^{mm},150$. D'autres en sont complètement dépourvus et
offrent le tissu angiothélial au troisième stade décrit sur le
cheval de vingt ans. A partir des cloisons conjonctives, on
assiste à un décroissement progressif des lames fibreuses et
à une augmentation en raison inverse des portions glandulaires. On croirait pour ainsi dire avoir devant soi un réseau
représenté par les éléments épithéliaux : des cordons épithéliaux
ayant une épaisseur de quelques éléments seulement prennent
naissance dans les cloisons conjonctives, puis en approchant
du lobe ils grossissent, deviennent des traînées épithéliales
plus notables, dont les mailles sont occupées par des faisceaux
fibreux; enfin les traînées épithéliales s'élargissent, se rencontrent et se fusionnent dans une masse unique, la portion
centrale où le réseau connectif est en quantité infime en comparaison des éléments épithéliaux.

Selon Schmidt *(loc. cit.)*, les amygdales se formeraient chez
le cheval par une infiltration de cellules conjonctives : « Sur
« un poulain de quatorze jours, dit-il, il existait déjà de petits
« follicules : un poulain de deux à trois mois présentait des
« follicules ayant atteint la forme persistante. » Je n'insiste
pas davantage sur cette hypothèse.

En résumé, voici l'évolution des tonsilles chez les solipèdes :

Chez les fœtus de cheval, les involutions se produisent sur
une grande étendue, elles affectent la forme de massues ou de

cônes sur le fœtus de 19 centimètres de long, et sur leur périphérie, on observe une zone de cellules conjonctives jeunes. Cette première période est suivie de près, sur le fœtus de 26 cent. par le premier stade de la seconde période : disparition de la membrane basilaire et pénétration réciproque. Sur le fœtus de 31 cent. et de 40 cent. de long, les invaginations primitives sont creuses et il en part des bourgeons secondaires en forme de massue et entourés de tissu angiothélial au premier et au deuxième stade. Sur celui de 65 cent., subdivision du tissu amygdalien en lobules, dont les uns ont le centre encore épithélial, tandis que les autres sont constitués dans la portion médullaire par du tissu angiothélial au premier stade et dans la partie périphérique par du tissu au deuxième stade. Sur le fœtus de 90 cent., on constate que chaque invagination primitive, représentée par un diverticule principal, est le centre d'un *lobe* amygdalien et est entouré d'une couronne de lobules formés d'un centre épithélial au premier stade et d'une couche périphérique de tissu angiothélial au deuxième stade. Cet état persiste jusqu'après la naissance.

Chez le cheval adulte, la région tonsillaire est formée de lobes de 3 à 4 millimètres de diamètre, s'ouvrant chacun dans un diverticule à la surface de la muqueuse; chaque lobe est subdivisé en lobules, dont la portion centrale affecte la disposition de follicules clos (tissu angiothélial au début du 2ᵉ stade) et dont la portion périphérique est au deuxième stade confirmé. Le long des cloisons interlobaires la charpente conjonctive est fibreuse. Sur un cheval d'une vingtaine d'années, les couches les plus profondes de la région tonsillaire ne renferment plus de lobules : elles sont devenues une masse uniforme de tissu angiothélial au troisième stade d'évolution. Chez un dauw adulte, le stroma des amygdales est également fibreux.

VII. — Évolution des tonsilles chez le porc.

Dans le porc adulte, l'isthme du gosier, tel que je l'ai défini page 5, est un conduit musculo-membraneux, situé dans le prolongement de la cavité buccale. Il a une longueur de 6 centimètres et une largeur de 3 cent. en moyenne.

Les parois latérales de l'isthme du gosier ou replis latéraux de la muqueuse linguale ont une hauteur de 4 cent., quand on les étend en exerçant une légère traction.

La région tonsillaire s'étend chez le porc adulte sur toute la paroi supérieure de l'isthme (paroi extérieure ou inférieure du voile du palais); sur chaque moitié du voile du palais, elle a la forme d'un quadrilatère allongé dans le sens antéro-postérieur, le côté latéral externe descend sur une hauteur de 1^{cm},5 sur la paroi latérale de l'isthme du gosier et arrive à une distance de 2 cent. environ du bord latéral de la langue. Ce côté latéral externe a une longueur de 3^{cm},5 à 4 cent., selon le degré de tension de la membrane muqueuse. Le côté antérieur suit le bord antérieur du pilier antérieur dont il recouvre la surface interne, sauf un liseré de 2 millim. de large. En d'autres termes, la région sousillaire arrive en avant jusqu'aux limites de l'orifice antérieur de l'isthme du gosier. Elle est convexe en avant. Le côté intérieur de la région amygdalienne n'est pas rectiligne, quoiqu'elle ait la direction du raphé médian du voile qu'il longe. Plus rapproché de ce raphé en avant qu'en arrière, il se dirige d'avant en arrière sur une étendue de 5 cent. et en s'éloignant de plus en plus de la ligne médiane.

Les deux bords latéraux internes de la région tonsillaire droite et gauche, éloignés en avant du raphé médian par une distance de 1 millimètre divergent en arrière, de façon à circonscrire dans l'axe du voile une surface triangulaire non occupée par les amygdales, surface dont la base correspondant au bord postérieur du voile a un diamètre de 1 centimètre et dont le sommet très étroit se dirige vers la voûte palatine. Le côté postérieur enfin de la région tonsillaire se continue insensiblement avec l'extrémité du côté interne et a une étendue de 3 cent. Sur toute cette étendue tonsillaire, la muqueuse se distingue aisément de celle de la muqueuse buccale et palatine par un aspect tumescent et glanduleux particulier, ainsi que par la présence de trous. Ces orifices sont plus larges (1 à 2 millim. de diamètre) dans la portion postérieure et interne et le long du côté interne et éloignés les uns des autres de 3 millim. environ. Partout ailleurs, on croirait avoir sous les yeux une surface piquée de trous d'épingle de 1 millim. à peine et éloignés les uns des autres de 5 à 6 millim.

Sauf la description plus exacte de Schmidt (loc. cit.), les

auteurs des livres d'anatomie comparée se bornent à décrire, comme amygdales chez le porc, deux saillies elliptiques percées de trous, situées dans le sillon qui sépare l'épiglotte de la base de la langue.

Ceci est exact, mais ne comprend qu'une minime portion de la vérité. On trouve en effet, faisant suite à la portion postérieure de la région amygdalienne, de chaque côté du cartilage épiglottique, une fossette elliptique longue de 7 millimètres et large de 5 millim., à bords saillants. Nous dirons immédiatement que ces deux fossettes ont la même constitution que le reste de la région tonsillaire. Mais outre celle-ci, on remarque, depuis la jonction de la base de la langue avec les replis de la muqueuse ou parois latérales de l'isthme du gosier, une série de saillies semblables aux précédentes, percées de trous, et s'étendant en suivant le côté externe de la région tonsillaire, jusque près des piliers antérieurs. Elles limitent latéralement ou terminent plutôt la région amygdalienne.

Chez le fœtus de porc de 7 centimètres de long, la muqueuse du voile du palais est constituée par un chorion du tissu conjonctif embryonnaire de $0^{mm},6$, lisse et recouvert d'un épithélium pavimenteux de plusieurs assises, épais de $0^{mm},06$. Il n'existe pas encore à cette époque de bourgeons épithéliaux donnant naissance aux glandes muqueuses. Sur la langue, il y a déjà des involutions épithéliales, ébauches des glandes sous-muqueuses.

Sur le porc de 15 centimètres, on distingue sur le voile du palais le tissu sous-muqueux du chorion à proprement parler. Le tissu sous-muqueux est épais de $0^{mm},4$ à $0^{mm},5$: il est constitué par des cellules conjonctives à prolongements nombreux et est traversé par des vaisseaux sanguins d'un calibre de $0^{mm},06$ à $0^{mm},12$ se rendant au chorion. Celui-ci est épais de $0^{mm},18$ et dessine sous l'influence du picrocarmin une bande rouge; ce qui tient à sa constitution. En effet, il est essentiellement composé de tissu conjonctif embryonnaire, à l'état de cellules arrondies, serrées et parcouru par un réseau très riche de capillaires de $0^{mm},012$ en moyenne. La surface du chorion est irrégulière, onduleuse et recouverte d'une couche épithéliale pavimenteuse de $0^{mm},06$ à $0^{mm},07$. Les glandes sous-

muqueuses sont surtout abondantes près de la ligne médiane
et leurs culs-de-sac sont logés dans le tissu sous-muqueux près
des faisceaux musculaires.

Chez les fœtus de porc de 17 centimètres et de 19 cent. de
long (12e semaine de la gestation), la région tonsillaire de la
moitié du voile du palais a une étendue transversale de 2mm,5
et arrive de chaque côté à une distance de 2mm,5 de la ligne
médiane.

Près de la ligne médiane du voile du palais, l'épithélium est
épais de 0mm,06 ; le chorion et la couche sous-muqueuse atteignent ensemble 0mm,420, sans qu'on puisse distinguer nettement leurs limites respectives.

Les glandes sous-muqueuses forment déjà des amas assez
notables en dehors de la région tonsillaire et leurs culs-de-
sac sont situés dans la couche sous-muqueuse. Dans la région
tonsillaire, elles sont moins nombreuses et elles se trouvent à
la limite des involutions épithéliales tonsillaires.

Dans la région latérale du voile du palais, l'épithélium a la
même constitution et la même épaisseur que sur la ligne
médiane. La couche basilaire atteint 0mm,012 de diamètre et
est constituée par une rangée très régulière de cellules basilaires dont le noyau (au sortir de l'alcool) se colore énergiquement en rouge et a des dimensions de 0mm,006. Deux noyaux
voisins ne sont distants l'un de l'autre que par un intervalle
de 0mm,004 à peine, rempli par le liseré protoplasmatique des
deux éléments. La ligne de démarcation de la couche basilaire et du chorion est indiquée par une membrane basilaire
très nette reposant sur un chorion constitué par des cellules
conjonctives distantes les unes des autres par un intervalle de
0mm,004 à 0mm,008. Les noyaux de ces éléments mésodermiques sont sphériques et ovalaires, se teignent moins vivement
en rouge par le carmin, et leur corps cellulaire, ainsi que la
substance amorphe, se colorent en rose au lieu de présenter
une teinte jaune comme le protoplasma épithélial.

Sur les fœtus de cet âge, on trouve dans la région tonsillaire la même surface irrégulière de la muqueuse que sur celui
de 15 centimètres. L'épithélium s'est étendu en surface, de
telle façon qu'il représente une membrane d'une superficie
plus grande que le chorion sous-jacent. Aussi s'est-il replié, de

distance en distance, dans la profondeur du chorion et forme-t-il des invaginations hautes de 0^{mm},1 à 0^{mm},15, creusé d'un diverticule haut de 0^{mm},08 (fig. 22). Dans l'intervalle de ces invaginations, les lames mésodermiques figurent des sortes de papilles. Au niveau de ces dernières, l'épithélium a une constitution et des rapports avec le chorion identiques à ce que nous voyons sur le reste de la muqueuse palatine : il est épais de 0^{mm},03, dont 0^{mm},01 pour la couche basilaire et le reste pour la couche superficielle. Une membrane amorphe basilaire sépare l'épithélium du chorion et se continue sur toute la périphérie des invaginations qui, à ce stade, sont composées des mêmes couches que tout le revêtement épithélial. Cependant on remarque déjà au fond des invaginations un épanouissement de la couche basilaire qui y atteint 0^{mm},012 à 0^{mm},025. Tandis que dans l'intervalle des invaginations et sur les portions voisines de la région tonsillaire, le chorion est essentiellement composé d'éléments conjonctifs fusiformes et étoilés, espacés régulièrement et séparés par une quantité de substance amorphe, nous voyons le mésoderme qui confine au fond des invaginations offrir une zone périphérique de cellules conjonctives très serrées et indiquant qu'il y a en cet endroit une prolifération très active dans le tissu conjonctif. Mais, nous le répétons, la membrane basilaire continue à y limiter nettement le chorion.

C'est là l'une des variétés des involutions qu'on remarque dans la période initiale de l'évolution tonsillaire. Mais à côté de celle-là il en existe une autre de tous points analogue à celles que nous ayons figurées chez le cheval (fig. 19). Cette dernière variété représente un bourgeon en forme de cône plein et très court, constitué par les mêmes éléments que ceux que nous avons décrits dans l'autre forme. Les phénomènes évolutifs ultérieurs sont les mêmes dans l'un et l'autre cas ; ils consistent essentiellement dans l'épaississement de l'extrémité profonde de l'involution où l'accumulation des cellules basilaires produira une sorte de corps sphérique ou en massue, rattachée par un pédicule au revêtement superficiel. Simultanément la zone conjonctive avoisinante prolifère abondamment, et la membrane basilaire disparaît sur la limite des deux couches ectodermiques et mésodermiques.

Là même où il existe un diverticule central, il est facile de
suivre la marche des phénomènes, qui sont les mêmes que ceux
que nous avons notés chez les solipèdes. Mais les faits sont
d'une complexité plus grande et d'une interprétation plus difficile, quand on considère les involutions en massue très courtes
et pleines.

La figure 22 représente une section passant par l'axe de
l'une de ces involutions; on voit que la hauteur ou profondeur est insignifiante en comparaison de l'épaississement du
fond; la hauteur est en moyenne de 0^{mm},1 à 0^{mm},120, tandis ·
que la boule terminale a une largeur de 0^{mm},2 et n'est rattachée
à l'épithélium superficiel que par un pédicule très court et d'un
diamètre de 0^{mm},1. On peut suivre la membrane basilaire jusqu'au col de l'involution, mais tout le reste du pourtour, c'est-
à-dire la périphérie de la sphère, en est dépourvue.

Toute la masse de l'involution est constituée à cette époque
par une accumulation de cellules basilaires pressées les unes
contre les autres, se continuant par le milieu et sur les bords
du col avec celles de la couche basilaire de l'épithélium superficiel. Leurs dimensions, leurs réactions sont les mêmes que
celles des éléments de la couche basilaire ci-dessus décrite.
Sur la périphérie du fond et sur les parties latérales, nous le
répétons, il n'y a plus de limite entre ces cellules épithéliales
et les éléments mésodermiques. En d'autres termes, la pénétration réciproque a commencé. La figure 22 montre l'aspect
sous lequel on voit ces involutions épithéliales sur le fœtus de
17 centimètres, on croirait avoir sous les yeux un bourgeon
épithélial en train de s'égréner au contact du mésoderme.

Après avoir bien précisé le mode de production de ces
involutions et noté les caractères de leurs éléments constitutifs, il est possible de se rendre compte de la façon dont
prennent naissance les amas de cellules jeunes que nous avons
figurées en *tp* et qui ne semblent avoir aucune relation avec
l'ectoderme dont ils sont séparés par une lame choriale superficielle.

Sur les fœtus de porc de 17 centimètres et 19 cent. de long,
les tissus évoluent si rapidement et les phénomènes se passent de telle façon que les observateurs ont été induits en
erreur par l'apparence de ces amas, de telle sorte que toute

l'évolution des tonsilles a été mal interprétée. Il est un autre fait fâcheux, c'est la facilité avec laquelle on peut trouver la région tonsillaire chez les embryons de porc, tandis que chez les autres mammifères en général la recherche de la première ébauche amygdalienne est entourée de difficultés, puisque le point de l'involution primitive est circonscrit sur un point unique. Chez le porc, en effet, les invaginations qui se font simultanément sur un grand espace, sont très multipliées, comme chez les solipèdes; en outre, l'allongement du bourgeon épithélial est si peu notable, comparé à son épaississement transversal, que le tout prend la configuration d'une immense boule, à peine adhérente à l'épithélium palatin. Nous avons vu que chez les mammifères, surtout les grandes espèces, les involutions s'avancent dans le mésoderme pendant longtemps en acquérant de très fortes dimensions avant que la membrane basilaire disparaisse, pendant que le tissu conjonctif embryonnaire prolifère abondamment et avant que l'enchevêtrement commence à se faire. Il n'en est pas de même chez le porc. En comparant les embryons des divers mammifères et en s'en rapportant à la taille seulement, les fœtus de porc sont beaucoup plus développés, plus âgés en un mot que ceux du bœuf, quand débutent les premiers phénomènes de l'évolution tonsillaire.

Aussi à peine les cellules basilaires ont-elles produit un épaississement globulaire d'éléments épithéliaux, l'on ne voit plus trace de membrane basilaire. Qu'arrive-t-il alors, si l'on fait des coupes sur ces fœtus arrivés à ce moment du développement ? Le rasoir peut passer, suivant la ligne *ab* (fig. 22), superficiellement par une portion d'épithélium munie de sa membrane basilaire, puis il rencontre une lamelle choriale formée d'éléments conjonctifs embryonnaires, puis un amas d'éléments jeunes *(tp)* qui ont des caractères des *cellules embryonnaires* des auteurs qui ne distinguent pas celles d'origine ectodermique des cellules embryonnaires mésodermiques. À la superficie, il n'y a pas de changement dans le revêtement épithélial : aussi hâtent-ils de conclure que cet amas de cellules embryonnaires tire son origine d'une différenciation des cellules du chorion, d'origine mésodermique.

Voilà le raisonnement de ceux qui n'ont pas suivi, pas à pas, les modifications primitives de la muqueuse palatine, qui ne

cherchent pas à savoir d'où viennent et ce que deviennent les
éléments, qui n'ont pas eu la bonne fortune de voir un amas
de cellules embryonnaires se continuer par un pédicule avec
l'épithélium superficiel. Nous recommandons aux observateurs
de passer en revue *toute une série* de coupes faites sur des
tissus bien conservés; dans ces conditions ils verront qu'à côté
de nombreuses images telles que celles que j'ai décrites plus
haut et d'autres plus trompeuses encore (fig. 22, *tp*), le rasoir
a passé de temps en temps par l'axe même de l'involution *(Jn)*.
Si on a une pareille préparation sous les yeux, le doute n'est
plus possible; il est facile de se rendre compte de la manière
dont l'erreur a pris naissance et de voir combien le processus
de la formation tonsillaire est analogue, sinon absolument identique dans tous les détails, à travers les divers groupes de
mammifères.

Chez les fœtus de porc de 20 à 22 centimètres (15° et 16°
semaine de la gestation), le voile du palais atteint une longueur
de 17 millimètres depuis le pilier antérieur jusqu'au bord postérieur. La surface palatine, étendue depuis le pilier antérieur jusqu'à 5 millim. de ce bord postérieur, est criblée d'un grand
nombre d'orifices, donnant entrée dans les diverticules : c'est
là *la région amygdalienne*, qui, en arrière et en dehors, empiète sur les parties latérales de l'ishme du gosier et arrive sur
la base de la langue.

En pratiquant des coupes sur cette région, on constate que
la muqueuse de la région palatine est légèrement ondulée.
L'épithélium a une épaisseur de $0^{mm},04$ à $0^{mm},05$; dans l'intervalle des involutions, le chorion atteint un diamètre moyen de
$0^{mm},06$ et est constitué par du tissu conjonctif riche en éléments étoilés et fusiformes. Vient ensuite la couche de tissu
angiothélial, épaisse de $0^{mm},250$ à $0^{mm},5$ selon les régions
examinées. Le tissu sous-muqueux a $0^{mm},180$ et présente une
trainée de glandes en grappes qui sépare le tissu angiothélial
des muscles du palais. La configuration des involutions diffère
notablement du stade précédent : elles sont longues de $0^{mm},36$
à $0^{mm},5$ et présentent une lumière centrale sous forme de diverticule s'élargissant vers la profondeur. Un grand nombre
de ces diverticules (fig. 23) offrent des bourgeons secondaires
sous forme de prolongements longs de $0^{mm},1$ à $0^{mm},12$ et

larges de 0^{mm},05. Ceux-ci sont constitués par des cellules basilaires et sont, par suite de la disparition de la membrane basilaire, en contact direct avec le tissu angiothélial, qui forme à toute l'involution un manchon périphérique de 0^{mm},5 à 0^{mm},6. C'est ainsi que se présente chaque lobe de la région tonsillaire à cette époque où il n'est séparé du voisin que par une cloison incomplète de tissu conjonctif provenant de la couche sous-muqueuse. Le tissu angiothélial existe par tout à son premier stade d'évolution.

C'est sur les fœtus de cet âge qu'il est facile de suivre le mode de pénétration du tissu ectodermique et mésodermique : on voit, en effet, partir des bourgeons terminaux de l'involution des traînées épithéliales composées uniquement de cellules basilaires. Elles se présentent selon leur grand axe ou coupées transversalement : elles sont en contact immédiat avec le tissu mésodermique formé de cellules conjonctives dont les prolongements forment un réseau serré. Ce tissu reticulé montre déjà en approchant de l'amas épithélial, des faisceaux conjonctifs qui rayonnent à sa périphérie et qui envoient de distance en distance des trabécules dans l'intervalle des traînées épithéliales. Cet aspect rappelle ce que nous avons eu déjà plusieurs fois l'occasion de signaler chez l'homme, le bœuf, le mouton, le cheval, etc. A un faible grossissement, on croit avoir affaire à un *follicule clos*, mais un grossissement suffisant établit que sa portion centrale est constituée par un grain purement épithélial, tandis que sa portion périphérique est du tissu angiothélial au premier stade confinant partout au tissu conjonctif.

Sur les fœtus de porc de 27 centimètres de long (à peu près à terme), la région amygdalienne commence à présenter une série de territoires plus ou moins nettement délimités : à chacun correspond un diverticule s'ouvrant à la surface de la muqueuse. Les diverticules ont en moyenne une hauteur de 0^{mm},6, une lumière centrale de 0^{mm},24 et sont circonscrits par un revêtement d'épithélium stratifié. Des cloisons conjonctives interlobaires partent de la couche sous-muqueuse et arrivent à rejoindre le chorion à travers le tissu glandulaire, Elles ont un diamètre moyen de 0^{mm},05 et sont composées de tissu lamineux fasciculé. Les lobes ont une étendue transversale de 0^{mm},5 et un hauteur de 0^{mm},7. Autour de chaque diverticule on observe un manchon périphérique de tissu angiothélial de 0^{mm},25 d'épaisseur. Celui-ci présente sur les coupes, une subdivision en lobules : en effet, on remarque une série de grains arrondis; ceux-ci sont composés, les uns d'une portion centrale de 0^{mm},04 à 0^{mm},06 uniquement formés de cellules épithéliales et entourés d'une zone de 0^{mm},06 de tissu angiothélial au premier stade, les autres offrent une portion médullaire au premier stade et une partie périphérique au deuxième stade d'évolution. Cette dernière renferme par suite des vaisseaux sanguins.

Sur un porc à la naissance (32 cent. de long), la région amygdalienne comprend de chaque côté du raphé médian du voile du palais une largeur de 7 millimètres et une longueur antéro-postérieur de 1 millim. L'extrémité postérieure est distante de 4 millim. du bord libre du voile du palais, sa muqueuse présente un certain nombre de papilles coniques et peu élevées. Le chorion est épais de 0^{mm},07 à 0^{mm},08 et le tissu angiothélial a un diamètre à peu près égal à ce que nous avons vu sur le porc de 27 cent. La constitution des lobes et des lobules est également la même que précédemment.

Si nous passons maintenant au porc adulte, nous voyons la surface de la région amygdalienne présenter une quantité notable de papilles coniques hautes de 0^{mm},012 à 0^{mm},15 dont la base se continue avec le chorion fasciculé épais de 0^{mm},6 à 0^{mm},7. A celui-ci fait suite une couche angiothéliale d'un diamètre de 2 millim. à 3 millim. Celle-ci est subdivisée en parties plus petites, comprenant toute l'épaisseur de la couche angiothéliale et une étendue transversale et longitudinale de 2 millim. à 3 millim : ce sont les lobes, séparés les uns des autres par des cloisons conjonctives de 0^{mm},1 à 0^{mm},15, allant directement du chorion jusque dans le tissu sous-muqueux. Chaque lobe présente à son centre la coupe d'un diverticule à configuration variable. Autour de lui on trouve le tissu angiothélial disposé comme chez tous les mammifères que nous avons examinés déjà, c'est-à-dire une série de lobules dont la partie périphérique est à son deuxième stade de développement et la portion centrale à son premier stade. Sur une section, on compte quinze à vingt lobules dans un lobe de grandeur moyenne.

Chez un sanglier adulte que j'ai eu l'occasion d'examiner, la région amydalienne avait une extension semblable à celle du porc, c'est-à-dire, comprenait tout le voile du palais depuis la voûte palatine jusqu'au pilier postérieur. De chaque côté de la ligne médiane, la masse tonsillaire avait une largeur de 2 centimètres; en arrière elle restait éloignée de 1 cent. à 2 cent. du bord postérieur du voile, qui présentait une muqueuse ordinaire sur toute cette étendue. Les orifices des diverticules ont en moyenne 0^{mm},5 de diamètre et sont distants les uns des autres de 1 à 2 millim. L'épaisseur du tissu angiothélial est de 0^{mm},8 à 1 cent. Les lobes ont un volume égal à ceux du porc et sont séparés les uns des autres par des travées conjonctives de 0^{mm},1 à 0^{mm},120. Le tissu angiothétial est subdivisé en lobules dont la partie centrale claire est au premier stade de développement et mesure en tous sens de 0^{mm},250 à 0^{mm},300 et la portion périphérique au deuxième stade, c'est-à-dire intermédiaire à deux portions claires, a un diamètre de 0^{mm},08 à 0^{mm},2 selon les régions.

Schmidt (loc. cit., p. 230) décrit les amygdales d'un marcassin et d'un porc adulte : chez le premier, les parois des diverticules étaient infiltrées de corpuscules lymphoïdes, tandis que les follicules clos étaient en nombre moindre que chez l'adulte. Le tissu conjonctif formerait à chaque amas de cellules lymphoïdes une capsule épaisse, et le tout serait d'origine mésodermique.

L'évolution des tonsilles chez les porcins est la suivante :
Sur le fœtus de porc de 17 centimètres de long, les replis épithéliaux de la muqueuse palatine se font en grand nombre et sur toute l'étendue de la région tonsillaire : la plupart affectent la forme de cônes et de massues rattachés par un pédicule court et étroit au feuillet superficiel. Sur la périphérie de chacun de ces bourgeons, il se produit une zone de tissu conjonctif embryonnaire. La pénétration des tissus ectodermique et mésodermique suit de près la période d'invagination. Sur le fœtus de 20 cent. et de 22 cent. de long, les involutions primitives sont plus longues et sont creuses, et les bourgeons secondaires sont entourés d'une zone de tissu angiothélial au premier stade d'évolution. Sur les fœtus à terme, la région amygdalienne est subdivisée en *lobes* ayant chacun une étendue de 0^{mm},5 en moyenne. Les bourgeons secondaires sont séparés par une

couche mésodermique de l'évolution primitive, et chacun est le
centre d'un lobule, composé à cette époque d'une portion médullaire épithéliale et d'une double zone de tissu angiothélial
au premier et au deuxième stade. Sur le porc adulte et le
sanglier, les lobules ont la même constitution que sur les autres
mammifères : ils sont disposés autour d'un diverticule central,
mais les lobes au lieu d'être superposés et concentrés de façon
à former une masse ovalaire ou arrondie, sont étalés les uns
à côté des autres sur une large surface.

VIII. — Évolution des tonsilles chez les Léporidés.

Chez les Léporidés, les amygdales se présentent, pendant
toute l'existence, sous la forme d'un crypte simple et unique.

Chez le lapin, à la naissance, les deux fentes amygdaliennes
sont éloignées l'une de l'autre de 3 millimètres, distance qui
représente la largeur du voile du palais à ce niveau. La profondeur de l'involution (fig. 33, D) est de $0^{mm},6$; elle se dirige
obliquement de haut en bas et de dedans en dehors, par rapport à l'isthme du gosier. La lèvre postérieure se continue insensiblement avec la surface muqueuse du voile du palais ; la
lèvre antérieure est proéminente et constitue une saillie de
$0^{mm},6$. Sur la coupe, la lèvre antérieure (a) figure un feuillet
semblable à ce que nous avons vu chez le chien ; un sillon profond de $0^{mm},05$ (s) le sépare en avant de la muqueuse de l'isthme
du gosier. A la base de ce feuillet, il existe déjà un amas notable de glandes sous-muqueuses. L'épaisseur de l'épithélium
superficiel est de $0^{mm},10$, et reste la même dans l'intérieur de
l'involution ; mais à la surface de la lèvre antérieure, l'épithélium acquiert une épaisseur de $0^{mm},04$ et semble envoyer dans
le chorion plusieurs involutions non figurées à cause de leur
peu de netteté. La couche basilaire de l'épithélium amygdalien
est constitué par une rangée de cellules cubiques ayant un volume de $0^{mm},006$ à $0^{mm},007$ et tranchant par leur coloration
foncée et par l'énergie avec laquelle elles fixent les matières
tinctoriales sur les cellules polyédriques des couches superficielles.

Quels sont les rapports de l'épithélium et du chorion et leur
structure intime à cette époque ? La membrane basilaire de la

muqueuse palatine supporte une couche basilaire de $0^{mm},008$
à $0^{mm},01$, qui va en augmentant d'épaisseur vers la région
tonsillaire et atteint $0^{mm},016$ de diamètre sur le feuillet amygdalien. Au niveau des involutions épithéliales, il n'y en a plus
trace et les cellules basilaires sont en contact immédiat avec les
. éléments mésodermiques. Ceux-ci sont très abondants et composent toute la lame choriale du feuillet. Cette dernière a une
épaisseur de $0^{mm},1$ à $0^{mm},2$, tandis que la muqueuse avoisinant
la fente amygdalienne, ne possède qu'un chorion d'un diamètre
de $0^{mm},04$ à $0^{mm},06$. La lame choriale tonsillaire est constituée
en grande partie par du tissu mésodermique jeune, c'est-à-
dire par des cellules arrondies ou ovalaires. Il est très difficile
de décider si la pénétration réciproque des éléments épithéliaux et des éléments mésodermiques a débuté déjà superficiellement.

Sur un jeune lapin âgé de 10 jours, l'involution amydalienne
est profonde de $0^{mm},7$ à $0^{mm},8$ (fig. 34). La lèvre postérieure *(lp)*
n'a qu'une hauteur de $0^{mm},025$; la lèvre antérieure est large de
$0^{mm},08$ à $0^{mm},9$ et est séparée vers sa base de la muqueuse de
l'isthme du gosier par une gouttière profonde de $0^{mm},03$ à
$0^{mm},04$ *(s)*. L'épithélium de la surface palatine est épaisse de
$0^{mm},03$ dont $0^{mm},01$ pour la couche basilaire. Les éléments qui
constituent cette dernière commencent à s'allonger perpendiculairement au chorion. En approchant de la région amygdalienne, l'épithélium s'épaissit notablement et acquiert un diamètre de $0^{mm},05$ le long des parois de l'involution et la couche
basilaire constituée par plusieurs assises de cellules cubiques y
atteint $0^{mm},02$ à $0^{mm},03$. Tandis qu'une membrane basilaire très
nette sépare l'épithélium du chorion sous-jacent sur le voile du
palais et sur la face antérieure de la lèvre antérieure, on constate que sur le bord postérieur de la lèvre antérieure, il n'existe
aucune limite entre le tissu chorial et la couche basilaire. Dans
cette région ainsi circonscrite *(a)*, on trouve sur une hauteur de
1 millimètre environ un tissu épais de $0^{mm},3$ présentant tous les
caractères du tissu angiothélial au premier et au deuxième stade
d'évolution. En certains endroits de cette même région on
remarque des bourgeons épithéliaux (B), hauts de $0^{mm},04$ partant
de l'épithélium superficiel et constitués uniquement par des
éléments basilaires. Ce sont ces bourgeons secondaires pleins

qui fournissent la plus grande partie des cellules glandulaires
du tissu angiothélial; cependant il est très probable que la pénétration du tissu épithélial et des éléments mésodermiques
puisse se faire le long de la couche basilaire de toute l'involution. L'observation de ce dernier phénomène est des plus difficiles. Quoi qu'il en soit, à cet âge, on constate la présence d'un
tissu angiothélial à apparence uniforme le long de la face postérieure et du bord convexe du feuillet amygdalien.

Chez un lapin âgé de huit mois, la fente amygdalienne a une
profondeur de $2^{mm},5$. Le tissu angiothélial est inégalement
réparti le long de ses parois : dans les lèvres de la fente, il a
une épaisseur de $1^{mm},5$ et va en diminuant sur les parties latérales du crypte où il n'atteint que $0^{mm},5$; dans le fond même, le
tissu glandulaire manque sur divers points. Le tissu angiothélial n'a plus l'apparence uniforme qu'il avait sur les lapins plus
jeunes : il est subdivisé en une série de territoires plus
foncés, séparés les uns des autres par des trabécules conjonctives plus claires. Ce sont les lobules larges de $0^{mm},25$ environ
et long de $0^{mm},3$ à $0^{mm},4$. Dans l'épaisseur des lèvres amygdaliennes, les lobules sont disposés sur trois à quatre rangs,
depuis le chorion jusqu'à l'épithélium superficiel; mais ils forment une rangée unique le long des parois du crypte. Les
contours des lobules sont d'autant plus nets et les cloisons
interlobulaires d'autant plus larges qu'on les considère plus
près de la capsule enveloppante. Cette particularité indique que
la segmentation en lobules se fait de la périphérie vers le
crypte central, grâce aux travées conjonctives qui s'étendent
dans le même sens en rayonnant à partir du tissu conjonctif
sous-chorial.

Sur un lapin plus âgé encore, la fente amygdalienne atteint
une profondeur de 3 millimètres : sur les coupes, les rangées
de lobules sont au nombre de cinq dans l'épaisseur des lèvres
et les lobules ont une configuration plus arrondie et des dimensions de $0^{mm},3$ à $0^{mm},4$.

Je n'ai pas eu l'occasion d'examiner un lapin avancé en âge,
au point de vue de l'évolution ultérieure des lobules amygdaliens.

Sur un jeune lièvre, examiné vingt-quatre heures après la
mort, de taille moyenne, les amygdales se présentent comme

deux tubercules arrondis de 5 millimètres faisant une saillie de 2 à 3 millim. sur les parties latérales de la base de la langue. Elles sont éloignées l'une de l'autre de 1 cent. 5 millim. et situées à une distance de 1 cent. 5 millim. en arrière du bord antérieur du tube pharyngo-staphylin, et à 5 millim. en avant de l'épiglotte. Elles répondent à la ligne de jonction des parties latérales du voile du palais et des côtés de la base de la langue. En dehors, elles sont longées par les cornes de l'hyoïde.

La profondeur de la fente amygdalienne est de 5 millim. Elle est tapissée par un revêtement épithélial de $0^{mm},05$ et revêtue par une épaisseur de $0^{mm},5$ à $0^{mm},6$ de tissu glandulaire. Celui-ci est à l'état de tissu angiothélial au deuxième stade ; c'est-à-dire composé d'éléments épithéliaux et d'une trame conjonctive serrée et très vasculaire, sans qu'on aperçoive aucune segmentation en lobules. Ce n'est que sur la périphérie que des travées conjonctives assez épaisses provenant de la capsule commencent à pénétrer de distance en distance dans le tissu angiothélial et déterminent une apparence de follicules clos.

Chez le lièvre et le lapin dont il ne dit pas l'âge, Th. Schmidt (loc. cit. p. 227) signale l'épithélium statifié et les papilles qui revêtent la cavité amygdalienne. Chez le lièvre, le tissu folliculaire atteint une épaisseur de 1 à 2 millimètres vers le fond et manque vers les bords libres ou lèvres de la cavité. Le tissu folliculaire est uniforme ou subdivisé en follicules plus ou moins distincts : le réticulum part de la capsule qui enveloppe toute la formation et de la tunique adventice des vaisseaux. Il ne prend un aspect fasciculé que le long des gros vaisseaux. Les mailles sont remplies de corpuscules lymphoïdes : dans les espaces plus clairs, les trabécules conjonctives sont plus fines et les mailles plus larges, de sorte qu'on peut, par le pinceautage, les débarrasser plus aisément des éléments lymphatiques. En traitant de même les follicules, leur réticulum plus délicat se détruit au contact du pinceau. Il regarde par suite les follicules comme des segments modifiés du tissu folliculaire, entourés par un tissu semblable pourvu d'un réseau plus serré.

Chez le lapin, Schmidt n'a donc pas pu voir des follicules distincts. Comme il ressort de ses descriptions l'auteur n'a constaté chez l'un et l'autre animal qu'un tissu lymphoïde plus ou moins diffus chez le lapin, séparé en quelques follicules chez le lièvre. S'il avait examiné des lapins plus âgés, il aurait pu observer des follicules comme chez le lièvre.

En résumé, l'évolution du tissu amygdalien se fait chez les Léporidés selon un mode semblable à celui qu'on observe

chez les chats : une involution épithéliale unique, qui est bien
établie au moment de la naissance, donne quelques bourgeons
secondaires qui sont pénétrés par le tissu mésodermique. Le
tissu angiothélial uniforme se fragmente en lobules vers
l'âge de huit mois; plus tard toute la formation tonsillaire est
divisée en lobules distincts. Le stade fibreux est à observer sur
les lapins avancés en âge.

IX. — Développement et disposition du réseau vasculaire dans les lobules.

C'est à Kölliker que l'on doit la première description des vaisseaux
dans les follicules clos. Mais si tout le monde y admet les vaisseaux, les
uns et les autres accordent au tissu amygdalien une vascularité très variable. « Quand des follicules siègent dans la couche de tissu lymphoïde,
dit Frey *(Histol.* et *Histoch.* Trad. franç., 1877, p. 539), les vaisseaux
occupent le tissu interfolliculaire. Aussi le réseau vasculaire devient-il
beaucoup plus étroit et plus serré. Dans les follicules eux-mêmes, on
observe un réseau à direction rayonnante, d'une grande élégance, formé
de capillaires très minces. »

On voit que l'auteur cité fait une distinction entre le tissu lymphoïde
proprement dit et les follicules clos. Pourquoi la disposition des vaisseaux devient-elle radiée, dès que les follicules clos apparaissent? Nous
avons signalé chez les fœtus des diverses espèces animales, la vascularité
notable du tissu mésodermique du chorion, au moment où celui-ci est
pénétré par les involutions épithéliales. Mais le trajet et la direction de
ces vaisseaux y sont alors les mêmes que ceux de tous les tissus étendus
en membrane (voy. fig. 37 et la description des faits p. 283). Il s'agit,
par conséquent, de rechercher la cause prochaine qui détermine les
vaisseaux à prendre une disposition concentrique autour de l'amas de
cellules prenant la forme de follicules clos. En second lieu, il y a lieu
de se demander si le follicule clos est, dès le début, pourvu d'un réseau
vasculaire le traversant dans toute sa masse, comme chez l'adulte, et si
plus tard, au moment de la transformation fibreuse, il ne subit aucune
modification.

Plusieurs hypothèses ont été proposées pour expliquer l'accumulation
des éléments propres dans ces organes (ganglions et follicules clos lymphatiques).

Les uns se contentent de dire que les cellules migratrices viennent se
grouper dans les alvéoles du tissu réticulé pour former le tissu lymphoïde, sans préciser leur origine vasculaire ou seulement conjonctive. D'autres admettent, pour les follicules clos ce que Ranvier *(Traité
technique,* p. 696) décrit pour les ganglions lymphatiques : les vaisseaux
lymphatiques *afférents* amèneraient les cellules lymphatiques dans les
sinus des ganglions. Par migration, ces dernières pénètreraient dans les

mailles du tissu ganglionnaire, où elles se multiplieraient, de façon à produire des éléments cellulaires qui, après être restés dans leur intérieur le temps nécessaire à leur élaboration, rentreraient dans le courant lymphatique et contribueraient finalement à augmenter la richesse des éléments cellulaires du sang.

Comme nous n'avons actuellement aucune donnée sur le développement des vaisseaux lymphatiques, que nous ignorons complètement si ces derniers précèdent ou suivent la formation des follicules clos, nous ne pouvons pas aborder la discussion de cette théorie, en ce qui concerne les amygdales.

Une troisième hypothèse attribue un rôle important aux vaisseaux sanguins. His (*loc. cit.*), le premier, a appelé l'attention sur le fait suivant : Dans le tissu lymphoïde, les vaisseaux sont recouverts d'éléments conjonctifs à l'état de fibrilles et de cellules très nombreuses. Que ce manchon de tissu conjonctif se continue avec la paroi vasculaire elle-même, dont il constituerait l'adventice ou bien qu'il ne fasse que la contourner, il n'en est pas moins vrai qu'il existe à la limite des vaisseaux une *couche de* CELLULES MÉSODERMIQUES JEUNES.

Brücke, Leydig, Billroth sont d'accord avec His pour avancer que c'est cette couche de la tunique adventice des vaisseaux qui serait la matrice, le foyer producteur des éléments lymphoïdes.

Schmidt *(loc. cit.*, p. 293) est plus explicite sur ce point ; c'est la tunique adventice des veines qui, selon lui, fournirait les éléments de prolifération aboutissant à la genèse des cellules lymphatiques. Il décrit et figure des éléments pourvus de deux noyaux et davantage en train de se diviser. Les radicules des vaisseaux lymphatiques, ainsi que les éléments lymphoïdes, prendraient donc naissance, comme le prétend His, dans les espaces conjonctifs entourant les vaisseaux sanguins.

Dans un autre passage, Schmidt précise davantage le lieu de formation des follicules clos ; il fait remarquer (*op. cit.*, p. 270) « qu'il a toujours trouvé les premières traces de la substance folliculaire, c'est-à-dire les formes peu développées de cette substance dans les couches denses, plus superficielles du chorion, pourvues d'un réseau capillaire propre et jamais dans les couches plus lâches qu'enveloppe les glandes acineuses et qui supporte les gros troncs vasculaires. »

Cette dernière observation est des plus exactes. Nous avons constaté toujours que dès l'origine, le *tissu conjonctif* du chorion chez les jeunes embryons *est éminemment* vasculaire.

Mais si l'on admet l'assertion de ces auteurs, à savoir que la multiplication des cellules conjonctives donne lieu aux éléments lymphoïdes, il en résulterait cette conséquence : que ces derniers formeraient des groupes dont la portion centrale serait éminemment plus vasculaire, puisqu'ils s'accumuleraient autour d'un axe représenté par la tunique adventice. Or, nous verrons que c'est tout le contraire qui a lieu, c'est-à-dire dans les follicules clos, le développement des vaisseaux se fait de la périphérie vers le centre. Ou bien encore il faudrait supposer que les éléments lymphoïdes, une fois nés, iraient par migration se porter loin des vaisseaux qui leur avaient donné naissance. .

Au milieu de ces assertions contradictoires dont la plupart sont en opposition avec des faits bien constatés, il ne nous reste qu'à interroger l'évolution du tissu des amygdales comparativement à celle des vaisseaux sanguins eux-mêmes.

Sur les embryons et les fœtus, les injections du système sanguin sont, comme on sait, d'une extrême difficulté. Heureusement l'observation du trajet et de la disposition des vaisseaux est des plus faciles, quand les animaux ont été conservés *tout entiers* dans le liquide de Müller ou le liquide de Klei, nenberg. Les globules du sang remplissent les petits vaisseaux et les capillaires, et, grâce à la couleur foncée qu'ils ont prise par le séjour dans le liquide de Müller, on a une injection naturelle des mieux réussies. Dans ces conditions, on constate ce que nous avons répété à diverses reprises, que le tissu mésodermique du chorion est d'une richesse vasculaire extrême, au moment de la production des involutions épithéliales. Ainsi chez le chien à la naissance, la saillie mésodermique qui figure la plus grande masse de l'amygdale, commence à être pénétrée, à partir de sa surface, d'un certain nombre de replis et d'involutions épithéliales (fig. 37). En pratiquant une injection à cet âge, on constate vers la base du feuillet la présence de traînées vasculaires larges de 0^{mm},03 à 0^{mm},04 et l'axe lui-même du feuillet est occupé par une artériole de 0^{mm},04 de diamètre. Elle se dirige vers le bord libre et donne chemin faisant une série de rameaux qui vont s'anastomoser et former un réseau capillaire d'une grande régularité. Les mailles atteignent un diamètre de 0^{mm},120 à 0^{mm},150, elles ont leur grand axe parallèle aux deux faces de l'amygdale et vont constituer à la face superficielle du chorion un réseau plus étroit et plus serré. Les rameaux et les capillaires partent très régulièrement du tronc générateur central et on n'aperçoit aucune trace de la disposition rayonnante autour de certains points de la masse amygdalienne. Au niveau des involutions épithéliales, il n'y a pas d'autres modifications : le tissu angiothélial étant à son premier stade. Le début de l'aspect radié est bien ultérieur chez le chien.

Nous allons prendre comme type de développement les solipèdes, mais nous ajoutons que les phénomènes se passent identiquement de la même façon dans tous les groupes d'animaux
que nous avons examinés. Chez le fœtus de cheval de 40 centimètres le chorion, aussi bien du côté de la face profonde des
involutions, que dans leur intervalle est traversé en tous sens
par un réseau sanguin d'une grande uniformité. Du côté du
tissu sous-muqueux et au milieu des groupes de glandes sous-
muqueuses se trouvent des troncs vasculaires de $0^{mm},1$, qui
émettent vers la superficie des rameaux de $0^{mm},02$ à $0^{mm},03$.
Ceux-ci se divisent et se subdivisent en une série de vaisseaux
plus fins de $0^{mm},012$ à $0^{mm},015$ allant se répandre sur toute
la portion superficielle du chorion et au pourtour des involutions épithéliales. Les vaisseaux ainsi que les derniers capillaires déterminent en s'anastomosant des mailles d'autant plus
serrées qu'on considère une partie plus voisine de l'épithélium.
A cette époque les branches anastomotiques forment des arcades
très régulières et ne rayonnent autour d'aucun centre quelconque, mais semblent aller s'étaler en nappes vers la surface
de la muqueuse.

En considérant des fœtus plus âgés, nous allons voir ce
que deviennent les vaisseaux d'une part dans le chorion dépourvu d'involution, et d'autre part sur le pourtour des intros-
sions épithéliales. Sur un fœtus d'âne de 70 centimètres, par
exemple, on remarque que les vaisseaux se sont élargis dans
la muqueuse avoisinant la région amygdalienne; à une distance
de $0^{mm},3$ à partir de l'épithélium, le chorion est traversé par
des vaisseaux d'un calibre de $0^{mm},03$ émettant du côté superficiel une série de rameaux de $0^{mm},02$, puis de $0^{mm},01$ qui, en
s'anastomosant et en se capillarisant, forment un réseau très
régulier à la surface de la muqueuse. C'est la même disposition que plus haut, sauf une augmentation de nombre et de
calibre des vaisseaux sanguins. Des rameaux de $0^{mm},02$ à
$0^{mm},03$ ont une direction parallèle à la surface de la muqueuse
et émettent, à des distances régulières de $0^{mm},06$, des capillaires
à direction perpendiculaire, d'un diamètre de $0^{mm},01$, qui se bifurquent et forment le réseau capillaire superficiel sous-jacent
à l'épithélium.

Entre les involutions épithéliales, ces branches perpendiculaires à la surface de la muqueuse existent comme plus haut, quoique plus larges et plus longues en raison de l'épaississement du chorion.

En outre, on remarque que sur la périphérie des bourgeons épithéliaux, elles tendent à se courber de manière à tourner leur concavité du côté du fond et du pourtour des masses épithéliales. Aux endroits où les cellules ectodermiques ont commencé a être pénétrées par les éléments mésodermiques, ce tissu angiothélial au premier stade offre la configuration vasculaire figurée (pl. XIII fig. 38) : des ramuscules de $0^{mm},01$ à $0^{mm},03$ de diamètre rayonnent en tous sens autour du bourgeon épithélial central et sillonnent le jeune tissu angiothélial, de telle sorte que leur concavité regarde en général du côté de l'axe de la formation et qu'ils émettent une quantité notable de capillaires qui se dirigent vers la portion épithéliale. Celle-ci est complètement dépourvue de vaisseaux, de même qu'elle manque de trame conjonctive. Le mode suivant lequel se fait l'enchevêtrement des deux tissus et selon lequel les premiers vaisseaux sillonnent les portions périphériques du lobule nous permet de comprendre comment s'établit le système vasculaire radié du lobule arrivé à l'état adulte. Les premiers capillaires périphériques se prolongent, en même temps que la trame plus délicate, vers le centre, puis s'anastomosent et c'est ainsi que nous aurons un réseau sanguin à vaisseaux plus gros, à mailles plus étroites dans la portion corticale, à capillaires étroits et à mailles allongées dans la partie médullaire. La figure 38 rend compte de ce processus et nous conduit au dessin que nous avons donné (*op. cit.*, fig. XXI) de la disposition vasculaire du follicule de la bourse de Fabricius.

Nous insistons encore une fois sur les relations intimes de la genèse du follicule ou lobule et sur l'arrangement des vaisseaux sanguins; en admettant avec les auteurs une polifération des cellules mésodermiques et une infiltration d'éléments lymphoïdes, il est impossible de donner la raison de la disposition spéciale du réseau sanguin, même en invoquant la participation prédominante de la tunique adventice. Pourquoi dans ces conditions, les éléments lymphoïdes iraient-ils, en vertu d'un instinct tout spécial, confluer vers le centre du lobule ?

C'est ainsi que se fait la répartition des vaisseaux sanguins dans le lobule arrivé à son développement complet. Comme l'a déjà fait remarquer Schmidt *(op. cit.)* les gros troncs se trouvent alors dans la portion périphérique, c'est-à-dire la partie intermédiaire entre deux follicules clos et on ne voit que des branches plus fines entrer dans le lobule pour y former un réseau capillaire. Schmidt a également bien vu que ce n'est que par exception qu'un gros vaisseau traverse un lobule.

Comme exemple de la disposition des vaisseaux et de la vascularité des lobules *sur l'adulte,* nous décrirons le réseau vasculaire sur un chat âgé de sept ans, dont nous avions injecté les amygdales avec une masse à la gélatine et au bleu de Prusse.

La figure 39 représente le trajet et le calibre des vaisseaux, ainsi que la grandeur des lobules dont nous avons donné la texture (p. 291).

Le tissu conjonctif formant une enveloppe au tissu amygdalien contient de gros vaisseaux d'un diamètre de $0^{mm},1$ à $0^{mm},15$. De ceux-ci partent des branches de $0^{mm},04$ à $0^{mm},05$ allant gagner les portions intermédiaires aux follicules clos, c'est-à-dire les parties périphériques des lobules. Ces branches donnent des ramuscules vasculaires de $0^{mm},015$ à $0^{mm},02$ qui prennent une direction concentrique à la portion centrale du lobule et qui sont figurés sur le dessin.

Ils envoient dans la masse centrale des capillaires qui la parcourent en tous sens. Le réseau capillaire est formé de mailles ayant un diamètre de $0^{mm},06$ sur la périphérie du follicule clos et d'une largeur double dans la partie centrale. La figure que nous donnons a été obtenue à la chambre claire d'après une section de l'amygdale. En la comparant aux dessins qu'on trouve dans les livres, on remarquera qu'il y a une différence très sensible entre le réseau tel que je le représente et celui de la plupart des auteurs. Ceux-ci représentent une trop grande abondance de vaisseaux dans les portions périphériques du follicule clos et laissent les capillaires rayonner vers le centre, où ils se perdent à la façon des extrémités radiculaires d'un arbre dans la terre. Peut-être les auteurs n'ont-ils eu affaire qu'à des animaux jeunes et dans ces conditions, leurs dessins sont plus ou moins exacts ; il suffit de comparer les figures qu'ils donnent à notre dessin (38), qui représente un lobule dont la portion centrale n'est pas vasculaire encore.

Mais sur les animaux adultes quand toute la masse lobulaire
est parcourue par des vaisseaux, le réseau capillaire central
est à larges mailles parcourant en tous sens le tissu du follicule
clos. En comparant cet état vasculaire au réseau capillaire du
chorion sous-jacent à l'épithélium superficiel de l'isthme du
gosier, on est frappé de la richesse sanguine deux à trois fois plus
considérable du chorion : les mailles formées par les vaisseaux
sont ici deux à trois fois plus serrées et les vaisseaux sont
d'un calibre plus fort : on croirait avoir sous les yeux une sorte
de tissu érectile,

Tel est l'état du réseau vasculaire dans les amygdales arrivés au summum de développement. Que va devenir cette disposition des vaisseaux quand l'aspect du tissu angiothélial
changera, quand aura lieu la transformation fibreuse de la
trame conjonctive ?

Nous avons vu que sur le cheval de 20 ans, comme chez
l'homme vers 50 et 60 ans, les lobules se fusionnent et toute
la masse angiothéliale se transforme en un tissu à trame
fibreuse traversée par des traînées épithéliales. Si l'on examine le réseau sanguin dans ces portions qui ont ainsi évolué,
l'on voit que le tissu angiothélial arrivé à ce stade (fig. 40),
est uniformément parcouru par des vaisseaux sanguins très
abondants d'un calibre moyen de $0^{mm},012$ émettant des capillaires plus forts de tous côtés, de façon qu'il n'y a plus moyen
de reconnaître la disposition radiaire nulle part. Ces vaisseaux
se continuent avec des troncs de $0^{mm},08$ à parois épaisses de
$0^{mm},02$, qu'on trouve très nombreux dans les portions glandulaires devenues à peu près complètement fibreuses.

En résumé, la trame réticulée en pénétrant concentriquement
de la périphérie vers le centre des bourgeons épithéliaux y
amène des capillaires qui affectent la même disposition rayonnée!
plus tard la trame conjonctive s'épaissit et les vaisseaux augmentent corrélativement de nombre et de calibre. Les éléments
épithéliaux subissent une régression en sens inverse, et quand
ce processus a duré quelque temps, toute la masse angiothéliale est uniformément sillonnée de vaisseaux sanguins. Enfin,
il ne reste plus dans le stade ultime qu'un tissu fibreux traversé
par de nombreux troncs vasculaires à calibre large et à parois
épaisses.

X. — Lymphatiques des amygdales.

Quels sont les rapports du système lymphatique avec le tissu angiothélial des amygdales ? Depuis longtemps E. H. Weber (*Meckel Arch. 1827* p. 280) a aperçu et injecté les vaisseaux lymphatiques des glandes folliculeuses. Il est vrai que Teichmann (*Das Saugadersystem*, Leipzig, 1861, p. 73) nie l'existence de vaisseaux lymphatiques aussi bien dans ces organes que dans les plaques de Peyer. Cependant à la même époque Billroth (*Beitrage zur pathol. histolog.* Berlin, 1858, p. 164) a annoncé l'existence de vaisseaux lymphatiques dans des amygdales hypertrophiées; il estime même qu'ils s'ouvrent librement par leurs extrémités, dans les mailles du tissu folliculaire. Krause (*Anat. Untersuchungen Hannover*, 1861, p. 152) regarde également les espaces en forme de fente, qu'il trouve dans les travées conjonctives interfolliculaires, comme les sections optiques de vaisseaux lymphatiques.

Th. Schmidt (*op. cit.*, p. 263 et 280) a vu et décrit les vaisseaux lymphatiques non seulement dans les tonsilles de l'adulte, mais encore dans celles de deux fœtus humains âgés de 5 mois à 5 mois 1/2. Il n'indique pas le procédé qui les lui a montrés chez ces derniers, mais il dit (p. 264) que les vaisseaux lymphatiques du tissu folliculaire ne diffèrent pas de ceux du chorion : ce seraient sous forme de petits rameaux, remplis de corpuscules lymphatiques, qu'ils quitteraient le tissu fortement infiltré et se réuniraient en gros troncs, irréguliers de 0^{mm},03 à 0^{mm},05 suivant le parcours des veines. Au voisinage de l'infiltration, leur paroi était composée d'une membrane homogène, montrant des traces de noyaux ; même il crut avoir aperçu dans un des plus gros troncs un épithélium indéniable. Schmidt est arrivé à ces résultats, sans injection préalable du système lymphatique, d'après l'examen des leucoytes qui engorgeaient les canaux lymphatiques. Il se fonde sur ces données pour admettre que chez l'embryon déjà, les tonsilles produisent des corpuscules lymphoïdes passant directement dans le courant sanguin.

Chez le mammifère adulte, d'après Schmidt, les vaisseaux lymphatiques sont très abondants, prêts à emporter les cellules lymphatiques (p. 280). On trouverait dans chaque parcelle de tissu folliculaire, entourant la tonsille, sans préparation spéciale, des espaces utriculiofrmes, revêtus d'un épithélium ordinaire et possédant des parois beaucoup plus minces que les veines qui ont le même calibre. Après la meilleure injection du système rouge, les canaux précédents ne sont jamais remplis de la masse injectée, mais dans ce cas, ils contiennent beaucoup de cellules lymphatiques. Ces canaux sont donc des vaisseaux lymphatiques et la pression exercée par la masse qui remplit le système rouge pousse les corpuscules lymphatiques dans les premiers. On peut, grâce au calibre notable des vaisseaux lymphatiques dans le cheval, le bœuf et le porc, les voir à l'œil nu dans les couches périphériques des tonsilles. Ils sortent de l'organe en suivant les travées conjonctives qui séparent les lobes et se réunissent au réseau environnant. Les canaux de ce dernier sont pourvus de valvules, revêtus d'un épithélium et présentent une simple couche de fibres-cellules. Chez le porc, le diamètre des canaux est de 1 dixième à 1/2 millim.; les noyaux des fibres cellules sont longs de 0^{mm},01 et large de 0^{mm},006 etc. Il serait plus difficile d'observer les vaisseaux lymphatiques dans le tissu glandulaire, puisqu'ils seraient remplis des mêmes éléments que ceux qui constituent l'organe.

Cependant on aperçoit parfois sur des coupes traitées au pinceau un réseau occupant *la substance interfolliculaire*, constitué par des travées plus minces et provenant de canaux ramifiés; les sections perpendiculaires à ces derniers montrent qu'ils représentent des espaces lacunaires *(spalten-förmige Räume)* au milieu de la masse glandulaire. Mais ceci n'a lieu que quand les vaisseaux rouges ne sont pas injectés.

Pour remplir les vaisseaux lymphatiques, Th. Schmidt se sert d'une masse d'un sel de plomb (chromate de plomb), qu'il fit pénétrer par injection interstitielle ou bien en piquant un gros tronc lymphatique. Voici les résultats qu'il obtint sur le cheval, le bœuf et le porc : la masse remplit le réseau lymphatique périphérique se présentant sous forme de chapelet à cause des valvules; on pouvait poursuivre les radicules lymphatiques jusque dans l'intervalle des lobes de l'organe. Près de l'endroit où l'on a fait pénétrer la masse et souvent dans tout le lobe intéressé on trouve le *tissu interfolliculaire* infiltré par la masse à injection, tandis que les follicules sont bien moins remplis et souvent présentent des portions non colorées par la masse. Mais dans leur voisinage, la substance interfolliculaire offre un vrai réseau de travées rigides ramifiées et à mailles anguleuses. Jamais ces travées et ces mailles ne pénètrent dans l'intérieur des follicules.

L'auteur obtint les mêmes résultats après avoir préalablement rempli le système sanguin d'une masse différemment colorée. Les canaux lymphatiques se ramifient au milieu du réseau sanguin, mais d'une façon indépendante (v. fig. 5 de la pl. XVI du travail cité).

Quelle est la structure de vaisseaux lymphatiques? Les vaisseaux lymphatiques interfolliculaires ne seraient pas, d'après Schmidt, pourvus de valvules et ne seraient pas revêtus d'un épithélium continu. Il pense que Billroth *(Beit. z. pathol. Histol., Berlin, 1858)* décrivant un épithélium à ces vaisseaux les a confondus avec les petites veines.

Quant à l'origine, c'est-à-dire la terminaison des radicules lymphatiques, Th. Schmidt (p. 284) admet que les ramuscules des lymphatiques s'ouvrent en dernier lieu dans les mailles du tissu glandulaire; en d'autres termes, dans les espaces conjonctifs originels. Ceux-ci au début contiendraient les cellules conjonctives, mais plus tard ils s'élargiraient de plus en plus par la formation des cellules lymphatiques et finiraient par confluer les uns avec les autres. L'auteur se range donc du côté de Billroth, de Brücke et de Leydig, qui admettent que les lymphatiques commencent par des stomates (offnen Anfängen). Les parois des vaisseaux lymphatiques se résoudraient peu à peu dans le réticulum con-

jonctif, et c'est ainsi qu'il s'explique la façon dont les éléments glandulaires peuvent passer dans les vaisseaux lymphatiques. L'auteur appuie
cette manière de voir d'un dessin schématique (pl. XVI, fig. 6), qui,
dit-il, lui a été suggéré par l'examen de ses préparations.

Th. Schmidt résume les résultats de ses recherches sur les lymphatiques des tonsilles de la façon suivante, en renvoyant aux figures 3 et
4, planche XVI : dans le tissu interfolliculaire se trouve le réseau des radicules les plus fines, qui s'ouvrent directement dans le réticulum du
follicule. Ce sont les *vaisseaux interfolliculaires*, privés d'épithélium et de
valvules et dont les parois se composent d'une membrane homogène. Les
branches qui en partent pénètrent dans les cloisons séparant les lobules
et qui en se réunissant forment des troncs anastomosés, dits les *vaisseaux
interlobulaires*, pourvus d'épithélium, mais privés de valvules. Ces derniers se jettent dans les lymphatiques périphériques à valvules et à fibres
cellules. Sur le bœuf et le porc les vaisseaux interfolliculaires ont
$0^{mm},02$ à $0^{mm},04$ de diamètre. Les vaisseaux interlobaires ont un diamètre de $0^{min},1$.

Il ressort de l'analyse du travail de F. Th. Schmidt, qu'il a été préoccupé, comme dans toutes ses recherches, par l'hypothèse tendant à montrer les voies par lesquelles les prétendus éléments lymphoïdes se fraye-
raient un passage dans le courant lymphatique. Ses injections incomplètes, reposant sur un procédé peu démonstratif, lui donnèrent tous les
résultats qu'il désirait obtenir d'avance. Le tout peut se résumer ainsi :
des vaisseaux lymphatiques, situés dans le tissu interfolliculaire seul,
s'ouvriraient par des orifices béants dans les follicules pour y prendre
les globules blancs.

Pour des motifs pratiques et en raison du grand volume des
amygdales chez le chien, j'ai commencé par porter mes investigations sur les tonsilles de cet animal. Après plusieurs essais
infructueux, j'ai été amené à sacrifier l'animal par strangula-
tion de façon à maintenir gonflé le système sanguin rouge ;
puis j'ai pratiqué dans l'amygdale une injection interstitielle de
nitrate d'argent (1 p. 300 d'eau) et de gélatine.

Les injections qui m'ont le mieux réussi ont porté sur les
amygdales d'un chien de forte taille et âgé d'un an à deux ans.
Elles avaient les dimensions notables : la masse principale
avait une hauteur de 1 centimètre et un diamètre transversal de 5 millimètres. Les coupes transversales montrent
que l'axe de cette masse est occupée par une lame de tissu
conjonctif à aspect fibreux, épaisse de $0^{mm},08$ à 1 millim.
renfermant des groupes de glandes sous-muqueuses en
grappes. Les côtés de cette lame sont bordés par du tissu

amygdalien. Celui-ci se présente à l'état de tissu angiothélial à
son premier stade de développement. Il se laisse très difficilement subdivisé en follicules ou lobules, puisque les portions
ou cloisons interfolliculaires ne dépassent pas $0^{mm},03$ de diamètre et ne se distinguent de la partie lobulaire que par des
vaisseaux sanguins de plus gros calibre et une trame conjonctive plus serrée. Les éléments épithéliaux y sont arrangés et
présentent les mêmes caractères que sur l'étendue du lobule.
La délimitation des lobules ne repose donc que sur la présence
de gros troncs vasculaires, en sorte que ces champs de tissu
angiothélial atteignent $1^{mm},5$ et 2 millim. vers le centre et diminuent de grandeur vers la périphérie, où leurs contours se
confondent plus ou moins. On peut suivre sur les figures 35 et 36
le trajet et la disposition des lymphatiques d'une portion d'un
lobule central. Les lymphatiques, $a\,a\,a$, sont des troncs qui
vont se jeter d'un côté dans les gros vaisseaux qui sillonnent
la lame médiane. On voit qu'ils ont un aspect variqueux dont
les tronçons dilatés ont un diamètre de $0^{mm},1$ à $0^{mm},15$ et alternent de distance en distance avec des parties plus minces, de
véritables étranglements qui n'atteignent qu'un diamètre de
$0^{mm},02$. Tels sont les troncs qui se dirigent d'autre part vers la
substance angiothéliale, et vont occuper les cloisons interlobulaires ou interfolliculaires que nous avons signalées plus haut
($b\,b\,b$). Sur une coupe on voit qu'ils ne sont pas uniques dans une
cloison, mais leur nombre peut être de deux ou trois, affectant
une direction plus ou moins parallèle et échangeant de nombreuses branches anastomotiques. Leur calibre est alors de
$0^{mm},06$ à $0^{mm},08$ et les branches communicantes varient de
$0^{mm},02$ à $0^{mm},08$ de diamètre. Ces branches manquent d'étranglements et par suite de valvules. Les lymphatiques interlobulaires envoient de tous côtés $rl\,rl$ des rameaux dans les
lobules avoisinants. Ces rameaux ou capillaires lymphatiques,
épais de $0^{mm},025$ en moyenne à leur origine, se bifurquent
après un trajet très court et les ramuscules forment des arcades
qui s'anastomosent entre elles en constituant dans toute la
masse angiothéliale des mailles longues de $0^{mm},09$ et larges de
$0^{mm},06$ à $0^{mm},08$. Les plus fins capillaires ne descendent pas au-
dessous d'un diamètre de $0^{mm},010$ à $0^{mm},012$. Au point de jonction de deux ou trois capillaires possédant le calibre précédent,

on observe, au milieu du réseau, des renflements larges de $0^{mm},06$, sans qu'il y ait ni étranglements ni valvules à cet endroit.

Comme on peut le constater sur la figure 36, les parois des troncs, des branches et des capillaires lymphatiques sont délimitées par une couche d'épithélium plat ou endothélium. Grâce au nitrate d'argent, on constate que les bords sinueux de ces éléments endothéliaux (*et*) sont justaposés par leur ligne de contiguïté et semblent s'engrener réciproquement. Les cellules endothéliales des troncs et des branches ont une longueur de $0^{mm},04$ et une largeur de $0^{mm},12$. Dans les capillaires du réseau folliculaire, leur longueur est la même, mais leur diamètre transversal descend à $0^{mm},005$ et à $0^{mm},008$. Je n'ai pas pu constater la présence de stomates résultant de l'écartement des cellules endothéliales. L'état de dilatation du réseau par la masse de gélatine et la teinte foncée de ces vaisseaux produite par le nitrate d'argent sur les parois lymphatiques permettent d'affirmer qu'aucun orifice n'existe pour livrer passage aux liquides de dehors en dedans ou *vice versâ*. La coloration parfaitement blanche du tissu angiothélial inclus dans les mailles du réseau confirme les données précédentes. J'ai conservé ces préparations depuis deux ans et l'on y voit encore tous les détails avec la même netteté.

Il me semble légitime de conclure de ces observations que le réseau capillaire lymphatique occupe toute la masse folliculaire des amygdales et constitue, dans ces organes, un système de canaux parfaitement clos, ne s'ouvrant dans le réticulum conjonctif ni par des stomates ni par des extrémités béantes.

Le procédé d'injection au nitrate d'argent donne seul des preuves sans réplique en ce qui concerne le trajet et la structure des lymphatiques, tels que nous venons de les décrire. Mais une fois qu'on a vu l'aspect et la forme caractéristique du réseau lymphatique, il est possible de retrouver ce dernier d'après d'autres modes de préparation. C'est ainsi que je suis bien aise de rappeler M. Millot qui a lithographié toutes les planches de mon travail d'après les dessins faits par moi, et en s'aidant des préparations que je lui communiquais en même temps, m'a le premier montré sur mes coupes *le système lymphatique* de l'amygdale du dauphin, qui avait échappé à

mon attention. Il venait de dessiner les figures 35 et 36 et la
même disposition de larges canaux gonflés et ramifiés dans les
amygdales du dauphin l'a tellement frappé, qu'il m'a demandé
de les représenter dans la figure 26. Si l'on veut bien réfléchir
à la mort par asphyxie et à coups d'aviron du dauphin pris
dans les filets des pêcheurs de sardine, l'on voit que les lymphatiques ont dû rester gonflés au moment de la coagulation
du sang et de la lymphe, et en fixant l'amygdale par l'acide
osmique, puis par l'alcool, j'ai tout simplement conservé les
choses à cet état : les coupes montrent les vaisseaux sanguins
remplis de globules rouges, qui, après l'osmium et le picrocarmin sont d'un jaune intense, tandis que les lymphatiques à
calibre beaucoup plus notable sont gonflés par une masse blanc
grisâtre dans laquelle on aperçoit de distance en distance
quelques globules blancs. Voilà donc un autre moyen de voir
le trajet des lymphatiques dans un organe, grâce à l'injection
naturelle ; mais le nitrate d'argent seul montre l'endothélium
caractéristique et le réseau fermé ; l'un et l'autre procédé doivent se compléter, de telle sorte qu'il est permis d'en tirer des
résultats tout autres que ceux qui reposent uniquement sur la
présence de *fentes* visibles sur les coupes.

XI. — Interprétation, méthode et conclusions.

Après avoir décrit les nombreuses observations se rapportant à des groupes divers de mammifères, il nous reste à examiner si l'interprétation qui nous semble la conséquence logique
des faits se prête seule à l'explication des phénomènes d'évolution et de texture des tonsilles. D'autres manières de voir
ne rendraient-elles pas mieux compte de la genèse des amygdales? Celles-ci auraient-elles un développement particulier,
sans analogie aucune dans l'économie? Malgré les nombreux
points de ressemblance, qu'elles offrent avec les ganglions
lymphatiques, est-il légitime d'en faire un groupe à part? Le
développement peut-il nous expliquer la forme variable, malgré
l'unité de texture, qu'affectent les tonsilles chez les divers
mammifères?

A. — Un premier résultat, qui nous paraît important à noter, se dégage de nos observations, c'est qu'il ne suffit pas d'étudier la forme et l'arrangement réciproque des éléments qui composent un organe chez l'adulte, pour saisir les ressemblances et les différences d'organisation qu'il offre avec d'autres organes. La parenté réelle d'un organe ne nous est connue que par la notion de son origine. L'histoire des ganglions spinaux, par exemple, n'est devenue satisfaisante pour l'esprit que depuis que de nombreux observateurs ont prouvé qu'ils ont une provenance identique à celle du névraxe. Les procédés d'investigation que nous avons mis en usage nous permettent-ils de conclure à une origine des amygdales différente de celle que leur avaient assignée les auteurs? Constituent-ils la bonne méthode d'observation ?

Nous n'avons guère, en anatomie, la faculté d'imiter le physiologiste qui provoque des expérimentations pour mieux observer le fonctionnement des organes ; mais en notant tous les stades de l'évolution des tissus, nous assistons, pour ainsi dire, et nous pouvons les enregistrer au fur et à mesure qu'elles se présentent, aux expériences tout préparées par la nature. Il est permis de faire des hypothèses et des comparaisons, mais il faut de toute nécessité tâcher de les vérifier sur les pièces. Il ne suffit pas d'aligner une série de formes adultes, les ranger dans un certain ordre pour pouvoir affirmer la descendance l'une de l'autre. En d'autres termes, on est obligé d'étudier et de connaître l'évolution des éléments, de voir comment ils apparaissent, s'accroissent, déclinent et meurent.

Le secours du microscope, l'emploi des réactifs fixateurs et colorants, les procédés de la technique sont indispensables pour arriver à déterminer l'ensemble des phases parcourues ainsi par les éléments et les organes depuis leur apparition jusqu'à leur mort ; mais l'observation de ces diverses étapes, quels que soient les moyens employés, constitue à elle seule la méthode en anatomie et dans les sciences naturelles.

C'est en appliquant cette méthode à l'étude de la bourse de Fabricius, que j'ai pu déterminer l'origine épithéliale des éléments propres contenus dans les mailles réticulées et de provenance mésodermique de cet organe. Frappé de l'analogie de texture de l'amygdale adulte avec la bourse de Fabricius adulte, j'ai entrepris les recherches dont je viens de donner les résultats. Ch. Robin professait déjà depuis de longues années la nature épithéliale des éléments propres des glandes lymphatiques ; il basait son opinion sur les réactions microchimiques que présentaient ces éléments, comparés aux cellules profondes des glandes ordinaires (*épithélium nucléaire*) Pouchet et Tourneux (*Elém. d'Histol.*, *1878*), admettent l'origine mésodermique des glandes vasculaires sanguines en général, « dont certains éléments gardent le caractère conjonctif, tandis que d'autres prennent le caractère épithélial. »

C'est par l'observation des phases du développement que je suis arrivé à ces résultats confirmant l'hypothèse de Ch. Robin, en ce qui concerne les amygdales. On sait que Ch. Robin croyait à leur genèse de toutes

partent des involutions primitives prendraient, dès qu'ils sont enveloppés par le tissu chorial, des caractères rapprochant leurs éléments de la nature des cellules conjonctives; il y aurait, en un mot, une transformation des cellules épithéliales en cellules conjonctives. Celles-ci évolueraient plus tard comme tout tissu mésodermique : le protoplasma cellulaire s'allongerait et se subdiviserait en fibres si l'on admet l'origine cellulaire des fibrilles conjonctives ou bien il se produirait dans l'intervalle des cellules une substance apte à se transformer en mailles de tissu réticulé, tandis que les cellules originelles resteraient entre elles. J'ai cherché en vain des indices de cette transformation des bourgeons épithéliaux. Le fait bien net, constaté et signalé si souvent dans ce travail, à savoir, la pénétration concentrique de la trame réticulée est en pleine opposition avec cette hypothèse. Pourquoi, à un moment donné, tous les éléments cellulaires des bourgeons ne fourniraient-ils pas dans toute la masse une charpente conjonctive, de quelque façon qu'on comprenne le processus?

Une autre supposition pourrait faire penser que les bourgeons épithéliaux auraient pour rôle unique de provoquer, par leur présence dans le chorion, l'hypertrophie du tissu conjonctif, à la manière d'une épine inflammatoire. Les cellules conjonctives jeunes, une fois nées en abondance, amèneraient l'atrophie des bourgeons ou bien s'en nourriraient à la façon des globules blancs et des amibes s'incorporant et digérant les autres éléments. Non seulement je n'ai aperçu jamais trace de ce processus; mais comment expliquer, dans cette hypothèse, l'épaisseur si considérable de la couche génératrice (couche basilaire) des involutions et des bourgeons épithéliaux? Pourquoi cette multiplication active d'éléments qui disparaîtraient en servant de pâture ou en constituant des détritus?

L'observation permet d'opposer un autre fait précis à cette vue de l'esprit : quand on suit les éléments basilaires depuis leur continuité avec le bourgeon originel jusqu'au centre des lobules amygdaliens sur des sujets de plus en plus âgés, on les voit offrir les mêmes caractères morphologiques et micro-chimiques en parcourant ces divers stades, bien que leurs rapports changent par l'interposition de la trame conjonctive et des vaisseaux.

Une autre hypothèse consisterait à admettre dans les follicules clos ou lobules une portion périphérique simplement mésodermique et une portion centrale à la fois mésodermique et ectodermique. Mais nous avons répété à satiété que, selon l'âge de l'animal et selon l'espèce, ces deux portions changent de volume, d'aspect et de texture, sans qu'on puisse établir une limite nette entre l'une et l'autre. Les éléments de la partie périphérique et centrale offrent les mêmes réactions et parcourent les mêmes phases d'évolution; ils doivent donc être de même nature.

Le dernier fait que nous opposerons à toutes ces suppositions est un phénomène d'évolution, qui a échappé aux auteurs, parce qu'ils ont négligé d'interroger la texture des amygdales à un âge avancé. En effet, où sait que les cellules conjonctives ou lymphatiques disparaissent dans la plupart des organes, soit par le passage à l'état de cellule plate soit par la transformation de chaque cellule en une immense goutte de graisse. Eh bien! les éléments contenus dans les mailles du tissu réticulé des amygdales subissent à un âge avancé des changements et une atrophie tout autres que nous avons décrits p. 49, p. 78 et p. 281.

La facilité d'accepter ces vues hypothétiques a eu une influence fâcheuse sur le rôle attribué aux amygdales et, ce qui est plus grave, a égaré plusieurs observateurs dans l'interprétation des faits anatomiques. Les anciens, qui assimilaient les tonsilles à un organe glandulaire muni d'un réservoir et de canaux excréteurs, pensèrent qu'elles étaient destinées à sécréter une humeur facilitant la déglutition. La présence de simples cryptes et l'absence de véritable canal excréteur nous dispensent d'insister sur le peu de fondement de cette théorie, telle qu'elle a été conçue au début de ce siècle.

La seconde théorie a commencé à fleurir quand Kölliker, Schmidt, etc., eurent montré l'identité de texture des glandes folliculeuses en général avec les ganglions lymphatiques. Ces derniers organes seraient des laboratoires vivants où se fabriqueraient les leucocytes destinés à passer dans le courant sanguin ou lymphatique. Depuis que Virchow a cru rendre probable ce rôle des ganglions lymphatiques, on a cherché à savoir d'où viennent les globules blancs contenus dans les vaisseaux lymphatiques avant leur passage à travers les ganglions. On arriva par exclusion à les faire provenir des follicules clos périphériques (*Secundärlymph-Knötchen* de quelques auteurs).

Selon Schmidt (*op. cit.*, p. 290) les premiers leucocytes prendraient naissance par une transformation (Umbildung) des cellules conjonctives et particulièrement de celles qui se trouvent dans la tunique adventice des vaisseaux. Les cellules filles qui proviennent de la division des éléments de la tunique adventice auraient une destination variable : les unes resteraient en place, se développeraient de manière à servir de centre de production à une nouvelle génération de cellules filles, les autres deviendraient directement des éléments lymphoïdes qui seraient poussés dans les mailles de la trame, d'où ils passeraient dans les extrémités béantes des vaisseaux lymphatiques. Quel serait le rôle des follicules eux-mêmes, privés, selon Schmidt, de vaisseaux lymphatiques? Comme ils n'apparaîtraient qu'à une époque où les éléments lymphoïdes se sont formés depuis longtemps et que l'animal adulte présente du tissu lymphoïde (angiothélial) en bien des endroits où il n'existera jamais trace de follicule, l'auteur estime que la fonction cytogène est indépendante des follicules et que la présence des follicules indique une diminution dans la production des éléments lymphoïdes, et, par suite, des leucocytes. Ceux-ci dépendant des vaisseaux sanguins et principalement des veinules, le tissu folliculaire, qui ne possède que des vaisseaux de petit calibre et des capillaires, doit peu contribuer à former des leucocytes.

Les confondant avec les leucocytes, il arrive à considérer le tissu glandulaire arrivé à son stade le plus complet de développement comme un état regressif (1). S'il avait pu se débarrasser de ces idées préconçues, il eût peut-être été à même de voir que les exemples de division cellulaire qu'il avait constatés le long des parois vasculaires, tenaient à la prolifération en masse dont la trame conjonctive devient le siège à partir de la capsule amygdalienne. Les cellules mésodermiques se multiplient pour fournir les éléments de l'augmentation en masse de l'un des éléments qui entrent dans la constitution du tissu angiothélial. Au lieu de servir à la multiplication des éléments glandulaires, ce processus annonce le début du stade fibreux du tissu angiothélial, se faisant de la périphérie vers le centre où l'organe restera pendant longtemps en pleine activité.

En un mot, Schmidt et tous ceux qui l'ont suivi ont remplacé l'observation des divers stades d'évolution du tissu amygdalien par des considérations basées sur des vues hypothétiques; ils ont fait de l'anatomie et de la physiologie de probabilités. C'est ainsi qu'ils affirment que les éléments amygdaliens passent dans les orifices béants des lymphatiques, alors qu'ils ne connaissent pas les rapports des vaisseaux lymphatiques avec le tissu glandulaire.

Ajoutons encore que la présence des nombreuses glandes en grappe, dans le voisinage des organes angiothéliaux, avait conduit Krause à penser que les follicules clos seraient destinés à reprendre ou à réabsorber une partie de la sécrétion de ces glandes sous-muqueuses pour l'employer à la confection des leucocytes.

C'est à regret que nous insistons si longuement sur le défaut de méthode que nous remarquons chez la plupart de ceux qui ont·étudié le tissu des amygdales. Non seulement les conclusions deviennent erronées en ce qui concerne l'anatomie, mais elles sont le point de départ d'idées fausses au point de vue physiologique. Les mêmes considérations s'appliquent à ceux qui ont voulu faire la physiologie des amygdales en se fondant sur des observations anatomiques incomplètes. C'est ainsi qu'au lieu d'un liquide versé dans l'isthme du gosier, les amygdales fabriqueraient des éléments figurés qui, par migration, iraient gagner la surface de la muqueuse palatine ou buccale. C'est l'idée de Frey (1862), de Klein (1883), développée surtout par Stöhr (*Biolog. Centralblatt*, vol. II, n° 12 et *Archiv de Virchow*, vol. 97, p. 211). Ce dernier savant se fonde principalement sur les rapports de l'épithélium et des éléments lymphoïdes pour édifier sa théorie de la migration. Sur un chat âgé de 9 jours, il figure et mentionne dans la cavité amygdalienne, deux amas de leucocytes situés immédiatement au-dessous de l'épithélium de revêtement. A ce niveau, l'épithélium est traversé par des groupes de petites cellules

(1) Cette assertion est contredite par toutes nos observations, ainsi que par les nombreux phénomènes de Karyokinèse signalés dans les amygdales d'adultes, par Flemming et son élève R. Drews. (*Archiv f. mik, Anat.*, 1885.(

pourvues de noyaux se colorant vivement. Il pense que l'origine de ces éléments n'est pas épithéliale, puis, qu'ils sont situés au milieu de cellules pavimenteuses et que les caractères microchimiques les rapprochent des leucocytes. Par exclusion, *il les considère comme des leucocytes qui ont immigré dans l'épithélium.*

En effet, dit-il (p. 219), à ce niveau, la membrane basilaire a disparu, en sorte qu'ils n'avaient qu'à traverser le ciment intercellulaire épithélial pour arriver jusque-là. Il décrit les formes variables qu'affectent les noyaux de ces leucocytes.

Sur des animaux (chats de 16 jours) plus âgés, tout le revêtement épithélial de la fente tonsillaire est parsemé de leucocytes. Sur un chat de 6 semaines, partout où l'épithélium est entouré de tissu adénoïde, on trouve de nombreux leucocytes. « La migration des leucocytes existe « partout où le tissu adénoïde arrive au contact de l'épithélium (p. 233). » Stöhr dit avoir vérifié les mêmes faits sur les tonsilles de 5 chats adultes, de 5 lapins, de 2 hérissons (Igel), chez le veau, le mouton, le porc, la taupe, le chien, la chauve-souris, etc. Ayant eu l'occasion d'examiner les amygdales d'un supplicié et d'autres qu'on venait d'extirper sur le vivant, il dit avoir retrouvé la même chose.

En résumé, Stöhr regarde les tonsilles des mammifères comme des organes dans lesquels le chorion s'est infiltré d'éléments lymphoïdes et où ces derniers émigrent en masse à travers l'épithélium de la muqueuse et celui des diverticules. A ce point de vue, il faut admettre une identité parfaite entre les corpuscules du mucus, les leucocytes et les cellules migratrices. C'est ainsi qu'il s'explique la destruction de l'épithélium aux dépens des leucocytes.

Cette hypothèse de Stöhr est, comme il est facile de le voir, tout l'opposé de celle qui a régné si longtemps et qui admettait que les amygdales préparaient les leucocytes qu'on trouve dans le système lymphatique et dans le sang. L'une et l'autre reposent sur la même supposition : l'identification de l'élément propre épithélial (du tissu angiothélial) avec les leucocytes. L'une et l'autre ignorent l'origine de cet élément, qu'elles supposent de provenance mésodermique, sans avoir songé à vérifier d'où il vient.

Outre les faits de développement que j'ai rapportés avec trop de détails pour y revenir, je trouve, dans le travail de Stöhr lui-même, une phrase qui nous montre que les éléments épithéliaux du tissu angiothélial et les cellules basilaires sont une seule et même chose. Il dit (*op. cit.*, p. 212, Arch. de Virchow) : « Dans les diverticules on trouve, à la place « d'un épithélium stratifié, un grand nombre d'éléments qui ont tous « les caractères des cellules rondes du tissu adénoïde. » Et il ajoute que l'épithélium manque et est remplacé par les éléments lymphoïdes. Comme cela ressort de nos descriptions, Stöhr se trouvait en présence d'une involution ou d'un bourgeon épithélial dans lequel tous les éléments se trouvaient sous forme de cellules basilaires, c'est-à-dire d'éléments arrondis à faible corps cellulaire. Insistons sur ce fait important :

les observations essentielles de Stöhr ont été faites sur des jeunes animaux, quoiqu'il ajoute avoir trouvé des choses semblables sur les individus adultes. Nous savons, en effet, que dans le jeune âge, il existe des bourgeons épithéliaux qui se prolongent dans le tissu mésodermique. Au lieu de suivre réellement los éléments, qui vont de dehors en dedans, de la surface du chorion dans sa profondeur, Stöhr les fait voyager dans le sens contraire. Il a vu l'identité de nature des éléments propres des amygdales avec les cellules basilaires ; mais, partant de l'idée préconçue de leucocytes mésodermiques et ayant une notion incomplète de la couche profonde des épithéliums, il a cru pouvoir expliquer la présence des éléments basilaires dans les involutions, par une migration des leucocytes vers la surface.

C'est pour avoir remplacé l'observation du développement par une analogie de forme, que Stöhr s'est égaré et qu'il a interprété des faits réels d'une façon erronée. *A nos yeux, l'épaisseur notable de l'épithélium stratifié des diverticules et la modification cornée des cellules superficielles* (faits décrits pp. 68, 280, 286, 287, 304), *constituent un obstacle à peu près insurmontable aux globules blancs qui voudraient s'y frayer un passage jusque dans l'isthme du gosier.*

B. — Nous voyons donc que le développement ne nous permet pas de faire des amygdales des ganglions lymphatiques, dont la texture se rapproche chez l'adulte.

L'origine des ganglions lymphatiques est, d'après les études de Sertoli (1), de Orth (2) et de Chiewitz (3), très différente. En effet, tous ces observateurs s'accordent pour dire que les ganglions lymphatiques tirent leur origine du feuillet mésodermique.

Les cellules lymphatiques qui remplissent les mailles du tissu réticulé proviendraient donc de cellules conjonctives. Peut-on assimiler ces cellules lymphatiques aux éléments propres des amygdales chez les mammifères, à ceux de la bourse de Fabricius chez les oiseaux, dont l'origine est ectodermique ? Les éléments basilaires des épithéliums ressemblent, comme forme, à ces cellules lymphatiques et présentent des réactions chimiques différant peu de celles des éléments mésodermiques.

Il s'agit de savoir s'ils sont capables de se transformer dans les mailles du tissu réticulé en cellules lymphatiques, si plus tard ils peuvent passer dans le courant lymphatique en traversant les parois complètement closes de ces vaisseaux.

Bien que la plupart des auteurs admettent la possibilité de ce fait, il ne nous a pas été donné de constater un seul exemple de cette transmutation et de cette émigration.

Ni le développement, ni l'anatomie ne nous autorisent à conclure à

---

(1) *Ueber die Entwickelung der Lymphdrüsen. Wiener* Sitzungs–Berichte. Vol. LIV, 1866.

(2) *Untersuchungen über die Lymphdrüsenentwick.* Bonn, 1870.

(3) *Zur Anatomie einiger Lymphdrüsen im erwachsenen und foetalen Zustande.* Archiv f. Anat. u. Physiol. Anat. Abtheil Heft 4 et 5 1881.

cette fonction supposée des amygdales, consistant à faire de cet organe un foyer de leucocytes.

Pour arriver à quelque certitude, il ne faudrait pas se contenter, comme on l'a fait jusqu'aujourd'hui, de l'anatomie physiologique, c'est-à-dire de comparer la forme qu'offrent les éléments de ces organes avec ceux qu'on trouve dans le sang : la lymphe, la salive, etc. Il conviendrait d'expérimenter, comme l'a fait Cl. Bernard sur le foie, voir si le sang ou la lymphe qui entrent dans les amygdales sont dépourvus de certains principes que contiennent ces mêmes humeurs quand elles en sortent.

Malheureusement, l'expérimentation n'est pas facile sur ces organes, et je ne vois pas comment on pourrait s'y prendre pour faire ces analyses.

L'examen de l'état adulte des ganglions lymphatiques d'un côté, des amygdales de l'autre, la présence dans les uns et les autres d'un réseau connectif, à mailles remplies de cellules arrondies ont porté les divers auteurs à attribuer la même fonction aux uns et aux autres. La ressemblance des éléments propres des tonsilles et des cellules lymphatiques des ganglions est frappante : pour me rendre compte de leurs similitudes et de leurs différences, j'ai soumis les amygdales et les ganglions sous-maxillaires d'un chien âgé de six mois à l'influence des mêmes réactifs et des mêmes agents colorants pendant le même espace de temps. Le réticulum et les éléments qui y sont contenus ont des caractères à peu près identiques (1). Comme différence secondaire, je mentionnerai (après l'action de l'acide osmique et coloration au picrocarmin) le volume plus notable du noyau des éléments propres des amygdales ($0^{mm},015$), quand celui des cellules lymphatiques en a $0^{mm},006$ à $0^{mm},009$; le corps cellulaire rose pâle, limité par un contour net des cellules lymphatiques et les contours irréguliers, non colorés des éléments des amygdales. Après la fixation dans l'alcool absolu et la coloration au carmin de Grenacher, on observe des nuances semblables.

La disposition ou l'arrangement du tissu des ganglions lymphatiques offre des différences plus importantes : les lobules amygdales sont séparés les uns des autres par des travées con-

(1) Le professeur Cornil (*Arch. de Physiol.*, 1881, p. 374) a fait ressortir les nombreux points de ressemblance de l'amygdale adulte avec les ganglions lymphatiques. Je renvoie à ce remarquable mémoire pour ce qui a trait à la pathologie des amygdales, de même qu'on consultera avec fruit l'excellent article *Amygdales*, de M. E. Vidal, dans le *Dictionnaire Encyclop. des sc. méd.*

jonctives autour desquelles on ne voit pas trace des espaces
ou sinus lymphatiques qui enveloppent les follicules des ganglions lymphatiques. On ne trouve pas non plus dans les tonsilles rien qui ressemble aux prolongements des follicules de
la portion corticale ou cordons folliculaires. Mais la différence
essentielle, qui existe dans la constitution des uns et des autres,
consiste dans les rapports et dans la structure des vaisseaux
lymphatiques : dans les amygdales, les vaisseaux lymphatiques
rappellent le réseau fermé qui traverse les organes en général : ce sont des capillaires lymphatiques qui se réunissent
les uns aux autres pour constituer plus loin des troncs lymphatiques, pourvus les uns et les autres d'un endothélium et
d'un canal central. Dans les ganglions lymphatiques, le chemin parcouru par la lymphe est représenté par des sinus tra-
versés par des fibres conjonctives et par un réseau caverneux,
qui résultent de l'entrecroisement des fibrilles connectives
tapissées par des cellules endothéliales. Ici la lymphe traverse
une série de travées conjonctives et se trouve en contact plus
ou moins direct avec les éléments propres des ganglions. En
d'autres termes, les éléments figurés de la lymphe peuvent
s'emprisonner aisément dans les mailles réticulées du ganglion et *vice versa*, les cellules lymphatiques du ganglion peuvent s'échapper aisément de l'organe et rentrer dans le courant lymphatique. Il n'en est plus de même dans les amygdales : les vaisseaux lymphatiques ont des parois propres
indépendantes du réseau conjonctif. Les lymphatiques étant
complètement fermés, les cellules de la lymphe ne peuvent être
retenues dans les mailles du tissu amygdalien et les éléments
propres de l'amygdale ne sauraient y rentrer à moins de per-
forer la paroi des lymphatiques ou d'y pénétrer par diapédèse.
Ce processus n'est guère probable, d'après ce que nous
savons de la migration des cellules lymphatiques : on sait en
effet, d'après les expériences de Ranvier, que les cellules
lymphatiques s'accumulent aisément dans les cellules de la
moelle de sureau, dont les parois sont pourvues de pores,
mais qu'elles ne pénètrent pas à travers les parois continues
et parfaitement closes de *Laminaria*.

Les ganglions lymphatiques tirent leur origine du mésoderme, comme
les vaisseaux sanguins et lymphatiques ; il est fort probable qu'ils con-

tribuent à exercer un rôle modificateur sur la lymphe et à verser des éléments figurés dans cette humeur et finalement dans le sang. Les amygdales, au contraire, se développent selon le mode général et aux dépens des mêmes éléments que les glandes ; les vaisseaux lymphatiques affectent des rapports tout différents de ceux des ganglions avec les cellules propres de ces organes ; je suis porté à penser que les tonsilles fonctionnent tout autrement.

Quels sont les principes qu'ils versent dans le sang? Je l'ignore ; mais, s'ils existent et s'ils n'ont pas été découverts jusqu'aujourd'hui, ils le seront plus tard. Il serait, en effet, étonnant que ces organes eussent une autre provenance que les ganglions lymphatiques, s'ils avaient le même rôle dans l'organisme. Il en est de même de la bourse de Fabricius chez les oiseaux, quoique celle-ci soit placée à la fin du tube digestif.

Malgré l'ignorance où nous sommes à ce sujet, il me semble utile de signaler certaines modifications morphologiques que j'ai constatées sur les éléments propres des amygdales des jeunes animaux comparés à ceux des sujets âgés. Elles me font à penser que le fonctionnement des cellules épithéliales des amygdales se rapproche de celui des glandes en général, avec cette différence que le produit de secrétion rentre directement dans le sang ou la lymphe au lieu d'être versé sur la surface d'une muqueuse et d'agir ultérieurement sur certaines substances. En effet, quand on compare les éléments épithéliaux des tonsilles, aux divers âges, on remarque des différences de forme et de réactions très prononcées. Chez le fœtus à terme, les éléments glandulaires du tissu angiothélial, examinés au sortir du liquide de Müller et teints au picrocarmin, sont arrondis, quelques-uns possédant cependant des facettes assez nettes, le noyau est de $0^{mm},005$ à $0^{mm},006$, granuleux et se teignant énergiquement sous l'influence des matières colorantes. Le corps cellulaire est très réduit et ne constitue qu'un liseré de $0^{mm},0005$ à $0^{mm}.001$ à peine, se colorant à peine au picrocarmin. Pendant toute l'enfance les réactions sont les mêmes, si ce n'est que fixé à l'alcool et teint au picrocarmin, le mince corps cellulaire prend une teinte jaune très nette. Sur un supplicié de vingt ans, dont les amygdales ont été mises tout fraîches dans le liquide de Müller pendant quinze jours, les éléments glandulaires ont les mêmes caractères : le noyau est volumineux, à limites peu distinctes du corps cellulaire, fixe énergiquement le carmin et le protoplasma, teint en jaune orangé, très réduit présente des [contours nets sur certains points et est comme déchiqueté sur d'autres endroits.

Sur un sujet de 66 ans, les éléments ont augmenté de volume, le noyau est moins plein, fixe moins bien les matières colorantes et le corps cellulaire forme sur un grand nombre d'éléments un revêtement de 0^{mm},001 à 0^{mm},0015. Ses contours sont devenus plus anguleux et le protoplasma se teint en jaune intense sous l'influence du picrocarmin. Sur la femme de 83 ans, dont les amygdales ont séjourné pendant le même laps de temps dans le liquide de Müller, les noyaux des cellules glandulaires ont moins d'élection pour le carmin; ils sont réduits à un volume de 0^{mm},001 à 0^{mm},002, surtout aux endroits voisins des alvéoles que nous avons signalés (fig. 12 et 27). Le corps cellulaire forme un revêtement de 0^{mm},002 à 0^{mm}.003 : sa forme se rapproche du polyèdre et il se teint en jaune comme le font les cellules superficielles de l'épithélium pharyngien. Les alvéoles sont en partie remplis de cellules ayant subi une évolution épithéliale plus avancée encore : c'est une masse jaune dans laquelle on aperçoit des restes de noyaux dont quelques-uns se teignent en rose, mais dont la plupart ne fixent plus que l'acide picrique. Plus tard, noyau et corps cellulaire fusionnent avec les éléments voisins en subissant une dégénérescence spéciale. Si l'évolution normale est telle que nous venons de le décrire, elle nous permettra peut-être d'émettre une théorie (pouvant au moins servir de point de départ pour l'expérimentation) sur les attributs fonctionnels des éléments propres des amygdales. Ces éléments provenant, comme les cellules des glandes, de l'épithélium superficiel, conservent une nature et des propriétés glandulaires : au fur et à mesure qu'ils se nourrissent et assimilent des principes nouveaux, certaines parties se liquéfient, passent dans les vaisseaux sanguins et lymphatiques, qui les emportent dans le torrent circulatoire. Plus tard, quand le tissu angiothélial passe par la phase fibreuse, les cellules glandulaires perdent de leur activité, leur noyau s'atrophie et le corps cellulaire semble devenir plus ferme, augmente de volume et l'élément se rapproche plus ou moins, par sa forme et ses réactions, des cellules épithéliales de protection. Enfin, en dernier lieu, les cellules voisines se fusionnent et forment un amas de substance graisseuse.

C. — L'étude des diverses phases évolutives par lesquelles passent les amygdales nous permet non seulement de nous rendre compte de la constitution de ces organes, mais ce qui est plus intéressant au point de vue de l'anatomie générale, elle nous met à même de saisir les analogies de développement et les liens de parenté qui rapprochent les tonsilles des glandes en général. Pour ne citer que la mamelle, l'on sait que les involutions amygdaliennes et l'épaississement du chorion rappellent le bourgeon malpighien et l'amas de cellules conjonctives jeunes, qui marquent le début de la glande mammaire. Le bourgeon épithélial mammaire pousse plus tard dans la trame mésodermique des bourgeons secondaires *pleins*, analogues à ceux que l'on observe sur l'amygdale. Comme phénomène concomitant, il convient de citer la prolifération du mésoderme le long de l'involution ectodermique de la mamelle; c'est un phénomène analogue à la multiplication des cellules conjonctives au voisinage des invaginations épithéliales des tonsilles.

Dans une phase ultérieure, les éléments profonds de l'involution amygdalienne se séparent complètement du feuillet originel. C'est le cas du cristallin, de la vésicule auditive primitive et surtout du névraxe. Partout le mésoderme s'insinue entre le bourgeon épithélial et l'ectoderme; par un mécanisme analogue, les bourgeons terminaux des involutions amygdaliennes sont peu à peu éloignés du diverticule central qui leur a donné naissance et qui continue à persister dans les tonsilles. Dans les amygdales et dans le névraxe, le tissu conjonctif et les vaisseaux viennent du mésoderme.

A l'origine, le névraxe n'est constitué que par un repli de l'ectoderme semblable de tous points aux involutions épithéliales qui annoncent le développement de la bourse de Fabricius chez les oiseaux et celui des amygdales chez les mammifères. Pendant un certain laps de temps, il est resté uniquement formé de ces éléments épithéliaux sans interposition de vaisseaux ni d'aucune autre espèce de cellules.

Mais bientôt il pénètre du dehors des vaisseaux, qui s'insinuent entre les éléments; ils sont accompagnés par du tissu conjonctif qui suit la même voie pour arriver dans l'intérieur de la substance nerveuse.

La persistance du canal central de la moelle avec son revêtement épithélial rappelle la présence des diverticules dans le tissu amygdalien, bien que ces derniers s'en distinguent, en ce qu'ils continuent pendant toute l'existence à s'ouvrir à l'extérieur.

Nous citons ensuite un organe, le *thymus*, que l'origine, la texture et, ajoutons-le immédiatement, la fonction inconnue, rapprochent beaucoup des amygdales. Il est constitué par des follicules réunis en lobules :

chaque follicule présente une trame conjonctive très vasculaire renfermant dans ses mailles des éléments cellulaires semblables à ceux des ganglions lymphatiques et des amygdales,

Kölliker (*Embryol*. Trad. franç., p. 916), après avoir, le premier, établi, par une bonne méthode et non pas par une simple hypothèse, l'origine épithéliale du thymus, montre que ces éléments épithéliaux concourent à la formation du thymus adulte. Malheureusement il n'a pas étudié à fond les modifications des bourgeons épithéliaux; il admet une sorte de transformation des cellules épithéliales « devenues plus petites et plus insignifiantes » en éléments lymphoïdes. Kölliker décrit très bien la pénétration des bourgeons mésodermiques vasculaires dans la substance glandulaire. On voit que, pour le thymus, on n'est pas encore arrivé à déterminer la part exacte que prennent les éléments épithéliaux d'un côté, le tissu conjonctif de l'autre, à la constitution de l'organe arrivé à sa période de plein développement.

Plusieurs auteurs des plus recommandables ont essayé de combler cette lacune depuis les travaux de Kölliker; mais aucun n'a pu décider si les éléments propres du thymus sont réellement les descendants de l'épithélium originel. Insistons cependant sur les nombreux points de ressemblance qu'offrent les phénomènes de régression dans le thymus avec la production des alvéoles dans les amygdales (1).

Enfin, il existe un organe glandulaire dont le développement offre les analogies les plus étroites et les plus remarquables avec celui des amygdales. Nous voulons parler du *foie*. L'évolution de son parenchyme est très connu dans ses parties essentielles chez les divers vertébrés.

On sait depuis fort longtemps que le foie apparaît chez l'embryon sous la forme d'un ou de deux bourgeons des parois intestinales. Seulement on a expliqué la formation des cellules hépatiques aux dépens de la couche externe (fibro-vasculaire); tandis que la couche interne (épithélium ou entoderme) n'aurait servi qu'à constituer le canal excréteur de l'organe. Bien que, dans ces derniers temps, Schenk ait également émis des doutes sur la nature entodermique ou épithéliale des cellules hépatiques, les

---

(1) Depuis que j'ai remis ce travail à la Rédaction, quelques-uns m'ont objecté qu'ils ne voient dans l'évolution des éléments propres des amygdales aucun caractère qui la rapproche de celle des épithéliums. Il y en a même qui voudraient retrouver dans les éléments basilaires, inclus dans les mailles d'une trame vasculaire, des modifications structurales analogues à celles des épithéliums « *tégumentaires* ».

Mes recherches ont eu pour objet de consigner les résultats qui découlent de l'observation; mais il me semble que c'est singulièrement méconnaître les influences de milieu que de se demander si les involutions amygdaliennes ne produiraient pas des phanères, par exemple. Il suffit de savoir que les éléments propres des amygdales sont des dérivés des épithéliums au même titre que les cellules nerveuses et hépatiques, lesquelles ne subissent pas souvent, que je sache, une évolution soit muqueuse, soit cornée.

recherches de Götte sur les amphibiens, celles de Balfour sur les élasmobranches et les résultats multiples d'un grand nombre d'observateurs sur les oiseaux et les mammifères, ont parfaitement établi l'origine entodermique ou hypoblastique de la portion sécrétoire du foie. Si l'on fait abstraction des éléments épithéliaux de la cavité péricardiaque primitive qui, selon N. Uskow (*Arch f Mikros. Anatomie.* Vol. XXII, p. 220, 1883), interviendraient également dans la formation du tissu hépatique, on sait aujourd'hui que cet organe dérive des éléments de deux feuillets blastodermiques. L'entoderme ou hypoblaste au niveau où l'estomac se continue avec le duodénum, produit une ou deux invaginations revêtues de la lame fibro-intestinale. Ce *canal* ou ces *canaux* hépathiques qui se présentent sous forme de diverticules semblables à ceux de l'ébauche amygdalienne, offrent des phénomènes évolutifs pareils : le premier fait curieux sur lequel Kölliker (*Embrolog.* Trad. franç., p. 923) a appelé l'attention, est un développement tout spécial de la lame fibro-intestinale sur le côté ventral et caudal du canal hépatique primitif. « Cet épaississement considérable, présentant des bosselures arrondies de forme et de grandeur diverses, proéminent dans la cavité qui contient le cœur et représente la masse de laquelle se développera l'enveloppe mésodermique du foie. » Cette accumulation d'éléments conjonctifs, dite *renflement hépatique*, se fait donc consécutivement à l'involution entodermique, de la même façon que la production des amas cellulaires conjonctifs qui précèdent, accompagnent ou suivent l'apparition des involutions dans la région tonsillaire chez les divers mammifères.

Ce stade initial est suivi de près par la division du canal hépatique primitif, qui pousse des bourgeons épithéliaux secondaires. Ceux-ci pénètrent dans le renflement hépatique, dont les éléments mésodermiques se multiplient activement en même temps que le réseau vasculaire, très riche, le traverse en tous sens.

Dans le foie, comme dans les amygdales, les traînées épithéliales sont pénétrées peu à peu par le tissu conjonctif et les vaisseaux sanguins. La seule différence essentielle consiste dans les anastomoses fréquentes des bourgeons épithéliaux du foie, d'où résulte un réseau de cordons ou de cylindres épithéliaux ou tandis que dans les amygdales, les prolongements épithéliaux restent indépendants et sont pénétrés lentement de la périphérie vers le centre par les éléments mésodermiques et les vaisseaux sanguins et lymphatiques. Mais dans les deux cas, quoique le mode de la pénétration varie, il y a deux tissus provenant de deux feuillets distincts, qui se sont enchevêtrés l'un dans l'autre.

En un mot, les éléments nerveux, certaines portions des organes des sens, les cellules propres du thymus, du foie, sont des dérivés des épithéliums tégumentaires; mais, placés dans d'autres conditions de nutrition et de milieu, ils prennent une forme et des propriétés tout autres. Les cellules propres des amygdales fournissent un exemple de plus de cette adaptation nouvelle (1).

(1) Quant à la présence des vaisseaux sanguins au milieu des éléments

D. — Le développement seul peut nous donner une idée générale de la forme qu'affectent les amygdales chez les mammifères.

Des essais de classification ont déjà été tentés dans ce but, mais ils ont été peu heureux, parce que les auteurs ont pris pour base la présence de diverticules ou la masse même du tissu amygdalien. C'est ainsi que Rapp (1) supposant que les amygdales servaient à la sécrétion d'une humeur qui jouerait un certain rôle dans la déglutition, s'attache à noter la présence d'un réservoir spécial. En tenant compte de la forme et de la présence et de l'absence d'une cavité centrale, il distingue quatre types principaux d'après les exemples multiples qu'il décrit et selon que les tonsilles représentent : 1° un sac simple, plus ou moins spacieux, à une seule ouverture *(singes, chats, oryctérope, daman)* ; 2° des feuillets épais, horizontaux, pourvu de très petits orifices *(ours, hyène)* ; 3° une saillie simple allongée *(raton, marte, mangouste,* quelques *chéiroptères, taupe, hérisson, didelphis)* ; 4° de nombreux canaux courts, ramifiés, dont les orifices s'ouvrent dans des plaques elliptiques *(dauphin)* ou sont disséminés sans ordre *(cystophora, morse, ruminants, cochon, dicotyles, cheval, homme)*.

S. Asverus *(De tonsillis.* Dissertat. Ienae. 1859) et *Ueber die verschiedenen Tonsillenformen u. das Vorkommen der Tonsillen im Thierreiche* (Nov. act. Léopold-Carol., Bd 29, Ienae, 1661), s'est astreint à examiner les amygdales de quarante espèces de mammifères appartenant à vingt-sept genres différents. Il prend en considération, pour établir des catégories, le volume de la masse lymphatique et le mode selon lequel elle proémine, soit du côté de la muqueuse, soit du côté du tissu sous-muqueux.

La première forme de tonsille représenterait les amygdales *simples,* c'est-à-dire les alvéoles *lymphatiques,* forment une saillie dépassant le niveau de la muqueuse. Il cite comme exemple, les amygdales de l'écureuil, du tatou et du phoque. D'autre fois, elles prennent la configuration d'une lèvre saillante dont la connexité est tournée vers la cavité buccale, comme c'est le cas du *hérisson,* de la *taupe* et des *mustélidés.* Le bord libre de l'amygdale peut se creuser de plis, comme chez le *chien,* l'*ours,* le *loup,* le *blaireau.* Les tonsilles du *chat* embarrassent l'auteur singulièrement, puisqu'outre la saillie constituée par la lèvre antérieure, ces organes s'étendent sur le pourtour d'une poche qui s'enfonce dans la muqueuse. La deuxième forme que distingue Asverus, est caractérisée par la présence d'un repli de la muqueuse, constituant une cavité.

épithéliaux, c'est un fait qui cadre peu avec la définition que l'on donne des épithéliums ; cependant les recherches entreprises par M. le professeur Mathias Duval sur le développement du placenta, ont fait connaître des phénomènes d'évolution analogues. En effet, M. Mathias Duval *(Société Biolog.,* 12 mars 1887), après avoir établi l'origine épithéliale du placenta chez le cobaye, a montré que les amas épithéliaux qui le forment au début sont, dans la suite, pénétrés par des vaisseaux venus de la mère.

(1) Ueber die Tonsillen, Archiv de Müller, p. 189, 1839.

Le crypte est *simple* chez les singes inférieurs, le *lièvre*, le *lion*, le *léopard*, le *jaguar*. Les tonsilles sont *composées* quand les cryptes se ramifient ; dans cette catégorie rentrent les amygdales du *dauphin*, des *porcins*, des *solipèdes*, des *ruminants* et de l'*homme*.

On voit que les auteurs que nous venons de citer n'ont fait entrer en ligne de compte que les caractères morphologiques des amygdales considérées chez l'animal adulte. La revue des faits embryologiques que nous avons décrits nous permet de nous expliquer cette diversité de formes et de ramener à un type commun les configurations si variables qu'offrent les tonsilles chez les mammifères.

La forme la plus simple existe chez le lapin et le lièvre. Elle figure l'état embryonnaire des formations tonsillaires les plus compliquées. En effet, elle consiste dans un repli unique de l'épithélium de la muqueuse palatine, et, tout l'organe correspond, quand on la compare aux amygdales de l'homme par exemple, à un lobe amygdalien creusé d'un diverticule central non ramifié. La pénétration réciproque se fait le long de la membrane basilaire de l'involution unique et il se produit ainsi un tissu angiothélial à apparence uniforme, comme dans les mammifères de grande taille. Les follicules clos n'apparaissent que plus tard : ils résultent de la segmentation du tissu angiothélial en lobules, grâce aux trabécules de tissu conjonctif fasciculé, qui partent de distance en distance de la capsule périphérique et rayonnent en s'anastomosant vers le diverticule central. Le tissu amygdalien peut se développer à peu près également sur tout le pourtour de l'invagination primitive et tout l'organe figurera un sac simple plus ou moins spacieux, à une seule ouverture. D'autres fois l'une des lèvres peut proéminer un peu plus que l'autre. Les groupes qui présentent une conformation semblable sont, outre le lapin et le lièvre, le hérisson, les singes inférieurs, certains édentés, le daman, etc.

Chez quelques digitigrades (*lion, jaguar, léopard*), les amygdales affectent également la forme d'une poche communiquant avec la muqueuse palatine par une ouverture unique. Mais ici il s'est produit des involutions secondaires, puisqu'on aperçoit chez l'adulte de nombreux orifices qui, de la surface du diverticule principal, donnent entrée dans des cryptes très nombreux. Ceux-ci traversent le tissu amygdalien qui atteint l'épaisseur d'un doigt chez le lion, par exemple.

D'autres digitigrades offrent une déviation singulière de cette forme. Comme le montre la figure 30, pl. XIII, les amygdales du chat se développent aux dépens d'une seule invagination primitive. Mais l'une des lèvres (l'antérieure) de la fente tonsillaire est le siège d'une formation plus notable de tissu glandulaire, de sorte qu'elle constitue une saillie conique, qui proémine au dehors de la poche.

Que l'une des lèvres de ce repli ne prenne plus part à la constitution des tonsilles, nous aurons la saillie amygdalienne du tatou *(dasypus)*. La figure 5 que donne Asverus *(loc. cit.)*, montre nettement que les amygdales du tatou sont bordées par un repli assez profond, ce qui confirme la description qu'en a faite Rapp bien que le tissu angiothélial fasse défaut d'un côté de l'involution.

Une modification de l'involution primitive et une augmentation notable du tissu glandulaire nous amènent à la forme tonsillaire de certains digitigrades et des plantigrades :

Chez le *chien,* le repli épithélial primitif représente une fossette au fond de laquelle s'élève une lame mésodermique : dans les parois de cette lame se développe la plus grande portion du tissu tonsillaire; elle représente une masse elliptique dont les bords sont plus ou moins découpés par des involutions secondaires.

Les figures 28 et 29 de la planche XIII représentent le début de la formation tonsillaire chez le chien; si l'on suppose une série d'involutions épithéliales se faisant sur la surface de cette saillie, on aura l'organe amygdalien du chien.

C'est ainsi qu'on peut s'expliquer la présence de quatre ou cinq feuillets sur les amygdales de l'ours et de l'hyène, indices de découpures plus profondes entre les lames amygdaliennes. Des replis semblables existent chez certains chéiroptères *(Pteropus phacops),* tandis que chez d'autres elles affectent la forme de simples lèvres saillantes effilées aux deux bouts et longées par un pli de la muqueuse. La *taupe* présente une masse semblable dont la surface offre des découpures peu prononcées.

Sur le *procyon lotor* et le *blaireau,* la saillie amygdalienne est analogue, quoique pourvue de diverticules secondaires. Le loup a les amygdales composées d'une masse principale et de plusieurs lobes secondaires percés les uns et les autres de nombreux orifices.

Si le repli primitif disparaît presque complètement à la suite du développement de la saillie médiane, on a affaire à une saillie dépassant de beaucoup le niveau de la muqueuse et manquant de découpures : cette configuration des amygdales se rencontre chez les mustélidés *(mustela foina, furo, putorius vulgaris)* et le phoque.

Si l'on suppose maintenant un grand nombre d'invaginations épithéliales se faisant sur une portion très limitée de la muqueuse, la surface tonsillaire sera percée plus tard de dix à vingt orifices donnant entrée dans autant de cryptes ramifiés.

Chacun de ces diverticules correspondra à un lobe amygdalien et tous les lobes formeront une tonsille elliptique ou ovalaire qui proéminera dans l'isthme du gosier, comme chez l'homme, et d'après Rapp, chez le *kanguroo* et la *sarigue*, ou bien elle fera saillie du côté de la tunique musculaire, comme chez les *ruminants*, le *marsouin* ou le *dauphin*, et selon Rapp chez le *morse;* que les involutions primitives se produisent sur une grande étendue, nous aurons plus tard des orifices très nombreux sur un espace très vaste. Chaque diverticule sera le centre d'un lobe amygdalien et les lobes, disposés les uns à côté des autres, seront étalés pour ainsi dire en surface. Cette forme tonsillaire s'observe chez les porcins *(cochon, sanglier)* et chez les solipèdes *(cheval, âne, dauw).*

C'est à la forme tonsillaire des solipèdes et des porcins qu'il convient de rapporter les tonsilles pharyngiennes et tubaires qui s'observent chez l'homme. Les diverticules y présentent en miniature la disposition des cryptes des animaux précédents, si ce n'est que les lobules sont arrangés en une série unique ou double. Sur d'autres animaux, tels que le chien, la tonsille pharyngienne rappelle les amygdales palatines de l'homme.

En résumant ces faits, il est possible de ramener, par le développement, les diverses formes d'amygdales à un seul type : partout une invagination de l'épithélium est le point de départ de la formation amygdalienne. L'involution peut rester simple et unique ou bien émettre quelques bourgeons secondaires : c'est une conformation se réduisant à une cavité en-

tourée d'un manchon de tissu glandulaire, comme on le voit
surtout chez les mammifères de petite taille. Une autre variété
résulte de ce fait que l'une des lèvres seule, ou bien une lame
mésodermique s'élevant du fond du repli primitif, donne naissance au tissu tonsillaire : les saillies simples ou découpées de
beaucoup de carnivores sont des formes du type général ainsi
modifié. Que plusieurs invaginations se produisent, s'allongent,
se subdivisent soit sur un espace limité, soit sur une grande
étendue, on verra le type se compliquer par l'apparition de *lobes*
multiples dont chacun sera creusé d'un diverticule central. Ces
dernières formes existent principalement chez les mammifères
de grande taille.

Malgré ces ressemblances dans le mode de formation, le développement du tissu angiothélial est loin de se faire avec la
même rapidité chez les divers groupes d'animaux. Chez l'homme,
la première période, comprenant la formation des replis épithéliaux et des bourgeons terminaux qui s'étendent dans les masses
mésodermiques, est fort longue. Elle débute vers le milieu de
la vie fœtale ou plus tôt et elle s'étend au delà de la vie fœtale.
Vers deux à trois ans seulement, on voit les lobules se délimiter
et encore trouve-t-on pendant un certain temps le centre de ces
lobules à l'état purement épithélial. A vingt ans, et probablement
un peu plus tôt, le lobule est parcouru en tous sens par les
vaisseaux sanguins. Le tissu angiothélial passe au stade fibreux
vers cinquante à soixante ans et les lobules se fusionnent les uns
avec les autres.

En comparant cette évolution à celle du bœuf, dont la gestation est sensiblement la même, on observe des différences considérables. Les involutions sont bien établies sur le veau de
25 centimètres de long; mais vers la fin de la période fœtale
(veau de 96 cent. de long), les amygdales sont aussi avancées
dans leur développement que sur l'enfant de trois à quatre ans.
Sur le bœuf de trois ans, les lobules sont au même stade que
chez l'homme à vingt ans.

Sur le cheval, les amygdales possèdent déjà des lobules au
premier et au deuxième stade d'évolution du tissu angiothélial,
quand le fœtus atteint une longueur de 80 centimètres.

Chez le chien, les involutions épithéliales, se faisant dans la
saillie mésodermique, ne commencent qu'après la naissance,

mais l'évolution est si rapide que vers un à deux mois les lobules sont vasculaires dans toute la masse. Sur le chien de quatorze ans, le tissu angiothélial est au stade fibreux.

Chez le chat et le lapin, l'évolution est à peu près la même.

Ces faits suffisent amplement pour démontrer que les éléments, les tissus et les organes débutent dans leur évolution à un moment variable de l'âge : chez les uns (chien), l'évolution des amygdales en particulier ne commence qu'à la fin de la vie fœtale, se fait avec une telle rapidité qu'elle est au sommet de la courbe à l'âge où elle est à peine ébauchée chez l'homme par exemple, qui cependant montre déjà les involutions épithéliales des amygdales vers le milieu de la période fœtale. A quatorze ans, le chien est aussi vieux, au point de vue de ses amygdales et de tout son organisme, que l'homme à soixante et soixante-dix ans.

Un certain nombre d'auteurs ont avancé tout récemment que la durée de la gestation étant la même à peu près dans deux espèces animales, l'homme et le bœuf, par exemple, l'évolution des tissus chez le veau de trois mois ou de huit mois en serait au même point que sur le fœtus humain à trois mois ou à huit mois : l'âge du veau à trois mois correspondrait en un mot à celui du fœtus humain de trois mois. Les nombreux faits, se rapportant aux diverses espèces animales que nous venons de passer en revue, montrent l'inexactitude de ces assertions. Ils confirment les phénomènes évolutifs dont les autres tissus et organes sont le siège. L'apparition des points d'ossification primitifs et complémentaires est corrélative de l'évolution tonsillaire (v. Retterer, *Journal de l'Anat. et de la Physiol.*, 1884). Ils apportent un appui nouveau aux considérations déjà anciennes que Buffon a émises sur la durée de la vie. « La durée de la vie des chevaux, dit Buffon (*Œuvres de Buffon*, édit. « Lacépède, T. X) est, comme dans toutes les autres espèces d'animaux, « proportionnée à la durée du temps de leur accroissement. L'homme « qui est de 14 ans à croître, peut vivre 6 ou 7 fois autant de temps, « c'est-à-dire 90 à 100 ans ; le cheval dont l'accroissement se fait en « 4 ans, peut vivre 6 ou 7 fois autant, c'est-à-dire 23 à 30 ans. » Plus loin Buffon ajoute : Comme le cerf est 5 ou 6 ans à croître, il vit aussi 7 fois 5 ou 6 ans, c'est-à-dire 35 ou 40 ans. Flourens (*De la longévité humaine*, 1856), parle dans le même sens et a parfaitement raison, quand il avance que la durée de la vie dépend de la constitution intime et de la vertu intrinsèque de nos organes. Il est à souhaiter que l'évolution, non seulement du squelette, mais celle de tous nos organes, soit étudiée à ce point de vue. De cette manière l'examen les divers tissus indiquera plus sûrement l'âge de l'individu pour *chaque espèce* que la connaissance des années qui se sont écoulées depuis sa naissance.

F. — Les détails précédents nous permettent de résumer en quelques propositions générales les faits d'évolution dont les amygdales sont le siège chez les mammifères.

1) Les éléments qui constituent le tissu des amygdales proviennent de deux feuillets blastodermiques : les uns épithéliaux (ecto ou entodermiques), fournissent les éléments propres ou glandulaires ; les autres, mésodermiques donnent la trame conjonctive avec les vaisseaux sanguins et probablement lymphatiques.

2) Le type général du développement des amygdales est le même que celui des glandes en général. L'invagination épithéliale existe chez les unes et les autres. Les différences secondaires sont les suivantes : dans les glandes, c'est la couche basilaire de l'épithélium originel qui prolifère pour constituer toute l'involution. Dans les amygdales, l'involution comprend, chez la plupart des espèces animales, toutes les couches épithéliales ; mais ce sont les amas d'éléments basilaires de l'involution primitive ou des bourgeons secondaires qui interviennent essentiellement dans l'établissement du tissu glandulaire des tonsilles.

3) Dans les glandes en général, l'invagination primitive persiste sous forme de canal excréteur ; dans les amygdales, les involutions primitives donnent lieu plus tard aux cryptes ou diverticules, tapissés d'un épithélium pavimenteux stratifié.

4) Dans les glandes en général, les connexions de la portion mésodermique et épithéliale résultent d'une pénétration *en masse*, toutes deux restant séparées l'une de l'autre par une paroi propre *(membrane basilaire);* dans les amygdales, les tissus épithéliaux et mésodermiques se pénètrent ou s'enchevêtrent *éléments par éléments*, avec absence de membrane basilaire.

5) Les amygdales chez les mammifères, la bourse de Fabricius chez les oiseaux, sont deux organes homologues, quant au développement, à la texture et à l'évolution.

6) Les éléments épithéliaux des amygdales conservent pendant la plus grande partie de l'existence la forme, les propriétés et les caractères des cellules basilaires de l'épithélium ; vers la fin de l'existence, ils disparaissent par régression graisseuse et, à leur place, on trouve des *alvéoles*.

7) Le tissu mésodermique formant la charpente des amygdales y évolue comme il fait dans les autres organes : d'abord à l'état de tissu conjonctif jeune très vasculaire, il acquiert des cellules fusiformes et étoilées, de sorte qu'il forme une trame réticulée. Plus tard, les faisceaux conjonctifs augmentent de nombre et d'épaisseur et le stroma devient fibreux.

8) Les éléments d'origine épithéliale et les éléments mésodermiques évoluent les uns à côté des autres, selon le type propre à chacun sans qu'ils se transforment l'un dans l'autre.

9) La multiplication des éléments ectodermiques est précédée, accompagnée ou suivie de la prolifération des éléments mésodermiques du chorion : ces deux phénomènes sont corrélatifs et sont la cause prochaine de la production du tissu amygdalien.

10) Les amygdales ont chez tous les mammifères un développement semblable, mais selon la taille et le groupe animal l'involution est unique et reste simple ou bien se divise. D'autres fois, les involutions sont multiples et se produisent soit sur un espace circonscrit, soit sur une grande étendue.

11) Chaque involution primitive ou secondaire persistant sous forme de diverticule ou crypte est le centre de génération d'un *lobe*. Chaque lobe est composé d'une série de segments semblables ou *lobules*.

12) L'évolution du lobule ou partie élémentaire de l'amygdale est la même chez tous les mammifères, malgré la différence de forme et de volume de l'organe. Constitué à l'origine par une portion médullaire qui est épithéliale, et, par une portion corticale qui est à l'état de tissu angiothélial au premier stade, le lobule devient vasculaire, passe au deuxième stade dans sa partie périphérique, tandis que la partie centrale subit les modifications du premier stade. L'extension de ce processus tend à égaliser, au fur et à mesure des progrès de l'âge, la texture de la masse du lobule.

13) Les vaisseaux sanguins ont la même évolution concentrique que la trame réticulée. La disposition rayonnante du système sanguin dans le lobule résulte de l'envahissement centripète de la masse lobulaire. Elle disparaît, quand le stroma conjonctif est devenu fibreux et que tous les lobes amygdaliens ont perdu leur segmentation en lobules.

14) Chez l'adulte, le système lymphatique occupe toute
l'épaisseur du lobule : il forme un réseau de canaux tapissés
par une couche d'épithélium plat ou endothélium. Les parois
de ces vaisseaux lymphatiques sont partout parfaitement closes
et ne s'ouvrent dans le réticulum conjonctif ni par des stomates, ni par des extrémités béantes.

EXPLICATION DES PLANCHES XII ET XIII.

Fig. 17. — *Coupe longitudinale de la région tonsillaire sur un fœtus de
mouton long de 20 centimètres* (12ᵉ semaine de la gestation). $\frac{20}{1}$.

A, fossette amygdalienne; *E, E*, épithélium de l'isthme du gosier; *ch, ch*,
chorion; *Mb, Mb*, membrane basilaire; *Tm*, tunique musculaire; *ch'*,
feuillet chorial s'élevant du fond de l'involution.

Fig. 18. — *Section transversale de la région tonsillaire sur un fœtus de cheval
de 19 centimètres de long.* $\frac{75}{1}$.

Ch, chorion; *gm*, glandes sous-muqueuses; *In, In*, involutions épithéliales à divers stades; *n*, fond de l'involution.

Fig. 19. — *Section transversale de la région tonsillaire sur un fœtus de cheval
de 31 centimètres de long.* $\frac{50}{1}$.

In, In, involutions épithéliales; *Bg, Bg*, involutions coupées en travers;
Ag' Ag', tissu angiothélial au premier stade; *ch*, chorion; *vv*, vaisseaux.

Fig. 20. — *Section de la région tonsillaire sur un fœtus de cheval de 65 centimètres de long.* $\frac{50}{1}$.

D, diverticule d'une involution; *bg, bg*, bourgeons épithéliaux; *Lo, Lo*,
lobules où la portion périphérique est formée de tissu angiothélial au
deuxième stade et la portion centrale est au premier stade.

Fig. 21. — *Coupe à travers un lobule sur un fœtus de cheval de 90 centimètres de long* (après le pinceautage).

Rc, réseau conjonctif débarrassé par le pinceau des cellules incluses dans
ses mailles; *Ep*, portions épithéliales faisant saillie dans le réseau conjonctif qui arrive jusqu'au contact direct des éléments épithéliaux;
a, lacune où se trouvait une partie épithéliale enlevée au moyen du
pinceau; *ag*, réseau avec cellules épithéliales y incluses.

Fig. 22. — *Section perpendiculaire de la région amygdalienne d'un fœtus de
porc de 17 centimètres de long.* $\frac{50}{1}$.

In, involution épithéliale coupée au milieu de l'axe; *pe*, pédicule; *Ag'*,
portion profonde du bourgeon où les éléments sont déjà pénétrés par
le mésoderme; *Ip, Ip*, deux involutions sectionnées par la périphérie
selon la ligne *ab*; *E*, épithélium palatin; *mb, mb*, membrane basilaire;
chs, couche superficielle du chorion; *chp*, couche profonde; *vv*, vaisseaux.

Fig. 23. — *Portion de la région tonsillaire d'un fœtus de porc de 22 centimètres de long.*

D, involution creuse ou diverticule, donnant lieu à deux bourgeons terminaux (*Bt*); *Ag'*, tissu angiothélial au premier stade; *fs*, chorion fasciculé.

Fig. 24. — *Section passant à travers l'amygdale sur un jeune dauphin à la naissance.* $\frac{15}{1}$.

D, diverticule principal; *d' d' d'*, diverticules secondaires, chacun au centre d'un groupe de lobules qui ont la forme d'un grain glandulaire (*ll*), et sont au premier stade d'évolution.

Fig. 25. — *Portion d'amygdale d'un dauphin adulte.* $\frac{15}{1}$.

D, diverticule ou crypte; *d' d' d'*, diverticules secondaires; *ll*, lobules, séparés par des travées interlobulaires et dont le centre est vasculaire; *v*, gros tronc vasculaire.

Fig. 26. — *Portion d'un lobe d'amygdalien chez le dauphin adulte représentant l'épithélium d'un diverticule (Ep) et deux lobules.* $\frac{50}{1}$.

Le lobule droit *Pc* montre les éléments propres, le réseau conjonctif et les vaisseaux sanguins (*vv*); une portion du lobule gauche représente les rapports du réseau lymphatique (*rl*), bien délimité par l'acide osmique, avec le tissu amygdalien; *ch*, chorion.

Fig. 27. — *Tissu amygdalien d'un lobule chez un marsouin d'un âge avancé (stade régressif).* $\frac{700}{1}$.

F, tissu fibreux; *ag*, tissu angiothélial; *al'* portions de tissu angiothélial séparées par une paroi nette du tissu avoisinant, et renfermant des éléments cellulaires en régression dont le noyau et le protoplasma sont colorés en jaune par le picrocarmin; *al²*, alvéoles vides au centre; *al⁴*, alvéoles complètement vides.

Fig. 28. — *Section verticale et transversale de l'ébauche tonsillaire chez un fœtus de chien de 8 centimètres de long.* $\frac{25}{1}$.

F, saillie mésodermique descendant entre le voile du palais *VP* et la langue *L*; *vcv*, vaisseaux; *H*, cartilage hyoïde; *Va*, valvule partant du voile du palais et fermant la logette amygdalienne; *fm*, faisceaux musculaires striés de la langue; *me*, muqueuse de la langue; *Ep*, épithélium; *ch*, chorion; *gs*, glandes salivaires.

Fig. 29. — *Même section sur un chien de trois semaines.* $\frac{30}{1}$.

VP, voile du palais; *Va*, valvule fermant la logette amygdalienne (*La*); *F*, lame de tissu conjonctif fasciculé allant rayonner dans la saillie amygdalienne dont elle occupe l'axe; *Ag'*, tissu angiothélial qui entoure les involutions épithéliales (*Inv, Inv*); *gg*, involutions coupées en travers, *gls*, groupes de glandes sous-muqueuses.

Fig. 30. — *Coupe verticale de l'amygdale sur un chat à terme.* $\frac{60}{1}$.

In, diverticule principal; *Bg*, bourgeons secondaires; *La*, lèvre antérieure; *lp*, lèvre postérieure; *ag, ag*, tissu angiothélial; *ch*, chorion.

Fig. 31. — *Portion de l'amygdale d'un chat de sept ans environ.* $\frac{50}{1}$.

Ep, épithélium du diverticule; *lo, lo*, lobules séparés par des cloisons interlobulaires très nettes; *cp*, capsule périphérique de l'amygdale.

Fig. 32. — *Portion d'une étendue semblable de l'amygdale d'un chat âgé de quatorze ans.* $\frac{50}{1}$.

Les lettres ont même signification. *Ag*, tissu angiothélial traversé par des travées fibreuses.

Fig. 33. — *Section perpendiculaire à travers l'ébauche amygdalienne sur un lapin à la naissance.* $\frac{60}{1}$.

A, saillie mésodermique limitée en arrière par le crypte ou diverticule (*D*) de la tonsille future et en avant par le sillon (*s*); *gs*, groupes de glandes sous-muqueuses.

Fig. 34. — *Même section sur un lapin âgé de dix jours.* $\frac{60}{1}$.

A, saillie mésodermique sur laquelle on voit les bourgeons épithéliaux *BB* entourés de tissu angiothélial, qui ne s'étend encore que sur la paroi antérieure du diverticule *D*. *Lp*, lèvre postérieure sur laquelle les involutions ne se sont pas faites encore; *gs*, *gs*, même signification que sur la figure 33.

Fig. 35. — *Portion de l'amygdale d'un chien dont les lymphatiques ont été injectés au nitrate d'argent.* $\frac{50}{1}$. Dessin dû à l'obligeance de M. E. Cherbuliez.

Aa, troncs lymphatiques allant se rendre dans l'axe conjonctif médian de l'amygdale; *bbb*, rameaux lymphatiques périlobulaires; *rl, rl*, réseau intralobulaire; *e*, étranglement sur le tronc lymphatique.

Fig. 36. — *Portion de l'amygdale précédente à un grossissement de* $\frac{120}{1}$.

Ag, tissu angiothélial traversé par le réseau lymphathique dont les parois sont dessinées par le nitrate d'argent (*el*). On voit sur ces deux dessins les sections des troncs lymphatiques sous forme de fentes circulaires ou elliptiques.

Fig. 37. — *Section verticale de la lame mésodermique de la future amygdale, dont les vaisseaux sanguins ont été injectés sur un chien à la naissance.* $\frac{35}{1}$.

Vb, vb, vaisseaux volumineux à la base de la saillie amygdalienne; *vc*, vaisseau central de la saillie mésodermique fournissant un réseau très régulier (*rs*) au tissu conjonctif qui constitue la plus grande masse du feuillet; *ep*, épithélium superficiel formant quelques replis (*d*) et envoyant une involution (*In*) dans le tissu conjonctif.

Fig. 38. — *Lobule amygdalien d'un fœtus d'âne long de 70 centimètres.* $\frac{100}{1}$.

Pp, portion périphérique du lobule formée de tissu angiothélial au deuxième stade et traversé par des vaisseaux sanguins qui émettent des capillaires à direction concentrique; *pc*, portion médullaire du lobule dont la partie moyenne est à l'état de tissu angiothélial au premier stade et le centre constitué uniquement par des cellules épithéliales.

Fig. 39. — *Lobule amygdalien d'un chat âgé de sept ans, dont les vaisseaux sanguins ont été injectés.* $\frac{70}{1}$.

Pp, vaisseaux périphériques du lobule; *rc*, réseau central.

Fig. 40. — *Portion de l'amygdale d'un homme âgé de soixante-six ans pour montrer la disposition des vaisseaux dans le stade fibreux.* $\frac{50}{1}$.

Vp, vaisseaux plus gros; *vt, vt*, vaisseaux coupés en travers; *rc*, vaisseaux sillonnant le tissu amygdalien d'une façon égale en tous sens.

CONTRIBUTION À L'ÉTUDE

DES

SYNOVIALES ET DES BOURSES SÉREUSES
TENDINEUSES PÉRI-ARTICULAIRES

PAR

Ch. DEBIERRE
Professeur d'anatomie à la Faculté de Médecine de Lille.

INTRODUCTION

De nombreux auteurs se sont occupés des synoviales articulaires, mais il en est peu qui s'en soient occupés d'une façon spéciale. Néanmoins cette partie de l'anatomie est assez bien connue et nous n'aurons que fort peu de choses à ajouter sur ce point au bagage scientifique actuel.

Il n'en est pas de même des bourses séreuses tendineuses péri-articulaires. Il n'y a qu'à prendre les différents traités d'anatomie publiés en France ou à l'étranger pour voir combien peu sont nettes et précises nos acquisitions à ce sujet.

Nous avons voulu savoir si le peu de précision ou la divergence d'opinions entre les anatomistes tenaient à la nature elle-même, ou si plutôt, elles n'étaient pas le reflet d'études incomplètes ou insuffisamment poursuivies. Piqué par la curiosité, nous nous sommes mis à l'œuvre et sommes arrivé à des résultats qui, croyons-nous, méritent d'être rapportés, car ils complètent sur beaucoup de points, et réforment sur d'autres, nos acquisitions sur l'anatomie des bourses séreuses péri-articulaires, intéressantes pour l'anatomiste, non moins utiles à bien connaître au chirurgien.

Ce n'est pas que certains auteurs ne se soient occupés spécialement de la question que nous allons traiter, il nous suffirait à cet effet de citer Padieu (1839) qui s'est particulièrement occupé des bourses séreuses sous-cutanées, professionnelles ou autres ;

Foucher (1857), Gruber (1857), G. Zoja (1865) et plus récemment Poirier (1886) pour les bourses séreuses du genou ; mais malgré ces travaux, il restait plus d'un point à éclaircir, plus d'une contradiction à lever, plus d'une lacune à combler. C'est ce que nous avons cherché de faire dans de longues et patientes recherches entreprises à l'amphithéâtre d'anatomie de la Faculté de médecine de Lyon, sur de nombreux sujets d'âge et de sexe différents, avec le bon concours de notre ami Rochet, prosecteur à la Faculté et aujourd'hui chirurgien de l'Antiquaille à Lyon.

II

TECHNIQUE

Avant d'entrer dans le sujet lui-même, il est indispensable que nous indiquions en quelques mots la technique que nous avons suivie.

1° *Synoviales articulaires*. — Pour étudier les insertions, les culs-de-sac et prolongements, la capacité des synoviales articulaires, nous avons eu recours à la méthode des injections solidifiantes, soit avec le suif, soit avec la gélatine colorée.

Avant de faire l'injection, il est bon que la pièce ait séjourné un certain temps dans un bain d'eau chaude à 30 ou 35° ou dans une atmosphère chauffée pendant quelques heures. En hiver et pendant la gelée surtout, cette précaution est indispensable pour obtenir une injection facile et bien réussie.

Mais comment faire l'injection? Faut-il tout simplement passer la canule à travers le ligament capsulaire? C'est là une mauvaise méthode. Celle qui donne les meilleurs résultats, *c'est l'injection à travers les os*. C'est ainsi que pour l'articulation de l'épaule on mettra à découvert avec précaution, l'extrémité glénoïdienne du bord axillaire de l'omoplate; puis ceci fait, on pénètrera par ce bord dans la cavité de l'articulation scapulo-humérale en passant à travers la cavité glénoïde à l'aide du trépan d'amphithéâtre garni d'une mèche de 2 à 3 millimètres de diamètre et en perçant obliquement du bord axillaire vers le centre de la cavité glénoïde. La pénétration brusque et sans aucune résistance, indique que l'on est bien dans l'articulation

On fait jouer la mèche du trépan en avant et en arrière pour laisser bien libre le trou canaliculé, que l'on vient de creuser, et on la retire pour la remplacer par une petite canule de même dimension qui s'enserre à frottement dans le conduit percé dans l'os.

Pour le coude, on choisira de préférence le condyle de l'humérus qu'on perfore obliquement de dehors en dedans, et de haut en bas vers le centre de la jointure, ou encore on passera à travers l'olécrane. Pour le poignet on fait une encoche au côté externe de l'extrémité inférieure du radius, et on pénètre par là directement dans l'articulation. Pour injecter la grande synoviale du carpe, le mieux est de désarticuler le poignet et de traverser directement de haut en bas le semilunaire. Pour la hanche, on passe par le fond de la cavité cotyloïde, c'est-à-dire qu'on y arrive par le bassin. Pour le genou, il est bon d'éviter de traverser la rotule : le tissu graisseux sous-synovial est souvent une cause de l'insuccès de l'injection. Il est préférable de passer dans l'articulation en perforant obliquement vers le centre de la cavité articulaire le plateau interne du tibia, en commençant à percer à un ou deux centimètres au-dessous de l'interligne articulaire. Pour le cou-de-pied, il est facile de passer à travers la malléole interne.

Le canal osseux creusé et la canule mise en place, il est souvent utile de *balayer* l'articulation avec un courant d'eau chaude; on s'assure ainsi de la perméabilité du conduit, et la seringue à injection retirée, il est facile de chasser l'eau par quelques mouvements imprimés à la jointure. Ceci fait, il ne reste plus qu'à pousser le liquide à injection, lentement et d'une façon continue jusqu'au moment où, l'articulation bien gonflée, les diverticulums (lorsqu'il en existe) bien remplis, on sent une assez forte résistance. On cesse alors de pousser le piston, on tourne le robinet de la canule, et lorsque c'est du suif dont on s'est servi, on peut commencer presque aussitôt l'étude de l'articulation (dissection, coupes, etc.), car le suif, on le sait, se solidifie presque immédiatement. Avec la gélatine, il faut attendre plus longtemps.

2° *Bourses séreuses*. — Pour étudier les bourses séreuses, les découvrir, se rendre un compte exact de leur topographie et de leur texture, on peut employer plusieurs procédés. Le premier est la dissection. On dissèque les muscles péri-articu-

laires vers la jointure et on redouble d'attention au moment
où ces muscles glissent sur les ligaments capsulaires. Il est
rare qu'une bourse séreuse échappe à un scalpel exercé. Mais
ce moyen a besoin d'être contrôlé par d'autres.

Une poire en caoutchouc, analogue à celle qui sert à activer
un appareil de Richardson, garnie à l'une de ses extrémités
d'un embout en cuivre sur lequel est montée une aiguille de la
seringue de Pravaz, constitue un excellent appareil à insufflation qui permet d'aller avec sûreté à la recherche des bourses
séreuses. L'aiguille traverse avec facilité et sans mal les parois
de ces petits organes et les insuffle et les délimite nettement.
On la retire et l'air reste.

Un troisième moyen nous a servi pour rechercher et étudier
les bourses séreuses vésiculaires et les gaines tendineuses (1),
c'est l'appareil à injection des lymphatiques avec le mercure.
C'est là un excellent procédé de contrôle qui permet de voir
aussitôt, qu'on n'a point insufflé ou plutôt taillé sa bourse séreuse aux dépens du tissu cellulaire lâche inter ou péri-muscu-
laire. Seulement, le maniement de cet appareil demande une
certaine habitude, et surtout il exige qu'on n'emploie qu'une
pression modérée, pour éviter les crevasses et les fuites. Généralement, une bourse séreuse bien limitée, supporte sans se
rompre une pression de 20 à 30 centimètres de mercure.

Après ces quelques mots de technique, nous arrivons à l'étude
des synoviales et bourses séreuses vésiculaires et péri-articulaires des grandes articulations des membres, les seules dont
nous voulions nous occuper aujourd'hui.

III

SYNOVIALES ET BOURSES SÉREUSES

Avant d'aborder l'étude topographique des synoviales et
bourses séreuses des articulations des membres, nous devons
nous arrêter un court instant toutefois sur l'anatomie générale
des synoviales articulaires et, des bourses séreuses.

Qu'est-ce qu'une synoviale? — Partout où il y a une articu-

---

(1) Sur ce dernier sujet, voy. DEBIERRE et ROCHET, *A propos des bourses séreuses
tendineuses du poignet (Arch. de Physiologie,* avril 1887).

lation mobile, il y a une membrane synoviale qui sécrète un liquide onctueux, filant, la synovie, destiné à lubréfier la jointure et à favoriser les glissements.

Les membranes synoviales sont des séreuses analogues par leur structure aux séreuses viscérales. Elles se composent d'un substratum fibreux très vasculaire, tapissé à l'intérieur d'une couche lisse et polie, épithéliale pour les uns, de nature cartilagineuse pour d'autres. Mais si les synoviales articulaires ont la structure des grandes séreuses de l'organisme, elles n'en ont pas la disposition. En effet, au lieu de tapisser toute la cavité articulaire, et d'y former un sac sans ouverture, comme le pensait Bichat, les synoviales ne tapissent que la face interne des ligaments capsulaires, et vont s'insérer au-dessous d'eux, à la limite du cartilage d'encroutement des os. Leurs points d'attache sur l'os sont à peu près toujours au niveau de la ligne de soudure diaphyso-épiphysaire. Si les synoviales peuvent s'étendre plus loin, c'est en subissant une *réflexion*, car toujours elles viennent s'insérer à la limite du cartilage d'encroutement, en se confondant là intimement avec le périchondre d'une part, le périoste de l'autre. En un mot, toute membrane synoviale a la forme d'un manchon comme la capsule fibreuse qui la double, allant d'un os à l'autre. Lorsqu'elle se fixe à plusieurs os, elle offre autant d'ouvertures qu'il y a de surfaces articulaires au pourtour desquelles elle va s'attacher. Elle peut présenter des diverticulums qui font hernie à travers des orifices des ligaments capsulaires, des replis, des franges (*glandes de Clopton-Havers*), mais nous n'avons pas à insister sur ces particularités, sauf sur les culs-de-sac sur lesquels nous reviendrons à propos de chaque articulation.

Si tout le monde est d'accord sur ces différents points de la construction des synoviales, il n'en est pas de même lorsqu'on envisage la question du revêtement épithélial. Chez l'adulte, Hueter (*Virchow's Arch.* Bd. 36, 1866) met en doute ce pavage épithélial à la face interne des synoviales — Boehm, puis Tourneux et Herrmann, et enfin J. Renaut, rejettent également l'existence de l'épithélium pavimenteux simple que Henle, Hirtl, Schweigger-Seidel, Landzert, Tillmams, Sappey, Cornil et Ranvier, y avaient admis. Tourneux et Herrmann (*Gazette Médicale*, 1880, p. 247) font de la couche de revêtement une modification du tissu cartilagineux et rapprochent cette couche de celle des bourses séreuses. C'est la même couche qui tapisse les ligaments intra-articulaires de certaines jointures, les ligaments croisés du genou, par exemple, dont la surface se trouve ainsi encroutée d'une mince couche de cartilage. Subbotine enfin (*Arch. de Physiol*, 1880) considère les villosités comme recouvertes de cellules à mucus.

Les vaisseaux sanguins des membranes synoviales sont très abondants. Ils forment dans les franges des plexus serrés, et nombre de capillaires se terminent en anses élégantes aux confins de la synoviale. Tillmanns, (*Arch. f. Med. Anat.*, 1874-1876), y a démontré des lymphatiques qui forment un double réseau, l'un sous-épithélial, l'autre sous-séreux. Les troncs collecteurs vont se jeter dans les ganglions lymphatiques péri-articulaires.

Après Cruveilhier (1836), Luschka (1851), puis Sappey, Nicoladini, Krause et Rauber, ont découvert des filets nerveux (KRAUSE, *Centralbl.*, 1874; RAUBER. *Ibid.*, 1874), placés dans l'épaisseur de la membrane synoviale, tout près de sa surface intérieure.

La cavité de la synoviale n'est que virtuelle à l'état normal, à cause du contact exact des extrémités articulaires, que maintient le vide des capsules synoviales et la tonicité des muscles péri-articulaires.

Malgré leur minceur, les synoviales sont très tenaces, peu extensibles et peu élastiques. Dépourvues en grande partie de la couche élastique sous-séreuse des autres membranes de cet ordre, elles se déchirent aisément dans les entorses et les luxations, comme l'indique Bichat. Comme les autres membranes séreuses, elles appartiennent bien à un type membraneux particulier, absolument différent des organes qu'elles tapissent ou recouvrent. Leurs maladies seules le démontrent suffisamment. Même là où le feuillet viscéral est à peine démontrable, il existe bien avec ses qualités autonomes et sa vie propre, différant d'une façon absolue de l'organe auquel il adhère intimement. Le scalpel ne peut séparer la séreuse viscérale du testicule; cependant les affections réciproques et absolument indépendants de ces deux systèmes, indiquent assez nettement l'indépendance de la séreuse. Dire que sur les viscères (foie, etc.),

l'épithélium seul de la séreuse forme un revêtement propre à
ces organes, est inexact, car, sur le cadavre, l'épithélium est
tombé, et cependant la surface de ces viscères offre toujours une surface lisse et polie, en un mot, une surface
séreuse. Il y a donc autre chose que l'épithélium, c'est-à-dire
que la trame même de la séreuse avec sa membrane basale
hyaline (limitante hyaline, lame vitrée ou basement-membrane
de Todd et Bowmann) persiste, mais amincie et transparente.

Qu'est-ce qu'une bourse séreuse? Les bourses séreuses sont
de trois ordres : 1° les gaines synoviales tendineuses ; 2° les
séreuses vésiculaires tendineuses ; 3° les séreuses vésiculaires
sous-cutanées.

Toute bourse séreuse est formée par un sac sans ouverture
dont la paroi est faite de tissu cellulaire condensé, en un mot,
de tissu connectif ou lamineux. Lorsqu'il s'agit d'une séreuse
tendineuse, le tendon en est tapissé, mais ne la traverse pas,
et il n'est pas exact de dire, comme le fait Marc Sée (art.
BOURSES SÉREUSES, du *Dict. encyclop. des Sc. Méd.*, p. 373); que
le feuillet des synoviales adhérent aux canaux fibreux ou ostéo-
fibreux n'a qu'une existence théorique. Partout, il y a un feuillet
pariétal et un feuillet *viscéral*, mais ces deux feuillets se continuent directement, enveloppant l'organe comme un bonnet de
coton enveloppe la tête, sans la contenir dans sa propre cavité,
et en formant ou non un meso-tendon, comme dans l'abdomen
la séreuse péritonéale forme le mésentère, cela, suivant que
le tendon a plus ou moins repoussé le sac séreux sur lui-même,
dont l'une des parois s'invagine dans l'autre comme lors de la
formation de la Gastrula aux dépens de la Blastula. Le Schéma
suivant (fig. 1), représente cette disposition.

Dans les bourses séreuses (*séreuses vésiculaires*), la paroi
est plus ou moins épaisse, et plus ou moins nettement séparée
du tissu cellulaire ambiant, avec lequel elle fait toujours plus
ou moins corps, de sorte qu'il semble qu'elle soit le résultat
d'une condensation de ce tissu cellulaire avec cavité intérieure.

La face interne de cette cavité n'est pas aussi polie ni aussi
lisse que celle des séreuses tendineuses. Très souvent elle présente des brides celluleuses qui cloisonnent la cavité de la bourse.
Il n'est donc pas étonnant que cette paroi ne soit point tapissée
d'épithélium, ainsi que l'ont reconnu Henle, Ch. Robin et Legros

(Ch. Robin, *Leçons sur les humeurs*, 2ᵉ éd., 1874, p. 372), contrairement à Reichert et Kölliker qui y admettent l'existence d'une couche épithéliale pavimenteuse. Ce qu'il y a de vrai, c'est qu'à la face interne des bourses séreuses comme dans les synoviales, il existe une couche formée d'une substance fonda-mentale homogène, légèrement granuleuse ou striée, englobant

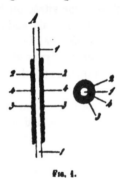

Fig. 1.

Fig. 1. — Schémas destinés à montrer la disposition des gaines séreuses tendineuses.

1, tendon ; 2, feuillet pariétal de la gaine ; 3, feuillet viscéral ; 4, cavité de la gaine.

dans son épaisseur des cellules cartilagineuses (Hueter, Bœhm, Tourneux et Herrmann, J. Renaut) (1).

La paroi des séreuses tendineuses et cavitaires contient un réseau capillaire. Contient-elle des lymphatiques et des nerfs? Elle peut parfois s'épaissir au point de devenir fibro-cartilagi-neuse, comme dans la gouttière du cuboïde, par exemple.

Quelle est l'origine des bourses séreuses ? — Toute bourse séreuse n'a pas pour origine le frottement. Les bourses acci-dentelles, sous-cutanées (professionnelles ou autres), se produi-sent par ce processus ; mais il n'en est pas de même de toutes les bourses séreuses, la preuve c'est que nombre des bourses séreuses péri-articulaires existent chez le fœtus. On avait admis également, ou le sait, que tel était le processus de formation des cavités articulaires (synoviales, etc.), mais aujourd'hui, nous savons que les jointures se développent à une époque où il est

(1) HUETER, *Virchow's Arch.*, Bd, 36, Berlin, 1866 ; TOURNEUX et HERRMANN, *Gaz. médic.* 1880, p. 247 ; J. RENAUT, *'Assoc. franç. pour l'avanc. des sc.*, Grenoble, 1884.

peu probable que le fœtus, à peine sorti de l'âge embryonnaire, ait fait beaucoup de mouvements. La bourse séreuse, constante et autonome, paraît donc être un héritage ancestral, à l'instar des autres productions organiques constantes.

On peut presque en saisir le mécanisme de formation sur certaines bourses séreuses peu développées, à peine distinctes du tissu cellulaire ambiant, comme celle qu'on rencontre ordinairement à l'épaule sous le tendron du sus-épineux. Là, on trouve, entre le tendon et la capsule fibreuse articulaire, une petite bourse séreuse multiloculaire, qui ne semble être qu'une petite masse de tissu cellulaire lâche, mais qui *revêle une bourse séreuse, à l'état embryonnaire* encore pour ainsi dire, à son état poli, lisse et glissant, comme imprégné d'un liquide gluant, et à sa paroi qu'on dessine en l'insufflant, sans que l'air fuse complètement dans le tissu cellulaire ambiant comme cela se passe là où il n'y a purement et simplement que du tissu cellulaire lâche. En un mot, on produit à ce niveau une *boule d'emphysème* limitée, et à loges multiples. Un pas de plus, et la bourse séreuse autonome est créée. Qu'on suppose que la paroi à peine différenciée, se condense davantage, et que le cloisonnement disparaisse en tout ou en partie, et l'on aura une vraie bourse séreuse vésiculaire. C'est en effet ce qui a lieu, puisque chez certains sujets, on trouve à ce niveau une vraie bourse séreuse, une *bourse séreuse adulte*, qu'on nous passe le mot.

IV

SYNOVIALE ET BOURSES SÉREUSES DE L'ÉPAULE

A. — *Synoviale.* — La synoviale de l'articulation scapulo-humérale tapisse l'intérieur de la capsule fibreuse, c'est dire qu'elle est aussi lâche que cette capsule. Elle se fixe à l'omoplate, au pourtour du bourrelet glénoïdien; à l'humérus, à la limite du cartilage articulaire, c'est-à-dire qu'elle suit assez bien, dans ses attaches, le col anatomique de l'extrémité supérieure de l'humérus — Mais en avant et en arrière, et surtout en bas, la cavité synoviale s'étend plus loin, car elle subit là une réflexion qui donne lieu à une sorte de rigole demi-circulaire qui embrasse la tête de l'humérus à sa partie inférieure (5, fig. 2). — Cette disposition permet une abduction forcée du bras sans rupture de la synoviale.

La capacité entière de cette articulation est d'environ 60 centimètres cubes, y compris la capacité du grand diverticulum synovial sous-scapulaire.

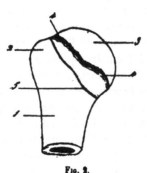

Fɪɢ. 2.

Fɪɢ. 2. — Extrémité supérieure de l'humérus destinée à montrer les lignes de *fixation* et de *réflexion* de la synoviale sur cette *extrémité*.

1, corps de l'humérus ; 2, grosse tubérosité ; 3, tête de l'os ; 4, col anatomique, siège d'insertion de la synoviale ; 5, ligne correspondant à sa réflexion.

Prolongement sous-coracoïdien ou cul-de-sac du sous-scapulaire. — Constamment la synoviale scapulo-humérale envoie un prolongement en cul-de-sac sous le tendon du muscle sous-scapulaire. Ce prolongement (9, fig. 3), plus ou moins volumineux, sort de la jointure à travers une lacune du ligament capsulaire sous la racine de l'apophyse coracoïde et s'étend, dans la partie supérieure de la fosse sous-scapulaire, entre la face costale du scapulum et le tendon du sous-scapulaire. Ce cul-de-sac peut atteindre 4 à 5 centimètres d'étendue. Il est ordinairement simple, mais il peut être cloisonné. Deux fois Zoja (*Thèse de concours*, Pavie 1865), a trouvé ce diverticulum à l'état de vraie bourse séreuse, indépendante de la synoviale. Cette disposition doit être rare, L'examen de plus de vingt sujets ne nous l'a point laissé voir. A. Carpentier cependant (*Thèse de Lille*, 1887) a rencontré une fois la bourse du sous-scapulaire indépendante et un de mes élèves a eu l'occasion d'observer une pièce semblable l'hiver dernier.

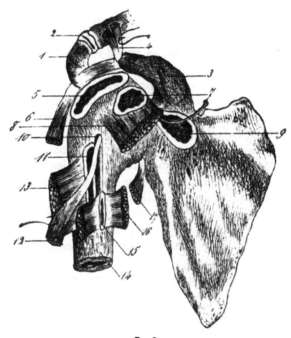

Fig. 3.

Fig. 3. — *Bourses séreuses de l'épaule.*

    1, acromion; 2, articulation acromio-claviculaire; 3, apophyse coracoïde; 4, tendons réunis du coraco-brachial et du biceps; 5, bourse séreuse sous-deltoïdienne; 6, deltoïde; 7, bourse sous-coracoïdienne; 8, tendon du muscle sous-scapulaire; 9, bourse du sous-scapulaire qui sort de l'articulation (cul-de-sac synovial); 10, cul-de-sac bicipital; 11, bourse du grand dorsal; 12, longue portion du biceps; 13, grand pectoral; 14, grand dorsal; 15, bourse séreuse des grand dorsal et grand rond; 16, grand rond; 17, long chef du triceps (l'épaule est vue de profil et en avant; l'omoplate présente sa face costale).

Prolongement bicipital. — Celui-là, aussi, est constant. Il enveloppe le tendon de la longue portion du biceps et l'accompagne jusqu'à sa sortie de la capsule fibreuse de l'articulation. L'injection de la jointure le fait apparaître à ce niveau sous la forme d'une petite hernie qui, d'ordinaire, enveloppe aux deux

tiers ou aux trois quarts ledit tendon. Tantôt la séreuse articulaire ne fait que passer au-dessus du tendon; tantôt elle lui
fournit un méso-tendon; d'autres fois enfin, elle l'enveloppe
complètement sans le contenir dans sa propre cavité (fig. 17, I,
II, III et IV). Mais dans la grande majorité des cas, c'est la forme
au méso-tendon qui domine, ce qui se voit toujours très bien
après l'injection dans la gouttière bicipitale.

Suivant Welcher (*Arch. f. Anat.* 1878), le tendon du biceps
serait directement enveloppé d'un endothélium autre que celui
de la synoviale scapulo-humérale, vestiges, suivant lui, de la
séreuse indépendante qui l'enveloppait, alors qu'il n'était pas
encore intra-articulaire (on sait qu'il commence par être tel
chez l'embryon et qu'il reste avec cette disposition chez certains
animaux), et qui serait entrée avec lui dans l'articulation au
moment où le tendon est venu lui-même y prendre place. Cette
gaîne, insufflable jusqu'à l'insertion glénoïdienne du tendon,
nous a paru n'être tout simplement chez l'adulte, qu'une mince
et délicate gaîne lamelleuse, simple continuation de l'enveloppe
lamelleuse du muscle.

Prolongements inconstants. — En dehors des culs-de-sac
sous-scapulaire et bicipital, la synoviale de l'articulation scapulo-
humérale peut émettre d'autres prolongements. Dans un assez
grand nombre de cas, la capsule est perforée sous l'acromion et
livre passage à un cul-de-sac synovial pour le tendon du sous-
épineux. Chez d'autres sujets, la capsule orbiculaire n'offre
point de lacune, mais elle s'est laissée dilater, pour ainsi dire,
et à ce niveau existe un petit cul-de-sac synovial qui fait hernie;
placé entre le tendon du sous-épineux et la capsule, il favorise
les glissements du muscle. Nous verrons plus loin que ce diverticulum peut être remplacé chez d'autres sujets, par une véritable bourse séreuse vésiculaire indépendante.

Enfin, la synoviale de l'articulation de l'épaule peut offrir un
dernier prolongement au niveau du sommet de l'apophyse
coracoïde. Ce petit cul-de-sac, en doigt de gant, pourrait être
nommé *prolongement sus-scapulaire*, car il tapisse la face
superficielle du tendon aplati du sous-scapulaire, placé qu'il
est entre ce tendon et le sommet de l'apophyse coracoïde.

B. — *Bourses séreuses vésiculaires*. — Outre les culs-de-
sac bicipital et sous-scapulaire qui ne sont que des prolonge-

ments de la synoviale scapulo-humérale et non pas de vraies bourses séreuses (c'est donc à tort que les anatomistes disent la bourse du sous-scapulaire), l'articulation de l'épaule est entourée d'un certain nombre de bourses séreuses.

Sanglée par les muscles sous-scapulaires, sus et sous-épineux, la tête de l'humérus roule incessamment sous la voûte acromio-coracoïdienne. Pour favoriser ces mouvements, des bourses séreuses étaient nécessaires. C'est ce qui existe.

Les différentes bourses péri-articulaires *constantes* sont à l'épaule au nombre de quatre :

1° Bourse sous-deltoïdienne ;
2° Bourse sous-coracoïdienne ;
3° Bourse du grand pectoral ;
4° Bourse des grand dorsal et grand rond.

1° La *bourse deltoïdienne* (5, fig. 3) est large et constante. Elle passe sous la voûte acromio-coracoïdienne et favorise les glissements de la tête de l'humérus sur la face profonde du deltoïde d'une part, et sous la voûte acromio-coracoïdienne de l'autre. Insufflée, son volume égale celui d'un petit œuf de poule. Elle est assez épaisse et résistante. Pour la découvrir, il suffit de détacher le deltoïde à ses insertions inférieures et de le récliner, ou encore de traverser son épaisseur, parallèlement à ses fibres.

2° La *bourse sous-coracoïdienne* est placée en dedans de la précédente sous le bec de l'apophyse coracoïde (7, fig. 3) ; elle empiète sur la voûte acromio-coracoïdienne et descend quelquefois sur une étendue de 3 à 4 centimètres le long des tendons réunis du biceps et du coraco-brachial, dont elle favorise les mouvements. Son volume varie de celui d'un œuf de moineau à celui d'un œuf de pigeon. Ses parois, adhérentes comme celles de toutes les bourses séreuses au tissu cellulaire ambiant, sont assez épaisses et il faut une pression assez forte pour les rompre. Cette bourse, comme la précédente, est ordinairement uniloculaire ; elle communique parfois avec la synoviale articulaire.

3° La *bourse du grand pectoral* a la forme d'un fuseau assez étroit, long de 4 à 5 centimètres, placé entre le tendon membraneux du grand pectoral et la longue portion du biceps

(11, fig. 3). Cette bourse favorise les glissements de ces deux
tendons l'un contre l'autre.

4° *Bourse des grand dorsal et grand rond*. — Cette bourse
fusiforme, nette et bien limitée par l'insufflation, est placée
entre les tendons des muscles grand dorsal et grand rond à
leurs insertions aux crêtes de la gouttière bicipitale (15, fig. 3).
Cette bourse favorise les glissements du tendon du grand
dorsal lorsqu'il contourne celui du grand rond pour venir se
placer en avant de lui.

Bourses inconstantes. — Dans un grand nombre de cas, il
n'y a sous les tendons des muscles sus et sous-épineux, qu'un
tissu cellulaire très lâche, comme séreux et infiltré d'un fluide
onctueux et glissant ; en un mot, une sorte de bourse séreuse
multiloculaire à l'état d'ébauche. Mais chez d'autres sujets, cet
état embryonnaire a fait place à un état plus avancé. Il y a sous
les tendons des sus et sous-épineux, entre eux et la capsule de
l'articulation, de vraies bourses séreuses autonomes, mais ordinairement encore cloisonnées. Sur le chien comme sur l'homme,
nous avons rencontré la bourse du sus-épineux, grosse comme
une noisette et placée sous le tendon du muscle, tout près de
son insertion à la grosse tubérosité de la tête humérale.

Quand la bourse séreuse indépendante du sus-épineux existe,
elle remplace le petit cul-de-sac digitiforme de la synoviale que
nous avons signalé plus haut sous le tendon du sous-épineux,
près de son insertion, ou plutôt là où il confond ses trousseaux
tendineux avec les trousseaux fibreux de la capsule orbiculaire.

Mentionnons enfin la bourse *sus-acromiale*, celle que l'on
trouve entre les deux ligaments coraco-claviculaires et parfois
une bourse accidentelle placée entre le biceps et le coraco-
brachial et la capsule de l'articulation. Cette dernière a été
figurée par Morris (*Anatomy of the joints*, planche XXI, p. 221,
London, 1879).

Chez un sujet mâle d'une cinquantaine d'années, nous
avons vu l'articulation scapulo-humérale communiquer avec
l'articulation acromio-claviculaire : l'injection de la synoviale de l'épaule injecta en même temps la synoviale de l'articulation acromio-claviculaire, frappée d'autre part d'arthrite
déformante (altération velvétique, etc.). Depuis, j'ai rencontré
deux exemples analogues.

V

A. — SYNOVIALE — Elle s'insère à la limite du cartilage d'encroutement, sauf au niveau des surfaces sous-épitrochléenne et sous-sygmoïdienne. Sur l'humérus, en effet, la synoviale cerne et entoure les cavités olécranienne et coronoïdienne en donnant lieu en arrière à un cul-de-sac sus-olécranien (ordinairement en bissac) qui remonte entre la face postérieure de l'humérus et le triceps, cul-de-sac sur lequel de nombreuses fibres du triceps viennent prendre insertion (tenseur de la synoviale), en avant,

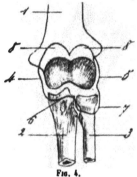

FIG. 4.

FIG. 4. — Schéma du coude destiné à faire voir la marche de la synoviale (vue antérieure).

1, humérus ; 2, cubitus ; 3, radius ; 4, trajet de la synoviale en dedans ; 5, en dehors ; 6, son passage au-dessous du crochet coronoïdien ; 7, son cul-de-sac radial ; 8, 8, culs-de-sac coronoïdiens.

à un *cul-de-sac sus-coronoïdien* moins fort et bilobé, qui favorise les glissements du brachial antérieur. Au-dessous de l'épitrochlée, son insertion se fait à 4 ou 5 millimètres des surfaces articulaires, et il en est de même sous la petite cavité sygmoïde du cubitus. Sur le radius, elle s'attache à la partie supérieure du col de l'os, au-dessous du rebord articulaire de la capsule, mais elle se réfléchit en bas et forme un *cul-de-sac circulaire* sous le ligament annulaire. Enfin, au-dessus du condyle, la synoviale fournit un dernier petit prolongement, le *cul-de-sac sus-condylien*. La figure 4 donne le trajet de la synoviale du coude. La capacité de cette articulation est d'environ 60 centimètres cubes.

B. — Bourses séreuses tendineuses. — Les bourses séreuses tendineuses classiques du coude se résument dans celles du triceps et du biceps.

La première se trouve au-dessous du tendon tricipital, entre lui et l'olécrâne (12, fig. 5). Jamais nous n'avons vu la panse supérieure du sablier qu'elle offre comme aspect, indépendante de la synoviale, comme cela se voit au genou.

La deuxième est située entre le tendon inférieur du biceps et la tubérosité bicipitale. Celle-ci se divise, en effet, en deux portions, comme la tubérosité antérieure du tibia où s'attache le ligament rotulien ; une portion inférieure rugueuse où s'in-

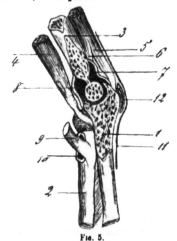

Fig. 5.

Fig. 5. — Coupe antéro-postérieure de l'articulation du coude.
    1, cubitus, 2, radius; 3, humérus ; 4, brachial antérieur ; 5, triceps;
    6, les fibres de ce muscle qui s'insère sur le cul-de-sac sous-
    tricipital de la synoviale (tenseur de la synoviale, muscle analogue
    au sous-tricipital de la cuisse) ; 7, cavité de la synoviale du coude ;
    8, sa partie antérieure ; 9, tendon du biceps à son insertion à la
    tubérosité bicipitale du radius ; 10, sa bourse séreuse de glisse-
    ment ; 11, peau; 12, bourse séreuse olécranienne.

sèrent les fibres tendineuses, une portion supérieure lisse sur laquelle glisse le tendon ; c'est entre le tendon et cette portion lisse de l'éminence bicipitale que se trouve la bourse séreuse.

Chez les Carnassiers (chien), nous avons trouvé cette bourse séreuse dépendante de la synoviale articulaire. Celle-ci envoie un prolongement, qui descend en glissant au côté interne du coude, dans une sorte de petite rigole tapissée de cartilage creusée sur la face interne de l'extrémité supérieure du cubitus, jusque vers la double insertion du tendon du biceps, et lui sert de bourse de glissement.

Ward Collins (*Journ. of Anat.*, XX, p. 30, 1886), a cité le cas d'une bourse anormale placée entre le tendon du biceps brachial à son insertion au radius et les muscles superficiels. (*On a second bursa connected plus with the insertion of the biceps, loc. cit.*, p. 30).

Nous avons constaté chez le chien et plusieurs sujets humains, l'existence d'une bourse séreuse non décrite et très nette ; par l'insufflation elle acquiert le volume d'une noisette ; elle est située entre l'anconé et les autres muscles épicondyliens.

Chez trois sujets et d'une façon assez nette, nous avons rencontré également une bourse séreuse à la partie postérieure et interne du coude. Cette bourse occupait le côté interne du tendon du triceps et remplissait là l'espace situé entre le bord interne de ce tendon et l'épitrochlée ; elle recouvrait la partie postérieure du nerf cubital au moment où il s'engage dans la gouttière épitrochléo-olécrânienne.

Signalons enfin, non une bourse séreuse, mais un cul-de-sac synovial en forme de bourse sous le tendon du muscle anconé ; ce prolongement bursiforme de la synoviale est très développé chez le chien : chez l'homme il est moins considérable, mais toujours très net ; il fait hernie immédiatement en arrière du ligament latéral externe.

VI

POIGNET.

Nous dirons peu de choses de l'articulation du poignet, car nous n'avons pas l'intention d'aborder aujourd'hui l'étude des gaînes tendineuses. Mais cependant nous ne pouvons passer sans insister sur deux points. On sait que ce n'est qu'exceptionnellement que la synoviale radio-carpienne communique avec celle de l'articulation radio-cubitale inférieure à travers un petit trou du ligament triangulaire. Or, d'après nos recherches, cette disposition existerait dans un quinzième des sujets. D'autre part, les auteurs s'accordent tous à dire que la communication entre la même synoviale et celle de l'articulation pisi-pyrami-

dale est exceptionnelle. Or, chez dix sujets pris au hasard auxquels nous avons injecté l'articulation radio-carpienne, avec
notre excellent collaborateur et ami Rochet, nous avons pu
observer chez *tous* ladite communication. D'où nous admettons que la communication entre la synoviale radio-carpienne et
la petite synoviale pisi-pyramidale est la règle; l'indépendance
des deux articulations, l'exception.

· Chez le chien également, la synoviale radio-carpienne communique avec celle du pisiforme (talon de la main). Sur un sujet
elle communiquait aussi avec la gaîne des tendons extenseurs,
ce qui se voit exceptionnellement chez l'homme.

VII

SYNOVIALE ET BOURSES SÉREUSES DE LA HANCHE.

1° La *synoviale* de l'articulation coxo-fémorale s'insère au
pourtour du bourrelet cotyloïdien, d'une part, et, de l'autre, sur
le fémur, en dehors du cartilage articulaire. Mais elle est suffisamment lâche pour se prolonger en avant en un cul-de-sac
entre la capsule fibreuse et le col du fémur, presque jusqu'à la
ligne intertro-chantérienne; à partir de là, la synoviale se réfléchit, tapisse la face interne de la capsule orbiculaire et va se
fixer au pourtour de la cavité cotyloïde. En arrière, elle se prolonge également en un cul-de-sac demi-annulaire qui fait hernie
dans l'insufflation ou l'injection de l'articulation entre la cravate

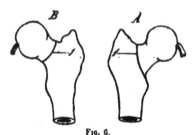

Fig. 6.

Fig. 6. — Schémas destinés à montrer l'insertion de la synoviale de la
hanche.
A, vue antérieure; B, vue postérieure; 1, ligne de réflexion de la
synoviale.

ligamenteuse de la capsule en cet endroit, et le col du fémur.
Les diagrammes A et B, figure 6, permettent d'apprécier facile-

ment le lieu de réflexion de la synoviale en avant et en arrière.
Au fond de l'acétabulum existe un paquet cellulo-adipeux.
Autour du ligament rond (*ligament fémoro-cotyloïdien*), il y
a une gaine celluleuse insufflable en partie et qui se perd dans
le tissu cellulo-graisseux précité ; cette gaine simule une sorte
d'enveloppe séreuse analogue à celle du tendon du biceps dans
l'articulation scapulo-humérale, mais, en réalité, il n'y a point
de synoviale pour le ligament rond, et rien ne permet d'accepter
une synoviale que l'on a pu décorer du nom de *synoviale coty-
loïdienne*.

On sait que le ligament capsulaire de l'articulation coxo-fémorale est très serré, car après avoir percé le fond de la cavité
cotyloïde, on ne peut guère écarter la tête du fémur de plus de
3 à 4 millimètres ; il s'ensuit que la synoviale qui double la
capsule fibreuse orbiculaire est elle-même loin d'être aussi
lâche que la synoviale de l'articulation de l'épaule. C'est que
l'articulation scapulo-humérale chez l'homme est faite pour la
mobilité, alors que l'articulation coxo-fémorale est essentiellement construite pour la solidité.

La capacité de l'articulation coxo-fémorale égale environ
36 à 40 centimètres cubes, et la synoviale n'émet, en règle
générale, aucun prolongement extra-capsulaire.

2° Bourses séreuses péri-articulaires.

Les bourses séreuses vésiculaires sont nombreuses autour de
la hanche, et la plupart ne sont même pas mentionnées dans nos
livres classiques d'anatomie, ou le sont d'une façon tellement
insuffisante ou contradictoire que le lecteur est dans l'impossibilité de s'en faire une idée nette et précise. La meilleure
description qui en ait encore été faite, se trouve dans le livre
d'Arthrologie de Morris (*Anatomy of the Joints*, p. 334). De ces
bourses, les unes sont *constantes*, les autres *inconstantes*.

Bourses constantes. Ce sont : 1° bourse du psoas (19, fig. 7) ;
2° bourse du pectiné (13, fig. 7) ; 3° bourse du grand fessier
(9, fig. 7) ; 4° bourse du pyramidal (8', fig. 8) ; 5° bourses (2) de
l'obturateur interne (10. fig. 8).

Bourses inconstantes. Ce sont : 1° Bourse du moyen fessier
(9, fig. 8) ; 2° bourse du petit fessier (7, fig. 8) ; 3° bourse du
carré-crural (18, fig. 8) ; bourse du biceps et du demi-mem-

braneux (17, fig. 8); 5° bourse du tendon du psoas (14, fig. 7).

La plus importante et la plus vaste des bourses constantes est sans contredit la *bourse du psoas* (19 fig. 7). Cette bourse qui, insufflée, atteint le volume d'une noix et même d'un petit œuf

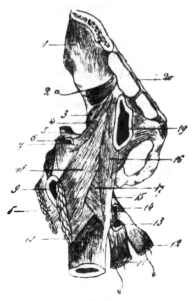

FIG. 7.

FIG. 7. — *Bourses séreuses de l'articulation coxo-fémorale.*
Vue antérieure (région antérieure).
1, fosse iliaque externe ; 2, droit antérieur ; 3, son tendon réfléchi ; 4, ligament ilio-fémoral supérieur ; 5, tendon du petit fessier ; 6, du moyen fessier ; 7, bourse séreuse interposée entre les tendons de ces deux muscles ; 8, grand fessier ; 9, sa bourse séreuse, placée entre lui et le grand trochanter du fémur ; 10, vaste externe ; 11, pectiné érigné et tiré en bas ; 12, tendon du psoas également érigné ; 13, bourse séreuse interposée entre les tendons de ces deux muscles ; 14, bourse séreuse du tendon du psoas à son insertion au petit trochanter ; 15, ligament de Bertin ; 16, ligament iléo-fémoral antérieur (lig. de Bigelow) ; 17, fibres arciformes de la capsule ; 18, fibres pubiennes de la capsule (lig. pubio-fémoral) ; 19, ligament de Fallope.

de poule, est placée en avant et un peu en dedans du ligament de Bertin. Elle commence au bord antérieur et supérieur du bassin et descend sur l'articulation dans une étendue de 6 à 7 centimètres, placée entre la capsule fibreuse, très mince à ce niveau, et la face profonde du muscle psoas-iliaque.

Elle est donc là pour permettre les faciles glissements de ce muscle sur l'appareil ligamenteux de l'articulation coxo-fémorale, et en particulier et indirectement sur la tête du fémur. A

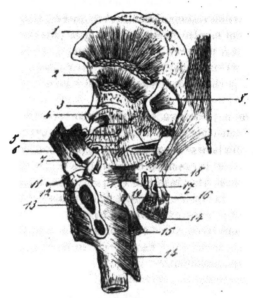

Fig. 8.

Fig. 8. — *Bourses séreuses de la hanche* (région postérieure).

1, moyen fessier; 2, petit fessier; 3, tendon réfléchi du droit antérieur; 4, tendon direct; 5 et 6, petit et moyen fessiers à leurs
insertions trochantériennes; 7, bourse séreuse qui leur est interposée (inconstante); 8, 8, pyramidal; 88, sa bourse séreuse; 9,
bourse du petit fessier (inconstante); 10, bourse de l'obturateur
interne à son insertion; 10, sa bourse digitiforme; 11, l'obtura-
ateur et les jumeaux érignés et tirés en dehors; 12, grand fessier;
13, sa bourse bilobée; 14, 14, grand adducteur; 15, tendon du
psoas renversé; 16, tendons réunis des demi-tendineux et biceps;
17, bourse interposée entre ces tendons et celui du demi-membraneux (19); 18, bourse séreuse placée entre le demi-membraneux (19) et le carré crural (20).

peine le psoas a-t-il franchi le détroit supérieur, qu'il est accompagné par cette bourse qui commence avec la sortie de ce

muscle du bassin et sa réflexion sur le bord antérieur de l'os coxal.

Dans certains cas, cette bourse communique avec la synoviale de l'articulation coxo-fémorale, disposition dont on comprend aussitôt toute l'importance en clinique et en chirurgie opératoire. Mais il ne faut cependant pas dire avec Richet et Morris que cette communication est fréquente, car nos recherches nous ont montré qu'elle existe tout au plus une fois sur dix sujets. C'est à peu près la proportion qui a été indiquée par Zoja (une fois sur neuf). Cette bourse est épaisse, bien limitée et existe déjà chez le nouveau-né à l'état bien indépendant et autonome.

Le psoas possède une seconde bourse séreuse (14, fig. 7) petite et inconstante, situé à son insertion au petit trochanter.

Cette petite bourse est placée à la partie supérieure du petit trochanter, dans la concavité d'une sorte de cuiller formée par le tendon du psoas à son insertion et une expansion aponévrotique qu'il envoie à la capsule fibreuse de l'articulation (18, fig. 2).

La *bourse séreuse du grand fessier* (12, fig. 8) placée entre lui et le grand trochanter, est énorme. Elle est souvent subdivisée par une bride ou deux en deux ou trois bourses secondaires intercommunicantes (fig. 8).

La *bourse du moyen fessier* (7, fig. 8) est située entre son tendon et celui du petit fessier tout près de leurs insertions au grand trochanter; elle est de la grosseur d'une aveline et n'existe pas toujours. *Celle du petit fessier* (9, fig. 8) est placée entre son tendon d'insertion et le bord supérieur du grand trochanter; pour la découvrir, il faut sectionner l'expansion que le petit fessier envoie à la capsule fibreuse de l'articulation coxo-fémorale.

Sous l'obturateur interne (10, fig. 8), entre lui et la fosse iliaque externe, nous trouvons deux bourses séreuses. La première en doïgt de gant parallèle au muscle, longue de cinq à six centimètres, commence à la racine de l'épine sciatique, là où le muscle obturateur interne contourne et se réfléchit sur cette épine; la seconde, grosse comme un pois, sphérique, correspond à l'insertion de l'obturateur dans la cavité digitale du fémur.

La *bourse du pyramidal*, peu volumineuse, est placée sous son tendon d'insertion au fémur.

La *bourse du pectiné* (13, fig. 7) placée entre le tendon de ce muscle et le petit trochanter doublé des fibres d'insertion du tendon du psoas, ne fait jamais défaut. Elle a le volume d'une grosse noisette et favorise considérablement les mouvements pendant lesquels le petit trochanter tourne pour ainsi dire en se frayant un chemin dans la masse des adducteurs.

Quant aux *bourses de l'ischion*, une seule nous a paru bien constante, c'est celle qui existe entre l'insertion du carré fémoral à l'ischion et le tendon du demi-membraneux. Une petite bourse existe chez certains sujets entre les tendons réunis du demi-tendineux et du biceps et le tendon plus profond et plus externe du demi-membraneux (17, fig. 8).

VIII

BOURSES SÉREUSES TENDINEUSES DU GENOU.

On a divisé les bourses du genou en *bourses de la région postérieure ou poplitée, bourses de la région antérieure,* et *bourses des régions externe et interne.*

Dans la région poplitée interne, nous trouverions, d'après P. Poirier, professeur agrégé et chef des travaux anatomiques à la Faculté de médecine de Paris, trois bourses étagées de haut en bas dans l'ordre suivant : bourse sus-condylienne, bourse rétro-condylienne, bourse sous-condylienne (voyez fig. 9, 10, 11 et 12).

La *bourse sus-condylienne*, toujours d'après Poirier, serait placée dans la fosse sus-condylienne, dépression située au-dessus du condyle interne et coiffée de toutes parts par les insertions du jumeau interne (voir : POIRIER, *Arch. gén. de Méd.*, 1886); elle communiquerait souvent avec la synoviale ou bien sa surface serait hérissée de procès synoviaux. Nous n'avons pas retrouvé cette bourse séreuse ; nous avons vu la synoviale former constamment un cul-de-sac en nid de pigeon au-dessus de l'encroûtement cartilagineux du condyle, cul-de-sac recouvert de la coque fibreuse condylienne et s'insinuant jusque sous les faisceaux tendineux d'insertion du jumeau jusque dans la fosse sus-condylienne; mais jamais nous n'avons rencontré de bourse séreuse close dans cette fosse. Quant aux procès synoviaux qui occupent les interstices des faisceaux tendineux d'insertion du

jumeau, faisant même hernie à travers ces orifices jusque dans
l'excavation poplitée, ils ne sont pas constants ; ce qui est constant, ce sont de petits pelotons adipeux nombreux passant de la
graisse poplitée entre les deux branches du tendon que forme
l'insertion du muscle et venant doubler le cul-de-sac synovial
sus-condylien situé à ce niveau dans l'angle de bifurcation du
tendon. Ces pelotons adipeux, pour traverser la tente tendineuse
du jumeau, nous ont paru suivre une voie constante, celle four-
nie par de petits vaisseaux partant du creux poplité et allant à
l'articulation (fig. 9, 9 et 10 et fig. 10, 8,8).

La *bourse rétro-condylienne* est bien constituée sur le type

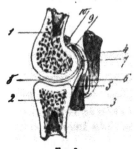

Fig. 9.

Fig. 9. — Coupe antéro-postérieure et verticale de l'articulation du
genou, passant par le condyle interne du fémur et le plateau interne
du tibia.
1, fémur ; 2, tibia ; 3, jumeau interne ; 4, tendon du demi-membraneux ; 5, capsule fibreuse ; 6, bourse du demi-membraneux ; 7,
bourse du jumeau (entre le jumeau et la capsule) ; 8, synoviale
du genou ; 9, petit cul-de-sac sus-condylien de la synoviale (sous-
capsulaire) ; 10, peloton adipeux sus-condylien, dit procès synoviaux par Poirier.

décrit par Poirier ; pour son étude, nous ne pouvons mieux
faire que de renvoyer au mémoire de notre distingué collègue ;
nous nous contenterons de résumer sa description. Elle se compose de deux bourses superposées, séparées chez l'enfant,
réunies chez l'adulte, mais dont l'indice de séparation primitive
persiste chez ce dernier sous forme d'un véritable diaphragme.

La *bourse inférieure* se trouve entre la face profonde du
jumeau interne et la coque condylienne ; la bourse inférieure,
bourse commune au jumeau et au demi membraneux, est verti-

calement placée entre ces deux muscles. Elle empiète sur la face
supérieure du tendon de jumeau qu'elle suit en doigt de gant sur
une étendue variable ; elle se prolonge aussi sous la face inférieure de ce tendon et l'accompagne jusqu'à la coque condylienne ; en somme, elle est à cheval sur le bord interne du
tendon du jumeau. Elle est très volumineuse, et nous l'avons vue

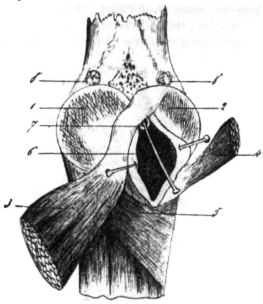

Fig. 10.

Fig. 10. — Bourse du jumeau interne et du muscle demi-membraneux.

    1, condyle externe du fémur ; 2, condyle interne ; 3, muscle jumeau
    interne érigné et porté en dehors; 4, muscle demi-membraneux
    érigné et porté en dehors ; 5, muscle poplité ; 6, bourse séreuse du
    jumeau et du demi-membraneux se prolongeant au-dessous du
    tendon du jumeau en un petit cul-de-sac qui communique avec la
    grande bourse par un diaphragme ; une épingle est engagée dans
    ce diaphragme (en 7) et glisse dans le cul-de-sac précité sous le
    tendon du jumeau ; 8, 8, petits pelotons adipeux sus-condyliens
    (bourses séreuses et procès synoviaux de Poirier).

acquérir par l'insufflation les dimensions d'un œuf de poule
(fig. 9, 7).

    C'est précisément au niveau du bord interne du tendon du

jumeau, au moment où elle s'engage sous sa face inférieure, que cette bourse communique largement et se fusionne avec la bourse rétro-condylienne supérieure ; c'est à ce niveau aussi qu'on voit le diaphragme plus ou moins large qui marque la séparation primitive des deux bourses. Cette bourse communique rarement avec la synoviale du genou chez les sujets adultes, et non pas toujours, comme le dit Panas (*Dict. de Méd. et de Chir. prat.*, t. XVI, p. 11, 1872), jamais chez les jeunes sujets ; nos recherches sur ce point confirment pleinement celles de Poirier.

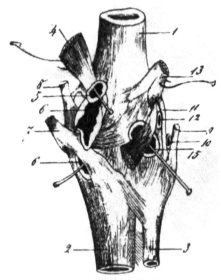

FIG. 11.

FIG. 11. — Bourses séreuses de la région postérieure du genou (creux poplité).

1, fémur ; 2, tibia ; 3, péroné ; 4, muscle jumeau interne ; 5, bourse séreuse du tendon de ce muscle communiquant par une ouverture en diaphragme avec 6, 6, la bourse du demi membraneux ; 7, tendon du demi-membraneux ; 8, tendon du droit interne ; 9, tendon du biceps ; 10, sa bourse séreuse ; 11, ligament latéral externe avec 12, sa bourse séreuse, ordinairement non indépendante mais à l'état de simple prolongement du cul-de-sac du poplité, 14 ; 13, tendon du jumeau externe ; 14, tendon du poplité.

Comme lui, nous avons vu la communication avec la synoviale se faire par une fente de la capsule fibreuse du condyle située au

niveau du point où le jumeau perfore cette coque; parfois il y a
sur la coque condylienne une véritable perte de substance,
comme si elle avait été usée à ce niveau ; nous avons vu trois
fois cette perte de substance acquérir la forme et le volume
d'une pièce de cinquante centimes.

La *bourse sous-condylienne* est une véritable gaine séreuse
accompagnant le tendon réfléchi du demi membraneux, entourant complètement le tendon, le séparant en dedans du condyle
tibial interne ; en dehors de la face profonde du ligament latéral
interne, il existe aussi, mais pas constamment, un petit appendice de cette bourse sous le tendon direct du muscle.

Les *bourses de la région poplitée externe* sont divisées en
trois groupes, comme les internes. Elles seront vite décrites,
car leur description se résume en celle de la sous-condylienne.
Nous n'avons jamais vu de bourse sus-condylienne externe; ici
encore on voit la synoviale former un diverticule en nid de pigeon,
en dessous des insertions du jumeau externe. En dehors et

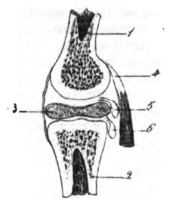

Fig. 12.

Fig. 15. — Coupe antéro-postérieure et verticale de l'articulation du
genou, passant par le condyle externe du fémur et le plateau externe
du tibia.
    1, fémur; 2, tibia; 3, coupe du ménisque externe ; 4, tendon du
poplité ; 5, cul-de-sac de la synoviale sus-méniscoïde ; 6, cul-de-sac
sous-méniscoïde.

au-dessus de l'encroutement cartilagineux du condyle, dans la
fosse sus-condylienne externe, nous trouvons, comme à la par-

tie interne, de petits pelotons adipeux accompagnés ou non de procès synoviaux et passant de l'excavation poplitée dans l'articulation à travers les interstices du toit tendineux formé par le jumeau externe; ces pelotons suivent de petits vaisseaux.

Jamais nous n'avons vu de *bourse rétro-condylienne* sous le jumeau externe.

La *bourse sous-condylienne externe* est représentée par le *prolongement poplité de la synoviale du genou*. Ce prolongement est parfois remplacé par une bourse indépendante de l'articulation, mais le fait est très rare : sur une centaine de genoux, nous l'avons trouvé une fois seulement.

Il est une particularité intéressante de ce prolongement poplité que les auteurs n'ont pas notée et que nous avons constamment relevée. Ainsi qu'on le sait, la synoviale du genou arrivée sur le tibia se comporte de la façon suivante : elle tapisse la face supérieure des ménisques, puis passe à leur centre et vient recouvrir la face inférieure de ces ménisques et le plateau tibial. La face supérieure du condyle tibial interne est seule revêtue de cartilage, la partie postérieure, le rebord postérieur de ce condyle n'offre pas de revêtement cartilagineux ; la partie postérieure du condyle externe au contraire est élargie, excavée et recouverte d'une couche de cartilage qui continue en arrière le revêtement cartilagineux de la face articulaire de ce condyle. C'est à ce niveau, en effet, que glisse le tendon du poplité, sur cette gouttière taillée sur la partie postérieure de la tubérosité externe du tibia, et complétée par une surface contiguë et analogue située sur la partie postérieure de la tète du péroné. Or, la synoviale invaginée en dessous du ménisque inter-articulaire externe dépasse en arrière ce ménisque et vient tapisser cette gouttière poplitée creusée sur le rebord postérieur du condyle externe ; c'est ce prolongement synovial qui forme la bourse poplitée (fig. 12 et 13), et, comme on le voit, *ce cul-de-sac provient de la portion de synoviale invaginée sous le ménisque et débordant en arrière le pourtour du condyle tibial externe.* Ce détail est facile à voir ; en crevant la bourse poplitée, on arrive directement sous le ménisque externe.

Parfois on observe une autre particularité que nous avons relevée chez un chien et sur six sujets humains. Il peut arriver, quand la synoviale a été fortement distendue par l'injection qu'on rencontre deux culs-de-sac synoviaux superposés sous le poplité.

Immédiatement sous le tendon du muscle relevé en haut, se trouve un cul-de-sac formé celui-là par la portion de synoviale

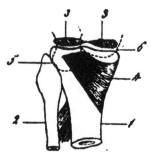

FIG. 13.

FIG. 13, destinée à montrer le cul-de-sac synovial du poplité ; vue postérieure.

1, tibia ; 2, péroné ; 3, 3, ménisques de l'articulation du genou (fibro-cartilages semi-lunaires) ; 4, muscle poplité ; 5, diverticule de la synoviale (en pointillé) qui passe sous le ménisque externe et descend vers l'articulation péronéo-tibiale supérieure. Une fois sur dix, ce diverticule communique avec la synoviale de l'articulation tibio-péronière ; 6, synoviale sur le plateau externe (face postérieure) du tibia.

située au-dessous du ménisque qui, distendue, et peut-être plus lâche que normalement, a fait hernie au niveau de l'interligne, a débordé ce niveau et est venue se placer sous le tendon poplité, recouvrant et masquant le cul-de-sac sous-jacent formé par la portion de synoviale située entre le ménisque et le plateau tibial, et formant le véritable prolongement poplité (fig. 12).

Enfin, dans certains cas, et sous le cul-de-sac synovial poplité, on trouve une bourse séreuse close décrite par le professeur Sappey.

Pour en finir avec la région postérieure du genou, disons que nous avons trouvé deux fois une bourse séreuse très nette et non décrite ; elle siégeait dans l'échancrure condylienne, entre le condyle interne et l'artère poplitée, recouverte en partie et du côté interne par le muscle jumeau interne ; elle était très exactement limitée, volumineuse (gros œuf de pigeon), à surface interne

très lisse et cloisonnée par quelques travées extrêmement délicates.

Les bourses tendineuses de la *région antérieure* sont cons-

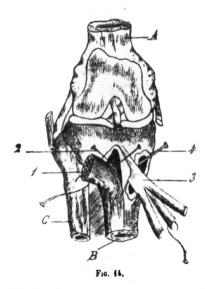

Fig. 14.

Fig. 14. — Articulation du genou ouverte et vue en avant.
   A, fémur ; B, tibia ; 1, tendon rotulien (ligament *patellæ*) ; 2, bourse
   séreuse prétibiale ; 3, tendon de la patte d'oie avec 4, sa bourse
   séreuse.

tituées par les *bourses prérotuliennes moyenne et profonde*,
la *bourse du ligament rotulien* et la *bourse sous-tricipitale*.

La *bourse prérotulienne moyenne* se trouve entre le fascia
externe en avant de l'expansion fibreuse des vastes externe et
interne recouvrant la rotule en arrière ; la *bourse prérotulienne profonde*, très inconstante, est située entre l'expansion
précédente et celle, plus profonde du droit antérieur, qui recouvre
immédiatement la rotule en allant se continuer en bas avec les
fibres les plus superficielles du ligament rotulien[1].

La *bourse sous-tricipitale* (fig. 15), située entre le triceps et

---

[1] Depuis que ces lignes ont été écrites (le présent mémoire a été remis à
M. le professeur Pouchet en avril 1887), MM. Poirier et Hartmann ont, à nouveau appelé l'attention sur ces bourses séreuses à propos d'une communication sur le *Quadriceps crural*. (*Bull de la Soc. anatomique*, p. 196 et 318.
Fév., mars, 1888).

le prolongement tricipital de la synoviale du genou, nous a presque toujours apparu communiquant avec le cul-de-sac tricipital, et il nous semble former un simple appendice de ce cul-de-sac séparé de lui par un étranglement toujours très net. On sait, en effet, que ce cul-de-sac péut s'isoler de la synoviale chez certains sujets et donner lieu à une véritable bourse séreuse indépendante (voy. plus loin).

La *bourse du ligament rotulien* se trouve entre l'insertion

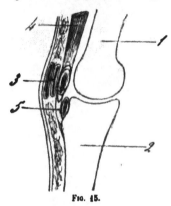

Fig. 15.

Fig. 15. — Coupe diagrammatique de l'articulation du genou pour montrer la bourse anomale prérotulienne double, 3.

du ligament et le tibia (bourse prétibiale). Nous l'avons toujours trouvée indépendante (fig. 15 et 16).

Les bourses de la région interne comprennent d'abord celles de la patte d'oie : grosse bourse du volume d'un petit œuf de poule, ordinairement simple, mais parfois bi ou triloculaire, placée sous les tendons réunis des droits interne, demi-tendineux et couturier (fig. 14, 4), dont elle favorise les glissements sur la face interne de l'extrémité supérieure du tibia. — Appartiennent encore à la région interne, les *bourses du ligament latéral interne* décrites par notre savant collègue Poirier et que nous avons retrouvées : la supérieure se trouve entre le ligament et le condyle fémoral interne ; l'inférieure entre le ligament et la tubérosité interne du tibia.

Les *bourses de la région externe* cemprennent :

1° La *bourse du biceps.* Elle est placée entre le tendon du biceps et le ligament latéral externe (fig. 11, 10) ;

¶ 2° La *bourse du ligament latéral externe* (fig. 11, 12). A l'inverse des auteurs (Morris, Poirier) qui admettent son indé-

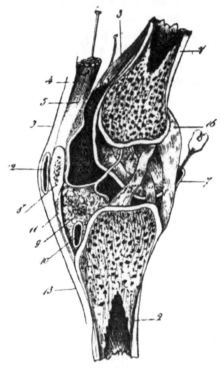

Fig. 16.

Fig. 16. — Coupe antéro-postérieure et verticale de l'articulation du genou.

1, fémur ; 2, tibia ; 3, muscle sous-crural (tenseur de la synoviale) ; 4, triceps crural ; 5, cul-de-sac sous-tricipital de la synoviale, parfois isolé en bourse distincte ; 6, cavité de la synoviale avec 7, son diverticulum extra-articu'aire pour le poplité (cul-de-sac du muscle poplité) ; 8, rotule ; 9, ligament rotulien ; 10, bourse séreuse prótibiale ; 11, tissu adipeux rétro-rotulien formant coussinet dans les mouvements, et duquel part et se dirige vers l'espace intercondylien le ligament muqueux ; 12, bourse pré-rotulienne ; 13, 13, peau ; 14, ligament croisé postérieur ; 15, ligament croisé antérieur ; 16, section de la capsule fibreuse.

pendance fréquente, nous croyons qu'elle n'est autre chose, la plupart du temps, qu'un cul-de-sac synovial entourant complètement en manchon le tendon du poplité au moment où il s'engage sous le ligament latéral externe ; l'injection au suif de l'articulation a toujours, dans nos recherches, enveloppé, engaîné complètement le tendon; et l'ouverture de la bourse située entre le tendon et le ligament a toujours ouvert la synoviale articulaire. Ce n'est que très exceptionnellement que nous l'avons trouvée indépendante.

Quant à la *synoviale de l'articulation du genou,* elle forme : 1° le *cul-de-sac sous-tricipital* qui a toujours la forme en bissac (3, fig. 10) et sur lequel vient s'insérer le muscle sous-crural (tenseur de la synoviale); la panse supérieure de ce cul-de-sac bilobé s'isole chez certains sujets sous forme de bourse séreuse indépendante sous-tricipitale; elle est isolée trente fois sur cent chez les enfants, dix-neuf fois pour cent chez l'adulte (SCHWARTZ, *Arch. de médecine,* 1880), et commencerait même par être toujours indépendante chez le fœtus d'après Amodru (*Thèse de Paris,* 1878). — 2° Le *cul-de-sac du poplité* (fig. 11, 15), qui peut descendre assez bas pour aller communiquer avec l'articulation péronéo-tibiale supérieure, à peu près une fois sur dix, comme l'a dit Lenoir. — Le terme de bourse séreuse du poplité est donc impropre, car ce n'est qu'exceptionnellement que cette bourse est indépendante. Pour notre compte, nous n'avons rencontré cette bourse séreuse indépendante qu'une fois sur les très nombreuses pièces que nous avons disséquées pendant les hivers de. 1885 et 1886 avec notre collaborateur Rochet.

IX

COU-DE-PIED.

La *synoviale tibio-tarsienne* s'insère à la limite des surfaces articulaires. C'est dire qu'elle descend jusqu'au col de l'astragale en avant et plus bas en dehors (sous la malléole péronière) qu'en dedans (sous la malléole tibiale). En dehors et en haut, elle envoie un prolongement de 10 à 12 millimètres d'étendue qui s'enfonce entre les surfaces (moitié inférieure) de l'articulation tibio-péronière inférieure à travers une lacune du ligament interosseux de cette articulation. — Cette synoviale, d'une capacité d'environ 20 centimètres cubes, communique très exceptionnellement avec les gaines des extenseurs ou des fléchisseurs,

mais plus souvent avec la synoviale de l'articulation astragalo-
calcanéenne postérieure.

Une seule *bourse séreuse vésiculaire* se remarque autour de
cette articulation, à part les bourses accidentelles sous-cutanées malléolaires ; c'est la *bourse du tendon d'Achille,* placée
entre ce tendon et la face postérieure du calcanéum. — Cette
bourse, du volume d'un œuf de moineau à celui d'un œuf de
pigeon, devient une véritable gaine tendineuse, épaisse et résistante, chez les carnassiers. Cette nouvelle disposition était
indispensable avec la forme du calcanéum et la disposition du
tendon d'Achille chez ces animaux. Résistance, puissance et
juste adaptation sont réunies dans ces dispositions anatomiques.

X

SUR QUELQUES HOMOLOGIES ENTRE L'ARTICULATION DE L'ÉPAULE ET L'ARTICULATION DE LA HANCHE

Qu'on me permette ici une courte digression sur l'homologie des articulations de l'épaule et de la hanche.

A l'épaule, il existe au côté interne un orifice sous-jacent au
bourrelet glénoïdien par où passent une artériole émanée de
la scapulaire inférieure et des filets nerveux des nerfs sous-
scapulaires. C'est la répétition et la représentation de l'orifice
cotyloïdien de l'articulation de la hanche.

L'articulation de l'épaule, outre sa capsule fibreuse, possède
des *ligaments de renforcement.* Les uns sont *extérieurs,* les
autres *intérieurs* ou intra-capsulaires. Aux premiers appartiennent le *ligament coraco-huméral superficiel* et le *ligament coraco-huméral profond.* — Dans son ensemble, ce
ligament rappelle le ligament de Bertin à l'articulation coxo-
fémorale. En réalité, il n'est qu'un reste ancestral du tendon
du petit pectoral, qui, parfois encore actuellement, envoie une
extension tendineuse qui se joint au ligament coraco-huméral
pour aller avec lui se jeter sur la capsule scapulo-humérale,
et de là à la grosse tubérosité de la tête de l'humérus. —
Sutton a rencontré normalement cette disposition sur le *Cebus
albifrons* et d'autres Singes.

A ce ligament extérieur de renforcement ordinaire peuvent anormalement s'en joindre d'autres.

Chez l'homme, une expansion fibreuse du petit pectoral se jette ordinairement sur la capsule orbiculaire de l'articulation de l'épaule. Eh bien, chez certains animaux, le lapin, les singes, le lion (Sabatier), le gorille (Auzoux), c'est tout le tendon du petit pectoral qui se jette sur la capsule, et cette disposition a été observée anormalement chez l'homme (A. de Souza, Macalister, Harrisson, Benson, Testut, etc.). Ce ligament de renforcement qu'on ne voit plus qu'à l'état de vestige dans les conditions ordinaires, ne serait donc qu'un débris du tendon du muscle petit pectoral type et originel. — Il en est encore de même du *tenseur de la capsule*, placé entre le grand et le petit pectoral et qui s'étend de la poignée du sternum et du cartilage de la première côte à la face externe de la capsule articulaire. — Ce tenseur, observé anomalement chez l'homme par Gantzer, Grüber, A. Ledouble et par moi-même ; par Macalister chez le Chimpanzé, est au même titre que le précédent un ancien muscle qui, autrefois, envoyait normalement son tendon à la capsule fibreuse de l'articulation scapulo-humérale (voyez A. Ledouble, *Les muscles péri-claviculaires surnuméraires*, « Rev. d'Anthrop. », p. 299, 1885). Le *muscle petit sous-scapulaire* de son côté n'est que l'autonomie des fibres axillaires du muscle sous-scapulaire qui vont s'insérer à part, sur la petite tubérosité de l'humérus et à la capsule.

A la hanche, les ligaments de renforcement analogues ne manquent pas. — Je me bornerai à citer l'expansion du droit antérieur de la cuisse, celle du petit fessier et le muscle anormal observé par Cruveillier, Winslow, Harrison, Ledouble, etc., sous le nom de *muscle iléo-capsulo-trochantérien,* faisceau du muscle psoas qui s'individualise et s'attache d'une part à l'épine iliaque antéro-inférieure et à la capsule orbiculaire, de l'autre au-dessous du petit trochanter.

Quant aux *ligaments intérieurs*, qu'on ne voit que sous forme de saillies plus ou moins cordiformes à la *face profonde* de la capsule fibreuse de l'articulation de l'épaule, je ne fais que rappeler leur nom. — Le premier, étendu du sommet de la cavité glénoïde à une petite dépression qui occupe ordinairement le col anatomique de la tête de l'humérus, forme le bord

supérieur de la boutonnière (foramen ovale de Weibrecht) par
laquelle passe, à travers la capsule, le tendon du sous-scapulaire. C'est le *ligament gléno-huméral supérieur* (coraco-brachial de Schlemm, sus-gléno-sus-huméral de Farabeuf), que
certains auteurs, Welcher entre autres (*Arch. für Anat.*, 1875-
1876-1878), ont considéré comme l'homologue du ligament

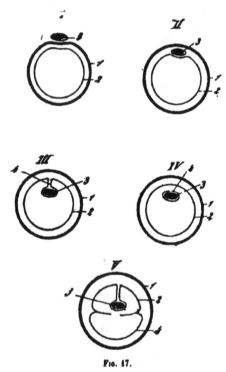

Fig. 17.

Fig. 17. — Diagrammes destinés à montrer la façon dont se comporte la
synoviale par rapport au tendon du biceps.

A, tendon seulement tapissé par la synoviale ; B, la synoviale forme
un méso-tendon ; C, le tendon est complètement entouré par la
synoviale. 1, 1, capsule fibreuse orbiculaire ; 2, 2, synoviale ; 3, 3,
tendon.

rond de la hanche. Sutton a poussé plus loin encore l'homologie.
Il considère le ligamléent gno-huméral comme un reste ancestral du tendon du muscle sous-clavier. En d'autres termes, ce
ne serait que le tendon disparu du muscle sous-clavier, tendon

qui va directement s'insérer à la tête de l'humérus chez un
amphibie, le menobranche (muscle épicoraco-huméral) et chez
les oiseaux, et que Walsham a anormalement rencontré chez
l'homme (J.-B. Sutton, *the nature of ligaments*, Jour. of Anat.
and Phys., 1883-84-85).

Le deuxième ligament intérieur accessoire porte le nom
de *ligament gléno-huméral moyen* (gléno-huméral interne
de Schemm, sus-gléno-pré-huméral de Farabeuf). Ce ligament constitue la lèvre inférieure ou interne du foramen
ovale et s'insère d'une part, à la partie supérieure et interne
du bourrelet glénoïdien en se confondant avec le précédent,
et d'autre part se fixe au-dessous de la petite tubérosité en
passant sous le tendon du muscle sous-scapulaire.

Le dernier est le ligament *gléno-huméral inférieur* (ligament large de Schlemm, pré-gléno-sous-huméral de Farabeuf)
—, large et faisant saillie à la façon d'un pilastre sur la face
interne de la capsule orbiculaire (voyez Schlemm, *Arch. d'Anat.
de J. Müller*, 1853 ; Farabeuf, *Soc. de Chirurgie*, 1885 ; P.
Reynier, *Journ. de l'Anat.*, 1887 ; Carpentier, *Thèse de Lille*,
1887).

Les analogues de ces ligaments à la hanche sont les ligaments ilio-fémoraux, ischio-fémoral, pubio-fémoral et le ligament en y de Bigelow.

Quant au ligament inter-articulaire, tendon de la longue
portion du biceps brachial, il devient bien l'homologue du liga
ment rond de l'articulation de la hanche, s'il est vrai que celui-
a la signification atavique d'un tendon de muscle, le tendon
du muscle pectiné suivant J.-B. Sutton.

Suivons maintenant la disposition du tendon du biceps dans
quelques-unes de ses étapes.

Chez le tapir, le cheval, l'hippopotame, l'échidné, la taupe, le
le tendon du biceps est situé en dehors de la capsule articulaire.

Chez d'autres animaux, et dans une même espèce, mais à
divers stades du développement fœtal, le même tendon entre à
des degrés divers dans l'articulation. Chez les chauves-souris,
les rongeurs, etc., le tendon se met en rapport avec la synoviale,
mais n'est pas entouré par elle, Chez le mouton nouveau-né,
il en est encore de même, mais chez le mouton adulte, il y a
un court méso-tendon (Welcher).

Chez l'embryon humain de 60 millimètres, la portion intra-articulaire du tendon du biceps est enveloppée d'un court méso-tendon ; sur celui de 80 millimètres, le tendon est complètement dégagé et libre. — En outre, et nous l'avons déjà dit, d'après Welcher, le tendon qui pénètre peu à peu dans l'articulation y amène en même temps sa bourse muqueuse qui se soude ultérieurement avec la synoviale articulaire (fig. 17).

Je ne veux pas entrer ici dans l'histoire de la signification morphologique du ligament rond de l'articulation coxo-fémorale, mais ne pouvant admettre avec les frères Weber qu'il serve dans la mécanique articulaire, car tant que la capsule articulaire est intacte, le ligament rond n'est jamais tendu dans les différents mouvements que l'on imprime à la jointure ; ne pouvant pas davantage admettre qu'il serve à étendre la synovie sur les surfaces articulaires (Welcher) ; qu'il soit un ligament d'arrêt qui s'oppose à ce que la tête du fémur vienne presser sur le fond de la cavité cotyloïde (Tillaux), ou bien que les deux ligaments ronds suspendent le bassin sur les fémurs (Savory) ; ne pouvant pas me résoudre à croire enfin, qu'un ligament aussi volumineux et aussi fort (il peut supporter chez beaucoup un poids de plus de 30 kilogrammes sans se rompre) que le ligament rond soit là uniquement pour servir de soutien aux vaisseaux et aux nerfs qui pénètrent dans l'articulation et à la tête du fémur (Henle, Sappey et autres), j'en arrive à conclure avec Sutton que le ligament rond de l'articulation coxo-fémorale a une signification atavique et, que c'est le reste du tendon d'un muscle pelvi-fémoral.

XI

APPLICATIONS PATHOLOGIQUES

L'étude que nous venons de faire des bourses séreuses vésiculaires tendineuses pourrait nous conduire à des déductions pratiques intéressantes pour le médecin ou le chirurgien.

On sait, en effet, que l'aï douloureux, la ténosite crépitante des gaines tendineuses, survient après la violence et le froid. — Les mouvements forcés, les luxations, les traumatismes peuvent avoir le même résultat, et produire également des épanchements séreux dans les gaines tendineuses. — Cela se

voit fréquemment au poignet, au cou-de-pied et ailleurs. Eh
bien, toutes ces affections des gaines tendineuses peuvent
frapper les bourses séreuses vésiculaires tendineuses et péri-
articulaires, et pour porter un diagnostic exact dans ces circonstances, il n'est peut-être pas inutile au chirurgien de
connaître exactement la topographie de ces bourses muqueuses.

D'autre part, nous avons rencontré quelquefois la communication entre l'articulation acromio-claviculaire et l'articulation de l'épaule par l'intermédiaire de la bourse séreuse sous-
coracoïdienne. C'est encore là une disposition qui a son intérêt
dans la pratique, et il en est de même de la communication
des bourses sous-deltoïdienne et sous-coracoïdienne avec l'articulation de l'épaule, communications que nous avons observées
trois fois. Il est vrai qu'il y avait altération velvétique, épaississement marqué de la capsule dans ces divers cas, mais
rien à l'extérieur n'annonçait l'arthrite sèche.

La communication ordinaire de la bourse séreuse du poplité, avec la synoviale de l'articulation du genou; les communications accidentelles des bourses du muscle psoas et du
demi-membraneux avec les cavités articulaires voisines sont
également intéressantes à retenir dans la pratique.

Dans deux cas, nous avons découvert une bourse séreuse
prérotulienne double (fig. 17). — Cette bourse est fréquemment atteinte d'hygroma, d'où l'intérêt que cette disposition
pourrait prendre dans diverses applications thérapeutiques.

Je pourrais m'étendre bien davantage sur l'intérêt pratique
des études du genre de celle que nous venons de faire, mais
je ne veux pas insister sur ce chapitre; je termine en rappelant qu'il est peut-être également bon que le médecin ait bien
présent à la mémoire l'existence des bourses séreuses péri-
articulaires lorsqu'il existe une affection rhumatismale, car le
mal, outre qu'il siège dans la séreuse et les tissus fibreux
articulaires, ne se localise certainement pas que là, mais
envahit aussi les bourses séreuses voisines.

L'AGE DES OISEAUX DE BASSE-COUR

Par M. Ch. CORNEVIN

Professeur à l'École vétérinaire de Lyon.

Depuis longtemps déjà, on s'est attaché à rechercher les moyens de connaître l'âge des grands animaux domestiques. Les fortes variations de valeur qu'il commande expliquent et justifient ces recherches qui ont complètement abouti. Les anciens eux-mêmes s'en étaient occupés; de notre temps, les travaux de J. et de N.-F. Girard sur ce point resteront classiques et serviront toujours de guide, en leur faisant subir quelques modifications nécessitées par nos acquisitions scientifiques récentes, relatives à l'influence de l'alimentation et de la précocité sur l'évolution dentaire.

Jusqu'à présent, on s'est peu occupé des moyens d'arriver à la connaissance de l'âge des oiseaux de basse-cour. Cette indifférence s'explique en partie par le faible intérêt qui s'attachait à l'élevage de la volaille dans l'économie générale de la ferme. Des amateurs et de rares agriculteurs possédaient quelques notions empiriques sur ce sujet, mais ni les zoologistes, ni les zootechnistes ne s'y étaient sérieusement arrêtés.

Assurément, il n'y a jamais puérilité à étudier un point quelconque d'histoire naturelle, si mince qu'il paraisse; on peut seulement discuter sur l'opportunité de le faire avant telle ou telle autre étude d'un intérêt scientifique ou pratique plus immédiat. Aujourd'hui le moment semble venu d'examiner celui dont on vient de parler et de combler une véritable lacune.

En effet, depuis quinze ans, la basse-cour a pris dans la

ferme une place importante et il est nécessaire que dans l'enseignement zootechnique on s'en occupe sérieusement. Plusieurs espèces d'oiseaux de basse-cour ont donné lieu à de nombreuses races et variétés, dont quelques-unes cotées fort cher, l'aviculture est entrée dans la voie scientifique, l'incubation artificielle est devenue un art raisonné et l'on perfectionne chaque année les appareils qui s'y rapportent, enfin les amateurs se disputent, l'or à la main, les sujets de races réputées et y mettent parfois des prix extraordinaires. Voilà bien des raisons pour commander l'étude de l'âge chez les oiseaux de basse-cour. Il en est encore une autre qui nous a décidé, c'est qu'on est venu à plusieurs reprises réclamer nos indications pour connaître l'âge de gallinacés de très grand prix dont on venait de faire l'acquisition. Il a fallu nous mettre en mesure de pouvoir répondre à ceux qui nous consultaient. Ce sont les premières recherches dans cette direction que nous allons exposer. Elles ont surtout porté sur l'espèce galline, dont la ferme d'application de l'École vétérinaire de Lyon possède une fort belle collection, très riche en races et variétés diverses. Cette espèce est d'ailleurs de beaucoup la plus répandue dans les basses-cours et celle qui passionne le plus les amateurs. On donnera néanmoins quelques indications sur la connaissance de l'âge du faisan, du dindon, de la pintade, du paon, du pigeon, de l'oie et du canard.

Dans les animaux domestiques supérieurs, ce sont les dents et les cornes qui fournissent les points de repère nécessaires à la connaissance de l'âge. Le moment et l'ordre d'apparition des dents de lait, leur usure, leur chute, leur remplacement par les dents permanentes, l'usure de celles-ci; la pousse annuelle des cornes et les cercles successifs qui résultent de cette croissance, telles sont les bases sur lesquelles on s'appuie.

On voit immédiatement que ce sont les organes dérivés de la somatopleure, peau, muqueuses ectodermiques et phanères qui fournissent les éléments de ce chronomètre. Or si les oiseaux manquent de dents, ils sont en revanche pourvus d'une peau qui présente une abondance et une diversité de phanères qu'on ne rencontre pas chez les mammifères, puisqu'on y voit le bec et ses appendices, les plumes, les griffes, les éperons, les écailles du tarse, etc.

A priori, on est amené à penser qu'il serait singulier qu'on ne trouvât pas là quelques organes capables de fournir les indications chronométriques réclamées. Non seulement ces phanères ont un grand développement, leur accroissement est facile à suivre, mais quelques-unes subissent des mues annuelles, et plusieurs sont colorées parfois d'une façon très brillante. Il semble donc que nous devions rencontrer sur les Oiseaux plus de points de repère que chez les mammifères, et, de fait, il y en a davantage. Mais je dois m'empresser de déclarer que nos connaissances sont encore si peu avancées sur plusieurs de ces points et notamment sur l'ordre d'apparition et la variation des couleurs et surtout les modifications des nuances et des tons d'une même nuance sous l'influence de l'âge, que nous ne sommes pas actuellement en mesure d'en tirer tout le parti qu'on en obtiendra probablement plus tard.

Si le développement et la consistance du bec des oiseaux donnent quelques indications utiles quoique non comparables à celles qu'apportent les dents des mammifères, il est un appendice qui en fournit de plus intéressantes et de plus utiles. Malgré un siège très différent, l'histologie commande de l'assimiler aux cornes des Ruminants. Comme elles, il est supporté par une cheville osseuse recouverte d'un étui corné qui s'accroît chaque année d'une certaine longueur; comme elles, sa longueur est variable suivant les races et sa présence contingente : c'est l'*éperon* ou *ergot*.

Je rappelle qu'on désigne sous ce nom une production fusiforme, placée au côté interne et postérieur du tarse, généralement vers les deux tiers inférieurs de sa hauteur. Elle n'est pas articulée avec lui et ne doit point être confondue avec un doigt, ni lui être assimilée. Lorsqu'elle existe dans une espèce, elle se présente chez le mâle; la femelle n'en est qu'accidentellement pourvue, tout au moins pendant sa vie sexuelle, car lorsque celle-ci est terminée, elle en prend fréquemment. Nous voyons d'ailleurs certaines femelles de mammifères, la biche notamment, dont la tête, dépourvue de bois pendant leur vie de reproduction, s'en charge quand la stérilité est arrivée comme conséquence de l'âge.

En dehors de l'anatomie générale, il est des faits empruntés à l'ornithologie pure, qui justifient l'assimilation que nous établissons. Les gallinacés porteurs d'une véritable corne céphalique, telles que les Pintades ordinaires, n'ont pas d'éperon, tandis que la Pintade vulturine ou Pintade de Madagascar qui n'a pas de corne sur la tête, présente à chaque tarse trois tubérosités, qui sont des éperons rudimentaires. Je pourrais citer d'autres exemples à l'appui.

Les Gallinacés à tarse nu ont des éperons plus ou moins longs, ceux dont la patte est emplumée n'en présentent pas ou en présentent de moins développés que leurs congénères d'une race voisine à tarse sans plumes. Le groupe des Tétras ou Coqs de Bruyère est un exemple du premier cas, le Coq de race indo-chinoise en est un du second.

De même que sur la tête de nos moutons, on ne rencontre généralement qu'une paire de cornes, dans la majorité des espèces gallines, on ne trouve qu'une paire d'éperons, placés l'un à chaque tarse, modestes ou très développés suivant les sortes. De même aussi qu'il est des races ovines à quatre et même à six cornes, on rencontre des gallinacés possédant deux, quatre et même six éperons à chaque patte. Le *Francolinus clappertoni,* de la Haute-Égypte, est un exemple du premier cas, l'*Hepburnia spadicea*, de Sumatra, en offre un du second, car il a quatre éperons accolés deux à deux sur chaque patte, quelquefois séparés et disséminés. Ainsi les éperons, non seulement par la variabilité de leur nombre, ressemblent aux cornes, mais encore comme elles, quand leur nombre est supérieur à deux, tantôt ils sont séparés et distincts dès la base, tantôt ils sont accolés et ne se séparent qu'un peu plus haut. Leur assimilation aux cornes et particulièrement à celles du mouton est donc justifiée.

Faciles à constater sur les Perdrix et particulièrement sur la Perdrix de Chine, les Faisans, le Lophophore, l'Euplocanus myctemerus, le Tragopaon du Nepaul, les Francolins, dans la présente étude, ils vont être particulièrement examinés sur le Coq domestique.

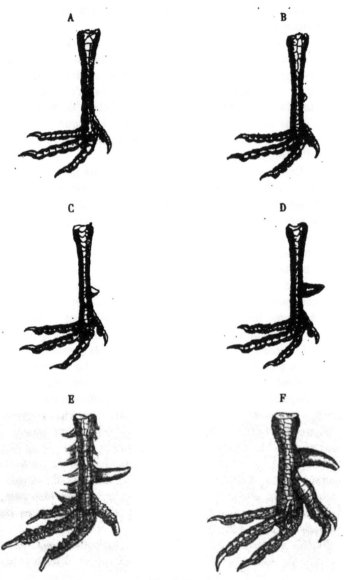

Planche I.

A. Patte de Coq âgé de 3 mois. — B. Patte de Coq âgé de 5 mois. — C. Patte de Coq âgé de 7 mois. — D. Patte de Coq âgé de 1 an. — E. Patte de Coq, race Cochinchinoise, âgé de 3 ans. — F. Patte de Coq, race de Houdan, âgé de 2 ans.

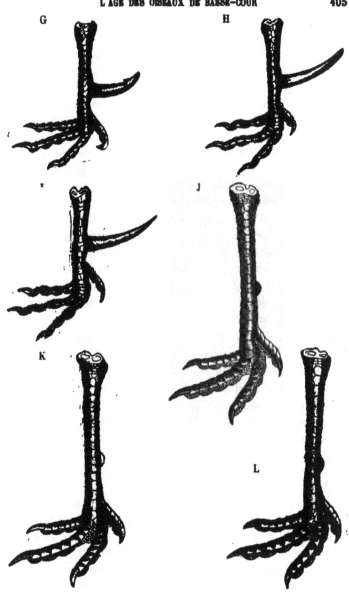

Planche II.

G. Patte de Coq, de race Bressane, âgé de 3 ans. — H. Patte de Coq âgé de 4 ans. — I. Patte de Coq âgé de 5 ans. (L'éperon a été *fait*.)
J. Patte de Dindon âgé de 1 an. — K. Patte de Dindon âgé de 2 ans.
L. Patte de Dindon âgé de 3 ans.

Coq. — Le *Gallus Bankiva*, des forêts de l'Asie centrale, regardé comme la forme ancestrale de notre Coq domestique, présente un éperon bien développé et tout à fait comparable à celui des sujets de nos fermes. Il en est de même du *Gallus Sonneratti,* de l'Inde.

Les races imprimant à l'éperon quelques modifications qu'on indiquera tout à l'heure, il faut d'abord l'examiner sur le Coq de la race commune pris comme type.

Jusqu'à l'âge de quatre mois et demi, le poulet ne montre pas d'éperon au tarse; on voit pourtant à la place qu'il occupera ultérieurement une écaille tarsienne plus large que les autres ; sous cette écaille apparaîtra la production en cause.

De quatre mois et demi à cinq mois, un soulèvement de l'écaille précitée et des voisines se produit, et une légère protubérance apparaît avec une petite pointe au centre (voyez fig. B).

A sept mois, l'éperon a environ 3 millimètres de long (fig. C).

A un an, il a 15 millimètres et il est tout droit (fig. D).

A deux ans, il a de 25 à 27 millimètres et il se recourbe en bas ou en haut (fig. F).

A trois ans, il a de 36 à 38 millimètres et il est manifestement arqué, le plus souvent la pointe en haut (fig. G).

A quatre ans, la longueur est de 50 à 54 millimètres (fig. H).

A cinq ans, elle est de 62 à 65 millimètres environ.

Les investigations n'ont pas été poussées plus loin. Il y a des probabilités pour penser que l'éperon s'accroît toute la vie de l'animal, à la façon des cornes. J'en ai vu d'extrêmement longs, mais il m'est impossible de rien affirmer sur ce point, ni d'indiquer le quantum de croissance annuelle après les âges précités.

On voit que c'est du moment de son apparition à un an que la pousse de l'éperon est la plus active, puisqu'à cette période il s'accroît de plus de 2 millimètres par mois. A partir d'un an, l'accroissement annuel est de 10 à 12 millimètres.

Il peut se produire sur cet appendice, comme sur la corne des Ruminants, des sillons qui indiquent la pousse annuelle, mais ces sillons ne m'ont pas paru constants.

Le type étudié, voyons les variations. L'espèce galline est

extrêmement malléable, rien d'étonnant à ce que l'on rencontre des différences du côté de l'éperon. Elles portent sur la hauteur à laquelle il est placé, sa longueur et sa direction.

Sur les races à cinq doigts, tels que la Houdon et la Dorking, il est situé un peu plus haut que dans les races et variétés à quatre doigts seulement. Dans celles-ci, il y a bien encore quelques différences qui tiennent au point de naissance du doigt postérieur qui n'est pas fixe non plus, mais ces différences sont de peu d'importance.

Les variations de longueur sont plus intéressantes, surtout au point de vue pratique. Les races à tarses et doigts emplumés, telles que la Cochinchinoise, la Brahma-Pootra, ont toujours les éperons moins longs que les races à tarses et doigts nus, je l'ai déjà dit. A deux ans, ces appendices n'ont guère que 20 millimètres, et 25 à 27 à trois ans (fig. E). D'autre part, les races naines, Bentam, Nangasaki, etc., ont des éperons plus petits encore, ils sont avortés, consistent seulement en une petite aiguille et ne me semblent pas propres à fournir une indication quelconque sur l'âge.

· Dans la majorité des cas, l'éperon est incurvé de telle sorte que la pointe regarde en haut. Quelques races ont l'éperon tout droit ou même incurvé par en bas, la Houdan en fournit d'assez nombreux spécimens.

Il a été dit tout à l'heure que la poule ne présente pas d'éperons; il ne manque pas d'exceptions à cette règle et au moment où j'écris, j'ai sous les yeux une magnifique hollandaise âgée de trois ans, excellente pondeuse, qui en porte deux fort développés. J'ajouterai qu'il est des sujets, mâles ou vieilles femelles, mais c'est généralement parmi ces dernières que le fait se constate, qui n'ont qu'un seul éperon. Je n'ai jamais constaté l'inverse, c'est-à-dire la présence de plusieurs éperons sur chaque patte de notre coq domestique, rien en un mot qui rappelât la disposition que présentent la Pintade vulturine, le Francolin d'Égypte, l'Hepleurnia ou l'Eperonnier.

La neutralisation sexuelle a une influence marquée sur la pousse de l'ergot. On a remarqué que chez le jeune bélier, cette opération entrave le développement des cornes, tandis qu'elle l'active sur le taurillon. Sur le coq, le chaponnage arrête

la pousse de cet appendice; de ce côté, les effets de la castra-
tion, dans l'espèce galline, sont donc à comparer à ceux
produits sur le bélier et non sur le taureau. C'est un nouvel
argument en faveur du rapprochement établi par nous entre
l'éperon du coq et la corne des ovidés.

Si l'éperon, par sa longueur et la présence de sillons à sa
surface, est indicateur de l'âge, on comprend que le commerce
des volailles de races précieuses se soit ingénié à faire disparaître ces indications; on raccourcit l'éperon, on le lime, on le
polit au papier de verre, en un mot on agit sur lui comme
agissent les maquignons peu scrupuleux sur les cornes des
bêtes bovines pour les rajeunir et les ramener en apparence à
l'âge où elles ont leur maximum de valeur. C'est d'ailleurs une
fraude, qu'avec un peu d'habitude, on reconnaît sans trop de
difficultés; l'éperon qui a été *fait* est plus effilé que celui qui
n'a point été touché, proportionnellement à la grosseur de sa
base, il est plus aigu que le serait un éperon naturel ayant sa
longueur (fig. I).

Dindon. — Le Dindon domestique ne possède qu'un éperon
rudimentaire, qui apparaît dans le cours de la première année
et n'augmente pas d'une façon sensible les années suivantes
(V. fig. J, K, L.). Aussi ne peut-il être d'aucune utilité pour la
connaissance de l'âge. Les représentants sauvages de l'espèce
ont cet appendice plus développé (le dindon ocellé du Honduras,
par exemple, est très bien éperonné) et on pourrait probablement y recourir avec profit. Remarquons en passant que la
domestication a réduit sur le même animal une autre phanère,
la touffe pectorale de crins du mâle et l'a fait disparaître complètement sur la femelle.

Quoi qu'il en soit, on n'est pas dépourvu de repères chronométriques. Il faut imiter les chasseurs qui, pour la perdrix
grise, cherchent dans la couleur des tarses et des doigts, le
moyen de se renseigner sur l'âge. Jusqu'à la fin de sa première
année, la perdrix a la patte jaunâtre, au delà de cet âge elle
tourne au gris ardoisé.

De la naissance à la fin de sa première année, le dindon a
les pattes *noires;* de deux à trois ans elles sont *roses;* de trois

à quatre elles deviennent *roses-grisâtres*, pour pâlir au fur et à mesure que l'oiseau vieillit. Dans le cours de la première année, on a, en plus, quelques autres indications ; vers deux mois et demi à trois mois, a lieu la pousse des pendeloques ou crise du rouge ; de sept à huit mois apparaît la touffe de crins à la poitrine du mâle.

Paon. — Le Paon a des éperons plus développés que ceux du dindon et moins que ceux du coq. Leur accroissement est lent ; à six ans, mesurent seulement 25 millimètres, soit la longueur de l'éperon d'un coq de deux ans. Ces renseignements, pour connaître l'âge, incertains et peu faciles à apprécier, on se base sur l'apparition de l'aigrette, le changement de coloration des plumes de la tête et du cou, l'apparition et le développement des plumes caudales. C'est à trois mois qu'a lieu la pousse de l'aigrette sur les paonneaux. Pendant leur première année, et quel que soit leur sexe, les jeunes paons ont les plumes du sommet de la tête de couleur brune ; ces plumes conservent cette couleur toute la vie chez la paonne, mais elles deviennent bleues, ainsi que celles du cou, chez le mâle à partir de la deuxième année. C'est également dans le courant de la deuxième année qu'apparaissent sur les paons les plumes ocellées, mais ce n'est qu'à trois ans que le panache est entièrement formé.

Ces magnifiques plumes caudales sont soumises, comme les bois du Cerf, à la chute annuelle. Elles tombent en automne ou en hiver et repoussent à chaque printemps, ce qui n'a pas lieu, on le comprend, sans anémier l'oiseau. Il faut noter qu'à chaque mue nouvelle, au moins tant que l'animal n'est pas devenu trop vieux, elles repoussent plus longues et plus brillamment ocellées ; un paon de sept à huit ans, par exemple, a un panache beaucoup plus beau qu'un sujet de trois à quatre ans. C'est une nouvelle ressemblance avec les bois du Cerf qui se dichotomisent et poussent plus superbes à mesure que l'animal vieillit.

Il me semble que, de même que l'on diagnostique l'âge du cerf par l'examen de ses bois, on pourrait arriver à la connaissance exacte de l'âge du paon par la longueur de quelques-unes

de ses plumes caudales, prises conventionnellement pour type.
Il suffirait d'en déterminer la longueur quand le paon a trois
ans, puisque c'est à ce moment que la queue est considérée
comme normale, et d'en étudier l'accroissement annuel,
comme nous venons de le faire pour les ergots.

Pintade. — L'éperon n'existe pas dans les diverses espèces
du genre Pintade, sauf dans *N. Vulturina;* aussi n'a-t-on que
des signes indicateurs de l'âge très vagues. C'est à deux mois
que leur front commence à se couvrir de l'excroissance spéciale qu'on y remarque et qu'on désigne sous le nom de *corne.*
Celle-ci s'accroît très vite et à un an elle a sa longueur définitive. Elle est noirâtre jusqu'à quinze ou dix-huit-mois; à partir
de ce moment, elle vire au gris plombé et devient de plus en
plus pâle avec les années.

Faisan. — Les diverses espèces de Faisans doré : argenté,
vénéré, de Lady Amherst, etc., ont des éperons moins forts
que ceux du coq, puisque le faisan est lui-même moins gros,
néanmoins ils pourraient fournir de bons renseignements.
A quatre ans, l'éperon du faisan argenté égale en longueur celui
d'un coq de deux ans.

Mais les éleveurs se basent habituellement sur la livrée.
Les faisans dorés ou argentés, quel que soit leur sexe, restent
jusqu'à l'âge de deux ans avec le plumage gris sombre qui
est celui de la femelle pendant toute sa vie. A deux ans, ils
prennent leur livrée spécifique et les longues plumes caudales
qui font une partie de leur beauté.

Pigeon. — On examine d'abord la consistance du bec. De
la naissance à 6 ou 8 mois, il est peu résistant, il cède sous
l'ongle. A partir de 8 mois il devient rigide.

Dans quelques races, on s'appuie sur l'apparition et le développement des morilles qui entourent les yeux. Le port de
l'aile est aussi un caractère utile, les vieux sujets ont pendant la
marche l'aile plus pendante, moins bien soutenue que les jeunes.

Palmipèdes. — On sait que plusieurs espèces d'oiseaux
possèdent à l'extrémité de l'aile, près des grandes pennes ré-

miges, une ou plusieurs productions spéciales, sortes de plumes pointues, très dures et très solidement implantées. Elles ont ont assimilées à des éperons. L'oie et le canard présentent à l'extrémité de chaque aile, deux de ces appendices. On recommande de les examiner avec grande attention ; elles fourniraient, dit-on, d'utiles indications pour l'âge.

Sur une Oie âgée d'un an, on verrait à la partie externe de l'appendice un sillon qui le traverse obliquement ; une oie de deux ans présenterait deux sillons ; elle en aurait trois à trois ans, et ainsi de suite.

Je dois avouer que dans les essais auxquels je me suis livré de ce côté, je n'ai pas tiré jusqu'à présent un bon parti de ces indices.

Dans les races de Canards présentant sur le bec, comme celle de Barbarie, des productions spéciales qui grossissent et rougissent avec l'âge, on s'en sert comme points de repère, quand on a l'habitude de voir et d'élever ces oiseaux. Il est aussi des races où la livrée subit dans ses nuances des modifications significatives pour un œil exercé. A trois ans, le Canard du Labrador perd le ton noir franc et devient noir enfumé ou noir mal teint. Cette nuance pâlit elle-même d'année en année et l'on voit quelques plumes blanches se montrer çà et là. Le bec, primitivement d'un beau noir, passe au noir verdâtre pour pâlir aussi chaque année.

Le Cygne adulte de la variété noire a le bec rouge ; dans sa première année, il l'a noir.

En résumé, ce premier essai, tout incomplet qu'il est, montre qu'on peut arriver, pour plusieurs de nos espèces d'oiseaux de basse-cour, à connaître l'âge d'une façon suffisamment précise, comme nous le faisons couramment pour le Bœuf, le Cheval ou le Mouton. A côté des points de repère basés sur l'éperon, qui sont suffisants pour la pratique, s'en placent d'autres, particulièrement ceux fondés sur les changements de nuances, la façon de porter les ailes, la tête et le cou, qui exigent de l'habitude et l'esprit d'observation pour être perçus. Quand on possède l'une et l'autre, on s'écarte de peu. On raconte que Lucas, l'érudit auteur du *Traité de l'hérédité,* diagnostiquait, à une année près, l'âge des personnes qu'on lui présentait, rien qu'en les dévisageant. Avec un œil exercé, un bon observateur doit arriver à en faire autant pour les animaux domestiques dont la vie est beaucoup plus courte que celle de l'homme.

Le propriétaire-gérant,

FÉLIX ALCAN.

SAINT-DENIS. — IMPRIMERIE LÉON MOTTE, 20 BIS, RUE DE PARIS

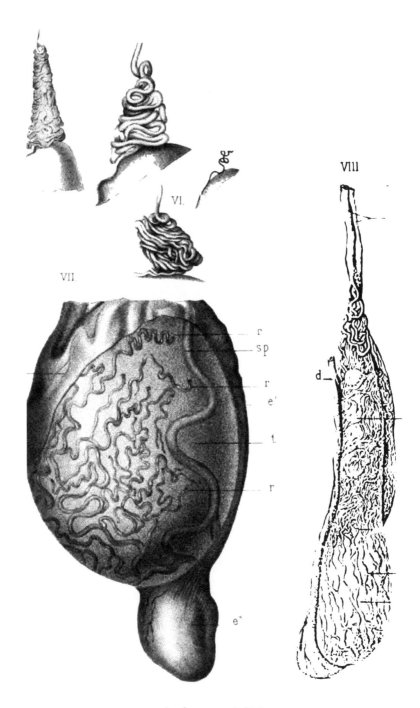

VIII

VI.

VII.

r

s p

r

e'

t.

r

d

e"

tribution des vaisseaux spermatiques chez divers M. ...

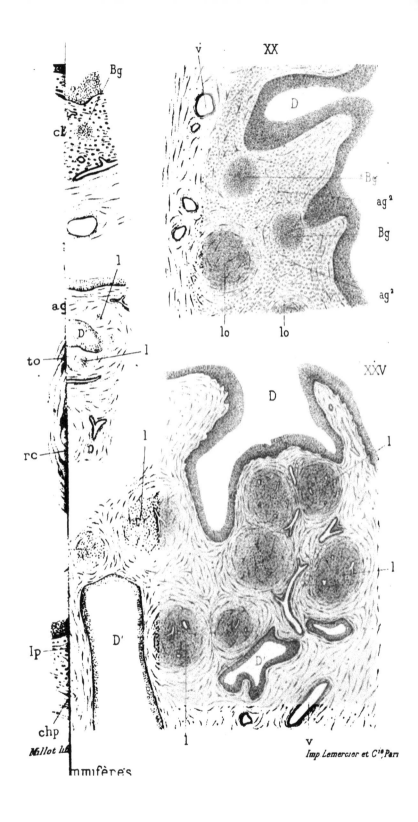

XX

XXV

Millot lith.

mmifères

Imp Lemercier et Cⁱᵉ, Paris

DÉVELOPPEMENT DES POISSONS OSSEUX

EMBRYOGÉNIE DE LA TRUITE

Par L.-Félix HENNEGUY

Préparateur au Collège de France.

INTRODUCTION.

Les travaux auxquels a donné lieu l'embryogénie des Poissons osseux sont déjà tellement nombreux, qu'il paraîtra peut-
être superflu de faire de nouvelles recherches sur ce sujet, et
surtout de prendre comme objet d'étude, la Truite, l'un des
Poissons dont le développement a été le plus souvent suivi. Si
l'on examine cependant avec soin les mémoires publiés jusqu'à
ce jour sur la question, on est frappé du désaccord qui existe
entre les auteurs sur des points qui ont une très grande
importance, non seulement en ce qui concerne le développement particulier des Poissons, mais encore au point de vue de
l'embryogénie générale; telles sont, par exemple, l'origine des
feuillets blastodermiques, la formation du système nerveux,
du cœur, du sang, etc.

Depuis les travaux de Vogt (191) et de Lereboullet (112), qui,
bien que déjà anciens, peuvent être encore consultés avec fruit
pour les stades avancés, l'important mémoire d'Œllacher (123)
était à peu près le seul, en 1880, lorsque je commençai mes
recherches, que nous avions sur le développement des Salmonides. J'ai donc cru, à cette époque, qu'il serait utile de
reprendre à nouveau l'étude de l'embryogénie de la Truite, à
l'aide des procédés que la technique moderne mettait à ma
disposition. Depuis lors, il est vrai, ont paru les observations
de C. K. Hoffmann (89), Ziegler (200) et Goronowitsch (57), mais
les résultats obtenus par ces auteurs concordant peu entre eux
et différant sur plusieurs points de ceux auxquels j'étais déjà

arrivé, loin de me décourager, m'engagèrent à poursuivre mon étude.

La facilité que j'avais de me procurer des œufs de Truite à tous les états de développement dans les aquariums établis par Coste, au Collège de France, m'a déterminé à choisir cette espèce de Poisson, comme objet de mes recherches. J'ai fait également quelques observations sur l'Épinoche et la Perche.

J'avais primitivement l'intention de suivre d'une manière complète le développement de la Truite, depuis la fécondation de l'œuf jusqu'à l'éclosion ; mais, outre que les stades avancés, déjà bien décrits par Vogt et Lereboullet, ne présentent pas un très grand intérêt au point de vue embryogénique, je n'ai pas tardé à reconnaître que leur étude, faite avec autant de détails que le comporte celle des premiers stades, exigeait un travail de longue haleine, et pouvait donner lieu à plusieurs mémoires distincts. Bien que possédant des préparations nombreuses relatives à tous les stades du développement de la Truite, j'ai donc dû limiter mes recherches aux premières phases de ce développement. Je me suis arrêté dans ce travail au moment où le blastoderme a recouvert la totalité du vitellus. Ce stade caractéristique est très important pour la Truite, car il correspond à la formation des organes les plus essentiels du système nerveux central, des yeux, des vésicules auditives, des premières fentes branchiales, de l'intestin, du canal de Wolff et du cœur.

Ce travail, commencé en 1880, n'a pu, par suite de circonstances indépendantes de ma volonté, être publié plus tôt, mais j'en ai déjà indiqué les principaux résultats dans des communications préalables faites à l'Académie des sciences, à la Société de Biologie, et à la Société philomathique (**67** à **76**).

L'époque de la reproduction pour les Truites du Collège de France commence dans les premiers jours de novembre : ces animaux, élevés en captivité depuis plusieurs générations, semblent avoir perdu l'instinct de frayer ; abandonnées à elles-mêmes, les femelles ne se débarrassent pas de leurs œufs, qui restent dans la cavité abdominale, sont en partie résorbés ou finissent pour amener la mort de l'animal. Aussi chaque année, du mois de novembre à la fin de janvier, on pratique la fécondation artificielle des œufs, en suivant les règles établies par Coste dans ses *Instructions pratiques sur la pisciculture*. Depuis plusieurs années on emploie cependant de préférence la méthode russe qui donne un peu plus grand nombre d'œufs fécondés que la méthode indiquée par Coste. La méthode russe consiste, comme on sait, à recevoir les œufs à sec dans un récipient, à faire tomber dessus une certaine quantité de laitance et à ajouter ensuite de l'eau pour opérer la fécondation.

La durée de l'incubation est très variable et dépend de la température ; elle peut varier de 35 à 100 jours. Cette différence considérable dans la durée de l'incubation ne permet pas de désigner l'âge d'un œuf ou d'un embryon, comme on le fait par exemple pour le Poulet, par le nombre d'heures ou de jours qui le sépare de la ponte. Un œuf pondu depuis vingt jours peut renfermer un embryon dont le développement ne sera pas plus avancé que celui d'un embryon contenu dans un autre œuf ayant seulement huit jours d'incubation. C'est pour cette raison que, dans mon travail, je n'indiquerai pas l'âge des embryons ; à l'exemple de Balfour, j'ai établi un certain nombre de stades artificiels, correspondant à des périodes déterminées du développement et caractérisées, soit par une modification dans la forme extérieure, soit par l'apparition d'un nouvel organe. Cette méthode est la seule qui permette de rendre comparables les travaux faits, par des auteurs différents, sur le développement d'un animal dont la durée de l'évolution embryonnaire varie avec les circonstances extérieures.

Ce n'est qu'après de longs tâtonnements et après avoir sacrifié un assez grand nombre d'œufs que je suis parvenu à trouver des modes de préparation de l'embryon permettant d'obtenir de bonnes coupes, et n'altérant pas les éléments histologiques. J'insisterai un peu longuement sur les méthodes que j'ai employées, parce qu'en embryologie, plus peut-être qu'en toute autre science biologique, la technique joue un rôle des plus importants. Je montrerai par la suite que beaucoup des divergences d'opinions qui existent entre les auteurs peuvent s'expliquer facilement en tenant compte des procédés qu'ils ont employés pour fixer et durcir l'embryon.

Au début de mes recherches, je plaçais les œufs dans une solution d'acide chromique à $\frac{1}{100}$ et je les y laissais pendant quelques jours. La forme extérieure de l'embryon était assez bien conservée, du moins pour les premiers stades du développement, mais les cellules étaient déformées et j'ai dû rejeter la plupart des préparations obtenues par ce mode de durcissement. Pour les stades plus avancés, lorsque l'embryon est déjà formé, l'acide chromique amène des déformations considérables de l'embryon qui se trouve comprimé entre la coque inextensible de l'œuf et la masse vitelline solidifiée.

Le procédé suivant m'a donné de meilleurs résultats. Les œufs étaient mis pendant quelques minutes dans de l'eau fortement acidulée par de l'acide acétique, jusqu'à ce que l'embryon devînt bien visible, puis dans une solution d'acide chromique à $\frac{1}{100}$. Au bout de trois jours, les œufs étaient retirés de l'acide chromique et j'enlevais leur chorion au moyen de petites pinces fines, en ayant soin d'attaquer le chorion du côté opposé à l'embryon. Après un séjour de vingt-quatre heures dans l'eau, les œufs étaient mis dans l'alcool à 90°, puis dans l'alcool absolu; les embryons ainsi préparés ne sont pas déformés et leurs éléments histologiques sont beaucoup plus nets qu'avec l'acide chromique seul.

Le durcissement de l'embryon *in situ*, reposant sur le vitellus et recouvert par la capsule de l'œuf, présente des inconvénients. La masse vitelline dans l'acide chromique acquiert une dureté beaucoup plus grande que celles des tissus embryonnaires, et devient très cassante; il est alors très difficile de pratiquer des coupes à travers la masse totale de l'œuf.

J'ai trouvé deux procédés qui permettent d'extraire des œufs les germes et les embryons avec la plus grande facilité et sans leur faire subir la moindre altération. Le premier consiste à placer l'œuf, pendant quelques minutes, dans une solution d'acide osmique à $\frac{1}{100}$, jusqu'à ce qu'il ait acquis une couleur brune claire, puis dans un petit vase renfermant de la liqueur de Müller. On ouvre l'œuf dans ce liquide avec une paire de ciseaux fins. Le vitellus, qui se coagule immédiatement au contact de l'eau, se dissout au contraire dans le liquide de Müller, tandis que la couche corticale et le germe fixés par l'acide osmique peuvent être extraits de la capsule de l'œuf. On laisse le germe ou l'embryon pendant quelques jours dans la liqueur de Müller, puis, après l'avoir lavé soigneusement pour enlever le bichromate de potasse, on le passe par des alcools de plus en plus forts. Ce procédé, qui réussit très bien pour les premiers stades du développement, n'est pas aussi bon lorsque l'embryon est assez avancé : dans ce cas, en effet, l'acide osmique ne le pénètre pas suffisamment. Sa surface seule est bien fixée. L'acide osmique est excellent pour bien mettre en évidence la réflexion des bords du blastoderme et les limites de chaque feuillet.

Le second procédé est celui qui donne les meilleurs résultats et que j'ai presque constamment employé. L'œuf est plongé pendant une dizaine de minutes dans le liquide de Kleinenberg additionné de 10 pour 100 d'acide acétique cristallisable. Puis il est ouvert dans de l'eau renfermant 10 pour 100 d'acide acétique, liquide dans lequel le vitellus est soluble, et on extrait l'embryon. Celui-ci est mis ensuite pendant quelques heures dans le liquide de Kleinenberg pur, puis dans l'alcool à 60°, 75°, 90° et finalement dans l'alcool absolu. Cette méthode conserve aux éléments toute leur intégrité, elle n'amène aucune altération dans la forme de l'embryon. Dans toutes mes préparations j'ai trouvé toutes les figures cytodiérétiques intactes, tandis qu'avec les autres procédés elles sont la plupart du temps altérées.

L'embryon durci et déshydraté par l'alcool absolu est inclus dans le collodion ou dans la paraffine, d'après les méthodes ordinaires, et coupé soit avec le microtome de Jung, soit avec le microtome à bascule de Cambridge. L'embryon peut être coloré en masse, avant l'inclusion, soit par le carmin boraté alcoolique, soit par le carmin aluné acide, soit par l'hématoxyline. On obtient ainsi de très belles préparations en colorant les coupes, préalablement fixées au porte-objet, par les couleurs d'aniline, la safranine, ou le violet de gentiane par la méthode de Bizzozzero.

Pour l'étude des formes extérieures, les œufs durcis par l'acide chromique et dépouillés de leur capsule, sont ceux qui conviennent le mieux. J'ai fait également pour les différents stades des préparations de germes et d'embryons entiers, détachés avec soin du vitellus et montés dans le baume, après coloration au carmin. Ces préparations sont indispensables parce qu'elles montrent des détails qui échappent sur les coupes, et qui sont absolument invisibles lorsqu'on se contente d'examiner à la lumière directe les embryons durcis. J'ajouterai que

j'ai eu soin, pour chaque stade, de varier les modes de préparation de l'embryon, afin de contrôler les résultats obtenus par
la méthode qui m'a paru la meilleure.

PREMIÈRE PARTIE

I. — CONSTITUTION DE L'ŒUF NON FÉCONDÉ

La constitution de l'œuf des Salmonides est aujourd'hui bien
connue, grâce aux recherches de Vogt (**191**), Lereboullet (**112**),
Œllacher (**128**) et His (**82**); mes propres observations chez la
Truite confirment en grande partie celles de His chez le Saumon.

L'œuf de la Truite, pris dans la cavité abdominale lorsqu'il
vient de se détacher de l'ovaire, est assez volumineux, il mesure de 4 à 6 millimètres de diamètre. Sa couleur est jaune
citron clair, et il est alors à peu près transparent; sa consistance est assez molle, mais il devient rapidement dur et très
élastique lorsqu'il a séjourné quelque temps dans l'eau. Ce
changement de consistance est dû, ainsi que Miescher (**118**) l'a
démontré, à une absorption d'eau qui rend l'œuf turgescent et
tend fortement la capsule. Miescher a trouvé, en effet, qu'un
œuf de Saumon, du poids de 127 milligrammes au sortir de la
cavité abdominale, pesait 133 milligr. après quelque temps
d'immersion dans l'eau; mais nous verrons plus loin que l'eau
absorbée ne pénètre pas dans l'intérieur de l'œuf.

Si l'on fait une coupe d'un œuf de Truite, pris dans la cavité
abdominale et durci, on trouve en allant de la périphérie vers
le centre : 1° une membrane épaisse (capsule de l'œuf) ; 2° une
zone périphérique protoplasmique ; 3° une masse centrale
(vitellus nutritif).

La membrane externe est assez épaisse et mesure de 30 à
35 μ; elle est résistante et élastique. Examinée au microscope,
elle se montre traversée par des canalicules très fins, qui ont
été découverts par J. Müller (**120**).

Suivant Stochmann (**180**), les canalicules de cette membrane n'auraient pas des limites bien nettes et présenteraient une série de dentelures inégales ; entre les canalicules se trouve une substance homogène, Owsjannikow (**125**) admet dans l'enveloppe de l'œuf trois couches : une mince membrane externe finement ponctuée, une couche moyenne striée et une membrane mince et transparente. La surface de l'œuf serait recouverte de très petites proéminences. Malgré l'emploi de forts grossissements, je n'ai pu voir les trois couches décrites par Owsjannikow, ni les dentelures des canalicules indiquées par Stochmann.

L'enveloppe de l'œuf a reçu des noms différents suivant les auteurs. Vogt (**191**) l'a appelée *membrane coquillière*, nom évidemment impropre, car cette enveloppe existe déjà dans le follicule ovarien, tandis que la membrane coquillère des œufs des Sauropsides ne se forme que dans l'oviducte. Leuckart(**114**) et Lereboullet (**112**) lui donnent le nom de *chorion* et admettent qu'elle est une production vitelline. J. Müller (**120**) la désigna sous le nom de *membrane vitelline*. Allen Thomson (**188**) l'assimila avec raison à la zone pellucide de l'œuf des Mammifères. C'est aussi sous le nom de membrane vitelline que la désignent Kœlliker (**97**), Gegenbaur (**53**), Waldeyer (**192**), Ed. Van Beneden (**19**) et Kolessnikow (**95**). Œllacher (**123**) admet que c'est un chorion et décrit une membrane vitelline au-dessous de cette première enveloppe. His (**82**) appelle la membrane striée, *capsule de l'œuf*, et C. K. Hoffmann (**89**) lui donne le nom de *zone radiée*. Nous préférons, ainsi que le fait M. le professeur Balbiani (**7**), conserver la dénomination de His et appeler *capsule* l'enveloppe externe de l'œuf ; ce nom a l'avantage de ne rien préjuger de la nature et de l'origine de cette membrane, qui a été considérée par presque tous les observateurs comme un produit de différenciation du vitellus, mais que Waldeyer regarde comme un produit de sécrétion du follicule ovarique. C. K. Hoffmann, qui a étudié récemment l'ovogénèse chez plusieurs Poissons, se range à l'opinion la plus généralement adoptée et admet que la capsule de l'œuf est un produit du vitellus et est par conséquent une véritable membrane vitelline. N'ayant pas fait de recherches personnelles sur ce sujet, je ne saurais me prononcer en faveur de l'une ou de l'autre opinion.

La capsule de l'œuf présente toujours une petite ouverture, *micropyle*, qui a été découverte par Doyère (**38**), en 1850, sur l'œuf du *Syngnathus ophidium* et qui a été vue ensuite par Carl Bruch (**28**), en 1855, chez le Saumon, la Truite, la Carpe et le Brochet. His (**82**) a bien étudié la forme du 'micropyle chez les Salmonides ; celui du Saumon diffère un peu de celui de la Truite. Cette ouverture est située au fond d'une petite dépression en forme de cuvette, qu'on aperçoit facilement à la surface externe de la capsule surtout sur des œufs qui n'ont pas encore été immergés dans l'eau. A un faible grossissement, le micropyle apparaît au fond de la cuvette comme un petit point noir. (Planches, fig. 1.) Si l'on pratique une coupe à travers la capsule au niveau du micropyle, on constate que la paroi interne de la capsule fait saillie à ce niveau dans l'intérieur de l'œuf. Chez le Saumon, au fond de la cuvette, il existe une sorte de petit cratère assez évasé, qui se termine par un canal très étroit ; chez la Truite, ce cratère est beaucoup moins large ; ses bords sont taillés à pic, et le canal qui le termine est plus large que dans le micropyle du Saumon. Le micropyle de l'Épinoche se rapproche de celui du Saumon, mais il en diffère en ce que le bord externe de la cuvette présente plusieurs plis saillants.

C. K. Hoffmann (**89**) a mesuré avec soin le diamètre du micropyle l'œuf de quelques Poissons : il a trouvé pour le Hareng 0,25 μ ; chez le *Crenilabrus griseus*, l'orifice interne mesure 0,2 μ ; la tête du spermatozoïde du Hareng n'a que 2 μ, d'après Kupffer ; celle du *Crenilabrus* mesure 0,17 μ d'après Hoffmann. Il ne peut donc passer qu'un seul spermatozoïde à la fois par le canal micropylaire, comme His l'avait déjà établi pour le Saumon.

La position du micropyle est fixe. Cet orifice est toujours situé, sur l'œuf pris au moment de la ponte, au-dessus du germe. Après la ponte, le vitellus se rétracte et peut exécuter un mouvement de rotation dans l'intérieur de la capsule, de sorte que les rapports entre le micropyle et le germe sont changés. Il en est de même dans les œufs non fécondés, qui ont séjourné pendant quelque temps dans l'eau.

Au-dessous de la capsule de l'œuf, se trouve une couche décrite par Lereboullet (**112**) chez la Truite. « Des œufs coagulés immédiatement après la fécondation offrent, dit cet auteur, la composition suivante : il existe à l'un des pôles de l'œuf, une pellicule membraneuse, amorphe, fenêtrée, c'est-à-dire offrant une multitude de trous que remplissaient des vésicules graisseuses : celles-ci s'échappent pendant la préparation de la pièce, etc. » His (82) a donné à cette zone périphérique le nom de *couche corticale* et la décrit à peu près comme Lereboullet, mais il a constaté qu'elle entoure complètement le vitellus.

C'est dans la couche corticale, formée par une substance protoplasmique finement granuleuse, que sont contenus les gros globules, rougeâtres chez le Saumon, jaunâtres chez la Truite, qui donnent en partie aux œufs de ces animaux leur coloration particulière. (Planches, fig. 4, *h*.) Tous les auteurs, jusqu'à His, considéraient ces globules comme étant de nature graisseuse. His ayant vu que les éléments augmentent de volume et pâlissent quand on les met au contact de l'eau, pensait qu'ils étaient formés de lécithine; mais Miescher (118) a montré qu'ils ne renferment pas cette substance. Les recherches que j'ai faites sur la nature des éléments d'apparence huileuse de l'œuf des Salmonides m'ont donné les résultats suivants :

Chaque globule isolé est entouré d'une mince couche de protoplasma granuleux, comme His l'avait déjà décrit et figuré; ce protoplasma est le même que celui qui constitue la couche corticale. Les éléments huileux sont beaucoup moins denses que l'eau et plus denses que l'alcool absolu; ils suffisent à faire surnager un germe durci à la surface de l'eau, lorsqu'ils restent attachés à la face inférieure de ce germe. Ils sont insolubles dans l'eau; leur augmentation de volume au contact de ce liquide est due au gonflement ou à la disparition de leur enveloppe protoplasmique; ils s'étalent alors sur la lame de verre qui les supporte; ils prennent le même aspect lorsqu'on les comprime légèrement à l'aide d'une lamelle.

Lorsqu'on écrase des œufs de Saumon dans l'eau on voit surnager à la surface du liquide une couche huileuse, rosée, qui est composée de globules plus ou moins gros. Les globules ne se coagulent pas sous l'influence de la chaleur dans des œufs portés à 100°, ils restent liquides, mais ils renferment alors de fines granulations réfringentes dans leur intérieur.

La matière huileuse est insoluble dans la potasse; elle n'est pas coagulée par les acides concentrés ; elle est soluble dans l'éther et le chloroforme lorsqu'on a déchiré mécaniquement la couche albuminoïde qui entoure les globules ; elle noircit fortement sous l'influence de l'acide osmique et plus ou moins rapidement selon le volume des vésicules. Lorsqu'on traite les gouttelettes huileuses par l'alcool absolu, leur matière colorante est dissoute et elles conservent une teinte légèrement jaunâtre. Toutes les réactions que présentent les globules huileux des œufs de Salmonides permettent donc d'admettre que ces éléments sont formés d'une matière grasse spéciale. D'après Valenciennes et Frémy (190), cette matière serait une huile phosphorée (1).

Il existe aussi dans la couche corticale des éléments globuleux, pâles, mous, incolores et de dimension variable, que His considère comme des noyaux, en se fondant sur une analyse de Miescher qui prétend que ces corps sont constitués par de la nucléine. Ces prétendus noyaux ne se colorent pas sous l'influence des réactifs employés d'ordinaire pour décider la présence des noyaux des cellules ; ils paraissent être des vésicules formées par une substance albuminoïde moins granuleuse que celle de la couche corticale.

Au-dessous du micropyle, la couche corticale présente un épaississement assez considérable, qui constitue le germe. Celui-ci est formé par une substance très finement granuleuse, à peu près transparente, à l'état frais, et très peu consistante ; aussi, lorsqu'on l'extrait de l'œuf, il s'étale en diffluant et émet dans tous les sens de nombreux prolongements, qui lui donnent l'apparence d'un Rhizopode. L'alcool et les acides coagulent le germe et la couche corticale qui deviennent beaucoup plus consistants et peuvent alors être extraits de l'œuf ; mais tandis que le germe devient opaque, la couche corticale garde en partie sa transparence.

La masse centrale de l'œuf, le vitellus, est constituée par une substance hyaline, homogène et visqueuse, ne renfermant aucun élément figuré. Cette substance, au contact de l'eau pure, de l'alcool et des acides, se coagule immédiatement en devenant blanche et opaque. L'acide acétique cristallisable la

(1) D'après Miescher, l'huile rosée des œufs do Saumon ne contiendrait pas trace de phosphore (V. le Mémoire de His (82) p. 7).

coagule en lui conservant sa transparence, le même acide acétique dilué dans l'eau dissout le vitellus, ainsi que je l'ai déjà indiqué ; il en est de même des alcalis, de la liqueur de Müller et de l'eau fortement salée. L'alcool, qui coagule la substance vitelline lorsqu'il est mis directement en contact avec elle, la durcit sans la rendre opaque lorsqu'il agit lentement à travers la capsule de l'œuf.

Valenciennes et Frémy (**190**) ont trouvé dans le vitellus des œufs de plusieurs Poissons, entre autres du Saumon, une substance particulière, à laquelle ils ont donné le nom d'*ichtuline*; sa composition se rapproche de celle de l'albumine, elle contient du soufre et du phosphore. Ce serait l'ichtuline qui occasionnerait en se précipitant l'opacité des œufs des Salmonides, lorsqu'on les soumet à l'action de la chaleur, de l'eau, de l'alcool, etc.

L'eau coagulant le vitellus et l'œuf, plongé dans l'eau, absorbant une certaine quantité de liquide, comme le prouvent les pesées faites par Miescher, on doit naturellement se demander pourquoi l'œuf conserve sa transparence après la ponte. Ce phénomène est dû à ce que l'eau qui pénètre dans l'œuf à travers le micropyle et les canaux poreux de la capsule, n'arrive pas jusqu'au vitellus, qui est entouré par une couche protoplasmique. L'eau s'accumule entre la capsule et la couche corticale, ainsi que le démontrent les mouvements de rotation intracapsulaires dont est susceptible la masse de l'œuf après quelque temps d'immersion dans l'eau. Les mouvements de rotation sont au contraire impossibles dans les œufs pris dans la cavité abdominale. Un autre fait qui prouve bien que c'est la couche corticale qui protège le vitellus, c'est que, quand cette couche est rompue, ce qui arrive souvent lorsque l'œuf est soumis à une trop forte pression, le vitellus se coagule immédiatement et l'œuf devient opaque et blanc. On observe le même phénomène quand l'œuf est envahi par les moisissures ; celles-ci traversent la capsule et perforent la couche corticale.

Jusqu'à présent nous avons considéré l'œuf pris dans la cavité abdominale ou récemment pondu mais non encore fécondé. Les anciens embryogénistes admettaient que le germe n'existe pas dans l'œuf mûr et qu'il n'apparaît qu'après la ponte. Coste (**33**) pensait que chez les Poissons osseux les éléments

plastiques et les éléments nutritifs sont mêlés dans l'œuf jusqu'au moment de la ponte et que, sous l'influence de la fécondation, il se fait un départ entre les deux sortes d'éléments,
ayant pour effet de rassembler en un point de l'œuf les éléments
plastiques qui constituent le germe. Telle était aussi l'opinion
de Lereboullet (112), du moins pour l'œuf des Salmonides. Car
cet embryogéniste avait très bien constaté que le germe existe
avant la fécondation chez la Perche et le Brochet. M. Gerbe (55)
a également avancé récemment que ce n'est qu'à la suite de la
ponte, après quelque temps de séjour dans l'eau, indépendamment de la fécondation, que le germe se manifeste dans l'œuf
des Poissons osseux. His, au contraire, a observé le germe
formé, peu visible il est vrai, dans l'œuf du Saumon avant la
ponte. Mes propres observations ont confirmé celles de His, et
elles m'ont permis en outre de suivre le mode de formation du
germe chez la Truite (70).

L'œuf ovarien mûr a une constitution tout à fait différente
de celle de l'œuf pris dans la cavité abdominale. Si l'on examine, en effet, un œuf ovarien quelque temps avant la rupture
du follicule, on voit, dans la région micropylaire, la vésicule
germinative située très près de la surface de l'œuf. Cette vésicule est entourée de petits globules, à contours finement granuleux, qui augmentent de volume à mesure qu'on s'éloigne de
la vésicule germinative. (Planches, fig. 1 et 3.)

Les éléments granuleux sont bientôt remplacés par des vésicules plus grosses, transparentes, renfermant quelques vacuoles
et de petits globules réfringents se colorant en noir par l'acide
osmique. Les globules granuleux sont les éléments plastiques
de l'œuf et les vésicules transparentes constituent la partie
nutritive; les éléments plastiques sont donc, dans l'œuf ovarien, distincts des éléments nutritifs et rassemblés autour de
la vésicule germinative; on n'en trouve pas dans le reste de
l'œuf.

J'ai eu l'occasion d'examiner les ovaires d'un Gymnote mort
dans le laboratoire de M. le professeur Marey; les œufs présentaient une structure des plus intéressantes et permettant de
saisir la formation des éléments plastiques et vitellins. Leur
contenu était formé de petites vésicules de volume et d'aspect
variables. Les unes avaient un double contour brillant et ren-

fermaient dans leur intérieur une vésicule plus petite, brillante, ne remplissant pas toute la cavité. D'autres vésicules contenaient trois ou quatre petites vésicules secondaires. Les plus grands éléments présentaient dans leur intérieur un grand nombre de petites vésicules secondaires, pressées les unes contre les autres et remplissant toutes la cavité limitée par le double contour. A côté de ces éléments il y avait des vésicules plus pâles, à simple contour, remplies de granulations très fines et présentant quelquefois un ou deux globules réfringents. (Planches, fig. 5.) Ces derniers éléments ressemblent aux vésicules du jaune de l'œuf des Oiseaux. Enfin on voyait aussi très distinctement dans les œufs ovariens du Gymnote la vésicule germinative et la vésicule embryogène.

Hoffmann (89) a également constaté que les œufs ovariens du Hareng et de quelques autres Poissons de mer renferment de grains et de sphères vitellines simples ou composées, formées aux dépens du protoplasma de l'œuf.

Après la déhiscence du follicule ovarien, l'œuf tombé dans la cavité abdominale présente un tout autre aspect. La vésicule germinative a disparu; les vésicules constituant la partie nutritive se sont fusionnées et ne forment plus qu'une masse visqueuse homogène. Les globules huileux se sont rassemblés à la périphérie de l'œuf et constituent de grosses gouttelettes réfringentes de volume variable, plus nombreuses dans la région micropylaire que dans le reste. Enfin les éléments plastiques se sont aussi fusionnés en une masse finement granuleuse, irrégulièrement étalée au-dessous du micropyle : c'est le germe. (Planches, fig. 2 et 4.)

En traitant l'œuf par l'acide acétique, on voit nettement apparaître la matière plastique qui devient opaque; on peut alors constater que cette matière est plus abondante autour des gouttelettes huileuses, comme le montre la figure 1 (planches). Après la ponte, la partie plastique se concentre en une lentille biconvexe qui fait saillie au-dessus du vitellus et, qui se forme dans le voisinage du micropyle, comme l'a décrit M. Gerbe.

Chez l'Épinoche on observe les mêmes phénomènes, mais au moment de la ponte la matière plastique est encore plus étalée que chez la Truite et recouvre presque toute la moitié du vitellus, elle se concentre en une lentille cicatriculaire, après la fécondation, par suite de contraction de toute la masse de l'œuf.

Un mode de constitution du genre semblable à celui que j'ai observé chez la Truite a été signalé, en 1864, par M. le professeur Balbiani (6). Dans l'œuf de Grenouille rousse, du Géophile et dans l'ovule de la Femme, il a vu se former autour de la vésicule embryogène des globules dans lesquels apparaissent des granulations très fines. Puis ces globules se détachent de la vésicule, se désagrègent à la périphérie de l'œuf et les granulations forment une couche granuleuse qui constitue le germe. Chez les Pleuronectes, M. Balbiani a constaté aussi que la couche plastique granuleuse se forme également autour de la vésicule embryogène. Dans l'œuf de la Truite, c'est autour de la vésicule germinative que se constituent les globules plastiques ; mais n'ayant pas fait de recherches personnelles sur le développement de l'œuf ovarien, je ne m'occuperai pas ici de la genèse de ces éléments.

Les éléments vitellins des Poissons osseux ne se fusionnent pas toujours au moment de la chute de l'œuf pour constituer, comme chez la Truite, une masse vitelline homogène. Hoffmann a vu, en effet, que le vitellus du Hareng conserve son aspect vésiculeux pendant tout le développement de l'œuf. J'ai observé le même fait dans l'œuf du *Lepadogaster ;* le vitellus de cet œuf renferme des vésicules transparentes, de volume variable, de forme polygonale par suite de la pression réciproque qu'elles exercent les unes sur les autres, et contenant souvent de petits globules huileux dans leur intérieur ; mais il y a aussi de gros globules huileux libres au centre du vitellus, sous le disque germinatif.

Jusqu'ici je ne me suis pas occupé d'un élément important de l'œuf, de la vésicule germinative. C'est qu'en effet, ainsi que je l'ai dit plus haut, cette vésicule n'existe plus dans l'œuf pondu ; mais on la trouve dans l'œuf ovarien et il me reste à étudier son mode de disparition.

De tous les phénomènes qui accompagnent la maturation de l'œuf, il n'en est pas qui ait soulevé plus de discussions que celui de la disparition de la vésicule germinative, et les œufs des Poissons osseux ont été l'objet de plusieurs travaux à cet égard.

Vogt (**191**) a vu que, chez la Palée *(Coregonus palea),* dans l'œuf mûr on ne trouve plus aucune trace de la vésicule germinative « quoique, dit-il, on ne puisse douter de son existence jusqu'à la fécondation. » Il pense que la vésicule se maintient dans le disque huileux et que les nombreuses taches germinatives qu'elle contient continuent à se développer après la fécondation et deviennent les premières cellules de l'embryon.

Lereboullet (**111**), chez le Brochet, a constaté aussi la disparition hâtive de la vésicule germinative, disparition qui, d'après lui, aurait lieu avant que l'œuf ait atteint sa maturité et ses dimensions ordinaires; il dit avoir cherché en vain la vésicule sur plus de cent œufs, mesurant de 1 millimètre à 1^{mm},5 et provenant de divers individus; mais il a constamment trouvé près de la surface de l'œuf un ou plusieurs amas irréguliers, devenant blanchâtres, par la coagulation, comme la vésicule elle-même dans les jeunes ovules. Il pense que ces amas sont les débris de la vésicule germinative. « A mesure que l'œuf approche de la maturité, les débris de la vésicule germinative se dispersent sous la forme des flocons jaunâtres dans toute l'étendue de l'œuf et se mêlent aux éléments du vitellus. »

Les observations de Lereboullet (**112**) sur les œufs de la Truite sont intéressantes à rappeler, car j'ai pu en vérifier en grande partie l'exactitude. Dans les œufs mûrs ou presque mûrs, cet auteur a vu la vésicule germinative vidée et ratatinée, tout à fait à la surface. Sur des œufs coagulés, il a trouvé à la surface un petit disque blanc, très apparent, visible à travers le chorion et qu'on pouvait facilement détacher avec des aiguilles. « Le disque mesure 0^{mm},6. En le déchirant on voit qu'il constitue un véritable sac vide, aplati, chiffonné; cependant il contient encore assez souvent des amas de corpuscules celluliformes, granuleux, dont le diamètre varie de 0^{mm},005 à 0^{mm},16 et dont quelques-uns sont nucléés. » Dans les œufs pondus, Lereboullet n'a trouvé dans le vitellus que quelques lambeaux jaunâtres, composés de vésicules brillantes et qu'il croit provenir des débris de la vésicule germinative.

Œllacher (**122**), en 1872, a décrit la disparition de la vésicule germinative chez la Truite, et il a voulu généraliser les phénomènes qu'il avait observés, en admettant un même mode de disparition chez tous les Vertébrés. Suivant lui, plus ou moins

tôt avant la fécondation et quelquefois après, la vésicule germinative, qui s'est rapprochée de la périphérie de l'œuf pendant la maturation, arrive au milieu du germe, au-dessous du
micropyle. La vésicule s'ouvre alors comme une bourse et
s'étale de telle sorte que sa membrane forme une espèce de
voile à la surface du germe : ce voile présente des stries très
fines perpendiculaires à sa surface ; quant au contenu de la
vésicule, il s'échappe comme une masse floconneuse. Les
tâches germinatives restent enchassées dans l'épaisseur du
voile.

Pour les Poissons cartilagineux, Schenk (**167**) a vu chez la Raie,
la vésicule germinative disparaître dans la cicatricule et à sa
place il a observé une cavité communiquant avec la surface par
un petit orifice. Balfour (**8**) a observé de son côté à la surface
du germe de la *Raja batys* une tâche claire formée par la
membrane plissée de la vésicule germinative : il croit que la
membrane est expulsée et que le contour est absorbé sur place
par le germe.

Plus récemment, Calberla (**30**) a supposé que chez le *Petromyzon* la vésicule germinative disparaissait de très bonne heure
dans l'œuf ovarien, au moment de la transformation de l'Am-
mocète en Lamproie, mais Scott (**172**) a réfuté cette erreur et
a trouvé que la vésicule germinative persiste jusqu'au moment
de la ponte.

Salensky (**163**) a constaté que la vésicule germinative de l'œuf
du Sterlet disparaissait dans les premières heures qui suivent
la ponte. A sa place on aperçoit dans le germe plusieurs petits
îlots formés par une substance transparente et qui sont dispersés dans la masse du germe ; par leur structure, ils ressemblent à la vésicule germinative parfaite. Les modifications successives de cette dernière sont analogues à celles que Fol (**50**)
a signalées chez les Astéries.

Tel était l'état de la question lorsque j'entrepris mes recherches sur la disparition de la vésicule germinative chez les
Poissons osseux. Pendant quatre années consécutives, au moment de la ponte, j'ai examiné un grand nombre d'œufs de
Truite, pris dans l'ovaire, dans la cavité abdominale et immédiatement après la ponte. Quels que soient les modes d'observation que j'aie employés, observation directe, coupes, disso-

ciation, quels que soient les réactifs dont je me sois servi, je n'ai pu élucider cet intéressant problème. Je suis parvenu cependant à me convaincre que la plupart des descriptions données par mes prédécesseurs, et entre autres celle d'Œllacher, sont entachées d'erreur.

Dans tous les œufs ovariens que j'ai examinés au moment de la ponte, j'ai trouvé la vésicule germinative. Sur les œufs frais elle apparaît comme une tache claire, arrondie, mesurant de $0^{mm},45$ à $0^{mm},55$ et située dans le voisinage du micropyle. (Planches, fig. 1, *vg.*) Dans son intérieur on voit les taches germinatives nombreuses, réunies en un petit amas au centre. Si l'on traite l'œuf par l'acide acétique, la vésicule devient opaque et beaucoup plus nettement visible. Des coupes pratiquées à travers des œufs ovariens, durcis par l'alcool ou l'acide chromique, montrent la vésicule germinative sous forme d'un corps lenticulaire situé à peu de distance de la surface de l'œuf et entouré des vésicules granuleuses que j'ai décrites à propos de la formation du germe. (Planches, fig. 3, *vg.*) La membrane de la vésicule est encore bien nette et présente un double contour; au centre se trouvent les taches germinatives qui ont quitté la portion périphérique qu'elles occupaient primitivement pour se réunir en un petit amas. Le reste de la vésicule est rempli par une substance très finement granuleuse, résultant de la coagulation du liquide qu'elle renfermait; dans cette substance on observe quelques granulations plus grosses et plus réfringentes, disséminées irrégulièrement.

Une disposition toute semblable s'observe chez la Grenouille, dans l'œuf ovarien mûr avant la rupture du follicule, ainsi que Hertwig (78) l'a signalé. Seulement, chez les Batraciens, la paroi de la vésicule germinative est plissée, tandis que celle des Poissons reste tendue; les taches germinatives sont réunies aussi au centre de la vésicule.

Chez l'Épinoche et l'Épinochette, la vésicule germinative présente le même aspect que chez la Truite et se voit nettement au-dessous du micropyle, dans les œufs ovariens.

Je n'ai pu malheureusement assister à la disparition de la vésicule germinative; malgré les nombreuses recherches que j'ai faites sur des œufs de Truite, au moment du frai, je n'ai jamais pu surprendre le moment précis où cette vésicule, si visible dans l'œuf ovarien, se transforme probablement en noyau de l'œuf. Mes recherches, infructueuses relativement au but que je me proposais, m'ont cependant convaincu que la description donnée par Œllacher (122) repose sur une erreur d'observation.

J'ai toujours trouvé la vésicule germinative dans tous les œufs ovariens que j'ai examinés, même dans ceux dont le follicule commençait à se rompre; cette vésicule se présentait avec les caractères que j'ai décrits plus haut. Dès que l'œuf est tombé dans la cavité abdominale, on ne trouve plus trace de la vésicule; la constitution de l'œuf a subi alors une transformation complète, ainsi que je l'ai déjà dit. C'est donc pendant le temps très court que l'œuf met à être expulsé du follicule ovarien que disparaît la vésicule germinative. Or, Œllacher prétend avoir observé la vésicule germinative s'ouvrir et s'étaler à la surface du germe dans les œufs pris dans la cavité abdominale, dans les œufs pondus et même fécondés. Cette simple affirmation suffit à démontrer qu'Œllacher a pris pour la vésicule germinative un aspect particulier qui s'observe quelquefois dans le germe. Il arrive, en effet, que sous l'influence des réactifs durcissants, de l'acide chromique principalement, le germe soit soumis à une certaine pression entre la capsule de l'œuf et la masse vitelline. De petites portions du vitellus nutritif traversent alors le germe et viennent s'étaler plus ou moins à sa surface, ou former de petites taches qui pourraient être prises pour des taches germinatives. De semblables dispositions ne se voient que rarement dans les œufs traités par le liquide picroacétique.

Plus heureux que moi, C. K. Hoffmann (89) a pu récemment, sur certains œufs très transparents de Poissons osseux marins, suivre quelques-unes des phases de la disparition de la vésicule germinative. Dans les œufs mûrs de *Scorpœna* et de *Julis*, la vésicule germinative est toujours située contre la capsule, au-dessous du micropyle; les taches germinatives disparaissent et la vésicule ne renferme plus alors qu'un liquide dans lequel se sont dissous les nucléoles et le réseau. Bientôt la membrane d'enveloppe de la vésicule disparaît et son contenu se mêle à celui de l'œuf. A la place occupée par la vésicule, apparaît un fuseau de direction semblable à celui que

Fol (**50**) et Hertwig (**78**) ont vu se former dans l'œuf des Echinodermes, au moment de la disparition de la vésicule germinative. Le fuseau de direction mesure chez le *Scorpœna* $0^{mm},025$ de long sur $0^{mm},0145$ de large; son grand axe forme avec celui de l'œuf un angle de 45°, et l'une de ses extrémités se trouve à l'ouverture interne du micropyle. Dans l'œuf des *Julis,* le fuseau est moins net, et dans ceux des *Crenilabrus, Hellasis, Gobius, Blennius, Belone* et du Hareng, Hoffmann n'a pu l'apercevoir. Le fuseau de direction donne naissance au pronucleus femelle et à un globule polaire; celui-ci ne se produirait qu'après la pénétration du spermatozoïde dans l'œuf. Hoffmann a constaté, comme moi, un changement brusque de structure au moment de la disparition de la vésicule germinative; le germe se concentre au-dessous du micropyle, le vitellus de nutrition devient homogène et les éléments huileux se séparent.

Deux auteurs américains, Kingsley et Conn (**93**) ont étudié aussi le développement des œufs de quelques Poissons marins, entre autres du *Ctenolabrus cœruleus.* Ils ont vu qu'au moment de la maturité de l'œuf, la vésicule germinative est alors invisible et que les globules vitellins disparaissent; l'œuf est alors transparent et le germe se concentre à l'un des pôles. Dans le disque germinatif, ils ont constaté la présence d'un aster simple et quelque temps après ils ont vu s'échapper de l'œuf par le micropyle, un petit corps qu'ils considèrent comme un globule polaire. L'observation de ces auteurs vient donc confirmer celles de Hoffmann.

Les faits observés par Hoffmann, Kingsley et Conn relativement à la disparition de la vésicule germinative chez certains Poissons osseux sont tout à fait en accord avec ceux qui ont été vus par un grand nombre d'auteurs chez beaucoup d'Invertébrés, par Bütschli (**29**) chez les Mollusques, Fol (**50**) et Hertwig (**78**) chez les Échinodermes, etc. Les observations incomplètes d'Ed. Van Beneden (**19**) sur l'œuf du Lapin permettent de supposer que chez les Mammifères la vésicule germinative donne aussi naissance aux globules polaires et au noyau de l'œuf. Bien qu'on n'ait encore rien observé de semblable chez les autres Vertébrés, il y a tout lieu de croire que la disparition de la vésicule germinative suit un processus

identique chez ces animaux. Chez la Lamproie, Kupffer et
Benecke (**109**) ont vu se produire à la surface du vitellus un
globule polaire avant la fécondation et un autre après la fécondation ; chez le même animal, Calberla (**30**) a constaté la présence d'un pronucleus femelle à l'endroit où avait disparu la
vésicule germinative. D'après Salensky (**163**), la vésicule germinative de l'œuf du Sterlet disparaît dans les premières heures
qui suivent la ponte. A sa place on aperçoit, dans le germe,
un petit corps arrondi qui serait le pronucleus femelle. En
même temps apparaît au pôle actif de l'œuf, à la surface du
vitellus, une substance transparente, homogène, analogue au
voile que Hertwig (**78**) a signalé à la surface de l'œuf de la
Grenouille. Le corps véliforme est peut-être l'homologue des
globules polaires.

La production de globules polaires n'a jamais été constatée
chez les Plagiostomes, les Reptiles et les Oiseaux ; mais on ne
saurait, ce me semble, en conclure que la vésicule germinative
ne se transforme pas chez ces animaux en noyau de l'œuf et
en globules polaires. Il se peut très bien, en effet, que les
globules polaires au lieu de se séparer de l'œuf restent inclus
dans le germe et échappent à l'observation. C'est ainsi que,
dans l'œuf du *Moina rectirostris*, Grobben (**61**) a vu une
masse polaire se différencier au pôle actif de l'œuf, mais rester
enclavée dans le vitellus. Le fait suivant que j'ai observé chez
la Grenouille viendrait à l'appui de cette manière de voir.
Comme je l'ai déjà dit, la vésicule germinative disparaît chez la
Grenouille de même que chez la Truite, pendant la chute de l'œuf
dans la cavité abdominale. Dans un point très voisin de la
périphérie de l'œuf, à l'endroit où a disparu la vésicule germinative, on observe sur des coupes, un espace clair, entouré de
pigment, au centre duquel est un petit corps rond, légèrement
granuleux, à bords très nets. Par ses dimensions et son aspect,
ce corps ressemble tout à fait au noyau femelle que Hertwig
(**78**) a vu dans le voisinage du noyau spermatique, à l'extrémité
de l'une des traînées pigmentaires découvertes dans l'œuf des
Batraciens par Van Bambeke (**12**). Hertwig a très bien décrit et
figuré la fusion de ce noyau femelle avec le noyau mâle pour constituer le premier noyau de segmentation. Mais il n'avait pu constater l'origine du noyau femelle. Souvent on aperçoit auprès du

noyau femelle, dans l'espace clair, provenant de la disparition de la vésicule germinative, un ou deux autres petits corps réfringents, plus petits que le noyau, moins bien délimités et plus rapprochés de la surface de l'œuf. Ces corpuscules me paraissent être des globules polaires qui restent ainsi dans l'œuf et qui sont plus tard résorbés ou expulsés. J'ai pu voir, en effet, quelquefois sur des œufs fécondés de *Rana tempo-raria*, au moment de la formation du premier sillon de seg-mentation, un ou deux petits globules de protoplasma incolore, situés au-dessous de la membrane vitelline, dans le sillon de segmentation. Une observation analogue a été faite depuis par M. Mathias Duval (43) dans les mêmes conditions. Cet auteur considère aussi ces globules comme des globules polaires. Il se peut que ces corpuscules ne soient expulsés de l'œuf qu'excep-tionnellement et deviennent alors visibles, tandis que norma-lement ils restent inclus dans le vitellus. Il en serait de même chez les Poissons; chez certains d'entre eux, tels que ceux qui ont été observés par Hoffmann, Kingsley et Conn, les glo-bules polaires seraient expulsés de l'œuf. Chez d'autres, tels que les Salmonides, ils demeureraient dans le germe. Si cette hypothèse était confirmée, elle prouverait que les globules polaires n'ont pas une importance aussi grande que le veulent certains auteurs tels que Sedwïg-Minot (173), Balfour (9), Saba-tier (162) et Ed. Van Beneden (20) qui considèrent ces corps comme une partie mâle expulsée de l'œuf, originairement mâle et femelle. Que deviendrait cette substance mâle dans le cas où les globules polaires persistent dans l'œuf et sont résorbés? Récemment O. Schultze (171) a observé la formation d'un fuseau de direction et des globules polaires chez les Amphibiens. Ses recherches ont besoin d'être reprises afin d'établir si le fait qu'il a constaté est général.

L'œuf pondu et non fécondé présente chez beaucoup de Poissons osseux des modifications qui ont été très bien étudiées par plusieurs observateurs, entre autres par Van Bambeke (11). Cet œuf est le siège de mouvements actifs du germe accom-pagnés de changements de forme pouvant simuler les pre-mières phases de la segmentation. Dans l'œuf de la Tanche, d'après l'auteur belge, le germe coiffe le vitellus comme une calotte qui prend bientôt la forme d'une lentille biconvexe

Les éléments vitellins, globules huileux et globules albuminoïdes, se rassemblent au-dessous du germe ; celui-ci émet
des prolongements filiformes, semblables aux pseudopodes d'un
Rhizopode, qui vont pour ainsi dire pêcher les éléments
vitellins pour les accumuler au-dessous du germe. Le noyau
vitellin ainsi constitué est formé d'une masse centrale finement granuleuse, entourée d'éléments plus volumineux. Le
germe, doué en même temps de mouvements amiboïdes éner-
giques, change constamment de forme. Suivant Van Bambeke,
ces mouvements auraient pour but de mettre les différents
points du protoplasma plastique en contact avec les éléments
nutritifs. Le noyau vitellin peut être, en effet, momentanément
emprisonné en partie par le germe. Le disque germinatif présente des protubérances qui simulent un commencement de
segmentation ; il se détache quelquefois de sa masse de petites
portions qu'on pourrait prendre pour des globules polaires.
Les mouvements amiboïdes persistent quatre heures après la
ponte. Chez la Lote, les changements de forme du germe sont
beaucoup plus lents et moins prononcés. De semblables mouvements du germe, accompagnés de l'accumulation des éléments
huileux du vitellus au-dessous du disque germinatif, ont été
signalés chez d'autres Poissons osseux : chez le Brochet, par
Lereboullet (111), Reichert (143-144), His (82) et Ramson
(134) ; chez la Perche, par Lereboullet (111) ; chez l'Épinoche,
par Ramson (134) ; enfin chez les Salmonides, Truite, Saumon
et Ombre, par Stricker (186), Kupffer (104), Weil (195), Œllacher (123) et His (82).

Dans les œufs assez volumineux, à capsule épaisse et peu
transparente, des Salmonides, la constatation des mouvements
du germe est difficile ; elle ne peut se faire que d'une manière
indirecte, en durcissant rapidement les œufs, comme l'ont fait
Stricker et Œllacher, et en observant à la surface du germe
des bosselures, et sur ses bords des irrégularités. En me plaçant dans ces conditions, j'ai pu vérifier les observations de
ces auteurs.

Lorsqu'on met dans l'eau un œuf de Truite pondu et non
fécondé, on constate au bout de quelques heures que le germe
qui était primitivement étalé à la surface de l'œuf, ainsi que je
l'ai dit, s'est concentré et est devenu beaucoup plus visible.

Dans son mouvement de contraction, il entraîne avec lui un
grand nombre de gros globules huileux qui se trouvaient dans
la couche corticale. Le germe ainsi rassemblé devient alors
très apparent, c'est ce qui avait fait croire à Coste qu'il ne se
formait qu'après la ponte. Chez l'Épinoche on peut suivre par
transparence la concentration du germe. Les mouvements qui
s'observent alors sont analogues à ceux qui se voient dans
l'œuf après la fécondation, et que je décrirai plus tard.

II. — Fécondation.

La fécondation chez les Poissons osseux, sauf chez quelques
rares espèces ovovivipares, telles que le *Zoarces viviparus*, est
externe; elle s'opère dans l'eau, le mâle émettant sa semence
sur les œufs pondus par la femelle. Aussi la fécondation artificielle est-elle très facile chez ces animaux; pratiquée pour la
première fois par Jacobi (1), vers le milieu du dernier siècle,
cette opération est devenue tout à fait classique depuis les belles
recherches de Coste.

Les spermatozoïdes de Salmonides sont complètement immobiles dans la laitance extraite de l'animal. Dès qu'ils sont mis en
contact avec l'eau, ils exécutent des mouvements de trépida-
tion très vifs qui ne durent que quelques instants, puis ils
redeviennent immobiles; la durée de ce mouvement ne dépasse
pas trente secondes. Coste admet que la vitalité des spermatozoïdes persiste pendant sept ou huit minutes, parce qu'il
a pu au bout de ce temps féconder des œufs avec de l'eau
spermatisée. Ce résultat tient à ce que la laitance forme une
masse assez compacte qui ne se mêle à l'eau que peu à peu,
de sorte que les spermatozoïdes du centre de la masse ne se

(1) « Vers le milieu du dernier siècle, en 1758, le comte de Goldstein, grand
chancelier des duchés de Bergues et de Juliers pour son Altesse palatine,
remit à l'un des ancêtres du célèbre Fourcroy un mémoire sur la fécondation artificielle des œufs de Poisson et sur l'emploi de ce procédé pour le
repeuplement des rivières et des étangs. Ce remarquable travail qu'il tenait
d'une personne en qui il avait la plus grande confiance, et dont Jacobi était
l'auteur, était écrit en allemand, et M. de Fourcroy, trouvant des difficultés à
le traduire, le comte de Goldstein voulut bien le lui donner en latin. La ver-
sion française fut publiée en entier, en 1773, dans le *Traité général des pêches*
de Duhamel du Monceau, rédigé par ordre de l'Académie des sciences. » Coste,
Instructions pratiques sur la pisciculture. Paris, 1853, p. 1.

mettent en mouvement que lorsque les autres sont morts depuis
déjà longtemps. On peut constater ce fait en mettant un peu
de laitance au contact de l'eau sous le champ du microscope;
on voit alors les spermatozoïdes se désagréger petit à petit
autour de la goutte de laitance, et s'éloigner en tourbillonnant
dans l'eau ; il s'écoule plusieurs minutes avant que toute la laitance soit mêlée à l'eau, et pendant tout ce temps on voit des
spermatozoïdes mobiles, et d'autres qui sont morts depuis
longtemps. Mais si l'on mélange rapidement la laitance à l'eau,
de manière à mettre tous les spermatozoïdes à peu près au
même moment en contact avec le liquide, on constate que les
mouvements ne persistent que quelques secondes.

Chez l'Épinoche et l'Épinochette, la vitalité des spermatozoïdes est beaucoup plus grande que chez les Salmonides. En
pratiquant des fécondations artificielles d'Épinochette, j'ai vu
les spermatozoïdes tournoyer dans l'orifice micropylaire des
œufs pendant vingt à trente minutes; quelques-uns même
étaient encore mobiles au bout d'une heure et demie. C.-K.
Hoffmann (89) a constaté aussi que plusieurs Poissons de mer,
pour lesquels il a pu pratiquer la fécondation artificielle,
Scorpœna scrofa, *S. porcus*, *Julis vulgaris*, *Crenilabrus pavo*
et *Heliasis chromis* ont des spermatozoïdes doués d'une assez
grande vitalité. Toutefois ils perdent leurs mouvements après
un séjour de trente minutes dans l'eau de mer.

Dans une note présentée à l'Académie des sciences, en 1877,
j'ai fait connaître les résultats de mes recherches sur la vitalité
des spermatozoïdes de la Truite et sur la fécondation des œufs
avec de la laitance mélangée à certains liquides (67).

Sur une centaine d'œufs de Truite fécondés avec de la laitance mêlée à l'eau depuis une minute, aucun œuf ne s'est
développé. Après quinze secondes de contact avec l'eau, les
mouvements des spermatozoïdes sont lents et peu étendus ; un
grand nombre même sont déjà immobiles; soixante œufs
fécondés avec ce sperme affaibli ont donné quarante-six éclosions. Le sperme peut, au contraire, garder longtemps sa
vitalité lorsqu'on le conserve à sec dans un milieu humide.
Ainsi de la laitance laissée pendant quatre jours dans un flacon
bouché, à une température de 10 à 15 degrés, a pu servir à
féconder quarante œufs, sur lesquels huit seulement ne se sont

pas développés ; j'ai même pu féconder des œufs avec de la laitance datant de six jours.

J'ai pratiqué une série de fécondations avec de la laitance soumise à l'action de l'alcool et des anesthésiques. Des œufs provenant d'une même ponte furent essuyés avec soin sur du papier à filtrer, afin de les débarrasser du liquide péritonéal qui pouvait y adhérer, et empêcher ainsi les mouvements des spermatozoïdes. On mit sur un certain nombre de ces œufs quelques gouttes de sperme, puis on versa sur le tout de l'eau alcoolisée à $\frac{1}{100}$; au bout de quelques minutes, les œufs furent placés dans l'eau courante. On traita de même les autres œufs en les arrosant d'abord avec de la laitance fraîche, puis avec de l'eau alcoolisée à $\frac{10}{100}$, de l'eau éthérée, de l'eau chloroformée et de l'eau pure. Voici quels furent les résultats de ces fécondations :

Eau alcoolisée à $\frac{1}{100}$	91 œufs	74 développés.
Eau alcoolisée à $\frac{10}{100}$	59 —	50 —
Eau éthérée	51 —	42 —
Eau chloroformée	32 —	19 —
Eau pure	62 —	50 —

Les éclosions ont eu lieu toutes à la même époque, et les petites Truites provenant de ces différents œufs n'ont présenté dans la suite aucune particularité qui pût les faire distinguer des alevins obtenus par fécondation normale.

Ces expériences prouvent que l'alcool et les anesthésiques n'exercent pas une action nuisible sur les spermatozoïdes de la Truite, à des doses suffisantes pour tuer cependant des animaux inférieurs, tels que des Infusoires. Cette innocuité n'est probablement qu'apparente ; la vitalité des spermatozoïdes des Salmonides a une durée si courte que l'alcool et les anesthésiques n'ont pas le temps d'agir sur ces organismes avant leur pénétration dans l'œuf ; dès qu'ils sont entrés dans le germe, ils sont à l'abri des substances toxiques. Il est probable que les spermatozoïdes d'autres Poissons, comme ceux de l'Épinoche qui présentent une vitalité beaucoup plus longue, se comporteraient différemment mis en présence de l'alcool et des anesthésiques, et perdraient leurs mouvements plus tôt que dans l'eau pure. Je n'ai pu malheureusement faire des recherches à ce sujet.

Les œufs mûrs de la Truite, mis dans l'eau sans être fécondés, perdent aussi assez rapidement la propriété d'être fécondés ; je n'ai pas déterminé exactement la durée de la période pendant laquelle les œufs restent fécondables ; elle ne dépasse pas très probablement une demi-heure. L'œuf absorbe en effet de l'eau qui gonfle la capsule, et le micropyle se trouve ainsi fermé. Les œufs pondus, conservés à sec dans une atmosphère humide et à une température ne dépassant pas 12°C., conservent leur propriété d'être fécondés pendant deux ou trois jours. Des œufs datant de deux jours fécondés avec du sperme frais ont donné trente-deux éclosions sur quarante œufs ; des œufs datant de quatre jours ont donné cinq éclosions sur vingt œufs, et des œufs datant de cinq jours, une seule éclosion sur vingt-deux œufs. L'œuf extrait de l'animal perd donc sa vitalité plus vite que ne le fait le spermatozoïde.

Pour les œufs qui ont un petit volume, comme ceux de l'Épinoche, il est facile de suivre directement, sous le microscope, les premières phases de la fécondation, c'est-à-dire l'entrée des spermatozoïdes par le micropyle. Pour les œufs des Salmonides, l'observation est beaucoup plus difficile. Cependant en faisant tomber, immédiatement après la fécondation, des œufs dans une solution d'acide chromique, assez forte, afin de les tuer rapidement, et en pratiquant ensuite des coupes à travers la région micropylaire, on peut voir des spermatozoïdes engagés dans le canal du micropyle. Mais, lorsqu'on veut retrouver les éléments mâles dans l'intérieur de l'œuf, on éprouve une difficulté insurmontable. Le spermatozoïde est tellement petit par rapport à l'œuf qu'il est impossible de le distinguer après sa pénétration dans la masse granuleuse du disque germinatif. J'ai essayé un grand nombre de fois de rechercher le ou les spermatozoïdes dans le germe de la Truite et de l'Épinoche, soit sur des coupes d'œufs durcis immédiatement après l'imprégnation, soit dans des germes extraits de l'œuf vivant. Les réactifs colorants, tels que le vert de méthyle, le carmin aluné, l'hématoxyline, qui ont une grande affinité pour la substance chromatique constituant la tête du spermatozoïde, colorent aussi la totalité du germe, de sorte qu'ils ne

peuvent servir pour de semblables recherches. De plus, le germe
renferme un grand nombre de corpuscules réfringents qui ont
tout à fait les dimensions et l'aspect d'une tête de spermatozoïde.

Chez l'Épinoche et l'Épinochette, grâce à la transparence de l'œuf, j'ai pu souvent observer les modifications qui
suivent l'imprégnation. Quelques minutes après l'entrée des
spermatozoïdes dans l'œuf, on voit apparaître, entre la capsule
et le vitellus, un espace clair, dû à la rétraction du vitellus et
à l'entrée d'une certaine quantité d'eau, ainsi que Miescher l'a
démontré pour les Salmonides. Le germe de l'Épinoche est,
comme je l'ai déjà dit, très mal délimité et très étendu dans
l'œuf pondu. La couche corticale granuleuse et peu transparente, aux dépens de laquelle se constitue le germe, paraît
avoir à peu près la même épaisseur sur tout le pourtour de
l'œuf. Lorsque commence la rétraction du vitellus, la couche
corticale s'épaissit sur certains points et forme des bosselures
qui donnent au contour du vitellus un aspect irrégulier.
Les bosselures changent de forme et de place ; on les voit par-
courir la surface du vitellus comme des vagues qui se dépla-
ceraient très lentement à la surface de l'eau. Toute la masse
vitelline est animée des mêmes mouvements et on la voit
s'étrangler de distance en distance. Les protubérances, formées
par la substance finement granuleuse de la couche corticale,
deviennent de moins en moins nombreuses et se fusionnent à
l'un des pôles de l'œuf. Elles constituent finalement une seule
masse en forme de calotte, renflée en son milieu, et amincie
sur ses bords, qui coiffe environ le quart du globe vitellin.
(Planches, fig. 6.) Cette masse est encore animée pendant quelques temps de mouvements d'ondulation qui déplacent sa partie
renflée, et achèvent sa concentration. Une heure et demie
environ après la fécondation, le germe de l'œuf d'Épinoche est
définitivement constitué et a pris la forme d'une lentille plan-
convexe, qui repose par sa face plane sur le vitellus, et se
continue par ses bords amincis avec la couche corticale entourant le globe vitellin. Pendant les mouvements de concentration
du germe, les éléments huileux, qui étaient disséminés à la
périphérie de l'œuf, dans la couche corticale, se sont rassemblés au-dessous du disque germinatif, auquel ils sont quelquefois reliés par des filaments protoplasmiques analogues à

ceux que Van Bambeke (**11**) a décrits dans l'œuf de de la Tanche.

Ramson (**134**), qui a étudié, chez l'Épinoche, les mouvements que je viens de décrire, pense qu'ils sont dus à une contraction de la couche plasmique de l'œuf. His (**82**) admet aussi que les mouvements très curieux qui s'observent dans l'œuf du Brochet, se passent dans la couche corticale. Je partage entièrement cette opinion. Le vitellus est constitué, en effet, par une masse albumineuse spéciale qui ne saurait être douée de contractilité, tandis que la couche corticale possède toutes les propriétés du protoplasma et entre autres la contractilité.

Il est probable que dans l'œuf des Salmonides, il se passe des phénomènes semblables à ceux dont l'œuf de l'Épinoche est le siège, mais l'opacité de la capsule empêche de bien les observer. Stricker (**186**) et Œllacher (**123**) en durcissant des œufs de Truite, pris à des moments de plus en plus éloignés de leur fécondation, ont constaté, après avoir enlevé la capsule, des changements de forme dans le germe, se traduisant par des bosselures. De semblables bosselures irrégulières s'observent, en effet, à la surface du germe, quelques heures après la fécondation, mais je les ai trouvées beaucoup moins prononcées que ne les ont figurées Stricker et Œllacher; cela tient, je crois, à ce que je tuais les œufs plus rapidement que ces deux auteurs, de sorte qu'il ne se produisait pas de contractions irrégulières du germe sous l'influence des réactifs.

Lorsqu'on pratique des coupes à travers des œufs durcis dans les premières heures qui suivent la fécondation, on peut suivre le phénomène de la concentration du germe et voir comment il devient de plus en plus épais, et finalement une lentille plan-convexe. Le germe se présente d'abord sur une coupe médiane, une demi-heure après la fécondation, comme un croissant très mince, qui recouvre à peu près le sixième de la circonférence du vitellus. Une heure et demie à deux heures après, le croissant a diminué d'étendue, et sa partie médiane s'est renflée en forme de lentille biconvexe, dont les bords se continuent avec ceux du croissant. Ce n'est que six à huit heures après la fécondation que le germe a achevé sa concentration; il lui faut souvent un temps beaucoup plus considérable, lorsque la température est basse. Il se présente alors sous la forme d'une masse lenticulaire à bords épais dont la face supérieure libre est convexe, et la face inférieure, mal délimitée par rapport au vitellus sous-jacent, est plus aplatie.

Le germe est constitué par une substance finement granuleuse, au milieu de laquelle se trouvent de petits éléments arrondis, réfringents, homogènes, de nature protoplasmique, et qui sont de plus en plus volumineux de la surface vers la profondeur. Ces éléments se retrouvent dans la couche corticale qui s'étend au-dessous du germe à la surface du vitellus, et qui constitue plus tard le parablaste. On trouve parfois à la surface du germe de petits corps lenticulaires d'une coloration jaunâtre ou brunâtre, d'une réfringence plus grande que celle de la substance germinative et qui semblent enchâssés dans la couche superficielle. Ce sont les petites globules vitellins, dont j'ai parlé et qu'Œllacher a pris probablement pour les taches germinatives.

J'ai cherché avec soin sur de nombreuses coupes de germes, l'existence des noyaux mâle et femelle et je n'ai jamais pu les rencontrer. Malgré cela, je suis tout disposé à admettre qu'ils existent chez les Salmonides et qu'ils se comportent comme Hoffmann (89) l'a constaté chez d'autres Poissons. Cet habile observateur a vu, en effet, que chez les Poissons marins, chez lesquels il a suivi la transformation de la vésicule germinative en noyau femelle et en globules polaires, le spermatozoïde, après son entrée dans le germe, se transforme en un noyau mâle entouré d'un aster. Le noyau mâle et le noyau femelle grossisssent en s'approchant l'un de l'autre et se fusionnent pour former le premier noyau de segmentation.

Dans plusieurs germes de Truite encore largement étalés sur le vitellus, j'ai observé une disposition rayonnante du protoplama autour d'un centre situé sur la ligne médiane du germe; mais au centre de ce grand aster, dont les rayons atteignent presque la périphérie du disque germinatif, je n'ai pu trouver, avec le plus fort grossissement, ni à l'aide des réactifs colorants, aucune trace de noyau. A la fin de la concentration du germe, quelque temps avant la segmentation, on voit aussi au centre du germe un aster à rayons très étendus, entourant un espace clair qui renferme un noyau à contours mal délimités; ce noyau est évidemment le premier noyau de segmentation. Waldner (194) n'a pu constater aussi la présence du premier noyau de segmentation chez la Truite que sept heures après la fécondation : le noyau était situé au milieu du germe, plus rapproché de la surface externe que de la surface interne.

Kupffer (108) qui a étudié récemment la fécondation de l'œuf de Truite, décrit les phénomènes suivants : dans l'œuf non fécondé, sur une coupe pratiquée à travers la région du micropyle, on distingue un petit disque central avec un corpuscule excentrique, solide, se colorant en jaune par le picrocarmin, et une zone externe radiée. Dix minutes après la fécondation, on observe à la surface du germe une membrane délicate, qui vingt minutes plus tard se montre striée perpendiculairement et présente, au milieu d'un bouchon de substance germinative, des disques polaires. Entre le germe et le micropyle, Kupffer a vu de petits corps aplatis, formés d'une substance finement granuleuse, dans lesquels il aurait trouvé deux fois, un noyau colorable, ce sont les cellules polaires. Une heure après la fécondation apparaît, au sommet apical du germe, une figure allongée, composée de quatre petites vésicules et entourée d'une zone claire, perpendiculaire à l'axe de l'œuf. L'auteur n'a pu déterminer si cette sorte de pronucleus était mâle ou femelle. Deux heures et quart après la fécondation, on observe une autre figure semblable, située plus profondément et parallèle à l'axe de l'œuf. Trois heures après la fécondation, le germe présente deux noyaux qui se conjuguent bientôt suivant la direction de l'axe de l'œuf. Jusqu'à la dixième heure on ne trouve plus qu'un seul noyau. Enfin, entre la douzième et la dix-huitième heure commence la division du premier noyau de segmentation, le plan de division coïncidant avec celui de l'axe de l'œuf.

III. — Segmentation.

La segmentation de l'œuf des Poissons osseux, vue pour la première fois en 1836, par Rusconi (152-153) chez la Tanche, a été étudiée et décrite souvent par un grand nombre d'auteurs, de Filippi (46), Vogt (191), Aubert (3), Lereboullet (111-112), Kupffer (104), Stricker (186), Œllacher (123), Owsjannikow (124), Klein (94), His (83), Van Bambeke (11), Van Beneden (19), C. K. Hoffmann (89), Kingsley et Conn (93),

Ziegler (**200**), Agassiz et Whitman (**1**), Ryder (**154**), Brook (**25-26**), von Kowalewski (**103**), List (**117**) et Fusari (**52**). Aussi ne m'attarderai-je pas à la décrire avec détail, ni à réfuter certaines erreurs d'observation, telles que celle de Stricker qui croyait que les sphères de segmentation se produisaient par bourgeonnement, erreur qui a été très bien relevée par Œllacher et par Klein. J'insisterai cependant sur quelques points particuliers que j'ai étudiés plus spécialement.

La segmentation chez un certain nombre de Poissons, la Perche, l'Épinoche, etc., suit une marche régulière dont le type est le suivant :

Le germe se divise en deux parties égales par un sillon médian. Un second sillon perpendiculaire au premier partage chacune des moitiés en deux autres, de sorte que le germe est divisé en quatre parties. Deux autres sillons parallèles au second partagent le disque germinatif en huit segments ; mais la disposition de ces segments sur deux rangs parallèles donne au stade VIII des Poissons un aspect particulier ; qui ne se retrouve pas dans l'œuf d'autres animaux. Le stade XVI est obtenu par la formation de deux sillons parallèles au premier.

Chez la Truite on retrouve assez souvent ce type régulier de segmentation ; mais on peut aussi distinguer un autre type derivé du premier et se rapprochant plus de celui qui s'observe chez les Batraciens.

Le premier sillon de segmentation, ainsi qu'Œllacher l'a signalé le premier, apparaît généralement sur l'un des bords du germe sous forme d'une petite dépression linéaire plus accentuée à quelque distance du bord libre du germe que sur ce bord même. Quelquefois la dépression se produit au centre même du disque et s'étend vers l'un des bords avant de se diriger vers le côté opposé. Le germe, au moment de l'apparition du premier sillon de segmentation, entre la dixième et la vingt-quatrième heure après la fécondation, ne présente pas encore un contour bien net, comme il en aura un quelque temps après ; il existe à sa périphérie des encoches et des prolongements irréguliers, qui semblent être des expansions protoplasmiques fixées par l'action du réactif durcissant. Après la formation du premier sillon, le germe est généralement circulaire, mais il présente souvent une forme elliptique, le sillon correspondant

Balfour (**8**) pour les Plagiostomes, Salensky (**163**) pour le Sterlet, Sarasin (**164**) pour les Reptiles, ont signalé le même fait. Au contraire Coste (**33** *bis*), Hæckel (**63**), Van Beneden (**19**), Hoffmann (**89**), ont figuré et décrit, chez d'autres Poissons osseux, le premier sillon divisant et traversant le germe dans toute son épaisseur. Mes propres observations m'ont démontré qu'il en est de même chez la Truite.

La ligne très fine qui fait suite à la dépression superficielle du premier sillon peut être suivie jusqu'au contact du vitellus, du moins sur les coupes qui passent exactement par le centre du germe. Cette ligne est bordée de chaque côté par une petite bande claire nettement différenciée du protoplasma voisin. A l'aide d'un grossissement assez fort on constate que ces bandes claires sont traversées par des lignes très fines, parallèles entre elles et perpendiculaires à la ligne médiane; les lignes radiées se perdent dans le protoplasma des deux segments et semblent converger vers les deux premiers noyaux de segmentation. Cette disposition rappelle celle qui s'observe dans les cellules végétales, au moment où se forme la plaque cellulaire quand se constitue la cloison de séparation des deux cellules filles. (Planches, fig. 60.)

Les premiers segments du germe possèdent-ils une membrane d'enveloppe? Je crois pouvoir répondre à cette question par l'affirmative. Il arrive, en effet, quelquefois comme le montre la figure 60 (Planches), qu'il se détache à la périphérie du segment des lambeaux très minces qui ont tout à fait l'apparence d'une membrane de cellule. Cette membrane se continue avec la ligne qui indique la séparation des deux segments; celle-ci me semble donc être une cloison se formant aux dépens d'une figure radiée analogue à celle des cellules végétales.

Œllacher (**123**) a signalé le premier l'existence d'une bande claire indiquant la formation des sillons de segmentation, mais il ne paraît pas avoir vu la ligne qui occupe le milieu de la bande claire et qui représente, je crois, la membrane de cellule. Nuel (**121**) admet aussi une membrane autour des sphères de segmentation du *Petromyzon Planeri*. « La membrane existe, dit-il, au complet dès qu'une cellule s'est divisée en deux..... Elle ne pénètre pas entre les deux cellules qui viennent de se former par division, mais une nouvelle lamelle naît ici au moment même de la division, par un processus analogue à celui qu'on a si bien observé dans les plantes. » (P. 446, en note.)

Œllacher et plus récemment Ziegler ont décrit sur le trajet des premiers sillons de segmentation, chez la Truite, des vacuoles ou des anfractuosités. Balfour (8) a signalé le même fait chez les Plagiostomes, et Sarasin (164) chez les Reptiles. Je n'ai pu observer qu'exceptionnellement ces anfractuosités et je ne les ai pas trouvées sur des germes qui avaient été traités par l'acide osmique ou le liquide de Kleinenberg. J'ai lieu de croire que ces productions ne sont pas normales et se produisent sous l'action de certains réactifs durcissants. On ne les observe pas lorsqu'on suit la segmentation sur des œufs transparents, comme ceux de l'Épinoche ; Van Beneden, Hoffmann, Kingsley et Conn ne les ont pas vues non plus dans les œufs transparents qu'ils ont examinés.

L'étude des coupes du germe de la Truite, montre qu'il se produit de bonne heure, dès le stade VIII, des sillons parallèles à la surface qui détachent des segments, dans la partie superficielle, pour constituer les premières sphères de segmentation. Il se produit en même temps dans la profondeur du germe, au-dessous de ces premières sphères, des sillons perpendiculaires à la surface ou légèrement obliques. Ces sillons moins nombreux que les sillons superficiels ne pénètrent pas jusqu'au vitellus ; ils découpent des segments beaucoup plus gros que ceux de la surface et qui sont reliés entre eux inférieurement par une masse indivise de protoplasma. Tous ces faits ont été très bien décrits et figurés par Œllacher (123).

Lorsque le germe est partagé en un certain nombre de segments irréguliers et polygonaux, de telle sorte qu'on en compte environ une dizaine sur une section médiane, la segmentation continue à se faire d'une manière plus régulière par une bipartition répétée des cellules ; les cellules profondes restant toujours plus volumineuses que les autres.

Les cellules, qui mesurent à ce moment, sur des pièces fixées par le liquide de Kleinenberg, environ $0^{mm},04$ de diamètre, prennent une forme sphéroïdale et présentent entre elles des lacunes plus ou moins grandes et irrégulièrement distribuées. Cependant les cellules superficielles du germe sont plus rapprochées les unes des autres et constituent déjà une couche spéciale qui se différenciera de plus en plus pendant le développement ultérieur du germe. His (**83**) a bien représenté (Pl. I, fig. **2**, 3 et 4) cet état lacunaire du germe, mais il a figuré aussi (Pl. I, fig. 3 et 4 et Pl. II, fig. 4) des chaînes de cellules unies entre elles, sous forme de cordons protoplasmiques, moniliformes, plurinucléés. Je n'ai jamais observé une disposition semblable.

La multiplication des cellules marche de plus en plus rapidement, au fur et à mesure qu'elles deviennent de plus en plus petites, et finalement la masse totale du germe se trouve divisée en un grand nombre de petits éléments qui ont un volume à peu près uniforme, sauf ceux de la couche superficielle, qui restent toujours plus petits et pressés les uns contre les autres, tandis qu'il existe de nombreuses lacunes entre les autres éléments.

Noyaux des sphères de segmentation. — J'ai déjà dit que le premier noyau de segmentation, dont l'origine m'est restée inconnue chez la Truite, est nettement visible dans le germe avant l'apparition du premier sillon. Ce noyau a été signalé pour la première fois par Œllacher (**123**), en 1872; il ne l'a vu qu'une seule fois sur une coupe, et il le décrit comme un corps granuleux mesurant 0^{mm},08 et renfermant un petit corps de 0^{mm},04. Ce noyau était légèrement [excentrique et plus rapproché de la surface que de la base du germe (1). Il a été, au contraire, très bien observé par C. K. Hoffmann (**89**) dans les œufs transparents du *Julis vulgaris*, du *Scorpæna* et de quelques autres Poissons marins, où il se présente entouré d'un aster très net.

Chez la Truite, ce premier noyau est très difficile à observer; il ne peut se voir que sur des coupes et dans les quelques cas où j'ai pu le découvrir, sa présence ne se révélait que par une petite tache un peu plus foncée que le reste du protoplasma et entourée de lignes rayonnantes très étendues. Dans un germe divisé en deux, il est beaucoup plus aisé de voir dans chaque segment un noyau également entouré d'un aster. Œllacher

(1) Dans la figure 17 de la planche XXXIII de son mémoire, Œllacher représente ce premier noyau plus près de la base du germe que de la surface ; il y a probablement une erreur dans le texte.

a vu ces noyaux et les décrit comme constitués par des amas de corpuscules situés dans une lacune proplasmique multiloculaire. Ces corpuscules mesuraient de $0^{mm},004$ à $0^{mm},009$ de diamètre, et se coloraient d'une manière plus intense que le reste du protoplasma par le carmin et le chlorure d'or. Œllacher s'est demandé si cet amas de corpuscules représentait un noyau unique, ou si chacun de ces corpuscules constituait un noyau. Il a observé une semblable dispositon dans les sphères de segmentation à un stade plus avancé. Chaque noyau était formé par un amas de petites vésicules, et au moment de la division de la sphère, l'amas vésiculaire se divisait lui-même en deux. Œllacher pense que les noyaux ont une membrane plissée formant des lobes, qui sur une coupe optique représentent une série de vésicules placées les unes à côté des autres. Cet auteur rappelle que Remak (**146**) a décrit une disposition semblable du noyau dans les sphères de segmentation des Batraciens et Lang (**110**) dans les cellules cancéreuses.

Depuis Œllacher, Hertwig (**78**) a signalé, comme Remak, dans les sphères de segmentation de la Grenouille. les jeunes noyaux se formant par la réunion de vacuoles qui résultaient elles-mêmes du gonflement des grains de chromatine (granules de Bütschli); Fol (**50**), dans les œufs du *Toxopneustes lividus*, a vu également, à un certain moment, les noyaux constitués par un amas de sphérules, et il dit s'être assuré que ces corpuscules dérivent directement des renflements intranucléaires ou granules de Bütschli. Trinchese (**187**) a décrit et représente une disposition semblable dans les globules polaires des Éolidiens; mais, suivant lui les filaments chromatiques du noyau mère deviendraient, par la réunion de leurs deux bouts, des anneaux qui se réuniraient entre eux et qui, par l'adjonction d'une nouvelle substance nucléaire, se transformeraient en nouveaux noyaux. Bellonci (**17**), dans les sphères de segmentation de l'Axolotl a observé aussi la constitution vésiculaire du noyau à un certain stade de la cytodiérèse (1). D'après cet au-

(1) J'ai proposé le mot de *cytodiérèse* (χύτοσ, cellule, διαίρεσις, division) pour remplacer celui de *kariokynèse* et j'ai exposé dans une note spéciale les raisons qui me paraissent devoir faire adopter ce terme. Voir *Note sur la division cellulaire ou cytodiérèse*, dans les *Comptes rendus de l'Association française pour l'avancement des sciences, Congrès de la Rochelle*, 1882.

teur, les éléments chromatiques s'imbiberaient de suc nucléaire
pour devenir des vésicules, qui se fusionneraient entre elles
afin de constituer les noyaux-filles. Enfin von Kowalewski (103) a
reconnu que les noyaux des sphères de segmentation du *Carassius auratus* sont, à l'état de repos, constitués par des amas
de petites vésicules arrondies et transparentes.

J'ai vérifié les observations d'Œllacher, chez la Truite et celle
de Bellonci, chez l'Axolotl ; il est certain que les noyaux se
présentent à certains moments comme formés par un amas de
vésicules ; mais avant d'exposer mes recherches à ce sujet je
résumerai celles que j'ai faites sur la division cellulaire dans le
germe de la Truite.

Le processus de la cytodiérèse est très difficile à suivre dans
les premières sphères de segmentation, à cause de l'épaisseur
des cellules et de leur état granuleux ; de plus, on ne peut arriver
à colorer convenablement les noyaux. Si l'on soumet, en effet,
un germe de Truite, non segmenté ou seulement segmenté en
un petit nombre de sphères, à l'action des réactifs colorants, tels
que le carmin, le picrocarminate d'ammoniaque, le carmin
aluné ou boraté, le vert de méthyle, l'hématoxyline, la safranine, etc., on constate que tout le protoplasma se colore fortement en prenant une teinte uniforme ; les noyaux sont à peine
un peu plus colorés. Plus les sphères de segmentation deviennent nombreuses et diminuent de volume, moins le protoplasma
se colore et plus les noyaux, au contraire, retiennent fortement
la matière colorante. J'ai observé le même fait dans les œufs des
Batraciens, Grenouille, Triton et Axolotl. Il me semble résulter
de ce fait que la substance chromatique de Flemming, dont la
présence se traduit dans les noyaux par leur affinité élective
pour les matières colorantes, est d'abord à peu près répandue
également dans la protoplasma des cellules embryonnaires.
Cette substance se sépare graduellement du protoplasma par
une sorte de condensation de la substance nucléaire au fur et
à mesure que les noyaux se multiplient.

Cette observation que j'ai consignée dans une communication préliminaire à l'Académie des sciences, en 1882 (71), a été
confirmée depuis par A. Sabatier (161). « Pour ma part, non
seulement, dit cet auteur, je puis confirmer les observations
d'Henneguy, mais j'ajouterai que dans l'étude que je poursuis

depuis plusieurs années des éléments reproducteurs, j'ai été souvent frappé par la difficulté de bien délimiter par la coloration les noyaux dans les ovules mâles ou femelles pendant leur première période de grande activité, c'est-à-dire alors que vont se produire les éliminations destinées à déterminer la sexualité de l'élément (p. 447) ». Ed. Van Beneden (20) a remarqué aussi dans l'œuf de l'*Ascaris megalocephala*, que pendant la cytodiérèse la protoplasma devient beaucoup plus chromophile. « Ceci tendrait à établir, dit-il, qu'une partie de la substance chromatique du noyau peut, à certains moments, se disséminer dans le corps protoplasmique. Si les rapports entre le corps cellulaire et le noyau chromatique sont tels que la chromatine nucléaire peut se répandre partiellement dans le protoplasma, l'on est en droit de supposer aussi que le même fait peut se produire pour le suc nucléaire. Rien ne s'oppose non plus à l'hypothèse d'après laquelle le phénomène inverse pourrait se produire (p. 584*)*. »

C'est dans un germe du troisième ou du quatrième jour après la fécondation, qu'on peut suivre le mieux la division des cellules embryonnaires. Celles-ci sont alors constituées par un protoplasma finement granuleux; leur noyau est assez volumineux et se colore facilement par les réactifs. Je ne ferai que rappeler brièvement le résultat de mes recherches à ce sujet.

Le noyau d'une cellule à l'état de repos contient un réseau formé de petites granulations se colorant fortement sous l'action des réactifs colorants; il ne contient pas de nucléole distinct, mais on observe souvent une ou deux granulations plus volumineuses que les autres. Il est rare d'observer dans un germe, tué rapidement par les agents fixateurs, des cellules au repos; elles se présentent presque toutes à l'une des phases de la cytodiérèse. Il existe, en effet, autour du noyau un espace clair, duquel partent en divergeant des lignes très claires qui vont presque jusqu'à la périphérie de la cellule et dont l'ensemble constitue un aster. Cet aster ne tarde pas à s'allonger et à prendre une forme elliptique, le noyau s'allonge aussi dans la même direction. L'aster se divise et ses deux moitiés vont former chacune un nouvel aster aux extrémités du grand axe du noyau. Flemming (47), en se basant sur ses observations sur l'œuf des Échinodermes, n'admet pas l'existence d'un aster unique entourant d'abord le noyau ; pour lui, l'aster est primitivement dicentrique. Je ne saurais partager cette manière de voir et les nouvelles observations que j'ai faites sur ce sujet ne me laissent aucun doute sur la réalité du premier aster unique.

· Au moment de la constitution de l'amphiaster, on voit la membrane du noyau se plisser aux deux extrémités de son grand axe, en face des espaces clairs de l'amphiaster ; puis la membrane ne tarde pas à disparaître en ces points et les rayons des asters pénètrent dans l'intérieur du noyau. Bobretsky (24) a observé le même fait dans l'œuf de la *Nassa*, et Fol (50) dans celui du *Pterotrachea* autour de la vésicule germinative. Flemming, au contraire, nie la pénétration des rayons des asters dans le noyau ; suivant lui, les filaments achromatiques du fuseau prennent naissance aux dépens du noyau. Mes propres observations sont identiques à celles de Strasburger, qui fait provenir toute la figure achromatique du protoplasma cellulaire.

Pendant que se passent les phénomènes que je viens de décrire, le réseau chromatique du noyau s'est fragmenté en plusieurs petits corps homogènes, dans lesquels on ne distingue plus les granulations, se colorant plus fortement que celles-ci par les réactifs et ayant la forme de bâtonnets plus ou moins flexueux ou de virgules. Ces petits corps viennent se placer aux extrémités des rayons des asters qui ont pénétré dans le noyau et se disposent en une ou plusieurs rangées, pour constituer la plaque équatoriale des auteurs. La membrane du noyau disparaît complètement et l'on voit alors nettement dans la cellule la figure bien connue du fuseau avec l'amphiaster. Les éléments de la plaque équatoriale se séparent en deux rangées de petits bâtonnets qui se dirigent chacune en sens contraire, en suivant le grand axe du fuseau, vers chacun des deux asters. Il m'a été impossible, même en employant les meilleurs objectifs, tel que le $\frac{1}{18}$ à immersion homogène de Zeiss, de constater la division longitudinale des bâtonnets chromatiques, décrite pour la première fois par Flemming et constatée depuis par un grand nombre d'observateurs. Cela tient probablement à la petitesse des éléments chromatiques chez la Truite ; la scission longitudinale des filaments se voit en effet très bien dans les gros noyaux des larves de Batraciens urodèles.

Arrivés aux extrémités du fuseau, qui a pris alors la forme d'un rectangle et dont les filaments sont parallèles, les bâtonnets chromatiques, qui ont diminué de nombre, mais dont le volume s'est augmenté, se groupent de manière à constituer une figure pectiniforme. Lors de mes premières recherches sur le cytodiérèse, je croyais que les éléments chromatiques se fusionnaient entre eux, en commençant par leurs extrémités périphériques. Flemming a réfuté avec raison cette interprétation ; j'ai reconnu depuis que les éléments chromatiques restaient libres, tout en se rapprochant cependant par leurs parties périphériques, et s'ils paraissent souvent fusionnés, c'est qu'ils ont été agglutinés par le réactif fixateur, ou bien parce qu'on ne les examine pas avec un grossissement suffisant.

Le corps de la cellule ne commence à s'étrangler en son milieu, qu'après la division du noyau ; les rayons des asters ont alors en partie disparu ; mais les filaments connectifs qui réunissent les deux moitiés du noyau persistent jusqu'à la séparation complète des deux nouvelles cellules.

D'après Flemming, le nouveau noyau de la cellule fille parcourrait en sens inverse, pour arriver au repos, les mêmes phases que le noyau-mère. Il est difficile de suivre, dans les cellules du germe de la Truite, les transformations du noyau-fille ; mais les faits que j'ai observés dans les cellules de segmentation de l'Axolotl et du Triton et qui corroborent tout à fait ceux que Bellonci a décrit dans ces mêmes cellules, tendent à me faire croire qu'il en est de même chez la Truite et que le noyau-fille se forme d'une façon différente de celle admise par Flemming. Dans les sphères de segmentation de l'Axolotl et du Triton, les filaments chromatiques, qui doivent constituer le noyau-fille, sont disposés en anses à peu près parallèles dont les extrémités libres sont dirigées du côté du plan de séparation des deux cellules. Les anses sont formées par deux filaments parallèles très déliés. Bientôt les extrémités libres de chaque anse se rapprochent de manière à former un anneau ; le filament interne disparait et à sa place on voit des granulations accolées à la face interne de l'anneau. Les anneaux augmentent de volume, se rapprochent les uns des autres et s'accollent sur certains points. Comment les anses chromatiques se transforment-elles en vésicules, ainsi que l'a vu Bellonci, c'est ce que je ne puis dire actuellement: mais il est certain qu'à un stade un peu plus avancé, le noyau-fille est formé par l'agglomération des vésicules qui se fusionnent petit à petit et constituent finalement le noyau définitif avec son réseau intérieur.

Je ne veux pas insister ici sur cet intéressant phénomène, je ne l'ai décrit sommairement que pour pouvoir expliquer la disposition signalée par Œllacher dans les premières sphères de segmentation de la Truite, disposition dont j'ai vérifié l'existence, ainsi que je l'ai dit plus haut. L'amas formé de plusieurs petites vésicules, qui constitue le noyau de ces sphères, n'est qu'un stade de transformation du noyau-fille. Il est probable que le même processus doit avoir lieu dans les cellules plus petites, mais le faible volume des éléments chromatiques n'en permet pas la constatation.

Parablaste. — Les phénomènes qui se passent dans la couche sous-jacente au germe, au moment de la segmentation, sont très intéressants à suivre et présentent une grande importance au point de vue de l'embryologie générale. Cette couche, qui a reçu des noms très différents suivant les auteurs, ne paraît être qu'un épaississement de la couche corticale, qui enveloppe le vitellus, et que j'ai déjà décrite dans l'œuf non fécondé. Je rappellerai brièvement les opinions émises sur cette couche.

Lereboullet (**111 et 112**), qui la signala le premier, lui donna le nom de *feuillet muqueux*; il constata son existence chez le Brochet, la Perche et la Truite, et décrivit les transformations qu'elle subit pendant l'extension du germe sur le vitellus. Cette couche renfermerait, d'après lui, des cellules provenant de la transformation des globules vitellins.

Kupffer (**104**) a vu chez l'Épinoche des séries régulières de noyaux au-dessous du germe et des cellules prendre naissance par formation libre autour de ces noyaux. Aussi a-t-il donné le nom de *zone nucléaire* (Kernzone) à la couche située au-dessous du germe.

Owsjannikow (**124**) a remarqué aussi sous le germe du *Coregonus lavaretus* une couche protoplasmique dans laquelle apparaissent des cellules qui prennent part à la formation de l'embryon.

Van Bambeke (11) a constaté, dans l'œuf du Gardon *(Leuciscus rutilus)*, que le germe segmenté est séparé du vitellus par une couche particulière, plus épaisse à la périphérie qu'au centre, cette *couche intermédiaire* est formée par un protoplasma à granulations nombreuses, plus grosses que celles des cellules de segmentation. Le bourrelet périphérique renferme des noyaux ovalaires à grosses granulations, qui se colorent plus facilement que les noyaux des cellules. Il existe aussi des noyaux dans la partie centrale amincie. Van Bambeke pense que cette couche provient du germe et que les noyaux qui s'y trouvent dérivent peut-être du premier noyau de segmentation ; « les cellules, dont ils constituent les centres, résultent aussi du processus de segmentation, se faisant ici avec plus de lenteur que dans le germe proprement dit. » Suivant lui, la couche intermédiaire se constitue aux dépens de la couche protoplasmique qui entoure le vitellus de l'œuf arrivé à maturité, et il ajoute que « lorsque la couche intermédiaire existe, le manteau protoplasmique a positivement disparu autour du globe vitellin. »

Weil (195) et Œllacher n'admettent pas de couche intermédiaire dans l'œuf de la Truite. Cependant Œllacher a bien vu et figuré une couche renfermant des cellules au-dessous du germe, mais seulement à un stade déjà avancé, lorsque le blastoderme s'est étalé et soulevé au-dessus du vitellus ; suivant lui, il se détacherait alors du toit de la cavité sous-germinative des cellules qui pénètreraient dans le vitellus et s'y multiplieraient, mais ne joueraient aucun rôle. Œllacher regarde le germe comme étant en continuité avec la membrane vitelline (couche corticale) ; celle-ci se composerait de deux couches, l'une superficielle, dépourvue de graisse, l'autre profonde, chargées de gouttelettes huileuses ; le germe serait compris entre ces deux couches, il a vu quelquefois au-dessous du germe une couche mince grossièrement granuleuse, et ressemblant au protoplasma germinatif.

Klein (94) a bien étudié la constitution de la couche intermédiaire chez la Truite et lui a donné le nom de *parablaste* par opposition à l'*archiblaste* qui, pour lui, constitue le germe ; mais il a reconnu que le parablaste et le germe sont en continuité. Il a décrit avec soin les noyaux qui se forment dans cette couche

et il admet que des cellules prennent naissance dans le parablaste pour venir s'ajouter au germe segmenté. Klein assimile
l'œuf des Poissons osseux à une cellule graisseuse : le parablaste représente le manteau protoplasmique de la cellule ; le
vitellus est le globule graisseux.

His (82) donne au parablaste le nom de *rempart germinatif*
(Keimwall) ; les noyaux qu'il renferme préexisteraient à la fécondation et viendraient des leucocytes qui ont pénétré dans l'œuf
ovarien.

Hæckel (63) semble avoir méconnu complètement le parablaste dans les œufs transparents qu'il a examinés. Gœtte (58)
et Calberla (31) ont, au contraire, constaté l'existence d'une
zone nucléée au-dessous du germe de Poissons osseux.

Ed. Van Beneden (19) a décrit une couche intermédiaire dans
l'œuf d'un Poisson marin indéterminé de la famille des Gadides.
Dans cette couche apparaissent par voie endogène des noyaux
entourés de stries rayonnantes et qui deviennent les centres de
formation de cellules, qui s'ajoutent à celles du germe segmenté.

Hoffmann (89) a retrouvé le parablaste dans tous les œufs de
Poissons marins qu'il a examinés, et il a pu dans ces œufs
découvrir l'origine du premier noyau du parablaste. Après la
formation du premier noyau de segmentation, résultant, comme
on sait, de la fusion du noyau spermatique avec le pronucleus
femelle, ce noyau se divise en deux, perpendiculairement à la
surface du germe ; l'une des moitiés reste dans le germe et
devient l'origine des noyaux des sphères de segmentation,
l'autre moitié émigre dans le parablaste et donne naissance
aux nombreux noyaux qu'on observe dans cette couche. Suivant Hoffmann, à chaque bipartition successive du noyau du
germe, correspond une semblable bipartition du noyau du
parablaste ; de telle sorte, que, au moins au début du développement, il y aurait autant de noyaux dans le parablaste qu'il y
en a dans le germe. Les noyaux parablastiques se multiplient
comme ceux du germe par division indirecte, en présentant
les phases que j'ai exposées plus haut.

Ziegler (200) a constaté aussi récemment l'existence du parablaste dans l'œuf des Salmonides et dans ceux du *Rhodeus
amarus* et du Syngnathe. Enfin, Kingsley et Conn (93), Ryder

(**154**), Agassiz et Whitman (**1**), etc., l'ont décrit dans plusieurs espèces marines. Ryder donne à cette couche le nom d'*hypoblaste vitellin* (Yelk-Hypoblast). Agassiz et Whitman celui de *périblaste*. Le terme de parablaste ayant été adopté par la plupart des auteurs, c'est le nom que je conserverai à cette couche importante.

L'œuf des Salmonides est favorable pour l'étude du développement du parablaste, cette couche ne devenant bien apparente qu'à un stade avancé de la segmentation. Dans un œuf non segmenté et pendant les premiers stades du fractionnement, le germe repose directement sur le vitellus, dont il est séparé, ainsi que je l'ai déjà dit, par une ligne très nette. Sur des œufs durcis par l'acide chromique, on peut facilement enlever le germe au moyen d'une aiguille, en exerçant une légère pression au-dessous de lui; il se détache alors avec une petite zone circulaire de la couche corticale. Il en est de même dans les œufs traités par l'acide osmique ou le liquide picro-acétique; en ouvrant l'œuf dans l'eau acidulée, la masse vitelline restée fluide se dissout et le germe se détache entouré d'une zone présentant une consistance plus grande que le reste de la couche corticale. (Planches, fig. 64.)

Des coupes pratiquées sur des germes ainsi détachés et colorés montrent que les bords du disque germinatif se continuent avec une zone protoplasmique, finement granuleuse; ayant le même aspect que le germe et présentant sous l'influence des réactifs la même coloration que lui. Cette zone est à la surface du vitellus et n'existe qu'à la périphérie du germe où elle présente son maximum d'épaisseur; elle va en s'amincissant pour devenir à peu près invisible à une distance qui correspond au quart environ du diamètre du germe. Cette zone, qui est formée en somme par une expansion du protoplasma germinatif, est l'origine du parablaste; je la désignerai sous le nom de *zone périphérique;* elle se continue avec la couche corticale enveloppant le vitellus. Elle ne diffère de cette dernière que par son épaisseur plus grande, et la consistance qu'elle prend sous l'influence des réactifs coagulants.

Pendant les premiers stades de la segmentation, lorsque les cellules profondes sont encore volumineuses, la zone périphérique ne subit aucune modification; elle reste en continuité

avec le germe. Dès que les cellules profondes commencent à
se délimiter nettement les unes des autres, la zone périphérique se sépare aussi du germe. C'est à ce moment qu'apparaissent dans cette zone des noyaux semblables à ceux des cellules de segmentation. Ces noyaux, d'abord rares et très
rapprochés de la périphérie du germe, sont souvent entourés
d'un aster. Bientôt on les voit se multiplier par division indirecte en présentant toutes les phases qui s'observent dans les
cellules provenant de la segmentation du germe ; presque tous
ces noyaux présentent simultanément les mêmes phases de la
division. C'est vers la fin du troisième jour et le commencement du quatrième, que le phénomène est le plus visible. A
ce moment, la zone périphérique pénètre au-dessous du germe
et s'étend, comme l'a très bien vu Van Bambeke (11), de la
périphérie vers le centre ; elle finit par former au-dessous du
germe une couche continue qui constitue le parablaste.

Le parablaste, une fois différencié, est donc une couche protoplasmique plurinucléée, ayant la forme d'une sorte de cratère à bords très nets dans lequel est enchâssé le germe segmenté. En dehors de celui-ci, il continue à s'étendre sur le
vitellus jusqu'à une certaine distance, comme le faisait la zone
périphérique. Du côté du vitellus, le parablaste est mal délimité ; il s'enfonce plus ou moins entre les globules huileux
accumulés sous le germe ; il se mélange aux grosses granulations et aux globules albumineux de la couche corticale.

On peut bien apprécier la forme du parablaste en chassant
avec le pinceau les cellules du germe sur un œuf durci ; il
reste alors une cupule arrondie qu'on peut examiner par transparence, après l'avoir montée dans le baume de Canada.
(Planches, fig. 64.)

Le parablaste éprouve vis-à-vis des réactifs colorants les
mêmes modifications que le protoplasma du germe. Au fur et
à mesure que les noyaux se multiplient, le protoplasma parablastique se colore de moins en moins ; la substance chromatique, d'abord diffuse, se concentre de plus en plus dans les
noyaux.

Les premiers noyaux du parablaste ont le même aspect que
ceux des cellules de segmentation, et ils conservent cet aspect
tant que dure leur multiplication par voie indirecte ; mais ce

mode de division ne dure que peu de temps ; à partir de la fin
du quatrième jour, il m'a été impossible de trouver dans le parablaste un seul noyau présentant des figures cytodiérétiques.
Du reste, à partir de ce moment les noyaux ont changé d'aspect ; ainsi que l'a bien vu Klein (94), ils sont beaucoup plus
volumineux que ceux du germe, leur contour est irrégulier, et
ils renferment un réseau chromatique très net et à larges mailles.
Balfour (8), chez les Plagiostomes, n'a vu aussi des figures
cytodiérétiques dans le parablaste qu'au début de la segmentation.

Le parablaste, comme nous le verrons bientôt, suit l'extension du germe à la surface du vitellus et finit par occuper une
large surface ; il renferme toujours de nombreux noyaux, qui se
multiplient alors par division directe, et subissent plus tard,
dans certaines régions, d'intéressantes modifications que je
décrirai à propos du développement de l'embryon.

L'origine des noyaux du parablaste aux dépens du premier
noyau de segmentation, établie par Hoffmann pour les œufs de
certains Poissons marins, est tout à fait inadmissible pour la
Truite, puisqu'il n'existe pas trace de parablaste au-dessous du
germe, pendant les premiers stades de la segmentation. On
serait donc tenté d'admettre, comme l'ont fait les premiers observateurs, entre autres Kupffer (104), Klein (94), Van Beneden (19),
que les premiers noyaux du parablaste apparaissent par formation
libre ; mais on sait, d'après tous les travaux récents sur l'origine et la structure des éléments cellulaires, que la formation
libre de noyaux ou de cellules est un fait très rare, si toutefois
il existe, et les histologistes modernes ont établi d'une façon
à peu près certaine que tout noyau provient d'un noyau pré-
existant. Il me semble donc plus logique d'admettre que les
premiers noyaux parablastiques de la Truite viennent des
noyaux du germe. Il est probable que, lorsque la zone périphérique se sépare du germe, des noyaux provenant des cellules
de segmentation limitrophes pénètrent dans son intérieur ; il
il se passe là, à un stade ultérieur, le même phénomène que
Hoffmann a observé avant le début de la segmentation. Mais
tandis que, chez certains Poissons, le parablaste se sépare de
très bonne heure du germe et sur toute son étendue, chez les
Salmonides il ne se différencie que plus tard et seulement d'a-

bord à la périphérie. Ce fait ne saurait nous surprendre, puisqu'on observe souvent un phénomène semblable en embryogénie. On sait, en effet, qu'un même organe peut apparaître
plus ou moins tardivement chez différents animaux, sans que
pour cela l'évolution de l'embryon soit modifiée.

Le parablaste doit donc être considéré comme une portion
du germe qui ne prend pas part à la segmentation, et dans
laquelle la multiplication des noyaux n'est pas suivie immédiatement de la division de la masse protoplasmique. Je dis
immédiatement, parce qu'en effet on voit apparaître, à un
moment donné de véritables cellules dans le parablaste.

Kupffer (104) le premier constata que dans l'œuf de l'Épinoche
il se forme des cellules autour des noyaux du parablaste, et que
ces cellules viennent s'ajouter à celles du germe. Klein (94) a
vu aussi des cellules naître dans la couche parablastique, et,
d'après lui, elles formeraient l'endoderme. Van Bambeke (11)
pense également que l'endoderme provient de cellules formées
dans la couche intermédiaire. Ed. Van Beneden (19) admet une
formation endogène de cellules dans la couche parablastique ;
la striation rayonnée du protoplasma autour des noyaux prouve,
d'après lui, la formation de cellules. Du reste, il a vu des
cellules engagées dans le parablaste faire saillie dans la cavité
germinative. Balfour (8), chez les Plagiostomes, a vu aussi, au-
dessous du germe segmenté, dans le vitellus, des noyaux en
voie de division; ces noyaux deviennent des centres de
formation de cellules, qui pénètrent dans le germe et entrent
plus tard dans la constitution de l'endoderme. Œllacher (123),
ainsi que je l'ai déjà dit, tout en reconnaissant l'existence des
cellules dans le vitellus sous-jacent au germe, pense que ces
cellules proviennent du germe et ne jouent aucun rôle.
Hoffmann (89), à l'encontre des auteurs cités précédemment,
admet, aussi bien pour les Plagiostomes que pour les Téléostéens,
que toutes les cellules du germe dérivent de l'archiblaste et
que le parablaste ne participe en rien à leur formation.

Les recherches multipliées que j'ai faites sur l'évolution du
parablaste, m'ont conduit aux mêmes conclusions que Kupffer,
Ed. Van Beneden et Balfour. C'est sur les œufs d'Épinoche
vivants, examinés par transparence, qu'on peut le mieux suivre
la genèse des cellules parablastiques. Environ vingt-cinq heures

après la fécondation, lorsque la segmentation est déjà assez avancée, on voit nettement au-dessous du germe, la zone nucléaire de Kupffer. Dans cette zone les noyaux les plus rapprochés du germe sont entourés de lignes claires, radiées, séparées par des lignes formées de grosses granulations protoplasmiques. Autour de quelques-uns de ces systèmes, on voit une ligne de contour très nette, qui correspond à une membrane cellulaire : certains d'entre eux ne présentent la ligne de contour que du côté du germe et sont encore engagés du côté opposé dans la masse protoplasmique, comme l'a très bien décrit Ed. Van Beneden. Si l'on traite l'œuf par l'acide acétique dilué, on voit apparaître immédiatement dans la zone périphérique du parablaste des figures cytodiérétiques plongées dans le protoplasma ; plus près du germe, les noyaux sont à l'état de repos, mais ils sont entourés d'un aster ; c'est autour de ces noyaux que s'organise une membrane cellulaire. Il résulte de cette disposition qu'il n'y a pas de limite nette entre le germe et le parablaste ; cette limite est constituée par les cellules en voie de formation qui se détachent du parablaste pour s'ajouter au germe.

La genèse des cellules parablastiques ne paraît pas durer longtemps ; dès que le germe commence à s'étaler à la surface du vitellus, que la cavité germinative s'est constituée et que les feuillets blastodermiques se différencient, on ne voit plus de cellules prendre naissance en dehors du germe.

Chez la Truite, il est impossible de suivre directement les phénomènes que je viens de décrire, et c'est seulement sur des coupes qu'on peut voir, comme le montre la figure 63 (Planches), des mamelons, renfermant chacun un noyau entouré d'un aster, faire saillie au niveau du bourrelet parablastique, et proéminer parmi les cellules marginales du disque germinatif. De même que chez l'Épinoche, la formation des cellules parablastiques a une durée très limitée et ne s'observe guère que pendant le stade représenté figure 44 (Planches). Les cellules d'origine parablastique ont un aspect identique à celui des cellules de segmentation ; dès qu'elles sont mêlées à celles-ci, on ne peut plus les distinguer. Il me semble donc impossible de déterminer leur destinée ultérieure et de dire si elles prennent part plus spécialement à la formation d'un feuillet embryonnaire. Pour ma part, je suis tout disposé à croire que ces cellules ne jouent aucun rôle spécial dans le développement embryonnaire. Elles sont d'abord peu nombreuses relativement aux cellules archiblastiques, de plus elles sont constituées par la même substance que les éléments du germe, puisque le parablaste n'est qu'une portion du disque germinatif; enfin leur mode de genèse, différent en apparence de celui des cellules embryonnaires, n'est qu'une continuation du processus de segmentation. Les premiers segments se détachent, en effet, du disque germinatif de la même manière que les cellules parablastiques se séparent du parablaste ; dans le premier cas, les cellules sont très volumineuses par rapport à la masse parablastique, dans le second cas, elles sont beaucoup plus petites.

Von Kowalewski (103) est arrivé à formuler une manière de voir analogue d'après ses recherches sur différents Poissons. Il a vu que la segmentation peut commencer de bonne heure, lorsque le disque germinatif ne comprend encore qu'une partie du protoplasma de l'œuf; la concentration du protoplasma se continuant longtemps dans le parablaste, celui-ci donne naissance à un grand nombre de cellules qui s'ajoutent au germe. Si la concentration du protoplasma est au contraire terminée au début de la segmentation, très peu de cellules se formeront dans le parablaste.

Depuis la note préliminaire dans laquelle j'avançais ces faits (72), Ziegler (200) a observé aussi des saillies du parablaste parmi les cellules profondes du germe; mais il n'a pas constaté l'existence de noyaux dans ces mamelons, et il doute qu'il y ait là formation de cellules. Kingsley et Conn (93) ont figuré des cellules en voie de formation dans le parablaste autour des noyaux dans un œuf de *Merlucius*. G. Brook (27) a observé le même fait chez le *Trachinus vipera*. Plus récemment Agassiz et Whitman (1) ont vu chez le *Ctenolabrus*, les noyaux du parablaste provenir, ainsi que je l'ai indiqué pour la Truite, des cellules de la périphérie du germe. Von Kowalewsky (103) a fait la même observation sur le *Carassius auratus*. Wenckebach (197) fait dériver aussi du germe les noyaux du parablaste, mais ils peuvent avoir pour origine, aussi bien les noyaux des cellules périphériques du germe que ceux des cellules qui tombent du toit de la cavité germinative. Enfin List (116) a constaté également chez le *Crenilabus pavo* que ces noyaux avaient pour origine les noyaux des cellules marginales du germe.

Il est intéressant de rapprocher les phénomènes qui s'observent dans le parablaste de ceux qui se passent dans le sac embryonnaire des végétaux. On sait que chez les Angiospermes, après la formation de l'oosphère, des vésicules synergiques et des vésicules antipodes, et lorsque l'oosphère est fécondée, le noyau définitif du sac embryonnaire se multiplie par division indirecte et donne ainsi naissance à un grand nombre de noyaux contenus dans la couche protoplasmique, qui revêt la face interne du sac. Plus tard seulement ces noyaux deviennent des centres de formation des cellules ; il apparaît entre eux des filaments connectifs sur le milieu desquels se forment des plaques cellulaires et des cloisons cellulosiques, qui délimitent les cloisons du futur albumen. Dans le revêtement pariétal du sac embryonnaire de certaines Légumineuses, d'*Orobus* et de *Pisum*, et dans le suspenseur des embryons de ces mêmes plantes, Guignard (62) et Strasburger (185) ont vu que ces noyaux, qui s'étaient multipliés par division indirecte, subissent une fragmentation ou une division directe, sans devenir des centres de formation de cellules. La même succession de faits s'observe dans le parablaste. Les noyaux s'y multiplient d'abord par division indirecte, puis autour de certains d'entre eux se différencient des cellules, enfin plus tard les autres noyaux subissent seulement des divisions directes ou des fragmentations, comme nous le verrons, à un certain stade du développement de l'embryon. Ce fait est important au point de vue de la biologie cellulaire ; il prouve, en effet, que chez les animaux comme chez les végétaux, la division du noyau et celle de la cellule sont deux phénomènes qui, bien que généralement intimement liés l'un à l'autre, sont néanmoins indépendants.

Lorsque le parablaste est constitué au-dessus du germe, et autour de lui, il continue à s'étendre en même temps que le blastoderme et finit par recouvrir entièrement le vitellus ; j'indiquerai plus loin les transformations qu'il subit et le rôle qu'il joue pendant le développement de l'embryon.

Cavité germinative. — J'ai laissé le germe au moment où

il est constitué par un amas de cellules nombreuses, semblables entre elles, excepté à la surface où elles forment une
couche déjà nettement différenciée. La forme que présente
alors le disque germinatif, lorsqu'on l'observe sur une section
médiane, présente des variations. Le plus souvent le germe fait
saillie au-dessus du vitellus sur lequel il repose par une base à
peu près plane ; d'autres fois, au contraire, il est situé dans une
sorte de cuvette creusée dans le vitellus, de telle sorte que sa
face profonde est convexe et sa surface libre presque plane.
C'est sous cet aspect que certains auteurs, entre autres Ziegler (**200**), ont représenté en coupe ce stade de la segmentation chez les Salmonides. Cette disposition n'est pas normale,
on ne l'observe jamais sur les œufs transparents dont on peut
suivre le développement à l'état vivant ; elle est due à une
compression exercée sur le vitellus par la capsule lors du durcissement, compression qui a pour effet de déformer le germe
et de le faire pénétrer dans le vitellus.

Vers la fin du troisième jour après la fécondation, le germe
commence à s'étendre sur la masse vitelline. Jusque-là son
plus grand diamètre, mesuré sur des œufs durcis par l'acide
chromique, était depuis le commencement de la segmentation
d'environ $1^{mm},2$ à $1^{mm},5$. Au quatrième jour, le germe mesure
$1^{mm},9$; au cinquième, 2^{mm}, au sixième, $2^{mm},7$, au septième,
3^{mm}. En même temps que sa surface augmente, son épaisseur
diminue. Avant d'aborder la description des transformations
que subit alors le germe, je dois dire quelques mots d'une
question sur laquelle les embryogénistes sont loin d'être
d'accord.

Lorsque le parablaste s'est étendu au-dessous du germe de
manière à former sous lui une couche continue, on voit la face
profonde du disque germinatif se soulever au-dessus du vitellus ;
le soulèvement commence à une petite distance des bords,
ceux-ci et le centre du germe continuant à reposer sur le parablaste ; il en résulte un espace circulaire vide de cellules qui occupe toute la périphérie du germe. Bientôt le centre du germe
s'amincit, probablement par migration de cellules vers le bord,
et se soulève au-dessus du vitellus ; il existe alors entre le vitellus et le germe un espace vide qui est le commencement de
la *cavité germinative*.

Cette cavité a été vue chez les Poissons par la plupart des auteurs, Stricker (**186**), Rieneck (**147**), Weil (**195**), Œllacher (**123**), Klein (**94**), Owsjannikow (**124**), Van Bambeke (**11**), Van Beneden (**195**), His (**83**), Hoffmann (**89**), Ziegler (**200**), etc., mais quelques-uns d'entre eux ont admis en outre dans l'épaisseur du germe une autre cavité qui correspondrait à la cavité de segmentation des Amphibiens, des Ganoïdes, des Plagiostomes et des Cyclostomes. C'est ainsi que Lereboullet (**111-112**), décrit le germe du Brochet, de la Perche, et de la Truite comme une vésicule creuse, et il pense que le fait est général pour les Poissons. Kupffer (**104**), a vu quelquefois une cavité dans le germe coagulé du *Gobius minutus,* mais il s'est demandé si ce n'était pas là le résultat des réactifs. Van Bambeke (**11**) a observé, chez le Gardon, vers la fin de la segmentation, dans l'épaisseur du germe, une cavité qui, sur des coupes, présentait la forme d'un croissant à courbures sensiblement parallèles à celles du germe, et à parois irrégulières. Il a trouvé constamment cette cavité de segmentation et la considère comme normale.

Depuis Lereboullet, le seul observateur qui ait décrit une cavité de segmentation, chez les Salmonides, est Ziegler (**200**). Dans un germe de Saumon mesurant $1^{mm},5$ de diamètre, il a trouvé une cavité de $0^{mm},5$ de diamètre et de $0^{mm},2$ de hauteur; elle était située excentriquement et son toit était formé par un petit nombre de couches de cellules, tandis que son plancher était beaucoup plus épais. Ziegler décrit aussi une cavité de segmentation dans le germe de la Truite, du *Rhodeus amarus* et du Syngnathe. Plus tard cette cavité s'élargit vers le vitellus et les cellules qui formaient son plancher s'écartent, de sorte que la cavité de segmentation repose alors sur le vitellus et devient cavité germinative.

J'ai cherché l'existence d'une cavité de segmentation sur un grand nombre de coupes de germes de Truite à différents stades. Je n'ai vu qu'une seule fois, sur un œuf durci par l'acide chromique, une cavité répondant à peu près, par sa forme et par sa situation, à celle qui a été décrite par Van Bambeke et par Ziegler. Sur tous les autres germes que j'ai examinés, il n'y avait pas trace de cavité interne. Mais à un stade peut avancé de la segmentation, tel que celui représenté figure 63 (Planches), j'ai trouvé quelquefois un espace irrégulier, vide de cellules, qu'on pourrait considérer comme une cavité de segmentation. Son existence étant loin d'être constante, je crois pouvoir dire avec la majorité des auteurs, qu'il n'y a pas de cavité de segmentation chez la Truite. Il est possible qu'il en existe une chez d'autres poissons, chez le Gardon, le *Rhodeus amarus*, le Syngnathe etc., mais l'absence ou la présence de cette cavité ne me paraissent pas avoir une grande importance, ainsi que je le démontrerai lorsque je comparerai le développement des Téléostéens à celui des autres Vertébrés.

Si l'existence d'une cavité de segmentation est encore douteuse chez les Poissons osseux, celle d'une cavité germinative, c'est-à-dire d'une cavité située au-dessous du germe, est admise par tous les embryogénistes. Certains auteurs cependant ont confondu les deux cavités ; ainsi Stricker, Klein et Hoffmann appellent cavité de segmentation, la cavité placée sous le germe.

La formation complète de la cavité germinative coïncide avec le commencement du développement de l'embryon. On peut, en effet, faire remonter à ce stade l'apparition des premiers feuillets embryonnaires. Quand le germe segmenté s'est étalé à la surface du vitellus, et que la cavité germinative occupe toute la portion centrale, le toit de la cavité est formé par cinq à six couches de cellules situées au-dessous de la couche superficielle, qu'on peut appeler *couche enveloppante* ou, avec Œllacher, *couche cornée*. Ainsi que je l'ai déjà dit, les bords du disque germinatif reposent sur le vitellus, ou du moins sur le parablaste ; ces bords constituent le *bourrelet germinatif* qui se distingue très bien sur des germes vus en surface et montés dans le baume du Canada, où il paraît plus opaque que le germe. Ce bourrelet est formé par une masse cellulaire qui, de très bonne heure, est plus épaisse et plus large d'un côté du germe que de l'autre. Il en résulte que le centre de la cavité germinative ne correspond pas à celui du germe.

La partie épaissie du bourrelet germinatif est celle sur laquelle va se développer l'embryon. Elle est déjà très nette sur des germes mesurant $2^{mm},8$ de diamètre à la fin du sixième jour. Une coupe diamétrale du germe, faite perpendiculairement à la partie épaissie du bourrelet, montre qu'en ce dernier point les cellules profondes du germe s'avancent dans la cavité germi-

native d'une manière irrégulière (Planches, fig. 89). Un assez
grand nombre de ces cellules se séparent du bourrelet et sont
disséminées sur le plancher de la cavité. Pour employer une
comparaison qui rend bien l'aspect du germe à ce stade, vu
sur une coupe, on peut dire que le disque germinatif représente une voûte très surbaissée, dont les piliers se seraient en
partie écroulés et dont les pierres formeraient un talus à la
base des piliers. Des pierres de ce talus auraient roulé sur le
plancher de la voûte jusqu'à une certaine distance. Cette image
correspond du reste à peu près à ce qui se passe dans le bourrelet à ce moment ; mais comme ce processus correspond à la
formation des feuillets embryonnaires, j'exposerai brièvement,
avant de donner les résultats de mes recherches à ce sujet, les
principales opinions qui ont été émises par les auteurs sur
cette question, la plus controversée de l'embyrogénie des Poissons osseux.

VI. — FORMATION DES FEUILLETS BLASTODERMIQUES.

A l'exemple de Gœtte (58) et de Van Bambeke (11), qui a
fait un très bon historique de la question, on peut diviser en
plusieurs groupes les opinions des embryologistes relativement
à l'origine des feuillets embryonnaires des Poissons.

On peut d'abord établir deux grands groupes : dans le premier se rangent tous les auteurs qui font provenir du germe
segmenté les trois feuillets du blastoderme ; dans le second
groupe, ceux qui n'en font provenir que deux, le troisième
feuillet dérivant du parablaste. Chacun de ces groupes admet
des subdivisions qui comportent les différentes opinions émises
sur le mode de formation de chaque feuillet.

I. — Les premiers auteurs qui ont abordé l'embryologie des
Poissons osseux, Rathke (135) et von Baer (4), n'ont étudié
les œufs qu'à l'aide de méthodes tout à fait imparfaites, et malgré cela ils sont arrivés à des résultats qui concordent à peu
près entièrement avec ceux des auteurs les plus récents. Les
deux célèbres embryologistes admettaient que le blastoderme se
partage d'abord en deux feuillets, l'un superficiel, ou feuillet
séreux (ectoderme), l'autre profond, feuillet muqueux (endoderme); de ce dernier se sépare plus tard le feuillet moyen ou
vasculaire (mésoderme).

C'est à cette opinion que se sont rangés plusieurs observateurs. Stricker, Rieneck, Œllacher, His et Hoffmann font, en effet, dériver les trois feuillets du germe. Après la différenciation de la couche superficielle, membrane enveloppante, la masse du germe se sépare en trois couches qui sont les trois feuillets; ces auteurs diffèrent cependant entre eux sur des points secondaires. Ainsi Stricker, Rieneck et Weil admettent que des cellules tombent de la voûte de la cavité germinative sur le plancher et émigrent ensuite vers le bourrelet périphérique. Œllacher pense au contraire que ces cellules pénètrent dans le vitellus, s'y multiplient et forment les noyaux du parablaste; j'ai déjà démontré l'erreur d'Œllacher à ce sujet.

D'autres embryologistes, qui font provenir également les feuillets blastodermiques du germe segmenté, assignent à la formation de ces feuillets un mode différent de la simple différenciation admise par les auteurs cités précédemment. Gœtte (**60**), le premier, observa qu'après la formation de la couche superficielle *(Deckschicht)*, la couche fondamentale du germe *(Grundschicht)*, ou couche blastodermique primitive *(primitive Keimschicht)*, se recourbe sur ses bords dans l'intérieur de la cavité germinative et donne naissance à une couche blastodermique secondaire *(secundære Keimschicht)*. La partie non réfléchie de la couche blastodermique primitive constitue l'ectoderme; la partie infléchie se sépare plus tard en deux autres couches, dont l'une est le mésoderme et l'autre l'endoderme.

Telle est aussi l'opinion d'Hæckel (**63**). Pour lui, l'endoderme résulte d'une invagination des bords du disque germinatif; quant au mésoderme, il aurait une double origine; il viendrait en partie par délimination de l'ectoderme et en partie par la migration de cellules amiboïdes de l'endoderme.

Dans une note présentée à la Société philomatique, en 1880, je faisais connaître le résultat de mes recherches sur le développement des feuillets blastodermiques chez les Poissons osseux, et je me rangeais complètement à l'opinion de Gœtte (**69**).

Depuis lors, deux auteurs américains, Kingsley et Conn (**93**), ont vu aussi la réflexion du disque germinatif pour donner naissance à l'endoderme, dans des œufs de Poissons marins *(Ctenolabrus, Merlucius);* mais, contrairement à ce que j'avais avancé, ils admettent que la couche superficielle (membrane enveloppante) prend seule part à la réflexion. Ziegler (200) a reconnu récemment la réflexion des bords du germe chez le Saumon, la Truite et le *Rhodeus amarus*. Goronowitsch (57) admet également la réflexion de l'ectoderme, sans participation de la couche enveloppante.

II. — Les embryologistes du second groupe, ceux qui font dériver le feuillet interne du parablaste, sont moins nombreux que ceux qui font provenir tous les feuillets du germe segmenté : ce sont Vogt (191), Lereboullet (111), Kupffer (104), Owsjannikow (124), Klein (94), Van Bambeke (11), Ed. Van Beneden (19), Agassiz et Whitman (1), et Brook (27).

Vogt qui, dans son travail sur l'embryologie des Salmones, n'attachait pas une grande importance à la distinction des différents feuillets, est peu explicite sur l'origine de ces feuillets; parlant des cellules qui forment l'intestin, il se demande si elles sont baignées par le liquide vitellaire ou si elles en sont séparées par une membrane. Lereboullet est beaucoup plus affirmatif et admet que le feuillet muqueux n'a dans l'origine aucune connexion avec le blastoderme. Kupffer rapproche la zone nucléaire (parablaste), qu'il a observée chez l'Épinoche, du feuillet muqueux de Lereboullet, mais il ne se prononce cependant pas catégoriquement sur l'origine véritable, ni sur l'époque d'apparition de l'endoderme. Owsjannikow admet que des cellules sortent du parablaste et viennent se disposer entre le germe et le vitellus en une rangée régulière qui semble constituer un feuillet spécial, sur la nature duquel il ne se prononce pas. Van Bambeke est plus précis dans ses conclusions ; pour lui, il apparaît d'abord deux feuillets blastodermiques primaires ou fondamentaux : le feuillet primaire externe (ectoderme) et le feuillet primaire interne (endoderme). Le premier se différencie de bonne heure en une couche cellulaire simple (lamelle enveloppante), puis plus tard en feuillet sensoriel et en mésoderme. Le feuillet interne vient du parablaste et peut-être concourt-il à former la lamelle vasculaire de von Baer. Klein assigne aussi à l'endoderme une origine parablastique, tandis que les deux autres feuillets sont archiblastiques.

Pour Ed. Van Beneden, le germe donne naissance à la membrane enveloppante et au feuillet ectodermique destiné à se subdiviser ultérieurement en un feuillet sensoriel et en un feuillet moyen externe. Le parablaste produit le feuillet endodermique destiné à former plus tard le feuillet moyen interne, qui fournira les éléments du sang, les vaisseaux et le tissu conjonctif, et à donner naissance à l'épithélium du tube digestif.

Dans un premier travail paru en 1884, Brook (25), d'après ses observations sur le *Trachinus vipera*, se rangeait à ma manière de voir, quant à l'origine de l'endoderme. Mais il admettait aussi que le parablaste pouvait prendre part à la formation du tube digestif. « My observations, dit-il, appear to confirm those of Henneguy, that the invagination observed in optic section in the living egg is an inward folding of the lower layer cells of the epiblast, and that afterwards the alimentary tract is built up from this layer, together with material derived from the intermediary layer (parablaste). This point cannot, howerer, besettled definitely, without a careful examination of sections of this stage. » Plus récemment Brook (26), après avoir étudié le développement du *Motella mustela* et pratiqué des coupes d'œufs de *Trachinus vipera*, est revenu sur sa première opinion. Pour lui, il se forme, tout autour du germe, des cellules dans le parablaste; ces cellules, plus grosses que les cellules de segmentation, viennent se placer au-dessous de l'ectoderme, pour constituer l'endoderme : « The hypoblast is not derived from the archiblast at all, but from the periblast and the yolk by a proces of segregation. »

Enfin je citerai l'opinion de Balfour (9), qui admet que, dans les œufs des petits Téléostéens, l'endoderme provient entièrement du parablaste, tandis que chez les Salmonides ce feuillet, de même que chez les Plagiostomes, ne serait formé que partiellement par des cellules dérivant du parablaste. Du reste Balfour n'a pas fait de recherches suivies sur ce sujet.

Mes propres observations ont porté sur la Truite, la Perche et l'Épinoche; chez ces deux derniers Poissons, on peut suivre la réflexion du disque germinatif sur l'œuf vivant et sans l'aide d'aucun réactif; chez la Truite ce n'est que sur des coupes que le phénomène peut être observé.

Les germes de Truite traités par l'acide osmique, puis par la liqueur de Müller et l'alcool, ou par le liquide picro-acétique, sont les plus favorables pour l'étude de la réflexion du blastoderme. Sur les germes durcis par l'acide chromique, la réflexion est beaucoup plus difficile à apercevoir, ce qui explique qu'elle ait été méconnue par la plupart des auteurs qui ont abordé l'embryogénie des Salmonides, car ils ont généralement employé l'acide chromique.

Une coupe pratiquée à travers un germe traité par l'acide osmique, vers le sixième jour de l'incubation, montre nettement les différentes couches qui constituent le disque germinatif. La couche superficielle, couche enveloppante, formée par une seule rangée de cellules cylindriques, en palissade, s'étend sur toute la surface du germe et s'arrête brusquement au niveau du bourrelet parablastique ; c'est ainsi que la représentent la plupart des auteurs. Au-dessous de cette couche se trouve le toit de la cavité germinative, qui, dans la région médiane, est encore formé par un petit nombre de rangées de cellules. Cette seconde couche, que je désignerai dorénavant sous le nom d'*ectoderme,* est plus épaisse sur ses bords au niveau du bourrelet germinatif. En ce point se trouve une troisième couche, en continuité sur le bord avec l'ectoderme, mais séparée de lui un peu plus loin par une fente très nette qui communique avec la cavité germinative. Le bord du disque germinatif est arrondi et il est facile de constater en cet endroit la continuité entre l'ectoderme et la couche inférieure, que je désignerai sous le nom d'*endoderme primaire*. La couche enveloppante, le bourrelet parablastique et le bourrelet germinatif circonscrivent un espace triangulaire qui fait le tour du germe. Cette sorte de canal ne se voit bien que sur les germes traités par l'acide osmique ; ce réactif ratatine en effet les cellules, dessine et exagère les cavités ; normalement le bourrelet germinatif remplit à peu près le canal dont je viens de parler. Les cellules marginales de la couche enveloppante sont plus développées que celles qui constituent le reste de la couche. Souvent elles donnent naissance à des cellules qui font saillie dans le canal périgerminatif et tendent à le combler. Ces cellules; peu nombreuses chez la Truite, ont été bien vues par von Kowalewski chez un *Gobius*, et il leur attribue un rôle important pour la formation de la vésicule de Kupffer. Je n'ai pu constater leur existence chez la Truite qu'au moment de la réflexion de l'ectoderme, et il m'a été impossible de suivre leur évolution ultérieure. Je crois que leur présence indique seulement un point d'accrois-

sement de la couche enveloppante, qui suit l'extension du blastoderme à la surface de l'œuf. Dans les pièces durcies par l'acide
chromique, le canal disparaît parce que les cellules sont gon-
flées; il en est de même de la fente qui sépare l'ectoderme de
sa portion réfléchie; cette fente est alors remplacée par une
simple ligne, comme Œllacher l'a très bien représenté Planche I,
fig. 4 et 5. Les germes traités par le liquide picro-acétique me
paraissent se rapprocher le plus de l'état naturel; ils montrent
le canal à peine marqué, mais suffisamment cependant pour
qu'on saisisse très bien la courbure du bord du disque germinatif. Quant à la fente, elle est aussi seulement indiquée et
sépare nettement les deux premiers feuillets blastodermiques.
La fente de séparation s'élargit vers l'intérieur de la cavité
germinative; là, l'endoderme primaire n'est pas nettement
délimité; il est constitué par des cellules irrégulièrement disposées, dont les plus internes sont isolées et reposent sur le
plancher de la cavité germinative. La partie externe de l'endoderme primaire fait suite immédiatement à l'ectoderme; au
niveau de la réflexion, on trouve souvent en abondance des
cellules en voie de division; ce fait prouve qu'il se produit en
ce point une multiplication cellulaire très active. Au contraire,
dans le parablaste sous-jacent au bourrelet germinatif, on ne
voit aucun indice de formation cellulaire; les noyaux conservent
leur aspect caractéristique, et le protoplasma n'est le siège d'aucun aster indiquant une organisation de cellules, comme cela
s'observe à un certain stade de la segmentation. (Planches,
fig. 89.)

La partie invaginée de l'ectoderme s'étend beaucoup plus
loin dans la cavité germinative du côté où se formera l'embryon
que du côté opposé.

Les œufs de Perche et d'Épinoche, placés sur le côté, sous
le champ du microscope, et légèrement comprimés, montrent
facilement, à l'état frais, les faits que je viens de décrire chez la
Truite. On peut constater sur eux l'existence réelle du canal
circumgerminatif et celle de la fente qui se trouve entre l'ectoderme et sa partie réfléchie. (Planches, fig. 88.)

On doit se demander par quel mécanisme se fait la réflexion
de l'ectoderme pour former l'endoderme primaire. L'extension
du germe à la surface du vitellus et la formation de la cavité

OCTOBRE 1888

LIBRAIRIE FÉLIX ALCA

SUCCESSEUR DE GERMER BAILLIÈRE ET Cⁱᵉ

PARIS, 108, BOULEVARD SAINT-GERMAIN, PARIS

Bibliothèque Scientifique Internationa

PUBLIÉE SOUS LA DIRECTION DE M. ÉMILE ALGLAVE

Beaux volumes in-8°, illustrés, cartonnés à l'anglaise, chaque volume.... 6 francs

SOIXANTE-QUATRE VOLUMES PARUS

La *Bibliothèque scientifique internationale*, fondée en 1875, a pour but de vu
riser la science tout en lui conservant son caractère fondamental de sincérité
d'exactitude. Les 64 volumes dont elle se compose actuellement sont consacrés
sciences physiques, naturelles et sociales et constituent une vaste encyclopédie d
laquelle chacun peut trouver le moyen de satisfaire sa curiosité et rechercher
sujets correspondant le mieux à ses goûts et à ses aptitudes.

Et comme il n'est plus permis à un homme cultivé de borner son horizon à ce
se passe et se fait dans son propre pays, la direction de la *Bibliothèque* s'est adr
sée aux savants étrangers aussi bien qu'aux Français qui ont consenti à mettre le
travaux et leurs découvertes à la portée de tous : d'où le nom d'*internationale* do
à cette collection.

C'est ainsi qu'à côté des noms de MM. Berthelot, de Quatrefages, Schutzenberg
Marey, Luys, Perrier, de Lanessan, Daubrée, Wurtz, dont nous sommes justem
fiers, nous voyons figurer ceux de Herbert Spencer, Tyndall, Huxley, Lubbock,
Candolle, Helmholtz, Hartmann, Brucke, Mantegazza, Secchi, Thurston, Roman
van Beneden, Brialmont, savants qui comptent parmi les plus éminents de l'Ang
terre, de l'Allemagne, de l'Autriche, des Etats-Unis, de l'Italie, de la Belgique et
la Suisse.

Les ouvrages annoncés dans ce catalogue sont divisés en dix séries, sous
titres de :

. *Physiologie, philosophie scientifique, anthropologie, zoologie, botanique
géologie, physique, chimie, astronomie et mécanique, beaux arts, scien
sociales.* Des notices empruntées en partie aux comptes rendus de la presse ou
préfaces des auteurs, permettront de donner une idée de chacun de ces ouvrag
mieux que ne ferait le simple énoncé de leurs titres.

I. — SCIENCES SOCIALES

INTRODUCTION A LA SCIENCE SOCIALE, par HERBERT SPENCER. 1 vol. in-8°, 9ᵉ éd. 6

Cet ouvrage d'un homme qui est assurément un des plus grands penseurs de notre époq
est une introduction à la sociologie. C'est cette dernière œuvre qui termine le vaste mo
ment philosophique qu'il a entrepris pour synthétiser l'ensemble de la science philosophi
fondée sur les idées modernes, en partant des *premiers principes* pour arriver à leur appli
tion dans les sciences de plus en plus complexes.

L'auteur démontre d'abord la nécessité de cette science et en étudie la nature. Il p
munit ensuite celui qui veut se livrer à cette étude, contre les difficultés qu'elle présen
difficultés objectives, difficultés subjectives, intellectuelles et émotionnelles. Ces dernières s
enveloppées dans des chapitres intitulés : Préjugés de l'éducation, préjugés du patriotis
préjugés de classes, préjugés politiques, préjugés théologiques.

Enfin, il indique la discipline à observer dans la science sociale et montre comment
études biologiques et psychologiques en sont la préface nécessaire.

LES BASES DE LA MORALE ÉVOLUTIONNISTE, par Herbert Spencer.
3e édit., 1885..

Aujourd'hui que les prescriptions morales perdent une partie de l'autorité qu'à leur origine surnaturelle, la sécularisation de la morale s'impose.

Le changement qui promet ou menace de produire parmi nous cet état de choses est, de rapides progrès ; ceux qui croient possible et nécessaire de s'y conformer appelés à agir en conformité avec leur foi. C'est cette pensée philosophie anglaise à détacher de tout ordre sociologique, ce travail montre la base scientifique des principes du bien et du mal qui dirigent la conduite.

LES CONFLITS DE LA SCIENCE ET DE LA RELIGION, par Draper, profes
versité de New-York. 1 vol. in-8°, 8e édit............................

L'histoire de la science n'est pas seulement l'histoire de ses découvertes, c'est celle du conflit existant entre ces deux puissances contraires : d'une part, la live de l'intelligence humaine; d'autre part, la compression exercée par la foi et par les intérêts humains. Personne, avant Draper, n'avait traité le sujet à ce où il apparaît comme un événement actuel et on ne peut plus important. Aussi a-t-il eu un grand succès et est-il arrivé en peu d'années à sa 8e édition.

LOIS SCIENTIFIQUES DU DÉVELOPPEMENT DES NATIONS dans leurs rap
principes de l'hérédité et de la sélection naturelle, par W. Bagehot.
5e édit..

Livre I. L'origine des nations. — II. La lutte et le progrès. — III. La formation. — IV. L'âge de la discussion. — V. Le progrès vérifié en politique.

L'ÉVOLUTION DES MONDES ET DES SOCIÉTÉS, par F.-C. Dreyfus, député
secrétaire général de la *Grande Encyclopédie*. 1 vol. in-8°............

M. Dreyfus s'est spécialement proposé de descendre de la nature à l'histoire une synthèse générale des phénomènes naturels. Il a recueilli dans le champ des mènes scientifiques tous ceux qui lui paraissaient utiles pour donner une de l'origine des mondes, de leur formation et de leur fin, et montrer la terre époques, l'apparition de l'homme et la constitution des sociétés. Pour lui de l'évolution, que les progrès des sciences naturelles ont établie sur une base a renouvelé la conception générale de l'univers physique et social; elle a mis le trait d'union entre le présent et le passé, et, en joignant le point de vue du point de vue historique, elle a démontré l'enchaînement des époques successives considérait jusqu'ici comme n'ayant entre elles aucun rapport immédiat.

LA SOCIOLOGIE, par de Roberty. 1 vol. in-8°, 2e édit..............

Ce volume n'est ni une œuvre de polémique ni un exposé dogmatique, c'est philosophie sociale où l'auteur a surtout cherché à définir la place, le caractère et les tendances de la science toute nouvelle qui étudie les sociétés humaines cédés précis des sciences naturelles. M. de Roberty se rattache à l'école posguste Comte et de M. Littré, ce qui ne l'empêche pas de s'écarter à l'occasion d cées par ses illustres maîtres et d'avoir une haute estime pour les doctrines de Spencer, même quand il les attaque un peu rudement.

LA SCIENCE DE L'ÉDUCATION, par Alex. Bain, professeur à l'Université
(Ecosse) 1 vol. in-8°, 5e édit.......................................

Dans un premier livre, M. Bain examine la nature de l'éducation et ses rapphysiologie, l'éducation de l'intelligence, des sens, de la mémoire et de la discipline. Le second livre est consacré aux méthodes que l'auteur étudie dans sciences et dans les différentes branches de l'éducation littéraire. Enfin, dans livre, M. A. Bain trace le plan complet d'une *éducation moderne* en rapport tions particulières des sociétés contemporaines.

LA VIE DU LANGAGE, par Whitney, professeur de philosophie compa
Collège de Boston (États-Unis). 1 vol. in-8°, 3e édit................

Les linguistes ont longtemps différé d'opinions sur la question de savoir langage est une branche de la physique ou de l'histoire. Ce différend est maintenant : toute matière dans laquelle les circonstances, les habitudes et les actes des hommes constituent un élément prédominant ne peut être que le sujet d'une science historique ou morale. C'est à ce point de vue que l'auteur s'est placé pour étudier la vie du langage.

LA MONNAIE ET LE MÉCANISME DE L'ÉCHANGE, par W. Stanley Jevons, professeur d'économie politique à l'Université de Londres. 1 vol. in-8°, 4ᵉ édit....... 6 fr.

L'auteur décrit les différents systèmes de monnaies anciennes ou modernes du monde entier, les matières premières employées à faire de la monnaie, la règlementation du monnayage et de la circulation, les lois naturelles qui régissent cette circulation et les divers moyens appliqués ou proposés pour la remplacer par de la monnaie de papier. Il termine par un exposé du système des chèques et des compensations, maintenant si étendu et si perfectionné, et qui a tant contribué à diminuer l'usage des espèces métalliques.

LA DÉFENSE DES ÉTATS ET LES CAMPS RETRANCHÉS, par le général A. Brialmont, inspecteur général des fortifications et du corps du génie de Belgique. 1 vol. in-8° avec nombreuses figures dans le texte et 2 planches hors texte, 3ᵉ édit... 6 fr.

Maintenant qu'en tous pays tout le monde est soldat, l'étude de la science militaire ne sera plus le privilège des officiers de profession. Aussi le livre du général Brialmont sera-t-il lu avec intérêt par tous les hommes cultivés et soucieux de connaître les lois d'une des parties les plus importantes de l'art de la guerre : le rôle des places fortes et des camps retranchés pour la défense des frontières et leur importance pour assurer la sécurité des États contre les attaques de voisins trop agressifs. Le général Brialmont, inspecteur du génie belge, était mieux en situation que personne de traiter ce sujet, ayant eu à pourvoir à la défense de son pays, lequel n'a qu'à garantir sa neutralité en cas de guerre entre les nations voisines.

LE CRIME ET LA FOLIE, par H. Maudsley, professeur à l'Université de Londres. 1 vol. in-8°, 5ᵉ édit... 6 fr.

Voir notice p. 5.

II. — PHILOSOPHIE SCIENTIFIQUE

L'ESPRIT ET LE CORPS, considérés au point de vue de leurs relations, suivi d'études sur les *Erreurs généralment répandues au sujet de l'esprit*, par Alex. Bain, professeur à l'Université d'Aberdeen (Écosse). 1 vol. in-8°, 5ᵉ édit........ 6 fr.

Dans cet ouvrage, M. Alexandre Bain, qui continue avec tant d'éclat les traditions de la philosophie écossaise, examine le grand problème de l'âme, surtout au point de vue de son action sur le corps. Il fait l'histoire de toutes les théories émises sur la nature de l'âme et sur la nature du lien qui peut l'unir au corps. Il étudie ensuite les sentiments, l'intelligence et la volonté, ce qui lui donne l'occasion d'exposer des vues fort originales, et il est conduit à indiquer une solution nouvelle du grand problème qu'il étudie.

LES ILLUSIONS DES SENS ET DE L'ESPRIT, par James Sully. 1 vol. in-8°, 2ᵉ édit. 1889.. 6 fr.

Cette étude embrasse le vaste domaine de l'erreur, non-seulement de ces illusions des sens dont on traite dans les ouvrages d'optique, physiologiques et autres, mais encore des autres erreurs familièrement connues sous le nom d'illusions, et qui ressemblent aux premières par leur structure et leur origine. L'auteur s'est constamment tenu au point de vue strictement scientifique, c'est-à-dire à la description et à la classification des erreurs reconnues telles; qu'il explique en les rapportant à leurs conditions psychiques et physiques. C'est ainsi qu'après les illusions de la perception, il étudie celles des rêves, de l'introspection, de la pénétration, de la croyance, de l'amour-propre, de l'attente, de la mémoire, les erreurs de l'esthétique et de la poésie, etc.

LE MAGNÉTISME ANIMAL, par MM. A. Binet et Ch. Féré, médecin de Bicêtre. 1 vol. in-8°, 2ᵉ édit... 6 fr.

Bien des phénomènes surnaturels de l'antiquité et du moyen-âge étaient dus au magnétisme animal. Mesmer, à la fin du siècle dernier, fut le premier qui donna une apparence

scientifique à ses expériences, et cependant le défaut de méthode chez lui et chez beau...
de ses continuateurs firent que le *magnétisme* ne put arriver à conquérir sa place d.c.
science.

Les expériences de l'école de la Salpêtrière lui ont donné cette place. La délimita:
précise des trois états : *léthargie, catalepsie, somnambulisme*, et l'étude des phénomènes :
les accompagnent ont ouvert la voie aux médecins et aux philosophes pour l'examen des
psychologiques et pathologiques les plus curieux.

Aussi a-t-il semblé à la direction de la *Bibliothèque scientifique internationale* que
moment était venu de marquer l'état actuel de cette science; elle a confié la rédaction de
livre à deux des élèves de M. le professeur Charcot, et de ses collaborateurs les plus ass.i
qui ont pu expérimenter toutes les méthodes de magnétisme, reproduire toutes les ex.
riences relatées par les magnétiseurs et les soumettre à une analyse critique et sévère.

LE CERVEAU ET SES FONCTIONS, par J. LUYS, membre de l'Académie de méde.
médecin de la Charité. 1 vol. in-8° avec 184 gravures, 6° édit............ 6 ·

Ce livre est le résumé à la fois de l'expérience personnelle de l'auteur sur la mati.
et de la plupart des idées qu'il a cherché à vulgariser dans son enseignement de la s.
pêtrière.

Dans une première partie purement anatomique, M. Luys expose d'abord l'ensem.l
des procédés techniques par lesquels il a obtenu des coupes régulières du tissu cérébral, q
a photographiées avec des grossissements successivement gradués, procédés qui lui ont per..
de pénétrer plus avant dans les régions encore inexplorées des centres nerveux.

La seconde partie est physiologique, elle comprend la mise en valeur des appareils cér.
braux préalablement analysés, et fait l'exposé physiologique des diverses propriétés fon.c.
mentales des éléments nerveux considérés comme unités histologiques vivantes. Enfin.,
montre comment, grâce à la combinaison, à la participation incessante, à la totalisation .
énergies de tous ces éléments, le cerveau sent, se souvient et réagit.

LE CERVEAU ET LA PENSÉE CHEZ L'HOMME ET LES ANIMAUX, par CHARLTON BAST.
professeur à l'Université de Londres. 2 vol. in-8° avec 184 grav. dans le te..
2° édit .... 12 .

M. Charlton Bastian est un des membres les plus éminents et les plus hardis de la n.c
velle école philosophique qui veut ramener la psychologie aux procédés de la méthode exp.:.
mentale, et considère la science de la pensée comme la partie la plus élevée de la physiol.g.
Il examine successivement les différentes classes d'animaux avant d'arriver au cerveau :.
l'homme, et montre la gradation de toutes les fonctions intellectuelles, au fur et à mes..
qu'on monte dans l'échelle animale. Les chapitres consacrés aux singes supérieurs et
l'homme sont très curieux; dans l'étude de l'intelligence humaine, l'auteur a fait une gra..
place à l'examen de toutes les déviations intellectuelles, et cite un grand nombre d'obs.
tions qui ne sont pas un des moindres attraits du livre.

THÉORIE SCIENTIFIQUE DE LA SENSIBILITÉ : *le Plaisir et la Peine*, par L..
DUMONT. 1 vol. in-8°, 3° édit.................................... 6 .r

INTRODUCTION : Relativité de la philosophie et des sciences. La métaphysique et la p.·.
sique. Physique subjective ou psychologie. Difficultés particulières de la sensibilité.

PREMIÈRE PARTIE. — *Chapitre I°* : Définitions du sentiment, de l'affection, de la sens.
lité, de l'émotion, de l'esthétique. — *Chapitre II* : Examen critique des théories épicurien..
de Wolff, cartésienne, platonicienne et positiviste. — *Chapitre III* : Caractère essentiel d.
peine et du plaisir. — *Chapitre IV* : Relativité de la douleur et du plaisir. — *Chapitre *
Caractère métaphysique de la sensibilité. — *Chapitre VI* : Unité des émotions. — *Chapitre V.*
L'inconscience ou anesthésie.

DEUXIÈME PARTIE. — *Chapitre I°* : Classification des émotions. — *Chapitre II* : Pein.
positives : effort, fatigue, laid, dégoûtant, hideux, immoral, faux. — *Chapitre III* : Pe..
négatives : malaise de la faiblesse, douleurs des lésions, ennui, embarras, doute, impatien.
attente, chagrin, tristesse, pitié, crainte. — *Chapitre IV* : Plaisirs négatifs, repos, gaîté, .·
— *Chapitre V* : Plaisirs positifs : occupations, méditation, jeux, far-niente, passe-temps. Pl.
sirs du goût : L'esprit, le sublime et l'admiration, le beau (beauté plastique, pittores..
grâce des mouvements, mélodie et harmonie, rhétorique et poétique, beauté morale.
visible. Plaisir du cœur : joie, espérance. — *Chapitre VI* : L'expression des émotions ..·.
l'homme et les animaux, la théorie de Darwin, les habitudes utiles, la force nerveuse. —
Chapitre VII : La contagion des émotions. — *Chapitre VIII* : Influence des émotions ..
la volonté, l'amour du plaisir. — *Chapitre IX* : Production volontaire de cause de pla..
L'art.

III. — PHYSIOLOGIE

PHYSIOLOGIE DES EXERCICES DU CORPS, par le docteur Fernand LAGRANGE. 1 vol in-8°, 2° édit......... .... 6 fr

M. Lagrange a écrit sous ce titre un livre tout à fait original dont on ne saurait trop recom mander la lecture. Il examine avec de très grands détails le travail musculaire, la fatigue, l cause de l'essoufflement, de la courbature, le surmenage, l'accoutumance au travail, l'entraî nement, les différents exercices et leurs influences, les exercices qui déforment et ne défor ment pas, le rôle du cerveau dans l'exercice, l'automatisme. Certains chapitres sur les dépô uratiques, sur le rôle du travail musculaire dans la production des sédiments sont très fouillés M. Lagrange a observé par lui-même, et l'on voit qu'il s'est rendu maître d'un sujet pe exploré et difficile. Tous les faibles, les débilités par l'air et la vie des grandes villes on intérêt à méditer cet excellent traité de physiologie spéciale. (*Les Débats.*)

LES SENS, par BERNSTEIN, professeur à l'Université de Halle. 1 vol. in-8° avec 91 fig dans le texte. 4° édit... 6 fr

Cet ouvrage expose une des parties de la physiologie qui ont le privilège d'intéresser le plu vivement tout le monde, et, en même temps, une de celles qui ont fait les progrès les plu importants dans ces dernières années.

Il est divisé en quatre livres : le premier, est consacré au sens du toucher sous ses diffé rentes formes; le second, consacré au sens de la vue, contient une étude détaillée de l constitution et du fonctionnement de l'œil et de toutes les maladies qu'il peut subir; le troi sième, traite du sens de l'ouïe et le quatrième termine l'ouvrage par l'étude de l'odorat e du goût.

LES ORGANES DE LA PAROLE ET LEUR EMPLOI POUR LA FORMATION DES SONS D LANGAGE, par H. DE MEYER, professeur à l'Université de Zurich, traduit de l'alle mand et précédé d'une introduction sur l'*Enseignement de la parole aux sourds muets,* par M. O. CLAVEAU, inspecteur général des établissements de bienfaisance 1 vol. in-8° avec 51 gravures dans le texte.............................. 6 fr

L'étude de la structure et des dispositions des organes de la parole s'impose aux philo logues avec un caractère de nécessité qui devient de jour en jour plus marqué; chaque jour

en effet, on voit s'affermir cette conviction qu'une intelligence
modification des éléments du langage, ne peut s'acquérir sans le secours des lois
giques de la production des sons.

LA PHYSIONOMIE ET L'EXPRESSION DES SENTIMENTS, par P. Mantegazza
seur au Muséum d'histoire naturelle de Florence. 1 vol. in-8° avec gra
8 planches hors texte, d'après les dessins originaux d'Edouard Ximenès..

Ce livre est une page de psychologie, une étude sur le visage et sur la mim
maine. L'auteur s'est donné pour tâche de séparer nettement les observations positives
les divinations hardies qui ont jusqu'ici encombré la voie de ces études.
Scientifique dans le fonds, l'ouvrage de M. Mantegazza est capable d'un
agréable; le psychologue et l'artiste y trouveront beaucoup de faits nouveaux et des
lations ingénieuses d'observations que chacun pourra vérifier.

LES NERFS ET LES MUSCLES, par J. Rosenthal, professeur de physiologie
versité d'Erlangen (Bavière). 1 vol. in-8° avec 75 fig. dans le texte. 3° édit.

Cet essai d'exposition de la physiologie générale des muscles et des nerfs, consid
lement dans leur action réciproque est une idée nouvelle; il intéresse non-seul
physiologiste, mais encore le physicien, le psychologue et tous les hommes instruits.
Les questions traitées sont comprises dans trois grandes divisions : 1° *Propriétés*
des muscles et des nerfs, le mouvement chez les êtres vivants, constitution des
contraction musculaire, source de la force musculaire, constitution du système muscé
nerfs et l'irritabilité nerveuse ; 2° *Électricité des muscles et des nerfs*, l'électricité a
son étude, théorie de l'électricité animale ; 3° *Organisation du système nerveux*, t
l'action motrice, les cellules nerveuses, les sensations.

LA MACHINE ANIMALE, par E.-J. Marey, membre de l'Institut, professeur au
de France. 1 vol. in-8° avec 117 figures dans le texte. 4° édition augmentée.

Bien souvent, et à toutes les époques, on a comparé les êtres vivants aux machin
c'est de nos jours que l'on peut comprendre la portée et la justesse de cette compar
savant professeur du Collège de France, grâce à ses ingénieux appareils, a pu faire
trer automatiquement, par l'homme ou par les animaux, tous les actes de leurs mou
La *locomotion terrestre* et la *locomotion aérienne* ont été l'objet de ses principales re
L'adaptation des organes du mouvement chez les animaux à leurs diverses condition
tences, les allures chez l'homme et chez le cheval, l'analyse du mécanisme du vol des
et des oiseaux, l'appareil reproduisant les mouvements des ailes, tels sont les p
sujets traités dans ce livre.
Il n'est pas besoin d'insister sur les applications utiles de ces recherches scientifi
quelles ont d'ailleurs valu à leur auteur, le grand prix de physiologie de 10 000 fran
par M. Lacaze.

LA LOCOMOTION CHEZ LES ANIMAUX, (marche, natation et vol), suivi d'u
sur l'*Histoire de la navigation aérienne*, par J.-B. Pettigrew, professeur
lège royal de chirurgie d'Edimbourg (Ecosse). 1 vol. in-8° avec 140 figure:
texte, 2° édit.........

Livre I. — Les organes de la locomotion. — Livre II. — La progression sur la
Livre III. — La progression sur ou dans l'eau. — Livre IV. — La progression dans
Livre V. — L'aéronautique.
Une partie de cet ouvrage est consacré aux questions traitées dans la *Machine ani*
M. Marey, avec lequel l'auteur est en désaccord sur un certain nombre de questi
place d'ailleurs à un point de vue différent. Il étudie la locomotion dans et par l'
M. Marey ne s'est pas occupé, et donne de curieux détails sur la natation de l'homm
Mais ce qu'il faut signaler tout particulièrement, c'est son histoire de toutes les
et de tous les systèmes essayés pour arriver à naviguer dans l'air, depuis les mon
jusqu'aux machines actuelles.

LE CERVEAU ET LA PENSÉE CHEZ L'HOMME ET LES ANIMAUX, par Charlton
professeur à l'Université de Londres, 2 vol. in-8° avec 184 grav. dans
2° édit.............
Voir notice, p. 4.

LE CERVEAU ET SES FONCTIONS, par J. Luys, membre de l'Académie de m
médecin de la Salpêtrière. 1 vol. in-8° avec figures, 6° édit.........
Voir notice, p. 4.

IV. — ANTHROPOLOGIE

L'ESPÈCE HUMAINE, par A. DE QUATREFAGES, membre de l'Institut, professeur au Muséum d'histoire naturelle. 1 vol. in-8°, 9ᵉ édit...................... 6 fr.

L'importance de ce livre, déjà très grande par un sujet aussi vaste, est encore accrue par la manière dont il est traité et la place que son auteur occupe dans la science. Nous donnons ci-après un extrait de l'appréciation de M. Littré sur cet ouvrage :

« Ce livre m'a beaucoup intéressé, et il intéressera tous ceux qui le liront. Il expose avec une pleine compétence les faits et les questions On peut n'être pas toujours de son avis, mais il fournit des éléments de discussion sur lesquels il est légitime de compter. Les diverses races humaines sont bien étudiées : l'homme fossile, cette découverte des temps modernes, n'est pas oublié. Des détails très instructifs sont donnés sur les influences du milieu et de la race, sur les acclimatations, sur les croisements et sur les curieux phénomènes de l'hybridité. Le livre est dogmatique en ce sens qu'il part de la thèse de la monogénie humaine et qu'il est destiné complètement à l'établir. Je ne suis pas monogéniste ; mais je ne suis pas non plus polygéniste, du moins de la façon dont M. de Quatrefages est monogéniste.... »

« E. LITTRÉ (*Philosophie positive*). »

L'HOMME PRÉHISTORIQUE, étudié d'après les monuments et les costumes retrouvés dans les différents pays de l'Europe, suivi d'une *étude sur les mœurs et coutumes des sauvages modernes*, par SIR JOHN LUBBOCK, membre de la Société royale de Londres, 3ᵉ édit. revue et augmentée, avec 228 gravures dans le texte. 1888. 12 fr.

L'homme préhistorique de Sir JOHN LUBBOCK est un des livres qui ont le plus contribué à faire connaître les théories si controversées et si intéressantes de l'origine et de l'ancienneté de l'homme. Ce travail est le résultat d'une vaste enquête et de nombreux voyages exécutés par l'auteur dans tous les pays d'Europe, pour étudier les monuments, les costumes, les armes et les outils que nous ont légués les temps préhistoriques.

Rappeler les grandes divisions de l'ouvrage montrera suffisamment son importance, tant au point de vue scientifique qu'au point de vue historique. Les principaux chapitres traitent des questions suivantes : *de l'emploi du bronze dans l'antiquité, de l'âge du bronze, de l'emploi de la pierre dans l'antiquité, documents mégalithiques, tumuli, les anciennes habitations lacustres de la Suisse, les amas de coquilles du Danemark, les graviers des rivières, de l'ancienneté de l'homme.* L'ouvrage se termine par l'étude très développée des *mœurs et coutumes des sauvages modernes*, laquelle jette une lumière si grande sur la condition des races qui ont primitivement habité notre continent.

L'HOMME AVANT LES MÉTAUX, par N. JOLY, correspondant de l'Institut, professeur à la Faculté des sciences de Toulouse. 1 vol. in-8° avec 150 gravures dans le texte et un frontispice. 3ᵉ édit...................... 6 fr.

PREMIÈRE PARTIE. — *L'antiquité du genre humain.* — I. Les âges préhistoriques. — II. Les travaux de Boucher de Perthes. — III. Les cavernes à ossements. — IV. Les tourbières et les kjœkkenmœddinger. — V. Les habitations lacustres et les Nuraghi. — VI. Les sépultures et les dolmens. — VII. L'homme préhistorique américain. — VIII. L'homme tertiaire. — IX. Haute antiquité de l'homme.

DEUXIÈME PARTIE. — *La civilisation primitive.* — I. La vie domestique (le feu, les aliments, les vêtements, les bijoux). — II L'industrie, les armes et les outils. — III. L'agriculture et les animaux domestiques. — IV. La navigation et le commerce. — V. Les beaux-arts. — VI. Le langage et l'écriture. — VII. La religion, l'anthropophagie et les sacrifices humains. — VIII. Portrait de l'homme quaternaire.

LES PEUPLES DE L'AFRIQUE, par R. HARTMANN, professeur à l'Université de Berlin. 1 vol. in-8° avec 93 gravures dans le texte et une carte des peuples de l'Afrique. 2ᵉ édit...................... 6 fr.

Les regards des hommes qui pensent et espèrent sont dirigés aujourd'hui vers ce continent africain dont les cartes, grâce à l'esprit d'investigation de notre temps, ne présentent plus en aussi grand nombre ces taches blanches qui marquaient autant de désolantes lacunes dans nos connaissances. M. Hartmann a été l'un des explorateurs de l'Afrique, et joignant la vraie science au désir de voir et de découvrir, il a pu en appliquer les méthodes à ses observations sur les peuplades de l'Afrique.

Ce livre est donc un recueil d'études historiques, ethnographiques, physico-anthropologiques et de linguistique; mais en même temps on y trouve l'attrait du récit de l qui a vécu dans ces pays mystérieux, au milieu de ces populations primitives, et qui rapporté des impressions personnelles. De nombreuses et belles gravures accompagnent texte et représentent les types de tous les peuples décrits dans ce livre, ainsi que l habitations, leurs armes et outils, et tous les objets servant aux divers usages de la vie.

LES SINGES ANTHROPOIDES, et leur organisation comparée à celle de l'homme, par R. HARTMANN, professeur à l'Université de Berlin. 1 vol. in-8° avec 63 gravures dans le texte... 6 fr.

Principales divisions de l'ouvrage : Introduction historique. — Forme extérieure des singes anthropoïdes. — Comparaison de l'homme et des singes anthropoïdes au point de vue des formes extérieures et de la structure anatomique. — Les différentes espèces de singes anthropoïdes. — Vie et mœurs des singes anthropoïdes : 1° dans leur patrie; 2° en captivité. — Place des anthropoïdes dans la nature : généalogie classificative, parenté physique avec l'homme; l'ancêtre commun de l'homme et des anthropoïdes.
L'auteur déduit de son étude la confirmation de la proposition de Huxley qu'il y a plus de différence entre les singes les plus inférieurs et les singes les plus élevés, qu'il n'y en a entre ceux-ci et les hommes. Toutefois, si, au point de vue corporel, il constate une parenté corporelle très proche entre l'homme et le singe anthropoïde, il résulte également de ses observations qu'au point de vue psychique l'abîme entre les deux est très considérable.

V. — ZOOLOGIE

L'INTELLIGENCE DES ANIMAUX, par G.-J. ROMANES, secrétaire de la Société linnéenne de Londres pour la zoologie, précédée d'une préface sur l'*Evolution mentale*, par Edm. PERRIER, professeur au Muséum d'histoire naturelle de Paris. 2 vol. in-8°... 12 fr.

L'opinion la plus commune qui soit professée relativement à l'esprit des bêtes, est exprimée par cet aphorisme : « L'homme seul est intelligent, les bêtes n'ont que de l'instinct. »
A l'examen de cette question, est consacré cet ouvrage qui a été composé, presque sous les yeux de Darwin, par un des hommes qui se sont le plus scrupuleusement imprégnés de sa méthode : Georges J. ROMANES. Sous ce titre *L'intelligence des Animaux*, il étudie les manifestations de l'instinct ou de la raison chez les différentes espèces, depuis les plus inférieures jusqu'aux grands mammifères, et il rapporte avec un luxe de détails vraiment remarquable, quantité de curieuses observations.
Quand on voit mis en évidence, chez les fourmis, par exemple, le sens de la direction, la mémoire, les passions, l'existence d'un langage que nous n'entendons pas : quand on étudie leurs habitudes guerrières, leurs occupations agricoles, leur organisation du travail, leur organisation militaire, on est porté à penser que l'opinion populaire n'est pas justifiée et que l'intelligence ne doit pas être niée chez certains animaux.
Cet ouvrage est présenté au public français par M. Edmond Perrier, professeur au Muséum d'histoire naturelle, qui, dans une importante préface, passe en revue les phases successives par lesquelles ont passé les idées des naturalistes et des philosophes relativement aux facultés psychiques des animaux, fait ressortir ce que les idées actuelles ont de définitif, et précise la part bien large qu'elles laissent encore à l'inconnu.

LA PHILOSOPHIE ZOOLOGIQUE AVANT DARWIN, par Edmond PERRIER, professeur au Muséum d'histoire naturelle de Paris. 1 vol. in-8°, 2° édit.............. 6 fr.

Le savant professeur du Jardin des plantes a traité une des parties les plus intéressantes des sciences naturelles : l'Histoire des doctrines des grands zoologistes depuis Aristote et les savants du moyen âge, Buffon, Lamark, Geoffroy-Saint-Hilaire, Cuvier, Goëthe, Oken et les philosophes de la nature, jusqu'aux hommes les plus marquants de l'époque contemporaine. L'auteur y a abordé chacun des grands problèmes que cherchent à résoudre en ce moment les sciences naturelles et a fait de ce livre un véritable resumé de la zoologie actuelle.

DESCENDANCE ET DARWINISME, par O. SCHMIDT, professeur à l'Université de Strasbourg. 1 vol. in-8° avec figures, 5° édit................................. 6 fr.

PRINCIPAUX CHAPITRES : État actuel du monde animal. — Les phénomènes de la reproduction. — Développement historico-paléontologique du monde animal. — Création ou déve·

loppement naturel. — La philosophie naturelle. — Lyell et la géologie moderne. — Théc
de la sélection de Darwin. — La distribution géographique des animaux éclairée par
théorie de la descendance. — L'arbre-souche des vertébrés. — L'homme.

LES MAMMIFÈRES DANS LEURS RAPPORTS AVEC LEURS ANCÊTRES GÉOLOGIQÙ
par O. SCHMIDT, professeur à l'Université de Strasbourg. 1 vol. in-8° avec 51 l
dans le texte... 6

Quels ont été nos ancêtres et ceux des mammifères actuels? Il n'y a pas de quest
scientifique qui puisse intéresser davantage le public tout entier ni prêter à des découvei
plus piquantes. C'est le sujet du livre du grand zoologiste allemand OSCAR SCHMIDT. Le pr
cipe même des doctrines darwiniennes n'est plus contesté aujourd'hui. Il faut maintén
développer leurs conséquences et tracer la généalogie des êtres vivants actuels au trav
des temps géologiques. C'est ce que fait M. O. SCHMIDT pour toutes les catégories de ma
mifères, depuis les moins élevés jusqu'aux grands singes anthropoïdes et jusqu'à l'hom
lui-même. Il termine en décrivant à grands traits l'homme de l'avenir.

L'ÉCREVISSE, Introduction à l'étude de la zoologie par Th.-H. HUXLEY, membre
la Société royale de Londres et de l'Institut de France, professeur d'histoire na
relle à l'École royale des mines de Londres. 1 vol. in-8° avec 82 figures.. 6

L'auteur n'a pas voulu simplement écrire une monographie de l'Écrevisse, mais mont
comment l'étude attentive de l'un des animaux les plus communs peut conduire aux gé
ralisations les plus larges, aux problèmes les plus difficiles de la zoologie, et même de
science biologique en général. Avec ce livre, le lecteur se trouve amené à envisager fac
face toutes les grandes questions zoologiques qui excitent aujourd'hui un si vif intérêt.

LES COMMENSAUX ET LES PARASITES DANS LE RÈGNE ANIMAL, par P.-J. VAN BENED
professeur à l'Université de Louvain (Belgique). 1 vol. in-8° avec 82 figures d
le texte. 3° édit... 6

Cette étude de différents animaux faite à un point de vue spécial, est remplie de déti
intéressants sur leurs mœurs et leurs habitudes, et de rapprochements ingénieux. Dans l
première partie, l'auteur étudie les Commensaux, qu'il divise en commensaux libres et co
mensaux fixes; dans une deuxième partie, les Mutualistes, c'est-à-dire ceux qui vivent
semble en se rendant de mutuels services.

Dans la troisième partie, sont traités les Parasites, ainsi divisés : parasites libres à t
âge, dans le jeune âge, pendant la vieillesse; parasites à transmigration et à métam
phoses; parasites à toutes les époques de la vie.

Une table alphabétique contenant les noms de 450 animaux environ, cités dans le co
de l'ouvrage, le termine utilement pour les recherches.

FOURMIS, ABEILLES ET GUÊPES, Études expérimentales sur l'organisation et
mœurs des sociétés d'insectes hyménoptères, par sir JOHN LUBBOCK, membre de
Société royale de Londres. 2 vol. in-8° avec gravures dans le texte et 13 planc
hors texte dont 5 coloriées.. 12

Le grand naturaliste anglais sir J. LUBBOCK, qui est en même temps un des personna
importants du monde politique et financier de Londres, a publié sous ce titre le récit
curieuses expériences qu'il poursuit depuis quinze ans concurremment avec ses travaux p
historiques.

On y trouvera notamment les détails les plus surprenants sur l'organisation du trav
les expéditions militaires, l'esclavage, le langage, les affections et les divers sentime
sociaux des fourmis qui ont été le principal objet de ses recherches.

LA LOCOMOTION CHEZ LES ANIMAUX, (marche, natation et vol), suivie d'une ét
sur l'Histoire de la navigation aerienne, par J.-B. PETTIGREW, professeur au C
lège royal de chirurgie d'Edimbourg (Ecosse). 1 vol. in-8° avec 140 figures dans
texte... 6

Voir notice, p. 6.

VI. — BOTANIQUE — GÉOLOGIE

INTRODUCTION A L'ÉTUDE DE LA BOTANIQUE (Le Sapin), par J. DE LANESSAN, p
fesseur agrégé à la Faculté de médecine de Paris, député de la Seine. 1 vol. in
avec gravures dans le texte.. 6

Ce livre est une introduction générale à l'étude de la botanique. L'auteur l'a écrit s
tout pour les hommes instruits qui aiment à connaître les grands principes et les traits gé

raux des sciences qu'ils n'ont pas le temps d'approfondir, mais il rendra aussi servic
qui débutent dans l'étude de la Botanique, en leur montrant que cette science ne
pose pas seulement de détails arides et fastidieux. En prenant comme sujet l'étude d
l'auteur n'a pas voulu faire une monographie de cet arbre; il s'est proposé seulc
développer par un exemple spécial les théories les plus importantes de la Botanique.

L'ORIGINE DES PLANTES CULTIVÉES, par A. DE CANDOLLE, correspondant de l'
tut. 1 vol. in-8°, 2° édit..

La question de l'origine des plantes intéresse les agriculteurs, les botanistes et mê
historiens ou les philosophes qui s'occupent des commencements de la civilisation.
Le but de l'auteur, digne héritier d'un nom réputé en botanique, a été de chercher
et l'habitation de chaque espèce avant sa mise en culture. Il a dû, pour cela, dist
parmi les innombrables variétés, celle qu'on peut estimer la plus ancienne, et voir de
région du globe elle est sortie. Il montre en outre comment la culture des diverses e
s'est répandue dans différentes directions, à des époques successives.
Cet ouvrage peut être considéré comme une application des plus curieuses de la
de l'évolution; on y reconnaît l'adaptation des plantes aux milieux de leur développ
et même l'extension de certaines espèces, de telle façon que l'histoire des plantes cu
se rattache d'une manière évidente aux questions les plus importantes de l'histoire gé
des êtres organisés.

LES CHAMPIGNONS, par COOKE et BERKELEY. 1 vol. in-8° avec 110 grav., 3° édit.

TABLE DES CHAPITRES : I. Nature zoologique des champignons.—II. Structure.—III. C
fication.—IV. Usages.—V. Phénomènes remarquables produits par les champignons.—VI
spores et leur dissémination. — VII. Germination et développement. — VIII. Reprodu
sexuelle. — IX. Polymorphisme. — X. Influence et effets. — XI. Habitat. — XII. Cultur
XIII. Distribution géographique. — XIV. Récolte et conservation.

L'ÉVOLUTION DU RÈGNE VÉGÉTAL, par G. DE SAPORTA, correspondant de l'Institu
MARION, professeur à la Faculté des sciences de Marseille.

I. *Les Cryptogames.* 1 vol. in-8° avec 85 gravures dans le texte...   6
II. *Les Phanérogames.* 2 vol. in-8° avec 136 gravures dans le texte..   12

Depuis vingt ans que la théorie de Darwin a bouleversé toutes les théories scientifiq
bien des livres ont été consacrés à sa défense. Mais c'est la première fois qu'on trace dans
cadre un tableau d'ensemble du monde végétal. MM. de Saporta et Marion montrent comn
la flore actuelle tout entière s'est constituée peu à peu par la transformation d'un type
mitif. C'est la généalogie du règne végétal. Cet ouvrage est orné d'un grand nombre de grav
dessinées d'après nature.

MICROBES, FERMENTS ET MOISISSURES, par le docteur L. TROUESSART. 1 vol. i
avec 108 figures dans le texte.................................   6
Voir notice, p. 12.

LES RÉGIONS INVISIBLES DU GLOBE ET DES ESPACES CÉLESTES, par A. DAUBR
membre de l'Institut, professeur au Muséum. 1 vol. in-8° avec 78 gravures.   6

Livre écrit pour le grand public, dans lequel l'éminent professeur du Muséum fait l'ét
des eaux souterraines, de la formation des roches sédimentaires ou cristallisées, des tremb
ments de terre, des météorites ou pierres tombées du ciel, etc. Les sources, les eaux mi
rales, les cours d'eau souterrains, le rôle minéralisateur de l'eau aux époques géologiq
constituent autant de chapitres d'un vif intérêt. Les tremblements de terre et les météor
conduisent M. Daubrée à l'examen de la constitution du globe. En un mot, c'est bien, com
l'indique le titre, une excursion dans les régions de l'invisible.   (*Les Débats.*)

LES VOLCANS ET LES TREMBLEMENTS DE TERRE, par FUCHS, professeur à l'Univ
sité de Heidelberg. 1 vol. in-8° avec 36 gravures et une carte en couleu
4° édit..   6

Les *tremblements de terre* sont, pour certaines régions une perpétuelle et terrifia
menace, aussi tout ce qui se rattache à ces convulsions terrestres, a-t-il au plus haut point
privilège de susciter l'émotion et de passionner la curiosité. L'ouvrage de M. Fuchs offre à
point de vue un intérêt des plus émouvants.
En rattachant à un même sujet les tremblements de terre, et les volcans, le profess
d'Heidelberg expose ses idées sur le mode de production de ce phénomène terrestre et
l'affinité des causes qui la produisent avec celles des phénomènes volcaniques.
On trouvera ensuite dans ce livre un historique détaillé des tremblements de terre conn

es études sur les tremblements de mer, les volcans boueux et les geysers, une description etrographique des laves, enfin il se termine par une description géographique des volcans, omprenant une énumération complète et tenant compte de toutes les découvertes et de tous es événements récents.

VII. — PHYSIQUE

LES GLACIERS ET LES TRANSFORMATIONS DE L'EAU, par J. Tyndall, professeur de chimie à l'Institution royale de Londres, suivi d'une étude sur le même sujet, par Helmholtz, professeur à l'Université de Berlin. 1 vol. in-8° avec nombreuses figures dans le texte et 8 planches tirées à part sur papier teinté, 5ᵉ édit..   6 fr.

Cet ouvrage contient la description des grands glaciers de la Suisse que M. J. Tyndall a visités et étudiés un grand nombre de fois. On y trouve exposées les théories auxquelles ont donné lieu l'origine et la nature des glaciers, la formation de la glace et du givre, la régélation découverte par Faraday, dont M. Tyndall défend les doctrines, tandis que M. Helmoltz soutient celles de MM. James et William Thomson.

LA PHOTOGRAPHIE ET LA CHIMIE DE LA LUMIÈRE, par Vogel, professeur à l'Académie polytechnique de Berlin. 1 vol. in-8° avec 95 gravures dans le texte et une planche en photoglyptie, 4ᵉ édit...   6 fr.

Parmi les découvertes du siècle, il en est peu de plus importantes que la photographie, mais son caractère merveilleux est affaibli déjà par la familiarité de ses applications. Auxiliaire de l'astronome et du géographe, du physicien, du peintre, du sculpteur, du graveur et de l'imprimeur, elle sert les intérêts de la civilisation en traçant et en multipliant les objets, en perpétuant le souvenir des phénomènes. Elle a de plus créé une nouvelle science, la *photo-chimie* et ouvert de nouveaux horizons à la théorie des vibrations de l'éther.

L'éditeur a pensé qu'il serait utile, de donner au public un exposé des progrès de la photochimie et de la photographie, et de montrer l'importance de ces procédés au triple point de vue de l'art, de la science et de l'industrie. De nombreuses gravures sur bois, des épreuves photographiques représentant quelques-unes des inventions les plus récentes permettront au lecteur de se bien rendre compte de tous les procédés de cette belle et utile découverte.

LA CONSERVATION DE L'ÉNERGIE, par Balfour Stewart, professeur de physique au collège Owens de Manchester (Angleterre), suivi d'une étude sur la *Nature de la force*, par P. de Saint-Robert (de Turin). 1 vol. in-8° avec figures. 4ᵉ édit.   6 fr.

On peut considérer l'univers comme une immense machine physique et les connaissances que nous possédons sur cette machine, se divisent en deux branches : l'une d'elle embrassant ce que nous savons sur la structure de la machine elle-même, l'autre ce que nous savons sur la méthode qu'elle emploie pour agir. L'auteur étudie à la fois ces deux branches. Dans un premier chapitre, il passe en revue tout ce que nous connaissons au sujet des atomes, et donne une définition de l'énergie. Puis il énumère les diverses forces et énergies de la nature; il établit les lois de leur conservation, de leurs transformations et de leur dissipation. Enfin, l'ouvrage se termine par une esquisse historique du sujet, et par l'étude de la place occupée par les êtres vivants dans cet univers de l'énergie.

LA MATIÈRE ET LA PHYSIQUE MODERNE, par Stallo, précédé d'une préface par Ch. Friedel, de l'Institut, professeur à la Faculté des Sciences de Paris. 1 vol. in-8°...   6 fr.

M. Stallo est un savant américain qui est arrivé à la science par la philosophie. Dans ce livre, il critique, au point de vue purement expérimental, les principales théories de la science contemporaine, la théorie mécanique de la chaleur, la théorie atomique, etc., enfin les surprenantes doctrines des géomètres allemands et italiens sur l'espace à quatre dimensions. M. Friedel, l'éminent professeur de la Sorbonne, a placé en tête de ce livre une préface où il prend la défense de l'école atomique dont il est le chef incontesté en France depuis la mort de Wurtz.

VIII. — CHIMIE

LA SYNTHÈSE CHIMIQUE, par M. BERTHELOT, membre de l'Institut, professeu
chimie organique au Collège de France. 1 vol. in-8°, 5ᵉ édit.............

C'est en 1860, que M. Berthelot a exposé pour la première fois les méthodes et les .
tals généraux de la synthèse chimique appliquée aux matériaux immédiats des êtres
nisés et qu'il a fait connaître au monde savant les procédés qu'il avait découverts pour r
les combinaisons de carbone et d'hydrogène.

Il était bon que ces principes de la synthèse organique qui ont pris une place si ir
tante dans le domaine de la chimie et qui chaque jour produisent des découvertes nouv
fussent mis à la portée du grand public.

C'est pourquoi la direction de la *Bibliothèque scientifique internationale* a demand
grand chimiste ce livre dont la haute partie, philosophique autant que scientifique, n'a éch
à personne.

LA THÉORIE ATOMIQUE, par Ad. WURTZ, membre de l'Institut, professeur i
Faculté des sciences et à la Faculté de médecine de Paris. 1 vol. in-8°, 6ᵉ é
précédée d'une introduction sur la *Vie et les travaux* de l'auteur, par CH. FRIED
de l'Institut... 6

* Dans cet ouvrage, le chef de l'École atomique française, Ad. Wurtz, l'éminent pro
seur de la Faculté des sciences et de l'École de médecine de Paris, résume l'ensemble
travaux et des théories qui ont rendu son nom célèbre dans toute l'Europe savante. Il exp
le développement successif des théories chimiques depuis Dalton, Gay-Lussac, Berzélius
Proust, jusqu'à Dumas, Laurent et Gerhardt, Avogrado, Mendeleef et Wurtz, et termine par
études les plus curieuses et les plus nouvelles sur la constitution des corps et la nat
intime de la matière.

LES FERMENTATIONS, par P. SCHUTZENBERGER, membre de l'Académie de médeci
professeur de chimie au Collège de France. 1 vol. in-8 avec figures, 5ᵉ édit.   6

La question des *fermentations* est un des chapitres les plus intéressants de la chimie,
dont les applications industrielles, agricoles, hygiéniques et médicales sont les plus nombreu.
Il y a cependant peu de questions qui soient restées plus longtemps obscures que celles de l'o
gine des fermentations, et de l'action de ce que l'on appelle les ferments. Mais dans ces d
nières années, les travaux d'un grand nombre de savants, et notamment ceux de M. Paste
ont jeté la lumière sur cet important sujet, et ce sont tous les faits acquis aujourd'hui q
M. Schutzenberger résume dans ce livre.

L'auteur a divisé son travail en deux parties, dans la première, il traite des fermentatio
attribuées à l'intervention d'un ferment organisé ou figuré, telles sont les fermentatio
alcoolique, visqueuse, lactique, ammoniacale, butyrique et par oxydation. La seconde par
est consacrée aux fermentations provoquées par des produits solubles, élaborés par les org
nismes vivants.

MICROBES, FERMENTS ET MOISISSURES, par le docteur L. TROUESSART. 1 vol. in-
avec 108 gravures dans le texte.................................... 6 f

S'il est un sujet à l'ordre du jour, c'est bien celui des microbes, et, cependant, à part l
livres savants de Duclaux, Koch, Sternberg, Klein, et l'important ouvrage de MM. Cornil
Babes, qui est le seul traité complet des microbes et de la bactériologie, il n'a pas enco
été traité à un point de vue pratique. Un livre destiné au public proprement dit était enco
à faire; la *Bibliothèque scientifique internationale* a comblé cette lacune en publiant u
œuvre simple, élémentaire, ainsi qu'il convient à un ouvrage de vu'garisation, et cependa
aussi complète que le permet l'état d'une science encore jeune, mais qui, née d'hier, a de
fait d'immenses progrès, science essentiellement française, car c'est grâce aux admirabl
travaux de Pasteur et de ses disciples qu'elle a pu vaincre des préjugés séculaires et péné
trer au cœur même de la médecine pour la transformer et la régénérer.

Le rôle des microbes intéressant chacun de nous, il fallait un livre où l'avocat, forcé d
traiter en face d'experts une question d'hygiène, l'ingénieur, l'architecte, l'industriel, l'agri
culteur, l'administrateur, pussent trouver des notions claires et précises sur les question
d'hygiène pratique se rattachant à l'étude des microbes, notions qu'ils trouveraient difficile
ment, dispersées qu'elles sont dans les livres destinés aux médecins ou aux botanistes d

rofession. Bien qu'il ne soit pas écrit spécialement pour ces derniers, ce livre peut cepen-
ant leur être d'une grande utilité.
 Il a été donné une large place à la partie botanique, trop souvent négligée dans les ou-
rages de pathologie microbienne. A ce point de vue, le lien étroit qui rattache les bactérie·
ux ferments et aux moisissures traçait en quelque sorte le plan adopté : passer de ce qui
st visible à l'œil nu à ce qui n'est accessible qu'à l'aide du microscope.

A PHOTOGRAPHIE ET LA CHIMIE DE LA LUMIÈRE, par Vogel, professeur à l'Académie polytechnique de Berlin. 1 vol. in-8° avec 95 gravures dans le texte et une
planche en photoglyptie, 4ᵉ édit..   6 fr.

Voir notice, p. 11.

IX. — ASTRONOMIE — MÉCANIQUE

LES ÉTOILES, *Notions d'astronomie sidérale,* par le P. A. Secchi, directeur de l'Observatoire du Collège Romain. 2 vol. in-8° avec 68 gravures dans le texte et
16 planches en noir et en couleurs, 2ᵉ édit........................   12 fr.

 Cet ouvrage est une œuvre posthume, et comme le testament scientifique du célèbre directeur de l'observatoire de Rome. Il est le résumé de ses derniers travaux ou pour mieux dire
le résumé de l'état actuel de nos connaissances sur les étoiles.
 Dans le premier volume, l'auteur, après avoir décrit l'aspect général du ciel, étudie toutes
les questions qui se rattachent à la grandeur des étoiles, à la distance qui les séparent de
nous, à leur couleur, à leurs changements d'éclat et de teinte. Un chapitre est consacré au
soleil qui appartient à la classe des étoiles les plus intéressantes, les étoiles variables.
 Le second volume comprend l'histoire des nébuleuses, l'étude et la détermination des
mouvements propres des étoiles. L'auteur est ainsi conduit à traiter de l'immensité de l'espace
stellaire, du nombre des étoiles, des distances qui les séparent de nous et de celles qui les
séparent les unes des autres. Enfin dans son dernier chapitre, le P. Secchi expose ses vues
sur la constitution de l'univers, et c'est certainement un des plus intéressants de l'ouvrage,
en raison de la grandeur de la conception qu'il expose.

LE SOLEIL, par C.-A. Young, professeur d'astronomie au Collège de New-Jersey.
1 vol. in-8° avec 87 gravures......................................   6 fr.

 De toutes les parties de l'astronomie l'étude de la constitution physique du soleil est celle
qui a fait le plus de progrès depuis vingt ans. On peut dire qu'elle a renouvelé les idées du
monde savant sur la constitution physique de l'univers tout entier. Cette étude est l'objet
principal du livre du célèbre astronome américain Young.
 Ce livre est illustré d'un grand nombre de figures et contient à côté des doctrines
modernes un exposé très curieux de toutes les recherches et de toutes les théories sur le
soleil.

**HISTOIRE DE LA MACHINE A VAPEUR, DE LA LOCOMOTIVE ET DES BATEAUX A
VAPEUR,** par R. Thurston, professeur de mécanique à l'Institut technique de
Hoboken, près de New-York, revue, annotée et augmentée d'une Introduction, par
Hirsch, ingénieur en chef des Ponts et Chaussées, professeur de machines à vapeur
à l'Ecole des ponts et chaussées de Paris. 2 vol. in-8° avec 160 gravures dans le texte
et 16 planches tirées à part....................................   12 fr.

 On peut dire que l'industrie moderne tout entière dérive de la machine à vapeur, et
cependant l'histoire de ce merveilleux engin n'avait pas encore été écrite d'une manière
complète. M. Thurston, un des professeurs les plus éminents des États-Unis, a comblé cette
lacune en donnant une *Histoire de la machine à vapeur,* revue et augmentée d'une préface
par M. Hirsch, professeur de machines à vapeur à l'école des ponts et chaussées. Cet ouvrage
est orné de 16 planches, d'une foule de portraits d'inventeurs, et d'une immense quantité de
figures représentant tous les types de machines à vapeur, de bateaux à vapeur ou de locomo-
tives, depuis les premières tentatives de l'antiquité jusqu'aux perfectionnements les plus récents.

X. — BEAUX-ARTS

LE SON ET LA MUSIQUE, par P. Blaserna, professeur à l'Université de Rome, des *Causes physiologiques de l'harmonie musicale*, par H. Helmholtz, prof à l'Université de Berlin. 1 vol. in-8° avec 41 gravures dans le texte, 3e édit.,

Ce livre n'a pas la prétention de donner une description complète des phénomènes so ni d'exposer toute l'histoire des lois musicales; l'auteur a cherché seulement à réunir sujets qui jusqu'alors avaient été traités séparément. En effet, le physicien ne se h guère sur le terrain de la musique, et les artistes ne connaissent pas assez l'importanc sidérable des lois du son dans un grand nombre de questions. Exposer brièvement les cipes fondamentaux de l'acoustique et en montrer les plus importantes applications, t le but de cet ouvrage. Il se trouve présenter ainsi un grand intérêt pour ceux qui aimen fois l'art et la science.

PRINCIPES SCIENTIFIQUES DES BEAUX-ARTS, par E. Brucke, professeur à l'Univ de Vienne, suivi de l'*Optique et les Arts*, par Helmholtz, professeur à l'Univ de Berlin. 1 vol. in-8° avec gravures, 3e édit..................... ...

Dans ce volume sont réunies les recherches personnelles de deux savants, MM. Bru Helmholtz, et les matériaux qui y sont contenus montrent, par leur diversité et leur i tance, que la peinture et la sculpture ne perdent rien à devenir savantes tout en deme artistiques. *La perspective, la distribution de la lumière et des ombres, la couleur ave harmonies et ses contrastes*, sont autant de sujets scientifiques que les peintres ne sau se dispenser d'étudier. Les auteurs donnent également d'intelligents conseils sur le d'éclairement des modèles qui est déterminé par des lois rigoureuses et dont on ne s'e qu'au détriment de la vérité des effets; ils traitent également la question connexe de l'écl ment des galeries de tableaux.

THÉORIE SCIENTIFIQUE DES COULEURS ET LEURS APPLICATIONS AUX ARTS L'INDUSTRIE, par O.-N. Rood, professeur de physique à Colombia-College de N York (Etats-Unis). 1 vol. in-8° avec 130 figures dans le texte et 1 planche en leur. 1881.. 6

M. Rood est un éminent professeur de physique des États-Unis, et en même temps peintre distingué. Son livre convient à la fois, grâce aux aptitudes variées de son auteur, artistes et aux gens du monde. On y trouve, sous une forme accessible, l'exposé des dive théories sur les couleurs et sur leur perception dans l'œil humain, ainsi que les applicat si variées et si curieuses que beaucoup de ces théories ont trouvé dans l'industrie. Enfi rôle des couleurs dans la peinture, les moyens de les employer et l'étude des divers ge forment une partie importante de l'ouvrage.

La collection sera continuée par les volumes suivants, sous presse

FALSAN. **Les Périodes glaciaires en France**. 1 vol. avec cartes et fig.

RICHET (Ch.). **La Chaleur animale**. 1 vol. avec figures.

BERTHELOT. **La Philosophie chimique**. 1 vol.

BEAUNIS. **Les Sensations internes**. 1 vol. avec figures.

MORTILLET (de). **L'Origine de l'homme**. 1 vol. avec figures.

PERRIER (E.). **L'Embryogénie générale**. 1 vol. avec figures.

LACASSAGNE. **Les Criminels**. 1 vol. avec figures.

DURAND-CLAYE (A.). **L'Hygiène des villes**. 1 vol. avec figures.

CARTAILHAC. **La France préhistorique**. 1 vol. avec figures.

POUCHET (G.). **La Forme et la Vie**. 1 vol. avec figures.

LISTE GÉNÉRALE

DE LA

BIBLIOTHÈQUE

SCIENTIFIQUE INTERNATIONALE

(64 volumes parus)

Prix de chaque volume, cartonné à l'anglaise.............. 6 francs.

LAVOISIER

1743-1794

D'APRÈS SA CORRESPONDANCE, SES MANUSCRITS, SES PAPIERS DE FAMI
ET D'AUTRES DOCUMENTS INÉDITS

PAR

ÉDOUARD GRIMAUX

Professeur à l'École Polytechnique et à l'Institut Agronomique,
Agrégé de la Faculté de médecine de Paris.

1 beau vol. in-8°, raisin, avec 10 gravures hors texte en taille-douce et en typ
phie, reproduites d'après des documents originaux, broché.............. 1

Malgré la gloire qui environne le nom de Lavoisier, la vie du créateur de la chimie mo
n'a été l'objet d'aucune étude approfondie. On ignore ses vertus privées, son dévoueni
la chose publique, sa philanthropie intelligente, les services qu'il a rendus à son pays c
académicien, économiste, agriculteur et financier. Los détails de sa mort prématurée
inconnus, et des historiens ont pu même se demander si le tribnal révolutionnaire,
faisant monter sur l'échafaud, n'avait pas frappé d'une juste condamnation un avide fe
général.

M. Grimaux s'est imposé la tâche de dissiper les obscurités qui entourent la vie et la
de Lavoisier, et de donner une biographie complète de l'un des hommes qui honorent le
notre patrie.

Grâce aux documents mis a sa disposition par les descendants de M. et de M⁼ᵉ Lavo
et à ceux qu'il a pu consulter dans différents dépôts publics, aux Archives nationales
l'Académie des sciences notamment, il a pu réunir les renseignements les plus comple
suivre son héros jour par jour pour ainsi dire, depuis ses années de jeunesse jusqu'à sa i

M. Grimaux a écrit ce livre avec la conviction et avec l'ardeur d'un auteur qui s'est
sionné pour son sujet; il déclare dans sa préface que, plus il a étudié cette vie, plus
admiration pour le génie et le caractère de Lavoisier a été croissante, et il fera certaine:
partager ce sentiment à tous ses lecteurs.

Au point de vue purement historique, ce n'est pas non plus sans intérêt qu'on lira les p
consacrées à la description de la vie de famille à la fin du dix-huitième siècle, au fonct
nement des fermes générales, à la régie des poudres, à l'Académie des sciences, aux pro
de l'agriculture, et enfin au procès des fermiers généraux, l'un des épisodes les plus i
quants de l'époque révolutionnaire et, on doit l'avouer, l'un des actes qu'elle aura à se i
pardonner devant la postérité.

L'ACADÉMIE DES SCIENCES

HISTOIRE DE L'ACADÉMIE — FONDATION DE L'INSTITUT NATIONAL
BONAPARTE, MEMBRE DE L'INSTITUT

PAR

Ernest MAINDRON

1 beau vol. in-8° cavalier, avec 53 gravures dans le texte, portraits, plans, e
8 planches hors texte et 2 autographes, d'après des documents originaux. 12

Grand chercheur de documents, M. Ernest Maindron a rassemblé les faits qui lui ont per
d'écrire l'histoire éminemment instructive, que nous signalons aujourd'hui, de l'Acadér
des sciences. Depuis Colbert jusqu'à nos jours, l'auteur passe en revue l'organisation
l'Académie et fait revivre les hommes illustres qui s'y sont succédé. Reproductions
médailles, de portraits et d'autographes, complètent très heureusement ce livre écrit avec
passion de l'érudit qui fouille et qui étudie l'histoire pour en ressusciter les événeme
oubliés. L'ouvrage intéressera tous ceux qui aiment la science en général et la scier
française en particulier.   (La Nature.)

ENVOI FRANCO CONTRE MANDAT-POSTE OU VALEUR SUR PARIS

Paris. — Imprimeries réunies, A, rue Mignon, 2. — 16126.

germinative ne peuvent s'expliquer que par un déplacement des éléments constitutifs du germe : c'est-à-dire des cellules embryonnaires. Ce déplacement est produit, selon toute vraisemblance, par un mouvement amiboïde des cellules qui émigrent du centre vers la périphérie, et de la profondeur vers les parties supérieures et latérales du germe. Il n'est pas possible d'observer directement les changements de forme des cellules chez la Truite; peut-être pourrait-on les apercevoir dans les œufs très transparents et à développement rapide de certains Téléostéens; je n'ai rien vu de semblable dans les œufs de la Perche et de l'Épinoche, où le développement se fait trop lentement.

Un autre facteur important intervient dans l'extension du germe; c'est la multiplication cellulaire. Cette multiplication se faisant principalement dans les parties marginales du disque, on comprend que ces parties s'épaississent. A un certain moment, la migration des éléments se ralentit, tandis que la prolifération augmente dans le bourrelet germinatif. Il en résulte que les éléments nouvellement formés sont repoussés vers la cavité germinative et qu'il se produit ainsi une réflexion du blastoderme. Cette invagination me paraît être plutôt due à une prolifération cellulaire qu'à un véritable reploiement de la couche ectodermique; mais, quel que soit le mécanisme de ce processus, le résultat est le même : la couche endodermique primaire est formée aux dépens des cellules ectodermiques. Tel est du moins le cas des œufs que j'ai étudiés, c'est-à-dire ceux de la Truite, de la Perche et de l'Épinoche.

L'accroissement de la couche enveloppante ne se fait que par multiplication des cellules, et, dès qu'elle est différenciée, je ne crois pas que de nouveaux éléments viennent s'y ajouter.

Lorsque la réflexion de l'ectoderme s'est produite au niveau du bourrelet germinatif, le blastoderme continue à s'étendre sur le vitellus. La migration des éléments cellulaires continue à se faire du centre vers la périphérie, mais d'une manière inégale, c'est-à-dire qu'elle se fait plus activement vers la région embryonnaire que du côté opposé. Le toit de la cavité germinative s'amincit de plus en plus et finit par être réduit à une seule couche de cellules, recouverte toujours par la couche enveloppante, dont les cellules sont devenues alors pavimenteuses.

L'ectoderme s'épaissît au niveau de l'écusson embryonnaire, et l'endoderme primaire s'étend de plus en plus au-dessous de lui, dans la cavité germinative. Ce dernier feuillet s'épaissit également dans sa portion initiale. Sur le reste du bourrelet germinatif les deux feuillets restent au contraire assez minces, formés seulement de deux ou trois couches de cellules, et l'endoderme ne s'étend que peu dans la cavité germinative.

La cavité germinative, en s'agrandissant par suite de l'extension du germe sur le vitellus, diminue de hauteur, de telle sorte que son toit est presque en contact avec le parablaste, dont il est cependant séparé par une petite quantité de liquide.

L'extension du parablaste suit celle du germe; cette couche présente son maximum d'épaisseur au-dessous de l'écusson embryonnaire; c'est aussi en ce point que les noyaux qu'elle renferme sont les plus nombreux.

Le mésoderme ne commençant à apparaître qu'assez tardivement, lorsque l'embryon est déjà différencié à la surface du blastoderme, je ne m'occuperai du développement de ce feuillet qu'à propos de l'évolution de l'embryon.

V. — Formes extérieures de l'embryon

Les formes extérieures de l'embryon des Salmonides ont été très bien étudiées par plusieurs auteurs, entre autres par Œllacher (123), His (85), Kupffer (106) et Goronowitsch (57).

Œllacher a établi, pour la Truite, un certain nombre de stades du développement de l'embryon auxquels il a donné des noms particuliers et qui correspondent à certains jours de l'incubation. Malheureusement la durée de l'incubation étant très variable, ainsi que je l'ai déjà dit, il est impossible de rapporter chacun des types d'Œllacher à un nombre constant de jours depuis le moment de la fécondation. Dans la description des coupes sur lesquelles j'ai étudié le développement de la Truite, je désignerai les embryons d'après les stades établis par Œllacher, stades dont j'ai pu vérifier l'exactitude. Mais, pour simplifier les appellations d'Œllacher et aussi pour multiplier les stades du développement embryonnaire, je désignerai, comme Balfour (8) l'a fait dans sa belle monographie de l'embryologie des Élasmobranches, chaque stade par une lettre de l'alphabet. Ces stades représentés figures 7 à 14 et figures 47 à 59 (Planches), ont été dessinés à la chambre claire d'après des pièces durcies par l'acide chromique.

STADE A. (Planches, fig. 13 et fig. 47.) — Nous avons laissé le germe segmenté au moment où les bords du blastodisque s'infléchissent dans la cavité sous-germinative pour constituer le feuillet interne primaire. La première apparition de l'embryon consiste dans un épaississement du bourrelet marginal, en un point de son bord interne; à ce niveau, le bourrelet est plus large que dans le reste de son étendue. Cette portion élargie est mal délimitée et comprend à peu près le quart de la circonférence du germe. Ce stade correspond au *rudiment embryonnaire primitif* (primitive Embryonalanlage) d'Œllacher.

STADE B. (Planches, fig. 14 et fig. 48.) — La partie renflée du bourrelet blastodermique est devenue plus apparente; elle est nettement arrondie dans sa portion médiane et forme une saillie, beaucoup plus marquée qu'au stade précédent, vers la partie centrale du blastoderme. Sur la plupart des œufs, elle se présente comme une masse homogène mal délimitée, aussi bien sur ses parties latérales, qui se continuent avec le bourrelet blastodermique, qu'à sa partie antérieure, c'est-à-dire dans sa portion opposée au bourrelet. Sur certains œufs, la première ébauche de l'embryon paraît formée de deux masses accolées au bourrelet blastodermique et séparées l'une de l'autre par une légère dépression, plus marquée et plus large en avant qu'en arrière. Cet état correspond, je crois, à un stade un peu plus avancé du développement, et montre le début de l'apparition du sillon médullaire qui devient très visible au stade suivant. Dans l'axe de la dépression, qui est l'axe longitudinal du futur embryon, commence à se former, sur le bord externe du disque blastodermique, une petite saillie qui est le *bourgeon caudal* d'Œllacher, ou le *bourgeon marginal* de His, le *bourgeon final* de Kupffer, la *proéminence caudale* de Balfour (Planches, fig. 48, *bc*). Je lui conserverai le nom de *bourgeon caudal* parce que c'est le plus ancien, bien que ce terme soit impropre, car ce bourgeon ne constitue par la queue de l'embryon.

Œllacher a désigné ce stade sous le nom d'*écusson embryon-naire arrondi* (runde Embryonalschild).

STADE C. (Planches, fig. 15 et fig. 49 et 50.) — L'écusson embryonnaire est plus apparent et mieux délimité : il présente une partie légèrement rétrécie à son point d'insertion sur le bourrelet blastodermique; sa forme est à peu près ovale. De son extrémité antérieure partent deux bandes plus claires qui le rattachent au bord interne du bourrelet marginal. La petite saillie du bord externe du bourrelet blastodermique, située dans l'axe de l'embryon, est plus accentuée et représente alors un véritable petit bourgeon (Planches, fig. 49, *bc*).

La partie axiale de l'embryon est occupée par une dépression en forme de V, dont la pointe est en avant du bourgeon caudal, et dont l'ouverture correspond à l'extrémité antérieure de l'embryon. Cette dépression est la première ébauche de la gouttière médullaire; elle est limitée des deux côtés par deux bourrelets saillants qui forment les branches du V. Cette disposition est constante, mais plus ou moins nette suivant les embryons. Quelquefois, le sillon est à peine marqué (Planches, fig. 49), tandis que chez d'autres embryons il est largement ouvert en avant (Planches, fig. 50).

His (85) paraît être le premier qui ait entrevu une forme semblable de l'embryon chez le Saumon. La figure 3 qu'il donne dans son mémoire de 1878, p. 184, ressemble à celle que nous figurons de ce stade chez la Truite. Cependant, d'après His, les deux bords du sillon médullaire se rejoindraient en avant pour former une sorte de fer à cheval. Il est probable que l'embryon que cet auteur a figuré correspond à un stade un peu plus avancé. Chez la Truite, les bords du sillon médullaire se rapprochent en effet par leur partie antérieure entre le stade C et le stade D. Ziegler (200) (Pl. III, fig. 4) a représenté un embryon de Saumon identique à ceux que j'ai observés à ce stade.

Œllacher a donné à ce stade le nom d'*écusson embryonnaire ovalaire transversal* (querovale Embryonalschild); la figure qu'il en donne montre bien le commencement du sillon médullaire, mais sous forme d'une simple dépression linéaire. Il indique aussi le bourgeon caudal plus nettement différencié que je ne l'ai vu et séparé du reste de l'embryon par une dépression semi-circulaire.

STADE D. (Planches. fig, 16 et 17, et fig. 51 et 52.) — Le blastoderme mesure environ 3mm,70 de diamètre. L'écusson embryonnaire s'est allongé dans le sens antéro-postérieur et rétréci latéralement. Il est devenu piriforme et sa longueur est de 1 millimètre. Le sillon médian est beaucoup plus étroit qu'au stade précédent, mais aussi plus profond et plus nettement délimité. La partie antérieure de ce sillon forme une fossette ovale très allongée, plus profonde et plus large que la partie postérieure, qui est très superficielle et à peine indiquée. La partie antérieure de l'embryon représente assez bien un fer à cheval, qui embrasse le sillon médullaire par sa concavité; de chaque extrémité du fer à cheval partent deux replis, mal délimités, qui vont rejoindre la partie interne du bourrelet blastodermique.

Ce stade a été assez bien représenté par Œllacher et par His. Œllacher le désigne sous le nom d'*écusson embryonnaire piriforme* (birnfœrmige Embryonalschild); la figure qu'il en donne diffère de celle qui est représentée figure 51 (Planches), en ce que les contours de l'écusson ne présentent pas la petite encoche qu'on remarque de chaque côté, vers le milieu de la longueur de l'embryon, au point où se détachent les replis qui vont rejoindre le bourrelet blastodermique. De plus, dans la figure d'Œllacher, le bourrelet blastodermique ne paraît être en rapport qu'avec le bourgeon caudal et présente partout la même largeur. Les encoches latérales de l'embryon ne sont pas, en effet, toujours visibles, mais je les ai observées assez souvent pour pouvoir les regarder comme normales. Je ne sais au juste quelle est leur signification; je crois cependant qu'on doit considérer les deux saillies qui déterminent ces encoches comme les premières ébauches des vésicules optiques. Quant à l'élargissement du bourrelet de chaque côté de l'embryon (Planches, fig. 52, *be*), on l'observe toujours; c'est ce que Kupffer (**106**) et Œllacher désignent sous le nom de *marge* ou *bordure embryonnaire* (Embryonalsaum), et qu'Œllacher a figuré au stade B et aux stades E et F.

STADE E. (Planches, fig. 18, fig. 53 et 54.) — L'embryon

s'est allongé davantage et mesure environ 1^{mm},7. Le sillon longitudinal superficiel s'est allongé en même temps. Vers le quart antérieur de l'embryon, on remarque un petit sillon transversal, et en arrière de lui un autre sillon plus marqué et plus étendu, qui se trouve au tiers de la longueur totale de l'embryon ; enfin une troisième petite dépression à peine marquée se trouve à l'union du tiers postérieur avec les deux tiers antérieurs de l'embryon.

Le bourgeon caudal est plus développé qu'au stade D ; ses contours sont mieux délimités. De chaque côté de l'embryon, depuis le niveau du sillon transversal moyen jusqu'au bourrelet blastodermique s'étend une lame en forme de croissant, qui est la bordure embryonnaire (Planches, fig. 53 *be*).

L'*embryon en forme de lancette* (lancetfœrmige Embryonalschild), qu'Œllacher a représenté Planche I, fig. 10, correspond à notre stade E. Cette figure, comparée à la nôtre, n'offre que quelques légères différences. Dans la figure de l'auteur allemand, le premier sillon transversal antérieur est moins rapproché du sillon moyen que sur notre figure, et la dépression postérieure n'existe pas ; de plus, le sillon longitudinal s'avance davantage vers l'extrémité céphalique et se termine par une petite dilatation plus marquée que sur notre embryon. Œllacher considère cette dilatation antérieure et les deux sillons transversaux qui la suivent, comme les premières ébauches des trois vésicules cérébrales ; le plus grand de ces sillons présente à ses extrémités une petite fossette qui est l'origine de la vésicule auditive. Cette interprétation est évidemment exacte, étant donnée la situation qu'occuperont plus tard ces différents organes, mais on ne doit pas attacher une grande importance à la configuration extérieure de l'embryon, aux premiers stades du développement. Comme le fait, en effet, très bien remarquer Œllacher, les sillons transversaux et les fossettes ne sont pas toujours bien visibles et ne présentent pas une forme constante ni une place bien déterminée, sur des embryons exactement du même âge. Les coupes transversales et longitudinales de ces embryons montrent que les dépressions dont il s'agit sont tout à fait superficielles, et qu'il ne se produit à leur niveau aucune invagination comparable à celle qui s'observe chez les autres Vertébrés. Les dépressions, aussi bien le sillon longitudinal

que les sillons transversaux, disparaissent presque complètement sur des embryons fixés par le liquide de Kleinenberg;
on ne les voit bien que sur les embryons durcis par l'acide
chromique. Les éléments embryonnaires sont constamment
en voie de prolifération, principalement dans les régions qui
s'accroissent le plus rapidement; l'axe nerveux est dans ce cas,
surtout au stade que nous considérons. Or les cellules en cytodiérèse sont beaucoup plus sensibles que les autres à l'action
des réactifs. Le liquide de Kleinenberg, par exemple, les
gonfle; l'acide chromique les désorganise souvent. Il en résulte
que dans les points où la cytodiérèse est active, on observera
tantôt une augmentation, tantôt une diminution de volume,
suivant le réactif fixateur employé. Avec le liquide de Kleinenberg, les dépressions superficielles de l'embryon s'effacent
par suite du gonflement des cellules sous-jacentes; avec l'acide
chromique, elles s'exagèrent par suite de la destruction et
l'écrasement de ces mêmes cellules. On comprend donc comment, avec l'acide chromique, on peut observer des différences
de forme et de position des dépressions superficielles, suivant
que les éléments embryonnaires auront présenté une cytodiérèse plus ou moins active dans telle ou telle région, au
moment de la fixation.

Quoi qu'il en soit, on doit considérer, avec Œllacher, les
dépressions superficielles de l'embryon, fossettes et sillons
transversaux, comme indiquant la place des trois vésicules
cérébrales types des embryons des autres Vertébrés.

Un embryon du stade E, détaché avec soin du vitellus, coloré
par le carmin, et monté dans le baume du Canada, est représenté, vu par transparence (Planches), fig. 54. On aperçoit sur la
ligne médiane une partie plus foncée présentant une dilatation
dans la région antérieure, et une autre dilatation moins marquée dans le bourgeon caudal. Cette région médiane obscure
est la partie la plus épaisse de l'embryon, l'axe nerveux, qui
s'enfonce comme une carène dans le vitellus. Le renflement
antérieur correspond à la partie comprise entre l'extrémité céphalique et le sillon des vésicules auditives (Planches, fig. 54 c).

STADE F. (Planches, fig. 49, fig. 55 et 56.) — Au stade F,
le blastoderme a recouvert à peu près la moitié du vitellus: le

bord externe du bourrelet blastodermique est très voisin de
l'équateur de l'œuf. L'embryon mesure environ 2^{mm},5; il est
plus étroit qu'au stade E, principalement dans la région céphalique. Le sillon médullaire est beaucoup moins apparent qu'au
stade précédent. Le sillon transversal des vésicules auditives
est devenu moins visible ; en arrière de lui on voit deux ou
trois fossettes médianes qui sont des restes du sillon médullaire,
en voie d'effacement. Les deux moitiés du corps de l'embryon
semblent s'écarter en avant du bourgeon candal, de manière
à former un angle dans lequel le bourgeon caudal est compris.
Cet écartement n'est qu'une simple apparence due à l'existence
d'une légère dépression tout à fait superficielle, en avant du
bourgeon caudal (Planches, fig. 55).

Les contours de l'embryon présentent, au niveau du sillon
des vésicules auditives, un léger rétrécissement et un autre
un peu plus bas, vers le milieu de la longueur totale de l'embryon. La bordure embryonnaire est beaucoup moins large
qu'au stade E; elle tend à s'effacer et remonte jusqu'à la partie
la plus large de la région céphalique.

Le stade F correspond au stade figuré par Œllacher, fig. 12.
Cet auteur décrit un stade d'*embryon en forme de fer de lance*
(lanzenspitzfœrmige Embryo) intermédiaire entre E et F, dans
lequel la partie la plus large se trouve au niveau de la troisième
vésicule cérébrale, et dont la partie postérieure semble être
profondément engagée dans le bourrelet blastodermique, très
épaissi en ce point. Œllacher reconnaît lui-même que la figure
qu'il donne n'est pas facile à comprendre, et il pense que l'embryon doit son aspect particulier à ce qu'à ce stade il est
enfoncé dans le vitellus et qu'on ne voit que sa partie supérieure. Je n'ai pas observé d'embryons ayant l'aspect représenté
par Œllacher et je crois que cet auteur aura eu affaire à des
embryons déformés par la compression exercée sur le chorion
par la masse vitelline, lors de sa coagulation.

Un embryon du stade F, coloré et examiné par transparence
dans le baume du Canada (Planches, fig. 56), offre le plus grand
intérêt. De même qu'au stade précédent, il existe sur la ligne
médiane une région obscure correspondant à la carène de l'axe
nerveux. Cette carène n'est pas droite, elle présente, dans la
région céphalique, des sinuosités qui paraissent être dues à un

tassement qui se serait produit lors de la fixation de l'embryon,
par suite d'une contraction de ce dernier. De chaque côté de
l'axe, dans la partie antérieure de la moitié postérieure de
l'embryon, on voit cinq à six masses rectangulaires qui sont
les premières protovertèbres. L'apparition de ces organes est
très importante à noter, car, dès lors, il devient facile de distinguer nettement la région céphalique de l'embryon, du tronc
qui commence au niveau de la première protovertèbre.

STADE F'. (Planches, fig. 57.) — A la fin du stade F, l'embryon
subit quelques modifications dans sa forme extérieure. Mais la
structure interne n'ayant pas éprouvé de grands changements,
je n'ai pas voulu faire un stade particulier de cette forme, le
considérant seulement comme la fin du stade F.

Le sillon médullaire et les dépressions superficielles ont entièrement disparu. Le sillon médullaire est remplacé par un
cordon saillant qui s'étend depuis la tête jusqu'au bourgeon
caudal, en se bifurquant à ce niveau, comme au stade précédent. La région céphalique est encore amincie et a changé de
forme ; l'extrémité antérieure est maintenant la plus large et
présente deux renflements latéraux qui sont les vésicules optiques, puis vient une partie rétrécie suivie d'une nouvelle dilatation au niveau des vésicules auditives. A partir de ce point,
jusqu'au bourrelet blastodermique, s'étend de chaque côté de
l'axe nerveux une bande étroite, moins saillante que l'axe,
c'est la région des protovertèbres, qui ne sont pas encore visibles extérieurement. En dehors de cette région se trouve la
bordure embryonnaire qui se rétrécit de plus en plus (Planches,
fig. 57).

Œllacher a représenté, figure 13, un embryon correspondant
à peu près à ce stade, mais dont l'aspect est un peu différent.
Dans cet embryon il existe, sur la ligne médiane de la région
céphalique, une saillie qui se continue avec celle de l'axe médullaire. De chaque côté de la tête, les vésicules auditives se
montrent sous la forme de deux éminences réniformes, accolées
sur la ligne médiane par leur partie convexe. Cette configuration doit faire admettre que l'embryon d'Œllacher est un peu
plus âgé que celui qui correspond à notre stade F'.

STADE G. (Planches, fig. 20 et 21, fig. 58.) — L'embryon

mesure 3 millimètres. Certains de ses organes sont devenus visibles extérieurement. Sur toute sa longueur, la ligne médiane est occupée par une saillie formée par la partie centrale de l'axe nerveux, saillie qui, au stade F', n'était apparente que dans la région du tronc. Les vésicules optiques se détachant nettement de chaque côté de l'axe médian sous forme de masses hémisphériques. Les vésicules auditives se montrent également. ainsi qu'Œllacher les a représentées, comme deux masses réniformes à convexité interne. En arrière de ces vésicules commence la région protovertébrale, comprenant environ douze somites, dont chaque moitié apparaît sous forme d'un petit rectangle, séparé de ses voisins par une petite dépression. La région postérieure de l'embryon n'a pas subi de changements (Planches, fig. 58).

La figure 14 d'Œllacher est celle d'un embryon arrivé au stade G. L'auteur signale une disposition particulière des protovertèbres qui ne sont pas parallèles entre elles. Suivant lui, les protovertèbres antérieures ont leur axe dirigé d'avant en arrière et de dehors en dedans ; les moyennes ont leur axe perpendiculaire à l'axe du corps et les postérieures sont dirigées d'arrière en avant et de dehors en dedans. Je n'ai pu observer une semblable disposition qu'accidentellement, et j'ai presque toujours vu les protovertèbres parallèles entre elles et dirigées perpendiculairement à l'axe du corps.

Stade H. (Planches, fig. 22 et 23, et fig. 59.) — La forme de l'embryon s'est à peine modifiée depuis le stade précédent. sa longueur est de $3^{mm},60$. Les vésicules optiques sont plus développées, le cristallin commence à apparaître, les protovertèbres ont augmenté de nombre. La partie postérieure de l'embryon est la plus intéressante à considérer. Le blastoderme a recouvert presque entièrement le vitellus et le bourrelet est réduit à un simple anneau elliptique, placé à l'extrémité de l'embryon. Le bourgeon caudal n'est plus visible et le grand axe de l'anneau blastodermique est dans le prolongement de l'axe du corps. Ainsi que l'ont remarqué tous les auteurs, la fermeture du blastoderme a lieu toujours sous forme d'une ellipse plus ou moins allongée, suivant les sujets, et qui finit par se réduire à une fente linéaire dont les bords se rapprochent et se soudent. La fermeture a lieu à une période de développement variable dans des œufs de même âge. Le nombre des somites varie, en effet, chez les embryons de la fin du stade H, de 18 à 26 (Planches, fig. 59).

La description que je viens de donner des formes extérieures de l'embryon, aux différents stades, est à peu près conforme, ainsi qu'on a pu le voir, à celle qui a été faite par 'Œllacher. Les figures de Goronowitsch (57) ressemblent aussi beaucoup à celles d'Œllacher et aux miennes, mais l'interprétation qu'il en donne diffère sur quelques points. Pour lui, il existe toujours entre la région céphalique et le bourgeon caudal, un tronc rudimentaire, même aux stades les plus précoces. Il est difficile de se prononcer sur la valeur de cette assertion, car aux stades C et D, l'embryon est encore trop peu développé pour qu'on puisse dire si l'écusson embryonnaire, qui est en rapport avec le bourrelet, représente uniquement la tête ou celle-ci avec une portion du tronc. Goronowitsch admet que les deux premières fossettes qui apparaissent sur le trajet du sillon médullaire représentent le cerveau antérieur et le cerveau postérieur; le cerveau moyen n'apparaîtrait que plus tard entre les deux. Pour nous, les trois fossettes, correspondant aux trois vésicules cérébrales primaires, apparaissent en même temps.

Bien différentes des figures d'Œllacher, de Goronowitsch et des miennes, sont celles de Kupffer (106), publiées, en 1884, dans la première partie d'un travail dont la suite n'a pas encore paru. Les notions fournies par l'étude de la structure interne de l'embryon étant indispensables pour discuter les figures de Kupffer et l'interprétation qu'il en donne, je n'indiquerai la manière·de voir de cet auteur qu'en traitant le développement du système nerveux.

VI. — Étude des coupes des différents stades.

L'étude de la forme extérieure de l'embryon de la Truite, aux différents stades de son développement, n'apprend pas grand'chose sur l'évolution des parties essentielles, c'est-à-dire sur la formation des divers systèmes. Les coupes transversales et longitudinales, faites à travers les jeunes embryons, sont au contraire des plus instructives. Je décrirai d'abord l'aspect de ces coupes aux différents stades que j'ai établis, et j'exposerai ensuite le développement de chaque système en particulier.

STADE A. — Je ne reviendrai pas ici sur ce stade dont j'ai décrit les coupes à propos de la formation du blastoderme.

STADE B. — Une coupe longitudinale passant par l'axe de l'ébauche embryonnaire montre à peu près la même disposition qu'au stade précédent. L'ectoderme se continue à la périphérie avec l'endoderme primaire. Les deux feuillets ont à peu près la même épaisseur; cependant l'ectoderme est un peu plus développé que l'endoderme et présente son maximum d'épaisseur dans la région postérieure de l'écusson embryonnaire. Le feuillet supérieur se continue antérieurement avec le toit de la cavité germinative formé par une seule rangée de cellules; il est recouvert sur toute son étendue par la lame enveloppante. L'endoderme primaire se termine antérieurement à la limite de l'écusson embryonnaire; quelques cellules se détachent de son extrémité et se trouvent libres ou en petits groupes sur le plancher de la cavité germinative.

Les coupes longitudinales parallèles à la médiane, et intéressant les bords de l'écusson embryonnaire, montrent la même disposition que la précédente, mais on voit que, sur les bords latéraux de l'écusson, les feuillets sont beaucoup plus minces et que l'endoderme s'étend beaucoup moins loin.

Sur des coupes transversales du même stade, passant par l'extrémité postérieure de l'embryon, c'est-à-dire au niveau du bord externe du bourrelet marginal, le blastoderme se présente sous la forme d'une lentille biconvexe. En ce point on ne distingue aucun feuillet; au centre de la coupe, sur la ligne médiane, on observe une disposition très curieuse des éléments embryonnaires, disposition signalée par Œllacher (**123**) et sur laquelle les autres auteurs n'ont pas insisté. Les cellules sont groupées en ce point en un amas arrondi; elles sont disposées en cercles concentriques autour d'un centre formé par trois ou quatre cellules. Le nombre des cercles est de trois ou quatre; les cellules ainsi disposées sont allongées et leur grand axe est perpendiculaire au rayon du cercle. L'amas cellulaire, qui occupe ainsi l'axe de la partie postérieure de l'embryon est le *cordon axial* (Axenstrang) d'Œllacher. Il n'existe, à ce moment, que dans la partie de l'écusson embryonnaire comprise dans le bourrelet marginal; plus tard, il s'étend plus en avant (Planches, fig. 90).

Les coupes transversales plus antérieures présentent les deux feuillets primaires séparés par une ligne claire représentant une fente virtuelle, reste de la cavité germinative. Cette fente s'arrête à une certaine distance des bords de l'écusson embryonnaire; sur les bords, en effet, les deux feuillets sont en continuité l'un avec l'autre. A mesure qu'on se rapproche de l'extrémité antérieure de l'écusson, l'endoderme diminue d'épaisseur et finit par être remplacé par des groupes isolés de cellules, mais on le retrouve toujours dans les parties latérales de la coupe, au niveau du bourrelet marginal. Enfin, en avant de l'écusson, l'ectoderme, réduit à une simple couche de cellules, recouvre seul la cavité germinative : il s'épaissit latéralement, se réfléchit et constitue l'endoderme primaire du bourrelet marginal. L'aspect des coupes transversales de la partie extra-embryonnaire du blastoderme reste le même aux stades suivants; les coupes augmentent de plus en plus en diamètre à mesure que le blastoderme s'étend sur le vitellus, mais la constitution du toit de la cavité germinative et celle du bourrelet marginal ne changent pas.

Stade C. — Les coupes longitudinales de ce stade sont à peu près identiques à celles du stade précédent; elles montrent cependant l'extension des deux premiers feuillets vers le centre de la cavité germinative; celle-ci diminue de hauteur; son toit tend à s'appliquer sur le plancher (Planches, fig. 75).

Les coupes transversales fournissent plus de renseignements que les coupes longitudinales. Au niveau du bourgeon caudal, on retrouve le cordon axial (Planches, fig. 90); ce cordon existe aussi à la partie postérieure de l'embryon, là où les deux premiers feuillets sont différenciés et séparés par une ligne correspondant à une fente virtuelle. Cette fente traverse le cordon axial qu'elle coupe en deux parties égales, de sorte qu'une des moitiés est contenue dans l'ectoderme, l'autre dans l'endoderme primaire (Planches, fig. 91). Cette disposition a échappé à Œlla-

cher, qui a représenté les deux feuillets unis au niveau du cordon axial. La ligne de séparation est en effet assez difficile à
voir; ce qui frappe surtout au premier examen de la coupe,
c'est la disposition des cellules en cercles concentriques, et il
est très intéressant de voir cet arrangement se correspondre
dans chacun des deux feuillets.

Une série de coupes transversales, pratiquées d'arrière en
avant, permet de suivre les variations d'épaisseur des feuillets
blastodermiques (Planches, fig. 65 à 74).

Le sillon longitudinal médian, qui se voit très bien sur les vues
en surface et qui est la première ébauche du système nerveux,
est beaucoup moins net sur les coupes. Celles-ci présentent
cependant dans leur partie médiane une dépression correspondant au sillon; cette dépression s'élargit et tend à s'effacer d'arrière en avant. L'ectoderme, en avant du bourgeon caudal, est
plus épais que l'endoderme primaire et présente son maximum
d'épaisseur sur la ligne médiane; il va en s'amincissant vers la
partie antérieure de l'écusson embryonnaire. Sa plus grande
épaisseur est alors de chaque côté du sillon neural, et son minimum d'épaisseur est au fond du sillon. L'endoderme est au
contraire plus épais sur la ligne médiane de l'embryon, mais, à
la partie antérieure, il s'amincit et finit par disparaître à l'extrémité du sillon neural; en ce point, l'endoderme n'existe plus
que sur les parties latérales de l'embryon.

Stade D. — Ce stade est un des plus intéressants; c'est en
effet à ce moment qu'apparaît la corde dorsale et que se forme
le feuillet moyen. Sur une coupe longitudinale médiane, on voit,
en avant du bourgeon caudal, l'endoderme primaire se diviser
en deux couches, dont l'une supérieure comprend presque toute
l'épaisseur de ce feuillet, tandis que la couche inférieure est
constituée par une ou deux rangées de cellules seulement. Cette
division de l'endoderme primaire ne s'étend pas très loin, elle
cesse d'être visible dans les deux tiers antérieurs de l'embryon.
Les cellules de la couche supérieure se sont allongées dans le
sens vertical et pressées les unes contre les autres dans le sens
antéro-postérieur. Cette couche supérieure est l'ébauche de la
corde dorsale. Les cellules de la couche inférieure, qui forme
l'endoderme proprement dit, conservent leur aspect arrondi ou

polyédrique, par pression réciproque. L'ectoderme prend un grand développement dans la région antérieure de l'embryon; mais à l'extrémité du renflement céphalique, il se termine en pointe et il est dépassé à ce niveau par l'endoderme qui est plus épais que lui (Planches, fig. 81).

Les coupes longitudinales intéressant les parties latérales de l'embryon, montrent que la division de l'endoderme primaire s'est effectuée aussi dans ces régions. Mais la couche supérieure, qui représente le mésoderme, est bien moins épaisse que sur la ligne médiane, et les cellules ne présentent pas la disposition qu'elles offrent dans l'ébauche de la corde dorsale (Planches, fig. 82).

Si l'on examine les coupes transversales correspondant à celles que je viens de décrire, on voit qu'au niveau du bourgeon caudal rien n'a changé depuis le stade précédent. Immédiatement au-devant de lui on ne trouve encore que les deux feuillets primaires. Le cordon axial est divisé par la ligne de séparation des feuillets, mais il est divisé d'une façon asymétrique. L'ectoderme est à ce niveau plus épais sur la ligne médiane que sur les parties latérales; il renferme la plus grande partie du cordon axial. La portion inférieure de ce dernier est contenue dans l'endoderme primaire; elle s'en sépare par une ligne très nette, surtout bien marquée dans les préparations traitées par l'acide osmique. Le demi-cylindre qui résulte de cette différenciation de la partie inférieure du cordon axial est la corde dorsale (Planches, fig. 77, fig. 93 et fig. 110).

· Sur une coupe un peu plus antérieure, il existe de chaque côté de la corde dorsale une ligne claire qui, dans les préparations à l'acide osmique, apparaît sous forme d'une fente; elle sépare l'endoderme primaire en deux couches, dont la supérieure est le mésoderme et l'inférieure l'endoderme définitif. La corde dorsale est encore plongée dans l'endoderme dont elle n'est séparée que par une ligne claire (Planches, fig. 78).

Dans la partie antérieure de l'embryon, on ne trouve plus que l'ectoderme et l'endoderme primaire (Planches, fig. 79 et 80); ils présentent sur la ligne médiane la disposition concentrique des cellules, disposition qui s'observe du reste dans toute la longueur de l'embryon. Mais, dans l'extrémité antérieure, les cercles concentriques deviennent des ellipses dont le grand axe correspond à la ligne de séparation des deux feuillets. A ce niveau, l'endoderme est plus développé que l'ectoderme, surtout sur la ligne médiane.

STADE E. — L'embryon s'est accru en longueur. Les coupes longitudinales ont cependant à peu près le même aspect qu'au stade D. L'ectoderme prend, dans la région antérieure qui correspond au cerveau, un développement plus considérable : l'endoderme primaire diminue au contraire d'épaisseur, sauf à l'extrémité tout à fait antérieure, où il demeure encore plus épais que l'ectoderme. La corde dorsale s'étend un peu plus loin qu'au stade précédent, et ses cellules sont mieux différenciées.

A l'extrémité postérieure de l'embryon, au point où la corde dorsale se dégage du bourgeon caudal en même temps que l'ectoderme et l'endoderme, les cellules endodermiques présentent un aspect particulier. Elles sont plus grosses que les autres : quelques-unes offrent des figures cytodiérétiques ; elles forment, en contact avec le parablaste, une rangée d'une dizaine environ d'éléments cylindriques. Cet amas cellulaire est l'origine d'un organe important qui, aux stades suivants, devient beaucoup plus apparent, sous forme d'une vésicule creuse, et que j'ai signalée pour la première fois chez la Truite, en 1880 (69). Par sa position, cette vésicule est identique à celle que Kupffer a signalée chez l'Épinoche et qu'il a désignée sous le nom impropre d'allantoïde. Kupffer a eu le mérite d'attirer l'attention sur la vésicule qui se trouve à l'extrémité postérieure de l'embryon de certains Poissons osseux, aussi lui donnerai-je, à l'exemple de la plupart des auteurs, le nom de *vésicule de Kupffer ;* mais cet organe avait déjà été vu avant lui par Coste, qui l'a très bien représenté dans l'atlas de son grand ouvrage *(Histoire générale et particulière du développement des corps organisés),* figure 8' de la Planche II relative au développement de l'Épinoche (1). Depuis Kupffer, la vésicule a été observée chez un grand nombre d'espèces, par plusieurs auteurs ; elle n'avait pas encore été signalée chez les Salmonides. Œllacher (123) n'en parle pas dans son beau mémoire sur le développement de la Truite. C.-K. Hoffmann (89) ne l'a

(1) Coste ne fait aucune mention de la vésicule dans l'explication de la figure.

pas figurée. Ziegler (200) l'a décrite récemment chez le Saumon. Je signalerai au stade suivant les caractères qui distinguent la vésicule de la Truite.

Les coupes transversales du stade E accusent une différenciation plus nette de la corde dorsale et des lames mésodermiques, qui sont alors bien séparées de l'endoderme secondaire. Mais les changements survenus depuis le stade D ne sont pas assez importants pour qu'il soit nécessaire d'y insister.

STADE F. — Sur une coupe longitudinale médiane, la vésicule de Kupffer se voit très nettement à l'extrémité antérieure du bourgeon caudal, là où au stade précédent existait la rangée de cellules endodermiques plus grosses, que j'ai décrite. La vésicule est maintenant bien formée; elle mesure environ $0^{mm},11$ de diamètre longitudinal; sa forme est celle d'un demi-cercle, dont le diamètre est parallèle au vitellus et dont l'arc regarde la partie dorsale de l'embryon. Ses parois sont constituées par une seule rangée de cellules cylindriques; celles du plancher sont plus courtes et moins régulièrement disposées (Planches, fig. 108 *k*). En avant de la vésicule, l'endoderme se continue, comme au stade précédent, jusqu'à l'extrémité de l'embryon (Planches, fig. 53).

Les coupes longitudinales, parallèles à la ligne médiane et passant en dehors de la corde dorsale, montrent que, dans la région moyenne de l'embryon, le mésoderme est divisé en un certain nombre de masses cellulaires de forme rectangulaire, et placées les unes à côté des autres. Le grand axe des rectangles est perpendiculaire à la surface vitelline; dans chacun d'eux les cellules périphériques sont régulièrement disposées, les cellules centrales sont au contraire irrégulièrement agencées. Chacune de ces masses cellulaires, au nombre de trois à six de chaque côté de la ligne médiane, représente un somite (Planches, fig. 84).

Les coupes transversales du stade F sont plus instructives que les coupes longitudinales, au point de vue du développement des feuillets (fig. 1 à 11).

A la partie tout à fait antérieure de l'embryon, on ne trouve encore que les deux feuillets primaires. L'ectoderme, dont la section est piriforme, pénètre comme un coin dans l'endoderme

primaire qui se trouve refoulé sur les côtés (fig. 1). Plus en
arrière, au niveau de la première vésicule cérébrale, l'ectoderme
est beaucoup plus développé ; son épaississement médian présente deux renflements latéraux arrondis qui sont les ébauches
des vésicules oculaires. L'endoderme primaire, sur la ligne
médiane, est en contact direct avec la carène de la masse nerveuse. Mais latéralement ce feuillet s'est différencié en deux
couches, une couche mésodermique qui n'existe qu'au-dessous
des vésicules optiques, et une couche endodermique, en rapport
avec le parablaste et en rapport direct avec l'ectoderme, sur
les parties latérales de l'embryon. Entre le mésoderme et
l'angle interne inférieure de la vésicule optique se trouve une
petite cavité à section triangulaire (fig. 2 et 3).

Les coupes suivantes montrent la masse nerveuse plus développée qu'au niveau des vésicules optiques, et présentant une
forme de triangle isocèle allongé, dont la base convexe, dirigée
en haut, se continue latéralement avec la couche ectodermique.
Le mésoderme sépare complètement l'ectoderme de l'endoderme ; ce dernier est moins étendu que dans la région tout à
fait antérieure, et le mésoderme le déborde latéralement (fig. 4
et 5).

Le point où finit la région céphalique est marqué par l'apparition de la corde dorsale sur la région médiane et au-dessous
de l'axe nerveux. A ce niveau, la masse nerveuse présente
latéralement, comme dans la région oculaire, deux renflements
ectodermiques qui sont les rudiments des vésicules auditives :
ces renflements sont en continuité par leur base avec la partie
supérieure de l'axe nerveux et en sont séparés latéralement par
une fente virtuelle (fig. 6) (Planches, fig. 95).

En arrière de la tête, les coupes conservent le même aspect
jusque dans le voisinage du bourgeon caudal. L'axe nerveux
est beaucoup plus étalé et moins développé que dans la région
céphalique. Les lames mésodermiques présentent, sur certaines
coupes, les masses protovertébrales de chaque côté de l'axe
nerveux et, latéralement, elles sont divisées longitudinalement
par une fente virtuelle, qui est le futur cœlome (fig. 7 et 8).

A mesure qu'on se rapproche du bourgeon caudal, l'axe nerveux devient de plus en plus petit, et les masses latérales mésodermiques prennent au contraire une plus grande importance.

En même temps, la carène de l'axe nerveux s'allonge dans le sens vertical, et sa délimitation d'avec la corde dorsale est de

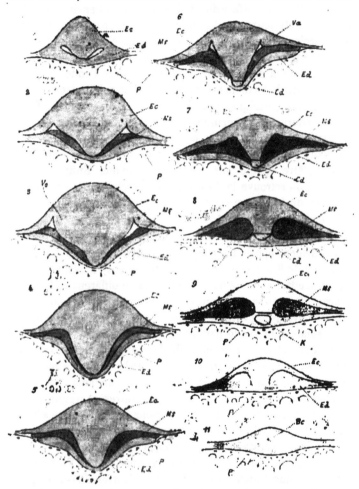

Fig. 1 à 11. — Coupes transversales d'un embryon de Truite du stade F. *Ec*, ectoderme; *Ms*, mesoderme; *Ed*, endoderme; *Cd*, corde dorsale; *K.* vésicule de Kupffer; *Vo*, vésicule optique; *Va*, vésicule anditive; *bc.* bourgeon cardal; *P*, parablaste. Le mesoderme est plus fortement teinté que les deux autres feuillets. Les coupes sont disposées en série, suivant l'ordre numérique, de la tête à la partie postérieure de l'embryon.

moins en moins nette. Immédiatement en avant du bourgeon caudal, la vésicule de Kupffer apparaît sur la ligne médiane,

occupant la place de la corde dorsale. Cette vésicule se présente sous la forme d'une cavité à peu près elliptique à grand
axe parallèle à la surface du vitellus et mesurant environ $0^{mm},09$.
Sa partie inférieure est plus convexe que sa partie supérieure ;
ses parois sont constituées par une rangée de cellules cylindriques régulièrement disposées ; sa paroi inférieure repose sur
le parablaste et se continue latéralement avec l'endoderme. De
chaque côté de l'axe nerveux et de la vésicule se trouvent les
masses mésodermiques (fig. 9).

En arrière de la vésicule de Kupffer on aperçoit encore, dans
la partie supérieure de la coupe, de chaque côté de la ligne
médiane, la ligne de démarcation de l'ectoderme, mais elle
cesse d'être visible sur la ligne médiane. Enfin, plus en
arrière, on retrouve la disposition en cercles concentriques des
cellules du bourgeon caudal, et il n'y a plus de différenciation
des feuillets (fig. 10 et 11).

L'examen des coupes transversales confirme donc ce que
nous avaient appris les coupes longitudinales, à savoir que la
vésicule de Kupffer apparaît immédiatement en avant du bourgeon caudal, au point où commence à se différencier le mésoderme. De par sa situation, cette vésicule peut être considérée
comme ayant une origine endodermique ; elle repose, en effet,
immédiatement sur le parablaste, et son plancher est enclavé
dans l'endoderme. Son mode de développement prouve également sa nature endodermique. Le stade E nous a montré la
place de la future vésicule occupée par un amas de cellules
endodermiques plus grosses que les autres et régulièrement
disposées. Sur des coupes d'embryons intermédiaires à E et F,
on voit ces cellules se multiplier et une invagination se produire dans l'embryon pour former la vésicule.

La vésicule dont j'ai signalé l'existence chez la Truite diffère
de celle que Kupffer a décrite chez d'autres Poissons par sa
situation intra-embryonnaire. Celle de l'Épinoche, de la Perche,
du Hareng, etc., occupe la même situation que celle de la
Truite ; elle est située dans le voisinage de l'extrémité caudale
et à la partie postérieure de la corde dorsale, comme j'ai pu le
constater moi-même chez la Perche, l'Épinoche et le *Lepadogaster*. Mais tandis que, chez ces animaux, la vésicule fait
saillie en dehors de l'embryon, dans l'intérieur du vitellus, celle

de la Truite, au contraire, est située dans l'intérieur de l'embryon. Cette différence est sans importance, car à un stade plus avancé la vésicule peut faire saillie hors de l'embryon et devenir alors tout à fait semblable à celle des autres Poissons.

STADE G. — Les coupes longitudinales de ce stade sont à peu près identiques à celles du stade F. Les somites ont augmenté de nombre : on en compte de 12 à 18. La vésicule de Kupffer est bien développée et, à la partie antérieure de l'embryon, au-dessous de l'extrémité de la corde dorsale, l'endoderme commence à se réfléchir en arrière et en-dessous pour constituer l'intestin antérieur.

L'examen des coupes transversales montre que des changements importants se sont produits dans la région céphalique de l'embryon. De chaque côté de l'axe nerveux, la vésicule optique qui, au stade précédent, était à peine ébauchée, est maintenant bien détachée, et présente la forme d'une masse ovalaire reliée au cerveau par une partie légèrement retrécie. Les vésicules optiques arrivent au contact de la couche des cellules ectodermiques. Entre ces vésicules et l'axe nerveux se trouve du tissu mésodermique embryonnaire, c'est-à-dire dont toutes les cellules sont encore arrondies et en contact les unes avec les autres. Le même tissu entoure la partie inférieure des vésicules et la carène de l'axe nerveux, et arrive au contact du parablaste ; l'endoderme n'existe pas en ce point : tout l'endoderme primaire s'est transformé en mésoderme (Planches, fig. 99).

Une coupe passant en arrière des vésicules optiques montre l'axe nerveux occupant toute la partie médiane de la tête ; de chaque côté, le mésoderme forme une masse pleine qui s'étend jusqu'à l'ectoderme et au parablaste. Une petite cavité existe entre le mésoderme et l'ectoderme au point où l'embryon repose sur le vitellus.

En avant de la vésicule auditive, l'endoderme apparaît. L'axe nerveux occupe encore la plus grande partie de la coupe et est en contact inférieurement avec l'endoderme. Celui-ci se relève de chaque côté de la ligne médiane et, au-dessous de la vésicule auditive, il se produit un pli, ou plutôt une invagination, premier indice de la formation de l'intestin antérieur. En ce point,

les cellules endodermiques sont très allongées, tandis que sur
la ligne médiane elles sont aplaties et ne forment qu'une seule
couche. C. K. Hoffmann (**89**) admet que l'endoderme n'est partout
constitué que par une seule couche de cellules ; suivant Œllacher (**123**), au contraire, il y aurait plusieurs couches de cellules ;
l'endoderme pénétrerait dans le mésoderme comme un bourgeon plein qui, plus tard, se creuserait d'une cavité. L'existence de l'invagination n'est pas douteuse, mais d'un autre
côté, j'ai constaté sur plusieurs préparations et à l'aide des
meilleurs objectifs que, dans la partie épaissie de l'endoderme,
à l'endroit où se fait l'invagination, les cellules, généralement
allongées et disposées perpendiculairement au pli d'invagination, peuvent présenter aussi une forme arrondie et être alors
au nombre de deux ou trois dans l'épaisseur du feuillet. Le
repli endodermique arrive, sur certaines coupes, au contact
même de la partie inférieure de la vésicule auditive, sur
d'autres coupes il en est séparé par quelques cellules mésodermiques (Planches, fig. 100).

Chaque plaque mésodermique est divisée en deux parties par
le repli endodermique ; l'une, interne, est comprise entre l'ectoderme, l'axe nerveux, la corde dorsale et l'endoderme ; ses
cellules commencent à prendre un aspect particulier, à s'allonger dans le sens de la hauteur de l'embryon et se disposer
sérialement ; l'autre, externe, est comprise entre la partie amincie de l'ectoderme qui fait suite à la vésicule autidive, la partie
externe du repli endodermique et le parablaste. Cette partie
externe du mésoderme est creusée d'une cavité, la cavité du
cœlome, le toit de la cavité est formé par une couche de cellules plus épaisse que celle qui constitue le plancher.

Les coupes suivantes présentent à peu près le même aspect
que les précédentes ; l'invagination de l'endoderme y est moins
marquée, et cesse un peu après le tiers antérieur de l'embryon.

Dans la partie postérieure du corps de l'embryon, on retrouve la même disposition qu'au stade précédent ; les masses
protovertébrales sont mieux accusées et plus nettement différenciées des plaques mésodermiques latérales.

C'est à ce stade, ou plutôt entre le stade G et le stade H,
que se forme la cavité centrale du système nerveux. Cette question très discutée a donné lieu à plusieurs interprétations. Nous

y reviendrons en décrivant le développement du système nerveux.

STADE H. — Une coupe médiane longitudinale d'un embryon
de 3^{mm},2 et possédant 22 somites, montre l'axe nerveux et, au-
dessous de lui, la corde dorsale dont les cellules allongées
tranchent nettement sur le reste de la coupe. L'extrémité antérieure de la corde dorsale est à 0^{mm},7 de l'extrémité céphalique; au-dessous de la corde et un peu en arrière de sa terminaison, l'endoderme présente une fissure qui est l'origine de
l'intestin antérieur. En arrière de l'extrémité postérieure de la
corde dorsale se trouve la vésicule de Kupffer qui, comme au
stade précédent, s'est allongée antérieurement et communique
avec l'intestin postérieur (Pl. fig. 86).

Sur les coupes longitudinales latérales, on voit, à la partie
antérieure de la région céphalique, la vésicule optique dont la
partie externe s'est invaginée dans la partie interne et qui en
est séparée par une cavité linéaire. Plus en arrière, se trouve
la vésicule auditive arrondie et détachée du feuillet externe.
Au-dessous de la vésicule auditive, le feuillet interne reployé
sur lui-même est situé au milieu du mésoderme et présente
une courbure à convexité supérieure et postérieure; il se continue postérieurement avec la partie de l'endoderme qui est en
contact avec le parablaste, et qui représente l'intestin moyen.
La partie de l'endoderme comprise ainsi dans l'épaisseur du mésoderme est la région dans laquelle se formeront plus tard les
fentes branchiales. Dans cette même région, le mésoderme,
situé au-dessous de l'intestin antérieur, présente une grande
cavité, portion péricardique du cœlome. Au-dessous de la lame
inférieure, qui constitue le plancher de cette cavité, existe une
autre cavité plus petite, limitée par une couche de cellules
aplaties et reposant directement sur le parablaste, c'est l'ébauche
de l'une des moitiés du cœur (Planches, fig. 87).

En arrière de la vésicule auditive, il y a une masse mésodermique indivise qui précède la série de protovertèbres; celles-
ci sont pressées les unes contre les autres, et ont la forme de
rectangles allongés verticalement et arrondis à leurs extrémités
supérieure et inférieure. Les cellules qui constituent une protovertèbre sont disposées perpendiculairement à la ligne de

contour; dans l'intérieure de la protovertèbre existe une cavité virtuelle (Planches, fig. 111).

Les coupes transversales du stade H méritent d'être étudiées
avec soin parce qu'elles montrent la différenciation des principaux organes,

La tête tend déjà à se soulever au-dessus du vitellus et à s'en
détacher. L'ectoderme qui forme la couche épidermique de
l'embryon ne se continue plus directement avec la couche externe du sac vitellin : mais, au point où l'embryon repose sur le
vitellus, l'ectoderme s'infléchit au-dessus de lui et forme une
lame qui s'avance vers l'endoderme primaire différencié en
mésoderme, puis se réfléchit à la surface du vitellus pour se
continuer avec la paroi du sac vitellin. Cette disposition est
nettement visible au-niveau des vésicules optiques ; ces vésicules ne sont plus en rapport avec l'axe nerveux que par leur
pédicule, ou nerf optique, qui se détache de la partie inférieure
de la vésicule cérébrale antérieure. La cavité de la vésicule
optique se continue par le pédicule avec celle de l'axe nerveux ;
des deux couches de la vésicule, l'interne est plus mince que
l'externe ; celle-ci présente de nombreuse cellules en cytodiérèse, surtout à sa face interne : cette face est, en effet, le siège
d'une croissance rapide qui entraîne la courbure à convexité interne de l'ensemble de la vésicule. Dans la concavité externe
de la vésicule est logé un épaississement de l'ectoderme, le futur
cristallin (fig. 12 et 13) (Planches, fig. 103).

En arrière des yeux, le cerveau offre une section elliptique,
dont la partie supérieure est plus large que la base. Le mésoderme présente à ce stade, dans la région céphalique, de chaque
côté de l'axe nerveux, un aspect particulier. Les cellules ne
sont plus arrondies ou polygonales, ni pressées les unes contre
les autres. Elles sont allongées avec des prolongements filiformes s'anastomosant entre eux; entre elles, existent des lacunes irrégulières. Cette portion du mésoderme revêt les caractères du tissu conjonctif, dans lequel il n'y a pas encore de
substance intercellulaire (fig. 14).

Entre les vésicules optiques et les vésicules auditives, on
trouve l'invagination endodermique qui a donné naissance à
l'intestin antérieur. La section transversale de cet intestin a la
la forme d'un fer à cheval, dont la concavité embrasse la partie

inférieure de l'axe nerveux et dont les extrémités arrivent au

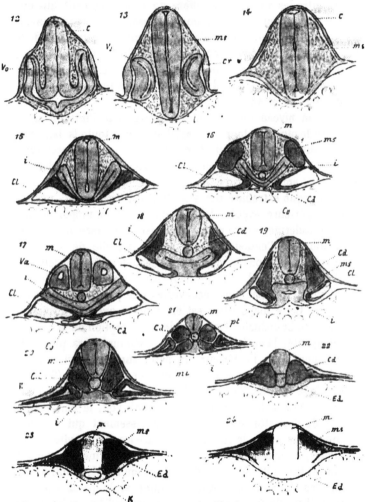

Fig. 12 à 24. — Coupes transversales d'un embryon de Trulet du stade H. *C.* cerveau; *m*, moëlle épinière; *Ms*, mésoderme; *Ed*, endoderme; *Cd*, corde dorsale; *K*, vesicule de Kupffer; *Cl*, cœlome; *Co*, cœur; *Mi*, masse intermediaire; *W*, canal de Wolff; *pt*, protovertèbres; *I*, intestin; *Vo*, vesicule optique; *Cr*, cristallin; *Va*, vésicule anditive. Le mesoderme est plus fortement teinté que les deux autres feuillets. Les coupes sont disposées en serie, suivant l'ordre numerique, de la tête à la partie posterieure de l'embryon.

contact de l'ectoderme, ou en sont séparées par une masse mésodermique. Cette masse mésodermique a conservé le carac-

tère primitif et est constituée par des cellules pressées les
unes contre les autres ; elle diffère du tissu conjonctif, qui entoure l'axe nerveux, et elle donnera naissance à des muscles. Le
mésoderme situé au-dessous de l'endoderme, de chaque côté de la
ligne médiane, est également formé de cellules embryonnaires ;
dans son épaisseur, se trouve la cavité du cœlome, de forme
triangulaire, le plus grand côté du triangle reposant sur l'intestin (fig. 15 et 16).

C'est au niveau des vésicules auditives que l'intestin antérieur est le plus développé. Sa section occupe toute la largueur
de la coupe ; elle s'étend d'une manière presque rectiligne
d'un côté de l'embryon à l'autre, au-dessous de la corde dorsale
et de deux amas de tissu conjonctif qui la séparent de l'axe nerveux. Chaque extrémité de la section est en contact, par sa
partie supérieure, avec la vésicule auditive, et en rapport intime
avec l'ectoderme. En ce point, il n'existe plus trace du pli d'invagination de l'endoderme ; la cavité virtuelle de l'intestin
arrive jusqu'au contact des cellules ectodermiques ; celles-ci
sont refoulées en bas et en haut par les cellules endodermiques, qui ne sont plus recouvertes que par la couche enveloppante. Cette disposition est en rapport avec la formation
d'une fente branchiale. Par suite de la résorption de la couche
enveloppante, la cavité de l'intestin communiquera plus tard
directement avec l'extérieur, la paroi supérieure et la paroi
inférieure de l'intestin se continuant avec l'ectoderme (fig. 17).

Au stade H apparaissent également les premiers rudiments
du cœur. Sur la ligne médiane de l'embryon, la partie inférieure de l'intestin présente un épaississement qui s'avance
comme un coin vers le vitellus et sépare les deux cavités cœlo-
matiques, creusées dans l'épaisseur des lames mésodermiques
latérales. Il résulte de cette disposition qu'il existe entre l'intestin, les deux lames mésodermiques et le parablaste, un
espace libre, de forme plus ou moins irrégulière, suivant que
l'intestin est plus ou moins rapproché du parablaste. De chaque
angle interne des deux lames mésodermiques latérales, se
détachent des cellules qui s'agencent en une couche d'éléments
aplatis qui sont l'origine de l'endothélium cardiaque. Ces cellules se disposent, en effet, de manière à constituer deux tubes
parallèles, situés de chaque côté de la ligne médiane de l'em-

bryon, et reposant directement sur le parablaste. Bientôt de nouvelles cellules se détachent des lames mésodermiques, s'avancent vers la ligne médiane et finissent par former une couche cellulaire qui réunit les deux lames mésodermiques, en séparant l'intestin des deux moitiés cardiaques. Dans l'intérieur de chaque tube endothélial cardiaque on voit quelques cellules arrondies, libres, qui sont les premiers globules sanguins; j'aurai à discuter plus loin, lorsque je m'occuperai des dérivés du mésoderme, les diverses opinions émises par les auteurs relativement à l'origine des globules sanguins et du cœur chez les Poissons (Planches, fig. 104 et 114).

En arrière de la région cardiaque, les coupes transversales montrent, de chaque côté de l'embryon, un épaississement de l'ectoderme en rapport avec une dépression qui existe dans les masses mésodermiques. L'ectoderme, en ce point, est formé de deux rangées de cellules; cet épaississement est la première ébauche de la ligne latérale. Aux stades ultérieurs, la masse cellulaire, largement étalée au stade H, se concentre vers le milieu de la hauteur de l'embryon, et se creuse d'une gouttière qui finit par se transformer en canal latéral (fig. 19).

Sur les mêmes coupes, l'endoderme est concentré sur la ligne médiane. Sa section transversale a la forme d'un trapèze dont le plus grand côté, légèrement curviligne, à convexité supérieure, est situé au-dessous de la corde dorsale, tandis que le petit côté repose sur le parablaste. Aux angles supérieurs du trapèze, les cellules, allongées et dirigées vers la cavité de l'intestin, indiquent les plis d'invagination, qui se son tproduits de la même manière que dans la partie antérieure de l'embryon (Planches, fig. 105).

Vers le milieu de l'embryon, le mode de formation de l'intestin est différent. Il ne se forme plus qu'un seul pli d'invagination de l'endoderme, du parablaste vers la corde dorsales sur la ligne médiane. Au niveau de ce pli, les cellules sont allongées dans le sens de l'épaisseur du feuillet, ou disposées en deux couches. En dehors du pli, l'endoderme est étalé à la surface du parablaste, mais il ne dépasse pas le milieu de chaque lame mésodermique latérale. A la partie supérieure du pli d'invagination, il se détache de l'endoderme un petit groupe de cellules qui se disposent en une petite masse arrondie, immédiatement en contact avec la corde dorsale. Ce groupe cellulaire, qui se retrouve sur plusieurs coupes consécutives, est la tige sous-notocordale (fig. 21) (Planches, fig. 106).

On peut distinguer dans le mésoderme de cette région trois parties bien différenciées. De chaque côté de l'axe nerveux et de la corde dorsale se trouvent les masses protovertébrales dont les cellules périphériques sont régulièrement disposées. Au-dessous de ces masses, les lames mésodermiques latérales, divisées, comme dans la partie antérieure de l'embryon, en somatopleure et splanchnopleure, ne présentent plus dans leur épaisseur qu'une cavité virtuelle du cœlome. La portion interne de chaque lame mésodermique tend à se séparer du reste par suite d'un étranglement qui se produit dans le somatopleure. Cette portion interne est relevée en haut vers la protovertèbre, et renferme dans son intérieur un prolongement de la cavité du cœlome. La partie ainsi repliée de la lame mésodermique est la première ébauche du canal de Wolff. Entre la partie inférieure de la protovertèbre, le canal de Wolff et l'intestin, se trouve une masse plus ou moins arrondie de cellules mésodermiques, aux dépens de laquelle se développeront plus tard des vaisseaux et probablement aussi du tissu conjonctif (fig. 20).

Dans la région postérieure de l'embryon les coupes reprennent l'aspect qu'elles avaient aux stades précédents. L'axe nerveux n'a pas encore de cavité centrale; l'endoderme est largement étalé sur le parablaste; il est seulement épaissi en son milieu, et offre une petite cavité sur la ligne médiane. La corde dorsale est plus haute et plus large; ses cellules sont moins différenciées (fig. 22).

En avant de la vésicule de Kupffer, le mésoderme forme, de chaque côté de l'axe nerveux et de la corde dorsale, une masse non différenciée de cellules embryonnaires, dans laquelle on ne distingue plus, ni masse protovertébrale, ni lame latérale avec cavité de cœlome.

Au niveau de la vésicule de Kupffer, la corde dorsale a disparu. L'endoderme, très épais sur la ligne médiane, arrive au contact de l'extrémité inférieure de l'axe nerveux, dont il n'est séparé que par une ligne de démarcation à peine marquée. La vésicule de Kupffer, dont la section transversale est elliptique, a sa paroi inférieure, reposant sur le parablaste, constituée par une rangée de cellules cylindriques. Sa paroi supérieure est également formée d'une couche de cellules cylindriques, mais au-dessus d'elle, les cellules endodermiques sont allongées parallèlement au grand axe de la vésicule, comme le sont les cellules ectodermiques dans l'axe nerveux (fig. 23) (Planches, fig. 107).

En arrière de la vésicule, l'ectoderme est bien différencié des parties voisines dans sa portion supérieure, mais, inférieurement, il se continue en une masse de cellules indifférentes dans laquelle il est impossible de distinguer les feuillets ; l'endoderme n'est séparé du mésoderme que sur les côtés de l'embryon. On doit donc considérer comme appartenant à l'endoderme primaire cette masse cellulaire qui est en continuité directe avec l'ectoderme, en arrière de la vésicule Kupffer (fig. 24).

Enfin, au niveau du bourgeon caudal, on ne trouve plus qu'une masse de cellules embryonnaires présentant une disposition concentrique, identique à celle qui existe dans le cordon axial dès les premiers stades du développement.

J'ai déjà dit, en décrivant la conformation extérieure de l'embryon aux différents stades, que c'est au stade H qu'a lieu la fermeture du blastoderme en arrière de l'embryon. Les coupes pratiquées à travers le blastopore vitellin, ayant la forme d'une petite ellipse très allongée, montrent de quelle manière se fait la réunion des deux moitiés du bourrelet blastodermique.

Les coupes passant par le milieu blastopore vitellin montrent en leur milieu un espace vide, limité inférieurement par le parablaste, dé chaque côté par le bourrelet blastodermique et en haut par une couche de cellules très aplaties qui est la lame enveloppante. Celle-ci passe comme un pont d'un bourrelet blastodermique à l'autre. Je n'ai pu déterminer exactement de quelle manière et à quel moment se fait la réunion de la lame enveloppante d'un côté à celle du côté opposé. Il est probable que la lame enveloppante qui, comme on le sait, ne prend pas part à la réflexion de l'ectoderme au niveau du bourrelet blastodermique, s'étend à la surface du parablaste, lorsque le blastopore est sur le point de se fermer, et que lorsqu'elle s'est réunie à celle du côté opposé, il se fait au-dessous d'elle une accumumulation de liquide qui la soulève et lui donne la disposition qu'elle présente sur les coupes. A mesure que les deux

bourrelets blastodermiques se rapprochent l'un de l'autre, il se
produit une résorption de cellules dans la lame enveloppante,
ce qui fait qu'elle reste tendue au-dessus du blastopore.

Chaque bourrelet blastodermique conserve la structure qu'il
avait dès le début du développement embryonnaire ; il ne renferme que deux feuillets, l'ectoderme et l'endoderme primaire
confondus au bord libre du bourrelet, là où s'est produit la
réflexion de l'ectoderme. Au voisinage du point de fusion, l'ectoderme est plus épais que l'endoderme primaire, et est formé de
cinq à six couches de cellules, puis il se continue en une couche
unicellulaire à la surface du vitellus. L'endoderme primaire,
au contraire, d'abord constitué par trois ou quatre rangées de
cellules, offre un épaississement au point où l'ectoderme commence à s'amincir, puis il s'étend à une petite distance en une
couche de cellules disposées irrégulièrement (Planches, fig. 97
et 98).

Si l'on examine la série des coupes successives pratiquées à
travers cette région, on peut suivre tous les degrés de la fusion des deux lèvres du blastopore. On voit les deux bourrelets blastodermiques se rapprocher l'un de l'autre, arriver
au contact et se fusionner. Le milieu de la coupe est occupé
par une masse de cellules indifférentes, semblable à celle qui
existe en arrière de la vésicule de Kupffer ; sur les côtés se
trouvent l'ectoderme et l'endoderme primaire. La ressemblance
de ces coupes avec celles de la région postérieure de l'embryon
immédiatement en avant du bourgeon caudal pourrait être in-
voquée à l'appui de la théorie de la concrescence de His, qui fait
provenir l'embryon de la soudure des deux moitiés d'une anse
du bourrelet blastodermique. Je discuterai cette théorie dans
un chapitre spécial consacré à l'accroissement de l'embryon.

Lorsque le blastopore vitellin est complètement fermé, la
masse cellulaire, résultant de la fusion des deux lèvres du blastopore, s'ajoute à la partie postérieure de l'embryon et se
fusionne avec le bourgeon caudal. Cette masse se différencie
plus tard, comme le bourgeon caudal, en tissu nerveux et en
protovertèbres, mais, pendant longtemps, l'axe nerveux et l'endoderme restent unis sur la ligne médiane, ainsi que cela
s'observe en arrière de la vésicule de Kupffer au stade H.

(A suivre).

PREMIERS DÉVELOPPEMENTS DU CLOAQUE

DU TUBERCULE GÉNITAL ET DE L'ANUS

CHEZ L'EMBRYON DE MOUTON

Par F. TOURNEUX

Professeur à la Faculté de médecine de Lille.

(PLANCHES XIV A XVI)

Ce travail forme en quelque sorte l'introduction d'un mémoire plus étendu sur l'évolution du tubercule génital chez l'homme, que nous publierons prochainement. La difficulté de rencontrer des embryons humains des deux premiers mois en parfait état de conservation, nous a obligé d'avoir recours à l'embryon du mouton, pour essayer d'éclaircir certains points encore obscurs du développement du cloaque, notamment la séparation du rectum et du sinus urogénital, ainsi que le mode de formation de l'anus. Les faits que nous avons pu observer sont en contradiction avec la théorie classique; ils ne concordent pas davantage avec la description de Mihalkovics concernant, il est vrai, l'embryon de lapin (1). Pour faciliter la comparaison entre l'homme et les autres vertébrés, nous continuerons à envisager l'embryon de mouton dans la station verticale, la face dirigée en avant.

HISTORIQUE. — Le développement du cloaque et le mode de formation de l'anus sont à peu près inconnus chez les mammifères. L'opinion classique, qui veut qu'en regard de l'excavation cloacale (cloaque interne) l'ectoderme s'invagine sous forme d'un bourgeon plein (bourgeon cloacal) se creusant secondairement d'une lumière centrale (cloaque externe), ne saurait plus être soutenue aujourd'hui. Les observations récentes de Gasser et de Mihalkovics sur le poulet, de Mihalkovics et de Strahl sur le lapin, la contredisent presque en tous points.

Nous avons examiné avec la plus scrupuleuse attention les figures con-

(1) Les principaux résultats de ces recherches ont fait l'objet d'une note communiquée à la Société de biologie dans la séance du 21 juillet 1888.

cernant le développement du cloaque que nous avons pu trouver soit dans les traités classiques, soit dans les mémoires originaux; sauf dans les figures schématiques, nous n'avons pu reconnaître nulle part une involution plaine de l'ectoderme (*bourgeon cloacal ectodermique*) perforant le mésoderme pour se fusionner avec le feuillet blastodermique interne. Les figures annexées au mémoire de M. Duval : *Sur l'origine de l'allantoïde chez le poulet* (*Revue des sciences naturelles*, sept. 1877) sont complétement démonstratives à cet égard. La membrane cloacale, interposée entre la dépression sous-caudale et la cavité du cloaque, renferme, dans sa partie moyenne, une lame mésoblastique jusque vers la fin du quatrième jour, époque à laquelle l'ectoderme et l'endoderme arrivent au contact l'un de l'autre (fig. 2 du mémoire cité). L'épithélium qui tapisse le fond de la dépression sous-caudale augmente bien de hauteur au fur et à mesure que s'accuse cette dépression; mais l'endoderme qui recouvre la face profonde de la lame cloacale présente un épaississement non moins accusé.

Les recherches de Gasser (*Die Entstehung der Cloakenöffnung der Hühnerembryonen, Arch. f. Anat. und Entwickl*, 1880) ont porté exclusivement sur l'embryon de poulet. Nous les résumerons brièvement.

L'éminence ou membrane cloacale (Cloakenhöcker), fermant à l'origine l'orifice cloacal, représente un vestige de la partie postérieure de la ligne primitive. Cette éminence, qui fait saillie à l'intérieur de la poche cloacale, est formée au début par le mélange des trois feuillets du blastoderme, sans qu'il soit possible d'établir une délimitation entre ces différents feuillets, surtout en arrière (commencement du 4ᵉ jour). Vers la fin du quatrième jour, et au commencement du cinquième, l'éminence cloacale s'est isolée sur toute sa périphérie du feuillet moyen; elle apparaît maintenant comme un amas de cellules épithéliales unissant l'ectoderme à l'endoderme, en même temps que des sortes de lacunes se sont creusées dans son épaisseur. Vers le septième jour, la lame cloacale occupe le fond d'une dépression cutanée, produite par le soulèvement de bourrelets cutanés superficiels. Les lacunes de la lame cloacale augmentent progressivement de nombre et de volume, débouchent les unes dans les autres et, finalement, la cavité du cloaque vient s'ouvrir au fond de la dépression cutanée. Cette dépression représente, chez les oiseaux, l'ouverture commune du cloaque et de la bourse de Fabricius; celle-ci partant du fond de la dépression, s'est creusée dans la partie postérieure de la lame cloacale.

Mihalkovics confirme en grande partie la description précédente (*Untersuchungen über die Entwickelung des Harn und Geschlechtsapparates der Amnioten, Internationale Monatsschrift f. Anat. und Hist*. 1885, p. 320 et suiv.). L'éminence cloacale (Cloakenhöcker de Gasser) s'efface pendant le cinquième jour, et la cavité du cloaque, élargie, se trouve limitée en avant par une membrane analogue à la membrane anale des mammifères, et qu'il convient de désigner chez le poulet sous le nom de *membrane cloacale*. Du sixième au septième jour, la membrane cloacale se trouve située au fond d'une dépression, par suite du développement de bourrelets épais sur son pourtour, notamment à ses deux extrémités antérieure et postérieure. En même temps, sa composition élémentaire se modifie. Le feuillet interne du blastoderme s'épaissit, bourgeonne dans l'épaisseur de la membrane cloacale, se substitue au mésoblaste et arrive ainsi à se mettre en contact avec l'ectoderme. L'ouverture de la membrane anale s'opère du septième au huitième jour d'incubation : elle est précédée, ainsi que l'indique Gasser, par l'apparition de vacuoles au milieu des cellules épithéliales. Quant à la bourse de Fabricius, elle se développe du huitieme au dixième jour, suivant le prodédé très exactement décrit par Bornhaupt et par Gasser.

En ce qui concerne le développement du cloaque chez les mammifères, nous n'avons eu à notre disposition, en dehors des traités classiques, que deux mémoires originaux contemporains : le travail fondamental de Mihalkovics sur le développement de l'appareil génito-urinaire des amniotes, déjà cité, et une étude de Strahl sur les premiers développements du cloaque chez l'embryon de lapin.

D'après Kœlliker, l'ouverture anale s'opérerait chez l'embryon de lapin entre le onzième et le douzième jour. L'ectoderme s'enfonce sous d'une fente sagittale étroite vers le cloaque, « et c'est là qu'a lieu par déchirure la perforation de l'anus, peut-être bien entre le pli ectodermique et un diverticule poussé par le cloaque plutôt qu'avec le corps même du cloaque. » (*Embryologie de l'homme et des animaux supérieurs*, trad. franç. ; Paris, 1879-1882.)

Mihalkovics (*loc. cit.*, p. 309 et suiv.) décrit ainsi l'abaissement de l'éperon périnéal chez l'embryon de lapin : Sur un embryon de 9 à 10 millimètres, la cavité du cloaque, encore commune au sinus urogénital et à l'intestin terminal, se prolonge à une petite distance dans la portion caudale (*pars caudalis intestini*, Kœlliker; *pars postanalis intestini*, Balfour). La membrane cloacale ou mieux, anale, mesure une épaisseur de 55 μ ; elle comprend dans sa structure les trois feuillets du blastoderme. Au-dessus de cette membrane, et contre la paroi antérieure du pédicule de l'allantoïde, existe une légère éminence cutanée qui se transforme dans les stades ultérieurs en tubercule génital (phallus).

Sur l'embryon de 12 à 13 millimètres, on observe des modifications importantes concernant l'ouverture de l'anus, la constitution du canal urogénital et le développement du périnée. La cloison qui sépare le sinus urogénital de l'intestin résulte en partie de l'allongement du repli périnéal dont le bord inférieur ou libre vient se souder à deux replis cutanés latéraux désignés par Rathke sous le nom de plis périnéaux (*Perinealfalten*). Ces deux replis cutanés, en se réunissant sur la ligne médiane, constituent le raphé du périnée. L'allongement du repli périnéal de haut en bas et d'arrière en avant, s'opère de telle façon que toute la cavité du cloaque se trouve utilisée dans la formation de l'extrémité inférieure du rectum, et que le sinus, ou canal urogénital, se développe exclusivement aux dépens du canal de l'allantoïde. — L'ouverture du sinus urogénital (*fissura urogenitalis*) se produira isolément aux dépens du segment initial de l'allantoïde, située originairement au-dessus du cloaque et s'ouvrant librement dans sa cavité.

Les recherches de H. Strahl ont trait surtout aux premiers développements de la membrane anale chez l'embryon de lapin (*Zur Bildung der Cloake des Kaninchenembryo, Arch. f. Anat. und Entwicklungsgeschichte*; Leipzig, 1886). H. Strahl formule ainsi ses principales conclusions :

1° Sur un embryon de lapin de 4 à 5 protovertèbres, examiné de champ, l'emplacement du futur orifice cloacal est reconnaissable sous forme d'une ligne étroite bordée par deux bourrelets;

2° Sur la coupe transversale, on constate qu'il existe à ce niveau un point où l'ectoderme et l'endoderme sont en contact (membrane anale);

3° Dans la zone pariétale, située en arrière de cette membrane anale, l'ectoderme et le mésoderme ne sont point distincts sur la ligne médiane (ligne primitive). La membrane anale se développe ainsi dans le domaine de la ligne primitive;

4° Dans la zone pariétale, située en arrière de la membrane anale, se produit le repli amniotique postérieur; dans le domaine de l'ancienne ligne primitive, apparaît l'allantoïde;

5° L'apparition du repli amniotique postérieur détermine nettement la situation de la membrane anale à l'extrémité postérieure de la cavité de l'amnios;

6° Lors de la formation de l'intestin terminal, l'occlusion de ce dernier se fait de telle manière que la membrane anale se trouve située temporairement dans la paroi supérieure (ou postérieure) de cet intestin une fois fermé.

Nous rapprocherons des données précédentes, l'opinion exprimée par M. Duval dans une série de mémoires, et suivant laquelle la plaque axiale de l'oiseau doit être considérée comme l'homologue de l'anus de Rusconi des batraciens. La plaque axiale est un orifice rusconien rudimentaire dont les lèvres sont soudées en un raphé médian antéro-postérieur (Voy. *Ligne primitive et anus de Rusconi*, *Société de biologie*, 3 avril 1880, et *La Signification morphologique de la ligne primitive*, *l'Homme*, journal des *Sciences anthropologiques*, 1884, n°° 15 et 16).

I. — PREMIERS DÉVELOPPEMENTS DU TUBERCULE GÉNITAL. — SÉPARATION DU RECTUM ET DU SINUS UROGÉNITAL. — FORMATION DE L'ANUS.

Nous n'avons pas assisté aux premiers débuts de la formation du cloaque. Les plus jeunes embryons de moutons que nous ayons étudiés, mesuraient de 5 à 6 millimètres dans leur plus grande longueur. La cavité du cloaque était déjà parfaitement constituée, ainsi que la membrane cloacale exclusivement formée de cellules épithéliales. Nous ne pouvons pas, par suite, nous prononcer sur l'origine encore controversée de cette membrane. Représente-t-elle un vestige de la ligne primitive, ainsi que le veut Strahl, renferme-t-elle à ses débuts une lame moyenne mésoblastique que ne tardera pas à étouffer ou à déplacer le bourgeonnement de l'ectoderme ou de l'endoderme? Ce sont là autant de questions auxquelles nous nous trouvons dans l'impossibilité de répondre actuellement.

Nos coupes sagittales pratiquées sur les embryons de moutons de 5 et de 6 millimètres étant légèrement obliques, en raison sans doute de la torsion de l'appendice caudal, nous n'avons pas cru devoir en donner le dessin. Les dispositions qu'elles présentent se rapprochent d'ailleurs sensiblement de celles de la figure 1 (section sagittale de l'extrémité inférieure d'un embryon de mouton de 7^{mm},5).

Embryon de mouton de 7^{mm},5 (Décomposé en coupes sagittales sériées, fig. 1). — L'intestin postérieur (*r*) et le pédicule de l'allantoïde *(al)* sensiblement parallèles décrivent une courbe à concavité dirigée en avant et en bas ; la distance qui les sépare, mesurant l'épaisseur du repli ou éperon périnéal *(ép)*, est d'environ 200 μ. Inférieurement, ces deux organes viennent déboucher dans une excavation commune, le *cloaque (cl)* dont les diamètres vertical et antéro-postérieur sensiblement égaux atteignent 250 μ, alors que l'épaisseur de l'intestin postérieur ne dépasse pas 70 μ. En arrière et en bas, le cloaque est tapissé par un épithélium prismatique stratifié analogue à celui du rectum (30 μ) ; en avant, sa paroi épithéliale se prolonge sous forme d'une masse épithéliale pleine *(bc)* qui se continue superficiellement avec l'ectoderme ; enfin, sa paroi supérieure est constituée par l'extrémité inférieure de l'éperon périnéal *(ép)*, séparant les deux orifices cloacaux du rectum et de l'allantoïde.

La masse épithéliale *(bc)* qui unit l'endoderme à l'ectoderme, au niveau de la paroi antérieure du cloaque, ne mérite pas à proprement parler le nom de *membrane cloacale*. Son épaisseur (distance du cloaque à l'extérieur) l'emporte, en effet sur ses autres dimensions, et, comme cette épaisseur ne fera que s'accroître dans les stades ultérieurs, nous croyons préférable de désigner cet amas épithélial sous le nom de *bouchon cloacal* qui nous rend mieux compte de sa forme générale et qui ne préjuge d'ailleurs en rien de son mode de formation. Sur l'embryon que nous envisageons, les dimensions du bouchon cloacal sont les suivantes : diamètre antéro-postérieur 250 μ ; diamètre vertical 200 μ. Il est formé par un tassement de cellules épithéliales polyédriques qui s'aplatissent au niveau de ses deux surfaces cutanée et cloacale, et y prennent l'aspect de cellules pavimenteuses. Le revêtement du canal allantoïdien appartient à la catégorie des épithéliums polyédriques stratifiés embryonnaires ; sa hauteur est d'environ 20 μ. Les conduits excréteurs des corps de Wolff, viennent s'ouvrir dans ce canal un peu au-dessus du bouchon cloacal.

Il est à remarquer que l'excavation cloacale déborde inférieurement le bouchon cloacal, et qu'elle se prolonge même au-dessous par un court canal *(ic)*, vestige de l'*intestin post-anal* ou *caudal*. D'autre part, la figure 1 montre que la direction du bouchon cloacal est perpendiculaire à celle de l'intestin postérieur et du pédicule allantoïdien, et que

périnéal regarde par son bord libre la paroi inféri

Embryons de mouton de 10 et de 11 milli

sagittales, fig. 2). — L'éperon périnéal *(ép)*

prolongeant la courbe de l'intestin postérieur

supérieure du cloaque s'est rapprochée de la pa

et l'excavation cloacale se trouve réduite sur la

fente curviligne *(cl)* qui unit le rectum au pédic

toïde. L'épaisseur de l'éperon périnéal s'élève à e

Le bouchon cloacal *(bc)*, toujours plein, vient s

la branche antérieure de l'anse cloacale ; son épai

500 µ. On commence à entrevoir le tubercule

forme d'une légère saillie entraînant la partie a

superficielle du bouchon cloacal.

Embryons de mouton de 14 et de 15ᵐᵐ,5 (coupes

fig. 3 et 4). — Le repli périnéal *(ép)* a continué son m

de descente de haut en bas et d'arrière en avant ; sa

rieure a rejoint le bouchon cloacal *(bc)*. Les épithé

contact se sont fusionnés, et le tube intestino-allant

trouve maintenant divisé en deux parties distinctes :

térieure rectale *(r)*, et une antérieure dans laquelle dé

les deux canaux de Wolff et qui se continue en av

l'allantoïde. Nous continuerons à désigner ce segmen

rieur sous le nom de *sinus-urogénital (su)*, en faisant

quer toutefois que ce sinus manque absolument de

supérieure. Quelques vacuoles au sein de l'épithélium se

indiquer la ligne de soudure du bouchon cloacal et de l'é

périnéal.

Le tubercule génital *(tg)* s'est accentué : il mesure

hauteur de près de 1 millimètre. Le bouchon cloacal *(bc)*

occupe la moitié inférieure de ce tubercule sur la c

sagittale et axile, affecte la forme d'un triangle dont la l

répond à la face inférieure du tubercule génital et don

sommet supérieur se continue avec l'allantoïde. L'an

antérieur s'avance jusqu'au sommet du tubercule, l'angle p

térieur est occupé par l'extrémité inférieure du rectum.

semble que dans le mouvement d'abaissement de l'éper

périnéal (comp. les fig. 2, 3 et 4), l'extrémité inférieure o

cloacale du rectum, située d'abord profondément, comme l

cloaque qui n'en est que la continuation, ait glissé le long du bord
postérieur du bouchon cloacal pour venir se placer dans l'angle
qui sépare la queue du tubercule génital. La longueur de la base
du bouchon cloacal, c'est-à-dire la distance qui sépare l'extrémité inférieure du rectum du sommet du tubercule, est d'environ 800 μ ; la hauteur de ce bouchon, c'est-à-dire la distance
de son bord cutané à l'origine de l'allantoïde s'élève à 900 μ.

Les coupes transversales pratiquées sur le tubercule génital
(t g) d'un embryon de mouton de même longueur, montrent que
la portion du bouchon cloacal qui se prolonge dans l'épaisseur
du tubercule génital est aplatie latéralement et possède une
épaisseur sensiblement égale dans toute son étendue : nous
pourrons par suite lui donner le nom de *lame épithéliale du
cloaque* ou encore de *lame uréthrale (lc)*. C'est, en effet, aux
dépens de cette lame que se développera le revêtement épithélial du canal de l'urèthre. Aucun sillon n'est encore apparent
à la face inférieure du tubercule génital.

Embryon de mouton de 18 millimètres a. — (Coupes sagittales, fig. 5). Le tubercule génital *(t g)* mesure une longueur de
1ᵐᵐ,5 ; la lame uréthrale *(lc)* est entièrement pleine, mais on
rencontre toujours quelques vacuoles dans l'épaisseur du bouchon cloacal *(bc)*. L'allongement du repli périnéal *(ép)* s'est
accentué encore ; l'extrémité inférieure ou cloacale du rectum
est maintenant voisine de la surface, et une simple membrane
épithéliale (membrane anale, *ma*) sépare la cavité digestive de
l'extérieur. Nous proposons de désigner sous le nom de *vestibule anal (va)* la portion horizontale de la cavité digestive limitée en haut par le bord inférieur du repli périnéal, en bas
par la membrane anale, et prolongeant en avant la lumière du
rectum jusqu'au bouchon cloacal *(bc)*. La hauteur de ce bouchon
est d'environ 900 μ ; la longueur de la lame cloacale *(lc)* mesure
la hauteur même du tubercule génital, c'est-à-dire 1ᵐᵐ,5. On
aperçoit un léger sillon à la face inférieure de ce tubercule.

Embryon de mouton de 18 millimètres b (fig. 6). — Les sections pratiquées transversalement sur le tubercule génital,
depuis le sommet jusqu'à la base, permettent de constater
l'aplatissement bilatéral de la lame cloacale *(lc)* dont l'épaisseur
moyenne ne dépasse pas 65 μ. Nous avons représenté en A, B,
C, D, E cinq coupes prises à des niveaux différents, la dernière

E passant par l'extrémité postérieure de la lame cloacale, à son union avec le bouchon cloacal.

Embryon de mouton de 25 millimètres a. (Coupes sagittales, fig. 7). — Le tubercule génital atteint une longueur de 3 millimètres, mais la gouttière uréthrale creusée à sa face inférieure est encore peu prononcée. Le vestibule anal *(va)* se prolonge toujours en avant jusqu'au bouchon cloacal *(bc)*, sur une longueur de 500 μ ; l'épaisseur de la membrane anale *(ma)* est de 50 μ. La dépression sous-caudale *(dsc)* déborde maintenant en arrière de la membrane anale.

Si l'on vient à comparer entre elles les figures, 1, 2, 3, 4, 5, 7, 8 et 9 de ce mémoire, on est peut-être en droit de se demander si la dépression sous-caudale, en augmentant progressivement de profondeur, ne contribue pas dans une certaine mesure à déterminer la saillie première du tubercule génital, et à porter l'ectoderme à la rencontre du feuillet interne qui tapisse le cloaque. Le mouvement d'abaissement du repli périnéal se trouverait ainsi combiné à un mouvement en sens inverse de la surface cutanée. Peut-être aussi la dépression sous-caudale est-elle exclusivement produite par le soulèvement des parties voisines.

Embryon de mouton de 25 millimètres b. (Coupes transversales, fig. 8). — Nous avons dessiné en A, B, C, D quatres sections transversales du tubercule génital, montrant l'épaisseur de la lame cloacale *(lc)*. La coupe A est voisine du sommet, la coupe D confine à la base, les coupes B et C sont intermédiaires. La gouttière uréthrale est indiquée comme une légère échancrure entaillant le bord superficiel de la lame cloacale.

Cadiat a représenté dans son mémoire *Sur le développement du canal de l'urèthre* (*Journal de l'Anatomie* 1884, pl. XV, fig. 23) une section sagittale de l'extrémité postérieure sur un embryon de mouton de 30 millimètres. En comparant cette figure, reproduite dans différents ouvrages, avec les figures 7 et 9 de notre mémoire (embryons de mouton de 25 et de 32 millimètres), on se rend aisément compte que la section a du intéresser obliquement le bouchon et la lame cloacale. De plus, et sans doute à la suite d'une erreur typographique, on voit désignée sous le nom de cloaque l'espace compris sur la coupe entre la queue et le tubercule génital.

Embryon de mouton de 32 millimètres. (Coupes sagittales,
fig. 9). — Le sinus urogénital *(su)* s'ouvre librement à l'extérieur, en se frayant un chemin dans l'épaisseur du bouchon
cloacal, grâce aux vacuoles que nous avons signalées précédemment, et se continue en avant avec la gouttière creusée à
la face inférieure du tubercule génital. La cloison périnéale
(clp) a augmenté d'épaisseur : le vestibule anal se trouve maintenant limité au rectum, mais la membrane anale *(ma)* persiste toujours.

Embryon de mouton de 38 millimètres a. (Coupes sagittales,
fig. 10). — L'anus est maintenant perforé. La membrane anale
s'est résorbée ou mieux détachée, et la comparaison entre les
figures 9 et 10 permet de supposer que la cavité du vestibule
anal limitée chez l'embryon de 32 millimètres à l'extrémité
inférieur du rectum, mais s'étendant dans les stades antérieurs
jusqu'au bouchon cloacal, ne contribue pas à prolonger inférieurement le rectum. L'orifice anal *(a)* répond à la paroi profonde ou supérieure du vestibule anal ; il n'est autre que l'orifice d'abouchement du rectum dans le vestibule.

II. — Sur le développement du périnée chez l'embryon de mouton.

Pour étudier le mode de formation de la cloison du périnée,
nous avons pratiqué des séries de coupes frontales sur a région périnéale d'embryons de mouton de 23, 28, 30, 38 et 45
millimètres. La direction de ces coupes est indiquée par la
flèche sur les figures 7 et 9. En voici la relation sommaire.

Embryon de 23 millimètres (fig. 11 et 12). — Le vestibule
anal se prolonge en avant jusqu'au bouchon cloacal, où sa lumière se continue avec des cavités anfractueuses dont se trouve
creusée la partie postérieure de ce bouchon. Vers le milieu de
l'éperon périnéal, le vestibule anal *(va)* est aplati de haut en
bas ; sa lumière étirée en forme de fente horizontale mesure
une longueur de 300 μ. La paroi supérieure du vestibule, répondant au bord inférieur du repli périnéal, est tapissée par un
épithélium prismatique stratifié (60 μ), à cellules petites et
serrées, comme on l'observe en certains points du canal de l'u-
rèthre chez l'adulte. La paroi inférieure (membrane anale, *ma*)
est formée de cellules polyédriques ou sphériques analogues

à celles des couches superficielles de l'épiderme avoisinant.
Par places, on rencontre à l'intérieur du vestibule anal, des
amas de cellules arrondies provenant vraisemblablement de la
membrane anale ; et dont quelques-uns atteignent une épaisseur de 40 μ.

La figure 12 montre la jonction du vestibule anal et du bouchon cloacal.

Embryon de 28 millimètres. — La disposition est la même
que chez l'embryon précédent, avec cette différence que les
excavations du bouchon cloacal sont plus nombreuses et plus
volumineuses. S'ouvrant les unes dans les autres, elles figurent
une sorte de canal irrégulier et anfractueux par lequel le vestibule cloacal se prolonge dans l'épaisseur du bouchon cloacal.
La membrane anale qui ferme en bas le vestibule est continue
dans toute son étendue.

Embryon de 30 millimètres (fig. 13 et 14). — Cet embryon
diffère de ceux que nous venons de décrire, en ce que le bouchon cloacal, qui représente le segment inférieur de sinus urogénital *(s u)*, est entièrement plein, sans trace d'excavations ou
même de vacuoles. L'éperon périnéal s'est épaissi, et le vestibule anal se trouve confiné à l'extrémité inférieure du rectum.
Ce rétrécissement du vestibule s'opère d'avant en arrière par
accolement de la membrane anale au bord libre du repli périnéal. Cet accolement paraît suivi d'une sorte de désagrégation
et d'exfoliation des cellules constitutives de la membrane.

La gouttière antéro-postérieure dont est creusé le bord inférieur du repli périnéal (voy. fig. 11) s'est effacée, et la surface
du périnée est absolument lisse sur la ligne médiane : c'est à
peine si une orientation spéciale des cellules épithéliales indique
sur la coupe frontale le point qui répondait au vestibule anal.

Embryon de 38 millimètres b (fig. 15). — Le sinus urogénital et le rectum s'ouvrent à l'extérieur : la membrane anale
s'est détachée. Le raphé médian du périnée commence à se
dessiner sous forme d'une légère élevure dermique *(rp)*.

Embryon de 45 millimètres ♂ (fig. 16). — L'anus est perforé, mais le sinus urogénital *(s u)*, dans sa partie répondant
au bouchon cloacal, est entièrement bourré de cellules épithéliales, sans lumière centrale. Le raphé périnéal *(r p)* nettement
accusé, mesure une hauteur de 240 μ. Il semble que le repli

périnéal continue son mouvement d'abaissement, et qu'après avoir atteint la surface cutanée, sur les embryons de 30 et 38 millimètres, il vienne maintenant faire saillie à l'extérieur. Sur aucune de nos préparations, nous n'avons pu constater l'existence de bourrelets cutanés latéraux venant se souder avec le bord inférieur du repli périnéal, ainsi que l'indiquent tous les auteurs depuis Rathke. Le raphé périnéal est tapissé sur toute sa surface par un bel épithélium pavimenteux stratifié.

Que deviennent les cellules qui tapissent le bord inférieur du repli périnéal et qui sont une émanation directe de l'endoderme, au moment où par suite de la désagrégation de la membrane cloacale dans la région périnéale, elles arrivent au niveau du tégument externe? Disparaissent-elles devant un envahissement des cellules ectodermiques voisines, se modifient-elles dans leur composition et revêtent-elles le type épidermique, ou bien encore certains éléments persistants de la membrane cloacale prolifèrent-ils activement sur place, et arrivent-ils à se substituer progressivement aux cellules endodermiques (comme on voit dans l'œsophage fœtal de l'homme les îlots de cellules pavimenteuses augmenter progressivement de volume et étouffer l'épithélium prismatique cilié interposé)? Malgré des examens fréquemment répétés, il nous a été impossible d'élucider la question. Nous n'avons pas cru toutefois devoir passer sous silence le fait intéressant d'un épithélium endodermique entraîné à la surface cutanée par l'allongement du repli périnéal.

Les descriptions que nous venons de présenter, soit d'après des sections sagittales, soit d'après des sections frontales, ne concordent pas toutes entre elles, du moins en ce qui concerne l'époque de la perméabilité du bouchon cloacal qui constitue le segment inférieur du sinus urogénital. Nous trouvons en effet le bouchon cloacal imperforé sur un embryon de 30 millimètres (fig. 13 et 14) et sur un second de 45 millim. (fig. 16), alors que sur un embryon de 32 millim. (fig. 9) et sur deux embryons de 38 millim. (fig. 10 et fig. 15), le sinus urogénital s'ouvre librement à l'extérieur. Il se pourrait que ces divergences fussent en rapport avec la différence sexuelle, et nous avouons avoir commis un oubli regrettable en n'examinant pas les organes génitaux internes. L'embryon de 45 millim. était ma-

nifestement un mâle par la conformation de ses organes génitaux externes : chez cet embryon, le bouchon cloacal était
encore plein. Nous pourrions peut-être en tirer la conclusion
que les embryons de mouton de 32 mill. et de 38 mill. *(a* et *b)*
appartiennent au sexe femelle, et que chez le mâle le sinus
urogénital ne devient perméable dans sa partie inférieure (bouchon cloacal) que beaucoup plus tard.

RÉSUMÉ

1° Sur l'embryon de mouton de 7,5 millim., la *membrane
cloacale* qui représente la paroi antérieure ou cutanée du
cloaque, est essentiellement formée de cellules épithéliales.
Nous proposons de donner à cet amas plein de cellules épithéliales qui unit l'endoderme à l'ectoderme et dont l'épaisseur ne
fera que s'accroître, le nom de *bouchon cloacal* qui ne préjuge
en rien de son origine. La cavité du cloaque déborde inférieurement le bouchon cloacal (*portion caudale* ou *postanale* de
l'intestin). En regard du cloaque, la surface cutanée est absolument plane.

2° Sur l'embryon de 10 millimètres, la cavité cloacale s'est
rétrécie, en même temps que s'accuse le premier soulèvement
du tubercule génital.

3° Sur les embryons de 14 et de 15,5 millim., le tubercule
génital mesure une longueur de 1 millimètre; le fond du sillon
qui le sépare de l'appendice caudal (dépression sous-caudale)
s'est creusé, se portant à la rencontre de l'extrémité cloacale du rectum. En regard du bouchon cloacal, la cavité du
cloaque s'est oblitérée, par soudure du bouchon cloacal avec la
paroi opposée ou profonde; quelques vacuoles paraissent indiquer de distance en distance les traces de cette fusion. L'extrémité cloacale du rectum s'est rapprochée de la dépression sous-
caudale, sous l'influence du mouvement d'abaissement du repli
périnéal qui sépare le rectum de l'allantoïde, combiné peut-
être avec un mouvement en sens opposé de la surface cutanée,
au niveau de la dépression sous-caudale.

Enfin, le tubercule génital, en se soulevant, a entraîné avec
lui la portion attenante ou antérieure du bouchon cloacal. Cette
portion périphérique du bouchon cloacal affecte la forme d'une

lame verticale et médiane, qui se prolonge à la face inférieure
du tubercule, de la racine jusqu'au sommet. Sur les coupes
transversales, elle figure une sorte de bourgeon rectiligne
s'enfonçant de l'ectoderme dans le tissu mésoblastique : nous
lui donnerons le nom de *lame cloacale* ou *uréthrale*. A ses
dépens se développera, en effet, l'épithélium de la portion
spongieuse du canal de l'urèthre.

4° Sur l'embryon de mouton de 18 à 25 millimètres, l'épaississement du bord inférieur du repli périnéal provoque la
disjonction du rectum et du bouchon cloacal. La cavité du
rectum débouche dans une sorte de vestibule qui se prolonge
en avant jusqu'au bouchon cloacal; la paroi supérieure de ce
vestibule anal est représentée par le bord inférieur du repli
périnéal, la paroi inférieure, de nature épithéliale, constitue *la
membrane anale*. La dépression sous-caudale remonte en
arrière de façon à déborder le vestibule anal.

5° Il ne nous paraît pas possible de préciser dès maintenant
l'époque à laquelle se perfore le bouchon cloacal. Cette époque
varie vraisemblablement suivant les sexes. Sur un embryon
de 32 millimètres (que nous croyons devoir rattacher au sexe
femelle) le sinus urogénital s'ouvre librement à l'extérieur,
et se continue sous forme de gouttière (uréthrale) le long du
bord inférieur de la lame cloacale. Par contre, chez un embryon mâle de 45 millim., le bouchon cloacal est encore entièrement plein. — Entre les stades 25 et 32 millim., le vestibule
anal diminue d'étendue d'avant en arrière, et se localise à l'extrémité inférieure du rectum.

6° Sur l'embryon de 38 millimètres, la membrane anale s'est
déchirée ou plutôt semble s'être complétement détachée. Le
rectum communique avec l'extérieur, mais l'emplacement de
la membrane anale ne répond pas à l'orifice anal : celui-ci
n'est autre que l'orifice d'abouchement du rectum dans le
vestibule.

7° Il résulte des faits que nous venons d'indiquer que le
sinus urogénital comprend deux portions distinctes : 1° une
portion supérieure ou allantoïdienne, creuse dès le début,
recevant l'abouchement des uretères, des conduits de Wolff
et de Müller, et 2° une portion inférieure cloacale qui se prolonge à la face inférieure du tubercule génital jusqu'à son

sommet (lame cloacale ou urèthrale). L'épithélium de la lame
cloacale, de la gouttière urèthrale, et plus tard de la portion
spongieuse du canal de l'urèthre, chez le mâle, dérive ainsi
directement de l'épithélium du bouchon cloacal (membrane
cloacale). Chez la femelle, ce même épithélium fournit à toute
la portion du vestibule comprise entre les bords libres des
petites lèvres jusqu'au sommet du clitoris.

8° Le raphé périnéal se développe exclusivement aux dépens
du repli périnéal. Ce repli forme d'abord le plafond du vestibule anal, puis il devient superficiel, lorsque les éléments de
la membrane anale (plancher du même vestibule) se sont accolés
à lui et en partie désagrégés. Plus tard, poursuivant son mouvement d'abaissement, il proémine au dehors et constitue le
raphé médian du périnée. A l'origine, l'épithélium qui tapisse
le bord inférieur de ce repli est une dépendance du feuillet
interne (épithélium du cloaque); chez l'adulte, l'épithélium qui
recouvre le raphé périnéal appartient au type pavimenteux
stratifié. Nos recherches ne nous permettent pas d'indiquer si
l'épithélium endodermique qui recouvre le repli périnéal, se
transforme directement en épiderme, en arrivant à la surface
cutanée, ou s'il est remplacé progressivement par l'épithélium
ectodermique de la membrane anale, ou encore des parties
adjacentes de la peau.

EXPLICATION DES PLANCHES XIV, XV ET XVI.

INDICATIONS GÉNÉRALES.

a. Anus.
al. Allantoïde.
bc. Bouchon cloacal (= portion infé-
     rieure du sinus urogénital).
bdp. Branches descend. du pubis.
cap. Cul-de-sac antérieur du péri-
     toine.
ol. Cloaque.
clp. Cloison périnéale.
co. Cordon ombilical.
cpp. Cul-de-sac postérieur du pé-
     ritoine.
dsc. Dépression sous-caudale du
     tégument externe.

ép. Eperon périnéal.
lc. Lame cloacale.
ma. Membrane anale.
mic. Muscles ischio-caverneux.
nhi. Nerfs honteux internes avec
     l'artère honteuse interne.
r. Rectum.
rp. Raphé périnéal.
sea. Sphincter externe de l'anus.
su. Sinus urogénital.
tg. Tubercule génital.
tmr. Tunique musculeuse du rec-
     tum.
va. Vestibule anal.

Toutes nos figures ont été dessinées à la chambre claire, et au grossissement uniforme de 28 diamètres.

RECHERCHES

SUR

UN TÆNIA FENÊTRÉ

Par J. DANYSZ

(Planche XVII).

La Tænia fenêtré qui fait l'objet de cette étude, en même temps que quelques notes manuscrites et quelques préparations concernant le même ver faites par M. Marfan (1), nous a été remis par M. le professeur Pouchet.

Le tronçon du tænia que nous avons reçu mesure 75 centimètres de long. La tête et toute la série d'anneaux qui font suite à la tête, jusqu'au tiers postérieur du corps environ, manquent. L'anneau le plus rapproché de la tête présentait déjà l'appareil génital mâle et femelle complètement formé : dans les derniers de l'extrémité terminale, l'appareil génital mâle était déjà complètement atrophié et les anneaux ne contenaient que l'utérus rempli d'œufs déjà murs.

La portion du tænia que nous avons pu examiner s'étendait donc du tiers postérieur du corps, jusqu'à l'extrémité terminale.

Tout d'abord, il s'agissait de savoir à quelle espèce de tænia nous avions affaire. La portion du corps, qui fournit ordinairement le caractère le plus sûr, la tête, manquait, il fallait donc se contenter de deux autres caractères : la disposition des pores génitaux et le nombre de branches de l'utérus, qui suffisent amplement pour la détermination de l'espèce.

Les pores génitaux de notre tænia n'alternent pas réguliènent d'un anneau à l'autre, ils sont situés sur plusieurs anneaux successifs, tantôt à droite, tantôt à gauche. L'utérus présente 20-25 branches latérales. Ce sont, comme on le sait, les caractères distinctifs d'un tænia inerme. Pour

---

(1) MM. Notta et Marfan ont déjà publié plusieurs notes sur ce tænia. Nous renvoyons à ces auteurs en remarquant que, sur des points importants nous différons d'opinion.

Marfan. — Recherches sur un Tænia solium fenêtré. Comptes rendus de la Soc. de Biol., 1886, p. 63.

M Notta et *Marfan.* — Recherches histologiques et expérimentales sur le T. fenêtré. Progrès médical, III, 1886, p. 217.

en être entièrement sûr, j'ai prié M. R. Blanchard, dont la compétence en fait de parasitologie est connue, d'examiner l'animal et il a confirmé nos observations ; donc nous pouvons affirmer avec toute certitude que nous nous trouvons ici en présence d'un tænia inerme, le *T. saginata.*

Voici les particularités anormales que ce tænia présente :

En commençant par l'extrémité terminale, nous voyons d'abord une série d'anneaux complètement perforés, toute la partie moyenne de l'anneau et l'utérus ont été enlevés. Jamais la perforation ne s'étend sur deux anneaux successifs (fig. 1. *a*).

Ensuite, on voit, sur 30 anneaux environ, des érosions superficielles (fig. 1. *b*), quelquefois sur une seule face, mais le plus souvent en même temps sur les deux faces opposées. Puis vient une série d'anneaux normaux suivie, de nouveau, de plusieurs anneaux tantôt complètement perforés, tantôt avec des érosions superficielles.

L'étendue et la profondeur de ces érosions est très variable, tantôt elles occupent toute la partie médiane de l'anneau en long et en large, et atteignent en profondeur les organes internes, tantôt elles ne sont visibles qu'à la loupe, et dans ce cas elles n'intéressent que le tégument.

Quand ces érosions sont de dimensions restreintes, il y en a ordinairement plusieurs sur le même anneau.

Il faut remarquer encore que, si le plus souvent on remarque des pertes de substance sur les faces des anneaux, on en trouve aussi sur les côtés, et dans ce cas nous les avons toujours trouvées localisées à l'endroit où les canaux transversaux débouchent dans les canaux longitudinaux (fig. 6. *a*).

En outre, en dehors de ces perforations et de ces érosions on remarque, en examinant le ver à l'aide d'une forte loupe, que presque tous les anneaux qui paraissent complètement normaux vus à l'œil nu, présentent çà et là, à la surface, des petites proéminences qui se détachent en blanc mat sur le reste du corps rendu un peu translucide par l'emploi d'un mélange de glycérine et d'alcool.

Ces petits points blancs, que nous n'avons observés qui sur le tænia fenêtré méritent une attention spéciale, ce sont eux, en effet, qui nous permettront peut-être de découvrir la manière dont les perforations ont pu se produire.

Ainsi, l'examen du tænia fenêtré à l'œil nu et à la loupe nous fournit les renseignements suivants :

1° Le T. fenêtré en question est un *T. saginata.*

2° Les perforations et les érosions superficielles qui varient quant à leurs dimensions en surface et en profondeur depuis des points à peine perceptibles à la loupe, jusqu'à des perforations complètes qui intéressent toute la partie moyenne de l'anneau, peuvent exister indifféremment sur les anneaux de tous les âges et sur toutes les parties d'un anneau : aussi bien sur les faces que sur les côtés, et très souvent sur les deux faces opposées (fig. 3.)

3° Les anneaux qui paraissent complètement normaux présentent à la surface des petites proéminences qui semblent déjà maintenant, après un simple examen à la loupe, formées par des corps localisés entre la cuticule et la substance souscuticulaire.

Voyons maintenant quels renseignements nous fournira l'examen microscopique de toutes ces particularités que nous venons de signaler.

Ici je me servirai en partie des excellentes préparations de M. Marfan qui a déjà examiné les anneaux complètement perforés et ceux qui présentent des érosions profondes; de mon côté j'examinerai les coupes passant par des érosions superficielles et les préparations intéressant les proéminences sur des anneaux qui ne présentent pas de pertes de substance.

Sur les coupes passant par des anneaux complètement perforés, on observe que les sections de la cuticule, de la substance conjonctive et des éléments musculaires sont toujours très nettes, on ne trouve pas la moindre trace d'un processus morbide. A la surface de cette perte de substance, on ne remarque aucune particularité qui puisse faire penser à une altération pathologique des éléments : il n'y a pas de dégénérescence graisseuse ni de dégénérescence granuleuse; les éléments ont leurs contours normaux et se colorent normalement par les réactifs.

La surface des érosions plus ou moins profondes présente absolument les mêmes caractères, les éléments qui constituent le fond de ces excavations *sont brusquement sectionnés au niveau* de la perte de substance, et à ce niveau, ils présentent toujours une section nette.

L'examen d'une série complète de coupes passant par des érosions de plus en plus profondes, en commençant par les plus petites et finissant par des perforations totales, nous fournit un renseignement assez important. Nous pouvons suivre ainsi la marche du phénomène et nous voyons que c'est

la cuticule seule qui a été enlevée la première et que les
autres tissus ont été détruits ensuite. Comme, d'autre part,
nous avons constaté que les tissus n'ont pas été détruits par
un processus morbide, il nous faut admettre que cette destruction a été produite par une action venant de l'extérieur,
par conséquent étrangère à l'organisme du tænia.

Dans l'intestin, cette action destructive n'a pu être produite
que par le suc digestif, et nous pouvons admettre que les tissus
qui manquent ont été digérés dès qu'ils n'étaient plus protégés
par la cuticule.

En dernier lieu, il s'agit donc de découvrir la cause première
de la destruction de la cuticule.

Ici, l'examen des parties atteintes ne pouvait nous fournir
aucun renseignement. La cuticule, si elle présentait quelque
chose d'anormal en ces points, a disparu la première. Ce renseignement ne pouvait nous être donné que par l'examen des
anneaux restés en apparence intacts, et c'est ainsi que j'ai été
amené à découvrir la présence des petites proéminences dont
j'ai déjà parlé plus haut.

Des préparations nombreuses et, entre autres, des coupes
perpendiculaires et parallèles à la surface de l'anneau, m'ont
permis de voir que ces proéminences étaient formées par une
substance finement granuleuse localisée entre la cuticule et la
couche sous-cuticulaire.

Pour déterminer la nature de cette substance, je l'ai soumise à l'action de différents réactifs. Le picrocarmin, qui
colorait fortement les tissus environnants, la laissait complètement incolore; les acides n'ont produit aussi aucun effet :
mais, en faisant agir la potasse à 40 0/0, nous avons vu la
substance, qui paraissait obscure au microscope, s'éclaircir
beaucoup.

En pressant un peu sur la lamelle couvre-objet, nous avons
vu des gouttelettes réfringentes sortir en traînées de tous les
côtés et disparaître ensuite entièrement.

Cette substance granuleuse est donc probablement formée
par un corps gras, et, sans pouvoir l'affirmer d'une manière
certaine, il nous semble que c'est la substance de la couche
génératrice de la cuticule qui a subi une dégénérescence
graisseuse.

Avant de formuler notre opinion sur l'origine de l'état fenêtré du T. saginata, il sera peut-être intéressant d'indiquer
brièvement les opinions qui ont été déjà émises à ce sujet.

Presque tous les auteurs qui se sont occupés des Cestodes

vivant en parasites chez l'homme, ont observé des T. fenêtrés, plusieurs en ont même reproduit des dessins assez exacts. On trouve l'historique de cette question fait d'une manière très complète par M. R. Blanchard, dans son traité de Zoologie médicale, il serait donc superflu de l'exposer encore une fois ici en entier, et il nous suffira de discuter avec un peu plus de détails les travaux les plus importants et les plus en rapport avec le cas qui nous occupe en ce moment.

Masars de Cazelles, médecin à Toulouse, fut le premier qui, en 1780, décrivit dans un manuscrit intitulé : *Mémoires et réflexions sur le tænia ou ver plat, improprement ver solitaire, et particulièrement sur le tænia percé à jour*, un T. fenêtré, et il le considère comme une espèce particulière.

Le Dr Guilard, critiquant l'opinion de Masars de Cazelles dans une note présentée en 1863 à la Société de médecine de Toulouse, dit que les perforations des anneaux étaient l'effet de la vieillesse, de l'usure, de la décrépitude du ver.

En 1862, M. L. Collin (1), professeur à l'École du Val-de-Grâce, montra à la Société des hôpitaux un tænia fenêtré.

Voici, en résumé, ce qu'il en dit lui-même : « Ce long fragment de tænia (5 mètres) est remarquable par les perforations centrales, circulaires qui occupent la plupart des anneaux dont quelques-uns n'offrent encore qu'une perte de substance presque imperceptible, tandis que d'autres sont presque entièrement détruites jusqu'à leurs bords. Ce tænia ayant été expulsé par un militaire revenant de Syrie, il était intéressant de savoir si cet helminthe ne constituait pas une espèce nouvelle, distincte des deux genres solium et botriocéphale : la tête n'ayant pu être expulsée par deux médications successives (Kuosso, racine de Grenadier), quelques preuves manquaient bien sur ce point. Mais d'autre part, la position latérale des oviductes dans tous les anneaux de ce fragment, l'expulsion, quelque temps après, d'une autre série d'anneaux non perforés qui offraient les caractères normaux du tænia solium ; enfin, le fait de l'importation exclusive de cette dernière espèce en France par tous les militaires qui, à la même époque que le précédent, ont contracté en Syrie le ver solitaire, ne peuvent laisser douter que le fragment en question soit une variété ou plutôt une altération très rare chez celui-ci et à laquelle je pro-

(1) 1° *Bull. de la Soc. Méd. des Hôp.*, 10 sept. 1862. — 2° Garz-hebdom. 1862. — 3° *Études cliniques de médecine militaire*, 1864, J.-B. Baillère. — 4° *Bull. de la Soc. Méd. des Hôp.*, 1875, 24 décembre.

pose de donner le nom de Tænia fenestrata, vu son analogie
avec la forme du botriocéphale décrite sous cette dénomination. »

En terminant sa communication de l'année 1862, M. Collin
dit encore qu'il n'a pas trouvé d'ovules libres dans les selles
du malade et que, du reste, la position latérale des oviductes
exclut pour le T. solium la théorie de la destruction par ponte
excessive.

Néanmoins il croit qu'il existe un lien intime entre la maturité et la perforation des anneaux, mais il ne se prononce pas
sur la nature de ce lien.

M. Notta repoussa complètement la théorie de la ponte
excessive en montrant que les anneaux très rapprochés de la
tête étaient perforés, et que parmi ceux de l'extrémité terminale on en trouvait qui n'étaient pas altérés : il croyait à une
maladie du ver; M. Cornil se demanda si la maladie ne serait
pas microbienne, en raison des nombreux schyzophytes qui
vivent normalement ou pathologiquement dans l'intestin.

Il n'est pas difficile de voir que toutes ces opinions, y compris les deux hypothèses de MM. Notta et Marfan (*l. c.*), ne
reposent pas sur des observations positives et ne peuvent, par
conséquent, avoir aucune valeur. Les auteurs que nous venons
de citer ont même négligé de déterminer l'espèce de tænia
qu'ils décrivaient, et quand M. Collin écrit que son tænia
(solium) ressemblait complètement à celui de Masars de Cazelles,
et M. Marfan que le tænia, qui fait l'objet de cette étude, est
identique à celui de M. Collin, ils veulent indiquer seulement
ce fait, qu'il s'agit ici d'un tænia et non d'un Botriocéphale.
Pourquoi l'ont-ils appelé *solium ?* Heureusement, M. Collin a
donné un bon dessin de son tænia, et, en l'examinant, nous
avons pu nous convaincre que c'était en réalité un T. saginata.
Tous ces exemplaires étaient donc probablement des tænias
inermes.

Assurément le problème qu'il s'agit de résoudre ici n'est
pas aussi simple que paraissent le supposer certains auteurs.
La formation des érosions et des perforations est, en effet,
intimement liée aux conditions de vie d'un parasite dans
le tube digestif d'un autre animal. — Nous ne savons pas comment un parasite vit normalement dans l'intestin, il nous est
donc impossible de déterminer d'une façon certaine les causes
d'un phénomène anormal dont il peut devenir le siège.

Toutefois, il ressort de l'ensemble de nos observations, que,
chez notre tænia, les perforations sont le résultat d'une ma-

ladie du ver : des petits dépôts graisseux se sont formés dans la
couche souscuticulaire et ont soulevé un peu la cuticule qui a
été ainsi séparée de la substance qui l'alimente.

De là, probablement, une nécrose progressive de la cuticule
dans ces points, et finalement sa destruction complète suivie d'un
épanchement et de la digestion de la substance graisseuse
d'abord, et des autres tissus du ver ensuite, jusqu'à une perforation complète de l'anneau.

En terminant, nous pouvons signaler encore que l'état de
conservation des tissus de notre tænia, au moment où il a
été rendu par le malade, permet d'admettre que c'est à l'état
vivant qu'il a été ainsi partiellement digéré.

(Fait au Laboratoire d'histologie zoologique, au Muséum d'histoire naturelle. — Paris, 1er avril 1887.)

EXPLICATION DE LA PLANCHE XVII

Fig. 1. — a). Anneaux complètement perforés. — b). Anneaux avec des
érosions superficielles. — c) Anneaux avec érosions plus profondes.

Fig. 2 et 3. — Coupes transversales à travers des érosions.

Fig. 4 et 5. — Coupes transversales à travers les bords latéraux des deux
perforations.

Fig. 6. — Anneaux montrant en a a des commencements d'érosion au
niveau des points de jonction des canaux longitudinaux et transversaux.

Fig. 7. — Apparence particulière d'une perforation.

Fig. 8 et 9. — Anneaux grossis montrant des dépôts graisseux a a et des
érosions débutant b.

Le propriétaire-gérant,

FÉLIX ALCAN.

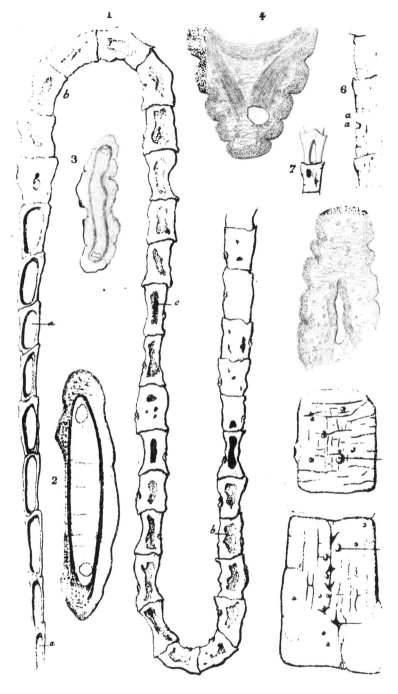

.J Danyzed nat del   Imp Becquet fr. Paris.   A Millot

Tœnia fenêtré

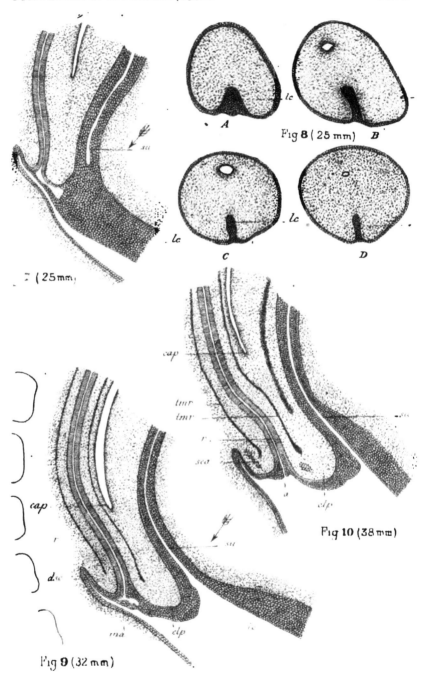

Fig 8 (25 mm)

lc

A

B

lc

lc

C

D

(25 mm)

cap

tmr
tmr

sca

Fig 10 (38 mm)

cap

d.

clp

ma

Fig 9 (32 mm)

Dévelo   ement du cloa ue, du tubercule   enital

RECHERCHES

DÉVELOPPEMENT DES POISSONS OSSEUX

EMBRYOGÉNIE DE LA TRUITE

Suite et fin)

Par L.-Félix HENNEGUY

Préparateur au Collège de France.

———

(Planches XVIII a XXI)

———

DEUXIÈME PARTIE

Dans la première partie de ce travail, j'ai décrit successivement l'aspect des coupes longitudinales et transversales des embryons aux différents stades, depuis la formation de l'écusson embryonnaire, jusqu'à la fermeture du blastoderme. J'ai indiqué, pour chaque stade, l'apparition des nouveaux organes et la transformation des organes déjà existants. Cette méthode chronologique, qui présente de grands avantages pour suivre les progrès du développement de l'embryon, ne renseigne que d'une manière imparfaite sur l'évolution de chaque système, de chaque organe en particulier. Les divisions purement artificielles en stades, qu'on est obligé d'établir pour la commodité de l'exposition, font qu'on néglige de décrire les modifications dont les organes sont le siège dans l'intervalle de deux stades consécutifs. Il est donc de toute nécessité, après avoir donné le mode de développement de l'embryon, de considérer les transformations de chaque organe, c'est-à-dire de faire l'organogénie de l'embryon.

Je passerai rapidement en revue l'évolution des trois feuillets en énumérant les organes auxquels chacun d'eux donne naissance et en complétant l'histoire du développement de ces organes. Je discuterai également à propos de chacun d'eux les

JOURN. DE L'ANAT. ET DE LA PHYSIOL. — T. XXIV (nov.-déc. 1888.) 35

opinions des différents auteurs, n'ayant exposé dans les chapitres précédents que le résultat de mes propres recherches.

VII. — L'ectoderme et ses dérivés

De même que chez les autres Vertébrés, l'ectoderme des
Poissons osseux donne naissance à l'épiderme, au système
nerveux central et aux organes des sens spéciaux.

L'ectoderme est formé, dès le début, de deux couches de
cellules ; la couche supérieure *(lame enveloppante, lame recouvrante, lame épidermique, lame cornée, lame limitante)* est
constituée par une seule rangée de cellules qui se différencient de très bonne heure, ainsi que nous l'avons déjà vu dans
l'étude de la segmentation. Cette couche ne prend pas part à la
réflexion de l'ectoderme pour constituer l'endoderme primaire,
ni à la formation de l'axe nerveux ; elle reste toujours appliquée sur la couche profonde de l'ectoderme. On peut la suivre
pendant tout le développement de l'embryon ; elle s'amincit de
plus en plus et forme à la surface de la peau du jeune Poisson
une membrane nucléée excessivement mince.

La couche profonde de l'ectoderme est au contraire constituée, dès son apparition, par plusieurs rangées de cellules et
peut être désignée, avec la plupart des auteurs, sous le nom de
lame nerveuse, ou, avec Gœtte (60), sous le nom de *couche fondamentale de l'ectoderme*. C'est, en effet, à ses dépens que se
développent le système nerveux central et les organes des sens
spéciaux.

L'existence de la lame enveloppante n'est pas propre aux
Poissons osseux. Reichert (142) l'a décrite le premier chez la
Grenouille ; Salensky (163) l'a vue chez le Sterlet et Balfour (10)
chez le Lépidostée. Chez ces animaux elle est également constituée de très bonne heure par une couche unique de cellules,
qui s'aplatissent pour former une lamelle très mince. Mais,
tandis que, chez les Amphibiens anoures et le Sterlet, cette
couche entre dans la constitution du système nerveux central,
elle demeure étrangère à cette formation chez le Lépidostée et
les Téléostéens.

La lame enveloppante manque, ou du moins n'a pas encore
été signalée chez les Plagiostomes, les Cyclostomes, les Am-

phibiens urodèles, les Reptiles et les Oiseaux. Chez les Mammifères on la retrouve avec une existence transitoire. La couche que Rauber (**136**) a décrite chez le Lapin et qu'on désigne sous le nom de *couche de Rauber* peut, en effet, être assimilée à la lame enveloppante des Vertébrés inférieurs. Cette couche, qui n'est que la partie de la vésicule blastodermique recouvrant le *reste vitellin* de Bischoff, ne constitue pas l'ectoderme, comme on le croyait autrefois, avant les recherches de Rauber, de Lieberkühn (**115**), de Hensen (**77**), de Kœlliker (**97** *bis*) et de Heape (**66**). L'ectoderme proprement dit et l'endoderme proviennent de la masse interne des cellules blastodermiques. La couche de Rauber, qui recouvre l'ectoderme, disparaît de bonne heure chez le Lapin, soit par résorption, soit plus probablement par intégration dans l'ectoderme. Mais, chez d'autres Mammifères, elle prend un développement plus ou moins considérable, permanent, ou temporaire, et constitue d'après Kupffer (**105**), Selenka (**175**, **176**) et Heape, le suspenseur de l'œuf de certains Rongeurs, Souris, Rat, Campagnol, Cochon d'Inde.

Le reste vitellin de Bischoff me semble entièrement comparable au germe segmenté des Téléostéens après la formation de la lame enveloppante. C'est, en effet, aux dépens du germe et du reste vitellin que se constituent les feuillets primaires, tandis que la couche enveloppante et la couche de Rauber ne prennent pas part à la formation de ces feuillets.

Balfour (**9**) divise les Vertébrés en deux groupes au point de vue de la constitution de leur ectoderme: un groupe nombreux dont l'ectoderme n'est formé que par une seule couche de cellules; un petit groupe dont l'ectoderme comprend deux couches. Il pense que l'état monoblastique est la condition primordiale de l'ectoderme, tandis que l'état diblastique répond à une différenciation produite à une période très précoce du développement.

La couche profonde de l'ectoderme, qui, à la fin de la segmentation, forme le toit de la cavité germinative, n'est constituée, en tant que feuillet, qu'au moment où prend naissance l'endoderme primaire par réflexion du blastoderme. Cette couche, composée de plusieurs rangées de cellules arrondies, prend un grand développement au niveau du rudiment em-

bryonnaire, tandis qu'elle s'amincit et se réduit à une seule
rangée de cellules sur le reste du blastoderme, excepté cependant dans le bourrelet blastodermique. Elle donne naissance à
l'épiderme de l'embryon et à l'enveloppe du sac vitellin.

L'ectoderme proprement dit prolifère sur la ligne axiale de
l'embryon pour produire l'ébauche du système nerveux central:
sur les côtés, il tend, au contraire, à s'amincir au fur et à mesure que l'embryon se développe, pour ne plus être formé, au
stade II, que par une seule rangée de cellules épidermiques.
recouvertes par la lame enveloppante. Au niveau de l'embryon,
les cellules épidermiques sont cylindriques, sauf dans la partie
située au-dessus de l'axe nerveux; en ce point, elles sont
aplaties jusqu'au stade G. c'est-à-dire tant que l'axe nerveux
conserve des rapports avec la couche profonde de l'ectoderme.
Lorsqu'au contraire l'axe nerveux s'est complètement séparé
de cette couche, les cellules épidermiques, qui le recouvrent,
prennent une forme cylindrique.

Une semblable disposition s'observe chez le Poulet, même
quelque temps après que le système nerveux s'est bien différencié de l'épiderme. Dans les parties extra-embryonnaires les
cellules épidermiques sont aplaties, comme celles de la couche
enveloppante, mais moins que ces dernières.

Au stade II, de chaque côté du corps de l'embryon, au niveau
des masses protovertébrales, l'épiderme présente un renflement à saillie interne. Les cellules, en ce point, sont plus
allongées dans le sens vertical que dans le reste de la couche.
Ce renflement est, ainsi que nous l'avons déjà vu, le rudiment
du canal de la ligne latérale, qui n'existe d'abord que dans la
région antérieure de l'embryon (Planches, fig. 105, ll). Balfour (9) avait déjà constaté cette bande linéaire d'épiderme
modifié chez le Saumon, mais seulement au moment de l'éclosion. C. K. Hoffmann (90) l'a vue également à un stade moins
avancé du développement. Il décrit et figure sa première apparition sous forme d'une prolifération locale des cellules épidermiques. J. Beard (14) a bien suivi le développement de la
ligne latérale et la fait provenir d'un cordon cellulaire qui se
détache de la couche profonde de l'ectoderme, d'abord dans
la région cervicale pour s'étendre ensuite en arrière dans toute
la longueur du corps: mais cet auteur ne paraît pas avoir vu

le début de la formation de cet organe. Un mode semblable de développement de la ligne latérale a été signalé par Semper (**177**) et Balfour (**8**) chez les Plagiostomes et par Gœtte (**59**) chez le *Bombinator.*

Système nerveux. — Les premiers observateurs qui se sont occupés du développement du système nerveux des Poissons osseux, Rathke, Baer, Vogt, Lereboullet, Stricker, pensaient que l'axe cérébro-spinal se formait comme celui des Amphibiens et des Amniotes par un épaississement du feuillet externe et l'apparition d'une gouttière qui se fermait sur la face dorsale de l'embryon de manière à constituer un tube.

Kupffer (**104**), le premier, reconnut que le système nerveux central des Téléostéens est au début une formation solide de l'ectoderme. Il vit qu'il se produit bien à un moment donné un sillon superficiel, comme chez les autres Vertébrés, mais que ce sillon n'a qu'une existence temporaire et superficielle, que ses bords ne se rejoignent pas, et que l'axe nerveux est primitivement un cordon plein, ayant inférieurement la forme d'une carène qui s'enfonce comme un coin dans le vitellus. Gœtte (**60**), Schapringer (**165**), Weil (**195**), Œllacher (**123**), Hoffmann (**89**) confirmèrent la découverte de Kupffer. Gœtte montra que l'apparition du sillon superficiel et celle de la carène nerveuse sont simultanées.

Œllacher admet que la couche profonde de l'ectoderme, le feuillet sensoriel, ne prend pas part à la formation de l'épiderme et donne naissance au système nerveux central. Celui-ci apparaît sous forme d'un *cordon axial* (Axenstrang) dans lequel les cellules ont une disposition en couches concentriques et qui s'étend dans toute la longueur de l'embryon. Dans ce cordon, les couches des cellules du feuillet sensoriel se continuent avec les couches des cellules non encore différenciées du feuillet profond; il n'y a, à ce niveau, aucune ligne de démarcation entre l'ectoderme et la masse qui donnera le feuillet moyen et l'endoderme. Le cordon axial se termine en arrière dans le bourgeon caudal, dans lequel il n'y a aucune différenciation de feuillets. A la surface de l'écusson embryonnaire, en avant du bourgeon caudal, il existe un sillon longitudinal médian, le sillon médullaire, qui s'étend au-dessus du cordon

bryonnaire, tandis qu'elle s'amincit et se réduit à une seule
rangée de cellules sur le reste du blastoderme, excepté cependant dans le bourrelet blastodermique. Elle donne naissance à
l'épiderme de l'embryon et à l'enveloppe du sac vitellin.

L'ectoderme proprement dit prolifère sur la ligne axiale de
l'embryon pour produire l'ébauche du système nerveux central;
sur les côtés, il tend, au contraire, à s'amincir au fur et à mesure que l'embryon se développe, pour ne plus être formé, au
stade II, que par une seule rangée de cellules épidermiques,
recouvertes par la lame enveloppante. Au niveau de l'embryon,
les cellules épidermiques sont cylindriques, sauf dans la partie
située au-dessus de l'axe nerveux; en ce point, elles sont
aplaties jusqu'au stade G, c'est-à-dire tant que l'axe nerveux
conserve des rapports avec la couche profonde de l'ectoderme.
Lorsqu'au contraire l'axe nerveux s'est complètement séparé
de cette couche, les cellules épidermiques, qui le recouvrent,
prennent une forme cylindrique.

Une semblable disposition s'observe chez le Poulet, même
quelque temps après que le système nerveux s'est bien différencié de l'épiderme. Dans les parties extra-embryonnaires les
cellules épidermiques sont aplaties, comme celles de la couche
enveloppante, mais moins que ces dernières.

Au stade II, de chaque côté du corps de l'embryon, au niveau
des masses protovertébrales, l'épiderme présente un renflement à saillie interne. Les cellules, en ce point, sont plus
allongées dans le sens vertical que dans le reste de la couche.
Ce renflement est, ainsi que nous l'avons déjà vu, le rudiment
du canal de la ligne latérale, qui n'existe d'abord que dans la
région antérieure de l'embryon (Planches, fig. 105, ll). Balfour (9) avait déjà constaté cette bande linéaire d'épiderme
modifié chez le Saumon, mais seulement au moment de l'éclosion. C. K. Hoffmann (90) l'a vue également à un stade moins
avancé du développement. Il décrit et figure sa première apparition sous forme d'une prolifération locale des cellules épidermiques. J. Beard (14) a bien suivi le développement de la
ligne latérale et la fait provenir d'un cordon cellulaire qui se
détache de la couche profonde de l'ectoderme, d'abord dans
la région cervicale pour s'étendre ensuite en arrière dans toute
la longueur du corps; mais cet auteur ne paraît pas avoir vu

le début de la formation de cet organe. Un mode semblable de développement de la ligne latérale a été signalé par Semper (**177**) et Balfour (**8**) chez les Plagiostomes et par Gœtte (**59**) chez le *Bombinator*.

Système nerveux. — Les premiers observateurs qui se sont occupés du développement du système nerveux des Poissons osseux, Rathke, Baer, Vogt, Lereboullet, Stricker, pensaient que l'axe cérébro-spinal se formait comme celui des Amphibiens et des Amniotes par un épaississement du feuillet externe et l'apparition d'une gouttière qui se fermait sur la face dorsale de l'embryon de manière à constituer un tube.

Kupffer (**104**), le premier, reconnut que le système nerveux central des Téléostéens est au début une formation solide de l'ectoderme. Il vit qu'il se produit bien à un moment donné un sillon superficiel, comme chez les autres Vertébrés, mais que ce sillon n'a qu'une existence temporaire et superficielle, que ses bords ne se rejoignent pas, et que l'axe nerveux est primitivement un cordon plein, ayant inférieurement la forme d'une carène qui s'enfonce comme un coin dans le vitellus. Gœtte (**60**), Schapringer (**165**), Weil (**195**), Œllacher (**123**), Hoffmann (**89**) confirmèrent la découverte de Kupffer. Gœtte montra que l'apparition du sillon superficiel et celle de la carène nerveuse sont simultanées.

Œllacher admet que la couche profonde de l'ectoderme, le feuillet sensoriel, ne prend pas part à la formation de l'épiderme et donne naissance au système nerveux central. Celui-ci apparaît sous forme d'un *cordon axial* (Axenstrang) dans lequel les cellules ont une disposition en couches concentriques et qui s'étend dans toute la longueur de l'embryon. Dans ce cordon, les couches des cellules du feuillet sensoriel se continuent avec les couches des cellules non encore différenciées du feuillet profond; il n'y a, à ce niveau, aucune ligne de démarcation entre l'ectoderme et la masse qui donnera le feuillet moyen et l'endoderme. Le cordon axial se termine en arrière dans le bourgeon caudal, dans lequel il n'y a aucune différenciation de feuillets. A la surface de l'écusson embryonnaire, en avant du bourgeon caudal, il existe un sillon longitudinal médian, le sillon médullaire, qui s'étend au-dessus du cordon

axial. Celui-ci fait saillie à la face inférieure de l'embryon et
constitue une carène qui s'enfonce dans le vitellus. Le sillon
superficiel s'étend en avant et devient plus profond à mesure
que le cordon axial prend lui-même un plus grand développement dans le sens postéro-antérieur et s'épaissit verticalement.
Dans le cordon axial, Œllacher distingue trois parties : une
partie céphalique, une partie caudale et entre les deux une
partie qui correspond au tronc de l'embryon. Plus tard, le
cordon axial se divise horizontalement en deux portions, l'une
supérieure en rapport avec le feuillet sensoriel et qui constitue
l'axe nerveux, l'autre inférieure, formée par un groupe arrondi
de cellules et qui représente la corde dorsale.

Pour Romiti (148) et Calberla (31), le développement du
système nerveux des Poissons osseux se ferait par un processus identique à celui qu'on observe chez les autres Vertébrés, c'est-à-dire par une invagination de la couche superficielle de l'ectoderme. Calberla a fait porter ses recherches sur
le Syngnathe et le Saumon, ainsi que sur la Lamproie. Chez le
Syngnathe, les cellules de la lame enveloppante sont assez
grosses et prismatiques ; au fond du sillon médullaire on observe
une double rangée de ces cellules, qui s'enfonce verticalement
dans la carène nerveuse. Il se produirait, d'après cet auteur,
une sorte de plissement de l'ectoderme qui emprisonnerait
ainsi les cellules de la couche superficielle. L'invagination de
l'axe nerveux, au lieu de se faire, comme chez les autres Vertébrés, sous forme d'une gouttière, dont les bords se rapprochent pour constituer un canal, se ferait sous forme d'un simple
pli ; la gouttière serait comme écrasée latéralement.

Goette (60) repousse, avec juste raison, la manière de voir
de Calberla. Pour lui, l'axe nerveux est bien un cordon solide
creusé à sa partie supérieure d'un sillon superficiel représentant le sillon médullaire. Le sillon se ferme par un plissement
latéral de la couche ectodermique, mais sans emprisonner la
lame enveloppante, qui passe comme un pont au-dessus du
sillon.

Ilis (85) admet, comme Calberla, la formation d'un pli d'invagination, et il donne dans sa figure 7 le schéma de la formation de l'axe nerveux. Les deux moitiés du pli d'invagination s'appliqueraient exactement l'un contre l'autre, de sorte que

la lumière du canal serait remplacée par une ligne verticale.
Le canal médullaire résulterait ultérieurement de la séparation
des deux moitiés du sillon.

C.-K. Hoffmann (89) adopte pour la formation du système
nerveux l'opinion de Gœtte. Il se forme sur la ligne médiane
de l'embryon une carène ectodermique, présentant à la partie
supérieure un sillon superficiel, au-dessus duquel la lame enveloppante passe comme un pont. Hoffmann n'a jamais vu se
produire de pli d'invagination; les cellules au-dessous du sillon
medullaire sont serrées les unes contre les autres comme dans
les autres parties de l'embryon.

Ziegler (200) a une opinion intermédiaire entre celle de
Gœtte et celle de Ilis; il admet une invagination de l'ectoderme sous forme de pli fermé, invagination à laquelle la lame
enveloppante ne semble pas prendre part.

Enfin Goronowitsch (57), qui a publié, en 1884, un mémoire
important sur la question, décrit la formation successive de
deux sillons dorsaux dans la région médullaire. Le premier
sillon coïncide avec l'apparition de la lame médullaire, constituée au début par une partie médiane mince et par deux
parties latérales épaisses. Le premier sillon disparaît bientôt
par suite de l'épaississement progressif de la région médiane.
Le second sillon, qui apparaît plus tard, résulte d'une invagination de la surface de la lame médullaire; il persiste plus
longtemps que le premier sillon, et, dans la région céphalique,
présente deux fossettes, l'une antérieure ovale, l'autre postérieure irrégulièrement rhomboïdale, et correspondant, la première au cerveau antérieur, la seconde au cerveau postérieur.
La lame enveloppante passe au-dessus du second sillon. Le
plancher de ce sillon est formé par une masse de cellules
arrondies qui sont nettement distinctes des autres cellules de
la carène médullaire; un certain nombre de ces cellules superficielles pénètrent dans le tissu central de la carène.

Avant d'aborder la discussion des différentes manières de
voir des auteurs que je viens de citer, il me reste à exposer
les idées de Kupffer (106) relatives au développement de l'embryon et en particulier du système nerveux. Les figures que
Kupffer donne des premiers stades du développement de la
Truite diffèrent énormément de celles de ses devanciers. Sui-

vant cet auteur, au huitième jour de l'incubation, c'est-à-dire
au stade C, le blastoderme présente en un point de sa circonférence une petite saillie proéminente, qui est le bourgeon
caudal d'Œllacher; en avant de celui-ci, se trouve un épaississement blastodermique, l'écusson embryonnaire de tous les
auteurs, mais qui, pour Kupffer, n'appartient pas encore à l'embryon. Bientôt, il se produit en avant du bourgeon caudal,
sur la ligne médiane de l'écusson, une invagination sous
forme d'un sillon longitudinal; puis apparaît un autre sillon
perpendiculaire au premier, mais dont l'existence est temporaire. Il ne reste plus que le sillon longitudinal (*gouttière
primitive*, Primitivrinne) qui s'allonge en même temps que
l'écusson blastodermique. Les bords de la gouttière primitive
se réunissent en avant du bourgeon caudal et forment un cordon
axial médian, que Kupffer considère comme une *ligne primitive* (Achsenstreif oder Primitivstreif). Ce cordon axial ou ligne
primitive est le résultat d'une invagination ectodermique. Vers
le commencement du onzième jour, la gouttière primitive a
disparu et la bandelette axiale, qui s'est élargie dans sa partie
antérieure, occupe la ligne médiane de l'embryon. La disparition de la gouttière primitive coïncide avec le moment où le
blastoderme a recouvert une moitié du vitellus. A ce stade, qui
correspond à notre stade F, il n'y a pas encore trace d'embryon.
« Es gibt also, dit Kupffer, einen Zeitpunct in der Entwicklung
des Forelleneies, wo ausserlich jede Spur der Einstülpung, die
sich zuerst als tiefe Grube mit vorherrschend querer Dimension,
dann als longitudinale Primitivrinne zeigt, verschwunden ist,
ohne dass sich ein Embryo mit Kopftheil und Metameren des
Rumpfes erblicken liesse. »

Pour Kupffer l'embryon se forme d'une manière indépendante de ce qu'il considère comme une ligne primitive; la
tête apparaît d'abord en avant de l'extrémité antérieure de la
bandelette axiale : elle consiste dans le rudiment du cerveau,
des yeux et d'une paire d'arcs branchiaux; elle se continue
avec la bandelette axiale, dont elle est séparée par une constriction. Les protovertèbres, qui apparaissent ensuite, se
développent en dehors de la bandelette axiale; la moelle au
contraire se forme dans cette bandelette et est en continuité
avec le cerveau. En résumé, pour Kupffer, l'embryon des

Poissons osseux ne se forme pas, comme on l'a admis jusqu'à présent, directement au contact du bourrelet blatodermique ; son apparition est précédée de celle d'une ligne primitive résultant d'une invagination linéaire de la surface du blastoderme, et c'est à l'extrémité antérieure de cette ligne primitive que se développe l'embryon, la tête apparaissant la première.

Kupffer n'a pas encore figuré ni décrit les coupés qu'il a faites des embryons qu'il a étudiés ; il serait intéressant de savoir comment il peut concilier sa théorie avec les résultats que donnent les coupes transversales et longitudinales des premiers stades embryonnaires, résultats que j'ai exposés dans le précédent chapitre. Nous avons vu, en effet, que, dès le stade D, la corde dorsale était déjà différenciée en avant du bourgeon caudal, et qu'à la fin du stade E, avant que le blastoderme ait atteint l'équateur de l'œuf, à un moment, par conséquent, où pour Kupffer il n'existe pas encore d'embryon, on trouvait des protovertèbres formées de chaque côté du sillon médullaire, dans la région médiane de la prétendue ligne primitive. Il n'est pas du reste nécessaire de pratiquer des coupes pour constater l'existence de ces protovertèbres. Il suffit d'examiner par transparence un embryon de la fin du stade E, détaché du vitellus, coloré et monté dans le baume du Canada, pour apercevoir nettement les somites sous forme de masses rectangulaires bien différenciées. Cette simple observation suffit, je crois, pour réduire à néant l'hypothèse de Kupffer.

On sait, en effet, que chez les Mammifères et les Oiseaux, où la ligne primitive est bien développée, et même chez les Reptiles, où cet organe existe à l'état rudimentaire [d'après Balfour (9) et Strahl (181-184). les protovertèbres n'apparaissent que dans la région embryonnaire, et qu'il ne s'en forme jamais au niveau de la ligne primitive, tant que celle-ci reste visible, et n'est pas englobée par la partie postérieure de l'axe nerveux. Il en est de même de la corde dorsale, qui, chez ces mêmes animaux, n'existe jamais qu'en avant de la ligne primitive. A moins d'admettre que l'embryogénie des Poissons osseux diffère complètement de celle des autres Vertébrés, et que chez des animaux, des somites peuvent se développer de chaque côté de la ligne primitive, avant même la formation de la tête de l'embryon, on est obligé de reconnaître que Kupffer, entraîné par

des vues théoriques, a commis une grossière erreur d'observation. Cette erreur est d'autant moins explicable, qu'on doit à cet habile embryogéniste des découvertes très importantes, relatives au développement des Vertébrés.

Si Kupffer s'est trompé dans l'interprétation des premiers stades du développement, est-ce à dire que toute sa théorie doit être rejetée ? Je ne le crois pas, et j'établirai plus loin qu'on peut admettre, chez les Poissons osseux, l'existence d'une ligne primitive rudimentaire ayant avec l'embryon les mêmes rapports que chez les Vertébrés supérieurs. Mais avant d'exposer les faits en faveur de cette hypothèse, il convient de considérer le développement général du système nerveux.

Le sillon longitudinal qui apparaît à la surface de l'écusson embryonnaire, sur la ligne médiane, correspond bien, comme l'admettent tous les auteurs, sauf Kupffer, à la gouttière nerveuse des autres Vertébrés. Ce qui caractérise les Téléostéens, comme les Cyclostomes et le Lépidostée, c'est que cette gouttière disparaît de bonne heure par un processus spécial. Les bords du sillon ne se rapprochent pas par leur partie supérieure, pour former un canal, ni ne s'accolent pas par leur face interne pour constituer une fente linéaire, comme l'a dit le premier Calberla ; ils se rapprochent par leur partie profonde, de sorte que le fond de la gouttière est soulevé et arrive finalement au même niveau que les bords. Il y a donc là évagination plutôt qu'invagination.

Lorsque le sillon longitudinal prend naissance au stade C, il a la forme d'un V dont la pointe est en contact avec le bourgeon caudal. Peu à peu ses bords se rapprochent, deviennent parallèles et se fusionnent à la partie antérieure de l'embryon ; puis le sillon devient de moins en moins profond et disparaît de la partie caudale à la partie céphalique de l'embryon. Les coupes transversales de ces différents stades, montrent bien le rapprochement des bords du sillon et l'épaississement progressif de l'ectoderme sur la ligne médiane. Elles montrent en outre que les rangées de cellules ectodermiques, disposées primitivement suivant des courbes à convexité inférieure, se redressent de la profondeur vers la surface et finissent par former des courbes à convexité supérieure. Pour comprendre le processus de l'effacement de la gouttière médullaire, on peut

comparer les bords du sillon à deux vagues qui, poussées l'une
contre l'autre, se fusionnent par leur base sans déferler, pour
constituer une vague unique. La vague résultant ainsi de la
fusion des deux autres est l'axe nerveux, qui est constitué alors
par une masse cellulaire pleine, présentant à sa partie supérieure un sillon peu profond et étroit, reste du sillon primitif:
ce sillon disparaît complétement au stade F ou au stade G.

Je ne pense pas qu'on puisse admettre, avec Goronowitsch,
la formation successive de deux sillons. Le second sillon qui,
d'après cet auteur, résulterait d'une invagination de la couche
superficielle de la lame médullaire, n'est que le sillon primitif
rétréci.

Sur des embryons durcis par l'acide chromique, le sillon
médullaire rétréci, aux stades D et F, paraît beaucoup plus profond que lorsqu'il est encore largement étalé au stade C. Cette
apparence est due à une altération des tissus embryonnaires
par le réactif durcissant. Ainsi que je l'ai déjà dit, les cellules
embryonnaires se multiplient activement sur la ligne médiane
de l'embryon, au point où l'ectoderme s'épaissit pour constituer
la carène nerveuse. Cette prolifération cellulaire se traduit par
la présence de nombreuses figures cytodiérétiques, principalement à la partie supérieure de la lame médullaire. L'acide
chromique détruisant en grande partie ces cellules en voie de
cytodiérèse, il en résulte un effondrement au fond du sillon qui
paraît alors beaucoup plus profond qu'il n'est réellement. Goronowitsch a fidèlement représenté l'aspect des coupes pratiquées
sur des embryons traités ainsi par l'acide chromique. Les cellules vésiculeuses qu'il signale sur le plancher du sillon médullaire sont précisément des cellules en cytodiérèse. Quand
on traite les embryons par l'acide osmique ou le liquide de
Kleinenberg, tous les éléments cellulaires sont bien conservés,
et le sillon médullaire est, dans ce cas, à peine indiqué sur les
coupes transversales.

C'est aussi la destruction des cellules superficielles de la
lame médullaire qui fait que la lame enveloppante semble
passer comme un pont d'un bord du sillon à l'autre. Les cellules de cette lame résistent, en effet, bien mieux à l'action de
l'acide chromique que les cellules embryonnaires; ce sont des
éléments différenciés depuis longtemps, ayant déjà subi un

commencement de kératinisation. Sur les embryons bien fixés, j'ai toujours vu la lame enveloppante exactement accolée à la surface de l'ectoderme, et tapisser le fond du sillon médullaire, comme l'avait figuré Œllacher.

J'ai indiqué, en décrivant la forme extérieure des embryons, l'apparition à la surface de l'axe nerveux d'un sillon transversal et de fossettes dont j'ai donné la signification; ces productions, toutes superficielles et accusées sur les embryons durcis par l'acide chromique, de la même manière que le sillon longitudinal, représentent les vésicules cérébrales primaires. L'axe nerveux est alors très large et très épais à la partie antérieure de l'embryon. Il se rétrécit et s'amincit de plus en plus d'avant en arrière.

Le système nerveux, comme du reste tout l'ectoderme, est toujours, sauf en avant du bourgeon caudal, nettement délimité des feuillets sous-jacents. Telle n'est pas l'opinion d'Œllacher, qui admet, ainsi que nous l'avons vu, qu'au début les feuillets externe et moyen, ou plutôt la partie inférieure du système nerveux et la corde dorsale sont confondues dans toute la longueur du cordon axial. J'ai montré, en parlant des coupes des stades C et D, que le cordon axial était traversé, en avant du bourgeon caudal, par une ligne qui est le vestige de la cavité germinative. Œllacher n'a pas vu cette ligne et a été induit en erreur par la disposition caractéristique des cellules embryonnaires en couches concentriques, l'une des moitiés de chaque cercle se trouvant dans l'axe nerveux, l'autre dans le feuillet inférieur. Cette disposition résulte du mode de formation de l'endoderme primaire.

Avant la formation de l'écusson embryonnaire, dès le stade A, l'ectoderme est épaissi sur la ligne médiane du futur embryon. Les cellules, en ce point, sont disposées en couches superposées, décrivant des arcs de cercle à convexité supérieure, et dont le centre est l'axe même de l'embryon. Cette structure se retrouve au bord du bourrelet blastodermique, où se produit la réflexion de l'ectoderme.

Dans la couche réfléchie, les cellules conservent la même disposition, mais alors les couches en arc de cercle sont renversées et ont leur convexité dirigée vers leur vitellus. Les arcs de cercle de l'endoderme primaire et ceux de l'ectoderme

ont une base commune qui est la cavité germinative,
réduite à une cavité virtuelle. L'ensemble de ces deux forma-
mations, symétriques par rapport au plan horizontal qui sépare
l'ectoderme de l'endoderme, constitue le cordon axial.

La symétrie des deux moitiés du cordon axial persiste jusqu'à la différenciation de la corde dorsale. A ce moment la
moitié inférieure devient un cordon dont les cellules changent
d'aspect et se groupent d'une manière particulière, mais la
moitié supérieure conserve longtemps, dans l'axe nerveux, sa
stucture primitive.

L'axe nerveux n'est d'abord qu'un épaississement de l'ectoderme et il est impossible de déterminer, sur des coupes transversales ses limites latérales. A mesure que l'épaississement
s'accentue, sur la ligne médiane de l'embryon, pour constituer
la carène nerveuse, il devient plus facile de distinguer dans le
feuillet externe ce qui appartient à l'axe nerveux et ce qui forme
l'ectoderme proprement dit. Mais cette distinction n'est possible
que pour la partie inférieure du système nerveux, qui pénètre
comme un coin entre les deux masses mésodermiques. La partie
supérieure de l'axe nerveux est encore, en effet, largement
unie à l'ectoderme et il n'existe aucune limite entre les cellules
ectodermiques et les futures cellules nerveuses.

C. K. Hoffmann (89) décrit cependant et figure, sur des coupes
correspondant à peu près aux stades E et F, une couche ectodermique bien nette, formée d'une seule rangée de cellules,
située au-dessous de la couche enveloppante de cellules, et
s'étendant à la surface des masses mésodermiques et au-dessus
de l'axe nerveux. Cette couche serait la couche fondamentale
de l'épiderme ; ses cellules appartiennent au type de l'épithélium cylindrique tandis que les cellules de l'axe nerveux sous-
jacent sont aplaties. Leur grand axe étant dirigé parallèlement à
la surface de l'embryon et perpendiculairement à l'axe de celui-ci.

Les meilleures coupes du stade F sont loin de donner des
images aussi nettes que celles qui ont été représentées par
Hoffmann. Au-dessus de la couche enveloppante, à la partie
supérieure de l'axe nerveux, on trouve bien des cellules moins
aplaties que les cellules profondes, mais il existe toutes les
transitions possibles entre ces dernières et les premières. A ce
stade, l'axe nerveux n'est donc pas encore séparé de l'ectoderme,

dans sa partie supérieure et médiane. Mais la séparation est
en train de s'effectuer sur les côtés de l'axe. (Planches, fig. 95.)

De chaque côté de la carène nerveuse, au point où celle-ci
s'enfonce entre les lames mésodermiques, on voit une ligne claire
qui part de la face inférieure de l'ectoderme et qui s'avance de
bas en haut et de dehors en dedans, vers le plan médian de l'embryon. Cette ligne courbe à convexité externe s'arrête à deux ou
trois rangées de cellules de la surface supérieure de l'ectoderme.
Elle sépare les cellules aplaties de l'axe nerveux des cellules
ectodermiques polygonales. En dehors de la ligne claire existe,
dans la région du cerveau postérieur, un épaississement ectodermique correspondant à une petite dépression superficielle.
Les cellules de cet épaississement, qui deviendra la vésicule
auditive, sont disposées en trois couches. Les cellules de la
couche profonde sont allongées, à grand axe perpendiculaire à
la surface de l'ectoderme, et dirigées vers le fond de la dépression
superficielle; les cellules des deux autres couches sont plus
petites, polygonales et irrégulièrement disposées. La vésicule
auditive est en continuité, dans sa partie externe, avec la couche
épidermique de l'ectoderme formée d'un seul rang de cellules
(Planches, fig. 95 va).

Les lignes de séparation de l'ectoderme et de l'axe nerveux
s'avancent à la rencontre l'une de l'autre au-dessous de la
rangée superficielle des cellules ectodermiques et, lorsqu'elles
se sont rejoint sur la ligne médiane, le système nerveux central
est alors séparé et nettement différencié de l'ectoderme. Cette
séparation définitive ne s'observe qu'au stade G et non aux
stades précédents, comme le veut Hoffmann.

La séparation du système nerveux central de l'ectoderme a
lieu d'abord dans la région céphalique et se continue d'avant
en arrière, jusqu'au niveau de la vésicule de Kupffer. J'ai déjà
décrit, à propos du stade H, les rapports que présentent les
différents feuillets en avant, au milieu et en arrière de la vésicule de Kupffer. J'ai montré que la corde dorsale ne commence
à se différencier de l'endoderme primaire qu'en avant de la
vésicule, que celle-ci est contenue dans l'épaisseur du feuillet
interne, et qu'au-dessus d'elle l'ectoderme est immédiatement
en contact avec l'endoderme. Si l'on compare les coupes de
cette région (Planches, fig. 102 et 107) à des coupes pratiquées

à travers la partie postérieure d'un embryon d'Oiseau (Oie, Perroquet) ou de Reptile (Lézard), dans la région du canal neurentérique, on est frappé de la ressemblance qui existe dans la disposition des feuillets blastodermiques. On ne trouve plus en ce point de limite nette entre l'ectoderme et l'endoderme, et la seule différence entre les Téléostéens et les Sauropsides, c'est que chez ces derniers il existe une communication entre le tube digestif et le canal médullaire, tandis que, chez les Poissons osseux, l'axe nerveux étant primitivement solide, il ne s'établit entre cet axe et l'intestin qu'une simple relation de contact. Nous verrons, en effet, que la vésicule de Kupffer est le premier vestige de la partie postérieure de l'intestin moyen.

La région de la vésicule de Kupffer correspond donc chez les Poissons osseux à la région du canal neurentérique des Vertébrés supérieurs. Déjà Balfour (9) avait remarqué qu'à l'extrémité postérieure de l'embryon du Lépidostée, la partie axiale de l'endoderme, la corde dorsale et le cordon ectodermique qui représente l'axe nerveux, se confondent, et il avait assimilé le produit de leur fusion au canal neurentérique de l'*Amphioxus*, des Plagiostomes, des Amphibiens, des Sauropsides et des Mammifères. C. K. Hoffmann admet aussi cette analogie pour les Poissons osseux bien qu'il n'ait pas constaté l'existence de la vésicule de Kupffer chez les Salmonides, ni, dit-il, de véritable canal neurentérique.

S'il n'y a pas chez les Téléostéens, de véritable canal faisant communiquer la cavité de l'intestin avec celle du système nerveux central, c'est que cette dernière n'existe pas et ne se forme que tardivement. Elle n'apparaît que vers la fin du stade G et dans la partie antérieure de l'embryon seulement; dans la partie postérieure, surtout au niveau de la vésicule de Kuppfer, la cavité du système nerveux ne se forme qu'après la fermeture du blastoderme.

Œllacher (123) admet que la cavité de l'axe nerveux, le canal médullaire, résulte d'une destruction des cellules centrales de cet axe. Ces cellules subissent une sorte de liquéfaction et sont résorbées ; à leur place on voit apparaître une cavité irrégulière qui plus tard se régularise pour constituer le canal de l'épendyme. Telle est aussi l'opinion de C. K. Hoffmann. (89) Dans les

premiers stades du développement, dit-il, on remarque que les
noyaux des cellules du système nerveux se colorent également
bien, et que le protoplasma lui-même se colore plus ou moins.
A un stade plus avancé, la partie centrale de l'axe nerveux ne
prend plus de coloration sous l'influence des réactifs. Avec un fort
grossissement on constate une masse finement granuleuse, difficile à décrire, dans laquelle apparaît plus tard une fente.
Cette fente provient d'une fluidification de quelques cellules placées sur la ligne médiane.

Pour Schapringer (165) et Weil (195) la cavité du système
nerveux résulte d'un simple écartement des cellules situées dans
le plan médian. Calberla (31) admet un processus identique; mais
comme, suivant lui, il se produit au fond du sillon médullaire
une invagination, sous forme de pli, de la couche enveloppante,
ce sont les deux moitiés du pli qui s'écartent plus tard et laissent
entre elles le canal central du système nerveux.

Ziegler (200) décrit la formation de la cavité d'une manière
un peu différente. Les cellules aplaties, qui limitent de chaque
côté la carène nerveuse, s'accroissent, et la carène tend à s'allonger. Mais cet allongement ne peut se faire ni vers le bas à
cause de la corde dorsale, ni vers le haut à cause de la soudure
des deux bourrelets médullaires qui se sont réunis sur la ligne
médiane. Les couches externes de l'axe nerveux sont donc
obligées de s'infléchir en dehors de chaque côté de la ligne
médiane; en s'écartant ainsi elles donnent naissance à une
cavité centrale.

L'hypothèse d'Œllacher et de Hoffmann repose sur une altération des tissus par les réactifs. La description qu'ils donnent
est parfaitement exacte pour les embryons fixés et durcis par
l'acide chromique; mais on n'observe jamais la destruction des
cellules centrales de l'axe lorsque l'embryon a été fixé par
l'acide osmique ou l'acide picrique. Ces cellules sont pour la
plupart en cytodiérèse et ne résistent pas à l'action de l'acide
chromique, ainsi que je l'ai déjà dit à plusieurs reprises; elles
se réduisent en une sorte de masse informe, granuleuse, qui
ressemble à un liquide coagulé remplissant une cavité. L'explication de Ziegler est aussi inadmissible; cet auteur a été, ainsi
que les précédents, induit en erreur, par sa technique. Ce ne
sont pas, en effet, les cellules de la couche extérieure de la

carône qui s'accroissent et se multiplient le plus activement,
ce sont au contraire les cellules centrales, comme le prouvent
les nombreuses figures cytodiérétiques qui s'observent dans
cette région.

La cavité centrale du système nerveux apparaît d'abord
comme une simple ligne sur le plan médian de l'embryon ; elle
résulte, comme l'avaient bien vu Schapringer et Weil, d'une
séparation des cellules.

Ce sont les cellules filles des cellules en voie de division sur
la ligne médiane, qui s'écartent les unes des autres, laissant
entre elles une cavité virtuelle qui ne devient réelle que plus
tard, lorsque, par suite d'un accroissement plus rapide des parties centrales, les deux moitiés de l'axe nerveux s'infléchissent
extérieurement vers les plaques mésodermiques. La flexion en
dehors est due à la tension qui existe dans chacune des faces
de la fente par suite de la multiplication des cellules. Ziegler a
raison de faire jouer un rôle à la corde dorsale et à la partie
supérieure de l'embryon, qui, agissant comme deux plans résistants, s'opposent à l'allongement en hauteur de l'axe nerveux. Celui-ci est comparable à un tube en caoutchouc, qui,
comprimé entre deux surfaces rigides, et soumis à une pression interne, ne peut augmenter de diamètre que parallèlement
aux deux surfaces. Mais Ziegler me paraît être dans l'erreur
lorsqu'il admet que la tension existe au niveau des couches
externes de la cavité nerveuse.

Dans la région médullaire proprement dite de l'embryon, la
cavité ne se produit que sur la ligne médiane et s'arrête à une
certaine distance de la partie supérieure et de la partie inférieure de la moelle ; dans la région céphalique, dans les vésicules cérébrales, la fente se termine inférieurement par un
espace triangulaire dont la base, légèrement convexe en dedans, est parallèle au vitellus ; supérieurement elle se divise
en deux branches qui se dirigent de dedans en dehors en décrivant une courbe à convexité supérieure. Ces deux fentes
latérales séparent de la portion dorsale de l'axe nerveux une
rangée de cellules qui forme le toit des vésicules (Planches,
fig. 104).

Jusqu'à la fermeture du blastoderme, le système nerveux ne
subit pas d'autres transformations. Ce n'est que plus tard que

se différencient les parties du cerveau dont le développement a
été bien étudié par Rabl-Ruckhard. (131.)

Bien qu'il ne rentre pas dans le cadre de mon travail de m'occuper des stades ultérieurs à la fermeture du blastoderme, je
rappellerai cependant une observation importante faite par
Kupffer, parce qu'elle présente un grand intérêt au point de vue
de l'embryogénie générale.

Kupffer (106) a signalé, sur des embryons de Truite de
19 jours, plusieurs jours après la fermeture du blastoderme, une
segmentation transversale de la moelle allongée. On peut compter cinq segments : le premier est immédiatement en arrière
de l'ébauche du cervelet, le dernier correspond à la partie postérieure des vésicules auditives. Ces segments sont nettement
visibles extérieurement à la surface de la moelle; plus tard ils
s'effacent, mais on les retrouve sur les coupes horizontales ou
longitudinales.

Je puis confirmer entièrement l'observation de Kupffer. J'ai
constaté sur les embryons des stades qu'il indique, et même sur
des embryons moins avancés, dès le stade G et avant la fermeture du blastoderme, l'existence des cinq segments au niveau
de la moelle allongée. Sur des coupes longitudinales, les segments de l'axe nerveux ont tout à fait l'apparence de protovertèbres. Ils se présentent sous la forme de rectangles allongés
dans le sens de la hauteur de l'embryon, exactement contigus
et occupant toute l'épaisseur de la moelle. Dans chacun de ces
métamères, les cellules ne présentent pas de caractères particuliers et ne sont pas disposées en une couche régulière à la
périphérie, comme dans les métamères mésodermiques (Planches, fig. 86, *m n*).

C'est à Kupffer que revient le mérite d'avoir appelé l'attention
des embryogénistes sur cette segmentation d'une portion de
l'axe nerveux chez l'embryon. Avant lui, cependant, plusieurs
auteurs avaient observé cette disposition, mais sans en comprendre l'importance. C'est ainsi que Baer (5) dit que chez le
Poulet, au troisième jour, chaque lame de la moelle allongée
forme plusieurs plis courts, et qu'au quatrième jour ces plis
forment des stries transversales distinctes. Bischoff (23) a représenté planche X, figure 41, une coupe longitudinale de la
partie céphalique d'un embryon de Chien de 25 jours, sur la-

quelle on voit à la face interne du cerveau postérieur sept plis
irréguliers : mais cet auteur ne parle pas de cette disposition
dans son texte. Remak (146) décrit également, chez le Poulet,
du troisième au cinquième jour, sur les parois du cerveau postérieur, cinq à six masses carrées présentant une grande ressemblance avec des protovertèbres, et dont il ignore la signification. Dursy (40) (pl. III, fig. 14) figure, à la face interne du
quatrième ventricule d'un embryon de Vache de 65 cent., six
plis semblables à ceux que Bischoff a vus chez le Chien ; de même
que ce dernier auteur, Dursy ne signale pas ce détail dans son
ouvrage. Gœtte (59), dans son Atlas, représente la segmentation
du quatrième ventricule chez une larve de *Bombinator* (pl. VIII,
fig. 151). Dohrn (37) parle de huit à neuf renflements ganglionnaires qu'on voit distinctement au niveau du quatrième ventricule des embryons de Poissons, notamment de la Perche, et il
assimile ces renflements aux ganglions de la chaîne nerveuse
d'un Articulé. Kœlliker (97) (fig. 539) et Scessel (174) (pl. XXI,
fig. 2) représentent, le premier sur un embryon de Lapin de
10 jours, le second sur un embryon de Poulet de 3 jours, la
segmentation de la moelle allongée.

Balfour, dans son *Traité d'embryologie* (p. 349, édition anglaise de 1881), signale en ces termes la métamérie du cerveau
postérieur : « Sur les côtés se développe, chez le Poulet, une
série de constrictions transversales qui le divisent en lobes dont
le nombre ne paraît pas constant. Le plus antérieur de ces lobes
persiste, et sa voûte devient le cervelet. On ignore si d'autres
étranglements ont une signification morphologique quelconque.
Il s'en produit de plus ou moins semblables chez les Téléostéens.
A une époque plus avancée, la moelle allongée présente à sa
surface interne, chez les Elasmobranches, une série de lobes qui
correspondent aux racines des nerfs vague et glosso-pharyngien,
et il se peut que les étranglements plus précoces correspondent
naturellement à autant de racines nerveuses ».

Béraneck (21) décrit avec soin et figure dans la planche XXIX
de son mémoire, cinq replis médullaires de chaque côté du cerveau postérieur, chez de jeunes emb. ons de *Lacerta agilis*, et
il ajoute que c'est de la première paire de ces replis que part
le nerf trijumeau, et que c'est de la troisième paire que part la
racine du facial et de l'auditif. Le même auteur (22) a étudié

aussi les replis médullaires chez le Poulet. Enfin dans une note
récente, Kupffer (107) dit avoir retrouvé la segmentation de
la moelle allongée en cinq métamères, sur un embryon d'Epinoche, sur un embryon humain de trois semaines environ, et
sur des embryons de Mouton et de Souris. Il a constaté aussi
l'existence de deux ou trois métamères dans le cerveau moyen,
en avant des métamères de la moelle allongée. Chez de jeunes
embryons de *Salamandra atra*, avant la fermeture du blastopore et l'apparition des protovertèbres, il a reconnu que
l'ébauche du cerveau présentait huit paires de segments, et
que la segmentation se continuait dans la moelle jusqu'au voisinage du blastopore.

J'ajouterai que, sur des coupes longitudinales d'embryons de
Lapin de 10 et 12 jours, j'ai observé aussi très nettement les
cinq renflements du cerveau postérieur, mais que je n'ai pas vu
les métamères du cerveau moyen.

Il résulte du court historique qui précède qu'on doit admettre
aujourd'hui que. chez tous les Vertébrés, le système nerveux
central présente, à un certain moment de son développement,
une segmentation transversale régulière. Cette segmentation
paraît être surtout localisée au niveau de la vésicule cérébrale
postérieure; mais elle peut s'observer aussi dans le cerveau
moyen et dans la moelle épinière (Salamandre). On doit se demander, avec Kupffer, si cette métamérie est un vestige d'une
segmentation primaire de l'axe nerveux, qui existait chez les
formes ancestrales des Vertébrés et indique une communauté
d'origine avec les Articulés, ou si c'est seulement une disposition secondaire en rapport avec l'origine de certains nerfs.

Il serait, je crois, prématuré de choisir entre ces deux hypothèses. Si l'observation de Kupffer sur la Salamandre prouve que
les métamères nerveux apparaissent de très bonne heure, chez
les autres Vertébrés nous les voyons se produire assez tardivement et dans une région limitée de l'axe nerveux. Chez la
Truite, j'ai constaté l'existence des métamères dès le stade G,
c'est-à-dire à un stade précoce, mais au nombre de cinq seulement. Il est donc nécessaire d'examiner avec plus de soin les
premiers stades du développement des Vertébrés et de rechercher si les segments se forment de bonne heure et dans toute
l'étendue du système nerveux, et si ceux de la région de la

moelle allongée ne sont que des métamères plus différenciés,
et persistant plus longtemps que les autres, par cela même
qu'ils sont l'origine de nerfs importants. A l'appui de cette manière de voir, qui, si elle était confirmée, devrait faire admettre
la métamérie primitive du système nerveux, il convient de rappeler que chez certains Poissons, Trigles, Baudroie, Môle, les
segments de la moelle allongée persistent à l'âge adulte et
constituent ce que les auteurs ont désigné depuis longtemps
sous le nom de *lobes accessoires*. Ussow (189), qui a étudié
avec soin la structure interne de ces lobes, a vu que chacun
d'eux correspond à une disposition particulière des éléments
nerveux, qui indique bien qu'il existe chez ces Poissons une
métamérie de cette région du système nerveux.

Organes des sens. — *Vésicules optiques.* — Le développement des yeux ne présente chez les Poissons osseux aucune
particularité remarquable. Comme chez tous les autres vertébrés, les vésicules optiques sont une dépendance du cerveau
antérieur et s'en différencient par un processus identique, et à
une période plus avancée du développement. L'évolution de
ces organes a été bien suivie par les anciens embryogénistes
et plus récemment par Schenk (166), Œllacher (123) et C.-K.
Hoffmann (90). Je n'ai pu que confirmer les observations de ces
auteurs.

Le système nerveux central des Poissons osseux étant, au
début, une masse solide sans cavité, les vésicules optiques ne
sont aussi primitivement que des expansions solides de l'axe.
Chaque vésicule apparaît comme un épaississement latéral mal
délimité, à base très large. Cette base se rétrécit de plus en
plus, à mesure que l'épaississement augmente, de sorte qu'au
stade G, la vésicule est constituée par une masse ovoïde, rattachée par un pédoncule au cerveau antérieur. L'étranglement de
la base de la vésicule optique ne se fait pas d'une manière uniforme sur tout le pourtour de cette vésicule : il marche plus
rapidement de haut en bas, et d'arrière en avant; il en résulte que le pédoncule, ou le nerf optique, est d'abord situé à
la partie antérieure et inférieure de la vésicule.

La cavité de la vésicule optique se forme à peu près à la
même époque et par le même procédé que celle du système

nerveux central, par séparation de cellules, surtout de cellules
en cytodiérèse. Cette cavité apparaît sous forme d'un croissant
à concavité interne, vers la partie interne de la masse pleine
de la vésicule; on l'observe déjà quand il n'y a pas encore de
fente dans le cerveau (Planches, fig. 99, *vo*). La fente interne
de la vésicule s'étend de proche en proche dans le pédoncule
pour se mettre en rapport avec la cavité centrale du cerveau
antérieur.

Lorsque la vésicule n'est plus rattachée au cerveau que par
un étroit pédoncule, elle a changé de forme; d'ovoïde qu'elle
était, elle est devenue discoïde; elle s'est aplatie parallèlement au plan longitudinal et vertical de l'embryon. En même
temps elle s'est accrue de bas en haut. Il se produit probablement dans son intérieur un déplacement de cellules. La paroi
de sa face externe s'épaissit, en effet, tandis que la paroi de sa
face interne s'amincit et n'est plus constituée que par une
seule couche de cellules. La cavité est alors tout à fait excentrique et très rapprochée de la partie proximale. A ce stade,
on distingue nettement dans la vésicule une couche externe
épaisse qui est l'origine de la rétine, et une couche interne
mince qui sera la zone pigmentaire.

La vésicule optique. primitivement en contact avec le cerveau, s'en sépare par suite de l'interposition d'une couche de
tissu mésodermique ; mais elle reste toujours en rapport
dans sa partie inférieure, avec l'axe nerveux par son pédicule,
qui subit un déplacement et se rapproche de la partie postérieure de la vésicule. Dès la fin du stade G, l'ectoderme commence à s'épaissir au niveau de la vésicule optique; ses cellules se multiplient et se disposent en deux ou trois couches
sur une certaine étendue. La lame enveloppante ne prend pas
part à cette formation qui est l'ébauche du cristallin. L'épaississement ectodermique, d'abord mal limité et recouvrant
presque entièrement la face distale de la vésicule, se concentre
vers le milieu de cette face; il constitue alors un bourgeon qui
refoule la couche rétinienne et sera plus tard enveloppé par
elle (Planches, fig. 103, *cr*). Au moment de la fermeture du
blastoderme, la vésicule optique se présente, soit sur des coupes
transversales, soit sur des coupes horizontales sous la forme
d'un haricot dont le hile correspond au cristallin.

L'œil des Téléostéens présente, dans son développement, les mêmes phases que le système nerveux central : la vésicule optique est d'abord une masse solide qui se creuse ensuite d'une cavité : la couche rétinienne ne provient pas comme chez les autres Vertébrés, d'une invagination de la face distale vers la face proximale ; elle résulte d'une simple délamination. Il en en est de même du cristallin qui se forme, non par une invagination, mais par un épaississement solide de l'ectoderme. Il faut aussi remarquer que, de même que chez les Amphibiens et le Lépidostée, la lame enveloppante reste étrangère à la constitution du cristallin, ainsi que Schenk l'avait déjà bien établi.

Vésicules auditives. — Les vésicules auditives apparaissent presqu'en même temps que les vésicules optiques. Leur place est marquée extérieurement par deux petites fossettes situées aux extrémités du troisième sillon longitudinal, au stade E. Sur des coupes transversales, on constate que, au niveau de ces fossettes, il existe, de chaque côté de la carène nerveuse, un épaississement de la couche ectodermique qui se continue encore sans ligne de démarcation avec la partie supérieure de l'axe nerveux. Je ne pense donc pas qu'on puisse dire avec Hoffmann et Goronowitsch que les vésicules auditives ne proviennent que de la couche fondamentale de l'ectoderme et non de la lame médullaire, puisque, ainsi que je l'ai déjà dit, il est impossible de tracer les limites de celle-ci. C'est seulement par analogie, en se basant sur le développement des vésicules auditives chez les autres Vertébrés, qu'on peut admettre que, chez les Téléostéens, ces organes ne proviennent pas du système nerveux central.

L'épaississement ectodermique, première ébauche de la vésicule auditive, est primitivement tout à fait au contact de la carène nerveuse, au point où elle se détache de l'ectoderme. J'ai déjà décrit la disposition des cellules dans cet épaississement, j'ajouterai que la lame recouvrante passe au-dessus de lui sans entrer dans sa constitution. Bientôt la vésicule auditive se sépare de la couche ectodermique de la même manière que l'axe nerveux central : elle constitue alors une masse pleine, arrondie ; dans l'intérieur apparaît une cavité par

simple écartement des cellules ; cette cavité s'agrandit assez
rapidement. Au stade II, les parois de la vésicule sont encore
formées de deux ou trois couches de cellules allongées disposées radialement (Planches, fig. 104 et 111. *va*).

Système nerveux périphérique. — La question de l'origine
des racines des nerfs périphériques et des ganglions spinaux
est l'une des moins avancées de l'embryogénie des Vertébrés.
Je ne m'occuperai ici que du développement des ganglions,
parce qu'au moment de la fermeture du blastoderme, les racines
des nerfs ne sont pas encore formées.

Mes observations confirment celles de Balfour (8), pour les
Plagiostomes, de Marshall (119). pour le Poulet, et surtout celles
de C.-K. Hoffmann (89), pour les Poissons osseux. Le nerf auditif, ou tout au moins son ganglion, semble être celui qui appa-
rait le premier. Peu de temps après la formation de la vésicule
auditive, à la fin du stade F, lorsque la ligne de séparation de
l'ectoderme et de l'axe nerveux a atteint environ la moitié de la
distance qui la sépare de la ligne médiane, il se produit sur le
côté du cerveau postérieur, une seconde ligne, parallèle à la
première et qui découpe, dans la partie supérieure de l'axe
nerveux, une petite masse située à la partie interne et inférieure de la vésicule auditive (Planches, fig. 100, *na*). Lorsque
le cerveau est complètement détaché de l'ectoderme, la petite
masse, qui est l'origine du nerf auditif, reste en relation avec
lui et en contact avec la vésicule auditive ; elle s'allonge en
bas et en dehors de manière à suivre le déplacement de la vésicule auditive, lorsque celle-ci se sépare de l'ectoderme.

De petites masses cellulaires semblables se séparent en divers
points de l'axe nerveux, de chaque côté de sa partie supérieure,
par le même processus qui donne naissance au nerf auditif.Ces
protubérances sont l'origine des différents nerfs crâniens et
rachidiens, mais elles restent longtemps sans se développer,
c'est-à-dire qu'elles persistent sous forme d'un cordon cellulaire
court rattaché à la partie supérieure du système nerveux, et
descendant entre ce système et les protovertèbres. Je n'ai pas
suivi le développement ultérieur de ces nerfs.

Les nerfs apparaissent donc chez les Téléostéens de la même
manière que chez les Plagiostomes. Il se produit de chaque côté

de l'axe nerveux une série d'excroissances qui, par leur ensemble, constituent la crête neurale de Marshall. Chez les Plagiostomes (Balfour) (8), le Poulet (Marshall) (119), les Amphibiens (Bedot) (16), la crête neurale se forme, lorsque le sillon
médullaire est fermé à la partie supérieure de l'axe nerveux :
chez les Téléostéens, les excroissances nerveuses apparaissent
lorsque l'axe nerveux est encore uni à l'ectoderme, et dans certains cas il est difficile de savoir si l'excroissance appartient à
l'axe ou à l'ectoderme. Les observations faites sur les Téléostéens paraissent établir un trait d'union entre la théorie de
Balfour et celle de His (86). Cet auteur admet que les ganglions nerveux naissent d'un repli ectodermique, le sillon
intermédiaire, situé de chaque côté de la gouttière médullaire.
On peut, en effet, admettre que suivant les espèces animales
et suivant les différents nerfs, les ganglions apparaissent plus
ou moins tôt, et se développent soit aux dépens de la lame
ectodermique qui est encore en continuité directe avec l'axe
nerveux, soit aux dépens de l'axe nerveux lui-même déjà différencié de l'ectoderme. Je rappellerai que Marshall a constaté
que chez le Poulet, certains nerfs crâniens apparaissent avant
la fermeture de la gouttière nerveuse, tandis que les nerfs
spinaux apparaissent après la fermeture de cette gouttière.

VIII. — L'ENDODERME ET SES DÉRIVÉS

L'endoderme ou feuillet interne, aux dépens duquel se formera l'epithélium du tube digestif avec ses dépendances, ne
constitue pas au début un feuillet ayant la même valeur morphologique que l'ectoderme. Il n'apparaît, en effet, en tant que
feuillet différencié qu'en même temps que le mésoderme. L'endoderme proprement dit, de même que le feuillet moyen, est
une formation secondaire; le deuxième feuillet primaire que
j'ai désigné sous le nom d'endoderme primaire, n'est qu'une
formation temporaire et transitoire destinée à se dédoubler en
deux autres feuillets.

J'ai insisté longuement dans un précédent chapitre, sur la
formation de l'endoderme primaire, et indiqué l'opinion des
différents embryologistes sur ce sujet. Je rappellerai seulement que ce feuillet provient d'une réflexion du bord libre de

l'ectoderme dans l'intérieur de la cavité germinative et que, chez certains Poissons, ainsi que l'a bien établi M. von Kowalewski ((103) des cellules, provenant du parablaste, viennent s'ajouter aux cellules ectodermiques pour constituer l'endoderme primaire.

Formé d'abord uniquement par la partie réfléchie du bourrelet blastodermique, l'endoderme primaire, dans la région embryonnaire, s'avance de plus en plus dans l'intérieur de la cavité germinative à mesure que le toit de celle-ci s'amincit et que le germe s'étend à la surface du vitellus. Dès que l'ectoderme, réduit à une mince couche cellulaire dans toute l'étendue du blastoderme, sauf au niveau du bourrelet blastodermique et de l'écusson embryonnaire, s'est épaissi dans ces deux régions, de manière à constituer les parties opaques et saillantes du blastoderme, on le trouve doublé de l'endoderme primaire ; c'est-à-dire que ce feuillet existe au niveau du bourrelet blastodermique et de l'écusson embryonnaire.

L'endoderme primaire est formé d'un certain nombre de rangées cellulaires superposées, variant de trois à dix suivant les régions. En décrivant l'aspect des coupes transversales et longitudinales des différents stades, j'ai fait connaître les variations d'épaisseur de ce feuillet, épaisseur qui est, en général, en raison inverse de celle de l'ectoderme.

Les cellules de l'endoderme primaire sont au début disposées sans ordre apparent, sauf sur la ligne médiane de l'embryon, dans le cordon axial, où elles forment des couches concentriques en demi-cercle , ainsi que je l'ai dit à propos de l'ectoderme. Vers la limite antérieure de l'embryon, et sur les parties latérales. les cellules laissent entre elles des lacunes irrégulières surtout au contact du parablaste. Au stade D, les cellules de la couche supérieure de l'endoderme primaire s'allongent dans le sens vertical, deviennent prismatiques et constituent une couche de cellules en palissade analogue à celle décrite par Œllacher à la face inférieure de l'ectoderme. A cette époque, le deuxième feuillet primaire donne simultanément naissance au mésoderme, à la corde dorsale et à l'endoderme secondaire ou définitif. Je considèrerai successivement chacune de ces formations.

Mésoderme. — En donnant l'historique des feuillets blastodermiques, j'ai indiqué les diverses opinions émises par les
auteurs sur l'origine du mésoderme chez les Poissons osseux.

Les embryogénistes qui font provenir l'endoderme du parablaste considèrent ce que j'ai désigné sous le nom d'endoderme
primaire comme représentant le mésoderme. Tels sont Lereboullet, Kupffer, Agassiz et Whitman, Klein, Van Bambeke,
von Kowalewski; les uns regardant ce mésoderme comme résultant d'une simple différenciation de l'ectoderme, les autres
comme produit par la réflexion de ce feuillet primaire.

Au contraire, les auteurs qui ne font jouer aucun rôle au
parablaste dans la formation des feuillets, font en général dériver le mésoderme de l'endoderme; de ce nombre sont : Rathke,
von Baer, Stricker Œllacher, Rienek, Weil, His, Gœtte, Hoffmann, Kingsley et Conn, Ziegler et Goronowitsch.

Ed. Van Beneden, seul de son opinion, assigne au mésoderme une origine à la fois ectodermique et endodermique.

Je rappellera: que la plupart des embryogénistes qui ont étudié
dans ces derniers temps le développement des Vertébrés, se
sont appliqués à prouver que le mésoderme dérive de l'endoderme, et que les frères Hertwig (80) ont cherché à établir que
le feuillet moyen provenait de replis ou d'invaginations du
feuillet interne, généralisant ainsi le processus de formation
du troisième feuillet observé par Kowalevsky chez l'*Amphioxus*.

Nous avons vu que, au stade D, apparaissait de chaque côté
du cordon axial, en avant du bourgeon caudal, une ligne claire
dans l'épaisseur de l'endoderme primaire. Cette ligne, correspondant à une fente virtuelle, progresse d'arrière en avant, et
du centre à la périphérie, détachant ainsi, de chaque côté de
l'axe longitudinal de l'embryon, une lame pluricellulaire, qui
est la lame mésodermique. Les deux lames mésodermiques
sont séparées par la corde dorsale provenant du cordon axial.
(Planches, fig. 110, *ms*).

Le clivage de l'endoderme primaire se poursuit aux stades E
et F, et finit par atteindre le niveau des vésicules optiques; il
s'accentue aussi en arrière jusqu'à l'extrémité postérieure de
la vésicule de Kupffer.

Les lames mésodermiques présentent leur maximum de largeur et d'épaisseur dans les portions postérieure et moyenne

de l'embryon ; dans la région céphalique elles sont étroites et
formées seulement de deux ou trois couches de cellules. Leur
développement est en raison inverse de celui de l'ectoderme.
Chaque lame remplit exactement l'espace compris entre l'ectoderme, la corde dorsale et l'endoderme secondaire ; sa forme
est déterminée par celles que revêtent ces différentes parties.

Dans les deux tiers postérieurs de l'embryon, la lame mésodermique est horizontale, elle est renflée dans sa partie proximale et va en s'amincissant sur les bords de l'embryon, où
elle n'est plus constituée, comme les deux autres feuillets, que
par une seule rangée de cellules. Son bord externe est mal
défini, et paraît se confondre souvent avec l'endoderme. Dans
la région antérieure, la lame mésodermique, moulée pour
ainsi dire sur la carène nerveuse, est plus épaisse dans sa
partie moyenne qu'à ses extrémités proximale et distale. Dans
la partie antérieure de la tête, il n'y a plus de lames mésodermiques. L'endoderme primaire reste directement en contact avec le système nerveux; mais ce feuillet n'a là aussi
qu'une existence temporaire. Lorsque la tête se soulève au-
dessus du vitellus de manière à devenir libre, cette partie de
l'endoderme primaire se transforme entièrement en tissu
mésodermique.

Le mésoderme subit pendant son évolution des modifications très importantes que je décrirai dans un chapitre
spécial.

Corde dorsale. — La formation de la corde dorsale marche
parallèlement à celle des lames mésodermiques.

Au stade D, le groupe des cellules du cordon axial se
sépare de l'endoderme primaire par une ligne claire demi-
circulaire dont les deux extrémités rejoignent la ligne de séparation de l'ectoderme de l'endoderme primaire. Le cordon
axial, ainsi différencié, devient la corde dorsale (Planches,
fig. 110, *cd*). Celle-ci apparaît en avant du bourgeon caudal et
le processus de différenciation se continue d'arrière en avant.
La formation de la corde dorsale est donc, chez les Téléostéens,
la même que chez les autres Vertébrés. Tous les auteurs sont,
en effet, d'accord pour admettre que la corde dorsale se forme
d'arrière en avant.

Les cellules de la corde dorsale conservent d'abord l'aspect et la disposition de celles du cordon axial ; il en résulte que la corde dorsale a la forme d'un demi cylindre, situé au dessous de la carène nerveuse. Mais plus tard les cellules se disposent concentriquement autour de l'axe même de la corde dorsale : cet organe devient alors un cordon cylindrique, mais toujours un peu aplati au contact de la carène nerveuse.

La corde dorsale est toujours plus volumineuse à sa partie postérieure que dans sa partie antérieure, où elle se termine en pointe légèrement infléchie vers le vitellus; elle représente dans son ensemble plutôt un cône très allongé qu'un véritable cylindre. Son volume diminue aussi pendant le développement de l'embryon jusqu'après la fermeture du blastoderme, comme l'ont constaté Hoffmann (89), Ziegler (200) et Goronowitsch (57). A partir de cette époque elle augmente de volume mais en changeant complètement d'aspect. Durant ces changements de volume, les éléments de la corde dorsale subissent des transformations sur lesquelles les auteurs ne me paraissent pas avoir suffisamment appelé l'attention.

Les cellules, disposées en couches concentriques, sont primitivement légèrement aplaties comme dans le cordon axial, leur grand axe étant dans un plan vertical perpendiculaire à l'axe de l'embryon. Lorsque la corde dorsale commence à s'arrondir, les cellules deviennent polygonales et diminuent de nombre ; elles s'aplatissent en même temps dans le sens antéro-postérieur. Il résulte de cette disposition que les coupes longitudinales et les coupes transversales de l'organe ont un aspect tout à fait différent. Sur les premières, on voit des cellules allongées verticalement et pressées les unes contre les autres, présentant une disposition caractéristique, qui permet de reconnaître facilement la corde dorsale au milieu des autres tissus (Planches, fig. 108 et 109, cd); dans les secondes, on ne voit que des cellules polygonales un peu plus grandes que les autres cellules embryonnaires.

Quand la corde dorsale diminue de volume, aux stades G et H, l'aspect des coupes longitudinales n'a pas changé, sauf que les cellules sont encore plus aplaties que précédemment ; mais, dans les sections transversales, on ne compte plus qu'un très petit nombre de grosses cellules, 5, 6 ou 7, rayonnant autour

d'une cellule centrale, ou d'un centre virtuel. Le noyau de ces
cellules est périphérique, et deux fois plus gros que celui des
autres cellules de l'embryon. Il paraît ainsi se produire une
résorption de cellules pendant l'évolution de l'organe ; ce sont
les cellules centrales et quelques unes des cellules périphériques qui disparaissent. Que deviennent ces cellules? disparaissent-elles véritablement?

Dès que le cordon axial s'est différencié en corde dorsale,
ses éléments cessent de se multiplier; on n'y trouve jamais, en
effet, de cellules en voie de division ; sur des centaines de
coupes que j'ai examinées, c'est à peine si j'ai rencontré une
ou deux fois une figure cytodiérétique dans toute la longueur
de la corde dorsale. Cet organe s'allonge cependant en même
temps que l'embryon ; son extrémité postérieure reste en
rapport avec la vésicule de Kupffer, son extrémité antérieure
est à peu près au niveau de l'extrémité antérieure des vésicules
auditives. D'un autre côté, pendant cette augmentation de longueur, les cellules, sur des coupes longitudinales, restent toujours pressés les unes contre les autres, et semblent même
plus rapprochées ; ces cellules ne se multipliant pas, on doit
se demander comment peut se produire l'accroissement longitudinal de l'organe. Il me semble très probable qu'il se produit dans la corde dorsale des déplacements de cellules, qui
font que des cellules, comprises par exemple dans une section
transversale, passent dans un plan antérieur ou postérieur.
Cette hypothèse rend compte de l'allongement de la corde
dorsale, accompagné de la diminution de son épaisseur et de
l'augmentation de volume de ses éléments. Mais plus tard,
quelque temps après la fermeture du blastoderme, lorsque la
corde dorsale augmente de volume, on voit apparaître des
figures cytodiérétiques à sa périphérie. A ce moment la partie
centrale de l'organe est occupée par de grands éléments irréguliers, remplis de larges vacuoles, et leurs noyaux se multiplient
à la périphérie pour donner naissance aux petites cellules de la
gaine.

La corde dorsale peut donc être considérée comme étant le
premier organe de l'embryon, qui se différencie nettement aux
dépens des tissus embryonnaires et dont l'évolution est la plus
rapide. Bien que cet organe n'apparaisse qu'après le système

nerveux central, ses éléments ont revêtu une physionomie
toute particulière et présentent déjà des phénomènes de
régression, alors que ceux du système nerveux ont conservé
tous les caractères embryonnaires et ne se distinguent pas
encore des cellules mésodermiques ou endodermiques. Ce fait
démontre bien l'ancienneté phylogénique de la corde dorsale.

Les embryogénistes qui se sont occupés du développement
des Poissons ont assigné à la corde dorsale les origines les
plus diverses. Gœtte (60) admet que, chez les Téléostéens comme
chez les Amphibiens, cet organe provient du mésoderme ; c'est
aussi à cette opinion que semble se ranger Salensky (163) pour
le Sterlet. Œllacher (123) la fait provenir de la partie inférieure
de son cordon axial, qui, selon lui, résulte d'une fusion du mésoderme et de l'ectoderme. Radwaner (132) considère la corde
dorsale comme provenant de l'ectoderme. A. Schultz (168).
pour les Plagiostomes, pense qu'elle dérive d'une fusion de
l'ectoderme et de l'endoderme. Enfin, Calberla (31) la fait se
différencier de l'endoderme primaire chez les Salmonides et
les Cyclostomes.

L'origine endodermique de la corde dorsale paraît avoir
rallié la plupart des embryogénistes modernes, non seulement
pour les Poissons, mais aussi pour les autres Vertébrés. Kowalevsky (101) et Hatschek (65) ont nettement établi que chez
l'Amphioxus la corde dorsale est formée par un repli de l'endoderme. Balfour (8) a vu chez les Plagiostomes la corde
dorsale dériver de l'endoderme ; c'est au même résultat que
sont arrivés Scott (172) et Shipley (178) ; et les Cyclostomes,
Kingsley et Conn (98), Hoffmann (89), Ziegler (200) et Goronowitsch (57) pour les Poissons osseux. Mes propres recherches
confirment celles de ces derniers auteurs et démontrent que
la corde dorsale provient de l'endoderme primaire. Cet organe
se sépare de l'endoderme primaire en même temps que les
plaques mésodermiques, il a donc la même valeur morphologique que ces dernières, et on peut le considérer comme
représentant la partie médiane du mésoderme, ainsi que
l'avait bien vu Calberla. La formation simultanée de trois
replis endodermiques, chez l'Amphioxus, dont le médian
devient la corde dorsale et les deux latéraux sont l'origine du
mésoderme, prouve que, chez les Téléostéens, le développe-

ment de ces parties suit une marche identique; mais, chez ces animaux, ce sont des masses cellulaires pleines qui se séparent de l'endoderme, tandis que chez l'*Amphioxus*, le mésoderme et la corde dorsale sont des évaginations creuses du feuillet interne.

Endoderme proprement dit. — Lorsque la corde dorsale et les plaques mésodermiques se sont séparées de l'endoderme primaire, il reste en contact avec le parablaste une couche cellulaire qui est l'endoderme définitif ou secondaire et qui devient l'épithélium de la cavité digestive.

Suivant Œllacher (**123**) l'endoderme est formé de deux ou trois couches de cellules. Cette constitution de l'endoderme serait, d'après lui, un des caractères qui distinguent les Téléostéens, ou tout au moins la Truite, des autres Vertébrés, chez lesquels le feuillet interne est toujours réduit à une seule couche de cellules. Hoffmann (**89**) admet, au contraire, que l'endoderme ne comprend, chez les Salmonides, qu'une couche unique de cellules fusiformes et que cette couche ne s'étend pas aussi loin latéralement que les lames mésodermiques. Ziegler (**200**) dit que le feuillet interne consiste en une couche unicellulaire ou pluricellulaire qui s'étend sur toute la longueur de l'embryon. Goronowitsch (**57**) partage la même opinion.

La constitution de l'endoderme secondaire varie suivant le stade du développement embryonnaire auquel on le considère, et aussi suivant la région de l'embryon. Au moment de la séparation de la corde dorsale et des lames mésodermiques, l'endoderme secondaire est formé de trois ou quatre couches de cellules et s'étend sur toute la largeur de l'embryon. Le nombre de ces couches va en diminuant aux stades suivants, surtout sur la ligne médiane de l'embryon; il se produit en même temps une sorte de concentration vers la ligne médiane, qui fait que le feuillet interne ne tapisse plus inférieurement les extrémités distales des lames mésodermiques, qui reposent alors directement sur le parablaste. L'observation de Hoffmann est en cela parfaitement exacte. Le retrait de l'endoderme commence au début du stade F, et se fait d'avant en arrière, à partir du niveau des vésicules auditives; mais, à ce moment ce feuillet est encore formé d'au moins deux couches cellulaires de chaque côté de la carène nerveuse. (Planches, fig. 95, cs).

Les cellules de l'endoderme secondaire sont d'abord arrondies ou polyédriques par pression réciproque, comme les autres éléments embryonnaires. Lorsque se produit le retrait du feuillet, les cellules s'allongent dans le sens vertical, et se disposent en deux couches engrenées pour ainsi dire l'une dans l'autre. Ce changement de forme ne s'observe qu'au dessous de la région moyenne de chaque lame mésodermique, et dans la partie antérieure de l'embryon. Il résulte de cette disposition que, sur une coupe transversale, l'endoderme se montre formé, au milieu et à ses extrémités, d'une couche unicellulaire d'éléments légèrement aplatis, tandis que, de chaque côté de la carène embryonnaire, il présente un épaississement constitué par deux rangées de cellules allongées.

C'est au niveau de ces épaississements que se produisent, au stade G, les plis d'invagination de la partie antérieure du tube digestif, au niveau des futures fentes branchiales. La formation de cette portion du canal alimentaire a été bien suivie par Hoffmann et par Ziegler, qui ont établi qu'il se produisait en ce point un reploiement de l'endoderme, comme chez les autres Vertébrés, et non un bourgeonnement plein, pénétrant dans le mésoderme, ainsi que le croyait Œllacher. Je dois cependant relever une erreur d'observation commise par Hoffmann, erreur qui l'a conduit à assigner au cœur une origine endodermique.

Les deux replis de l'endoderme apparaissent à une petite distance de chaque bord libre de ce feuillet (Planches, fig. 100, ri). D'abord peu marqués et éloignés l'un de l'autre, ils s'accusent de plus en plus en se rapprochant du plan médian, longitudinal, de l'embryon. La portion libre de l'endoderme, située en dehors de chaque pli d'invagination, et formée d'une seule rangée de cellules aplaties, diminue progressivement (Planches, fig. 101, rf); quand l'invagination est terminée et que les bases des deux plis arrivent au contact sur la ligne médiane, de manière à former inférieurement la partie antérieure de l'intestin moyen, toutes les cellules endodermiques sont entrées dans la constitution des parois de l'intestin. Pour Hoffmann, il reste en dehors des plis d'invagination une rangée de cellules fusi-

formes, qui ne prennent pas part à la formation du tube digestif, et qui, lors de la fermeture de ce dernier, sont séparées de
l'endoderme par les splanchnopleures.

Malgré les recherches les plus attentives, sur des coupes
très minces d'embryons bien fixés, je n'ai pu trouver la disposition indiquée par Hoffmann. J'ai toujours vu les cellules endodermiques, en dehors des plis d'invagination, disparaître progressivement par suite de leur pénétration dans l'intérieur de
ces plis. Finalement, il ne reste plus à la surface du parablaste
que la couche profonde de la splanchnopleure. Il résulte de ce
fait que, à la fin du stade H, la paroi du sac vitellin est formée
dans la région antérieure de l'embryon, par l'ectoderme et le
mésoderme, et que l'endoderme est complètement séparé de
sa surface. Plus tard, l'endoderme se sépare aussi du parablaste, dans le reste de la longueur de l'embryon, de sorte que
la masse vitelline est toute entière située en dehors de l'intestin,
et comprise entre l'ectoderme, formant la paroi ventrale du
sac et les splanchnopleures qui forment sa paroi dorsal. La
situation extra-intestinale du sac vitellin avait été déjà constatée
par Balfour (9), chez les Salmonides. Les anciens auteurs, von
Baer (4) et Lereboullet (112), admettaient, au contraire, une
communication entre le sac vitellin et l'intestin; pour le premier, elle avait lieu immédiatement en arrière du foie, pour le
second, entre le foie et l'estomac. Hoffmann (89) reconnaît
aussi, avec Balfour, que le sac vitellin est sans communication
avec l'intestin, mais, d'après lui, sa paroi dorsale serait formée
par une couche endodermique. Ziegler (200) a reconnu, comme
moi, que cette couche appartient au mésoderme et non à l'endoderme.

Je ne reviendrai pas ici sur le développement des fentes
branchiales que j'ai donné en décrivant les coupes du stade H.
Mais je dois indiquer la manière dont se comporte l'endoderme
en avant de la région de ces fentes.

L'endoderme secondaire n'existe que là où l'endoderme primaire s'est dédoublé en mésoderme et en corde dorsale. Cet
endoderme primaire persiste en avant de l'extrémité de la
corde dorsale. Dans cette région il devient très difficile de
déterminer les limites du feuillet externe et du feuillet interne.
Au stade F, les deux feuillets sont confondus sur les côtés de

la tête, au niveau du vitellus, au-dessous des vésicules optiques. En arrière de ces vésicules, la fusion persiste, mais il existe de chaque côté du système nerveux une lame mésodermique, peu développée qui s'est détachée du feuillet inférieur ; il y a donc en ce point un endoderme secondaire, se continuant latéralement plus loin que le mésoderme et se mettant en contact direct avec l'ectoderme. Plus en arrière, les lames mésodermiques débordent l'endoderme, par suite de la concentration de ce dernier pour former les plis d'invagination. Le mouvement de retrait de l'endoderme ne se produit pas seulement des bords de l'embryon vers la ligne médiane ; il a lieu aussi d'avant en arrière. De plus, la partie céphalique de l'endoderme primaire qui n'a pas donné naissance à des lames mésodermiques, se transforme entièrement en tissu mésodermique. Dès lors, la partie antérieure de la tête, qui précède les vésicules auditives ne renferme plus que l'ectoderme et ses dérivés, et du tissu mésodermique provenant, soit de la transformation directe *in situ* de l'endoderme primaire, soit d'un dédoublement de cet endoderme en lames mésodermiques et en endoderme secondaire, qui s'est retiré s'invaginant de haut en bas et d'avant en arrière, pour constituer, en même temps que les plis d'invagination latéraux, le cul-de-sac antérieur de la cavité digestive, cul-de-sac pharyngien.

Le mode de formation de l'intestin par rapprochement de deux replis latéraux, se continue un peu en arrière de la région des fentes branchiales, mais dans le tronc il se modifie. La concentration de l'endoderme se fait encore vers la ligne médiane mais sous forme d'un épaississement plein ; les deux replis sont très rapprochés et se soudent : ils constituent une masse trapézoïde qui se creuse d'une cavité par écartement des cellules (Planches, fig. 105, *rt*). Dans la région postérieure de l'embryon, l'endoderme ne donne naissance qu'à un seul pli d'invagination, situé sur la ligne médiane et dont les faces internes s'accolent, laissant entre elles une fente virtuelle qui s'agrandira plus tard pour donner la lumière du canal intestinal (Planches, fig 106, *rt*). Les cellules endodermiques, qui n'entrent pas dans la formation du pli, se concentrent plus tard sur la ligne médiane, et forment un pédicule, plein, compris entre les deux splanchnopleures. Ce pédicule, qui rattache l'in-

que von Kowalewski regarde comme l'endoderme aux dépens
duquel se développerait la corde dorsale.

En somme la manière de voir de von Kowalewski se rapproche de celle de Cunningham. Tous deux comparent l'extrémité postérieure de l'embryon des Téléostéens à celle de l'embryon des Plagiostomes; seulement, pour le premier auteur, le
plancher de la vésicule est formé par des cellules dérivant du
parablaste, pour le second, il est constitué par le parablaste
lui-même.

Ziegler (201) se demande pourquoi Kowalewski ne considère
comme gastrula que la vésicule de Kupffer, dont l'épithélium
ne représente qu'une petite partie de tout l'endoderme. Il
croit que l'endoderme des Téléostéens est l'homologue de celui
des Amphibiens et que la vésicule de Kupffer ne représente
qu'une minime partie de la cavité gastruléenne; la gastrula
est en grande partie dépourvue de cavité; sa paroi inférieure
est formée par le parablaste et non par des cellules différenciées. Ziegler se range par conséquent à l'opinion de Cunningham.

Lorsque, en 1880, je signalai l'existence de la vésicule de
Kupffer chez la Truite (69), me fondant sur l'existence d'une ouverture située à la partie postérieure et dorsale que j'avais
observée au-dessus de la vésicule, chez la Perche, je considérais cette formation comme l'homologue de l'intestin primitif
des Cyclostomes et des Amphibiens. Depuis cette époque j'ai
pu suivre le développement et l'évolution ultérieure de la vésicule et modifier ma manière de voir.

Chez la Truite, la vésicule de Kupffer n'apparaît qu'au
stade E, par conséquent, après la formation de la corde dorsale,
des lames mésodermiques et la différenciation de l'endoderme
secondaire. Un certain nombre de cellules de ce feuillet, situées
en avant du bourgeon caudal, grossissent, s'allongent dans le
sens vertical, et se multiplient par cytodiérèse; il en résulte
une petite masse cellulaire qui fait saillie au milieu des cellules ectodermiques ou indifférentes, qui sont en arrière de l'extrémité postérieure de la corde dorsale. Cette masse cellulaire
se creuse d'une cavité, et donne naissance à une vésicule dont
le plancher reposant sur le parablaste est formé par une couche
unique de cellules aplaties, et dont le toit convexe est cons-

titué par une rangée de cellules cylindriques (Planches,
fig. 108, *k*).

La cavité de la vésicule s'augmente; l'organe ainsi développé
refoule en haut l'extrémité de la corde dorsale, et est directement en contact avec la partie inférieure de la carène nerveuse
dans sa partie postérieure. Primitivement de forme ovoïde,
la vésicule s'allonge en avant aux stades suivants et devient
piriforme; sa paroi supérieure, dans sa portion postérieure, est
alors mal délimitée du tissu de la corde dorsale qui, à ce
niveau, est très développée et n'est pas différenciée de l'endoderme. Plus antérieurement, la cavité de la vésicule devient
très petite et se continue dans l'épaississement endodermique,
aux dépens duquel se développe l'épithélium intestinal (Planches, fig. 109, *k*).

La vésicule de Kupffer n'est donc que la première apparition
de la cavité du tube digestif, avec laquelle elle se confond plus
tard ; mais cette portion du tube digestif est très importante à
cause des rapports qu'elle affecte avec le système nerveux et
la corde dorsale, rapports que j'ai déjà indiqués et qui montrent que cette région correspond à la région du canal neurentérique des autres Vertébrés.

Chez la Truite, je n'ai jamais observé de communication
entre la vésicule et l'extérieur, soit par un canal en avant du
bourgeon caudal, comme l'admet Kupffer, soit par une ligne et
une cordon cellulaire, comme le dit Kowalewski: je ne puis
admettre, en effet, que les quelques cellules aplaties, qui se
trouvent à la face interne de la lame enveloppante, puissent
être regardées comme représentant le canal d'invagination de
la vésicule.

Chez la Perche, dont l'embryon se forme tardivement, lorsque
le blastoderme a presque totalement recouvert le vitellus, la
vésicule de Kupffer n'apparaît qu'après la fermeture du blastoderme, lorsque tout le bourrelet blastodermique, qui entoure
le trou vitellin, s'est soudé au bourgeon caudal. Sur l'embryon
vivant, j'ai vu à sa partie postérieure, un peu en arrière et
au-dessus de la vésicule, un orifice à bord plissés, que j'ai considéré, en 1880, comme étant l'ouverture d'invagination de la
vésicule ; mais je n'ai pu m'assurer de la continuité de l'orifice
avec la visicule. Ayant retrouvé une disposition analogue chez

la Truite, j'ai constaté que l'orifice, qui, ici, est très éloigné de
la vésicule, n'est que le dernier vestige du trou vitellin après
la fermeture du blastoderme ; il est donc très probable qu'il en
est de même pour la Perche, et que l'orifice de la région postérieure n'a aucune relation avec la vésicule de Kupffer.

De ce que je n'ai pas observé de communication entre la vésicule et l'extérieur dans les espèces que j'ai examinées, Truite
Epinoche, Perche, *Lepadogaster*, je ne me crois pas autorisé à
conclure que cette communication ne puisse exister chez d'autres Poissons, entre autres chez le Brochet et l'Eperlan, où
Kupffer dit l'avoir vue. En admettant comme exactes les observations de cet auteur, la présence d'un canal à la partie postérieure de l'embryon me semble une raison majeure pour
admettre l'homologie de cette région avec celle du canal neurentérique, puisque, dans ce cas le canal met en rapport l'intestin primordial avec le sillon médullaire superficiel.

L'opinion des auteurs que, tels que Kingsley et Conn, Agassiz et Whitman, Cunningham, Ziegler, qui admettent, que la
vésicule de Kupffer est formée par une dépression comprise
entre la partie postérieure de l'embryon et le parablaste, et
en tirent par conséquent des conclusions théoriques, est inadmissible parce qu'elle repose très probablement sur une
erreur d'observation. La vésicule est, en effet, fermée inférieurement par une couche de cellules ; elle est entièrement
comprise dans l'épaisseur de l'endoderme. Mais ce qui a pu
induire ces observateurs en erreur, c'est que très souvent il
existe au-dessous du plancher de la vésicule, ou dans son
voisinage, généralement un peu en arrière, une dépression
hémisphérique à la surface du vitellus, dans l'épaisseur du
parablaste. Cette cavité renferme presque toujours des éléments particuliers que je décrirai à propos de l'évolution du
parablaste ; ce fait explique la description donnée par les auteurs qui disent avoir vu la vésicule remplie d'éléments cellulaires en voie de destruction.

La première interprétation de la vésicule donnée par Kupffer,
qui la considère comme une allantoïde radimentaire, peut être
encore défendue en ne considérant, ainsi que je fais, cet organe
que comme la première apparition de la cavité du tube digestif,
en relation avec le canal neurentérique. L'allantoïde des Verté-

brés supérieurs n'est en effet, d'après les travaux de Dobrynin
(**36**), Gasser (**52** *bis*), Mathias Duval (**41**), qu'un diverticulum
de l'intestin, apparaissant de très bonne heure, en avant du
canal neurentérique. Si, chez ces animaux, l'allantoïde est, au
début, entourée de mésoderme, cela tient à ce qu'elle ne se forme
que lorsque la partie postérieure de l'embryon commence à se
soulever au-dessus du blastoderme pour donner naissance au
capuchon caudal de l'amnios. Chez les Poissons osseux, l'amnios ne se développe pas, le rudiment de l'allantoïde apparaît
plus tôt que chez les Amniotes et n'est constitué que par l'endoderme non encore entouré de mésoderme. Je crois donc que
la manière de voir de Kupffer peut être acceptée, et qu'on peut
regarder la cavité primordiale de l'intestin, située en avant,
du bourgeon caudal, comme représentant une allantoïde rudimentaire.

Je discuterai plus loin, à propos de la ligne primitive, l'opinion qui consiste à voir dans le vésicule de Kupffer une gastrula par invagination.

Tige subnotochordale. — L'endoderme secondaire donne
naissance, en outre des productions que nous venons d'examiner, à un organe encore problématique, la tige subnotochordale ou sous-notochordale. Cet organe, découvert par Gœtte (**59**)
chez les Amphibiens, a été retrouvé par Balfour (**8**), chez les Plagiostomes et le Lépidostée, par Salensky (**163**), chez l'Esturgeon,
et par Balfour (**9**) chez les Poissons osseux. Balfour en a bien
suivi le développement et a vu qu'il provenait de l'endoderme.

Chez les Plagiostomes, la tige subnotochordale apparaît sous
forme d'un bourgeon de la paroi dorsale du tube digestif.
Dans l'intérieur de ce bourgeon pénètre un diverticulum de la
cavité intestinale. Cette saillie s'isole de l'intestin comme
un cordon, et la séparation se fait d'avant en arrière, inversement par conséquent de la séparation de la corde dorsale.
Dans la partie postérieure de l'embryon, la tige se différencie
de la paroi de l'intestin sous forme d'un cordon cellulaire plein.
L'organe se développe dans le tronc, puis dans la tête; il est
situé immédiatement au-dessous de la corde dorsale, et s'étend
en avant jusqu'aux vésicules auditives un peu en arrière de
l'extrémité de la corde.

La tige subnotochordale s'atrophie de bonne heure et disparaît d'avant en arrière.

Chez les Poissons osseux, cet organe ne paraît pas avoir attiré l'attention des embryogénistes. Œllacher l'a cependant figuré assez exactement sur ses coupes, mais il considère le petit groupe de cellules placé entre l'endoderme et la corde dorsale comme la première ébauche de l'aorte. Ziegler (102), dans un travail récent sur l'origine du sang chez chez les Téléostéens, a aussi représenté la tige subnotochordale sur plusieurs de ses figures et l'a indiquée dans la légende de ses planches, mais sans en parler dans le texte. Hoffmann (89) et Goronowitsch (57) n'y font aucune allusion.

D'après mes observations, la tige subnotochordale se développe. chez la Truite, de la même manière que chez les Plagiostomes. Elle apparaît, au stade H, dans la portion moyenne de l'embryon sous forme d'une petite masse de trois ou quatre cellules, qui se détache de la partie supérieure du repli endodermique donnant naissance à l'intestin (Planches, fig. 105. t); elle se différencie d'avant en arrière, mais elle est constituée par un cordon plein, ne communiquant jamais avec la cavité virtuelle de l'intestin. Elle ne se développe dans la région céphalique qu'aux stades ultérieurs à la fermeture du blastoderme.

Cet organe rudimentaire, entrevu chez le Poulet par Balfour et Marshall, existe très probablement chez tous les Vertébrés, à une période relativement tardive du développement. Doit-on le considérer comme un organe ancestral, et comme représentant, suivant Eisig (45) le tube qui existe au-dessous de la cavité digestive, chez les Capitellides? Je crois qu'il est impossible de se prononcer sur sa signification dans l'état actuel de nos connaissances.

IX. — LE MÉSODERME ET SES DÉRIVÉS.

C'est aux dépens du mésoderme, dont nous avons vu l'origine au chapitre précédent, que se forment les protovertèbres, la cavité du corps, le système urogénital, et le système circulatoire. cœur, vaisseaux et sang.

La lame mésodermique est primitivement une masse pleine comprise entre l'ectoderme et l'endoderme : elle conserve cette structure à la partie postérieure de l'embryon, jusqu'à la fermeture du blastoderme et quelque temps après, dans la région où il n'existe pas encore de protovertèbres. Elle change, au contraire, d'aspect dans la région médiane dès que les somites apparaissent.

Protovertèbres. — Les premières protovertèbres commencent à se différencier à la fin du stade E. La partie proximale de la lame mésodermique s'épaissit, tandis que la partie distale devient plus mince ; la partie supérieure de la portion renflée forme une saillie arrondie à la base de laquelle est attachée la partie amincie, au point de jonction de ces deux moitiés inégales de la lame apparaît, sur une coupe transversale, une ligne claire, dirigée de haut en bas et à convexité externe, qui sépare la masse protovertébrale de la masse latérale. En même temps, une autre ligne claire se forme dans l'épaisseur de la lame latérale et la sépare en deux couches à peu près d'égale épaisseur, la somatopleure et la splanchnopleure. La ligne qui se transforme en fente, par l'écartement des deux couches cellulaires, est la première ébauche de la cavité du corps ou cœlome ; elle ne s'étend pas dans toute la largeur de la lame latérale, de sorte que la somatopleure et la splanchnopleure restent unies à leurs deux extrémités. La masse protovertébrale est une masse pleine, formée d'un grand nombre de cellules, dont les périphériques se disposent en une couche régulière (Planches, fig. 112, *pt*).

La division métamérique de la lame mésodermique est déjà visible sur des embryons examinés par transparence, ou sur des coupes longitudinales, alors qu'elle ne l'est pas encore sur des coupes transversales. Cela tient à ce que chaque masse protovertébrale s'isole d'abord de la masse qui la précède, et de celle qui la suit avant de se séparer de la lame latérale, à laquelle elle reste attachée quelque temps. C'est ce qui se voit très bien sur la fig. 56 (Planches), où les masses protovertébrales sont représentées par des rectangles, limités antérieurement, postérieurement et du côté de l'axe nerveux par une rangée régulière de cellules, tandis que du côté externe, il n'existe pas encore de limite nette.

Lorsque la masse protovertébrale s'est détachée de la masse

latérale, elle apparaît sur des coupes horizontales ou longitudinales sous forme d'un rectangle nettement circonscrit à
grand axe dirigé de dedans en dehors dans le premier cas,
vertical dans le second (Planches, fig. 111, *pt*); sur des coupes
transversales la masse présente un aspect variable suivant les
régions ; elle a en général la forme d'un trapèze à angles
arrondis, dont le côté supérieur est plus grand que le côté
inférieur.

La protovertèbre occupe au début toute la hauteur de l'embryon ; elle s'étend de l'ectoderme à l'endoderme. Mais bientôt
les cellules de la partie proximale de la lame latérale prolifèrent et donnent naissance à une masse cellulaire, la lame
intermédiaire d'Œllacher, qui est située entre la face inférieure et externe de la protovertèbre et la face interne de la
lame latérale. Cette masse intermédiaire, s'insinue entre la
protovertèbre et l'endoderme et arrive au contact de la corde
dorsale. Elle se sépare alors de la lame latérale et constitue
une masse distincte, ovalaire, trapézoïdale ou losangique, sur
les coupes transversales, suivant la région où on la considère.
En dehors de cette masse, nettement circonscrite, se trouvent
des cellules irrégulièrement disposées, qui proviennent de la
lame latérale et pénètrent dans les interstices compris entre
la protovertèbre, l'axe nerveux, la corde dorsale, l'endoderme
et la masse intermédiaire; ces cellules qui ne tardent pas à
pousser des prolongements et à devenir étoilées, sont l'origine du tissu conjonctif, le mésenchyme. La masse intermédiaire, dont les cellules conservent le caractère embryonnaire
et restent arrondies, est la partie qui donnera plus tard naissance aux vaisseaux, aorte et veines, ainsi que l'ont bien établi
Wenckebach (**196-197**) et Ziegler (**201**).

Dans la région antérieure de l'embryon, où il ne se forme pas de
protovertèbres, la lame mésodermique est, au stade G, étranglée
entre l'ectoderme et le pli d'invagination de l'endoderme ; sa
partie interne comprise entre le pli endodermique, l'axe nerveux
et la corde dorsale, devient une lame céphalique, dont les cellules,
dans sa portion supérieure, se disposent en une masse compacte constituant une sorte de fausse protovertèbre, qui donnera plus tard naissance à des faisceaux musculaires, tandis que
dans sa portion inférieure, les cellules deviennent étoilées et

forment du mésenchyme. La partie située en dehors du pli endodermique, se creuse d'une cavité beaucoup plus développée que celle qui existe dans la région du tronc. Cette cavité en continuité avec le cœlome est la cavité péricardique, elle existe jusqu'au niveau de l'extrémité antérieure de l'intestin et provient de la lame latérale; antérieurement elle se prolonge jusque dans le voisinage de la vésicule oculaire, mais elle a une autre origine : elle résulte d'un écartement des cellules de la partie inférieure du mésoderme, qui provient de la transformation de l'endoderme primaire.

Les deux feuillets de la cavité péricardique, la somatopleure et la splanchnopleure n'ont pas la même épaisseur dans toute leur étendue: dans leur partie externe, ils sont formés de cellules aplaties, disposées en une seule couche ; tandis que leur partie proximale en contact avec l'endoderme est épaisse et comprend plusieurs couches de cellules. Cette région à une grande importance, c'est d'elle en effet que proviennent les cellules aux dépens desquelles se formera le cœur. (Planches, fig. 101 et 114.)

Au stade II, la région cardiaque de l'embryon commence à se soulever au-dessus des vitellus, la cavité péricardique devient très grande, sa somatopleure est appliquée contre l'ectoderme, la splanchnopleure repose en partie sur le parablaste par suite de la soudure des replis endodermiques sur la ligne médiane.

Quelle que soit la région de l'embryon où on la considère, la cavité du cœlome est toujours close, la splanchnopleure et la somatopleure restant confondues à leur partie distale.

Les deux cavités du cœlome, situées de chaque côté du corps sont primitivement indépendantes, elles finissent par communiquer entre elles, lorsque l'intestin complètement développé se sépare du vitellus. La communication s'établit d'abord dans la région céphalique en avant du cœur.

Le mode de développement que je viens d'indiquer pour les protovertèbres et pour le cœlome avait été très exactement suivi par Œllacher (123), et ma description est à peu près conforme à la sienne, sauf quelques points de détails peu importants. Ziegler (200) donne également pour ces organes un processus de formation à peu près identique. Bien diffé-

rente, au contraire, est la manière de voir de C. K. Hoffmann.

D'après Hoffmann (89) le mode de formation des protovertèbres serait le même que chez les Plagiostomes. La lame
mésodermique se diviserait en deux couches, somatopleure et
splanchnopleure dans toute sa largeur. La portion proximale
épaissie se différencierait en une protovertèbre dont la cavité
se continuerait avec celle qui sépare les deux couches mésodermiques ; plus tard toute communication cesserait d'exister
entre le cœlome et la protovertèbre : celle-ci se présenterait
alors sous forme d'une vésicule arrondie dont les parois ne
seraient constituées que par une seule rangée de cellules allongées, disposées en rayonnant autour d'une cavité centrale. De
plus, Hoffmann dit ne pas comprendre ce qu'Œllacher entend
par masse intermédiaire. Les figures qu'il donne des divers
stades du développement des protovertèbres diffèrent tellement de celles qui ont été représentées par les autres auteurs,
qu'il est difficile de concevoir de quelle manière cet embryolo-
giste a été amené à interpréter ainsi ses coupes : d'autant plus
que ses recherches ont porté sur la même espèce étudiée par
Œllacher et par moi, sur la Truite.

Jamais je n'ai vu la cavité du cœlome arriver jusqu'à la protovertèbre, ni celle-ci creusée d'une cavité dans les premiers
temps de sa formation. Je l'ai toujours trouvée au début constituée par une masse pleine, comprenant sur une coupe plusieurs couches de cellules. Plus tard, à un stade déjà avancé,
apparaît dans le centre de la protovertèbre, une cavité ou
plutôt une fente presque virtuelle par écartement des cellules.
Sur des embryons durcis par l'acide chromique, on voit souvent
le centre de la protovertèbre occupé par des cellules en voie de
destruction, ce qui pourrait faire croire à l'existence d'une grande
cavité, mais c'est là un effet du réactif que j'ai signalé à plusieurs reprises.

Quant à la masse intermédiaire, elle n'existe pas encore au
moment de la différenciation des protovertèbres, mais, au
stade II et surtout plus tard, elle est tellement développée qu'il
est vraiment surprenant que Hoffmann ne l'ait pas observée :
il a suivi, en effet, le développement du foie qui n'apparaît
qu'après la fermeture du blastoderme, à une époque, où par
conséquent, la masse intermédiaire a une grande importance.

Canal de Wolff. — Depuis les recherches de Rosenberg
(149) tous les auteurs, sont d'accord pour faire provenir le
canal de Wolff, chez les Téléostéens, de la lame latérale du
mésoderme, et en particulier de la somatopleure. Je rappellerai seulement ici que les deux canaux de Wolff apparaissent
seulement au stade 11, dans la région moyenne de l'embryon ;
chacun d'eux se présente sous forme d'un repli externe de la
partie proximale de la somatopleure à son point d'union , avec
le splanchnopleure. (Planches, fig. 106, *w*). Plus tard, le pli
s'isole et se transforme en canal qui vient se placer sous la
masse intermédiaire. La différenciation du canal de Wolff
marche d'avant en arrière, et le canal reste en communication
avec le cœlome à son extrémité antérieure ; j'ajouterai que l'origine mésodermique du canal de Wolff est un point indiscutable
chez les Téléostéens, ce qui est absolument contraire à l'opinion
soutenue récemment par Rabl (130) Flemming (49) Van
Wijhe (199) Beard (15) qui font provenir le canal chez les
Mammifères et les Plagiostomes, d'une invagination ectodermique.

Ziegler (201) a vu, à un stade précoce du développement,
chez la Truite, de grosses cellules contenues dans l'épaisseur de
la lame pariétale, en face des canaux de Wolff ; il les considère
comme des ovules primordiaux de l'épithélium germinatif. J'ai
observé aussi plusieurs fois ces éléments sur de jeunes embryons, même dès le stade G, mais ils n'occupaient pas une
position constante. J'en ai retrouvé de semblables dans d'autres
régions du corps, dans l'endoderme par exemple, mais le plus
souvent dans le mésoderme. Il m'est difficile de me prononcer
sur la valeur morphologique de ces cellules, n'ayant pu les suivre
jusqu'à la formation des plis germinatifs qui n'apparaissent
qu'au moment de l'éclosion. Je croirais plutôt que ce ne sont
que des cellules hypertrophiées qui vont entrer en cytodiérèse

Cœur. — Les anciens embryogénistes, entre autres Vogt et
Lereboullet, ont bien décrit les premières phases du développement du cœur, visibles extérieurement, mais leurs observations ne nous renseignent pas sur l'origine de cet organe.
C'est seulement sur des coupes qu'on peut saisir la première
ébauche du cœur et déterminer aux dépens de quel feuillet il

se forme, et Ziegler a raison de ne pas accorder une grande
autorité aux auteurs qui se sont contentés d'étudier l'embryon
vivant, par transparence.

Œllacher (**123**), qui a le premier suivi l'origine du cœur sur
des coupes, a bien vu du premier coup de quelle manière se développe cet organe chez les Téléostéens. Ziegler (**200**) n'a pu
que confirmer et préciser sa description, et le résultat de mes
observations est absolument semblable à celui de ces deux auteurs. Seul Hoffmann est arrivé à des conclusions différentes et
en désaccord avec nos données actuelles sur le développement
du cœur chez les autres Vertébrés.

Œllacher et Ziegler font provenir l'endothélium cardiaque de
la partie interne des lames latérales mésodermiques, lorsque
ses lames vont se rejoindre sur la ligne médiane, au-dessous
de l'intestin. Pour Hoffmann (**89**), au contraire, cet endothélium
dériverait d'une couche de cellules endodermiques, qui persiste
à la surface du parablaste, après la fermeture de l'intestin antérieur, du pharynx. J'ai déjà discuté cette manière de voir de
Hoffmann, et montré que cette prétendue couche endodermique n'existe pas, et que les cellules qui donnent naissance à
l'endothélium du cœur se détachent de la splanchnopleure ou
de son point d'union avec la somatopleure; l'opinion de cet
auteur me paraît donc inadmissible.

Ziegler fait remonter la première apparition des rudiments
cardiaques au stade G. A ce stade, en effet, dans la région pharyngienne, la partie proximale des lames latérales est épaissie,
et s'avance vers la partie médiane, entre le pli d'invagination
de l'endoderme et le parablaste. C'est bien, en effet, cette portion du mésoderme qui formera l'endothélium, mais le cœur
ne commence réellement à apparaître qu'au stade H, quand les
lames mésodermiques sont peu éloignées l'une de l'autre.

Suivant Œllacher et Ziegler, la cavité cardiaque est dès le
début unique et située sur la ligne médiane de l'embryon.
D'après mes observations, le cœur a une double origine; il se
produit un tube endothélial à la partie interne de chaque
splanchnopleure, et ces tubes se fusionnent ensuite sur la ligne
médiane. Ce mode de développement du cœur est le même que
celui qui s'observe chez les Oiseaux et les Mammifères. Kupffer
(**104**) et Balfour (**9**) avaient signalé la dualité du cœur chez les

Téléostéens; mais ce dernier auteur ajoute qu'il se développe avant la fermeture du pharynx. Ce dernier point n'est pas exact; le pharynx est déjà fermé quand apparaissent les deux tubes cardiaques, aussi leur durée est-elle très courte.

Les parois du cœur proviennent de cellules qui se détachent des lames latérales et pénètrent au-dessus et au-dessous de l'endothélium, pour se disposer ensuite en couche continue. Les transformations ultérieures de l'organe, n'ayant lieu qu'après la fermeture du blastoderme, je ne m'en occuperai pas ici. Je ferai seulement remarquer en terminant que le cœur et les gros vaisseaux avec lesquels il est plus tard en rapport, ont la même origine; ceux-ci se forment aux dépens des masses intermédiaires, le cœur provient de la partie proximale des lames latérales, c'est-à-dire de la partie d'où dérivent les masses intermédiaires. Cette communauté d'origine démontre, comme le prouve également l'anatomie comparée, que le cœur n'est qu'une partie dilatée du système vasculaire.

X. — Le Parablaste et le sang

En étudiant la segmentation de l'œuf, j'ai fait connaître l'origine de la couche protoplasmique sous-jacente au germe, du parablaste, ainsi que les phénomènes dont cette couche est le siège; j'ai exposé les différentes opinions émises par les auteurs sur le rôle du parablaste pendant la formation des feuillets embryonnaires, et je suis arrivé à cette conclusion, que cette couche ne prend aucune part à la constitution de l'endoderme. Il me reste à dire ce que devient le parablaste durant le développement de l'embryon.

La couche parablastique, qui existe au-dessous du germe et tout autour de lui à une certaine distance, s'étend à la surface du vitellus en même temps que le germe. A mesure que sa surface augmente, les noyaux qu'elle renferme se multiplient, mais toujours par division directe. Son épaisseur est très variable; mince dans toute l'étendue de la cavité germinative, le parablaste s'épaissit au niveau de l'embryon et du bourrelet blastodermique. Ses maxima d'épaisseur s'observent généralement au-dessous des régions où le développement est le plus actif. Ses noyaux y sont disposés tout à fait irrégulièrement, tantôt isolés, tantôt réunis par petits groupes de deux, trois ou quatre;

ils sont presque tous à une petite distance de la surface ; on en voit peu dans la profondeur du parablaste. Au moment de la fermeture du blastoderme, le parablaste entoure complètement le globe vitellin : son aspect général n'a pas changé, et il ne subit du reste pas de modifications aux stades ultérieurs du développement.

Outre le rôle que certains embryogénistes font jouer au parablaste dans la constitution de l'endoderme, rôle sur lequel je n'ai pas à revenir ici, plusieurs auteurs font dériver de cette couche protoplasmique les globules sanguins, c'est pour cette raison que j'ai réservé l'origine de ces éléments pour le présent chapitre.

Baumgærtner (13) en 1830, décrivit les globules sanguins de la Truite comme dérivant d'éléments vitellins modifiés. Von Baer (4) donna une description peu claire de l'origine du sang, chez les Cyprins, et le fit provenir d'un blastème embryonnaire. Max. Schultze (169) dit avoir vu chez les Cyprins et la Perche, des sphères vitellines se transformer en noyaux, qui plus tard s'entourent d'une membrane et constituent des globules sanguins. Telle est aussi l'opinion de de Filippi (46). Pour Vogt (191) il n'existe pas de foyer particulier pour la formation de cellules du sang, toute cellule de l'embryon peut se transformer en globule sanguin. Mais, quand les organes sont différenciés, il se forme à la surface du vitellus une couche hématogène : cette couche « adhère fortement à la couche épidermoïdale et se compose de grandes cellules transparentes, très serrées, qui renferment pour la plupart un noyau distinct. » Elle ne provient pas du vitellus, et Vogt n'indique pas son origine. Aubert (3), pour le Brochet, admet la manière de voir de Vogt. Lereboullet (111-112) fait venir les globules sanguins de cellules préformatives.

Kupffer (104) a étudié la formation du sang dans le sac vitellin des embryons de *Gasterosteus* et de *Spinachia ;* il a vu à la surface du vitellus de petits corpuscules réfringents, semblables à des noyaux, situés au dessous du mésoderme, et qu'il dit se transformer en globules sanguins et en cellules pigmentaires. Gensch (54) fait provenir les éléments du sang du parablaste qu'il désigne, avec Kupffer, sous le nom d'endoderme secondaire ; ses recherches ont porté sur le sac vitellin du Brochet et du

Zoarces viviparus. La région dans laquelle apparaissent les premiers globules sanguins n'est recouverte que par l'ectoderme ;
dans le parablaste sous-jacent se forment de grosses cellules
amiboïdes avec un ou plusieurs noyaux ; ces cellules se colorent
fortement par les réactifs, tandis que la masse granuleuse
environnante se colore peu. De ces gros hématoblastes se
détachent de petites cellules qui restent pendant quelque temps
attachées par un pédicule. Les globules primaires ainsi formés
sortent de la couche protoplasmique, dans laquelle ils ont pris
naissance, et viennent se loger dans l'espace compris entre
l'ectoderme et le parablaste. Ils ne renferment dans leur intérieur qu'un ou plusieurs corpuscules colorables, mais pas de
noyaux nets ; les globules primaires se divisent et se groupent
en îlots de globules sanguins définitifs, pourvus de noyaux
permanents.

Hoffmann (89) n'hésite pas à dire que les noyaux du parablaste ne prennent aucune part à la formation des globules
sanguins, qui dérivent, pour lui, de l'endothélium du cœur. Il
fait remarquer que les noyaux parablastiques sont surtout
nombreux au dessous du bourgeon caudal, là où, dans les
premiers stades du développement, se fait une grande production de cellules. Quand le cœur est formé, bat et renferme
des globules sanguins, on n'observe aucun changement dans le
nombre et la grosseur des noyaux du parablaste, et on ne les
voit jamais se transformer en globules sanguins. Pour Hoffmann,
le parablaste joue le rôle d'une sorte de sang provisoire ; il
assimile les principes nutritifs du vitellus et les transforme en
une nourriture assimilable pour les cellules du germe et plus
tard de l'embryon. Si l'on place, en effet, des œufs dans des
conditions défavorables pour leur développement, dans l'eau
stagnante par exemple, ils deviennent malades ; on voit alors
les noyaux du parablaste être les premiers atteints, subir une
dégénérescence graisseuse ; l'embryon ne peut plus alors se
nourrir et ne tarde pas à mourir.

Wenckebach (197) et Ziegler (201) considèrent aussi le parablaste comme un organe provisoire servant à la nutrition de
l'embryon. De même que Hoffmann ils n'ont jamais vu de globules sanguins se former dans cette couche. Ceux-ci proviennent
des cellules mésodermiques qui remplissent primitivement les

vaisseaux, veines et aorte, lorsqu'ils se différencient aux dépens
de la masse intermédiaire. Quant aux vaisseaux et aux globules
sanguins des parois du sac vitellin, ils proviennent de cellules
migratrices du mésoderme, qui vont tapisser des gouttières
creusées à la surface du vitellus. Ces gouttières, d'abord recouvertes seulement par l'ectoderme, se transforment en vaisseaux
clos, par l'arrangement en couche continue des cellules migratrices (Wenckebach).

L'existence de ces cellules migratrices est facile à observer
sur l'œuf vivant de l'Épinoche; j'ai pu les voir se détacher du
bord de l'embryon et s'avancer à la surface du vitellus. Un
certain nombre de ces cellules se chargent de granulations
noires, et deviennent des cellules pigmentaires, les autres
s'allongent, acquièrent des prolongements filiformes et prennent l'aspect des cellules vaso-formatives que le professeur
Ranvier a étudiées dans l'épiploon du Lapin. Je n'ai pas suivi,
d'une façon assez continue l'évolution de ces cellules, pour
dire de quelle manière elles s'agencent entre elles pour former
des vaisseaux. Cette étude est, du reste, en dehors du cadre de
mon sujet. Je ne me suis occupé que de l'origine des premiers globules sanguins intra-embryonnaires, de ceux qui, au
stade H, existent déjà dans la cavité du cœur, et je n'ai pu, à
ce point de vue, que confirmer les observations de mes prédécesseurs, à savoir que ces éléments sont des cellules détachées
de l'endothélium.

Je me suis surtout attaché à rechercher le sort des noyaux
du parablaste, et à vérifier les recherches de Gensch. Il n'est
pas tout à fait exact de dire, avec Hoffmann, que les noyaux
du parablaste ne subissent aucun changement durant le développement de l'embryon; cette assertion est vraie pour la
majorité d'entre eux, mais un certain nombre de ces noyaux
sont le siège de transformations intéressantes, observées par
Gensch, et mal interprétées par cet auteur.

Von Kowalewski (131), Wenckebach (197) et Ziegler (201)
ont signalé la dégénérescence des noyaux du parablaste. Ce
dernier auteur représente sur la figure 9 de la planche XXXVI,
la fragmentation de ces noyaux; de mon côté j'ai pu suivre
les transformations des éléments parablastiques et leurs destinées ultérieures.

Dès que les noyaux du parablaste ont cessé de se multiplier par division indirecte, ce qui a lieu de bonne heure, avant la fin la segmentation, ceux qui ne sont pas devenus le centre de formation de cellules venant s'ajouter au germe, prennent un aspect caractéristique qui a frappé tous les observateurs. Ils deviennent volumineux, à contours irréguliers, presque toujours allongés parallèlement à la surface du parablaste; leur grand diamètre mesure de 0^{mm},02 à 0^{mm},03. Leur intérieur renferme un réseau à larges mailles, se colorant fortement par le carmin, l'hématoxyline et les couleurs d'aniline; on y voit aussi souvent un ou plusieurs corpuscules également très colorés, situés sur le trajet du réseau, et qui peuvent être regardés comme des nucléoles.

Pendant le développement de l'embryon, à peu près à partir du stade F, parmi les nombreux noyaux accumulés sous l'embryon, principalement sous le bourgeon caudal et sous la tête, on en voit un certain nombre dont le réseau chromatique devient moins net, se résorbe par place, et cesse de se colorer d'une manière aussi intense sous l'influence des réactifs. Ces noyaux ne tardent pas à se fragmenter, tantôt assez régulièrement par bipartition, tantôt au contraire, par une sorte de gemmation; chaque petit fragment, qui a à peu près le volume d'une cellule embryonnaire, est globuleux; il est entouré par une membrane mince, et renferme un protoplasma granuleux, creusé d'une ou deux grandes vacuoles; il possède aussi un, deux, rarement trois grains réfringents de chromatine, prenant une teinte foncée avec le carmin ou l'hématoxyline, tandis que le reste du globule est tout à fait incolore. Ces globules ressemblent beaucoup aux cellules dégénérées que Flemming (48) a décrites dans la granulosa des follicules de Graaf en voie de régression. (Planches, fig. 116, *gp.*)

Les globules parablastiques, après s'être séparés des noyaux qui leur ont donné naissance, se rapprochent de la surface du parablaste, et finissent par en être expulsés. Je n'ai pu suivre, sur le vivant la formation et les migrations des globules, aussi je ne puis dire si ces éléments sont doués de mouvements; mais il me paraît difficile d'admettre qu'ils ne se déplacent pas comme les cellules migratrices. On retrouve, en effet, ces globules dans les feuillets embryonnaires, et quelquefois très loin

de leur lieu d'origine. On les reconnaît facilement au milieu
des cellules, grâce à leurs grains de chromatine. Si l'on examine une coupe, en la noyant dans la lumière, à l'aide de l'é-
clairage d'Abbe, comme cela se fait pour la recherche des microbes, on voit les figures cytodiérétiques et les grains colorés
des globules parablastiques trancher par leur vive coloration
sur le fond de la préparation.

Souvent, au-dessus de la région où se sont formés des globules parablastiques, il se produit une dépression à la surface
du parablaste, au-dessous de la face inférieure de l'embryon ;
les globules s'accumulent alors, quelquefois en grand nombre,
dans ces cavités. Celles-ci paraissent se former de préférence
en certains points déterminés de l'embryon. C'est ainsi qu'on
trouve souvent une grande dépression dans le voisinage de la
vésicule de Kupffer (Planches, fig. 109, *gp*) ; et j'ai indiqué
que c'est probablement cette cavité qui a fait croire à Cunningham que la vésicule était comprise entre l'embryon et le
parablaste. On en observe fréquemment une autre au-dessous
de l'ébauche cardiaque. Ziegler a signalé dans cette région la
présence de fragments de noyaux du parablaste, et leur ressemblance avec les cellules migratrices qui donnent naissance
au cœur et aux globules sanguins ; il fait justement remarquer
qu'il est très difficile de distinguer ces deux sortes d'éléments.
Les cellules migratrices mésodermiques se reconnaissent cependant à leur noyau bien conformé, tandis que les globules parablastiques n'ont que des corpuscules réfringents. C'est évidemment la similitude de ces deux sortes d'éléments qui a induit
Gensch en erreur. Cet observateur a bien vu la formation des
globules aux dépens des noyaux du parablaste, et leur migration au-dessous de l'ectoderme dans la paroi du sac vitellin,
mais il n'a pas su les distinguer des vraies cellules sanguines
d'origine mésodermique.

Les globules parablastiques qui pénètrent dans l'embryon
peuvent se retrouver dans différents organes ; dans les lames
mésodermiques (Planches, fig. 116), l'endoderme et même
dans l'axe nerveux ; j'en ai trouvé plusieurs fois, au
stade H, dans la cavité cérébrale (Planches, fig. 103, *gp*).
Ils ne tardent pas à être résorbés, et ne jouent aucun rôle dans
la formation des organes.

Je me range donc complètement à l'avis de Hoffmann, et je considère le parablaste, lorsqu'il a cessé de fournir des éléments cellulaires au germe, comme un organe de nutrition de l'embryon. Non seulement il assimile les éléments nutritifs du vitellus pour les transmettre à l'embryon probablement sous une forme liquide, une sorte de sérum s'infiltrant au milieu des cellules embryonnaires, mais il fournit aussi à cet embryon des éléments figurés provenant de la transformation des noyaux, et servant à la nutrition des tissus. Il est à présumer que les globules parablastiques ne sont pas formés exclusivement par les noyaux, mais que le protoplasma ambiant entre aussi, pour une certaine part, dans leur constitution ; à l'appui de cette hypothèse, il est permis, je crois, d'invoquer la migration des globules. Le déplacement de ces éléments s'explique, en effet, s'ils renferment une certaine quantité de protoplasma ; il est au contraire difficile à concevoir s'ils ne sont constitués que par de la myéline.

XI. — Accroissement de l'embryon.

Le mode d'accroissement de l'embryon est un des problèmes les moins avancés de l'embryogénie générale. Les recherches entreprises pour élucider cette importante question sont peu nombreuses et peu précises ; aussi la plupart des auteurs se bornent à émettre des hypothèses à ce sujet. Je ne m'occuperai ici que de celles qui ont rapport au développement des Poissons.

Chez les Vertébrés amniotes, l'embryon est placé au centre du blastoderme, et celui-ci s'étend sur le vitellus (dans les œufs méroblastiques) d'une manière uniforme, par toute sa périphérie, de telle sorte que l'embryon demeure en place à l'un des pôles de l'œuf, tandis que la fermeture du blastoderme a lieu au pôle opposé.

Chez les autres Vertébrés, l'embryon occupe au contraire une position excentrique et se développe sur le bord du blastoderme, celui-ci entoure le vitellus et sa fermeture se fait immédiatement en arrière de l'embryon.

Kupffer (104), qui s'est posé l'un des premiers la question de savoir comment se produit cette extension, admet qu'elle se

fait comme chez les Vertébrés supérieurs, d'une manière égale et excentrique ; le centre du blastoderme reste fixe au pôle germinatif, le bourrelet blastodermique descend progressivement sur le vitellus, parallèlement à lui-même, suivant des cercles parallèles à l'équateur de l'œuf. L'embryon qui est en connexion avec le bourrelet, l'accompagne dans son mouvement de descente, tout en s'accroissant en longueur. La fermeture du blastoderme a lieu en un point du vitellus diamètralement opposé à celui où se trouvait le germe (fig. 27). L'embryon s'accroît par intussusception dans toute sa longueur.

En tout cas Kupffer n'exclut pas la possibilité d'une déviation de ce processus un peu avant la fermeture du blastoderme, et Ziegler (**200**) a noté, en effet, que chez le *Rhodeus amarus* le trou vitellin est situé un peu asymétriquement sur le côté du diamètre vertical. Goronowitsch (**57**) admet aussi ce mode de formation pour les Salmonides.

Pour Œllacher (**123**), la partie épaissie du bourrelet blastodermique, qui donne naissance à l'embryon, reste en place sur un point fixe du vitellus, tandis que le reste du blastoderme s'étend sur la sphère vitelline. Le bourgeon caudal de l'embryon ne change pas de place ; la partie céphalique s'accroît et suit le blastoderme dans son mouvement d'extension (fig. 25).

Schéma de l'extension du blastoderme à la surface du vitellus de l'œuf des Salmonides. — Fig. 25. Schéma d'Œllacher : 1, 2, 3, 4, positions occupées successivement par l'extrémité céphalique de l'embryon ; 1', 2', 3', 4', positions correspondantes du bourrelet blastodermique. — Fig. 26. Schéma de His : 1, 2, 3, 4, positions occupées successivement par l'extrémité caudale de l'embryon ; 1', 2', 3', 4', positions correspondantes du bourrelet blastodermique. — Fig. 27. Schéma de Kupffer : 1, 2, 3, 4, positions occupées successivement par l'embryon.

His (**85**) admet, au contraire, que l'extrémité céphalique reste fixée sur le vitellus pendant l'extension du blastoderme. L'embryon s'allonge aux dépens de deux formations symétriques du bord épaissi du blastoderme. His (**84**) a primitive-

ment émis cette hypothèse pour les Plagiostomes et l'a étendue
ensuite aux Poissons osseux. Chez ces derniers, le bourrelet
blastodermique forme une anse, dont les deux bords se rapprochent pour constituer la gouttière médullaire ; le sommet
de l'anse est l'extrémité céphalique ; l'extrémité diamétralement
opposée du bourrelet est l'extrémité caudale. Le bourrelet blastodermique tout entier se trouve ainsi amené le long de la
ligne axiale de l'embryon pour constituer le corps de ce dernier
(fig. 26). Chez les Plagiostomes, l'embryon se formerait de la
même manière, mais il n'y a qu'une partie du bourrelet blastodermique qui prend part à la constitution de l'embryon, car
celui-ci est complétement formé avant la fermeture du blastoderme.

La théorie de His, ou théorie de la concrescence, a été
adoptée par Rauber (137) qui a apporté en sa faveur des
arguments tirés de la tératologie.

Rauber rappelle que Lereboullet (113) a observé certains
œufs de Brochet dans lesquels l'embryon avait une seule tête
et une queue, mais dont le corps était séparé longitudinalement en deux moitiés par un espace blastodermique, au milieu
duquel se trouvait le trou vitellin. Rauber a également observé
des germes monstrueux de Truite dans lesquels, il y avait
déhiscence de l'anse embryonnaire ; le corps de l'embryon
était séparé en deux parties qui se continuaient avec le bourrelet blastodermique et laissaient entre elles un espace vitellin,
non recouvert par le blastoderme. Cunningham (35) s'est rangé
aussi à la théorie de His.

Au premier abord, la théorie de la concrescence de His et
Rauber est très séduisante ; elle rend bien compte de la position excentrique de l'embryon, toujours en rapport avec le
bourrelet blastodermique, et de la fermeture du blastoderme
en arrière de l'embryon. L'adjonction à l'embryon du reste
du bourrelet blastodermique, lors de cette fermeture, devient
très compréhensible puisqu'elle n'est que la continuation du
processus de la formation de l'embryon. Cette théorie est
cependant contraire à certains faits d'observation et a soulevé des critiques sérieuses de la part de plusieurs auteurs,
entre autres de la part de Balfour.

Balfour (9) tire les principaux de ses arguments du déve-

loppement des Plagiostomes; je n'en citerai que quelques-uns.
Il fait remarquer que la gouttière médullaire se ferme en avant
plus tôt qu'en arrière, et que cette fermeture commence lorsque
l'embryon est encore très court et avant que l'extrémité postérieure ait commencé à faire saillie au-dessus du vitellus. « Après
que le canal médullaire est fermé et en continuité en arrière
avec le tube digestif par le canal neurentérique, il est évidemment impossible qu'aucun accroissement de longueur ait
lieu par concrescence. Si par conséquent l'opinion de His et de
Rauber est acceptée, il faudra soutenir qu'une faible partie du
corps seulement se forme par concrescence, tandis que la plus
grande partie de la région s'accroît par intussusception. »
« Chez l'*Amphioxus*, dit plus loin Balfour, le blastopore est
d'abord situé exactement à l'extrémité postérieure du corps,
quoique plus tard il passe au côté dorsal. Il se ferme presque
avant l'apparition de la gouttière médullaire ou des somites
mésoblastiques, et les replis médullaires n'ont rien à voir avec
ses lèvres, si ce n'est qu'ils sont en continuité avec elles, en
arrière exactement comme chez les Elasmobranches. »

« Le vitellus nutritif, chez les Vertébrés, est situé à la face
ventrale du corps et est enveloppé par le blastoderme, de sorte
que, chez tous les Vertébrés à gros vitellus, les parois ven-
trales du corps sont évidemment complétées par la fermeture
des lèvres du blastopore sur le côté ventral. Si His et Rauber
ont raison, les parois dorsales sont aussi complétées par la fermeture du blastopore, de sorte que toute la paroi dorsale, aussi
bien que la paroi ventrale de l'embryon, doit être formée par la
concrescence des lèvres du blastopore, ce qui est évidemment
une réfutation par l'absurde de toute la théorie. » (p. 287 et 288.)

On peut aussi opposer à la théorie de la concrescence des
faits qui me paraissent lui être absolument contraires.

His, avec une patience admirable, s'est livré à de nombreuses
mesures micrométriques et à des calculs pour déterminer la
surface du blastoderme et le volume de l'embryon aux différents stades du développement. Il a mesuré l'épaisseur de
l'ectoderme et de la couche inférieure du blastoderme, le volume
des cellules de ces deux couches, et enfin le volume de l'embryon et du blastoderme extraembryonnaire sur des blasto-
dermes mesurant $1^{mm},7$, $2^{mm},2$, $2^{mm},7$ et $3^{mm},2$ de diamètre. Ces

embryons correspondaient à peu près aux stades A, B, C et D de la Truite, et il les désigne du reste par ces mêmes lettres.

Je ne puis rapporter ici toutes les mesures de His; je me contenterai de donner les conclusions auxquelles il a été amené, conclusions qu'il a résumées dans une note publiée dans *Internationale Fischerei, Ausstellung zu Berlin, 1880* (Schweiz.)

Le volume d'un embryon de Poisson, immédiatement après l'extension complète du blastoderme sur le vitellus, mesure environ 0,4 millimètre cube, celui de la paroi du sac vitellin environ 0,1 millimètre cube ; les deux volumes réunis représentent donc, environ 0.55 millimètre cube. C'est un volume égal que possède déjà le germe avant le commencement de la formation de l'embryon, immédiatement après la fin de la segmentation. La transformation totale du germe en embryon et en paroi du sac vitellin a lieu sans que le volume total éprouve une augmentation perceptible. Dans le germe segmenté il y a les matériaux destinés à la constitution du corps, et il suffit de la transformation de ces matériaux pour donner naissance à l'embryon et à ses membranes. His compare ce processus à ce qui se passe lorsqu'un artiste modèle une sculpture avec une masse informe de terre glaise, sans prendre une nouvelle quantité de substance. Le volume des matériaux de formation ne reste constant que pendant la période de formation de l'embryon ; pendant la segmentation, le volume du germe a à peu près doublé, et à partir de la période d'accroissement, la masse de l'embryon augmente naturellement d'une façon continuelle.

Je n'ai pas cherché à contrôler les mesures micrométriques de His, parce qu'elles demandent beaucoup de temps et beaucoup trop de peine pour le résultat forcément approximatif qu'elles peuvent donner. Je les admets cependant comme exactes, et je vais chercher à démontrer qu'elles ne prouvent rien au sujet de la formation de l'embryon par concrescence.

His a donné la mesure des cellules embryonnaires jusqu'au stade D; il a trouvé que le volume moyen de ces éléments était :

	Ectoderme.		Couche inférieure.
Stade A.	18057 µ cubes. . . .		12120 µ cubes.
B.	5000	. . . .	7230
C.	3482	. . . .	4640
D.	1720	. . . .	2144

En rapportant à 100 le volume des cellules au stade A, on trouve :

	Ectoderme.	Couche inférieure.
Stade A.	100.	100
B.	64.	60
C.	44.	40
D.	22.	18

Il résulte de ce tableau que les cellules diminuent de volume du stade A au stade D et qu'à ce dernier stade elles sont environ quatre fois plus petites qu'à la fin de la segmentation. Le fait n'a rien qui doive surprendre, étant donnée la multiplication des cellules embryonnaires, multiplication qui se traduit sur les coupes par la présence d'un grand nombre de figures cyto-diérétiques. Il est évident que, puisque le volume total de la masse embryonnaire ne change pas et que le volume des éléments diminue, ceux-ci doivent augmenter de nombre.

Au stade D, le blastoderme ne recouvre encore que la moitié environ du vitellus, la partie céphalique de l'embryon est à peine ébauchée. His dit qu'au moment de la fermeture du blastoderme le volume total des éléments cellulaires n'a pas sensiblement augmenté, mais il ne donne pas les dimensions de ces éléments. Jusqu'à ce que l'extension du blastoderme ait atteint l'équateur de l'œuf, la surface du bourrelet marginal doit augmenter ; elle diminue au contraire lorsque le bourrelet a dépassé l'équateur.

His a constaté que le bourrelet est formé au stade B par 10 ou 12 rangées de cellules, tandis qu'au stade D il n'en renferme plus que 4 à 6. L'épaisseur va encore en diminuant aux stades suivants : au stade F, je n'ai plus trouvé que 3 ou 4 rangées de cellules dans le bourrelet.

Je n'ai pas calculé le volume des cellules embryonnaires aux différents stades, je me suis contenté de prendre leur diamètre moyen. J'ai constaté, comme His, que les cellules diminuaient de volume, après la fin de la segmentation, pendant les premiers stades embryonnaires, mais qu'à partir des stades D et E leur diamètre ne varie plus. Du reste, à cette époque, les mesures deviennent très difficiles. Dès que se différencient les principaux organes de l'embryon, les résultats que peuvent donner les mesures micrométriques des cellules sont tout à

fait illusoires. Les dispositions que prennent les cellules dans
les organes altèrent complètement leur forme primitive plus ou
moins arrondie ou polyédrique ; les cellules allongées de l'axe
nerveux de l'ectoderme, de la corde dorsale, ne sont plus comparables aux cellules non encore différenciées des premiers
stades de l'embryon. Cependant en prenant le diamètre des
cellules ectodermiques au stade D et des cellules hépatiques
d'un jeune alevin récemment éclos, cellules qui représentent
le volume moyen des éléments divers que constituent le corps,
j'ai trouvé comme mesure moyenne et constante 15 μ. Les
cellules cessent donc de diminuer de volume avant la formation
complète de l'embryon et la fermeture du blastoderme.

Tant qu'il n'y a pas d'organes différenciés dans l'ébauche
embryonnaire il est difficile de trouver des points de repère
et de voir si ces points changent de position par rapport au
bourrelet blastodermique. Cette observation est au contraire
très facile dès que la corde dorsale et la vésicule de Kupffer

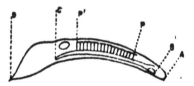

Fig. 28. — Coupe longitudinale d'un embryon de Truite :
A, extrémité postérieure du bourgeon caudal ; B, extrémité postérieure de la vésicule de Kupffer, C, extrémité
antérieure de la corde dorsale ; D, extrémité antérieure
de l'embryon ; P, dernière protovertèbre ; P', première
protovertèbre.

deviennent nettement visibles soit sur des coupes transversales, soit sur des coupes longitudinales. A partir du stade E,
j'ai pu mesurer sur des coupes longitudinales de différents
embryons la distance AC qui sépare l'extrémité antérieure de
la corde dorsale de l'extrémité postérieure de l'embryon et
celle AB, qui sépare la paroi postérieure interne de la vésicule
de Kupffer de cette même extrémité postérieure. J'ai mesuré
également la distance CD qui sépare l'extrémité antérieure de
la tête de l'embryon, et la distance qui sépare cette dernière extrémité de la vésicule auditive (fig. 28).

Ces mesures montrent que, tandis que la longueur totale de
l'embryon s'accroît de 1mm,90, du stade E au stade H, la dis-

tance qui sépare la vésicule de Kupffer de la partie postérieure
du bourgeon caudal n'augmente que de 0^{mm},055. Cette partie
postérieure de l'embryon n'a donc qu'une croissance insignifiante par rapport à celle du reste du corps. Ryder (154), chez
le *Belone longirostris* figure aussi la vésicule de Kupffer à une
distance à peu près constante du bord du blastoderme.

La comparaison des valeurs de la distance CD, qui mesure la
longueur de la tête, montre également que la partie de l'embryon comprise entre la terminaison antérieure de la corde
dorsale et l'extrémité céphalique n'augmente pas sensiblement
pendant l'extension du blastoderme sur le vitellus. Chez un
embryon assez avancé, quelques jours après la fermeture du
blastoderme, j'ai trouvé que la distance CD était encore
de 0^{mm},76 tandis qu'elle était de 0^{mm},60 au stade E.

C'est donc dans la région BC, comprise entre la partie postérieure de la vésicule de Kupffer et l'extrémité antérieure de
la corde dorsale que se fait le principal allongement de l'embryon.

Le nombre des protovertèbres augmente assez rapidement
ainsi que je l'ai déjà dit, pendant l'extension du blastoderme :
au stade E, il y en a 3 à 4 de chaque côté de l'axe nerveux : à la
fermeture du blastoderme, l'embryon en possède environ
24 paires. Il est très difficile de déterminer la région dans laquelle se forment de nouvelles protovertèbres.

Fol (51) a cherché expérimentalement à trouver le mode
d'apparition des protovertèbres dans l'embryon de Poulet ; en
marquant au thermocautère, sur les côtés de l'aire embryonnaire, le point où se trouvent les première protovertèbres, il a
constaté que ces protovertèbres sont celles du cou ou même de
la région céphalique. Fol admet que l'embryon des Vertébrés
commence par n'être pour ainsi dire qu'une tête derrière laquelle apparaît de proche en proche le reste du corps. L'observation de Fol confirme ce qui est généralement admis par la
plupart des auteurs à savoir que les protovertèbres se développent d'avant en arrière.

En est-il de même chez les Poissons osseux? Chez un embryon de Truite du stade E ayant trois paires de protovertèbres,
CP', qui mesure la distance de l'extrémité céphalique de l'embryon à la première protovertèbre antérieure, est d'environ 1^{mm}.

Au stade F, chez un embryon à six paires de protovertèbres, CP'
est encore de 1ᵐᵐ. Au stade II, chez un embryon à vingt-deux
paires de protovertèbres CP, est de 1,4 ᵐ. Ces mesures prouvent que la première protovertèbre antérieure reste à une distance à peu près constante de l'extrémité antérieure de l'embryon ; il me semble donc logique d'admettre qu'il ne se forme
pas de nouvelle protovertèbre en avant de la première des trois
qui existent au stade E. Cette première protovertèbre antérieure
se trouve, en effet, aux stades suivants, à quelque distance en
arrière de la vésicule auditive et immédiatement en arrière de
l'extrémité postérieure de l'intestin antérieur. La segmentation
transversale des plaques mésodermiques en protovertèbres se
fait donc chez les Téléostéens, de même que chez le Poulet,
d'avant en arrière.

Si d'un autre côté on mesure la distance AP qui sépare la
dernière protovertèbre de l'extrémité postérieure de l'embryon,
on trouve qu'elle est en moyenne de 0ᵐᵐ,65 depuis l'apparition des protovertèbres, c'est-à-dire depuis le stade E jusqu'à
la fermeture du blastoderme et même quelque temps après. La
dernière protovertèbre reste donc pendant les premiers stades
du développement de l'embryon à une distance constante de
l'extrémité postérieure du corps, comme la première protovertèbre antérieure reste à une distance constante de l'extrémité antérieure de l'embryon. Puisque ni l'extrémité antérieure
ni l'extrémité postérieure de l'embryon ne s'accroissent, on
devrait en conclure que la partie moyenne subit seule de l'allongement. S'il en est ainsi, les nouvelles protovertèbres ne
peuvent provenir que d'une division des protovertèbres préexistantes, car celles-ci sont exactement contiguës. Or, on ne voit
jamais une protovertèbre se diviser pour donner naissance à
deux autres. Le diamètre des protovertèbres diminue du stade
E au stade II, mais leur hauteur augmente ; il y a simplement
déplacement des éléments qui les constituent. Il est donc impossible d'admettre que de nouvelles protovertèbres prennent
naissance entre la première et la dernière. On se trouve donc
amené par le raisonnement à déclarer que l'embryon ne s'accroît ni par sa partie céphalique, ni par sa partie moyenne, ni
par sa partie postérieure, ce qui est évidemment absurde. Le
raisonnement pêche donc par sa base.

La valeur constante de la distance AP, qui sépare la dernière protovertèbre de l'extrémité caudale de l'embryon, ne prouve pas, en effet, que cette partie de l'embryon ne s'accroisse pas. Tandis que du côté de la tête il y a des organes nettement différenciés qui servent de point de repère et permettent de constater que la première protovertèbre conserve les mêmes rapports avec ces organes ; à la partie postérieure de l'embryon il existe, entre la dernière protovertèbre et la vésicule de Kupffer, un espace d'environ 0^{mm},45 dans lequel, à part l'axe nerveux et la corde dorsale qui ont la même structure que dans le reste de l'embryon, on ne trouve que les lames mésodermiques non différenciées. Il peut donc se produire, entre la vésicule B et la dernière protovertèbre P, un allongement qui passera inaperçu s'il se forme en même temps une protovertèbre, et si l'épaisseur de cette nouvelle protovertèbre correspond précisément à l'accroissement de l'espace BC.

Cette hypothèse, la seule qui me paraisse acceptable, n'est pas une simple vue de l'esprit, elle repose sur un fait d'observation. Lorsqu'on examine des coupes longitudinales d'un embryon pourvu de protovertèbres, on constate que la partie antérieure de la lame mésodermique qui fait suite aux protovertèbres présente un léger renflement d'une épaisseur égale à celle des protovertèbres, et dans lequel les cellules commencent à se disposer radiairement autour d'un centre ; le renflement est souvent séparé virtuellement du reste de la lame mésodermique par une ligne à peine visible : il ne peut y avoir de doute qu'on ait sous les yeux une protovertèbre en voie de formation.

L'embryon des Téléostéens s'accroît donc jusqu'à la fermeture du blastoderme par la partie qui est comprise entre la vésicule de Kupffer et les protovertèbres, de nouveaux somites se formant constamment à la partie antérieure de cette région au fur et à mesure qu'elle s'accroît ; ce fait me semble nettement établi par les mesures que j'ai rapportées plus haut. Voyons maintenant si cette donnée est compatible avec la théorie de His.

Si la théorie de la concrescence de l'embryon est vraie, cette concrescence ne peut se produire qu'en avant de la vésicule de Kupffer. Si, en effet, la réunion des deux moitiés du bourrelet blastodermique avait lieu en arrière de cette vésicule, celle-ci devrait s'éloigner de plus en plus de l'extrémité caudale, dans la suite du développement embryonnaire, ce qui est contraire à l'observation ; admettons donc que la réunion des deux moitiés du bourrelet se fait en avant de la vésicule et que l'extrémité postérieure de l'embryon reste enchâssée dans l'anse formée par le bord externe du bourrelet blastodermique, il faut examiner comment peut se faire cette réunion.

Le bourrelet est formé comme on sait de deux couches, l'une supérieure ectodermique, l'autre inférieure provenant de la réflexion de la première et qui représente l'endoderme primaire de l'embryon. La réunion des deux moitiés du bourrelet peut se faire de deux manières différentes. 1° Les deux moitiés s'accolent par leur bord externe sur la ligne médiane de manière à former une masse cellulaire axiale, se continuant latéralement en deux lames, l'une ectodermique, l'autre endodermique. 2° Les deux couches qui contiennent le bourrelet se fusionnent avant la réunion des deux moitiés du bourrelet sur la ligne médiane, pour constituer après cette réunion une masse de cellules indifférentes qui pourront alors se différencier en cellules ectodermiques, mésodermiques et endodermiques.

La première hypothèse est inadmissible, car les coupes pratiquées en avant de la vésicule de Kupffer montrent l'axe nerveux, la corde dorsale avec ses cellules caractéristiques, les lames mésodermiques et l'endoderme nettement différenciés. La seconde ne me paraît pas plus acceptable que la première, car il faudrait alors supposer que les cellules embryonnaires du bourrelet se différencient, au moment même de la fusion des bords du bourrelet, en éléments histogéniques aussi différents que ceux qui constituent l'axe nerveux et la corde dorsale.

On peut encore admettre que les deux moitiés du bourrelet ne forment que les parties latérales de l'embryon, l'axe nerveux et la corde dorsale s'accroissant sur la ligne médiane par intussusception. En faveur de cette hypothèse on peut invoquer l'observation de Ryder (156) relative au développement de l'*Elecate canadensis*. Cet auteur a vu sur des œufs dont le blastoderme était sur le point de se fermer, les deux moitiés du bourrelet se continuer distinctement avec l'embryon comme les deux branches d'un Y renversé. Ces deux moitiés du bourrelet pré-

sentaient une segmentation en somites jusqu'à une certaine distance en arrière de l'embryon. Dans l'angle aigu formé par les deux branches de l'Y, il y avait un espace losangique, formé de cellules reposant sur le vitellus et dans lequel Ryder pense avoir vu la vésicule de Kupffer et un cordon axial qu'il croit être la corde dorsale. L'auteur américain trouve que son observation confirme bien la théorie de His et Rauber; il reconnaît cependant que la masse cellulaire entre les deux moitiés du blastoderme est un peu embarassante. Pour lui, la segmentation en somites des bords du blastoderme est une simple accélération ou précipitation dans le mode habituel du développement. Il pense que le fait observé chez l'*Elecale* est une sérieuse objection à la théorie de Balfour qui fait accroître l'embryon à partir du bord de blastoderme, sans l'adjonction d'éléments provenant du bourrelet. Cependant Ryder ne repousse pas entièrement cette théorie et il tend à la concilier avec celle de la concrescence; il est probable, dit-il, que l'embryon s'accroît à la fois par intussusception d'arrière et en avant à partir du bord du blastoderme et par coalescence des deux moitiés de ce dernier, non sur la ligne médiane, mais par une fusion graduelle comme se ferme le blastopore sur le vitellus.

La formation de la partie postérieure de l'embryon par l'adjonction du bourrelet blastodermique est indiscutable. Tous les auteurs ont constaté qu'au moment de la fermeture du blastoderme, le bourrelet constitue en arrière du bourgeon caudal un petit anneau plus ou moins elliptique, dont le grand axe est dirigé suivant l'axe de l'embryon. Les bords de cet anneau se rapprochent de la ligne médiane en même temps que le grand diamètre diminue; ils se fusionnent et forment une masse cellulaire qui se soude intimement au bourgeon caudal, de manière à ne faire qu'un tout homogène. Il est très facile de suivre cette fusion sur des coupes longitudinales ou transversales de la fin du stade II, telles que celles que nous avons déjà décrites (Planches, fig. 97 et 98).

Je rapellerai que lorsque les deux moitiés du bourrelet blastodermique se réunissent sur la ligne médiane, au dessous de la tente formée par la membrane enveloppante, les deux masses ectodermiques se soudent pour constituer une masse unique de cellules indifférentes qui émet de chaque côté une lame endo-

dermique primaire s'étendant à une certaine distance au dessous de l'ectoderme. On peut suivre pas à pas, sur des coupes,
la fusion des deux bords du bourrelet. Si une fusion semblable
avait lieu, dans l'hypothèse de la concrescence, en avant de la
vésicule de Kupffer, on devrait retrouver dans cette région la
même disposition des cellules et des feuillets qu'on trouve
là où se fait réellement la fusion. Nous avons déjà dit que cette
disposition n'existait pas en avant de la vésicule de Kupffer, il
faut donc admettre que seule l'extrémité postérieure de l'embryon se forme par coalescence des bords du bourrelet, en arrière
du bourgeon caudal, au niveau du trou vitellin.

La théorie de His étant contraire aux faits d'observation,
les hypothèses de Kupffer et d'Œllacher restent seules en présence. Toutes deux sont compatibles avec le résultat de mes
recherches sur le mode d'accroissement de l'embryon.

Il est difficile, sinon impossible, d'établir le véritable mode
d'extension du blastoderme sur le vitellus d'après les observations faites sur les œufs des Salmonides ou tout autre œuf de
Poisson de forme sphérique. Mais Micez. von Kowalewski (**103**)
me paraît avoir heureusement tourné la difficulté en prenant
comme objet d'étude les œufs de forme ellipsoïdale du *Carassius auratus* et d'une espèce pélagique, indéterminée, provenant de Trieste. Sur ces œufs, dans lesquels les extrémités
des axes inégaux de l'ellipsoïde servent de points de repère,
von Kowalewski a constaté que, pendant la segmentation jusqu'au moment de la différenciation des feuillets embryonnaires, le blastoderme s'accroît également par toute sa périphérie, suivant le schéma de Kupffer; mais que, lorsque les
feuillets sont constitués, l'extrémité caudale de l'embryon
reste fixée sur un point du vitellus, et que, par conséquent, à
partir de ce moment l'extension du blastoderme se fait d'après
le schéma d'Œllacher. Il me paraît très probable qu'il en est de
même pour les œufs des autres Poissons et en particulier des
Salmonides.

XII. — CONSIDÉRATIONS GÉNÉRALES.

La comparaison des premiers stades de l'évolution des Poissons osseux avec ceux des autres Vertébrés, et surtout des

autres Poissons, a déjà été faite par plusieurs auteurs ; je rappellerai ici brièvement les faits connus et je n'insisterai que
sur les points encore en discussion.

L'œuf des Téléostéens est un œuf méroblastique comme
celui des autres Poissons ; la segmentation y est donc partielle
et n'intéresse que le germe. La formation des cellules aux
dépens du parablaste montre que la substance plastique n'est
pas nettement séparée du vitellus nutritif, comme on le pensait autrefois. Les recherches de Balfour (**8**) pour les Plagiostomes, de Sarasin (**164**) pour les Reptiles, et de Waldeyer (**193**) pour les Oiseaux, ont prouvé qu'il en est de même
pour les œufs méroblastiques des autres Vertébrés, et que des
cellules, qui viennent s'ajouter aux sphères de segmentation du
germe, prennent naissance dans le vitellus au pourtour et au-
dessous du germe. Dans les œufs à segmentation inégale des
Amphibiens, des Ganoïdes et des Cyclostomes, la substance
plastique est plus abondante et plus intimement mélangée à
la substance vitelline, et toute la masse des grosses sphères
de segmentation doit être assimilée à la couche parablastique
des œufs méroblastiques. Dans ces œufs, cette masse de cellules parablastiques joue un rôle important pour la formation
de l'embryon, puisqu'elle constitue une partie de l'endoderme ;
chez les Sauropsides et les Plagiostomes, la couche parablastique perd déjà de son importance et ne prend qu'une faible
part à la formation de l'embryon ; chez les Téléostéens, le
parablaste est encore moins développé et n'entre pas dans la
constitution de l'embryon, à part les quelques cellules qu'il
fournit au germe segmenté pendant un temps plus ou moins
long, suivant les espèces. On peut donc le considérer comme
une sorte d'organe atavique représentant la masse des grosses
sphères de segmentation des œufs des Cyclostomes et des
Ganoïdes (1).

Les deux premiers stades de la segmentation n'offrent rien
de particulier chez les Poissons osseux, mais présentent de
l'intérêt par suite de la relation que certains auteurs ont cru

(1) Au point de vue de la segmentation, l'œuf du Lépidostée, dont le développement a été suivi d'une manière incomplète par Balfour et Parker (10),
est celui qui se rapproche le plus de celui des Téléostéens. Chez le Lépidostée,
la masse vitelline ne subit qu'une fragmentation imparfaite.

trouver entre la direction du premier sillon de segmentation
et la direction ultérieure de l'embryon. Suivant Rauber (**141-
142**), chez la Grenouille, le premier sillon de segmentation divise l'œuf en deux moitiés dont l'une correspond à la future région céphalique de l'embryon, l'autre à la future région caudale ;
le premier sillon de segmentation serait donc, d'après lui, perpendiculaire à l'axe de l'embryon. Pflüger (**126**), Roux (**151**,*bis*),
ont une manière de voir tout à fait différente ; pour eux, le
premier sillon est dirigé suivant l'axe longitudinal de l'embryon.
Agassiz et Whitman (**1**) admettent que, chez le *Ctenolabrus*,
le premier sillon est antéro-postérieur, au contraire, Fusari (**52**) a vu que, chez le *Cristiceps argentatus*, le premier
sillon est dirigé suivant le petit diamètre de l'ellipse du
germe ; cet auteur se range à l'opinion de Rauber pour la
Grenouille, et pense que le premier sillon est transversal par
rapport à l'embryon. Je n'ai pu faire aucune observation de ce
genre sur les œufs que j'ai eus à ma disposition ; les œufs des
Salmonides sont trop volumineux pour pouvoir être observés
par transparence et se développent trop lentement pour
qu'il soit possible de suivre un germe, depuis le début de la
segmentation jusqu'à l'apparition de l'embryon. Les œufs de
l'Epinoche, quoique transparents, présentent aussi l'inconvénient d'évoluer lentement. En présence des résultats contradictoires Rauber et de Fusari, d'une part, de Pflüger, Roux,
Agassiz et Whitman, d'autre part, on voit qu'il est impossible
actuellement d'établir une relation entre la direction du premier sillon de segmentation et celle de l'axe de l'embryon. Je
ne crois pas, du reste, que la solution de cette question présente une importance capitale, parce qu'on ne peut en tirer
une conclusion générale.

Dans ses belles recherches de tératogénie expérimentale sur
les Ascidies, Chabry (**32**) a établi sûrement que le premier
plan de segmentation est le plan méridien de la larve ; en
détruisant l'un des deux premiers blastomères, il a toujours
obtenu des demi-individus. L'observation de Chabry vient donc
à l'appui de celles de Pflüger et Roux, d'Agassiz et Whitman ;
mais, d'un autre côté, Hallez (**64**) a vu que, chez l'Ascaride lom-
bricoïde, le premier sillon sépare le futur ectoderme du futur
endoderme, et que le second sillon divise l'ectoderme en une

partie céphalique et une partie caudale. On sait aussi que, chez
beaucoup d'autres Invertébrés, le premier plan de segmentation
divise l'œuf en deux moitiés inégales, dont l'une est l'origine
de l'endoderme, l'autre l'origine de l'ectoderme. Enfin, je rappellerai que, suivant C.-K. Hoffmann (89), le premier plan de
segmentation, chez certains Poissons, sépare le germe du parablaste. On voit donc que, en admettant comme démontrée, ce
qui me paraît prématuré, l'existence, pour une même espèce
animale, d'une relation constante entre le premier plan de
segmentation et l'axe de l'embryon, on n'en peut tirer aucune
loi générale.

La direction de l'axe embryonnaire à la surface du blastoderme chez les Salmonides ne commence à devenir visible que
lorsque le germe segmenté présente à sa périphérie une partie
plus épaisse. Sur des œufs de *Carassius auratus*, von Kowalewski (103) a pu reconnaître la portion épaissie déjà au
stade IV et au stade VIII. Il a reconnu que la segmentation
marchait plus vite à la partie postérieure de l'embryon qu'à
la partie antérieure, et qu'on pouvait ainsi déterminer de
bonne heure l'axe du futur embryon.

Le stade VIII, chez les Téléostéens, par la disposition particulière des sillons, a été jusqu'à présent regardé comme spécial
à ces animaux. Une observation intéressante de Ryder (160) a
montré cependant que cette manière de voir était trop exclusive. L'auteur américain a constaté, en effet, sur l'œuf de la
Raia erinacea l'existence d'un stade VIII, identique à celui des
Téléostéens ; les sillons de troisième ordre étaient parallèles au
premier sillon et perpendiculaires au second. Du reste, les
variations que j'ai notées dans les premiers stades de la segmentation du germe de la Truite prouvent qu'il ne faut pas
attacher une trop grande importance à la disposition des premiers sillons.

Il n'existe pas, chez les Salmonides, de cavité de segmentation
comparable à celle de l'*Amphioxus*, des Cyclostomes, des
Ganoïdes et des Amphibiens. Chez les Plagiostomes, il apparaît
tardivement une cavité dans l'épaisseur du feuillet profond ; cette
cavité ne tarde pas à se transformer en cavité sous-germinale
ou germinative. L'œuf des Sauropsides ne présente pas de cavité
de segmentation bien nette. M. Duval (44) a décrit chez les

Oiseaux une fente horizontale linéaire, au dessous de l'ectoderme, s'effaçant presque aussitôt après son apparition, et qu'il considère comme une cavité de segmentation. La cavité germinative est, au contraire, bien développée comme chez les Poissons osseux.

Certains embryologistes, guidés par des idées théoriques, ont distingué avec soin la cavité de segmentation de la cavité germinative. Cette distinction me paraît un peu subtile. Les deux espèces de cavité se forment, en effet, par un processus identique; l'une et l'autre sont produites par une accumulation de liquide dans un espace compris entre les sphères de segmentation et résultant de la disposition que prennent ces sphères.

La seule différence qui existe entre la cavité de segmentation et la cavité germinative, c'est que la première apparaît de très bonne heure, dès les stades IV et VIII, tandis que la seconde ne se forme que plus tard, vers la fin de la segmentation. La cavité de segmentation est située entre les cellules ectodermiques et les cellules endodermiques, la cavité germinative entre la face profonde du germe et le parablaste; celui-ci représentant la masse endodermique, il en résulte que les deux cavités occupent dans l'œuf une position identique.

La formation des feuillets embryonnaires aux dépens du germe segmenté, telle que je la comprends, chez les Téléostéens, peut-elle être comparée à celle de ces mêmes feuillets, chez les autres Vertébrés? Malgré les travaux nombreux et considérables publiés depuis quelques années sur l'embryogénie des Vertébrés, l'état de nos connaissances sur l'origine des feuillets est encore trop peu avancé pour qu'une semblable étude puisse être entreprise avec fruit. Les mêmes divergences d'opinion que j'ai signalées, relatives à la formation des feuillets chez les Poissons osseux, se retrouvent pour les autres classes de Vertébrés; elles ont été résumées récemment par Assaky (2) dans un travail spécial. Aussi me bornerai-je ici à examiner si le résultat de mes recherches sur les Salmonides permet de rapprocher le développement de ces animaux de celui des autres Poissons.

A la fin de la segmentation, le germe des Téléostéens se présente sous la forme d'une calotte, dont les bords épaissis

reposent sur le vitellus, ou plutôt sur le parablaste, et séparée
de ce parablaste, sur le reste de son étendue, par la cavité germinative. Il est comparable, sous cette forme, à celui des Plagiostomes, lorsque la cavité de segmentation s'est transformée
en cavité germinative. Il correspond au toit de la cavité de
de segmentation des Ganoïdes, des Cyclostomes, formé par les
petites sphères de segmentation ; le parablaste, ainsi que je l'ai dit
plus haut, est l'homologue des grandes sphères de segmentation. Le germe des Téléostéens représente aussi la blastula
de l'*Amphioxus*, qui serait largement ouverte à sa partie inférieure, dans la future région endodermique, et dont l'ouverture
embrasserait une partie du globe vitellin.

Lorsque se produit à la périphérie du germe la réflexion de
l'ectoderme qui donne naissance à l'endoderme primaire, le
blastodisque des Poissons osseux est encore comparable à celui
des autres Poissons, mais nous voyons apparaître des différences assez notables dans le mode de formation de l'endoderme. Chez les Plagiostomes, le blastoderme présente en un
point de sa périphérie, comme chez les Téléostéens, un épaississement à l'endroit où apparaîtra l'embryon. C'est le *rebord
terminal de l'embryon* de, Balfour (8). Le rebord formé par
l'ectoderme réfléchi et par les cellules de segmentation indifférentes est soulevé au dessus du vitellus, il en résulte qu'il existe
une cavité entre la face inférieure du rebord et le parablaste
sous-jacent. Ce rebord ,suivant la généralité des embryogénistes, représente la portion dorsale de la lèvre du blastopore
de l'*Amphioxus*, des Cyclostomes et des Ganoïdes; la cavité est
l'intestin primordial (*protogaster* de Hæckel) (*Urdarm*, des
auteurs allemands *mésentéron* de Balfour).

Chez les Téléostéens la partie embryonnaire du bourrelet
blastodermique, homologue du rebord terminal de l'embryon
des Plagiostomes, ne se soulève pas au dessus du vitellus, et reste
appliquée sur le parablaste; il n'existe donc pas chez ces animaux de cavité de l'intestin primordial. J'ai démontré, en effet,
l'erreur de Cunningham (84) qui a voulu voir dans la vésicule
de Kupffer l'homologue de la cavité comprise entre le rebord
terminal et le parablaste chez les Plagiostomes. La gastrula des
Poissons osseux est, comme l'a bien vu Hæckel, une véritable
discogastrula qui, par son mode de formation et par sa consti-

tution, se rapproche beaucoup plus de la gastrula type de l'*Amphioxus* que celle des autres Poissons.

Si l'on suppose, en effet, la blastula de l'*Amphioxus* ouverte à sa partie inférieure et s'invaginant autour d'une sphère (vitellus et parablaste) on aura une image exacte de la gastrula des Téléostéens : à mesure que la blastula s'étend à la surface de la sphère, la partie invaginée de l'ectoderme descend à la surface de celle-ci mais les bords libres des deux replis d'invagination ne peuvent se rejoindre au fond de la gastrula, par suite de la présence de la sphère vitelline et de l'accroissement rapide de l'ectoderme au pôle supérieur de l'œuf. L'intestin primordial, le protogaster, est rempli par la masse vitelline, et la bouche de la gastrula (anus de Rusconi) est le blastopore vitellin, qui se ferme en arrière de l'embryon, au stade II, chez les Salmonides.

Si la gastrula des Poissons osseux est voisine de celle de l'*Amphioxus*, la formation ultérieure de l'embryon, aux dépens de la gastrula, s'éloigne plus de celle du type de l'*Amphioxus* que la formation de l'embryon des autres Poissons. Chez ceux-ci le protogaster prend part directement à la formation de l'intestin définitif ; chez les Téléostéens, au contraire, la cavité digestive est une formation secondaire et résulte d'une invagination de la cavité virtuelle de la gastrula. L'embryon de l'*Amphioxus*, des Plagiostomes, des Cyclostomes et des Ganoïdes, de même que celui des Amphibiens, se développe sur le bord de la bouche de la gastrula et la gouttière médullaire communique avec le protogaster par la lèvre dorsale du blastopore. Cependant, chez les Plagiostomes, Balfour (8) a montré que l'embryon cesse bientôt d'être en rapport avec le blastopore, par suite de la fermeture partielle de ce dernier, en arrière de l'embryon, avant que le blastoderme ait recouvert la totalité du vitellus. On sait que Balfour a assimilé la bandelette, résultant du rapprochement des lèvres du blastopore en arrière de l'embryon, à la ligne primitive des Vertébrés supérieurs, et que cette manière de voir a été adoptée par la plupart des embryogénistes. Chez les Plagiostomes, la ligne primitive se forme donc après l'embryon, tandis que chez les Amniotes elle précède l'apparition de l'embryon.

L'embryon des Téléostéens est en rapport, comme celui des autres Poissons, avec le bourrelet blastodermique, c'est-à-dire avec la lèvre du blastopore. Mais le sillon médullaire superficiel, homologue de la gouttière médullaire des autres Vertébrés, n'arrive jamais, ainsi que nous l'avons vu, jusqu'au blastopore ; il en est toujours séparé par le bourgeon caudal. Celui-ci occupe donc, par rapport à l'embryon, la même situation que la bandelette postembryonnaire des Plagiostomes, et que la ligne primitive des Amniotes. Le bourgeon caudal apparaît de très bonne heure, dès le stade B, peut-être même plus tôt, en tout cas avant l'apparition du sillon médullaire.

D'un autre côté, j'ai montré que la structure du bourgeon caudal était identique à celle de la tête de la ligne primitive des Vertébrés supérieurs. Toutes ces raisons m'ont conduit à admettre, dès 1885, (75) que la formation de l'embryon des Téléostéens était précédée de celle d'une ligne primitive très réduite, représentée par le bourgeon caudal. Depuis lors, toutes les observations que j'ai faites sont venues corroborer cette opinion. Parmi ces observations, j'en citerai une qui me paraît avoir une valeur particulière.

Sur un blastoderme du stade A, détaché du vitellus et examiné par transparence dans le baume du Canada, j'ai vu, sur le bord externe de la partie la plus épaissie du bourrelet blastodermique, c'est-à-dire au point où apparaît le bourgeon caudal, une petite encoche à peine marquée. Les cellules marginales du bourrelet convergeaient vers le sommet de l'encoche, et leur disposition indiquait qu'il existait en cet endroit une petite invagination de la lèvre du blastopore vers le centre du blastoderme. Je n'ai pu malheureusement répéter cette observation, parce qu'il est très difficile de séparer le blastoderme du vitellus en lui conservant l'intégrité de ses contours. Je ne puis donc dire si l'existence de l'encoche est normale au stade A. Si la présence de cette invagination était constante, elle indiquerait qu'il se produit de très bonne heure, à la partie postérieure du futur embryon, un phénomène semblable à celui qui s'observe au niveau de la bandelette postembryonnaire des Plagiostomes, à savoir la fermeture d'une petite portion du blastopore. Quant à l'épaississement du bourrelet blastodermique constituant le bourgeon caudal, il résulte évidemment d'une prolifération active des cellules embryonnaires au niveau de l'invagination.

L'apparition de l'embryon des Téléostéens est donc précédée, comme celle des Amniotes, de la formation d'une ligne primitive ; tandis que chez ces derniers, la ligne primitive résulte de la fermeture complète du blastopore ; chez les Téléostéens, elle n'est constituée que par une sorte de repli à peine marqué, des bords du blastopore ; le blastopore vitellin se confond avec la bouche de la gastrula, et se ferme exactement en arrière de la ligne primitive (bourgeon caudal) comme chez les Plagiostomes. Chez les Amniotes, au contraire, le blastopore vitellin ou ombilical, est distinct du blastopore vrai, ou bouche de la gastrula. Enfin, chez l'*Amphioxus*, les Cyclostomes et les Amphibiens, il ne se forme pas de ligne primitive proprement dite, puisque la bouche de gastrula persiste jusqu'à la fermeture du canal neural, et que celui-ci communique avec la cavité de la gastrula par le canal neurentérique. On ne saurait, en effet, considérer comme une ligne primitive ce que miss Johnson (**92**) décrit comme représentant cet organe chez le Triton ; la fusion des feuillets blastodermiques, en avant de la lèvre antérieure du blastopore, résulte de la constitution même de cette lèvre produite par la réflexion de l'ectoderme : ce qui représente chez les Amphibiens et les Cyclostomes la ligne primitive c'est, ainsi que l'a dit M. Duval (**42**), en 1880, le blastopore tout entier ; mais ce blastopore ne se ferme que tardivement, lorsque l'embryon est déjà bien développé, et si, au moment de sa fermeture, il se présente sous la forme d'une petite fente pouvant être alors assimilée à une ligne primitive, celle-ci n'a qu'une existence très courte, et en tout cas est postembryonnaire comme celle des Plagiostomes.

La conception de la ligne primitive des Poissons osseux, celle que je viens de formuler, est absolument différente de celle de Kupffer (**106**) que j'ai exposée précédemment. Cet auteur considère, en effet, comme ligne primitive le sillon médullaire primaire qui serait, d'après lui, une invagination ectodermique. J'ai réfuté sa manière de voir, je n'y reviendrai pas ici. Kollmann (**100**) admet aussi l'existence d'une ligne primitive chez les Téléostéens. Suivant lui, cette ligne primitive serait représentée par une petite dépression linéaire qui existerait entre le sillon médullaire et le bourgeon caudal : celui-ci ferait également partie de la ligne primitive. Son opinion se rapproche

donc de celle de Kupffer, mais suivant lui la ligne primitive
serait moins étendue. Kollmann a observé cette dépression sur
des embryons de Saumon ; je n'ai jamais rien vu de semblable
chez la Truite. L'existence de la dépression serait-elle démontrée chez le Saumon, de même que chez le Brochet, d'après
Kupffer, et chez d'autres Poissons, il ne s'en suivrait pas qu'elle
puisse être assimilée à la ligne primitive ; elle indiquerait seulement que, chez certains Poissons, il se produit une invagination secondaire de l'ectoderme, analogue à celle qui donne
naissance chez les Vertébrés supérieurs au canal neurentérique (1).

L'évolution et la signification du canal neurentérique des Vertébrés est encore très obscure. Chez l'*Amphioxus*, les Cyclostomes, les Ganoïdes, les Plagiostomes et les Amphibiens, ce
canal est une formation primaire ; il résulte du développement
du sillon médullaire en rapport direct avec le blastopore. Mais
chez les Amniotes, il paraît être une formation secondaire. Si,
en effet, le canal neurentérique peut être considéré théoriquement comme la partie antérieure de la ligne primitive, c'est-à-
dire la partie de la bouche de la gastrula en rapport avec la
gouttière médullaire, on sait cependant par les recherches de
Gasser et de Braun chez les Oiseaux de Balfour (9) et de
Strahl (181-184) chez les Reptiles, que le canal neurentérique
n'apparaît généralement chez ces animaux qu'à une période
avancée du développement et qu'il peut y avoir formation successive de plusieurs canaux neurentériques. On est donc en
droit de se demander, si dans ce cas, le canal neurentérique
ne proviendrait pas d'une invagination tardive de l'ectoderme
mettant en communication le système nerveux avec la cavité
digestive. Un phénomène semblable pourrait se produire chez
les Poissons osseux en avant de la ligne primitive (bourgeon
caudal), au niveau de la vésicule de Kupffer, comme paraissent
le démontrer les observations de Kupffer.

Le canal neurentérique résulterait alors de la formation d'une

_____

(1) Dans une note publiée en 1880 (89) je considérais cette invagination secondaire comme l'homologue de l'intestin primitif des Cyclostomes et des Amphibiens, et son orifice extérieur, que j'avais constaté chez la Perche, comme
représentant l'anus de Rusconi. On voit, d'après ce qui précède, que j'ai modifié ma manière de voir.

gastrula secondaire, absolument distincte de la gastrula primitive ou discogastrula. Suivant cette manière de voir, la discogastrula devrait être considérée comme une forme larvaire analogue à la larve des Échinodermes, par exemple, sur laquelle se développe ensuite l'embryon proprement dit.

Je n'insisterai pas davantage sur ces considérations théoriques, qui, je le répète, étant donné l'état actuel de nos connaissances sur les premiers phénomènes du développement des Vertébrés, ne peuvent conduire à aucune généralisation sérieusement fondée sur des faits d'observation incontestables, et je reviens à la formation des feuillets embryonnaires chez les Poissons.

Lorsque l'ectoderme s'est réfléchi pour former l'endoderme primaire et qu'apparaît le premier rudiment embryonnaire, celui-ci a la même constitution chez les Poissons osseux que chez les Plagiostomes, les Cyclostomes et les Ganoïdes, mais tandis que, chez ces derniers, l'endoderme continue à se développer dans sa portion ventrale de la cavité digestive, aux dépens des cellules parablastiques, ou des grandes cellules de segmentation, chez les Téléostéens le feuillet interne primaire est définitivement constitué et ne reçoit plus de cellules parablastiques. Chez tous les Poissons, l'endoderme primaire se dédouble ensuite en mésoderme et en corde dorsale. La différenciation du feuillet moyen et de la corde dorsale se fait simultanément d'arrière en avant, à partir de la lèvre du blastopore, chez les Plagiostomes, les Cyclostomes et les Ganoïdes à partir du bourgeon caudal chez les Téléostéens. Les deux lames mésodermiques apparaissent isolément de chaque côté de la corde dorsale.

Chez l'*Amphioxus*, on sait, depuis les belles recherches de Kowalevsky (101) et de Hatschek (65), que les masses mésodermiques et la corde dorsale prennent naissance sous forme de trois diverticulums creux de l'endoderme. Les frères Hertwig (80) ont voulu retrouver un mode de développement semblable chez les autres Vertébrés. La théorie du cœlome, résumée par O. Hertwig dans son *Lehrbuch der Entwicklungsgeschichte*, 1886, difficile à admettre pour les Plagiostomes, ne me paraît pas pouvoir être appliquée aux Téléostéens. Chez ces animaux, les lames mésodermiques résultent d'une déla-

mination de l'endoderme primaire, et en aucun point de l'embryon on ne voit se produire de diverticules creux, ni de plis d'invagination de l'endoderme. La cavité générale du corps, le cœlome, comme celle de la cavité digestive, est une formation secondaire : elle se produit dans l'épaisseur de chaque lame mésodermique, par simple écartement des deux couches cellulaires. L'existence d'un mésenchyme, c'est-à-dire d'un tissu formé de cellules amiboïdes de provenances diverses, est, au contraire, probable chez les Poissons osseux, comme chez les autres Vertébrés. J'ai indiqué, en effet, la présence de cellules migratrices dans diverses régions, entre autres dans la tête, où le tissu conjonctif et ses dérivés semblent provenir de cellules détachées du mésoderme et de l'endoderme primaire. En tout cas, je ne saurais accepter l'origine parablastique des cellules du mésenchyme, origine soutenue par Waldeyer (193), Rückert (150-151) et Hertwig (79-80). Les cellules du mésenchyme des Poissons osseux ont pour origine des feuillets, provenant des cellules de segmentation.

Je ne reviendrai pas ici sur le développement des différents organes. Nous avons vu que chez les Poissons osseux, chacun des trois feuillets donne naissance aux mêmes organes que chez les autres Poissons et les autres Vertébrés. Mais le processus de formation d'un certain nombre de ces organes est différent. Ce qui caractérise le développement de l'embryon des Téléostéens, c'est ce que j'appellerai le *développement massif*, par opposition au développement par invagination, qui s'observe chez presque tous les autres Vertébrés. Le développement massif, qui consiste dans la formation des organes par un épaississement local ou par l'apparition d'un bourgeon plein de l'un des feuillets du blastoderme, est surtout remarquable pour le système nerveux. La formation de l'axe nerveux des Poissons osseux est précédée, comme chez les autres Vertébrés, de l'apparition d'un sillon, d'une dépression, à la surface de l'ectoderme. Mais le processus d'invagination est tout à fait transitoire et est bientôt remplacé par un épaississement du feuillet externe. Le développement massif du système nerveux a pour conséquence la formation secondaire de la cavité de l'axe nerveux; il en est de même pour la vésicule optique, la vésicule auditive, la partie moyenne de l'intestin, les protovertèbres, la tige sous-notochordale, etc.

Le développement massif du système nerveux se retrouve chez les Cyclostomes et le Lépidostée ; il y est cependant moins marqué que chez les Téléostéens. Calberla (31) et Scott (172) ont montré, en effet, que dans l'embryon de la Lamproie, l'ectoderme se divise en deux couches, dont l'externe s'invagine dans le cordon neural et qu'une fente médiane au centre de l'involution représente la gouttière médullaire des autres Vertébrés. Chez le Lépidostée, la cavité du système nerveux apparaît plus tôt que chez les Téléostéens ; mais, à part quelques légères différences, de peu d'importance, le développement du Lépidostée est celui qui ressemble le plus à celui des Poissons osseux ; malheureusement la formation des feuillets blastodermiques est encore inconnue chez cet intéressant Ganoïde, qui, tant au point de vue anatomique qu'au point de vue embryogénique, constitue évidemment une forme de passage des Ganoïdes aux Téléostéens.

Dans une note relative à l'origine de l'amnios, Ryder (159) fait jouer, un rôle important à la pression exercée par l'enveloppe de l'œuf pour empêcher le développement de l'amnios chez les Vertébrés inférieurs (1).

Je ne discuterai pas cette théorie qui peut, en effet, être acceptée provisoirement pour éclairer l'histoire encore obscure de l'origine de l'amnios ; mais je ferai remarquer qu'on peut également invoquer cette pression exercée par la capsule de l'œuf pour expliquer le développement massif des Téléostéens. La capsule de l'œuf est inextensible ; j'ai indiqué à plusieurs reprises les altérations qui se produisent dans la forme du germe ou de l'embryon, lorsque ceux-ci se trouvent comprimés entre le vitellus et la capsule, sous l'influence des agents fixateurs. Cette pression interne, exagérée dans ce cas, existe cependant normalement ; c'est elle qui s'oppose à la production des invaginations qui ont lieu dans les œufs des autres Verté-

---

(1) His (84) a décrit de chaque côté du corps des jeunes embryons de Plagiostomes un repli à peine marqué qu'il considère comme un repli amniotique rudimentaire. Rien de semblable ne s'observe chez les Téléostéens ; la bordure embryonnaire des premiers stades indique simplement la région didermique ou tridermique du blastoderme, et par conséquent, la limite externe de la bordure est la limite même de l'embryon.

brés, chez lesquels la membrane vitelline manque ou est très
mince et extensible, et chez lesquels l'embryon est séparé de la
coque rigide de l'œuf par une couche plus ou moins abondante
d'albumine. Il est à noter, en effet, que chez le Lépidostée,
l'enveloppe de l'œuf est également épaisse et résistante; celle
de l'œuf de Lamproie paraît, il est vrai, assez mince et rappelle celle des Batraciens anoures; mais, de même que chez
les Téléostéens, l'œuf n'augmente pas de volume et l'embryon
est obligé de s'enrouler dans l'intérieur de l'œuf. Malgré sa
minceur, l'enveloppe de l'œuf des Cyclostomes serait plus
résistante que celle des Amphibiens et s'opposerait au développement, à la formation du système nerveux par invagination
creuse de l'ectoderme.

Que l'hypothèse que je viens de formuler soit fondée ou
non, que la pression exercée par la coque de l'œuf sur l'embryon soit la cause du développement massif ou que celui-ci
dépende d'une autre cause encore inconnue, je me range
entièrement à l'opinion de Balfour (9), (p. 283), qui considère la formation du système nerveux central aux dépens d'un
épaississement en carène de l'ectoderme comme un mode
dérivé et secondaire, et le reploiement de la plaque médullaire en un canal, comme le processus primitif. L'existence du
sillon superficiel chez les Téléostéens, précédant l'épaississement ectodermique, prouve que l'invagination est le type primitif de développement du système nerveux. On peut en dire
autant des autres formations massives des Téléostéens.

En résumé, on voit que l'embryogénie des Poissons osseux
offre un grand intérêt, parce qu'elle nous fait connaître un
processus particulier de développement qui sépare nettement
ces animaux des autres Poissons. Si les traits généraux de ce
développement sont communs à toutes les sous-classes des
Poissons, la constitution de l'œuf, la formation de la gastrula,
la présence d'une ligne primitive rudimentaire, la constitution
primordiale du système nerveux et de quelques autres organes
indiquent que le groupe des Poissons osseux représente une
branche divergente du phylum des Poissons. Les données
embryogéniques corroborent celles que nous fournit l'anatomie
comparée; elles montrent que, si sous certains rapports, les Téléostéens constituent un type dégradé des Poissons, on trouve

cependant chez eux les premiers indices des caractères distinctifs des Vertébrés supérieurs.

Je ne veux pas insister davantage sur les conclusions phylo-
géniques qu'on peut tirer de l'étude du développement des
Poissons osseux. Je me suis attaché dans ce travail à exposer
aussi fidèlement que possible les résultats que m'a donnés une
observation attentive et souvent répétée des premières phases
de l'embryogénie de la Truite. J'ai cherché avant tout à établir
des faits et je n'ai attribué aux théories qu'une importance secondaire, me rappelant les sages paroles de l'un de nos plus illustres embryogénistes, du professeur Kœlliker : « L'embryologie
n'a rien de mieux à faire qu'à suivre provisoirement sa propre
route et, laissant de côté les hypothèses phylogénétiques, à s'ef-
forcer de découvrir les lois de la formation des organes, des
appareils et des organismes entiers. Cette tâche accomplie, la
comparaison du développement des individus et des diverses
espèces permettra de s'élever à la connaissance des lois générales du développement des organismes et, peu à peu aussi,
par le progrès de l'examen rationnel et philosophique de cette
embryologie comparée, une science de la descendance, saine
et prudente, verra se poser sa base et se continuer son édifice.
Trop de précipitation et de témérité à se jeter dans cette direction rencontre de tous côtés l'écueil et peut créer du danger
par les tentatives de diverses sortes qu'elles font naître. Certainement la science a plus d'intérêt à laisser d'abord les faits se
constituer : si, dans le domaine de l'embryologie, ils sont le
prix d'efforts plus pénibles, les fruits n'en sont aussi que plus
doux à cueillir. » (97) (p. 410 et 411).

ERRATA

				lisez : 2,5 μ.
Page 420, ligne 24, au lieu de : 0,25 μ.				
» 420, » 25,	»	0,2 μ.		» 2 μ.
» 420, » 27,	»	0.17 μ,		» 1,7 μ.
» 431, » 23,	»	Sedwig-Minot.		Sedgwick-Minot.
» 462, » 36,	»	*Carassius auralus,*	»	*Carassius auratus.*
» 461, » 2,	»	*Crenilabus,*	»	*Crenilabrus.*

INDEX BIBLIOGRAPHIQUE

1. AGASSIZ, A. and WHITMAN, C.O. — *On the development of some pelagic Fish eggs*. Preliminary notice. Proceed. of the American Acad. of Arts and Sciences XX, 1884.

2. ASSAKY, G. — *Origine des feuillets blastodermiques chez les Vertébrés*. Paris, 1886.

3. AUBERT. — *Beiträge zur Entwickelungsgeschichte der Fische*. Zeitschrift für wissenschaftliche Zoologie. VII, 1856.

4. BAER, C. ERNST VON. — *Entwickelungsgeschichte der Fische*. Leipzig, 1835.

5. — *Entwicklungsgeschichte der Thiere*. Th. I Königsberg, 1828.

6. BALBIANI, G. — *Sur la constitution du germe dans l'œuf animal avant la fécondation. Comparaison de ce dernier avec l'ovule végétal*, Comptes rendus de l'Acad. des sciences, mars et avril, 1864.

7. — *Leçons sur la génération des Vertébrés*. Paris, 1879.

8. BALFOUR, F. M. — *A monograph on the development of Elasmobranch Fishes*. London, 1878.

9. — *Traité d'embryologie et d'organogénie comparée*. Paris, 1883-85.

10. BALFOUR, F. M., and PARKER. W. N. — *On the development of Lepidosteus*. Philosoph. Trans. Roy. Soc., London, CLXXIII, 1882.

11. BAMBEKE C. VAN. — *Recherches sur l'embryologie des Poissons osseux*. Mém. cour. et mém. étrangers de l'Acad. des Sc. de Belgique, XL, 1876.

12. — *Recherches sur l'embryologie des Batraciens*. Bull. de l'Acad. roy. de Belgique, LXI.

13. BAUNG.KRYNER, M. — *Beobachtungen über die Nerven und das Blut*. Freiburg, 1830.

14. BEARD, JOHN. — *On the segmental sense organs of the lateral line; and on the morphology of the Vertebrate auditory organ*. Zool. Anzeiger, VII, 1884.

15. — *The origin of the segmental duct in Elasmobranchs*. Anatomischer Anzeiger, II, n° 21, 1887.

16. BEDOT. — *Recherches sur le développement des nerfs spinaux chez les Tritons*. Recueil zoologique suisse, 1884.

17. BELLONCI, JOS. — *La caryocinèse dans la segmentation de l'œuf de l'Axolotl*. Archives italiennes de Biologie, VI, 1884.

18. BENEDEN, ED. VAN. — *La maturation de l'œuf, la fécondation et les premières phases du développement embryonnaire des Mammifères*. Bull. de l'Acad. de Belgique, 2° série, XV, 1875.

19. — *Contribution à l'histoire du développement embryonnaire des Téléostéens*. Bull. de l'Acad roy. des Sciences, des Lettres et des Beaux-Arts de Belgique, 2° série, XLIV, 1877.

20. — *Recherches sur la maturation de l'œuf et la fécondation (Ascaris megalocephala)*. Archives de Biologie, IV, 1883.

21. BÉRANECK, E. — *Recherches sur le développement des nerfs crâniens chez les Lézards*. Recueil zool. suisse, I, 1884.

22. — *Étude sur les replis médullaires du Poulet.* Recueil zool. suisse, IV, 1887.

23. BISCHOFF, L. W. — *Entwicklungsgeschichte des Hunde-eies.* Braunschweig, 1845.

24. BOBRETZKY, N. — *Studien über die embryonale Entwicklung der Gasteropoden.* Arch. f. mikr. Anatomie, XIII, 1876.

25. BROOK, G. — *Preliminary account of the development of the Lesser weever fish (Trachinus vipera).* Linnean Soc. Journal; Zoology XVIII, 1884.

27. — *On some points of the development of Motella mustela.* Linnean Soc. Journal; Zoology, XVIII, 1885.

26. — *On the origin of the Hypoblast in Pelagic Teleostean Ova.* Quart. Journal of microscop. Science; new Series, XCVII, 1885.

28. BAUCH. — *Ueber die Befruchtung des Thiereies.* Mainz, 1855.

29. BÜTSCHLI, O. — *Studien über die ersten Entwicklungsvorgänge der Eizelle, die Zelltheilung u. Conjugation der Infusorien.* Abandl. d. Senkenberg. Naturf. Gesellsch., Frankfurt, 1876.

30. CALBERLA, E. — *Befruchtungsvorgang beim Ei von Petromyzon Planeri.* Zeitschrift. f. wiss. Zool. XXX, 1877.

31. — *Zur Entwickelung des Medullarrohres und der Chorda dorsalis der Teleosier und der Petromyzonten.* Morphol. Jahrbuch. III, 1877.

32. CHABRY, L. — *Embryologie normale et tératologique des Ascidies.* Journal d'Anat. et de Physiol., 1887.

33. COSTE. — *Origine de la cicatricule ou du germe chez les Poissons osseux.* Comptes rendus de l'Acad. des Sciences. XXX, 1850.

33 bis. — *Histoire générale et particulière du développement des corps organisés.* Paris, 1847-59.

34. CUNNINGHAM, J. T. — *The Significance of Kupffer's vesicle, with Remarks on other Questions of Vertebrate Morphology.* Quart. Journ. of mic. Science; new Series XCVII, 1885.

35. — *On the Relations of the Yolk to the Gastrula in Teleosteans, and in other Vertebrate Types.* Quart. Journ. of. mic. Science; new Series CI, 1885.

. DOBRYN, P. V. — *Ueber die erste Anlage der Allantois.* Sitzungsber. d. k. Akad. Wien, LXIV, 1871.

. DOHRN, A. — *Der Ursprung der Wirbelthiere und das Princip des Functionswechsels.* Leipzig, 1875.

. DOYÈRE. — *Note sur l'œuf du Loligo media et sur celui du Syngnathe.* Journal de l'Institut, 1850, et Société philomathique, 1849.

. DURSY, E. — *Der Primitivstreif des Hühnchens.* Lahr, 1867.

. — *Entwicklungsgeschichte des Kopfes.* Tübingen, 1869.

41. DUVAL, MATHIAS. — *Étude sur l'origine de l'allantoïde chez le Poulet.* Revue des Sc. naturelles, VI, 1877.

42. — *Études sur la ligne primitive de l'embryon du Poulet.* Ann. des Sc. naturelles, 6° série, VII, 1880.

43. — *Segmentation, globules polaires.* Comptes rendus de la Société de Biologie, 7° série, IV, 1883.

44. — *De la formation du blastoderme dans l'œuf d'Oiseau.* Ann. des Sc. naturelles, 1884.

45. EISIG, H. — *Die Segmentalorgane der Capitelliden.* Mittheil. a. d. zool. Station zu Neapol. I, 1879.

46. FILIPPI, DE. — *Memoria sullo sviluppo del Ghiozzo d'acqua dolce (Gobius fluviatilis).* Annali univ. di Medic. compilati dal dott. Omodei, 1841.

47. FLEMMING, W. — *Zellsubstanz, Kern-und Zelltheilung.* Leipzig, 1882.

48. — *Ueber die Bildung von Richtungsfiguren in Säugethiereiern beim Untergang Graaf'scher Follikel.* Arch. f. Anat. und Entw. 1885.

49. — *Die ectoblastiche Anlage der Urogenitalsystems beim Kaninchen.* Arch. f. Anat. u. Entw., 1886.

50. Fol., H. — *Recherches sur la fécondation et le commencement de l'hénogénie.* Mém. de la Soc. de phys. et d'hist. nat. de Genève, 1879.

51. — *Recherches sur le développement des protovertèbres chez l'embryon de Poulet.* — Archives des Sciences phys. et nat. XI. Genève, 1884.

52. Fusari, R. — *La segmentazione nelle uova dei Teleostei.* Bollettino del XII. Congresso medico. Pavia, 1887.

52 (bis). Gasser. — *Ueber Entwickelung der Allantois, der Müller'schen Gänge und des Afters,* Francfort, 1874.

53. Gegenbaur, C. — *Ueber den Ban und die Entw. der Wirbelthiereier mit Dotter.* Müller's Archiv., 1861.

54. Gerbe, Hugo. — *Das sekundäre Entoderm und die Bildung beim Ei der Knochenfische.* Inaugural-Dissertation. Königsberg, 1882.

55. Gerbe, Z. — *Du lieu où se forme la cicatricule chez les Poissons osseux.* Journal de l'Anat. et de la Physiol., XI. 1875.

56. Gerlach, L. — *Ueber die endodermale Entwickelung der Chorda dorsalis.* Biologisches Centralblatt. II, 1881.

57. Goronowitsch, N. — *Studien über die Entwicklung des Medullarstranges bei Knochenfischen nebst Beobachtungen über die erste Anlage der Keimblätter und die Chorda bei Salmoniden.* Morph. Jahrbuch, X, 1885.

58. Goette, G. — *Beiträge zur Entwicklungsgeschichte der Wirbelthiere. Der Keim des Forellen-Eies.* Arch. f. mikr. Anat. IX, 1873.

59. — *Entwicklungsgeschichte der Unke.* Leipzig, 1874.

60. — *Ueber die Entwicklung des Central-Nervensystems der Teleostier.* Archiv. f. mikr. Anat. XV, 1878.

61. Grobben, C. — *Die Entwickelungsgeschichte der Moina rectirostris. Zugleich ein Beitrag zur Kenntniss der Anatomie der Phyllopoden.* Arbeiten aus d. zool. Institut d. Univ. Wien. II, 1879.

62. Guignard, L. — *Recherches anatomiques et physiologiques sur l'embryon des Légumineuses.* Ann. des Sc. Nat. Bot. 6ᵉ série, XII, 1882.

63. Haeckel, E. — *Die Gastrula und die Eifurchung der Thiere.* Jenaische Zeitschrift. IX, 1873.

64. Hallez. — *Recherches sur l'embryologie des Nématodes.* Paris, 1885.

65. Hatschek, B. — *Studien über Entwicklung des Amphioxus.* Arbeiten aus d. Zool. Institut der Univ. Wien. IV, 1881.

66. Heape, W. — *The development of the Mole (Talpa Europea). The formation of the germinal Layers, and early development of medullary Groove and Notocorde.* Quart. Journ. of mic. Science; new Séries XCI, 1883.

67. Henneguy. L.-F. — *Recherches sur la vitalité des spermatozoïdes de la Truite.* Comptes rendus de l'Acad. des Sc. 1877.

68. — *Procédé technique pour l'étude des embryons de Poissons.* Bull. de la Soc. philomathique, 1878.

69. — *Note sur quelques faits relatifs aux premiers phénomènes du développement des Poissons osseux.* Bull. de la Soc. philomathique, 1880.

70. — *Formation du germe dans l'œuf des Poissons osseux.* Bull. de la Soc. de Biologie, 1880.

71. — *Division des cellules embryonnaires chez les Vertébrés.* Comptes rendus de l'Acad. des Sc., 1882.

72. — *Formation des cellules embryonnaires dans le parablaste des Poissons osseux.* Bull. de la Soc. de Biologie, 1882.

73. — *Sur la division cellulaire ou cytodiérèse.* Assoc. fr. pour l'avancement des sc. Congrès de La Rochelle, 1882.

74. — *Sur la formation des feuillets embryonnaires chez la Truite.* Comptes rendus de l'Acad. des Sc., 1882.

75. — *Sur la ligne primitive des Poissons osseux.* Zoologischer Anzeiger, 1885.

76. — *Sur le mode d'accroissement de l'embryon des Poissons osseux.* Comptes rendus de l'Académie des Sc., 1887.

77. Henskn. — *Beobachtungen uber die Befruchtung u. Entwicklung des Meer-schweinchens u. Kaninchens.* Zeitsch. f. Anat. u. Entw., 1875.

78. Hertwig, O. — *Beiträge z. Kenntniss d. Bildung, Befruchtung. u. The lung d. Thier-Eies.* Morphologisches Jarhbuch, I. II. III, 1875-76-77.

79. — *Ihe Entwicklung des mittleren Keimblattes der Wirbelthiere.* Jenaische Zeitschrift f. Naturw. XV et XVI, 1881-82.

80. Hertwig, O. und Hertwig, R. — *Die Cœlomtheorie. Versuch einer Erklärung des mittleren Keimblattes.* Jena, 1881.

81. His, W. — *Untersuchungen uber die erste Anlage der Wirbelthierleib-s.* Leipzig, 1868.

82. — *Untersuchungen über das Ei und die Entwickelung bei Knochenfischen.* Leipzig, 1873.

83. — *Untersuchungen uber die Entwicklung von Knochenfischen.* Zeitsch. f. Anat. und Entwicklung. I, 1876.

84. — *Ueber die Bildung von Haifischembryonen.* Zeitschr. f. Anat. u. Entw., 1877.

85. — *Untersuchungen uber die Bildung des Knochenfischembryo.* Arch. f. Anat. und Entwick., 1878.

86. — *Ueber die Anfänge des peripherischen Nervensystems.* Arch. f. Anat. u. Entwick. 1879.

87. Hoffmann, C. K. — *Zur Ontogenie der Knochenfische.* Zool. Anzeiger, 1878.

88. — *Ueber die Entwickelungsgeschichte der Chorda dorsalis.* Henle's Festgabe. Bonn, 1882.

89. — *Zur Ontogenie der Knochenfische.* Verhandelingen d. K. Akad. der Wetenschappen. Amsterdam, 1881-1883.

90. — *Zur Ontogenie der Knochenfische.* Arch. f. mikrosk. Anat. XXIII, 1883.

91. Janosik, J. — *Partielle Furchung bei den Knochenfischen.* Arch. f. mikr. Anat. XXIV, 1884.

92. Johnson, Alice. — *On the fate of the blastopore and the presence of a primitif streak in the Newt.* Quarterly Journ. of micr. Science, 1884.

93. Kingsley and Conn.— *Some Observations on the Embryologie of the Teleosts.* Mem. Boston Society, III, 1883.

94. Klein, E. — *Observations on the Early Development of the common Trout (Salmo fario).* Quart. Journal of microscop. Science; new Series XVI, 1876.

95. Kolessnikow. — *Ueber die Entwickelung bei Batrachiern und Knochen-fischen.* Arch. f. mik. Anat. XIV, 1878.

96. Kœlliker, A. — *Untersuchungen zur vergleich. Gewebelehre angestellt zu Nizza in Herbst 1856.* Verhandl. d. phys. med. Gesellschaft zu Würzburg. 1858.

97. — *Embryologie ou traité complet du développement de l'Homme et des animaux supérieurs.* Trad. par A. Schneider. Paris, 1882.

98. Kollmann, J. — *Der Randwulst und der Ursprung der Stützsubstanz.* Arch. f. Anat. u. Entw. 1884.

99. — *Gemeinsame Entwickelungsbahne der Wirbelthiere.* Arch. f. Anat. u. Entw. 1885.

100. — *Die Geschichte des Primitivstreifens bei den Meroblastiern.* Verhandl. d. Naturf. Gesellsch. in Basel, 1886.

101. Kowalevsky, A.— *Entwicklungsgeschichte des Amphioxus lanceolatus.* Mém. de l'Acad. r. des Sciences de Saint-Petersbourg, 7ᵉ série. XI, 1867.

102. Kowalewski, Miecz von. — *Die Gastrulation und die sogen. Allantois bei den Teleostiern.* Sitzungsber. d. physik-med. Societät zu Erlangen, 1886.

103. — *Ueber die ersten Entwicklungsprocesse der Knochenfische.* Zeitsch. f wiss. Zoologie XLIII, 1886.

104. Kupffer, C. — *Beobachtungen über die Entwicklung der Knochenfische.* Archiv. f. mikrosk. Anatomie IV, 1868.

104 (bis). — *Die Entstehung der Allantois und der Gastrula der Wirbelthiere.* Zoologischer Anzeiger II. 1879.

105. — *Das Ei von Arvicola arvalis.* Sitzungsber. d. bayr. Akad. d. Wissenschaft. 1882.

106. — *Die Gastrulation an den meroblastischen Eiern der Wirbelthiere und die Bedeutung des Primitivstreifs.* Arch. f. Anat. u. Entwicklungsgeschichte. 1882-1884.

107. — *Primäre Metamerie des Neuralrohrs der Vertebraten.* Sitzungsb. d. k. b. Akad. d. Wiss. zu München, 1885.

108. — *Die Befruchtung des Forelleneies.* Bayerische Fischerei-Zeitung. 1886.

109. KUPFFER und BENECKE. — *Der Vorgang der Befruchtung am Ei der Neunaugen.* Königsberg, 1878.

110. LANG, F. — *Kernfurchungen.* Virchov's. Archiv. LIV, 1871.

111. LEREBOULLET, M. — *Recherches sur le développement du Brochet, de la Perche et de l'Écrevisse.* Annales des Sciences nat. 4° série I, 1854.

112. — *Recherches d'embryologie comparée sur le développement de la Truite, du Lézard et du Limnée.* Annales des Sciences nat. 4° série XVI. 1861.

113. — *Recherches sur les monstruosités du Brochet.* Ann. des Sc. nat. XX. 1863.

114. LEUCKART. — Article *Zeugung* in Wagner's Handwörterbuch der Physiologie. IV. 1853.

115. LIEBERKUHN. N. — *Ueber die Keimblätter der Säugethiere.* Zur 50jährigen Doctor-Jubelfeier des Herrn Hermann Nasse. Marburg, 1879.

116. LIST, Jos H. — *Zur Herkunft des Periblastes bei Knochenfischen (Labriden).* Biolog. Centralblatt, VII, n. 9, 1887.

117. — *Zur Entwicklungsgeschichte der Knochenfische (Labriden*. Zeitsch. f. wiss. Zoologie. XLV. 1887.

118. MIESCHER. — Cité dans le mémoire de His (83).

119. MILNES MARSHALL. — *On the early stages of development of the nerves in Birds.* Journ. of Anat. a. Physiol., XI. 1877.

120. MUELLER, J. — *Ueber zahlreiche Porencanäle in der Eikapsel der Fische.* Müller's Archiv., 1854.

121. NUEL, P. J. — *Recherches sur le développement du Petromyzon Planeri.* Archives de Biologie. II. 1881.

122. OELLACHER, J. — *Beiträge zur Geschichte des Keimbläschens im Wirbelthieren.* Arch. f. mikr. Anat., VIII, 1872.

123. — *Beiträge zur Entwicklungsgeschichte der Knochenfische nach Beobachtungen am Bachforelleneie.* Zeitsch. f. wiss. Zoolog., XXII, 1873, et XXIII, 1873.

124. OWSJANNIKOW, Ph. — *Ueber die ersten Vorgänge der Entwickelung in den Eiern des Coregonus lavaretus.* Bulletin de l'Acad. imp. de Saint-Petersbourg. XIX, 1874.

125. — *Studien über das Ei hauptsächlich bei Knochenfischen.* Mém. de l'Acad. de Saint-Pétersbourg XXXIII, 1885.

126. PFLUEGER. — *Ueber den Einfluss der Schwerkraft auf die Theilung der Zellen.* Arch. f. d. ges. Physiol. XXXI, 1883.

127. PRÉVOST, J.-L., et DUMAS, J.-B. — *Développement de l'œuf des Batraciens.* Ann. des Sc. nat. II, 1824.

128. PRINCE, EDW.-E. — *The significance of the Yolk in the Eggs of Osseous Fishes.* Annals and Magazine of nat. History, XX, 1887.

129. RABL, C. — *Ueber die Bildung des Herzens der Amphibien.* Morpholog. Jahrbuch. XII, 1886.

130. — Cité par HERTWIG dans Lehrbuch der Entwicklungsgeschichte.

131. RABL-RUCKHARD. — *Zur Deutung und Entwickelung des Gehirns der Knochenfische.* Archiv f. Anat. und Entwick. 1882.

132. RASWANER, J. — *Ueber die erste Anlage der Chorda dorsalis.* Sitzungsb. Wien. Akad. LXXIII, 1876.

133. Rafaele. — *Uova e larve di Teleostei*. Bollotino della Società dei Naturalisti in Napoli. I, 1887.

134. Ranson, W. H. — *Observations on the Ovum of Osseous Fishes*. Philosophical Transactions. 1868.

135. Rathke, H. — *Bildungs-und Entwickelungsgeschichte des Blennius viviparus oder Schleimfisches*. Abhandl. z. Entw. II, 1833.

136. Rauber. — *Die erste Entwickelung des Kaninchens*. Sitzungsb. d. Naturf. Gesellschaft zu Leipzig. 1875.

137. — *Primitivstreifen und Neurula der Wirbelthiere*. Leipzig, 1877.

138. — *Die Lage der Keimpforte*. Zoologischer Anzeiger. 1879.

139. — *Formbildung und Formstörung in der Entwicklung von Wirbelthieren*. Morphol. Jahrbuch. V, 1879.

140. — *Noch ein Blastoporus*. Zoologischer Anzeiger, 1883,

141. — *Furchung und Achsenbildung bei den Wirbelthieren*. Zoologischer Anzeiger. 1883.

142. — *Neue Grundlegungen zur Kenntniss der Zelle*. Morphol. Jahrbuch. VIII. 1883.

214 bis. Reichert. — *Das Entwicklungsleben im Wirbelthierreiche*. Berlin, 1840.

143. — *Ueber die Müller-Wolf'schen Körper bei Fischembryonen und über die sogenannten Rotationen des Dotters im befruchteten Hechtsie*. Müller's Archiv, 1856.

144. — *Ueber die Mikropyle der Fischeier und über einen bisher unbekannten, eigenthümlichen Bau des Nahrungsdotters reifer und befruchteter Fischeier*. Müller's Archiv. 1856.

145. — *Der Nahrungsdotter des Hechteies: eine kontraktile Substanz*. Müller's Archiv. 1857.

146. Remak. — *Untersuchungen über die Entwicklung der Wirbelthiere*. Berlin 1850-1855.

147. Rieneck. — *Ueber die Schichtung des Forellenkeims*. Arch. f. mikr. Anat. V, 1869.

148. Romiti, G. — *Studi di embriogenia. I. Contribuzione allo studio dei foglietti embrionali*. Rivista clinica di Bologna. 1873.

149. Rosenberg. A. — *Untersuch. ß. die Teleostier-Niere*. Diss. Dorpat, 1867.

150. Rueckert, J. — *Zur Keimblattbildung bei Selachiern*. München, 1885.

151. — *Ueber die Anlage des mittleren Keimblattes und die erste Blutbildung bei Torpedo*. Anatom. Anzeiger. II, num. 4 et 6, 1887.

151 bis. Roux, W. — *Ueber d. Zeit d. Bestimmung d. Hauptrichtungen d. Froschembryo*. Leipzig. 1883.

152. Rusconi, M. — *Erwiderung auf einige kritische Bemerkungen des Herrn von Baer über Rusconi's Entwicklungsgeschichte des Froscheies*. Müller's Archiv, 1836.

153. — *Ueber die Metamorphosen des Eies der Fische vor der Bildung des Embryo*. Müller's Archiv, 1836.

154. Ryder, John-A. — *Development of the Silver Gar (Belone longirostris) with observations on the genesis of the blood in embryo Fishes, and a comparison of Fish ova with those of other Vertebrate*. Publ. of the United-States Fish Commission, I. 1891.

155. — *On the position of the Yolk-blastopore as determinated by the Size of the vitellus*. American Naturalist, 1885.

156. — *On the formation of the embryonic axis of the Teleostean-embryo by the concrescence of the rim of the blastoderm*. American Naturalist, 1885.

157. — *On the availability of embryological characters in the classification of the Cordata*. American Naturalist, 1885.

158. — *The Archistome-theory*. American Naturalist, 1885.

159. — *The origin of the Amnion*. American Naturalist, 1886.

160. — *On the earlier stages of cleavage of the blastodisk of Raia erinacea*. Bull. of the United States Fish Commission, 1886.

161. Sabatier, A. — *Sur les cellules du follicule et les cellules granuleuses chez les Tuniciers*. Recueil zoologique suisse, I, 1884.

162. — *Contribution à l'étude des globules polaires et des éléments éliminés de l'œuf en général (Théorie de la sexualité)*. Montpellier, 1884.

163. Salensky. — *Recherches sur le développement du Sterlet (Accipenser ruthenus*. Archives de Biologie, II, 1881.

164. Sarasin. — *Reifung und Furchung des Reptilieneies*. Arbeiten aus d. zool. zool. Inst. in Würzburg, VI, 1883.

165. Schapringer, A. — *Ueber die Bildung des Medullarrohres bei den Knochenfischen*. Sitzungsb. d. K. Akad. d. Wissensch. in Wien. II. Abth. 1871.

166. Schenk, S. L. — *Zur Entwickelungsgeschichte des Auges der Fische*. Sitzungsb. d. K. Akad. d. Wissensch. in Wien. 1867.

167. — *Die Eier von Raja quadrimaculata innerhalb der Eileiter*. Sitzungsber. d. Kais. Akad. d. Wissensch. in Wien. 1873.

168. Schultz, A. — *Beitrag zur Entwickelungsgeschichte der Knorpelfische*. Arch. f. mik. Anatomie, XIII, 1877.

169. Schultze, Max. — *Das System der Circulation*. Stuttgart, 1836.

170. — *De ovorum ranarum segmentatione*. Bonn., 1863.

171. Schultze, O. — *Untersuchungen über die Reifung und Befruchtung des Amphibieneies*. Zeitschr. f. wiss. Zoologie, XLV, 1886.

172. Scott, W. B. — *Beiträge zur Entwickelungsgeschichte der Petromyzonten*. Morphol. Jahrbuch, VII, 1882.

173. Sedgwick-Minot. — *Sketch of comparative Embryology*. American Naturalist. 1880.

174. Seessel. — *Zur Entwicklungsgeschichte des Vorderdarms*. Arch. f. Anat. u. Entwick. 1877.

175. Selenka, E. — *Keimblätter und Primitivorgane der Maus*, Wiesbaden, 1883.

176. — *Die Blätterumkehrung im Ei der Nagethiere*, Wiesbaden, 1884.

177. Semper, C. — *Das Urogenitalsystem der Selachier*. Arbeiten aus d. zool. zool. Institut Würzburg, II, 1876.

178. Shipley. — *On some points in the development of Petromyzon fluviatilis*. Quart. Journ. of. mic. Science, 1887.

179. Solger, B. — *Dottertropfen in der intracapsularen Flüssigkeit von Fischeiern*. Arch. f. mikr. Anat. XXVI, 1885.

180. Stockman, R. — *Die äussere Eikapsel der Forelle*. Mittheil. embryol. Institut. Wien. II, 1883.

181. Strahl, H. — *Ueber die Entwickelung des Canalis myeloentericus und der Allantois der Eidechse*. Arch. f. Anat. u. Physiol. Anat. Abth. 1881.

182. — *Beiträge zur Entwickelung von Lacerta agilis*. Arch. f. Anat. u. Physiol. Anat. Abth. 1882.

183. — *Beiträge zur Entwicklung der Reptilien*. Arch. f. Anat. u. Physiol. Anat. Abth. 1883.

184. — *Ueber Canalis neurentericus u. Allantois bei Lacerta viridis*. Arch. f. Anat. u. Phys. Anat. Abth. 1883.

185. Strasburger, E. — *Zellbildung und Zelltheilung*, Iena, 1880.

186. Stricker, S. — *Untersuchungen über die Entwicklung der Bachforelle*. Sitzungsb. der Wiener K. Akad. d. Wiss. LI, 1865.

187. Trinchese. — *I primi momenti dell' evoluzione nei Molluschi*. Atti d. R. Acad. dei Lincei, 1875.

188. Thomson, Allen. — Article *Ovum*, in Todt's Cyclopedia of Anat. and Physiol. V.

189. Ussow, M. — *De la structure des lobes accessoires de la moelle épinière de quelques Poissons osseux*. Archives de Biologie. III, 1882.

190. Valenciennes et Frémy. — *Recherches sur la composition des œufs dans la série des animaux*. Comptes rendus de l'Acad. des sciences, XXXVIII.

191. Vogt, C. — *Embryologie des Salmones*. Neufchâtel, 1842.

192. Waldeyer. — *Kierstock und Ei*. Leipzig, 1870.

193. — *Archiblast und Parablast*. Arch. f. mikrosk. Anatomie, 1883.

194. Waldeyer, M. — *Ueber das Verhalten der Zellkerne in den Furchungskugeln am Ei der Wirbelthiere*, Berichte des Naturwiss. med. Ver. in Innsbruck, XI. Jahrg. 1881.

195. Weil, C. — *Beiträge zur Kenntniss der Knochenfische*. Sitzungsb. d. Wiener k. Akad. der Wiss. LXVI. 1872.

196. Wenckebach, K. F. — *The development of the blood corpuscules in the embryo of Perca fluriatilis*. Journal of Anat. a. Physiol. XIX, 1885.

197. — *Beiträge zur Entwickelungsgeschichte der Knochenfische*. Arch. f. mik. Anat. XXVIII, 1886.

198. Whitman, C. O. — *A rare form of the Blastoderm of the Chick, and its Bearing on the Question of the Formation of Vertebrate Embryo*. Quart. Journ. of mic. Science : new Series XCI, 1883.

199. Wisne, J. W. Van. — *Die Betheilung des Ektoderms an der Entwicklung des Vornierenganges*. Zoologischer Anzelger. N. 226, 1886.

200. Ziegler, E. — *Die embryonale Entwickelung von Salmo Salar*. Diss. Freiburg. B., 1882.

201. — *Die Entstehung des Blutes bei Knochenfischembryonen*. Arch. f. mik. Anat. XXX, 1887.

202. — *Ueber die Gastrulation der Teleostier*. Tageblatt der 60. Versammlung deutscher Naturforscher und Aerzte zu Wiesbaden, n° 8, 1887.

EXPLICATION DES PLANCHES XVIII A XXI.

Planche XVIII.

Fig. 1. — Œuf ovarien de Truite, quelque temps avant la débiscence du follicule : eg, vésicule germinative; m, micropyle. L'œuf est vu par transparence après avoir été traité par l'acide acétique. G $\frac{9}{1}$.

Fig. 2. — Œuf de Truite, pris dans la cavité abdominale ou immédiatement après la ponte : g, germe; h, globules huileux. G $\frac{9}{1}$.

Fig. 3 — Fragment d'une coupe d'un œuf ovarien de Truite, dans la région du germe : ch, chorion; vg, vésicule germinative; a, globules plastiques finement granuleux; b, globules vitellins renfermant h, des gouttelottes huileuses. G $\frac{90}{1}$.

Fig. 4. — Fragment d'une coupe d'un œuf de Truite au moment de la ponte : ch, chorion; cc, couche corticale; h, globules huileux. G $\frac{90}{1}$.

Fig. 5. — Globules vitellins d'un œuf ovarien de Gymnote, à différents états de développement.

Fig. 6 et 6'. — Œufs d'Epinoche, une demi heure après la fécondation, montrant les déformations du vitellus produites par la contraction de la couche corticale pendant la concentration du germe.

Fig. 7 à 24. — Vues superficielles d'œufs de Truite depuis la fécondation jusqu'à la fermeture du blastoderme. Les œufs, durcis par l'acide chromique, ont été dépouillés du chorion et dessinés à la chambre claire. g, germe; b, blastoderme; e, embryon; v, vitellus; v', blastopore vitellin. G $\frac{9}{1}$.

Fig. 7. — Au moment de la fécondation.

Fig. 8. — Quatre heures après la fécondation.

Fig. 9. — Fin de la concentration du germe.

Fig. 10. — Segmentation du germe en quatre.

Fig. 11. — Segmentation avancée.

Fig. 12. — Fin de la segmentation.

Fig. 13. — Stade A.

Fig. 14. — Stade B.

Fig. 15. — Stade C.

Fig. 16. — Stade D.

Fig. 17. — Stade D'.

Fig. 18. — Stade E.

Fig. 19. — Stade F.

Fig. 20. — Stade G.

Fig. 21. — Stade G'.

Fig. 22. — Stade H.

Fig. 23. — Stade H'.

Fig. 24. — Embryon, lorsque le vitellus est entièrement recouvert par le blastoderme.

Fig. 25 à 46. — Différents stades de la segmentation du germe de l'œuf de Truite. Toutes ces figures ont été dessinées à la chambre claire sur des œufs fixés par l'acide chromique additionné d'acide acétique. Le vitellus sous-jacent au germe n'a pas été représenté. G $\frac{20}{1}$.

Fig. 25, 26 et 27. — Apparition du premier sillon de segmentation.

Fig. 28. — Stade II, irrégulier.

Fig. 29. — Stade II, régulier.

Fig. 30 et 31. — Commencement du stade IV.

Fig. 32. Stade IV, irrégulier.

Fig. 33. Stade IV, régulier.

Fig. 34. Stade IV, raniforme.

Fig. 35 et 36. — Stades VIII, irréguliers.

Fig. 37. — Stade VIII, régulier.

Fig. 38 et 39. — Stades VIII, tout-à-fait irréguliers.

Fig. 40. — Segmentation irrégulière.

Fig. 41. — Stade XVI, régulier.

Fig. 42 et 43. — Stades XVI, irréguliers.

Fig. 44 et 45. — Stades avancés de la segmentation.

Fig. 46. — Fin de la segmentation.

Fig. 47. — Stade A ; a, épaississement du bourrelet blastodermique correspondant au futur embryon; bb, bourrelet blastodermique. G $\frac{20}{1}$.

Fig. 48. — Stade B. Portion du blastoderme comprenant l'écusson embryonnaire. bc, bourgeon caudal; bb, bourrelet blastodermique. G $\frac{20}{1}$.

PLANCHE XIX.

SIGNIFICATION DES LETTRES.

a. Vésicule auditive.

bb. Bourrelet blastodermique.

bc. Bourgeon caudal.

be. Bordure embryonnaire.

c. Cerveau.

ca. Cordon axial.

cd. Corde dorsale.

cg. Cavité germinative.

e. Ectoderme.

ep. Ectoderme primaire.

es. Ectoderme secondaire.
k. Vésicule de Kupffer.
m. Sillon médullaire.
ms. Segments métamériques du cerveau postérieur.
ms. Mesoderme.

o. Vésicule optique.
p. Parablaste.
pt. Protovertèbres.
va. Vésicule cérébrale antérieure.
vm. » » moyenne.
vp. » » postérieure.

Fig. 49. — Stade C. Portion du blastoderme comprenant l'écusson embryonnaire. G $\frac{90}{1}$.

Fig. 50. — Stade C, dans lequel le sillon médullaire est largement ouvert en avant. G $\frac{90}{1}$.

Fig. 51. — Stade D. G $\frac{90}{1}$.

Fig. 52. — Stade D'. G $\frac{90}{1}$.

Fig. 53. — Stade E. G $\frac{90}{1}$.

Fig. 54. — Embryon du stade E, détache du vitellus, coloré au carmin, monté dans le baume, et vu par transparence. *c*, carène nerveuse. G $\frac{90}{1}$.

Fig. 55. — Stade F. G $\frac{90}{1}$.

Fig. 56. — Embryon du stade F, détaché du vitellus, coloré au carmin, monté dans le baume, et vu par transparence. G $\frac{90}{1}$.

Fig. 57. — Stade F'. G $\frac{90}{1}$.

Fig. 58. — Stade G. G $\frac{90}{1}$.

Fig. 59. — Stade H. *bv*, blastopore ou trou vitellin.

Dans les figures de 65 à 87, les cellules n'ont pas été représentées sur les coupes. Le mésoderme a une teinte plus foncée que celle des deux autres feuillets. G $\frac{25}{1}$.

Fig. 65 à 74. — Coupes transversales du stade C; les coupes sont indiquées dans l'ordre numérique d'arrière en avant.

Fig. 75. — Coupe longitudinale médiane du stade C.

Fig. 76 à 80. — Coupes transversales du stade D; les coupes sont indiquées dans l'ordre numérique d'arrière en avant.

Fig. 81. — Coupe longitudinale médiane du stade D.

Fig. 82. — Coupe longitudinale latérale du stade D.

Fig. 83. — Coupe longitudinale médiane du stade F.

Fig. 84. — Coupe longitudinale latérale du stade F.

Fig. 85. — Coupe longitudinale du stade F, encore plus éloignée du plan médian.

Fig. 86. — Coupe longitudinale médiane du stade H.

Fig. 87. — Coupe longitudinale latérale du stade H.

Fig. 88. — Coupe optique du bourrelet blastodermique d'un embryon de Perche, observé à l'état vivant. *p*, parablaste.

PLANCHE XX.
SIGNIFICATION DES LETTRES
pour les Fig. 60 à 64.

es. Couche enveloppante.
h. Globules huileux.
ne. Noyaux des spheres de segmentation.

np. Noyaux du parablaste.
p. Parablaste.
s. Sillons de segmentation.
v. Vitellus.

Fig. 60. — Coupe transversale d'un germe de Truite au stade II de la segmentation. Acide osmique. G $\frac{100}{1}$.

Fig. 61. — Coupe d'un germe au stade XVI. Acide osmique. G $\frac{100}{1}$.

Fig. 62. — Coupe d'un germe dont la segmentation est assez avancée. Liquide de Kleinenberg. G $\frac{100}{1}$.

Fig. 63. — Coupe d'un germe plus avancé. La couche enveloppante est déjà distincte à la surface du germe. a, cellule se détachant du parablaste. Liquide de Kleinenberg. G $\frac{100}{1}$.

Fig. 64. — Fragment d'un germe détaché du vitellus avec le parablaste, et vu par transparence. Les cellules du germe ont été en partie enlevées pour montrer le fond de la capsule parablastique. G $\frac{100}{1}$.

SIGNIFICATION DES LETTRES
pour les figures 89 à 116.

an.	Axe nerveux.	i.	Intestin.
bb.	Bourrelet blastodermique.	k.	Vésicule de Kupffer.
bc.	Bourgeon caudal.	ll.	Ligne latérale.
e.	Cerveau.	m.	Moelle épinière.
ca.	Cordon axial.	mi.	Masse intermédiaire.
cd.	Corde dorsale.	ms.	Mésoderme.
ce.	Couche enveloppante.	n.	Nerf.
d.	Cœlome.	na.	Nerf auditif.
co.	Cœur.	p.	Parablaste.
cr.	Cristallin.	ri.	Pli endodermique.
e.	Ectoderme.	sp.	Splanchnopleure.
e'.	Épiderme.	st.	Somatopleure.
ep.	Endoderme primaire.	t.	Tige subnotochordale.
es.	Endoderme secondaire.	va.	Vésicule auditive.
g.	Globules sanguins.	vo.	Vésicule optique.
gp.	Globules parablastiques.	w.	Canal de Wolff.

Fig. 89. — Coupe longitudinale d'un germe de Truite au moment de la réflexion de l'ectoderme pour former l'endoderme primaire. (ce indique par erreur la couche enveloppante). G $\frac{100}{1}$.

Fig. 90. — Coupe transversale du bourgeon caudal au stade C. G. $\frac{100}{1}$

Fig. 91. — Coupe transversale de la région moyenne d'un embryon au stade C. Cette figure représente la portion médiane de la fig. 69 plus grossie. l, lacunes dans l'endoderme primaire. G $\frac{100}{1}$.

Fig. 92. — Partie médiane de la fig. 76, montrant le cordon axial. Stade D. G $\frac{100}{1}$.

Fig. 93. — Partie médiane de la fig. 78, montrant la différenciation de la corde dorsale et des lames mésodermiques, aux dépens de l'endoderme primaire. Stade D. G $\frac{100}{1}$.

Fig. 94. — Portion médiane de la fig. 80, montrant l'extrémité antérieure du cordon axial. G $\frac{100}{1}$.

Fig. 95. — Coupe transversale du stade F, en arrière des vésicules auditives. H $\frac{100}{1}$.

Fig. 96. — Coupe transversale du stade F, dans la partie postérieure de l'embryon. G $\frac{100}{1}$.

Fig. 97. — Coupe transversale du trou vitellin, au stade H. G $\frac{100}{1}$.

Fig. 98. — Coupe de la même région, montrant la fusion des deux bourrelets blastodermiques. G $\frac{100}{1}$.

Planche XXI.

Fig. 99. — Coupe transversale du stade G, au niveau des vésicules optiques. G $\frac{100}{1}$.

Fig. 100. — Coupe transversale du stade G, au niveau des vésicules auditives. G $\frac{100}{1}$.

Fig. 101. — Coupe transversale du stade G', en arrière des vésicules auditives. G $\frac{100}{1}$.

Fig. 102. — Coupe transversale du stade F', au niveau de la vésicule de Kupffer. G $\frac{100}{1}$.

Fig. 103. — Coupe transversale du stade H, au niveau du pédoncule des vésicules optiques. G $\frac{100}{1}$.

Fig. 104. — Coupe transversale du stade H, au niveau des vésicules auditives. G $\frac{100}{1}$.

Fig. 105. — Coupe transversale du stade H, en arrière des vésicules auditives. G $\frac{100}{1}$.

Fig. 106. — Coupe transversale du stade H, dans la région moyenne de l'embryon. G $\frac{100}{1}$.

Fig. 107. — Coupe transversale du stade H, au niveau de la vésicule de Kupffer. G $\frac{100}{1}$.

Fig. 108. — Coupe longitudinale de la partie postérieure d'un embryon du stade F. G $\frac{100}{1}$.

Fig. 109. — Coupe longitudinale de la partie postérieure d'un embryon à la fin du stade H, après la fermeture du blastoderme. bb, bourrelet blastodermique soudé au bourgeon caudal. G $\frac{100}{1}$.

Fig. 110. — Portion médiane d'une coupe transversale du stade D, dans le milieu de l'embryon, montrant la disposition des cellules dans les différents feuillets. G $\frac{150}{1}$.

Fig. 111. — Fragments d'une coupe sagittale du stade H, montrant les rapports du pharynx avec la vésicule auditive. G $\frac{100}{1}$.

Fig. 112. — Fragment d'une coupe transversale du stade G, dans la région moyenne de l'embryon montrant la différenciation de la lame mésodermique en protovertèbre et lame latérale. G $\frac{150}{1}$.

Fig. 113. — Coupe transversale dans la région du cerveau moyen, après la fermeture du blastoderme. G $\frac{100}{1}$.

Fig. 114. — Fragment d'une coupe transversale du stade H, au niveau des vésicules auditives, montrant les deux rudiments cardiaques. G $\frac{100}{1}$.

Fig. 115. — Fragment d'une coupe du même stade, montrant la formation d'une fente branchiale. G $\frac{150}{1}$.

Fig. 116. — Cavité du parablaste situé au-dessous de l'embryon et renfermant des globules parablastiques. G $\frac{200}{1}$.

PNEUMO-ENTÉRITE DES PORCS

PAR

M. V. CORNIL
Professeur d'anatomie pathologique
à la Faculté de médecine
de Paris.

ET

A. CHANTEMESSE
Préparat. au Laboratoire d'anatomie
pathologique,
Médecin des hôpitaux.

(PLANCHES XXII A XXIV)

La pneumo-entérite des porcs *(typhoid fever, enteric fever of pigs; blue disease, red soldier, measles, pig distemper, Schweine-seuche, Swine-plague, Hog cholera, Swine-pest)* est une maladie épidémique, infectieuse, éminemment contagieuse par les voies respiratoires et digestives, et par l'inoculation, causée par une bactérie spéciale, et qui se caractérise anatomiquement par des lésions inflammatoires du poumon, des bronches et de l'intestin, par de la pneumonie et de l'entérite pseudo-membraneuse et ulcéreuse. Elle n'a été séparée du rouget, avec lequel elle était confondue, que depuis un petit nombre d'années. Les ravages qu'elle cause, aussi bien dans le nouveau monde qu'en Europe, ont sollicité l'attention des vétérinaires et des gouvernements. Aussi a-t-elle été l'objet de travaux importants que nous allons tout d'abord énumérer. Nous étudierons ensuite successivement son étiologie, ses symptômes, son anatomie pathologique et sa prophylaxie.

HISTORIQUE ET ÉTIOLOGIE. — Bien que cette maladie n'ait été reconnue et isolée que depuis peu de temps, il est certain que les vétérinaires l'ont observée maintes fois dans les pays où son origine paraît toute récente. En 1857, Renault et Reynal, dans leur article *charbon* du *Nouveau Dictionnaire*, en ont donné une description incomplète sous le nom de maladie rouge, érysipèle gangrèneux, gastro-entérite charbonneuse. En 1858, la maladie des porcs de l'Amérique du Nord, dont l'histoire est rapportée par Sutton dans la *Chirurgical Review*, est très vraisemblablement la pneumo-entérite. En Allemagne, l'existence de la pneumo-entérite est indiquée dès l'année 1875 par Roloff, qui croyait qu'elle appartenait au domaine de la tuberculose (1). Il suffit de lire la description qu'il donne de l'entérite scrofulo-ulcéreuse pour reconnaître immédiatement les allures, les symptômes et les lésions intestinales et pulmonaires de la pneumo-entérite.

Avec les travaux de Klein (2) commencent les études expérimentales et microbiologiques. Klein a donné une bonne description de la maladie et des altérations anatomiques. Il a montré que son nom de fièvre typhoïde n'impliquait pas une identité avec la fièvre typhoïde de l'homme, car les ulcérations, chez le porc, ne se voyaient que dans le gros intestin; enfin, il a observé les tuméfactions ganglionnaires du mésentère et du médiastin, et il signale expressément les altérations des poumons qui, dit-il, sont plus fréquentes que celles de la peau. Les recherches de Klein sur le microbe pathogène de la maladie furent moins heureuses; il regardait comme l'agent spécifique un grand bacille aussi volumineux que le bacillus subtilis.

Le premier auteur qui paraît avoir reconnu exactement le microbe de la pneumo-entérite est Detmers (3). Il a attribué la cause du swine-plague americain à son *bacillus suis*.

En 1882, Lœffler (4) ayant pratiqué l'autopsie d'un porc considéré comme atteint de rouget, trouva des bactéries ovoïdes rappelant l'aspect des bactéries de la septicémie du lapin et en fit des cultures qui différaient tout à fait de celles du rouget. Il les inocula à des souris, à des lapins et à des cobayes qui en moururent. Schütz, en 1885, eut l'occasion d'examiner les pièces d'un porc sur lesquelles il constata les mêmes bactéries ovoïdes et diplobactéries que Lœffler. Il inocula des souris, des lapins, des pigeons et des cobayes. Les souris moururent le lendemain avec de l'œdème sous-cutané, une hypertrophie de la rate, un hypérémie du poumon. Elles montraient, dans le sang et dans tous les organes, les mêmes bactéries. Les lapins moururent en deux jours. Les pigeons inoculés n'en éprouvaient

(1) Roloff. *Die Schwindsucht, fettige Degeneration, Scrophulose und Tuberculose bei Schweinen 1875.*
(2) *Vétérinary Journal*, vol. 5, 1877.
(3) *Commissionner's annual Report for 1878.*
(4) *Arbeiten aus dem kaiserlichen Gesundheitsamte*, Berlin, t. 1, 1886.

aucun trouble, ce qui distinguait bien nettement cette maladie
du rouget. L'examen microscopique montrait dans le sang et
dans les organes des animaux une quantité énorme de bactéries immobiles de dimensions variables ovoïdes, ou en
petits bâtonnets, souvent en huit de chiffre avec des extrémités polaires colorées. Les poumons des cochons présentaient les signes anatomiques de la pneumonie, des noyaux
rouge jaunâtre de broncho-pneumonie, farcis de bactéries qui
existaient aussi dans la plèvre, le péricarde et le péritoine.
Avec une grande quantité de culture il a pu tuer aussi des
pigeons. Schütz conclut de ces observations qu'il s'agissait
d'une maladie infectieuse du porc, n'ayant aucune relation
avec le vrai rouget. Elle se montra épidémiquement, si bien
qu'une porcherie perdit 200 porcs.

Pour étudier le mode de contagion, il pulvérisa dans une
grande cage où il avait mis des porcs, des fragments d'organes
atteints et mêlés au liquide pulvérisé. Beaucoup de porcs ainsi
traités moururent de pneumonie ; d'autres succombèrent avec
des ganglions lymphatiques hypertrophiés, en partie caséeux
de la racine des bronches ou des tumeurs caséeuses semblables à des masses tuberculeuses dans d'autres organes, et
même dans les jointures. Dans ces nodules caséeux, il ne dé-
couvrit pas de bacilles de la tuberculose, mais bien des masses
du petit bacille ovoïde. Les cultures qu'il en fit sur la gélatine
et l'agar reproduisaient le même microbe et des accidents
chez les animaux auxquels il les inocula. Les cultures faites
à la température de la chambre possédaient les mêmes
propriétés que celles faites sur sérum à 37° ; cependant ces
dernières offrirent un affaiblissement de leur virulence au bout
de trois semaines, si bien que les souris ne mouraient que
quatre à cinq jours après l'inoculation.

La conclusion de ce premier travail de Schütz fut qu'il avait
affaire à une maladie nouvelle des porcs, une pneumonie infectieuse ; il avait constaté que le vaccin du rouget ne possédait
aucune action préservatrice vis-à-vis d'elle. Dans son mémoire,
Schütz croit qu'il a observé la même maladie et le même
microbe que Lœffler. — Mais Lœffler affirme que son microbe
ne se cultive pas sur la pomme de terre, et Schütz dans tout
son travail n'indique pas une seule fois si la culture sur pomme

de terre échoue ou réussit. — Ce point est cependant assez important, car il n'est point sûr que Lœffler et Schütz aient eu affaire exactement à la même maladie. — Il existe en effet en Allemagne une affection décrite par Bôllinger sous le nom de Wild-Seuche qui attaque les daims, le bétail et les porcs, et qui les tue en deux ou trois jours avec des suffusions sanguines et un œdème très considérable du tissu cellulaire sous-cutané. Cette maladie est causée par un microbe isolé par Kitt qui ressemble extrèmement par ses caractères bactériologiques au microbe de la Schweine-seuche. La différence consisterait en ce que l'organisme de la Schweine-seuche parmi les gros animaux ne tue que les porcs, qu'elle les tue beaucoup plus lentement et qu'enfin elle ne fait pas apparaître chez les animaux inoculés un œdème sous-cutané. Au dire de Billings (1). Schütz aurait observé et décrit sous le même nom deux maladies, la première qui n'était pas autre chose que des cas de Wild-Seuche, la seconde, qui régnait à Pülitz et qui était bien le vrai swine-plague américain de Detmers. — Les travaux de Roloff publiés depuis dix ans indiquaient d'ailleurs que la maladie existait en Allemagne.

Salmon (2) a eu l'occasion de voir, sur le vaste champ d'observation des Etats-Unis d'Amérique, une quantité de faits de maladies épidémiques du porc qu'il a désignées en 1885 sous le nom de swine-plague, le même nom que Detmers. Il a isolé et cultivé un microbe analogue à celui de Lœffler et Schütz. Il a décrit excellemment les lésions observées, portant non seulement sur le poumon, mais aussi sur l'intestin qui présente des ulcérations plus ou moins considérables limitées surtout au-dessous de la valvule iléo-cæcale, dans le cæcum et dans le gros intestin. L'année suivante, en 1886, Salmon et Smith ont donné le nom de hog-choléra, choléra des porcs, à la maladie surtout localisée sur l'intestin qui avait d'abord été englobée sous le nom de swine-plague et ils réservent cette dénomination de swine-plague à une maladie qu'ils auraient récemment séparée du hog-choléra et qui ne serait autre que la schweine-seuche de Schütz. Le hog-choléra qui est la principale maladie

(1) Swine-plague. — Journal Compang. — State printers, 1888.
(2) Reports of the commissioner of agriculture, 1885.
(3) Ibid.

étudiée par les auteurs américains est une affection essentiellement contagieuse et épidémique caractérisée par la diarrhée,
l'amaigrissement, la faiblesse croissante et terminée par la mort
dans un temps très variable, suivant des conditions qui paraissent tenir à des variations du degré de virulence. En effet, la
maladie prise spontanément peut durer de quelques jours à
plusieurs semaines et même à plusieurs mois. Il est difficile
de différencier cette maladie du rouget par les seuls symptômes, car la peau présente, plus ou moins régulièrement,
une couleur rouge disséminée sur le cou, sur le ventre, ou
généralisée.

Salmon a très bien décrit à l'œil nu les lésions de l'intestin
qui prédominent en général sur les altérations du poumon dans le
hog-choléra. A la diarrhée souvent sanguinolente correspondent
des lésions de l'intestin atteint d'ulcérations nécrosiques au
niveau de la muqueuse du cæcum ou du gros intestin; un
épaississement inflammatoire de la muqueuse, une infiltration
et des extravasations sanguines de la séreuse du gros intestin
et de l'estomac; une congestion hémorrhagique de la rate,
des lésions inflammatoires et ecchymotiques du rein. La congestion du foie, le gonflement inflammatoire des ganglions
du mésentère s'observent fréquemment; des noyaux d'hépa-
tisation pulmonaire surviennent d'habitude à la fin de la
maladie.

D'après Salmon, l'examen du sang et des organes dans les
cas chroniques est souvent négatif ou douteux, mais dans les
cas aigus on trouve à peu près partout, et surtout dans la rate,
un petit bacille ayant la forme ovale, facile à colorer par la
solution aqueuse du violet de méthyle. Le centre du bacille
est toujours un peu plus pâle que le contour et les extrémites.
Sa longueur un peu variable suivant les milieux est d'environ
1μ 2, à 1μ 5. sa largeur est de 0μ 5, à 0μ 6.

Ce bacille est mobile, ce qui le différencie des microbes
du rouget et d'autres maladies du porc. Il se développe assez
péniblement sur la gélatine qu'il ne liquéfie pas. Après quarante-
huit heures, il forme, à la surface des plaques, des colonies
visibles à la loupe, d'aspect pâle, à bords nettement définis,
irréguliers, avec une légère saillie vers le centre. Dans les tubes
à gélatine ensemencés par piqûre, il donne de petites colonies

qui ne dépassent jamais, même là où elles sont le plus écartées, la grosseur d'une tête d'épingle. Les cultures dans les meilleurs liquides. bouillon, lait, lui conviennent mieux. Il se multiplie aussi dans l'eau. Sur la pomme de terre, il donne un enduit qui est d'abord de couleur chocolat et qui finit par se foncer en recouvrant toute la surface. Il ne résiste pas à l'action de la chaleur, et lorsqu'on chauffe une culture liquide pendant quinze à vingt minutes à 58°, elle est stérilisée. Il n'y aurait par conséquent pas de spores. La dessication le tue difficilement; il résiste en effet à la dessiccation de dix jours à deux mois. Les antiseptiques proposés et recommandés par M. Salmon sont : l'acide phénique, l'acide sulfurique et le sulfate de cuivre.

Salmon a expérimenté sur beaucoup d'animaux. La souris meurt rapidement avec une légère réaction locale au point d'inoculation, et l'on retrouve les bactéries dans le sang et dans tous les organes. On peut aussi la faire mourir en lui faisant absorber des bacilles par le tube digestif. Un lapin est mort en 4 jours avec congestion de la rate et de l'estomac et des bacilles dans tous les organes. Les cochons d'Inde sont très sensibles. Inoculés avec une faible dose de culture, ils meurent en 8 à 10 jours, et plus tôt si la dose est plus considérable. Le foie et la rate sont remplis de bacilles. Il y en a moins dans les reins et les poumons, et encore moins dans le sang du cœur.

Le pigeon est à la limite des animaux sensibles à ce virus. Avec une dose moyenne 0^{cc},50 à 0^{cc},75, il ne meurt qu'une fois sur quatre. Avec une dose plus considérable on parvient à le tuer.

Les poules sont réfractaires, l'inoculation de cultures ne produisant chez elles qu'une légère réaction locale.

Salmon a inoculé en 1885, par la voie sous-cutanée, des cultures à une première série de porcs qui ont tous succombé. En 1886 il a inoculé sous la peau, en vue de vaccination préventive, une seconde série de porcs, une première fois avec une faible dose de culture virulente, une seconde fois avec une dose plus forte. Sur le grand nombre de porcs de cette seconde série, 5 seulement ont succombé. Mais les animaux de cette seconde série n'avaient pas été réellement vaccinés, car tous ont succombé plus tard lorsqu'on les eut placés dans des

étables qui renfermaient des porcs malades, lorsqu'on leur eut
fait manger des intestins de porcs ayant succombé à la maladie.
Si l'inoculation sous-cutanée des cultures est rarement mortelle, l'inoculation pratiquée avec le sang d'un animal mort
du choléra semble l'être davantage. De tous les modes d'infection, le meilleur est celui qui consiste à faire manger aux animaux des fragments d'intestin provenant de porcs infectés.
Salmon a tenté plusieurs modes de vaccination, en donnant
des doses d'abord faibles puis plus considérables du virus le
plus actif; mais toutes ses efforts ont échoué; aucun de ces
animaux n'a résisté à l'épreuve de l'alimentation avec des
débris d'intestin malade. Le seul résultat auquel il soit arrivé
dans cette voie de la vaccination, a été de rendre les pigeons
réfractaires en leur faisant une première injection d'une faible
quantité de virus chauffé à 58°. Mais on sait que les pigeons
sont très résistants et ne deviennent malades qu'avec une
grande quantité de virus.

Telles sont les conclusions de Salmon au sujet du Hog-Choléra. Quant à l'autre maladie qu'il a séparée du Hog-Choléra,
qui serait aussi fréquente que lui et qu'il désigne désormais
sous le nom de Swine-plague, elle est occasionnée par un microbe tellement semblable au premier que le microscope ne
parvient pas à les différencier. Il se distinguerait cependant
par ses propriétés, car il serait immobile, il ne donnerait pas de
cultures sur la pomme de terre et il ne produirait chez les
porcs qu'une pneumonie sans lésions intestinales importantes.

Des différences d'action aussi nettes entre ces deux microbes
devraient faire admettre sans hésiter l'existence de deux mala-
ladies distinctes. Mais quand on lit les expériences de Salmon,
on ne découvre pas des observations qui emportent une conviction. Salmon avoue que le Hog-Choléra est souvent compliqué
de pneumonie. D'autre part Billings, directeur du laboratoire
de pathologie biologique à l'université de l'État de Nebraska,
dans un livre récent, s'élève vivement contre les affirmations
de Salmon. Billings soutient qu'il n'existe en Amérique que le
Swine-plague de Detmers (Hog-Choléra de Salmon), causé par
un bacille isolé par Detmers en 1878, reconnu par nous-mêmes
à Gentilly et à Marseille en 1887, décrit aussi par Billings
en 1888 et par Rietsch, Joubert et Martinaud cette année-ci.

ÉPIZOOTIE DE GENTILLY.

Il s'agit de la pneumo-entérite qui, en France, depuis 1883, a fait de grands ravages dans les porcheries des nourrisseurs de Gentilly ; tous les efforts tentés contre elle, et en particulier le vaccin de rouget, ont été infructueux.

Au printemps de 1887, nous avons étudié cette maladie dans les étables de M. Gourbeyre, à Gentilly. Voici la description que nous en avons donnée sous le nom de pneumonie contagieuse ou pneumo-entérite (1).

Au début de la maladie, les animaux sont fatigués et restent couchés ; en même temps apparaissent la toux et la gêne respiratoire. La fièvre s'élève, l'appétit diminue et l'amaigrissement fait des progrès. La peau du ventre et du flanc présente souvent une teinte rougeâtre qui a fait confondre la maladie avec le rouget ; la peau du cou offre des plaques noirâtres dues à l'accumulation de poussières et d'impuretés, au niveau desquelles les poils tombent ou s'arrachent facilement. Les animaux sont couchés, silencieux, et ne poussent de grognements plaintifs que lorsqu'on les déplace. Dès le début, on observe de la diarrhée muqueuse, blanchâtre, fétide, qui tantôt persiste jusqu'à la fin de la maladie, tantôt est remplacée par de la constipation. La durée totale de la maladie varie de 20 à 30 jours. Elle se distingue du rouget par sa lenteur, par la prédominance des symptômes pulmonaires et par les caractères des micro-organismes qui la causent. Tous les animaux sont malades, mais quelques-uns ne meurent pas et contractent dès lors l'immunité.

A l'autopsie, on trouve, dans les deux poumons, des noyaux de broncho-pneumonie et des ulcérations du gros intestin. Les ensemencements faits avec le sang et la rate ont été stériles, fertiles avec le suc du poumon et du foie. La culture ne liquéfie pas la gélatine. Elle donne sur la surface une tache transparente, tantôt épaisse et ramassée et tantôt étalée. Lorsque les colonies sont clairsemées, elles prennent une apparence très élégante, rappelant un ouvrage de ciselure formé de cercles concentriques reliés par de fines dentelles. Sur l'agar, tache laiteuse bordée

(1) Cornil et Chantemesse. Note, acad. des sciences, décembre 1887.

Fig. 3

d'une dentelle; dans le bouillon, pas de caractères particuliers; sur la pomme de terre, culture abondante de couleur grise. Toutes ces cultures contiennent à l'état de pureté le même microbe. C'est une petite bactérie ovale, ou un bâtonnet terminé par des extrémités ovalaires. Il mesure 1μ à 2μ de

Fig. 1. — Culture de la pneumo-entérite des porcs sur gélatine.

longueur, sur $0\mu,3$ à $0\mu,4$ de diamètre. Il est mobile, aérobie et facultativement anaérobie.

Nous avons inoculé avec ces cultures des porcs, des lapins, des cobayes, des souris, des pigeons.

Le 1er juillet 1887, un porc reçut dans le poumon droit 1/4 de centimètre cube d'une culture récente dans le bouillon, in-

jectée avec la seringue de Pravaz. Le 2 juillet, l'animal paraît
manifestement malade, il mange peu, reste couché, la température marque 40°. Les jours suivants, l'animal est pris de
diarrhée, il maigrit et la respiration est plus rapide que normalement. Au point d'inoculation, on entend dans le poumon des
râles crépitants fins et sous-crépitants qui n'existent pas du
côté opposé. La peau se recouvre de plaques noires dues à
des impuretés. L'animal succombe le 28 juillet. A l'autopsie,
le poumon droit est atteint de broncho-pneumonie généralisée.
Le poumon gauche présente quelques lobules hépatisés. Les
reins montrent une néphrite intense. L'urine est albumineuse.

Le gros intestin est parsemé d'ulcérations et de tumeurs
solides saillantes à la surface de la muqueuse et colorées en
noir (voyez Pl. XXII, fig. 4), variant du volume d'une petite noix
à une lentille. La plupart des glanglions lymphatiques sont
tuméfiés. Dans le suc obtenu par le raclage du poumon, des
ganglions, des tumeurs intestinales, du foie, de la rate, des
reins, dans l'urine, la bile et le sang, on trouve à l'état de pureté le microbe inoculé. Il se montre en abondance dans les
matières fécales. Un second porc inoculé mourut également
avec de la pneumonie et des ulcérations intestinales.

Les mêmes cultures tuaient en peu de jours les lapins, les
cobayes, les souris. Les pigeons se montrèrent réfractaires.

Fig. 3.

Dans le sang des souris, le microbe pullule abondamment. Il
y prend des dimensions un peu plus grandes et montre un
espace clair à son centre, quand il est coloré avec le bleu de mé-
thylène. Il se voit dans le plasma sanguin et dans les globules blancs (1) où l'on découvre parfois cinq ou six bâton-
niste ou même plus, agglomérés dans une cellule lymphatique.

(1) Cornil et Chantemesse, note ac. des sc. 19 décembre 1887, et 27 février
1888, Société de Biologie, 24 décembre 1887.

Nous avons étudié les *propriétés biologiques* du micro-organisme isolé dans le virus des porcs de Gentilly. Il se cultive à la température de 18° à 45° sans produire de *spores*. Ces cultures, maintenues longtemps à la température de 30°, meurent lorsqu'elles sont chauffées pendant un quart d'heure à la température de 58°.

La *dessication* ne détruit que très difficilement ce virus. Deux gouttes de culture étalées dans un tube de verre stérilisé, désséchées rapidement et maintenues à 20° pendant quinze jours, sont encore fertiles lorsqu'on les sème dans un milieu nutritif. La *congélation* des cultures ne les tue pas.

Le microbe se cultive et se reproduit très facilement dans l'*eau stérilisée*, où il vit pendant plus de quinze jours.

Pour essayer l'action des *antiseptiques* sur ce virus, nous avons ajouté à une quantité donnée de culture virulente dans du bouillon une quantité égale de la solution antiseptique à étudier. Nous faisions ensuite, avec ce mélange, des ensemencements sur différents milieux nutritifs, au bout de quelques minutes, d'un quart d'heure ou d'une heure. Nous constations ainsi la fertilité ou l'infertilité du mélange.

Les solutions aqueuses saturées de sulfate de fer, de chlorure de zinc, d'eau de chaux, d'acide picrique, d'ammoniaque, et de sel marin, n'ont aucune action après une heure de contact.

L'essence de térébenthine pure', le sublimé à $\frac{1}{500}$, seul ou additionné d'acide chlorhydrique à $\frac{5}{1000}$, le biiodure de mercure à $\frac{0.5}{1000}$ additionné d'acide tartrique à $\frac{5}{1000}$, l'acide phénique à $\frac{1}{20}$, l'acide salicylique à $\frac{1}{100}$, les acides sulfurique, nitrique, chlorhydrique à $\frac{1}{100}$ ne détruisent pas l'activité de ce microbe après une heure de contact.

L'alcool absolu et la solution de sulfate de cuivre à $\frac{1}{5}$ arrêtent tout développement au bout d'une heure.

L'acide oxalique en solution aqueuse saturée, la soude caustique, l'iodoforme en solution alcoolique, les acides chlorhydrique, nitrique et sulfurique à $\frac{1}{5}$ tuent ce micro-organisme en un quart d'heure.

Les vapeurs de chlore détruisent ce virus en moins d'une heure.

Le sublimé à $\frac{1}{5000}$, agissant en dehors d'un milieu albuminoïde, par exemple sur des cultures développées à la surface des pommes de terre, les stérilise en deux minutes. Mais nous devons faire remarquer que ce microbe, considéré comme agent de la contagion, est presque toujours protégé contre le sublimé par les substances albuminoïdes qui l'entourent.

Aussi de toutes les substances antiseptiques, celle qui nous a paru la plus efficace, et que nous recommandons, consiste dans le mélange suivant : eau, 100 grammes ; acide phénique, 4 grammes ; acide chlorhydrique, 2 grammes Ajouté en parties égales à une culture, celle-ci est stérilisée en moins d'une minute.

Pour obtenir une *atténuation* du virus de Gentilly, nous avons fait agir simultanément l'air et la chaleur. Nous avons choisi une température qui surpassât un peu celle de son développement normal. Nous cherchions à obtenir des modifications lentes pour qu'elles fussent durables. Nous avons pris la température de 43°, en faisant des réensemencements fréquents des cultures.

Au bout de trente jours de chauffage constant, les cultures paraissent n'avoir perdu aucune de leurs qualités virulentes ; elles offrent seulement cette particularité de ne plus donner de matière colorante sur la pomme de terre. Ensemencées sur des milieux favorables laissés à l'étuve, elles donnent des cultures filles qui tuent en quelques jours les cobayes et les lapins. Les animaux meurent avec une infiltration de sang et de fibrine au lieu d'inoculation, des noyaux de broncho-pneumonie, des plaques fibrineuses sur le foie et la rate, une diarrhée abondante et des lésions rénales. Le sang et l'urine contiennent beaucoup de microbes. Il en est de même après 54 jours de chauffage.

Après 74 jours, le virus est notablement modifié. Les cultures se développent avec les mêmes caractères morphologiques, mais elles ne tuent pas toujours les lapins. Il apparaît, au point d'inoculation, au bout de 2 ou 3 jours, une tuméfaction accompagnée de rougeur ; la peau se perfore, laisse échapper un magma caséeux et la plaie se cicatrise. Quelquefois, cependant, les animaux finissent par succomber avec une infection liée à la présence du micro-organisme dans le sang.

Au bout de 90 jours de chauffage, l'atténuation est suffisante pour que le virus ne tue plus les cobayes et ne leur donne qu'un abcès sous-cutané. Les lapins ne présentent pas toujours cette lésion locale.

Les cultures filles de ce virus se développent très bien et se transmettent les unes aux autres leurs qualités. Avec ce virus atténué, il est facile de donner aux cobayes et aux lapins l'immunité contre le microbe virulent.

Un cobaye qui a reçu 0,5 d'une culture de 90 jours dans le tissu cellulaire, présente une tuméfaction qui se remplit de pus caséeux et se vide. Quelques jours plus tard, une culture de 74 jours produit le même effet. Désormais l'animal résiste au virus de 54 jours et au virus le plus virulent.

Nous avons ainsi réussi à rendre réfractaires à cette maladie les cobayes et les lapins. Nous avons appliqué cette méthode de vaccination à quatre porcs. Au mois de janvier 1888, ces animaux ont reçu, en injections sous-cutanées, trois seringues de Pravaz d'une culture, dans du bouillon, du virus de 90 jours. Dix jours plus tard, ils reçurent une même dose de virus de 54 jours, puis du virus de 12 jours, enfin du virus virulent. Après chaque injection, les porcs semblaient malades pendant quelques jours, puis recouvraient la santé.

Au mois d'avril, nous avons nourri ces animaux ainsi que des porcs témoins avec un litre, chaque jour, d'une culture virulente mêlée à leur nourriture.

Au bout de trois semaines, les témoins étaient morts. Leurs intestins ont été donnés en pâture aux animaux vaccinés.

Aux mois de mai et juin, deux des animaux sur quatre présentèrent la forme intestinale de la pneumo-entérite et succombèrent. Les deux autres vivent encore (janvier 1889) en bonne santé.

Ainsi, deux porcs ont résisté et les deux autres ont eu une maladie chronique ; la vaccination avait été insuffisante pour ces deux derniers.

Rietsch et Jobert ont comparé des cultures que leur avait envoyées M. Salmon, avec le résultat obtenu par eux sur les porcs de Marseille, et relevé des différences telles qu'ils hésitent à identifier le hog-choléra avec l'épidémie marseillaise. Ainsi, Rietsch, en comparant les cultures envoyées d'Amérique

par Salmon avec celles de Marseille, a vu que les premières
végètent plus lentement aux environs de 20° et s'arrêtent complètement au-dessous de cette température, tandis que celles
de Marseille se multiplient encore fort bien. Le microbe américain lui a paru en outre plus mobile que celui de Marseille.
Malgré ces différences, nous croyons, pour notre compte, pouvoir regarder la maladie de Marseille comme étant la même que
le hog-choléra, avec les petites différences qui peuvent toujours
survenir dans une maladie épidémique donnée. Tel est aussi
l'avis de Duclaux, exprimé dans une revue critique très intéressante insérée dans les *Annales de l'Institut Pasteur* (juil
let 1888).

Tel est aussi l'avis de Salmon qui a reçu des cultures de
Rietsch et qui ne les considère pas comme essentiellement différentes de celles du hog-choléra (Billings (1).

Il convient aussi, croyons-nous, d'assimiler à cette maladie
celle qui est décrite en Suède et en Dannemark sous le nom
de Schweinepest (*Centralblatt f. Bakt.* t. III, p. 361).

On voit que l'on connaît aujourd'hui en microbiologie une
série de bacilles très voisins les uns les autres par leur
forme, leurs caractères de culture sur les milieux artificiels et
qui tous sont pathogènes pour le porc et pour d'autres espèces
animales. Ces divers microbes ont été isolés et décrits dans
divers pays et par des auteurs différents. On ne doit donc pas
s'étonner que les caractères qu'on leur a attribués soient quelque
peu variables. Dans cette série de bacilles ovoïdes, petits, prenant mieux la matière colorante à leurs extrémités qu'à leur
centre, se développant lentement dans la gélatine sans la flui-
difier, on peut faire entrer le microbe du choléra des poules,
celui du choléra des canards décrit par Cornil et Toupet, le
microbe de la septicémie des lapins de Koch, le Schweine-seuche
de Lœffler et Schütz, le swine-plague de Salmon, le hog-choléra
du même auteur, le microbe de la pneumo-entérite des porcs
de Cornil et Chantemesse, le microbe de l'épidémie de Marseille
des mêmes auteurs, le Wild-seuche de Bollinger, et probablement le bacille du Barbone décrit en Italie par Oreste et Ar-
mani.

Faut-il dire avec Hueppe que toutes ces maladies sont pro-

(1) Swine plague, page 344.

duites par un seul microbe dont la virulence et par conséquent l'action pathogène sont variables? Nous ne pouvons souscrire à l'opinion de Hueppe et faire entrer toutes les affections que nous venons d'énumérer sous la rubrique de septicémies hémorrhagiques. On ne peut pas, croyons-nous, dans l'état actuel de la science, dire que le microbe du choléra des poules qui meurt instantanément par la dessiccation est le même que celui de la pneumo-entérite des porcs qui peut résister à la dessication près de deux mois.

En ce qui concerne les maladies dont nous avons donné l'énumération en tête du chapitre, nous croyons que le microbe du hog-choléra et celui de l'épidémie de Nebraska, décrits par Salmon d'une part, et d'autre part ceux de la pneumo-entérite des porcs observés par Cornil et Chantemesse à Gentilly et à Marseille, ont les plus grandes analogies. Ses caractères principaux, qui se retrouvent dans tous ces cas, sont la forme, la mobilité, le mode de développement sur la gélatine, la pomme de terre, la manière de prendre la matière colorante, l'action pathogène vis-à-vis du porc et d'autres espèces animales. On peut noter çà et là, à propos de tous ces caractères, de légères différences; celles-ci peuvent s'expliquer par les variations de virulence et les changements des milieux de culture.

ÉPIDÉMIE DE MARSEILLE. — Pendant toute la seconde partie de l'année 1887, une épizootie très meurtrière sévit sur les porcs de l'arrondissement de Marseille et fit périr environ 25,000 de ces animaux. La relation de la marche suivie par la maladie a été donnée par M. Fouque, vétérinaire à Saint-Louis (1), Queirel (2), Rietsch et Jobert (3). La diffusion et la gravité de cette maladie dans l'arrondissement de Marseille, tiennent surtout au grand nombre de porcheries qui s'y trouvent et dont quelques-unes élèvent jusqu'à 2,000 porcs. Telle est la porcherie de la distillerie de la Méditerranée ou les premiers cas furent observés.

On a supposé (Fouque, Rietsch et Jobert), que la maladie a été importée par des porcs venus d'Oran, mais cette opinion

(1) Ép. de Marseille, Soc. et Biologie 24 décembre 1887.
(2) Commission sanitaire de la ville de Marseille. — Discussion relative à l'épidémie porcine. — Communication de M. Cornil. — Rapport de M. Queirel. — Communication de M. Rietsch, 1888,
(3) Rietsch et Jobert. Ac. des Sciences 1888.

est combattue par Queirel. La contagion, s'exerçant dans des établissements où les porcs sont entassés en si grand nombre, ne pouvait manquer de faire de nombreuses victimes et, dans le fait, tous les porcs de la même porcherie étaient atteints, sauf de très rares exceptions, et la mort respectait à peine un dixième des animaux malades. Les porcelets sont plus sensibles que les porcs adultes : toutes les races de ces animaux payent un égal tribut. Tous les villages suburbains ont été visités par l'épizootie du mois d'août 1887 au mois de décembre, surtout à la suite des marchés et foires dans lesquels les malades se trouvaient en contact avec les animaux sains et à la suite de l'entrée et du séjour de porcs infestés au milieu de porcheries jusque-là respectées. Les porcheries dans lesquelles on élève tous les animaux qu'on y engraisse et qui, par suite, sont fermées à l'introduction de porcs étrangers, ont été préservées de la maladie. Les bacilles que nous avons observés les premiers dans les organes (intestins, rate, foie, ganglions mésentériques) des porcs de Marseille (1) ne présentent que des différences minimes avec les microbes de l'épidémie de Gentilly. Ces différences portent sur la virulence, les bacilles de Gentilly paraissant plus rapidement infectieux pour le cobaye et le lapin, et sur le mode de développement des deux micro-organismes dans la gélatine. On sait que le bacille de Gentilly, retiré du sang du porc, donne sur la gélatine des colonies qui dessinent de fines dentelles, ce qui n'existe pas au même degré avec le microbe de l'épidémie de Marseille ; mais lorsque les cultures sont faites longtemps dans la gélatine, ce caractère s'efface un peu. Sur la pomme de terre, les cultures des deux microbes ont des ressemblances très étroites. Ils sont mobiles tous les deux. L'épizootie de Marseille était caractérisée par une entérite constante tandis que les lésions du poumon étaient parfois très minimes et pouvaient même manquer (Rietsch). Mais nous pensons que la localisation du virus avec une prédominance soit sur le poumon, soit sur l'intestin, tient surtout à son mode de pénétration avec l'air dans le premier cas, avec les aliments dans le second. Ainsi, les porcs de Gentilly qui ont vraisemblablement été contagionnés sur le marché de La Villette dans lequel les

---

(1) Cornil et Chantemesse, *Société de biologie*, déc. nbre 1887.

animaux ne mangent pas, avaient surtout des manifestations pulmonaires, tandis que ceux de Marseille présentaient principalement des lésions intestinales.

ANATOMIE PATHOLOGIQUE. — Les lésions observées portent sur le poumon, le foie, les reins, les ganglions lymphatiques et l'intestin.

Comme nous l'avons déjà vu, le sang recueilli avec toutes les précautions possibles dans le cœur des cochons après la mort, ne contient que rarement {des microbes. Nous rappelons qu'il n'en est point de même à la suite de l'inoculation sous-cutanée du microbe chez la souris. Chez cet animal, en effet, il se fait une généralisation considérable des organismes dans le sang.

Le *poumon* présente rarement une pneumonie lobaire fibrineuse ; cependant nous avons vu, chez les porcs de Gentilly, et nous avons reproduit par une inoculation, de la pneumonie fibrineuse lobaire d'un côté, lobulaire de l'autre, la première accompagnée d'un exsudat fibrineux de la plèvre ; le plus souvent, chez les porcs que nous avons observés à Marseille, il y avait des noyaux, tantôt de broncho-pneumonie fibrineuse disséminés en plus ou moins grand nombre dans les deux poumons, tantôt des nodules limités et petits. On observait parfois des nodules durs, de couleur rouge-violacé, légèrement saillants ou au contraire déprimés, dus à une inflammation congestive à tendance hémorrhagique. Queirel et Rietsch ont rencontré, de leur côté, un cas typique de pneumonie compliquée d'ulcération de la plèvre costale. Cependant les lésions du poumon peuvent 'être insignifiantes ou nulles, Mais dans tous les faits on rencontre, dans les bronches, un mucus plus ou moins abondant, visqueux, transparent ou teint en rouge par du sang, aéré, et qui contient un nombre considérable de microbes spécifiques.

Les coupes du poumon nous ont montré, dans les cas de pneumonie fibrineuse, les alvéoles remplis de filaments très nombreux de fibrine, bien colorés par la méthode de Weigert (1). Par cette même méthode, nous avons pu voir des

---

(1). La méthode bien connue de Weigert (voir *Journal des Connaissances* numéros 6, 7 et 8, 1888, article de Malvoz) consiste à colorer les coupes par une solution aqueuse concentrée de violet 6 B, puis à les traiter par la so-

amas de petits micro-organismes spécifiques, ovoïdes ou en
bâtonnets, bien colorés au milieu de la fibrine ou libre dans les
alvéoles. Il y en avait également de très nombreux dans les
bronches, accolés contre le revêtement épithélial. Ainsi, nous
avons représenté dans la figure 11 de la Planche XXIV une coupe
d'une bronche qui en est remplie. Presque toute la figure est
occupée par le contenu de la bronche; on y voit les microbes
soit libres et bien distincts les uns des autres, comme en *b*,
soit réunis en amas, *a, a, a,* au milieu desquels ils sont pressés
et confondus les uns avec les autres. Le tissu conjonctif des
cloisons lobulaires et du pourtour des bronches est épaissi et
enflammé, parsemé de cellules migratrices. Les vaisseaux,
artérioles, veinules et capillaires examinés sur la coupe des
noyaux de pneumonie, en contenaient aussi parfois un grand
nombre; il y avait par places de véritables thromboses bactériennes observées dans des artérioles ou veinules et se continuant dans un certain nombre de capillaires. Tous ces vaisseaux
en étaient remplis de telle sorte qu'après la coloration par le
procédé de Weigert, ils paraissaient injectés en bleu.

Les ganglions lymphatiques de la racine des bronches sont
souvent tuméfiés et enflammés de la même façon que ceux du
mésentère (voir plus loin).

Le *foie* est congestionné; le suc obtenu par râclage contient
des microbes de la maladie. Nous avons vu une fois un grand
nombre d'îlots caséeux dans cet organe. Ces îlots irréguliers,
ronds ou polyédriques ou angulaires, de couleur blanc jaunâtre opaque, étaient constitués histologiquement par des îlots
hépathiques formés de cellules mortifiées : il y avait aussi dans
ces îlots beaucoup de bactéries spécifiques siégeant le long
des parois vasculaires, dans les capillaires et, irrégulièrement,

lution iodée de Lugol et à décolorer par l'huile d'aniline. On monte les préparations, après leur complète décoloration, dans le baume de Canada dissous
dans le xylol.

M. Feibes emploie une méthode de double coloration qui est la suivante :
Il commence par colorer le fond de la préparation soit avec de l'éosine en
solution alcoolique, soit avec de l'érythrosine en solution alcoolique addi-
tionnée de quelques gouttes d'acide acétique. Pour préparer le bain violet
on dissout à concentration du violet hexaméthyle dans l'acide acétique.
On ajoute à cette solution deux parties d'eau. Les coupes sont placées dans
ce bain cinq à quinze minutes. On les passe pendant une minute dans la
liqueur de Lugol foncée. On les décolore ensuite par l'huile d'aniline.

entre les cellules. Dans deux autopsies de porcs dont la peau était jaune, nous n'avons pas vu d'autre lésion du foie que de la congestion.

Les *reins* sont atteints d'une dégénérescence parenchymateuse et ils donnent aussi des cultures lorsqu'on inocule le suc de leur surface. Les urines des animaux malades contiennent des microbes spécifiques.

La rate donne rarement des cultures, et elle n'est pas sensiblement hypertrophiée.

Les *intestins* présentent constamment des lésions; mais celles-ci sont très variables, tantôt très peu accentuées, tantôt au contraire arrivant aux dernières limites d'altérations compatibles avec la vie. Ces lésions sont très variées et d'apparence tout à fait dissemblable suivant les faits observés. Elles portent surtout sur le gros intestin à partir de la valvule iléo-cœcale, mais elles peuvent aussi, et c'est même le cas habituel, envahir, à un degré moindre il est vrai, les plaques de Peyer et les follicules isolés de l'iléon.

C'est ainsi qu'on trouve souvent un épaississement marqué des plaques de Peyer de l'intestin grêle, plaques qui sont minces et longues de plusieurs mètres chez le cochon. Ces plaques sont recouvertes d'une fausse membrane peu épaisse, grise ou jaunâtre, adhérente et faisant corps avec la surface irrégulière et mortifiée de la plaque de Peyer. Lorsqu'on gratte avec le tranchant d'un scalpel la surface de la fausse membrane, on voit qu'elle se détache en petits grumeaux et on obtient un liquide grisâtre. La plaque de Peyer est épaissie et indurée, si bien que lorsqu'on a ouvert l'intestin grêle suivant sa longueur, son canal reste creux comme une tuile creuse et ne s'étale pas ainsi que le ferait un intestin normal. Si l'on veut étaler l'organe ainsi altéré en appuyant sur les bords de l'incision et en les écartant, on produit des déchirures profondes, des fentes du tissu épaissi. Ce dernier est donc en même temps assez friable, comme cela a lieu pour tout tissu enflammé ayant de la tendance à se mortifier. Les plaques de Peyer de l'extrémité inférieure de l'iléon sont plus tuméfiées que celles situées au-dessus. Il s'agit, comme on le voit, d'une localisation analogue à celle de la fièvre typhoïde.

Dans ces faits, la valvule iléo-cœcale est tuméfiée, la muqueuse du cæcum est tomenteuse, couverte çà et là d'une fausse membrane fibrineuse gris jaunâtre, adhérente, ou bien elle présente des ulcérations variables en étendue et en profondeur. Les ulcérations sont aussi tapissées d'une fausse membrane ou de détritus jaune verdâtre ou brunâtre, ou noirâtre, pultacés, gangréneux. Les ulcérations dont nous avons dessiné des spécimens de grandeur naturelle dans les figures 2 et 3 de la Planche XXII, présentent un diamètre de 1 à 2 ou 3 centimètres; leur bord est élevé, car la muqueuse est très épaissie, sinueuse et forme des plis épais à leur pourtour (c, fig. 2, n, fig. 3); elles sont circulaires, plus ou moins rapprochées. La figure 2 représente un segment du gros intestin dans lequel il y a deux ulcérations. Le fond de ces ulcérations est très déprimé et couvert d'une fausse membrane de couleur vert olive; le bord est comme taillé à pic. La figure 3, Planche XXII, offre une ulcération circulaire plus étendue, entourée aussi d'un bord élevé et de plis déterminés par l'épaississement de la muqueuse.

Nous n'avons jamais observé de perforations, ce qui est en rapport avec un épaississement très intense de toutes les parois du gros intestin et du tissu conjonctif sous-péritonéal, s'opposant à une terminaison de ce genre.

Ces altérations de la muqueuse se continuent parfois dans toute la longueur du gros intestin. Les anses de ce conduit sont adhérentes par du tissu conjonctif de nouvelle formation si la maladie a duré longtemps.

Dans une de nos observations, où nous avions inoculé d'abord du virus atténué par la chaleur, puis fait manger du virus le plus virulent et des fragments de la muqueuse intestinale et où la maladie ainsi retardée avait duré trois mois, nous avons constaté le maximum des lésions instestinales. La muqueuse de l'iléon était épaissie partout mais surtout au niveau des plaques de Peyer, et l'intestin grêle offrait une paroi rigide. La muqueuse, boursouflée, dure, couverte d'une pseudo-membrane au niveau de la valvule iléo-cæcale, formait une véritable tumeur saillante dans l'intérieur du cæcum et grosse comme une noix; il était presque impossible de faire pénétrer un stylet à travers l'orifice de l'intestin rétréci en ce point et le porc était près de mourir d'inanition au moment où il a été sacrifié. La figure 5 de la Planche XXII qui est dessinée de la grandeur naturelle réduite,

d'un tiers, représente cette disposition de la valvule iléo-cæcale vue après l'ouverture du cæcum et saillante dans l'intérieur du gros intestin. On voit en *c*, le relief de la valvule qui est devenue une tumeur hémisphérique. Sa surface est tapissée par une fausse membrane, l'ouverture de la valvule n'est plus marquée en *o* que par une fente et l'on ne peut constater l'existence d'un conduit iléo-cæcal qu'en y introduisant une petite sonde. Le cæcum tout entier et la plus grande partie du gros intestin de ce porc présentaient un épaississement considérable de la paroi et surtout de la muqueuse, des ulcérations étendues et profondes séparées par la muqueuse épaissie et recouverte de pseudo-membranes (*g*, fig. 5). On peut facilement apprécier sur ce même dessin la disposition et la couleur de la fausse membrane du cæcum en *s*, et l'épaississement de toutes ses tuniques *h*, *p*.

Dans tous les cas où la lésion est intense, surtout lorsqu'il existe des ulcérations, la surface péritonéale de l'intestin est rouge ou marbrée, très vascularisée et souvent humide ou couverte d'une couche appréciable de liquide louche.

A côté de ces faits où la lésion est généralisée à tout l'intestin, il en est d'autres où l'on trouve seulement quelques ulcérations dans le cæcum, quelquefois une seule, ou deux, ou trois ulcérations n'ayant pas plus de 1 à 1 centimètre et demi de diamètre.

L'altération peut être encore plus restreinte, très limitée, bien qu'ancienne. Ainsi, nous avons vu des petits foyers caséeux sous-muqueux occupant vraisemblablement la place de follicules clos, ayant la grosseur de grains de chénevis, sans qu'il y eût d'ulcération à leur niveau (Pl. XXIV, fig. 10). Le processus intestinal paraissait très insignifiant et ancien, mais il n'en était pas de même des ganglions mésentériques qui étaient très volumineux et altérés comme ils le sont toujours dans cette maladie.

Ce qui frappe souvent dans l'étude de cette anatomie pathologique, c'est l'induration des parties atteintes. Ainsi les plaques de Peyer de l'intestin grêle sont indurées et épaissies au point d'être rigides, si bien qu'après qu'on a fendu l'intestin, elles conservent leur forme de tuile creuse et empêchent l'intestin de s'étaler. Si l'on incise ce tissu dur, on lui trouve parfois une consistance fibreuse et une couleur blanche comme aux tissus fibreux.

Nous avons constaté deux fois que les plaques et les follicules isolés de l'intestin grêle et du gros intestin étaient épaissies, blanchâtres sur une coupe, et saillantes du côté de l'intestin comme s'il se fût agi de tumeurs marronnées (voyez fig. 4, planche XXII). A leur surface, du côté de l'intestin, leur saillie est couverte d'un dépôt noirâtre (*a, b*, fig. 4), car l'ulcération superficielle de la muqueuse permettait au liquide intestinal coloré en noir, parce qu'il contenait du sang, de tacher et d'imbiber le tissu de ces tumeurs. Leur apparence aurait pu faire penser qu'on avait affaire à des tumeurs mélaniques marronnées; mais après avoir incisé ces tumeurs, on constatait que leur tissu était blanc et que le dépôt superficiel du mucus intestinal noirâtre était très mince; les deux faces opposées *c, c*, de la section *s*, ont en effet une couleur blanche (voyez figure 4).

Dans ce cas les ganglions lymphatiques du mésentère étaient aussi blancs et durs. L'inoculation du suc contenu dans le tissu fibroïde des tumeurs intestinales et des ganglions lymphatiques du mésentère a donné des cultures et des bactéries tout à fait caractéristiques. L'examen des coupes, après coloration, a montré une grande quantité de petits bacilles ovoïdes disposés très souvent en amas.

La maladie se transmet toujours aux ganglions lymphatiques abdominaux, aux ganglions du mésentère, aux ganglions inguinaux, de même qu'à ceux du médiastin. Ces glandes sont très volumineuses, rosées ou rouges, ou ecchymosées, ou pleines d'un suc blanchâtre. Souvent elles présentent des îlots plus ou moins étendus, jaunâtres, secs, caséeux. La partie caséeuse peut comprendre presque toute une glande grosse comme un œuf de pigeon, ou même davantage, et alors cette partie caséifiée est entourée d'une coque fibreuse, absolument comme s'il s'agissait de productions scrofuleuses ou tuberculeuses. Cependant le suc de ces îlots caséeux ne contient point de bacilles de la tuberculose; il donne au contraire des cultures pures de bacilles du hog-choléra. Ces ganglions, examinés sur des coupes colorées par la méthode de M. Feibes, ont montré une grande quantité de bacilles ovoïdes. Dans les ganglions possé-

dant des îlots caséeux, on trouvait dans ces dernier: des agglomérations considérables, irrégulières, de bacilles ovoïdes ou de petits bâtonnets à extrémités arrondies tout à fait caractéristiques. Ce sont ces lésions que nous avons vues dans les ganglions, dans l'intestin et dans le foie qui ont été signalées par Schütz comme pouvant être confondues avec les tubercules.

La lésion intestinale, lorsqu'elle est intense, se propage toujours au péritoine. Sa surface est rouge, ecchymosée, couverte d'une couche de liquide qui la mouille, ou bien elle est simplement humide. Dans ce liquide on trouve constamment une quantité de bactéries venues de l'intestin. Si la lésion est ancienne, on voit des adhérences fibreuses agglutinant entre elles les anses de l'intestin, surtout celles du colon ascendant.

L'histologie pathologique et les relations réciproques de ces lésions variées de l'intestin, des ganglions mésentériques et du péritoine ont été étudiées par l'un de nous (1), dans ce qu'elles ont de général et commun à une série de maladies bactériennes localisées sur l'intestin. Nous n'en rappelons ici que ce qui touche l'entérite des porcs.

Au début de l'inflammation de la muqueuse, on voit des fausses membranes superficielles dont nous avons dessiné à l'œil nu un spécimen dans la figure 1 de la Planche XXII. Il s'agit, dans cette figure, d'un segment de l'intestin grêle dont la muqueuse est notablement épaissie. On voit à la surface des plis saillants transversaux et longitudinaux a, b, de la muqueuse, des fausses membranes jaune verdâtre, minces, sans qu'il y ait d'ulcération visible à l'œil nu. Ces fausses membranes, qu'on les examine au microscope par dissociation ou sur des coupes perpendiculaires à la surface de la muqueuse, sont formées par de la fibrine et du mucus englobant dans leurs mailles des cellules migratrices, des cellules épithéliales mortifiées et une quantité colossale de micro-organismes divers. Ceux-ci appartiennent en partie aux bacilles qui vivent dans le mucus intestinal et en partie aux bactéries de la pneumo-entérite. Ils sont en nombre prodigieux. Les uns sont allongés, longs de 1 à 3 μ, larges de 0 μ, 6 à 0 μ, 8, droits ou

(1) CORNIL. Communication à l'Académie de médecine, 6 août 1888. Des inflammations pseudo-membraneuses et ulcéreuses de l'intestin en général.

incurvés, terminés soit par des extrémités arrondies, soit par des extrémités planes; d'autres bacilles sont plus minces, de 0 μ, 3 d'épaisseur; on y trouve aussi quelques microbes arrondis, sphériques, en nombre beaucoup moindre que les bacilles. Ces microbes ronds sont, les uns, volumineux, de 1 μ de diamètre, disposés en amas; les autres beaucoup plus petits. On rencontre aussi dans ces fausses membranes de longs bacilles minces, recourbés, ondulés, réunis les uns aux autres et enchevêtrés irrégulièrement.

Une part importante de la fibrine de ces fausses membranes superficielles provient du contenu des glandes.

Nous avons reproduit dans la figure 6 de la Planche XXIII, à un grossissement de 40 diamètres, le dessin très démonstratif d'une préparation du gros intestin au point où il était recouvert d'une mince fausse membrane. Sur les coupes doublement colorées par le picrocarmin et par le violet de méthyle suivant le procédé de Weigert, le tissu conjonctif t, et les cellules épithéliales des glandes b sont colorés en rouge, tandis qu'on voit le canal des glandes de Lieberkuhn rempli et distendu depuis son orifice jusqu'au cul-de-sac par des filaments de fibrine a, a, colorés en violet bleu. Toutes les glandes de la préparation offrent ce même coagulum violet qui les distend, et se continue avec la fausse membrane superficielle. Dans la figure 6, on peut constater déjà que ces coagulations fibrineuses présentent latéralement, dans leur trajet intraglandulaire, des expansions nombreuses comme festonnées qui se rendent à des cellules également colorées en violet. Sur les préparations colorées uniquement par le violet 6 B et la méthode de Weigert, on voit très nettement, à un grossissement de 40 à 100 diamètres, le coagulum central des glandes se continuer partout avec des renflements latéraux également colorés qui ne sont autres que des cellules épithéliales devenues vésiculeuses. On a ainsi une figure qui reproduit une grappe allongée formée d'une multitude de grains appendus à une tige occupant le centre de la glande. Comme on peut le voir à un très fort grossissement dans la figure 9 (objectif apochromatique de Reichert n° 12, oc. 8, tube abaissé), les filaments fibrineux f se décomposent dans le canal des glandes et se rendent à des cellules épithéliales muqueuses caliciformes a : celles-ci contiennent

aussi dans leur intérieur des granulations et de petits filaments colorés en violet. La portion centrale de la glande ainsi altérée, constituée par les cellules vésiculeuses et la tige de fibrine, est entourée d'un revêtement épithélial de cellules cylindriques normales c, possèdent des noyaux n. Les noyaux des cellules vésiculeuses ne sont généralement plus visibles et ces cellules sont mortifiées.

Il résulte donc de ce qui précède que les altérations muqueuses et dégénératives des cellules épithéliales des glandes, sont le point de départ des filaments fibrineux contenus dans la glande elle-même et dans la fausse membrane qui tapisse la surface de la muqueuse. On peut suivre aussi dans la lumière des glandes les mêmes micro-organismes qui existent dans la fausse membrane superficielle. Ainsi, on peut constater, dans la glande de la figure 9, en b, b, des micro-organismes allongés en forme de bâtonnets courts dont la forme est semblable à ceux de la pneumo-entérite.

Lorsque la nécrose de la surface de la muqueuse est plus avancée, les cellules épithéliales de la surface et des glandes sont toutes dégénérées et ont perdu leurs noyaux. L'intérieur des glandes est alors rempli de microbes. La figure 8 de la Planche XXIII permet cette constatation. On y voit en effet les culs-de-sac de deux glandes g, g, dans lesquels il n'est plus possible de reconnaître les cellules épithéliales. Il n'y a plus que quelques éléments ratatinés ovoïdes, m. Mais ces culs-de-sac glandulaires sont remplis de bactéries de diverse provenance, de longs et gros bacilles b, qui appartiennent à ceux qui vivent à l'état normal à la surface de l'intestin et de bactéries ovoïdes plus petites a, a, que nous regardons d'après leurs caractères morphologiques comme appartenant aux microbes spécifiques de la pneumo-entérite. En même temps le tissu conjonctif qui sépare les glandes et celui qui est placé au-dessous de leurs culs-de-sac est le siège d'une infiltration par de nombreuses cellules migratrices n, figure 8. Les vaisseaux sanguins sont dilatés et la circulation du sang n'y est plus aussi active ou s'arrête. C'est ainsi que dans la figure 8, nous avons dessiné des vaisseaux capillaires dilatés e remplis de filaments de fibrine colorés en bleu-violet. Dans le tissu du chorion muqueux enflammé, on trouve aussi très souvent des cellules migra-

trices *c, c, c,* qui possèdent dans leur intérieur des granulations arrondies plus ou moins volumineuses, coloriées fortement en violet. Les bactéries appartenant soit au mucus
intestinal, soit à la pneumo-entérite, sont rares dans le tissu
enflammé du chorion comparativement à leur nombre excessif
dans les couches superficielles de la muqueuse et à l'intérieur
des glandes.

Les plaques de Peyer hypertrophiées, examinées sur des
coupes perpendiculaires à la surface, montrent successivement
la couche des villosités et des glandes de Lieberkühn mortifiées, recouverte de la fausse membrane, remplie de bactéries,
et au-dessous les follicules clos hypertrophiés. La figure 7 de
la Planche XXIII offre cette disposition générale d'une coupe passant à travers une plaque de Peyer et dessinée à 40 diamètres.
On voit en *m* la fausse membrane, en *g*, la couche des glandes,
en *p, p, p,* deux segments de deux follicules hypertrophiés
séparés par une bande *b* de tissu conjonctif. Les follicules,
bourrés de cellules, présentent par places des fentes *f* comme
il s'en produit dans les tissus en train de se mortifier. La périphérie des follicules se confond avec le tissu du chorion
également rempli de cellules. Les vaisseaux sanguins sont
extrèmement dilatés. Sur les coupes colorées par le procédé
de Weigert, on voit des bacilles dans les fentes et dans le
tissu mortifié des follicules lymphatiques, mais ces organismes
sont moins nombreux dans les couches profondes que dans
les couches superficielles. Les microbes de la pneumo-entérite
se colorent mieux par le procédé de Feibes.

A un degré plus avancé, plus intense de la lésion, il se
produit une perte de substance, une ulcération profonde ame-
née à la fois par la nécrobiose de la muqueuse superficielle
et par celle des follicules clos, et par l'élimination des parties
mortifiées entraînées par le liquide sécrété. On voit quelquefois
des fentes irrégulières qui, de la surface de la muqueuse,
pénètrent dans un follicule clos. Ces ulcérations s'agrandis-
sent peu à peu en largeur et en profondeur. Elles sont toujours, pendant tout le temps de leur évolution, recouvertes
par une couche pseudo-membraneuse jaune verdâtre, comme
gangrenée, renfermant, avec des débris du tissu, de la fibrine
feutrée et des microbes innombrables.

Les lésions de la muqueuse du gros intestin présentent les
mêmes modifications histologiques que les précédentes. Les
parties mortifiées, en se détergeant, produisent les ulcérations.

Dans un cas où nous avons eu affaire simplement à des
nodules caséeux situés sous la muqueuse, et ressemblant à
des tubercules caséeux qui se seraient développés dans des
follicules clos, nous avons vu, sur des coupes, que la couche
superficielle des glandes était parfaitement conservée. La portion nécrosée, formée par des faisceaux de tissu conjonctif et
des cellules mortifiées était enfermée dans une cavité kystique.
La figure 9 de la planche XXIV donne, à un grossissement de
10 diamètres, l'aspect d'une coupe passant par un de ces foyers
caséeux. La couche des glandes g est intacte. La paroi extérieure p du kyste présentait souvent, au-dessous de la couche
glandulaire, un revêtement de cellules cylindriques comme on
en trouve parfois dans les kystes muqueux consécutifs à la
dysenterie chronique. La portion mortifiée n présentait des
faisceaux irréguliers et épais de tissu conjonctif, et rien qui
rappelât la structure des follicules clos. Ces coupes colorées
par diverses méthodes, en vue d'y déceler des bactéries, ont
montré, dans l'espace vide situé entre la paroi p et le nodule
n, à la surface de ces deux parties et dans l'intérieur de la portion caséifiée beaucoup de bactéries diverses semblables à celles
de la surface de l'intestin; dans la partie centrale caséeuse, on
trouvait des bacilles très minces, longs, ondulés, enchevêtrés
en broussailles les uns avec les autres. Ces derniers sont représentés dans la figure 10 b, planche XXIV.

Les coupes du mésentère, perpendiculaires à sa surface et
comprenant le péritoine superficiel, ses vaisseaux sanguins et
lymphatiques et en même temps les ganglions situés entre les
deux lames péritonéales, sont instructives en ce qu'elles montrent la répartition des microbes dans ces diverses parties. A
la surface du péritoine, on trouve une quantité de bactéries de
diverses natures, des bacilles longs et gros, des bacilles fins et
très longs semblables à ceux qui existent dans la pseudo-membrane de l'intestin et qui appartiennent sûrement aux espèces
qui vivent dans le mucus intestinal; ils s'y trouvent en même
temps que les bactéries spécifiques de la pneumo-entérite.
Dans le tissu conjonctif du mésentère, on trouve aussi des

bacilles analogues situés dans l'intérieur des vaisseaux lymphatiques distendus et remplis de cellules rondes. Les mêmes bactéries se rencontrent avec celles de la pneumo-entérite, au milieu des vaisseaux lymphatiques des ganglions et dans le tissu réticulé de ces derniers. Mais ils y sont beaucoup moins nombreux qu'à la surface du péritoine (1).

Il résulte de ces derniers faits histologiques que les bactéries vulgaires du mucus intestinal passent, à la faveur de l'inflammation et des ulcérations de la muqueuse intestinale, dans les vaisseaux lymphatiques, dans les ganglions mésentériques et à la surface du péritoine, en même temps que les bactéries propres à la maladie. La marche des lésions intestinales est telle qu'elles débutent par le contage de la surface de la muqueuse ; qu'elles commencent par l'inflammation nécrosique et la fausse membrane superficielle et qu'elles gagnent successivement en envahissant les couches profondes de la muqueuse

Les lésions en rapport avec l'infection du hog-choléra ne sont pas toujours limitées aux organes internes que nous venons de passer en revue. Ainsi, chez un porc qui a été observé par M. Fouque, à Marseille, il y avait des tumeurs fibro-caséeuses très volumineuses, grosses comme les deux poings, saillantes sous la peau, dures, développées au niveau des côtes et se continuant avec la plèvre pariétale épaissie. Examinées sur une section, ces tumeurs sont constituées par un tissu blanchâtre, dense, feutré, lisse sur la coupe, ne donnant pas de suc et élastique comme un tissu fibreux. Les préparations histologiques colorées au carmin montrent qu'il est formé de faisceaux de fibres et de petites cellules comme un tissu conjonctif enflammé chroniquement. Ces néoplasmes contenaient, à l'état de pureté, le microbe de la maladie du cochon, ainsi que nous nous en sommes assurés, avec M. Chantemesse, par les cultures. Les préparations colorées en vue de la recherche des bactéries nous ont montré un grand nombre de petits bacilles spéciaux à la pneumo-entérite. Ces productions, qui constituent de véritables tumeurs de nature parasitaire, doivent être assimilées aux nodules fibreux dont nous avons

(1) Les pièces qui ont servi à faire ces préparations avaient été prises aussitôt après la mort des animaux et placées de suite dans l'alcool.

donné plus haut la description et le dessin, et qui s'étaient
développées dans la muqueuse intestinale.

SYMPTOMES ET DIAGNOSTIC. — Les symptômes de la maladie
sont très variables et ils sont en rapport avec la grande diversité des lésions anatomiques elles mêmes.

La durée de l'incubation de la maladie oscille entre quelques
jours, et 20 ou 30 jours. Cela résulte de nos expériences faites
avec le virus de Gentilly et celui de Marseille, aussi bien que
des faits d'inoculation et d'incubation chez des porcs publiés
par Rietsch. Le début de la maladie est insidieux et n'offre
rien de caractéristique; on y observe la perte de l'appétit,
l'amaigrissement, l'affaiblissement progressif: quelques jours,
une semaine ou même davantage après le début, les animaux
se couchent, restent silencieux ou poussent des grognements
plaintifs lorsqu'on essaye de les faire se lever et se déplacer. À
ce moment la fièvre existe toujours, la température s'élève à 1 ou
2 degrés au-dessus de la normale et le pouls a augmenté de fré-
quence. Les animaux marquent une grande tendance à s'isoler:
pendant l'hiver ils s'enfoncent sous leur litière pour retrouver
de la chaleur. Ils ont de la peine à se mettre sur leurs jambes,
et, s'ils peuvent encore marcher, leurs mouvements sont difficiles, leurs membres flageolent comme s'ils allaient tomber. Ils
se couchent bientôt et il est encore plus difficile de les faire
se relever. Il semble parfois, à les voir marcher, que le train de
derrière soit semi-paralysé, ainsi que nous l'a fait observer
notre collègue M. Queirel. Parfois la paralysie est précédée de
secousses musculaires et même de contractures. Cependant il
n'y a pas de lésion médullaire appréciable. Lorsque les symptômes prédominants siègent au poumon, ainsi que nous l'avons
vu pour l'épidémie de Gentilly, les naseaux sont mouillés
de mucus qui vient des bronches, les flancs battent et la respiration est difficile, en même temps qu'on peut entendre de la
toux. Si les lésions intestinales sont plus intenses, comme cela
avait lieu dans l'épidémie de Marseille, il est facile de constater
la diarrhée liquide, séreuse ou jaunâtre que rendent les animaux malades et qui souille leur litière. Cette diarrhée est très
fétide, elle a une odeur caractéristique. Parfois cependant
les lésions intestinales, même les ulcérations, coïncident avec

une constipation opiniâtre. La rétention des matières fécales s'accompagne de productions gazeuses qui occasionnent la tympanite. Cela se voit surtout dans les premières périodes de la maladie, et cette tympanite peut faire croire que les animaux ont pris une nourriture très abondante, et sont par conséquent en bonne santé.

Les symptômes du début ont une valeur d'autant plus grande que la pneumo-entérite sévit dans le pays, dans l'étable où on les observe. En temps d'épidémie de cette maladie on peut affirmer qu'un cochon en est atteint si l'on constate quelques-uns des symptômes précédents, même peu accentués, et avant que la faiblesse n'ait fait des progrès inquiétants, annonçant une terminaison funeste.

La peau des animaux offre presque toujours des modifications de couleur très importantes, qui varient du bleu pâle ou du rouge clair au bleu foncé, livide ou noir. Parfois c'est un érythème à peine perceptible de la peau de l'abdomen, de la vulve, des bourses, des oreilles, du museau, de la racine des membres et parfois une cyanose des oreilles. On rend cette coloration des oreilles plus évidente en soulevant le porc par les jambes de derrière. Enfin, sur un même animal, la couleur de l'érythème peut changer plusieurs fois de nuances. Signalons aussi la présence de papules qui apparaissent sur la peau pendant le cours de la maladie. Du volume d'une lentille à celui d'un petit pois, elles ont une couleur foncée et siègent sur la peau de l'abdomen ou la face interne des cuisses. Elles persistent dans cet état jusqu'à la fin de la maladie ou disparaissent sans laisser de vésicules ni de pustules.

Dans deux de nos observations, la peau avait une teinte nettement ictérique. Il s'agissait là, comme nous l'avons reconnu à l'autopsie, non d'un désordre de la sécrétion biliaire ou de rétention de la bile, mais d'une couleur due à la présence du pigment sanguin dans la peau, à une congestion ou à une suffusion hémorrhagique du tégument.

Presque tous les porcs en contact les uns avec les autres sont atteints par la pneumo-entérite lorsqu'elle éclate dans une porcherie ; elle se transmet avec la plus grande facilité d'une écurie à une autre dans la même contrée par l'intermédiaire des relations de commerce ou de voisinage.

La plupart des animaux atteints succombent en un temps très variable, en rapport avec l'étendue des lésions. La mort peut survenir huit ou dix jours après le début du mal, mais elle peut aussi se faire attendre plusieurs semaines, un ou même deux mois.

Le rouget est la maladie du porc qui se rapproche le plus de la pneumo-entérite par ses symptômes. Dans le rouget, en effet, on observe de la pleuro-pneumonie, de l'entérite, des inflammations fibrineuses des séreuses et une congestion de la peau marquée par les plaques rouges, plus ou moins étendues, qui ont servi à dénommer cette maladie. Cependant, dans le rouget, la marche des symptômes est beaucoup plus rapide. Il n'est pas rare qu'elle se termine par la mort en l'espace de 12 à 36 heures. Le rouget n'est pas aussi meurtrier que la pneumo-entérite, car tous les porcs ne sont pas atteints, et un assez grand nombre des porcs malades peut guérir. On voit combien il serait difficile de se prononcer entre le rouget et la pneumo-entérite, si l'on ne tenait compte que des symptômes. On ne pourrait, en réalité, y parvenir toujours. La difficulté d'établir le diagnostic entre ces deux maladies par l'examen post-mortem des organes ne serait pas moins grande, à moins qu'on ne soit en mesure de donner son appréciation sur une série d'autopsies. Dans le rouget, en effet, ce sont les inflammations séro-fibrineuses des grandes séreuses qui dominent, en même temps qu'on observe de la pneumonie et de l'entérite. Mais, en somme, la distinction ne saurait être établie d'après des caractères absolus. Répétons, cependant, que la marche du rouget est d'ordinaire très rapide, tandis que celle de la pneumo-entérite, beaucoup plus longue, est comprise entre une et plusieurs semaines.

Les seules données différentielles, absolument sûres, nous sont fournies par le caractère du micro-parasite qui est un bacille très mince de $0\mu,1$ à $0\mu,2$ de largeur sur 1μ de long dans le rouget, tandis qu'il s'agit d'une bactérie ovoïde de $0\mu,4$ de largeur sur 1 à 2μ de longueur dans la pneumo-entérite. Ces caractères sont parfaitement nets et suffisants, mais il n'est pas à la portée de tout vétérinaire ou de tout médecin de les apprécier. On peut y ajouter les caractères de la coloration de ces bactéries sur les coupes des tissus malades, car les bacilles du rouget se colorent très bien par le procédé de Gram et non ceux de la pneumo-entérite. Mais il est nécessaire de connaître bien la technique micro-histologique des bactéries pour faire une semblable constatation.

Les cultures du bacille du rouget poussent dans un tube de gélatine inoculé par piqûre, sous la forme de rayons très fins comme nuageux tout autour de la piqûre, et diffèrent absolument de celles de la pneumo-entérite que nous avons décrites plus haut. Mais encore faudrait-il, pour constater ces caractères différentiels, que l'observateur connût la technique des ensemencements sur gélatine, qu'il possédât tout le matériel des tubes stérilisés, contenant des milieux nutritifs de culture, des étuves, etc.

Cela revient à dire que pour affirmer, dans une maladie du porc, s'il s'agit de pneumo-entérite ou de rouget, il faut s'adresser à un laboratoire de microbiologie. On n'a, du reste, aujourd'hui, que l'embarras du choix. Cette détermination est absolument nécessaire si l'on veut prendre des mesures prophylactiques, soit de désinfection des étables, soit de vaccination préventive, car le vaccin du rouget ne sert nullement à préserver de la pneumo-entérite.

Le meilleur moyen pour envoyer des pièces utilisables dans un laboratoire de microbiologie, consiste à prendre, dans l'autopsie faite aussitôt après la mort du porc malade, l'intestin altéré, les ganglions mésentériques, une partie du foie et du poumon, à entourer ces pièces avec un linge imbibé d'acide phénique et à les envoyer dans une caisse remplie de sciure de bois. Il faut bien se garder de les placer dans de l'alcool. Si le voyage ne dure que 12 à 16 heures, ces pièces arriveront dans un assez bon état de conservation pour qu'on puisse les examiner et en tirer parti pour les ensemencements sur les milieux gélatinisés et les bouillons, aussi bien que pour les inoculations aux animaux.

Si l'autopsie n'était pas faite de suite après la mort, si l'on était très éloigné d'un laboratoire ou si la température élevée faisait supposer que les pièces seraient putréfiées avant d'arriver à destination, nous conseillerions le moyen suivant :

Avec le suc raclé à la surface d'un ganglion mésentérique tuméfié et enflammé, correspondant à une ulcération intesti-

na'e, ou avec le suc raclé à la surface du foie, dilué avec un
peu d'eau bou'llie puis refroidie s'il est nécessaire de le rendre
plus liquide, on fera une injection à l'aide d'une seringue de
Pravaz, successivement dans le tissu sous-cutané d'un ou deux
pigeons au-devant du muscle pectoral, et dans le tissu sous-
cutané de deux lapins.

S'il existe une pneumonie, on peut se servir, pour faire l'injection, du suc raclé à la surface du poumon hépatisé. S'il y a
de la pleurésie ou de la péritonite avec un exsudat séro-fibri-
neux, on injectera directement aux lapins et aux pigeons le
liquide provenant des séreuses enflammées.

Les opérations faites, on enverra le plus tôt possible les
animaux vivants au directeur d'un laboratoire de bactériologie.
Ce dernier fera facilement le diagnostic, car s'il s'agit du rouget, les bacilles de cette maladie tueront en quelques jours
le pigeon et le lapin, et se trouveront dans le sang de ces animaux qui fournira des cultures caractéristiques sur gélatine.

S'il s'agit de la pneumo-entérite, les pigeons survivront habituellement, mais les lapins succomberont et donneront le matériel nécessaire pour cultiver et déterminer les microbes de la
maladie que nous étudions.

PROPHYLAXIE. — L'étiologie de cette maladie nous a appris
qu'elle est essentiellement contagieuse. Les micro-organismes qui
en sont la cause siègent, en effet, en nombre colossal dans les
selles diarrhéiques, dans le mucus bronchique et dans l'écou-
lement nasal, qui est la conséquence de la sécrétion des bronches, et dans les urines. Le microbe spécifique résiste en outre
à la dessication et il se cultive dans l'eau, c'est-à-dire dans la
boisson et dans les aliments liquides donnés aux animaux.
Comme les porcs fouillent constamment avec leur groin la
litière, si celle-ci est souillée par les déjections [et l'urine d'un
porc malade, tous ceux qui se trouveront dans la même étable
seront sûrement contagionnés. L'eau qu'ils boivent en commun sera polluée par le jetage des naseaux, si un animal malade est atteint de bronchite spécifique. On sait, d'ailleurs, que
les porcs ne se gênent nullement pour mettre leurs pattes
souillées de fumier dans l'auge où ils boivent et mangent, et
même pour y faire leurs déjections. La diffusion des bacté-

ries de la pneumo-entérite dans les sécrétions, leur résistance à la dessication, la facilité de leur culture à une température au-dessus de 20°, leur végétation dans l'eau, leur action sur la muqueuse des voies digestives et pulmonaires, la malpropreté proverbiale des cochons, sont autant de causes évidentes de la propagation rapide et inévitable à tous les habitants d'une porcherie, si l'on n'intervient pas à temps.

S'il existe une épidémie de pneumo-entérite dans une région donnée, une porcherie jusque-là indemne doit être absolument fermée à l'entrée d'animaux venant du dehors, ou de gardiens et servants ayant des relations avec une porcherie voisine contaminée. Les chaussures d'un individu qui a marché dans une étable habitée par des porcs malades, peuvent, en effet, apporter dans une étable saine de la litière imprégnée du virus. Un porc sain qui serait amené dans une foire où se trouvent des malades doit y être vendu et ne jamais être réintégré dans une étable propre. Les voitures qui ont transporté des porcs suspects, la paille qui se trouvait dans ces voitures, peuvent aussi être des agents de contagion. En prenant les précautions ci-dessus, on pourra préserver une porcherie, même au milieu d'une contrée ravagée par l'épizootie.

Lorsque, dans un pays atteint par l'épidémie, on suppose qu'un porc devient malade, il doit être immédiatement isolé, soumis à une surveillance spéciale. L'étable où il se trouvait doit être évacuée, les porcs, ses voisins, isolés eux-mêmes, et il doit être procédé à la désinfection de cette étable.

Les grandes porcheries contenant plusieurs étables ou un nombre considérable d'étables sous un immense hangar commun sont assurément dans les conditions les plus propres à la transmission, à la généralisation de la maladie. Si, en effet, un des box contient un ou plusieurs porcs malades, les serviteurs, en passant de ce compartiment à un autre entraînent avec leurs chaussures de la litière souillée, à moins que le propriétaire n'exige qu'ils changent de sabots à la porte de chaque écurie. Les animaux boivent habituellement la même eau souillée, soit que cette eau soit placée dans un bassin commun, soit qu'on la fasse couler dans les auges qui sont situées en tête de chaque box; il en est souvent de même des aliments, des drèches liquides par exemple, qui coulent au-devant de

chaque compartiment dans un même canal et qui peuvent
porter la maladie d'un porc affecté à tous les autres qui s'abreu-
vent au-dessous de lui dans le courant. De plus les animaux
sont promenés parfois dans un préau, dans un pré où ils sont
tous parqués et où les déjections des malades sont à la portée
du groin des animaux restés sains jusque-là.

D'où la nécessité de surveiller tous les animaux en temps
d'épidémie, d'isoler ceux qui paraissent tristes, d'évacuer et
de désinfecter leurs étables.

Si une porcherie a eu un certain nombre de malades et de
morts, il ne faut pas hésiter à vendre pour la boucherie tous les
animaux restés sains, car ils ne tarderaient pas à être tous pris
successivement. On évacuera ainsi la porcherie et on procé-
dera à sa désinfection.

La désinfection des étables consiste d'abord à brûler la litière, à brosser et à laver à grande eau les murs jusqu'à hauteur d'appui, les cloisons, portes, à balayer et nettoyer les
auges, le sol, le pavé, etc. Le liquide désinfectant qui nous a
paru le meilleur est le suivant.

    Eau.   100
    Acide phénique   4
    Acide chlorhydrique.   2

avec lequel on lavera toutes les parois de l'étable et le sol. Il
est nécessaire de désinfecter de la même façon les instruments,
pelles, balais, voitures à fumier, brouettes, voitures qui ont
servi à transporter les porcs, la fosse à fumier, le préau, etc. Il
sera bon de laisser un ou deux mois la porcherie vide et de
recommencer la désinfection avant de la peupler de nouveau
de porcs dont la provenance sera entourée de toutes les ga-
ranties.

Le sublimé a donné de bons résultats à Salmon, mais son
prix est assurément plus cher que celui de l'acide phénique
impur que nous recommandons.

Comme les micro-organismes de la pneumo-entérite ne
résistent pas à la température de 55°, bien inférieure à celle
de la coagulation de l'albumine, nous pouvons affirmer qu'il
n'y a aucun inconvénient à manger la viande des porcs à la
condition de la faire bien cuire ou même bouillir. Les muscles

ne présentent jamais de lésions visibles à l'œil nu. Il n'en serait vraisemblablement pas de même des parties altérées telles que les intestins employés dans la charcuterie à la fabrication du boudin et des andouilles. Nous n'avons pas de données relatives à des accidents observés à la suite de cette ingestion si tant est qu'elle ait eu lieu; il serait difficile d'employer les intestins ulcérés ou enflammés parce que malgré leur épaississement inflammatoire ils sont devenus très friables et se casseraient, se fendraient sous la pression de la viande hachée ou du sang qu'on y mettrait. Il est nécessaire toutefois de prohiber la consommation des intestins d'animaux malades.

Vaccination. — La prophylaxie de la maladie que nous étudions ne sera complète que lorsqu'on sera parvenu à trouver un vaccin qui empêche son développement chez les porcs.

Nous avons réussi à vacciner les lapins et les cobayes en leur injectant des virus affaiblis par le chauffage à 43° pendant 90 jours, puis successivement des virus plus forts jusqu'au virus le plus virulent.

Les tentatives du même genre que nous avons faites chez le porc et que nous avons exposées plus haut n'ont pas donné jusqu'ici de résultats assez satisfaisants pour être généralisés.

EXPLICATION DES PLANCHES XXI, XXII et XXIII.

PLANCHE XXI (*Pneumo-entérite du porc*).

Fig. 1. — Muqueuse de l'intestin grêle couverte de pseudo-membranes récentes (grandeur naturelle).

La surface de la muqueuse épaissie présente des plis transversaux dont la partie saillante *a* est couverte de fausses membranes jaunâtres ou verdâtres adhérentes. Les plis longitudinaux *b* sont tapissés par les mêmes exsudations.

Fig. 2. — Deux ulcérations de la muqueuse du gros intestin (grandeur naturelle).

a, a, partie centrale excavée des ulcérations dont le fond est occupé par une fausse membrane verdâtre et gangrénée. *b, b,* bord élevé des ulcérations. *c,* muqueuse voisine qui est épaissie et plissée.

Fig. 3. — Une ulcération plus étendue du gros intestin (grandeur naturelle).

m, fond de l'ulcération qui est déprimé et couvert d'une fausse membrane jaunâtre; *n,* bord élevé de l'ulcération; *p,* plis de la muqueuse.

Fig. 4. — Tumeur ovoïde marronnée, saillante, du gros intestin (grandeur naturelle).

 a, b, les deux moitiés de la tumeur qui a été sectionnée en s.

 La surface de la tumeur est noire, mais cette couleur est due seulement à un enduit superficiel très adhérent, car les deux faces opposées de la section, c, c, sont blanches et donnent l'apparence d'un tissu fibreux.

Fig. 5. — Cette figure représente la muqueuse du cœcum après l'ouverture de cette partie du gros intestin (grandeur naturelle réduite d'un tiers).

 La muqueuse du cœcum, qui forme la valvule iléo-cœcale, est épaissie de telle sorte que cette valvule v est transformée en une tumeur hémisphérique saillante, grosse comme une noix, tapissée par une fausse membrane adhérente, et que l'ouverture o de la valvule est réduite à une fente qui laisse passer à peine un stylet.

 p, paroi du cœcum très épaissie. En s et en h on voit la coupe de la fausse membrane qui recouvre la muqueuse du cœcum; g, plis, ulcérations et fausses membranes de la muqueuse; i, bout inférieur de l'iléon.

PLANCHE XXII (*Pneumo-entérite du porc*).

Fig. 6. — Coupe de la muqueuse du gros intestin dans un point où elle est couverte d'une fausse membrane mince de formation récente (grossissement de 40 diamètres).

 La préparation a été doublement colorée au carmin et au violet 6 B, et traitée par la méthode de Weigert.

 a, a, a, fibrine exsudée à l'intérieur des glandes en tube de Lieberkühn et colorée en violet bleu; b, b, b, revêtement formé par les cellules cylindriques des mêmes glandes coloré en rouge; e, culs-de-sac glandulaires; m, fausse membrane superficielle; s, surface de la muqueuse irrégulière et mortifiée; t, tissu conjonctif de la muqueuse; v, v, vaisseaux qui présentent dans leur intérieur un réticulum de fibrine coagulée et colorée en violet bleu.

Fig. 7. — Coupe de la muqueuse de l'intestin grêle au niveau d'une plaque de Peyer (grossissement de 40 diamètres).

 s, surface de la muqueuse; m, fausse membrane et partie mortifiée de la surface de la muqueuse; g, g, glandes en tube dont la partie superficielle est détruite et le cul-de-sac seul reconnaissable; t, tissu conjonctif sous-glandulaire; p, p, p, deux moitiés de follicules clos enflammés, séparées l'une de l'autre par la bande de tissu conjonctif b. Dans le tissu enflammé et mortifié de ces follicules, on voit des fentes ou pertes de substances f.

 a, tissu conjonctif profond du chorion muqueux; c, couche de fibres musculaires transversales, et d, faisceaux musculaires longitudinaux; e, péritoine.

Fig. 8. — Coupe de la muqueuse dans un point où elle est mortifiée, dessinée au grossissement de 600 diamètres. La préparation a été colorée d'après la méthode de Weigert.

g, g, les culs-de-sac de deux glandes en tube de Lieberkühn. Leurs cellules cylindriques sont détruites et il ne reste plus que quelques cellules déformées et mortifiées m. La cavité des glandes est remplie de bactéries petites et ovoïdes a et de bâtonnets volumineux b. Dans le tissu conjonctif t, situé au-dessous des glandes, on voit beaucoup de cellules migratrices n et des cellules contenant des grains hyalins fortement colorés en bleu violet, c, c, c. En v, on voit un vaisseau dont la cavité est remplie d'un réseau mince de fibrine dont les filaments sont colorés en bleu violet.

PLANCHE XXIII (*Pneumo-entérite du porc*).

Fig. 9. — Portion inférieure et cul-de-sac d'une glande de Lieberkühn analogue à celles de la figure 6 (grossissement de 800 diamètres).

p, paroi de la glande; g, son cul-de-sac; c, cellules cylindriques formant le revêtement épithélial; n, noyau de ces cellules; f, filaments de fibrine coagulée disposés en faisceaux dans l'intérieur de la lumière de la glande. Ces filaments partent des cellules vésiculeuses a contenant aussi de minces filaments de fibrine. Le faisceau et les filaments de fibrine et les cellules vésiculeuses sont colorés en violet intense par le procédé de Weigert.

Fig. 10. — Elle représente, à un grossissement de 10 diamètres, une coupe passant à travers un ilot caseeux situé au-dessous de la surface de la muqueuse de l'intestin grêle, sans qu'il y ait d'ulcération.

g, couche des glandes de Lieberkühn; n, n, ilot caséeux; p, paroi du chorion muqueux séparé de l'ilot mortifié par une fente f.

Fig. 10 bis. — Microbes contenus dans l'ilot caséeux (grossissement de 800 diamètres)

Fig. 11. — Coupe du poumon au milieu d'un nodule de broncho-pneumonie (grossissement de 500 diamètres).

Le centre de cette figure est occupé par une bronche.

p, p, paroi de la bronche qui est remplie d'ilots bleus violets a, a, a, qui ne sont autres que des amas de petites bactéries ovoïdes et de ces mêmes bactéries isolées ou plus ou moins groupées b, b; t, tissu conjonctif qui entoure les bronches.

DESCRIPTION

DEUX INFUSOIRES DU PORT DE BASTIA

PAR

Paul GOURRET   ET   **Paul RŒSER**
Professeur suppléant à l'École de médecine   Pharmacien major.
de Marseille.

(PLANCHE XXV)

Les Infusoires du port de Bastia (Corse) comprennent un certain nombre de formes nouvelles et curieuses. Avant de pouvoir présenter un travail d'ensemble à ce sujet, nous avons cru qu'il ne serait pas inutile d'indiquer, dans leurs grandes lignes, les phénomènes de conjugaison et de bourgeonnement du *Strombidium sulcatum*, et de décrire une espèce intéressante par ses caractères absolument originaux.

1. — STROMBIDIUM SULCATUM (Clap. et Lachm.).

Études sur les Infusoires et les Rhizopodes, 1re part., p. 371. Pl. XIII, fig. 6.
Pl. I, fig. 1-13.

Le *Strombidium sulcatum*, signalé par Claparède et Lachmann dans le ffjord de Bergen, se trouve en abondance dans le port de Bastia, en compagnie des nombreuses espèces. L'Infusoire figuré dans les « Études sur les Infusoires et les Rhizopodes, » et dans le « Manual of the Infusoria » (Sav. Kent, pl. XXXII, fig. 47) se rapporte évidemment aux individus que nous avons recueillis, quoiqu'il présente bien des lacunes de détail.

Cette espèce est très difficile à étudier. Ses mouvements sont rapides, brusques, continuels. Nous sommes parvenus cependant à obtenir un repos relatif en la soumettant pendant 30-40 secondes aux vapeurs de chloroforme. C'est dans ces conditions qu'il nous a été permis de contrôler sur le vivant les détails que donne la fixation par l'acide osmique.

La forme est fixe et se rapproche de la sphère (Pl. XXV, fig. 1, 2).

On peut distinguer deux hémisphères : le supérieur, arrondi
sur les côtés, s'amincit et devient conique vers le pôle antérieur; l'inférieur déborde l'hémisphère opposé vers le milieu
de la longueur totale du corps et s'aplatit ensuite graduellement jusqu'au pôle postérieur, qui décrit une légère convexité.

Les dimensions varient dans de faibles proportions, que
rend évidentes la comparaison des figures 1 et 2.

La membrane cuticulaire est parsemée de granulations
symétriques dans la région supérieure, qui diffue le plus souvent lors de la fixation par l'acide osmique, tandis que la région opposée résiste et se sépare sous forme de cupule
(fig. 5 et 7).

Le pôle antérieur est percé en son centre d'une petite ouverture buccale entourée par une couronne de cirrhes vibratiles.
Ceux-ci, au nombre de 16 à 18, se juxtaposent à leur base.
Ils sont vigoureux, longs et s'atténuent progressivement jusqu'à leur extrémité. Par fixation, ils se dissocient en nombreux
filaments granuleux (fig. 5) ou restent tels quels (fig. 7), soit
réunis en cercle, soit séparés les uns des autres, après même
que le reste de l'Infusoire a diffué.

Les cirrhes buccaux servent aux mouvements de progression
et de rotation, ainsi qu'à l'alimentation.

Outre l'orifice buccal et les cirrhes qui l'entourent, l'hémisphère supérieur montre une vésicule contractile, un nucléus
et une substance protoplasmique.

La vésicule contractile, très petite et unique, est très difficile à distinguer, à cause des mouvements incessants du
Strombidium. D'ailleurs, elle n'existe pas dans tous les individus, ce qui laisse supposer qu'elle est intermittente.

L'endoplaste granuleux, de forme tantôt sphérique, tantôt
allongée, contient un endoplastule central. Le meilleur moyen
de le mettre en relief est la coloration par le vert de méthyle
acétique, après fixation par l'acide osmique.

Le protoplasme est fortement granuleux. Au milieu de sa
substance se trouvent des aliments plus ou moins digérés
(Algues vertes unicellulaires et Diatomées) et des granulations
jaunâtres très réfringentes. Lors de la fixation par l'acide
osmique, il arrive quelquefois que le protoplasme sort par les

granulations disposées en lignes symétriques de la membrane cuticulaire; il forme ainsi de nombreux rayons, qu'il ne faudrait pas confondre avec les cirrhes buccaux (fig. 6).

L'hémisphère inférieur présente un grand nombre de fines baguettes chitineuses, très rapprochées les unes des autres et figurant, dans leur ensemble, une sorte de corbeille dont la partie supérieure affleure vers la partie médiane du corps, dans une zone protoplasmique beaucoup plus claire (fig. 2). Ces baguettes se réunissent, au pôle postérieur, autour d'un espace central, circulaire, d'où elles semblent rayonner.

Lorsque le Strombidium diffue (pression, évaporation, fixation, chloroformisation), l'hémisphère supérieur se soulève et n'est plus relié à la cupule inférieure que par une traînée fortement granuleuse de protoplasme qui semble entraîner et projeter au dehors, en se rétractant, la rangée de baguettes chitineuses. En effet, ces baguettes se répandent tout autour de l'Infusoire en se dissociant, tandis que la cupule inférieure reste bien formée.

La méthode de double coloration, après fixation par l'acide osmique, fait ressortir ces détails et ceux du noyau, en traitant successivement par le vert de méthyle acétique et le violet 5 B. Malheureusement, cette dernière coloration disparaît vite dans ces conditions. Plus rarement les baguettes chitineuses se projettent au dehors par l'hémisphère inférieur en rayonnant de tous côtés (fig. 6).

Les baguettes sont insolubles dans l'acide acétique et disparaissent sous l'action de la potasse.

Quant à leur rôle, il semble plutôt être un rôle de soutien qu'un rôle d'attaque ou de défense. Ces baguettes ne nous paraissent pas pouvoir être assimilées à des tricocystes particuliers; elles n'ont jamais été vues servant à cet usage sur de nombreux exemplaires.

Une seule fois il nous a été donné d'observer un mode de reproduction du Strombidium. Deux individus furent trouvés en conjugaison; ils étaient unis entre eux par la bouche et étroitement accolés l'un à l'autre par l'un de leurs côtés. A l'intérieur, le protoplasme fortement granuleux était appliqué sur les parois de la membrane cuticulaire et présentait vers la partie antérieure de chacun des individus une vésicule pleine de vacuoles, dont le contenu liquide était légèrement teinté en jaune (fig. 8).

Du côté des faces juxtaposées, ce protoplasme montrait deux grandes traînées de stries finement granuleuses qui descendaient de la bouche et allaient en s'élargissant se perdre dans la masse protoplasmique de l'extrémité inférieure (fig. 10). Les stries paraissaient divisées en deux cordons laissant entre eux un espace plus clair. Elles étaient animées d'un mouvement régulier de va et vient longitudinal. Au bout d'une heure environ, de légères stries perpendiculaires à ces traînées se formèrent sur la cuticule, dans l'espace plus clair, presque vers le milieu de la longueur. Nous avons pu constater ensuite que ces stries deviennent plus robustes, se détachent par l'un de leurs côtés de la cuticule et forment ainsi de véritables cils, tandis que leur base tend à s'incurver (fig. 9).

Trois heures après, un cercle cilié était constitué et entièrement fermé, limitant ainsi la bouche avec sa couronne de cils vibratiles, bouche qui surmontait un soulèvement de l'enveloppe cuticulaire en forme de bourgeon.

Un peu plus tard, les deux faces juxtaposées se séparent et les deux Infusoires, jusqu'ici réunis, ne restent unis que par leur bouche. Tranquilles jusqu'à ce moment, ils reprennent alors leurs mouvements désordonnés de progression et de rotation sur eux-mêmes. Leur forme s'est quelque peu modifiée pendant la conjugaison; la région inférieure est plutôt conique. Ils portent chacun, vers le milieu et latéralement, un jeune individu parfaitement constitué, avec bouche et cirrhes buccaux (fig. 13). Il nous a été impossible de poursuivre plus loin nos observations à ce sujet.

Il nous a paru intéressant de recueillir ce fait de conjugaison, qui se rattache directement à la reproduction par bourgeonnement, qu'elle précède et accompagne. Malheureusement, nous n'avons pas pu retrouver, après fixation et coloration, de pareils exemples pour nous fixer complètement sur le rôle de l'endoplaste de chaque Infusoire vis-à-vis de l'autre, et chacun vis-à-vis de son bourgeon. Toutefois, on ne peut guère attribuer le rôle d'endoplaste aux vésicules à vacuoles qui semblent plutôt être des réserves de matière nutritive. Par contre, les deux cordons de stries finement granu-

leuses semblent bien être les deux endoplastes se pénétrant
réciproquement par la bouche, se renflant légèrement à leur
partie inférieure, et cette hypothèse semble d'autant plus
exacte que c'est sur ces cordons que s'ébauche et se forme le
bourgeon.

En dehors de la conjugaison du *Strombidium sulcatum*
suivie de bourgeonnement, nous avons constaté que cette
espèce se reproduisait aussi par scissiparité. La rapidité des
mouvements nous a empêché de suivre avec exactitude les
diverses phases de ce phénomène, sur lequel nous croyons
devoir attirer l'attention des spécialistes.

Genre Glossa, nov. gen.

Ce genre que nous croyons devoir créer pour une espèce
particulière recueillie dans le port de Bastia, offre les caractères suivants :

Le corps plus ou moins ovoïde est traversé sur l'un des
côtés par une gouttière verticale peu profonde, qui empiète
quelque peu sur la face ventrale. Les bords de cette échancrure diffèrent suivant la face que l'on examine : le bord dorsal
est lisse et entier ; le bord ventral forme, au contraire, non
loin de sa terminaison postérieure, une dépression semilunaire qui correspond exactement à la bouche. L'échancrure
débute au niveau du premier quart de la longueur totale et
se termine au niveau du dernier quart ; elle est limitée en
haut et en bas par un repli du tégument.

Deux lames membranoïdes triangulaires, insérées par leur
base le long de la gouttière et de la dépression ou fossette
buccale, se soudent l'une à l'autre par le sommet. Elles constituent, l'inférieure une sorte de poche, la supérieure une
lame qui a pour rôle de retenir la poche dans ses mouvements
de bascule. Poche et lame peuvent s'étendre ou se rétracter
et dans ce cas se loger entièrement dans la gouttière. Elles
ne sont pas vibratiles,

Un sillon étroit parcourt l'échancrure dans toute sa longueur, et se renfle en arrière de façon à constituer un rebord
épais, finement strié, entourant l'ouverture buccale proprement dite. Des cils bordent cet *endostyle* et concourent à
déterminer un tourbillon alimentaire.

A la bouche est annexé un œsophage cylindrique, court, aboutissant à une vésicule nutritive. Cet œsophage peut se retourner en doigt de gant et faire saillie à l'extérieur. C'est alors une languette qui paraît doubler le fond de la poche et qui a pour fonctions de retenir les particules alimentaires et de participer aux divers mouvements de la poche.

L'ouverture anale est permanente ; elle est indiquée par la petite échancrure située au milieu du pôle postérieur.

Le nucléus est placé sur la ligne médiane, dans le tiers antérieur du corps. La vésicule contractile, toujours unique, se trouve proche de l'anus.

Des stries régulièrement distribuées, parallèles et écartées, parcourent le corps dans sa longueur. Les cils qu'elles présentent mesurent partout les mêmes dimensions.

Les affinités de ce genre sont très difficiles à établir. La position latéro-ventrale et très reculée en arrière de la bouche se constate dans certains genres tels que *Ancistrum* Maupas, *Ptychostomum*, etc. Comme dans ces genres, le noyau est antérieur à la vésicule contractile postérieure. Là s'arrête la ressemblance, car, si les *Ancistrum*, par exemple, possèdent une longue nasse vibratile membranoïde, comparable à la poche des *Glossa*, ils sont dépourvus de la lame supérieure annexée à cette poche. D'ailleurs, et abstraction faite de l'endostyle et de la languette œsophagienne propres à notre genre, les caractères de l'appareil ciliaire spéciaux aux *Ancistrum* (cils buccaux allongés, poils antérieurs transformés en crampons) ne sont indiqués d'aucune manière dans les *Glossa* dont les cils mesurent partout la même longueur et la même largeur.

2. — GLOSSA CORSICA
(Pl. XXV, fig. 14-19.)

La forme est celle d'un ovoïde qui, arrondi en arrière, atteint sa plus grande largeur vers le premier tiers pour se rétrécir ensuite graduellement de ce point jusqu'à l'extrémité antérieure.

On peut distinguer deux régions ou valves convexes, séparées l'une de l'autre par une échancrure peu profonde, latéro-ventrale, qui occupe la plus grande partie du bord droit et

qui est limitée en haut et en bas par une saillie résultant de l'union des valves.

Cette échancrure montre deux régions : une région antérieure ou gouttière et une région postérieure ou fossette buccale. La gouttière commence en haut par une petite dépression qui intéresse la valve ventrale ; elle se termine en formant une saillie anguleuse, visible dans tous les spécimens et débordant la fossette buccale (fig. 15, 16, 18, 19). Celle-ci décrit un fer à cheval ouvert en dehors et creusé dans la valve ventrale. Un sillon très étroit (fig. 18) parcourt le milieu de la gouttière et, s'élargissant au niveau de la fossette, constitue l'orifice buccal. Ce sillon est une sorte d'endostyle, limité de chaque côté par un rebord qui se continue, en s'épaississant, tout autour de la bouche et qui est parcouru par des stries longitudinales, sur lesquelles s'implantent des cils dont le battement détermine un tourbillon alimentaire le long de la gouttière et de la fossette buccale.

Des bords de cette dernière, part une membrane triangulaire formant une poche étroite dont l'aspect ordinaire est représenté fig. 15 et 18, c'est-à-dire lorsque l'infusoire est en mouvement. A cet état, cette membrane décrit une convexité tournée en bas et une concavité antérieure. Elle est maintenue dans cette position *passive* par le jeu de la lame antérieure, triangulaire, étroite, susceptible d'étirement et de rétraction. Dans le cas que nous considérons, la lame est en partie contractée et supporte en quelque sorte le poids de la poche (fig. 15).

Le cas opposé au précédent est représenté figure 16. La lame antérieure s'est étirée ; c'est alors une longue et étroite lamelle, très légèrement arquée en dedans. La poche ne décrit plus un arc antérieur ; elle s'est complètement détournée. Ce renversement de la poche est brusque, instantané, très peu fréquent. Il paraît destiné à rejeter les corps impropres à la nutrition et entraînés par le tourbillon alimentaire, qui, dans le premier cas, déverse dans la poche toutes les particules, quelle que soit leur nature. La sélection des éléments nutritifs a lieu grâce à un organe particulier que nous désignons sous le nom de *languette œsophagienne*.

En effet, la bouche se continue par un canal œsophagien

étroit et court (fig. 18), venant aboutir à la vésicule nutritive.
Ce canal est remarquable par la curieuse propriété qu'il possède, celle de se retourner en doigt de gant, de façon à faire
saillie à l'extérieur, où il apparaît alors comme une languette
transparente. Cette languette suit toujours l'intérieur de la
poche ; elle présente des renflements et des rétrécissements
alternatifs qui disparaissent lorsqu'elle s'allonge outre mesure.
Dans ce dernier cas, elle peut se projeter hors de la poche.
Son rôle est de saisir les particules alimentaires entraînées par
le courant et, après s'être contracté dans l'intérieur du corps.
de les remettre en quelque sorte à la vésicule nutritive qui,
à son tour se vide dans le protoplasme sans se déplacer et
sans perdre sa forme sphérique. Lorsque des corps impropres
à la nutrition (1) arrivent dans la fossette buccale, la languette, qui est continuellement en mouvement, les repousse.
Le renversement de la poche concourt au même but.

La poche possède encore une autre propriété, celle de se replier
dans la gouttière. Lorsque l'Infusoire est au repos ou lorsque
les conditions de milieu sont changées, par exemple, par le
fait de l'évaporation sur la lamelle, la poche ainsi que la lame
qui lui est annexée se replient et se rétractent dans l'échancrure, où elles se logent entièrement (fig. 14). Cette échancrure est par suite bien effacée, mais elle se distingue toujours.

La cuticule est couverte de stries longitudinales hérissées
de cils vibratiles fins, assez longs, tous égaux, dépendant de
l'ectosarc (fig. 17) et servant à la progression. Les mouvements sont peu fréquents, mais très rapides. Le plus souvent,
l'infusoire reste immobile, la poche déployée (fig. 15).

Au-dessous d'un ectosarc hyalin qui constitue une mince
zone périphérique, est un endosarc granuleux, presque transparent. L'endoplaste, situé au-dessus de la bouche, dans la
partie antérieure du corps, est arrondi, finement granuleux et
sans trace apparente de nucléole. La vésicule contractile
unique, petite, intermittente, est déjetée à gauche, dans le
voisinage de l'anus.

Le *Glossa corsica* a été recueilli dans le port neuf de Bas-

(1) Les principaux aliments consistent en Algues unicellulaires et en petites Diatomées rectangulaires.

tia. Il vit dans l'eau salée normale, parfaitement claire, au
milieu des Algues qui tapissent les rochers submergés de la
côte.

EXPLICATION DE LA PLANCHE XXV.

Strombidium sulcatum Clap. et Lachm.

Fig. 1. — Individu normal.

Fig. 2. —   Id.

Fig. 3. — Pôle supérieur percé d'un orifice buccal central qu'entoure
une couronne de cirrhes.

Fig. 4. — Pôle inférieur avec l'origine des baguettes chitineuses.

Fig. 5, 6 et 7. — Divers aspects après fixation par l'acide osmique.

Fig. 8. — Deux individus en conjugaison.

Fig. 9. — Première ébauche des cils vibratiles du bourgeon.

Fig. 10. — Aspect du protoplasme, des cordons et des vésicules pleines
de vacuoles.

Fig. 11 et 12. — Formation de la bouche et apparition du bourgeon.

Fig. 13. — Les deux individus séparés en grande partie, ne restant accolés que par leur bouche et portant chacun un bourgeon entièrement
constitué.

Glossa corsica, nov. spec.

Fig. 14. — Individu au repos, la poche et la lame repliées entièrement
dans l'échancrure latéro-ventrale.

Fig. 15. — Individu en mouvement, la poche déployée et la lame en
partie contractée.

Fig. 16. — Le même, la poche renversée et la lame distendue.

Fig. 17. — Origine des cils vibratiles, ectosarc et endosarc.

Fig. 18. — Détails de la bouche, poche déployée.

Fig. 19. — Détails de la bouche, poche et lame repliées dans l'échancrure.

TABLE DES MATIÈRES

DU TOME VINGT-QUATRIÈME

ANATOMIE HUMAINE, GÉNÉRALE, COMPARATIVE, PATHOLOGIQUE

PHYSIOLOGIE

EMBRYOLOGIE, TÉRATOLOGIE

ZOOLOGIE

ANALYSES ET EXTRAITS

TABLE DES AUTEURS

TABLE DES PLANCHES

Le propriétaire-gérant,

Félix Alcan.

SAINT-DENIS. — IMP. LÉON MOTTE, 20 BIS, RUE DE PARIS.

Lightning Source UK Ltd.
Milton Keynes UK
UKHW02f1842220818

327653UK00011B/739/P